COURS D'AGRICULTURE

DE

L'ÉCOLE FORESTIÈRE

AVANT-PROPOS

Par une bonne fortune assez rare dans la carrière du professorat, j'ai été appelé à inaugurer l'enseignement de la *Chimie et de la Physiologie appliquées à l'agriculture* dans deux chaires nouvelles, créées, l'une à la Faculté des sciences, l'autre à l'École nationale forestière.

Lorsqu'en 1868, après dix années passées dans les laboratoires de mes chers et illustres maîtres, Henri Sainte-Claire Deville et Claude Bernard, je résolus de fonder à Nancy la première station agronomique française, M. V. Duruy, ministre de l'instruction publique, estimant que les sciences appliquées à l'agriculture devaient trouver place dans notre haut enseignement, me chargea d'un cours que les ressources du budget ne permettaient pas alors de rendre définitif. Cette innovation réussit et, trois ans plus tard, la chaire fut créée à la Faculté des sciences de Nancy[1].

En 1871, M. H. Faré, directeur général des forêts, me fit l'honneur de m'appeler à la chaire d'agriculture instituée à l'École forestière, sur sa proposition, par M. Léon Say, ministre des finances. J'ouvris ce cours en 1873, lorsque les élèves admis à l'École deux ans auparavant entrèrent dans leur troisième année d'études, au programme de laquelle figure l'enseignement de l'agriculture.

Récemment, M. le sous-secrétaire d'État Girerd, président

1. La seconde chaire spéciale de chimie agricole a été créée à la Faculté des sciences de Lyon.

du conseil d'administration des forêts, en accordant à l'École les fonds nécessaires pour l'installation d'un vaste laboratoire, a doté la chaire d'agriculture de son complément indispensable. Grâce à cet auxiliaire précieux, je pourrai, dès le mois de novembre prochain, exercer les élèves aux analyses de sols, de cendres de végétaux, d'eaux, etc., et les préparer par des travaux pratiques, à suivre avec plus de profit encore que par le passé, l'enseignement de l'agronomie.

Je me suis efforcé de justifier, autant qu'il dépendait de moi, les témoignages de confiance et d'estime dont j'ai été l'objet, et je remplis un devoir très-doux en inscrivant, en tête du premier volume de mon cours, à côté du nom des maîtres aux leçons et à l'amitié desquels je dois tant, ceux des fondateurs du double enseignement auquel je me suis consacré entièrement et qui, j'ai lieu de l'espérer, a déjà porté quelques fruits.

Lorsque j'inaugurai l'enseignement qui m'est confié, il n'avait d'analogue dans aucun établissement d'instruction supérieure. Absolument distinct, par sa nature, des cours de chimie, de physique et d'histoire naturelle, il devait participer de chacun d'eux, car il a pour objet l'application de ces diverses branches de nos connaissances à la sylviculture et à l'agriculture. La discussion du programme du cours devait m'occuper tout d'abord[1]. La première condition à remplir pour arrêter le choix des matières à enseigner et l'ordre des leçons, était évidemment d'être fixé d'une façon précise sur le but à atteindre, en tenant compte du caractère spécial de l'auditoire auquel j'ai l'honneur de m'adresser.

Les agents forestiers ne sont point appelés à devenir des agriculteurs dans le sens pratique du mot, mais la nature de leurs

---

1. Voir page XIII, le programme détaillé.

fonctions, les exigences de leur service, en les mettant si fréquemment en rapport avec les cultivateurs, leur imposent de ne rester étrangers à aucune des grandes questions relatives à notre principale industrie nationale.

Rattachée au ministère de l'agriculture, l'Administration des forêts doit prendre, à mon avis, une part prépondérante dans l'étude des questions scientifiques qui ressortissent à ce département.

Le ministère, les chambres d'agriculture, les comices et sociétés agricoles, les conseils départementaux et locaux doivent rencontrer dans les agents forestiers disséminés à la surface de la France, des collaborateurs et des conseillers désignés à l'opinion publique par leurs connaissances spéciales et par leur compétence en matière agricole. Si, en outre, comme il y a lieu d'espérer que cela arrivera bientôt, le corps forestier est chargé d'appliquer les mesures relatives à la mise en valeur des terrains vagues, de diriger les travaux de drainage, d'avoir dans ses attributions la surveillance des cours d'eaux non navigables et le service des irrigations, il est indispensable que les agents formés à l'École acquièrent des notions justes et précises sur les questions qui concernent ces différents services.

Les forestiers, on ne saurait trop le répéter, doivent être avant tout des naturalistes possédant à fond, pour bien gérer les immenses richesses qui leur sont confiées, une instruction solide dans les diverses branches des sciences sur lesquelles repose l'exploitation rationnelle du sol. L'arbre est une plante qui a sur celles que nous cultivons dans nos champs, l'avantage de ne demander, grâce à la libéralité de l'atmosphère, ni fumier, ni labour; mais pour bien diriger une forêt, pour lui faire rendre, en bon administrateur usufruitier du sol qui la porte, tout ce qu'on peut lui demander, en sauvegardant les droits de nos descendants, il faut au forestier la connaissance la plus complète des lois qui président à la nutrition et au développement des végétaux.

La mission du forestier m'apparaît, en effet, revêtue d'un double caractère : il est d'abord l'administrateur d'une partie importante de la fortune publique de la France ; il doit être, de plus, un homme désigné par son instruction, à la fois générale et spéciale, pour remplir le rôle de conseiller près des agriculteurs et de l'administration agricole du pays.

On ne se figure pas assez à quel point les agents forestiers, doués des connaissances dont je parle, peuvent être utiles aux progrès de l'agriculture. Sans cesse en contact, par la nature de leurs fonctions, avec l'habitant des campagnes, ils sont à même d'exercer sur son esprit une influence d'autant plus grande qu'elle n'a rien d'officiel. L'amélioration du sol par l'addition judicieuse de substances fertilisantes, l'élevage du bétail, l'entretien de l'étable, les soins à donner aux fumures, la fabrication perfectionnée du lait, du beurre et du fromage; sans parler de cette grave question des associations fruitières si pleines d'avenir pour l'amélioration des Alpes et des Pyrénées, tels sont autant de progrès auxquels les agents forestiers instruits peuvent s'associer avec un plein succès, s'ils veulent s'en donner la peine.

Loin de moi, je n'ai pas besoin d'y insister, la prétention ou seulement la pensée de vouloir faire des agents forestiers des agriculteurs proprement dits : leur tâche est ailleurs; mais j'estime qu'ils doivent en quittant l'École posséder des connaissances précises sur les phénomènes fondamentaux de la vie des plantes et des animaux et une idée exacte des questions économiques qui président à l'exploitation bien entendue du sol. Il importe qu'à l'occasion, ils puissent donner un conseil à un cultivateur, introduire dans la région qu'ils habitent une amélioration que leur suggérera l'état de la culture locale, faire partie d'une commission dans un comice agricole, ou d'un jury dans un concours régional; en un mot, posséder en agronomie une instruction solide qui leur permette de formuler un avis compétent sur des matières trop peu familières au plus grand nombre des propriétaires français.

Ces diverses considérations m'ont guidé dans la rédaction de mon programme, elles m'ont amené à donner à mon enseignement un double caractère : d'une part, j'ai introduit dans le plan du cours l'étude complète des lois fondamentales de la nutrition des plantes et des animaux; de l'autre, l'examen des cultures spéciales, la description de l'outillage agricole, les principes de la technologie et de l'économie rurales ainsi que les notions de comptabilité indispensables pour ne laisser les élèves de l'École étrangers à aucune des connaissances nécessaires pour juger de la marche d'une exploitation.

Six ans se sont écoulés depuis que j'ai inauguré l'enseignement de l'agriculture à l'École forestière; j'ai mis à profit l'expérience acquise chaque année pour améliorer le plan du cours, et en répartir aussi convenablement que possible les diverses matières dans le nombre d'heures relativement restreint que lui assigne le cadre des études de l'École.

Aujourd'hui, cédant aux instances réitérées de mes élèves, fort du bienveillant appui que m'ont constamment donné mes collègues, répondant enfin au désir que la Direction générale des forêts a bien voulu m'exprimer, je me suis décidé à commencer la publication de mes leçons.

Ici se posait une question préalable. Devais-je me borner à présenter un résumé de mon cours, et rédiger une sorte de manuel? Ne serait-il pas préférable, au contraire, de réunir dans un cadre moins écourté l'exposé des questions qui forment les matières de mon enseignement? Après mûre réflexion, c'est à ce dernier parti que je me suis arrêté; voici les motifs de ma détermination : j'ai pensé qu'un traité général de chimie et de physiologie appliquées à la sylviculture et à l'agriculture, dans lequel les questions fondamentales relatives au sol, à la nutrition des plantes et des animaux, trouveraient place avec les développements qu'elles comportent, rendrait plus de services aux agents forestiers qu'un manuel d'où serait nécessairement bannie la discussion scientifique.

L'ouvrage dont j'offre aujourd'hui la première partie au public agricole et forestier, rédigé sur le plan général du cours que je professe, présente un exposé critique de l'état actuel de nos connaissances en agronomie. J'ai pris à tâche de recourir aux sources originales chaque fois que je l'ai pu, sachant combien sont infidèles les analyses des travaux scientifiques faites de seconde main. J'ai, en outre, attaché un soin tout particulier à l'indication des sources bibliographiques, qui permettront de recourir aux mémoires originaux pour de plus amples renseignements. Supposant connues de mes lecteurs les notions générales d'histoire naturelle[1], j'ai négligé d'y revenir, pour entrer au contraire dans le détail des questions de physiologie végétale et animale, dont la connaissance approfondie est indispensable à l'intelligence des graves problèmes que soulève la biologie.

L'agriculture ne peut plus attendre aujourd'hui de progrès réel que de la science; l'observation pure a fait son temps; elle nous a donné tout ce qu'on en pouvait espérer. Pour lutter avec succès contre l'agriculture étrangère, notre grande industrie nationale doit s'inspirer de cette vérité. La liberté des échanges

1. Le cours d'agriculture est professé dans la troisième année d'études; les élèves qui le suivent possèdent donc des connaissances assez étendues en botanique, en minéralogie et en zoologie.

lui est infiniment moins préjudiciable, quoi qu'en puissent penser certains esprits, que l'ignorance des lois qui régissent la production végétale et animale. Aujourd'hui l'agriculteur qui ne possède pas des connaissances solides en chimie, en physiologie et en économie rurale, gagnerait plus à les acquérir qu'à obtenir ce qu'il appelle des droits compensateurs.

Le cours d'agriculture comprendra trois parties, conformément au programme d'études de l'École forestière :

1° Nutrition des plantes, embrassant les relations des végétaux (plantes agricoles et arbres) avec l'atmosphère, les eaux et le sol.

2° Nutrition des animaux; physiologie de la nutrition; alimentation rationnelle du bétail; produits des animaux de la ferme, lait, viande, graisse, laine, travail.

3° Culture proprement dite et économie rurale; outillage agricole; exploitation du sol; technologie agricole.

Mon but sera atteint si cette publication, en contribuant à répandre dans le corps forestier les connaissances sur lesquelles repose désormais tout progrès agricole, inspire aux hommes distingués qui le composent le désir d'associer leurs efforts à ceux du ministère de l'agriculture, pour le plus grand profit de l'industrie nationale par excellence.

L. GRANDEAU.

PROGRAMME

DU COURS D'AGRICULTURE

PROFESSÉ A L'ÉCOLE FORESTIÈRE

I. — Production végétale

Objet et but du cours. — Du rôle des agents forestiers vis-à-vis de l'agriculture. — Nature et importance des services qu'ils sont appelés à rendre à cette branche principale de notre industrie. — Coup d'œil général sur la production agricole des divers pays de l'Europe. — Statistique comparée de l'agriculture française, anglaise, allemande, etc. — Plan et divisions du cours.

L'observation pure en agriculture. — Ce qu'elle a donné : son insuffisance dans les conditions actuelles. — Intervention et rôle de la science. — De la méthode scientifique. — De l'art d'expérimenter. — Des connaissances nécessaires à un agriculteur.

Historique succinct des doctrines agricoles. — Antiquité. — Les précurseurs de J. Liebig. — Bernard Palissy; Olivier de Serres; Lavoisier; Th. de Saussure. — Doctrine de l'humus. — Thaër et son école. — Conséquences pratiques de la doctrine de l'humus. — Exagération de la doctrine par les disciples de Thaër. — L'agriculture en 1840.

Théorie de la nutrition minérale des plantes. — Liebig. — Source des aliments des végétaux. — Origine minérale des tissus de tous les êtres vivants.

Essais de culture dans des sols artificiels. — Wiegmann et Polstorff. — Boussingault. — Liebig. — Démonstration expérimentale de la nécessité des matières minérales pour la production végétale.

Essais de culture dans l'eau. — Principes de la méthode. — Procédé expérimental. — Indications physiologiques fournies par cette méthode. — Conclusions pratiques à en tirer. — Travaux de Knop, Wolff, Sachs, Stohmann, Nobbe, Schrœder, Erdmann, Pasteur, Raulin, etc.

Constitution générale de l'atmosphère. — Sa composition chimique. — Invariabilité de cette composition. — Comment l'expliquer.

Rôle de l'eau dans la végétation. — Généralités sur l'eau. — Pluie. — Brouillard. — Rosée. — Neige. — Givre. — Glace. — Leur composition chimique. —

Gel des plantes. — Évaporation de l'eau par les plantes. — Quantité d'eau minima nécessaire aux principales récoltes agricoles.

Eaux terrestres. — Mers. — Fleuves. — Rivières. — Lacs. — Sources. — Composition de ces eaux. — Examen des qualités d'une eau, au point de vue de l'alimentation de l'homme et des animaux, pour l'irrigation des prairies ; pour l'alimentation des chaudières à vapeur. — Méthode chimique de jaugeage des cours d'eau.

Origine du carbone ; origine de l'humus. — Quantités de carbone fixées annuellement (par hectare) par les diverses récoltes agricoles et forestières. — Prairies. — Forêts de feuillus. — Forêts de résineux. — Céréales, plantes sarclées, légumineuses. — Influence de l'altitude sur la fixation du carbone par un hectare de récolte forestière ou agricole. — Pâturage. — Production de la couverture des forêts. — Production de l'humus.

Origine de l'azote. — Exigences des principales récoltes agricoles en azote. par hectare et par an. — Forêts, prairies, céréales, plantes sarclées, légumineuses, etc. — Importance des emprunts faits à l'air. — L'électricité atmosphérique, source d'azote des végétaux. — Théorie de Th. Schlœsing. — Circulation de l'azote à la surface du globe. — De la nitrification du sol arable. — Importance de ce phénomène pour la production agricole.

Corpuscules organisés de l'atmosphère. — Exposé de la question des générations dites *spontanées*. — Travaux de L. Pasteur et de son école.

Matières minérales des végétaux. — Exigences en principes incombustibles, chaux, potasse, acide phosphorique, fer, etc., des végétaux de la grande culture et des forêts. — Prairies. — Céréales. — Plantes fourragères, industrielles, légumineuses, etc. — Migration des matières minérales dans les diverses parties des végétaux. — Graines. — Tubercules. — Racines, feuilles et tiges.

Source des aliments incombustibles des plantes. — Formation des sols agricoles. — Origine de la chaux, de l'acide phosphorique, de la potasse, etc., des végétaux. — Sols arables. — Labours. — Utilité des labours profonds. — Des conditions dans lesquelles ils doivent être faits.

Examen et analyse des sols. — Sols agricoles. — Sols forestiers. — Instruction détaillée relative au prélèvement des échantillons. — Analyse mécanique. — Analyse physico-chimique des sols. — Détermination et dosage des principes minéraux les plus importants, des matières organiques, de l'eau.

Propriétés physiques et chimiques des sols. — Pouvoir absorbant. — Huxtable. — Thompson. — T. Way. — Recherches de Liebig. — Brüstlein. — Knop, etc... — Importance capitale de la faculté absorbante. — Absorption de la potasse, de l'ammoniaque, de l'acide phosphorique. — Irrigation ; ses effets chimiques. — Eaux de drainage. — Principes solubles du sol ; leur insuffisance pour expliquer la fertilité des sols. — Zöller. — Schlœsing. — Assimilation des matières solides par les racines des plantes. — La dissémination physique des engrais. — Liebig. — Zöller et Nægeli. — Stohmann. — Expériences de Sachs.

Causes prochaines de la fertilité des sols. — Sols stériles, dans quelles conditions. — Sols fertiles. — Épuisement du sol, restitution. — Composition chimique des principaux sols agricoles et forestiers. — Accord entre la théorie de l'humus et la doctrine minérale de la nutrition des plantes. — Résumé.

II. — Production animale.

Nutrition des animaux. — Historique de la question. — Notions fondamentales sur la nutrition. — Plan et programme. — Ce qu'on entend par alimentation rationnelle du bétail. — Races principales des animaux de la ferme. — Bœufs et vaches. — Moutons. — Chevaux. — Porcs. — Sélection.

Bases de l'alimentation rationnelle. — Du rôle des matières azotées ; rôle de la graisse, des hydrocarbures, fécule, amidon, sucre. — Cellulose. — Définition exacte et physiologique de l'aliment. — Cl. Bernard. La nutrition est indirecte. — Cas principaux dont l'étude importe à l'agriculteur. — Conditions générales de l'assimilation des principes nutritifs.

Ration alimentaire. — Ce qu'on entend par là. — Comment on peut l'établir. — Ration de l'homme. — Ration des animaux de la ferme. — Calcul des rations pour les divers cas ; élevage, engraissement, production du lait ; laine, travail. — Tableau des rations.

Composition des fourrages. — Équivalence nutritive. — Ce qu'il faut entendre par là. — Défectuosité du principe de l'équivalence en foin. — Alimentation *ad libitum*. — Calcul des rations d'après la composition des fourrages et leur digestibilité, seules bases rationnelles de l'alimentation.

Récolte, conservation, préparation des fourrages. — Ensilage. — Foin brun. — Coction. — Concassage. — Coupage. — Décortication. — Utilisation des fourrages. — Choix suivant les espèces, les races, le but qu'on se propose d'atteindre ; travail, lactation, production de chair, de graisse, de laine.

Composition des animaux de boucherie. — Travaux de Lawes et Gilbert. — Graisse. — Chair. — Os. — Origine et production de la graisse. — Théorie de l'engraissement. — Méthode pratique à suivre.

Production de la viande. — Formation de la chair. — Des conditions de production du tissu musculaire. — Travaux de Voit, Bischoff, Pettenkoffer, Stohmann, Henneberg, Kühn, Wolff, etc.

Production du lait. — Composition du lait. — Des caractères des vaches laitières. — Sécrétion lactée. — Conditions qui influent sur la production du lait : Race, âge, saison, alimentation. — Produit des laiteries. — Système de Schwarz. — Beurre, crème, fromage, petit lait ; — leur composition. — Détermination des fraudes. — Analyse et examen du lait.

Production de la force et du travail. — Origine de la force musculaire, travail du muscle. — Dépense de l'organisme dans le travail mécanique. — Comparaison des animaux avec les moteurs inanimés sous le rapport de la production de force.

Production de la laine. — **Production du fumier.** — Composition des excréments des animaux de la ferme. — Composition, récolte, entretien, altération et utilisation du fumier.

Des litières. — Installation de l'étable. — Des diverses litières. — Calcul de la production et de la composition des fumiers.

Maladies contagieuses et épizooties. — Morve. — Péripneumonie. — Sang de rate. — Clavelée. — Peste bovine. — Résumé de la deuxième partie du cours.

III. — Agriculture proprement dite.

Principes fondamentaux d'économie rurale. — Capital. — Exploitation. — Fermage. — Baux. — Bail anglais. — Métayage. — Assolements. — Systèmes de culture.

Travaux mécaniques. — Labours, hersages, binages, buttage. — Outillage agricole. — Charrues, moissonneuses, faucheuses, semoirs, faneuses, etc... — Emploi de la vapeur en agriculture.

Céréales. — Semaille. — Culture, sols, produits ; — récolte. — Blé. — Pain. — Seigle. — Méteil. — Avoine. — Orge. — Sarrasin. — Maïs. — Riz. — Commerce des grains. — Échelle mobile.

Plantes fourragères. — Racines. — Betteraves. — Pommes de terre. — Turneps. — Topinambours. — Maïs géant.

Prairies artificielles. — Création. — Sols. — Amendements ; — entretien ; — fumure. — Luzerne. — Trèfle. — Sainfoin.

Prairies naturelles. — Irrigation. — Drainage. — Pâturage.

Associations fruitières. — Fruitières du Jura, de la Suisse, des Pyrénées, des Alpes françaises. — Organisation, règlement, fonctionnement. — Fabrication du fromage. — Avantage des fruitières pour les régions montagneuses. — Leur influence sur la sylviculture de ces régions.

Cultures industrielles. — Tabac. — Houblon. — Vigne. — Garance. — Lin. Absinthe. — Colza et plantes oléagineuses, etc.

Maladies des végétaux. — Parasitisme. — Cuscute. — Maladie de la pomme de terre, du houblon. — Phylloxera. — Ergot.

Industries agricoles. — Sucrerie. — Distillerie. — Alcool. — Féculerie. — Minoterie. — Panification. — Brasserie. — Malterie. — Vinaigrerie. — Vins.

Fabrication des engrais industriels. — Superphosphates. — Sulfate d'ammoniaque. — Nitrates. — Engrais divers ; — guano ; — phosphates naturels. — Sels de potasse. — Utilisation des eaux d'égout. — Résidus d'industries.

Principes généraux de comptabilité agricole. — Bilan chimique d'une exploitation.

Stations agronomiques et forestières. — Organisation. — But. — Fonctionnement de ces établissements. — Résumé du cours.

LA NUTRITION DE LA PLANTE

LIVRE PREMIER

LES DOCTRINES AGRICOLES

CHAPITRE PREMIER

INDESTRUCTIBILITÉ DE LA MATIÈRE. — PERMANENCE DE LA FORCE

SOMMAIRE : Bases de la statique chimique des êtres vivants. — Indestructibilité de la matière. — Origine minérale du monde organique. — Conservation et transformation de la force. — Le soleil origine de tout mouvement. — Hypothèses sur l'entretien de la chaleur solaire. — Conclusions.

1. — Bases de la statique chimique agricole. — Le domaine scientifique de l'agriculture comprend deux ordres de recherches distincts, mais absolument connexes : *la production végétale, — la production animale.* Dans la première partie du cours nous étudierons la nutrition des plantes et les conditions fondamentales de la production des végétaux. La seconde partie de nos leçons sera consacrée à l'exposé des lois qui régissent la nutrition animale envisagée dans ses rapports avec l'économie du bétail. L'exploitation rurale, l'étude des méthodes et procédés qu'elle met en œuvre, formeront l'objet de la troisième partie du cours, dans laquelle nous appliquerons à la culture proprement dite les connaissances acquises antérieurement.

Avant d'entrer en matière et de résumer les recherches expérimentales qui ont fondé la théorie de la nutrition végétale, pour arriver à formuler les règles sur lesquelles se guide la culture rationnelle, il me paraît utile d'esquisser rapidement les notions générales qui forment la base immuable de la statique chimique de la nutrition végétale et animale, science toute moderne et dont les brillants débuts promettent encore bien des révélations.

2. — Indestructibilité de la matière. — Le double fondement, désormais inébranlable, sur lequel reposent toutes les études relatives à la nutrition des plantes et des animaux, peut se formuler ainsi : *indestructibilité de la matière ; conservation de la force.*

Jetons un coup d'œil rapide sur les faits qui démontrent ces vérités et qui en font la pierre angulaire de toute science expérimentale.

Qu'ils en aient conscience ou non, le chimiste, le physicien et le physiologiste ne sauraient avoir d'autre point de départ de leurs recherches que l'indestructibilité, la permanence de la matière. Les mots *création, destruction,* sont purement relatifs et n'ont d'autre sens, dans la science, que celui de *combinaison, organisation, décomposition. Ex nihilo nihil ; nil fit ad nihilum.* (R. Mayer.)

Le seul but que le physicien, le chimiste et le physiologiste puissent se proposer avec quelque espoir de l'atteindre, est d'étudier les formes diverses de la matière et de la force, les conditions de leurs métamorphoses ; car la création aussi bien que l'anéantissement de la matière et de la force sont au-dessus des facultés humaines.

Dans le domaine qu'ils explorent, force et matière, tout est transformation : *rien ne se crée, rien ne se perd.* Seule, l'étude de ces transformations, dans leur rapport avec les êtres vivants, plantes et animaux, constitue, à l'heure actuelle, le vaste champ des investigations de la physique, de la physiologie, de la chimie et de leurs applications à la biologie.

C'est à Lavoisier que revient la gloire d'avoir découvert, établi et formulé le premier cette propriété primordiale de la matière. Son génie, grand entre tous, avait deviné l'étroite solidarité qui unit l'air, le sol, la plante et l'animal. Lavoisier eut l'intuition nette du cercle éternel dans lequel se meut la matière ; dès 1792, comme nous le verrons plus loin, il posait, de main de maître, le problème de la statique de la nutrition végétale et animale et traçait le programme des expériences qui doivent conduire à sa solution.

La matière revêt, dans notre monde terrestre, des modalités en nombre infini. Si nous considérons, en effet, les trois grands règnes de la nature, nous arrivons à compter dans chacun des groupes minéral, végétal et animal, des milliers d'espèces ; et dans chaque espèce, dans chaque être, que de différences individuelles ! Cependant, si nous demandons à la chimie de quels éléments les minéraux, les végétaux et les animaux, le monde, en un mot, est formé, elle nous répondra qu'un nombre très-restreint d'éléments simples, c'est-à-dire caractérisés par des propriétés irréductibles dans l'état actuel de la science, suffit à ces innombrables manifestations de la matière ; que soixante-huit éléments concourent à la formation de la croûte solide du globe[1], et que, parmi ceux-ci, quatorze ou quinze seulement entrent dans la composition de tous les êtres vivants, quelque diverses que soient leur organisation, leur taille, leur nature et leurs propriétés.

La vie des êtres organisés, l'instinct de l'animal, l'âme de l'homme résident, en quelque sorte, dans un moule idéal dont les parties matérielles vont se transformant d'instant en instant pour faire place à de nouvelles particules appartenant au monde extérieur à eux et préalablement engagées dans les tissus d'autres plantes et d'autres animaux. D'où vient la matière qui constitue les êtres vivants ? Après avoir cru pendant longtemps qu'elle était produite de toutes pièces par ces derniers, on sait aujourd'hui qu'elle n'a point cette origine, — rien ne venant de rien.

3. — Origine minérale du monde organique. — En déterminant, par l'analyse, la nature des éléments qui constituent la trame des tissus végétaux, la science a pu démontrer que tous : hydrogène, oxygène, azote, carbone, phosphore, soufre, chlore, silicium, fer,

1. La découverte capitale de Kirchhoff et Bunsen, l'analyse spectrale et les travaux de leurs émules, nous ont révélé l'identité de constitution chimique de tout notre système solaire. Le 12 décembre 1878, M. Norman Lockyer a lu à la Société royale de Londres un travail du plus haut intérêt. L'auteur, confirmant une vue émise depuis longtemps par M. J. Dumas, arrive par la discussion de plus de 100,000 observations spectroscopiques, effectuées sur le soleil, les étoiles ou les matières chimiques, à donner une grande probabilité à l'hypothèse que les corps réputés simples seraient en réalité des corps composés, de l'hydrogène à divers états de condensation.

manganèse, calcium, magnésium, sodium et potassium (ces dix derniers en moindres proportions et formant les cendres), sont d'origine exclusivement minérale. En étudiant ensuite les conditions d'accroissement de la plante indissolublement fixée au sol, elle a reconnu que du sol et de l'air seuls la plante extrait, par ses racines et par ses feuilles, sous l'influence de la lumière solaire, les principes indispensables à son existence. La physiologie moderne a démontré qu'en définitive au végétal seul appartient le rôle important de fabriquer de toutes pièces, avec la matière minérale, la substance organique qui va servir, par des transformations ultérieures, de nourriture aux animaux herbivores. Ceux-ci, en effet, s'emparent des matières élaborées par les plantes, les modifient par la digestion, les assimilent. Une partie de ces aliments profondément transformés reste dans l'économie, où elle sert au renouvellement des éléments usés par le jeu des organes; l'autre est rejetée comme impropre à l'entretien des fonctions animales et restituée au sol et à l'air. L'herbivore, à son tour, nourrit le carnivore; puis tout ce monde organique, plantes et animaux, retourne entièrement, après la mort, au sol et à l'air d'où il était sorti. Ainsi entraînée dans un mouvement circulaire, changeant sans cesse de forme pour participer aux phénomènes de la vie, la matière, *sans jamais rien perdre de son poids,* va de la terre à la plante, de la plante à l'animal, et retourne de l'animal à la terre pour parcourir le cercle éternel de la vie, dont l'essence, comme toutes les causes premières, échappera toujours aux investigations de l'homme, auquel il est donné de la connaître seulement par ses manifestations sans en pouvoir découvrir l'origine.

En présence de ces résultats définitivement acquis, l'observateur est naturellement conduit à se poser cette question : Où la plante puise-t-elle la force nécessaire pour opérer le travail merveilleux de transformation de la matière minérale en matière organique ?

Avant de rechercher l'origine de la force à la surface de notre planète, voyons comment la physique a établi le principe de *sa conservation,* après la démonstration, donnée par la chimie, de l'indestructibilité de la matière : nous serons ainsi amené à répondre à la question posée.

4. — Conservation de la force. — Dans ces dernières années les physiciens, s'appuyant sur l'expérimentation, seule voie de progrès des sciences naturelles, et sur une étude attentive des agents naturels et de leurs rapports réciproques, sont arrivés à étendre à la force le principe appliqué à la matière. Ainsi, pour la force comme pour la matière, l'axiome de Lavoisier : *Rien ne se crée, rien ne se perd,* est absolument vrai.

Par *force,* nous entendons la cause qui produit, modifie ou supprime le mouvement. Les *forces mécaniques, chimiques* ou *physiques* qui, invisibles et intangibles, se manifestent à nos sens par le mouvement, par la sensation de chaleur, etc., sont tout aussi indestructibles que la matière pondérable, visible et tangible. Comme cette dernière, nous allons les voir se transformer les unes dans les autres, sans jamais s'anéantir. A une certaine quantité de mouvement détruit correspond une quantité définie de chaleur produite, et réciproquement.

Les faits se rattachant à la démonstration des diverses transformations des forces sont nombreux à citer. Nous nous bornerons à en mentionner quelques-uns d'ordre inverse : la transformation du mouvement en chaleur et, réciproquement, de la chaleur en mouvement.

Tout le monde connaît l'observation de Rumford[1]. En 1798, Rumford, directeur de la fonderie de canons de Munich, frappé de l'énorme quantité de chaleur produite dans l'opération du forage des pièces d'artillerie, chercha à se rendre compte de son origine. Après une observation attentive et raisonnée des faits, ne pouvant attribuer la chaleur produite au calorique latent devenu libre, il poussa plus loin

1. Sir **Benjamin Thompson,** comte de Rumford, né le 26 mars 1753 à Rumford (aujourd'hui Concordia, New-Hampshire [Amérique]), mort à Auteuil le 21 août 1814. Il a débuté en qualité d'instituteur à Bradford (Massachussets) ; de là, maître d'école dans son lieu natal. A la guerre de l'indépendance, il entra dans la milice avec le grade de major ; plus tard, colonel d'un régiment de dragons combattant pour l'Angleterre. A la paix de 1783, il émigra en Angleterre. En 1785, Rumford entra au service de Charles-Théodore, prince du Palatinat, qui le nomma lieutenant-général et l'éleva, en 1790, à la dignité de comte. Rentré en Angleterre en 1799, il vint se fixer à Paris en 1802, et il épousa, en 1805, la veuve de Lavoisier, dont il se sépara ensuite. Rumford était membre de la Société royale de Londres et de l'Académie des sciences de Paris, fondateur de la « Royal Institution » de Londres et de la médaille que la Société royale d'Angleterre décerne en son nom aux savants anglais et étrangers les plus distingués.

son étude. Pour cela, il installa l'expérience suivante : Dans une caisse en sapin remplie d'eau, il assujettit verticalement un cylindre creux, en fer, fermé à l'une de ses extrémités. Dans ce cylindre, il introduisit un pilon d'acier trempé, très-lourdement chargé, exerçant par conséquent une forte pression sur le fond du cylindre creux; puis à l'aide du manége de l'usine, servi par deux chevaux, il communiqua au pilon un rapide mouvement de rotation sur son axe. Au début de l'expérience, la température de l'eau contenue dans la caisse marquait 15 degrés au-dessus de zéro, mais bientôt, s'élevant au contact du cylindre échauffé par le frottement, elle atteignait, au bout de deux heures, 100 degrés, et le liquide entrait en pleine ébullition.

De cette expérience, Rumford conclut que, puisque la faculté d'émettre de la chaleur ne s'use point dans les cylindres frottants, tant qu'une certaine quantité de force est dépensée pour vaincre le frottement et entretenir leur rotation, le calorique ne peut être une substance matérielle, mais qu'il est un mouvement. S'il eût fait un pas de plus et mesuré le rapport entre la force motrice dépensée dans son appareil et le degré d'échauffement de l'eau, il aurait eu la gloire de déterminer l'équivalent mécanique de la chaleur, qui ne fut fixé numériquement qu'en 1842 [1] par R. Mayer.

Cette expérience est une démonstration évidente de la transformation du mouvement en chaleur. Mais combien de faits ne se passent-ils pas sous nos yeux qui nous révèlent ce phénomène? Celui du choc, mieux qu'aucun autre, nous en fournit de nombreux exemples. Nous voyons en effet que partout où du mouvement est anéanti, naît de la chaleur.

Dans les expériences faites sur la résistance des plaques de blindage aux boulets de l'artillerie, on remarque que, lorsque le projectile perce la cuirasse de fer, sa température ne change pas notablement; mais quand il arrive sur la cible, animé d'une vitesse énorme, sans pouvoir la pénétrer, sa force vive est aussitôt, par le choc, transformée en chaleur; alors le boulet rougit et les spectateurs, placés

1. D'après les documents inédits communiqués à l'Académie des sciences, dans sa séance du 16 décembre 1878, Sadi-Carnot avait, dès 1825, conçu le principe de l'équivalent mécanique de la chaleur et fixé par le calcul la valeur approchée de l'équivalent mécanique d'une unité de chaleur, à 370 kilogrammètres.

auprès du canon, l'aperçoivent un instant comme un point lumineux. La partie de la plaque frappée acquiert elle-même, sur le moment, une température élevée.

Quant à la transformation inverse de la chaleur en mouvement, en voici un exemple bien connu des chasseurs et facile à vérifier. Tirez un fusil simplement chargé à poudre, puis un autre chargé à une ou plusieurs balles; portez, immédiatement après le coup, la main sur l'un et sur l'autre canon. Vous trouverez le canon chargé simplement à poudre bien plus chaud après l'explosion que le canon chargé à balle. L'explication du fait est facile à trouver : dans le premier canon toute la chaleur reste *sensible*, car le travail pour chasser une simple bourre est peu considérable; tandis que, dans le second, une partie de la chaleur disparaît dans le mouvement imprimé aux balles et se métamorphose en travail mécanique.

Les autres faits qui se rattachent à cet ordre de phénomènes sont trop nombreux pour que j'entreprenne de les énumérer ici. Il me suffira de rappeler comme exemples de chaleur convertie en mouvement, et les milliers de navires à vapeur qui sillonnent les mers, et les locomotives qui emportent dans leur course les longs convois de chemins de fer, et les puissants moteurs de l'usine et de l'atelier qui mettent en marche les roues qui tournent, les laminoirs qui étirent, les lourds marteaux qui écrasent, les cisailles qui découpent et toutes ces mains mécaniques qui filent, tissent, tressent, roulent, plient, etc.

Enfin, par une dernière expérience, je vais essayer de rendre sensibles les transformations successives de la force, comme la chimie nous fait toucher du doigt celles de la matière.

5. — Transformation de la force. — Voici une forte pile électrique à plusieurs couples. Dès que le circuit voltaïque est fermé par un fil métallique, l'*action chimique* se manifeste et se transforme en *électricité*; celle-ci, ayant à vaincre les résistances du circuit, produit de la *chaleur* qui devient évidente par la température rouge qu'acquiert un fil métallique mince interposé entre les conducteurs. Si, à l'extrémité de ces conducteurs, à la place du fil, sont adaptés et rapprochés deux cônes de charbon, aussitôt la *chaleur* se convertit en un jet de *lumière* éblouissante. Enroulons maintenant les fils autour d'un barreau de fer doux, et nous allons voir le *mouvement* se produire soit par les oscillations de l'aiguille aimantée, soit par le déplacement de limailles de fer placées dans la sphère d'activité du courant magnétique développé. Enfin, si nous plongeons l'extrémité des fils dans la solution d'un sel métallique, ou même dans de l'eau pure, ces substances seront décomposées en leurs éléments et nous reviendrons ainsi au point de départ : *l'action chimique.*

La force parcourt donc, comme la matière, un cercle fermé, et dans toutes les manifestations qu'elle revêt, il y a toujours équivalence numérique, c'est-à-dire que, pour engendrer une certaine somme de force, il faut une quantité déterminée de chaleur, d'électricité, de lumière, etc., ou inversement. Dans ce travail de métamorphose, la somme de force vive reste constante, et comme pour la matière, *rien ne se crée, rien ne se perd.*

Cette notion de l'équivalence des forces naturelles est toute moderne, c'est une des plus belles conquêtes de la science contemporaine ; elle fut énoncée pour la première fois, en 1842, par un médecin d'une petite ville d'Allemagne, le Dr J. R. de Mayer[1] (de Heilbronn). Dans son remarquable travail *Sur les forces de la nature inanimée,* ce savant, inconnu jusqu'alors, posa nettement la question de l'*équivalence du travail et de la chaleur*. Cette étude, reprise et développée par MM. Joule, Clausius, Macquorn Rankine, William Thompson, Helmholtz, Favre, etc., devint le point de départ de la *théorie mécanique de la chaleur,* dont l'examen ne saurait trouver place ici, théorie qui ouvre à la physiologie, et en particulier à l'étude des transformations de la matière dans les êtres vivants, des horizons entièrement neufs.

1. **Jules-Robert de Mayer**, médecin de l'hôpital de Heilbronn, né dans cette ville le 25 novembre 1814, correspondant de l'Institut de France, mort le 20 mars 1878. E. Verdet a porté sur Mayer le jugement suivant : « Les idées introduites pour la première fois dans la science, en 1845, par J. R. Mayer dans sa brochure intitulée : *le Mouvement organique et la Nutrition*, firent faire à la physiologie générale un progrès assurément égal au progrès qui est résulté, vers la fin du siècle dernier, des découvertes de Lavoisier et de Senebier sur la respiration. Elles ne sont pas d'ailleurs demeurées à l'état de pure théorie, et deux séries distinctes d'expériences les ont déjà confirmées de la manière la plus remarquable. » (*Œuvres de Verdet,* 1860, t. VII, p. LXXXV.)

Après ces brillantes découvertes sur les transformations de la force et de la matière, la science n'a pas manqué de se poser ces deux éternelles questions : Quelle est l'origine de la matière? D'où vient la force? La première n'a été résolue, je l'ai dit plus haut, que pour notre système solaire ; l'origine première de la matière est inconnue. Sur la seconde, ses investigations ont établi que, pour notre système planétaire du moins, c'est dans le soleil que réside la source de toute force.

6. — Le soleil, source de force, origine et cause de tout mouvement. — C'est à l'échauffement inégal de l'atmosphère des régions équatoriales et des régions polaires par la chaleur solaire, qu'il faut rattacher la production de ces grands déplacements d'air qui, sous le nom de vents alisés, s'opèrent de l'équateur au pôle et des pôles à l'équateur. Les moussons qui alternent dans la mer des Indes, les vents violents des déserts, les brises de terre et de mer et même nos vents locaux, ouragans et zéphirs : tous ont pour cause la chaleur solaire.

Voilà donc le soleil créateur de ces vents, grands fleuves aériens qui agitent les ailes des moulins à vent, qui gonflent les voiles des navires, établissent et maintiennent la constance de la composition de l'atmosphère sur tous les points du globe.

Tous ces mouvements de l'océan aérien, résultant de l'action mécanique du soleil sur l'atmosphère gazeuse, nous allons les voir se refléter dans l'océan liquide qui couvre notre planète. Le soleil, en versant ses feux sur la masse liquide, l'échauffe inégalement. Ses rayons, verticaux sous l'équateur, élèvent considérablement la température des eaux intertropicales ; tandis que, de plus en plus obliques en se dirigeant vers les pôles, ils vont en s'affaiblissant et perdent enfin toute action calorique sur l'eau congelée des mers hyperboréennes. De cette inégalité de température naît le mouvement qui donne naissance à ce grand courant d'eau chaude, le *gulf-stream*, se dirigeant de l'équateur au pôle, et à ces contre-courants qui, partis du pôle, viennent baigner et rafraîchir de leurs flots glacés les côtes de certaines contrées équatoriales. Ces grands courants, *véritables chemins qui marchent*, sont aujourd'hui soigneusement étudiés par les marins et mis à profit pour abréger la durée du trajet des navires.

Dans l'arrosement du globe, la chaleur solaire produit encore des effets mécaniques dont la puissance est grandiose. C'est sous son influence qu'a lieu l'évaporation de l'eau du sol, des fleuves et de la mer, qui va former les nuages. Mais les nuages se résolvent en pluie et vont gonfler les torrents, alimenter les rivières, dont les chutes animent les moteurs économiques de la scierie, du moulin et de l'usine. La force motrice qui élève l'eau qui constitue les nuages n'est qu'une transformation de la chaleur. On l'a calculée; elle représente un chiffre énorme. En estimant, en moyenne, à $1^{m},50$ l'épaisseur de la couche d'eau qui, chaque année, tombe sur le globe, et en supposant qu'on veuille élever cette couche à une hauteur de 180 mètres seulement, il faudrait employer pour ce travail une machine de cent mille millions de chevaux-vapeur, force qui représente seize mille fois la force totale des machines à vapeur existant à la surface du globe.

Le soleil intervient encore par sa chaleur et par sa lumière dans l'assimilation du carbone et de l'ammoniaque de l'air par les végétaux. Sans le soleil, la réduction de l'acide carbonique, qui fournit tout le carbone aux plantes, ne peut s'accomplir, et la quantité de chaleur qui est consommée dans cette opération chimique est exactement proportionnelle au travail nécessaire pour construire l'édifice végétal. Mais nous ne jouissons pas seulement de la chaleur actuelle du soleil, nous tirons encore partie de celle qui s'est emmagasinée depuis des années, des siècles, des âges, dans les plantes. C'est en restituant cette chaleur, mise en réserve pendant la période houillère, que les plantes accumulées, solidifiées dans les couches de charbon, donnent le mouvement à tant d'usines, de machines, de bateaux à vapeur, de locomotives, etc.

Toutes ces grandes forces de la nature que la science nous a, depuis peu, appris à connaître et à utiliser dérivent donc du soleil. C'est cet astre qui, par sa chaleur, déplaçant des milliards de millions de kilogrammes de molécules gazeuses et liquides, fournit ainsi à l'activité humaine une force gratuite, infatigable et toujours renaissante.

7. — Hypothèses sur l'entretien de la chaleur solaire. — Étant démontré aujourd'hui que tout notre monde terrestre est sous la dépendance directe du soleil, on s'est demandé comment cette inépuisable chaleur est entretenue. Si le soleil n'était qu'un corps en combustion, sa lumière et sa chaleur s'épuiseraient promptement. Un globe de houille du même volume, brûlant, serait consumé en 4,600 années. Qu'est-ce donc qui peut alimenter au centre de notre système cette lumière qui l'illumine, et cette chaleur qui lui donne la vie? Ici nous sortons du domaine des faits indiscutables pour entrer dans le champ des suppositions. Trois hypothèses principales se présentent : leurs auteurs sont Robert Mayer, Helmholtz et Mohr. Nous allons les résumer brièvement sans les discuter.

Commençons par celle de R. Mayer. En citant précédemment l'expérience d'un boulet de canon lancé sur une plaque résistante de blindage, nous avons dit que, par le choc, le mouvement se convertit en chaleur et que la température du boulet atteint le rouge. Imaginons un corps, pesant une tonne, placé à une si grande distance de la terre qu'il en ressente à peine l'attraction. Que ce corps tombe sur notre planète, il ne l'atteindra qu'après avoir acquis une vitesse de 11 kilomètres par seconde, et sa collision avec le sol donnera, en un instant, autant de chaleur que deux tonnes de houille brûlant graduellement. Le même corps tombant sur le soleil, dont la force attractive est bien plus puissante, y arrivera avec une vitesse de 624 kilomètres par seconde, et en s'y heurtant, engendrera une quantité de chaleur égale à celle que produit la combustion de dix mille tonnes de houille. Cette puissance calorifique du choc est, comme vous le voyez, si grande, que R. Mayer a pu imaginer que la chaleur solaire soit due uniquement à une pluie continuelle de météores.

Sommes-nous autorisés à admettre que des corps errants viennent sans cesse tomber dans le soleil? Si nous considérons notre terre, comparativement si petite, nous pouvons le comprendre, car, vers certaines époques, les étoiles filantes sillonnent à tout moment le ciel de leurs lumineuses traînées. A Boston, en neuf heures de nuit, on en a compté 240,000, et on évalue à plusieurs milliards le nombre de celles qui traversent notre atmosphère dans une année. Il n'est pas douteux que l'espace est rempli d'une multitude innombrable d'astéroïdes. Certaines perturbations du mouvement planétaire ne peuvent s'expliquer qu'en admettant l'existence de ces planètes relativement microscopiques. La lumière zodiacale ne serait elle-même qu'une masse formée de météores qui, en tourbillonnant dans un milieu résistant, s'illuminent et, en se rapprochant de plus en plus du soleil, finissent par s'y précipiter. En somme, l'hypothèse de R. Mayer, adoptée par William Thompson, consiste à considérer le soleil comme une cible gigantesque, bombardée à chaque minute par 188 millions de billions de kilogrammes de masses météoriques. Mais, a-t-on objecté, une telle masse tombant sur le soleil en augmenterait bientôt le volume. Il n'en est rien. D'après les calculs des astronomes, cette chute périodique d'astéroïdes n'aurait pas fait varier le diamètre apparent de cet astre depuis les temps historiques, et il faudrait 66,000 ans pour que, de ce fait, le diamètre apparent augmentât d'un arc d'une seconde, grandeur qui est à peu près la limite d'exactitude des observations astronomiques.

La deuxième hypothèse est celle de Helmholtz. Ce savant part de la théorie de Kant et de Laplace, qui admet que tous les corps célestes sont, à leur origine, à l'état de nébuleuses, c'est-à-dire constitués par de la matière cosmique, très-peu dense d'abord, mais se contractant peu à peu autour d'un noyau central et finissant par constituer les étoiles et les planètes. Le soleil, pour Helmholtz, serait une nébuleuse en voie de contraction. L'hypothèse ainsi posée, il calcule que la quantité de chaleur produite dans notre système solaire actuel par la contraction de la matière nébuleuse (en supposant la chaleur spécifique de la masse qui se condense égale à celle de l'eau) serait, pour l'amener à l'état physique actuel du soleil, suffisante pour porter la masse solaire à la température de 28 millions de degrés.

Helmholtz admet que la condensation continue, que les couches extérieures de la surface de cet astre se rapprochent graduellement du centre, et calcule qu'il se dégage ainsi, pour une diminution de un dix-millième du diamètre de la masse, une quantité de chaleur suffisante pour subvenir à la perte de chaleur due au rayonnement actuel pendant 2,000 ans.

Enfin Helmholtz établit par le calcul que, le soleil venant à se réduire, par contraction, de l'état de densité faible où il se trouve à l'état de densité de la terre, la chaleur produite par cette contraction suffirait à couvrir, pendant 17 millions d'années, la perte de chaleur due au rayonnement[1].

La troisième hypothèse, celle de Mohr, s'appuie tout entière sur l'indestructibilité de la force et de la matière. L'auteur se demande comment il pourrait y avoir perte de chaleur dans l'univers, l'échange continuel, à travers l'espace vide ou rempli d'éther, ayant pour résultat d'amener vers les autres astres le rayonnement des soleils qui auraient absorbé toute la chaleur qu'ils peuvent prendre. Échauffement, rayonnement, refroidissement et réchauffement, telle serait l'explication de l'entretien de la chaleur dans le monde. N'oublions pas toutefois que notre système planétaire n'est qu'un point dans l'immensité de l'univers et que, bien que la force et la matière soient indestructibles, des différences de force entre deux systèmes peuvent amener la cessation de la vie à la surface de l'un d'eux.

8. — Problèmes à résoudre. — Conclusions. — Après cette excursion dans les régions élevées de la spéculation, revenons à la science positive. Limitée à l'étude des phénomènes de notre monde terrestre, elle offrira un champ assez vaste à nos investigations pour défrayer, pendant longtemps encore, toute notre activité. Sans sortir du domaine de l'agriculture, que de problèmes grandioses attendent encore une solution, que d'énigmes dont le mot nous échappera peut-être toujours! Savons-nous quelque chose des causes qui font qu'un grain de blé, une graine de betterave, une semence de tabac, enfouis dans le même sol, produisent, sous l'influence des rayons solaires, l'un de l'*amidon*, l'autre du *sucre* et le troisième de la *nicotine?* Nous rendons-nous un compte plausible de la persistance de l'*espèce?* Nous expliquons-nous le fait chimique de la décomposition à froid de l'acide carbonique par les plantes, alors que dans nos laboratoires nous ne pouvons la réaliser qu'à des températures susceptibles de réduire en cendres, en un instant, tout l'édifice végétal?

---

1. Les admirables recherches de M. H. Sainte-Claire Deville sur la dissociation et les travaux récents de M. Violle conduisent à admettre que la température du soleil n'est pas sensiblement plus élevée que les températures maxima produites dans nos laboratoires, fusion de platine, etc....., 2,000 degrés centigrades environ. A cette température, les composés les plus stables sont dissous et les éléments chimiques devenus libres par dissociation coexistent sans se combiner de nouveau, oxygène et potassium, etc.....

Et dans un ordre de faits moins élevés, quand nous voyons le cheval rejeter de son alimentation presque toutes les plantes crucifères, le bœuf toutes les labiées, nous expliquons-nous les répulsions instinctives de ces animaux pour des aliments inoffensifs que recherchent le mouton, la chèvre, le lapin? Comprenons-nous mieux pourquoi le lapin broute avec plaisir et sans inconvénient la belladone, la chèvre la digitale, deux plantes si vénéneuses pour l'homme et pour d'autres animaux? Que d'autres faits encore inexpliqués!

C'est à la physiologie de l'avenir que revient la tâche de découvrir le mot de ces énigmes. Quant à nous, nous n'aborderons, dans ces leçons, que l'exposé des connaissances acquises; l'examen des faits bien constatés, l'étude des lois générales de la nutrition, feront seuls l'objet de notre enseignement.

La matière et la force sont indestructibles : les transformations de la première, les influences de la seconde présentent un vaste champ à nos investigations. L'application des faits découverts par la chimie et par la physiologie conduit à des règles certaines sur l'entretien de la fertilité de nos sols et sur l'alimentation économique du bétail de nos exploitations, double but que poursuit tout agriculteur.

C'est l'exposé de ces faits, l'étude des lois qui les régissent qui constituent notre domaine et dont l'examen méthodique fait l'objet du cours qui m'est confié.

BIBLIOGRAPHIE.

1864. — **Tyndall**, *la Chaleur considérée comme source du mouvement*; traduit par l'abbé Moigno. In-12, Giraud, Paris.

1865. — **J. R. de Mayer**, *Die Mechanik der Wærme*. Heilbronn. In-8°.

1872. — **H. Verdet**, *Œuvres complètes*, t. II. Paris, G. Masson.

1872. — **J. R. de Mayer**, *Mémoires sur le mouvement organique dans ses rapports avec la nutrition*; traduit par L. Pérard. In-8°. G. Masson, Paris.

CHAPITRE II

L'OBSERVATION ET L'EXPÉRIENCE EN AGRICULTURE.

SOMMAIRE : Importance de la science agricole. — L'agriculture et l'histoire. — Du rôle de la science. — La science et la pratique. — Objet et plan du cours.

9. Importance de la science agricole. — Tout progrès matériel, intellectuel et moral de l'humanité est lié au développement ou à la diminution des moyens d'existence des peuples.

La faim : tel est, sans contredit, le premier et le plus puissant aiguillon de l'activité et du travail, sans lesquels pas d'expérience féconde, pas de progrès réel pour l'homme, pris isolément ou collectivement. « Tu gagneras ton pain à la sueur de ton front, » voilà la loi salutaire de l'humanité, source de toute force, de toute grandeur, de toute science. Jetons un regard en arrière, remontons par la pensée aux temps préhistoriques ; interrogeons les peuplades nomades de chasseurs et de pêcheurs. Elles vivent de plantes spontanées, d'animaux sauvages, allant devant elles au fur et à mesure de l'épuisement en aliments végétaux et animaux de la région qu'elles occupent. Vient ensuite le système pastoral qui exige une surface énorme de terre, par rapport à la population qui le pratique. La culture est inconnue, l'art de fertiliser le sol n'existe pas encore. Les conditions climatologiques, la fécondité naturelle de la terre, telles sont, au berceau de l'humanité, les influences prépondérantes qui règlent l'agglomération des hommes. L'agriculture et l'histoire naissent dans les régions privilégiées du climat tempéré, où sont également inconnues les ardeurs du soleil énervant des tropiques et les rigueurs excessives de la région polaire, qui opposent à tout progrès des barrières insurmontables.

L'Esquimau et le Lapon sont en 1879 ce qu'ils étaient il y a des milliers de siècles. La civilisation est née et s'est développée seulement dans les climats moyens. L'homme de la zone tempérée a inventé l'agriculture ; il a peu à peu substitué aux produits de la chasse et de la pêche les végétaux cultivés, les animaux domestiques; il a appris à accroître le rendement du sol soumis à sa domination, à multiplier le bétail, à préparer de ses mains ou à extraire de la terre des substances nouvelles, devenues bientôt des objets d'échange. L'agriculture a donc été le point de départ de tout progrès humain, de toute civilisation, du commerce et de l'industrie dont elle est aujourd'hui encore le plus ferme soutien, le régulateur le plus puissant, par l'accroissement ou par la diminution de la richesse publique, indissolublement liée à ses succès et à ses revers.

De tout temps les économistes ont, à bon droit, regardé l'accroissement de la population comme un signe certain d'une augmentation correspondante dans la puissance d'une nation. Il ne viendrait certes à l'idée de personne de nier le rapport étroit qui unit ces deux termes : accroissement de richesse agricole, augmentation de population. Plus un sol peut nourrir d'habitants, plus la race qui l'occupe a de chances dans le combat pour la vie, dans le *struggle of life,* loi inexorable à laquelle aucun être vivant n'échappe, et qu'il n'est pas plus au pouvoir des individus et des peuples d'éluder qu'il ne leur est permis de la méconnaître, s'ils ont souci de leur existence.

Réciproquement, à la diminution de fertilité et à l'épuisement du sol correspondent fatalement la décadence numérique, l'amoindrissement et finalement la disparition des sociétés. L'histoire nous montre la Grèce, Rome, les Arabes, l'Espagne florissants et maîtres du monde tant que leur sol est fécond en moissons et en bétail, allant s'amoindrissant à mesure qu'il s'épuise, et disparaissant, à un moment donné, de la scène si puissamment occupée par eux, quand leurs terres, ruinées par la culture vampire, refusent à leurs habitants des récoltes jadis luxuriantes.

Les marais Pontins, pour l'assainissement et la mise en culture desquels l'Italie rajeunie fait aujourd'hui appel aux conseils de la science et de l'industrie, étaient autrefois couverts de splendides récoltes. Vingt-trois villes ou villages s'y partageaient le sol. Au temps d'Auguste déjà, la population romaine décroissait proportionnellement à l'appauvrissement du sol de l'Italie incapable de nourrir ses habitants, et dont l'épuisement avait atteint, sous les empereurs, des proportions telles que les provinces de l'Asie, les côtes d'Afrique, la Sicile et la Sardaigne suffisaient à peine à l'alimentation du peuple romain[1].

La fin de la domination grecque nous offre un autre exemple de la même loi : épuisement du sol, dépopulation, faits connexes, et dont il n'est au pouvoir de personne d'anéantir la solidarité.

L'Espagne, sous les Antonins, comptait encore parmi les pays les plus riches et les plus florissants de l'ancien monde. Livius et Strabon parlent des merveilleuses récoltes de l'Andalousie, et, sous Abder-Rahman III (912-961), l'Espagne, alors mahométane, compte vingt-cinq à trente millions d'habitants. C'est l'un des plus peuplés et des plus riches pays de l'Europe.

Sous la domination chrétienne, la population décroît rapidement : en 1598, au temps de Philippe II, de sinistre mémoire, Herrera se plaint déjà de l'insuffisance des ressources alimentaires du pays. En 1723, la population était tombée à 7,625,000 habitants.

Franchissons l'Océan, et nous allons trouver un exemple des mêmes faits.

Quand les Européens ont émigré dans le nord de l'Amérique, ils ont rencontré une terre vierge qui leur a donné au début d'abondantes récoltes. Mais un petit nombre de générations a suffi pour épuiser le sol auquel, dans leur imprévoyance, les nouveaux habitants demandaient toujours sans lui jamais rien restituer. Une décroissance subite se manifesta dans les rendements des terres du Connecticut, du Massachussets, de Rhode-Island, du New-Hampshire, du Maine et du Vermont; de 1840 à 1850, le rendement en blé diminua de moitié, la production des pommes de terre d'un tiers.

Ces quelques exemples suffisent, je crois, pour mettre en lumière l'intérêt social qui s'attache à tous les progrès de l'agriculture. La science de la production végétale et animale doit occuper l'une des

---

1. Voir la remarquable étude de M. H. PLATH.

premières places dans un pays dont la richesse vient avant tout du sol : en France, où le chiffre de la production agricole, au moins égal à celui de la production industrielle, atteint quinze milliards par an.

Le capital engagé par l'État pour développer l'enseignement, multiplier les recherches et les expériences agricoles, est un capital placé à gros intérêt. On ne saurait trop le répéter : la force et la prospérité d'une nation dépendent, avant tout, de la richesse de son sol et de l'état de son agriculture.

10. L'agriculture ancienne. — La science de la nutrition des êtres vivants est toute moderne. Née des sciences physico-chimiques, reposant en particulier sur la chimie, cette branche de la physiologie ne pouvait se développer sans le concours des progrès de cette dernière.

L'antiquité, dans son ignorance complète de la constitution chimique de notre planète, de l'organisation des êtres qui la peuplent et des lois qui régissent le monde matériel, ne pouvait imprimer de progrès sensible à l'art de cultiver le sol. L'empirisme et la routine étaient les seules règles : l'assolement biennal, succédant à la culture pastorale, a régné sans conteste jusqu'aux siècles derniers.

Le moyen âge ne déchira pas le voile qui couvre les mystères du développement des êtres et de leur organisation. Il ne nous apporta même aucun éclaircissement sur les questions qui nous occupent. Faut-il s'en étonner ? y a-t-il lieu d'être surpris que cette période de treize siècles de fanatisme, de barbarie et de despotisme n'enrichisse la science d'aucune découverte, n'imprime aux connaissances positives aucun progrès notable ? Assurément non. J'estime, avec M. C. Voit[1], que l'obscurité profonde qui caractérise le moyen âge trouve d'ailleurs son explication toute naturelle dans l'analogie qu'offre le développement des nations et celui des individus. Rome et la Grèce ont vécu. Une vieille civilisation s'éteint ; ses institutions disparaissent, ses monuments sont en ruine : sur ses débris, s'élève une société nouvelle dont l'éducation va, comme celle de chacun de ses membres, parcourir des phases successives avant qu'arrive l'âge de la maturité, de la force et, conséquemment, de la production intel-

---

1. Voir la Bibliographie, p. 29.

lectuelle. Entre le moment où l'enfant quitte l'école et l'époque où son intelligence se traduira par des manifestations utiles au progrès de la science, s'écoule une période assez longue de stérilité intellectuelle, période que nous traversons tous avant d'acquérir la maturité et le développement qui sont les conditions premières de la fécondité de l'esprit. Ainsi des nations.

Il nous faut arriver au quinzième siècle, à Paracelse, pour avoir, je ne dirai pas des notions, mais des lueurs relativement aux problèmes chimiques. Médecin et chimiste, aussi débauché et viveur, s'il faut en croire l'histoire, que savant et éclairé pour son temps, Paracelse, qui avait en horreur les scolastiques et l'école arabe, est, en fait, le fondateur de l'enseignement chimique. Il fut appelé, en effet, par la ville de Bâle à occuper la première chaire de chimie fondée dans le monde, en 1527 [1].

De Paracelse date l'iatrochimie, c'est-à-dire la domination de la médecine par la chimie, à laquelle viendra bientôt s'opposer l'iatromécanique. L'absence d'idées justes sur la *matière*, l'ignorance totale de la nature de la *force* et de ses transformations s'opposent à ce que l'un ou l'autre de ces systèmes, objets de tant de discussions passionnées, fasse progresser la science de la nutrition.

Vers le milieu du dix-septième siècle, Robert Boyle [2] pose la première pierre solide de l'édifice chimique en définissant le corps simple « un corps qui n'est pas décomposable ». La théorie des quatre éléments d'Empédocle, celle des alchimistes admettant, avec Paracelse, que tous les corps sont formés de sel, de soufre et de

1. **Philippus Aureolus Paracelsus**, né le 17 décembre 1493, à Maria-Einsiedeln (canton de Schwitz); son père, Wilhelm Bombast, était fils naturel de Bombast d'Hohenheim, grand-maître de l'ordre de Saint-Jean Paracelse, après avoir parcouru pendant dix ans une grande partie de l'Europe, adonné à la médecine et à l'alchimie, fut appelé, en qualité de professeur, à l'Université de Bâle, où il séjourna de 1526 à 1528 seulement. Il reprit sa course vagabonde à travers l'Alsace, la Souabe, la Bavière, et succomba, à la suite d'excès de tous genres, à l'hôpital de Saint-Étienne à Salzbourg, le 24 septembre 1541. Il n'a pas laissé moins de 364 Mémoires, écrits pour la plupart en latin, sur la médecine, la chirurgie et l'alchimie.

2. **Robert Boyle**, né à Leimore, comté de Cork (Irlande), le 25 janvier 1625, mort le 30 décembre 1691, à Londres. Chimiste et physicien, président de la Société royale de Londres et l'un des directeurs de la Compagnie des Indes, a consacré sa grande fortune à l'étude des sciences expérimentales.

mercure, règnent encore en souveraines. On tente de toutes parts de vains efforts pour isoler ces substances, mais l'analyse qui, peu à peu, nous amènera à la connaissance des propriétés fondamentales des espèces chimiques, naît de ces recherches.

Jusque-là confusion complète, inconsciente la plupart du temps, entre les matières qui constituent les plantes, les animaux et le reste du monde. Tout est énigme. En 1675, Nicolas Lemery [1] sépare les corps en trois groupes : substances minérales, végétales et animales, division trop simple et banale peut-être aujourd'hui, mais qui, à l'époque où elle se produisit, constituait un notable progrès. Becker [2] et Stahl commencent à reconnaître la complexité des êtres vivants. Stahl [3] observe que le principe aqueux et combustible domine dans les êtres vivants, le principe terreux dans les minéraux : tout cela ne saurait encore faire avancer la question de la nutrition. Mais l'aurore d'un jour nouveau se lève : Lavoisier [4], le 1er novembre 1772, découvre que le soufre et le phosphore, en brûlant, donnent naissance à des acides *en augmentant de poids* ; que les métaux augmentent également de poids quand on les calcine à l'air. Ces asser-

---

1. **Nicolas Lemery**, né à Rouen le 17 novembre 1645. Pharmacien à Rouen, puis à Paris et professeur particulier de chimie. S'expatria en qualité de calviniste et se rendit en Angleterre en 1683. L'année suivante, il rentra en France et abjura, en 1686, la religion protestante. Chimiste pensionnaire de l'Académie des sciences de Paris, depuis l'année 1699.

2. **Johann-Philipp Becker**, pharmacien, médecin et conseiller à Magdebourg; né le 7 février 1711 à Borchen (Hesse), mort en 1799 à Magdebourg. A découvert l'acide nitrique dans les liquides organiques.

3. **Georg-Ernst Stahl**, médecin du grand-duc de Weimar, professeur à l'Université de Halle de 1674 à 1716; né le 21 octobre 1660 à Anspach, mort le 14 mai 1734 à Berlin. Auteur de la *Théorie du phlogistique*.

4. **Antoine-Laurent Lavoisier**, né à Paris le 16 août 1743. Fils d'un riche marchand. Entra à l'Académie des sciences à 25 ans, en 1768; devint fermier général vers la même époque. C'est à lui que les juifs de Metz durent l'abolition d'un impôt odieux, vieux reste des temps de barbarie. — En 1776, sous le ministère Turgot, il est placé à la tête de la régie des salpêtres. — En 1787, nommé membre de l'Assemblée provinciale d'Orléans; en 1790, membre de la célèbre commission des poids et mesures. Le 2 mai 1794, dénoncé par un membre de la Convention, nommé Dupin, avec tous les fermiers généraux, il va se constituer prisonnier. Condamné à mort le 6 mai, il monte le 8 mai, de funeste mémoire, à l'échafaud. Lire l'émouvante leçon consacrée par M. Dumas à l'exposé des travaux et de la vie de ce grand homme, « le plus complet que la France ait produit dans les sciences ». (*Leçons sur la philosophie chimique*, 4e leçon.)

tions, résultant de l'application de la balance à l'étude des transformations de la matière, sont à la fois la condamnation, bientôt sans appel, de la théorie du phlogistique qui dominait la scène chimique, et le fondement de toutes les sciences expérimentales qui ont pour objet l'étude des modifications permanentes de la matière. A partir de ce jour mémorable, on marche de révélation en révélation. Priestley, Scheele et Lavoisier isolent l'oxygène. Lavoisier explique la combustion; il découvre la composition élémentaire des corps, montre la combustion des substances organiques (végétales et animales) s'accomplissant avec production d'acide carbonique et d'eau, et par conséquent fixation d'oxygène, car il établit que l'acide carbonique est formé de carbone et d'oxygène.

Presque au même moment, Cavendish[1] découvre la composition de l'eau, Lavoisier et Fourcroy[2] signalent la présence de l'azote dans le corps des animaux. Ingenhousz[3], Senebier[4], Priestley[5], Th. de

1. **Henry Cavendish,** né à Nice le 10 octobre 1731; mort à Londres le 24 février 1810. Membre de l'Institut de France et de la Société royale de Londres; possesseur d'une immense fortune (il a laissé 1,200,000 livres sterling); s'est adonné entièrement aux sciences.

2. **Antoine-François de Fourcroy**, né à Paris le 15 juin 1755, fils d'un pharmacien. Médecin, professeur de chimie au Jardin des Plantes et membre de l'Académie des sciences (1785). Nommé comte de l'empire le jour de sa mort, 16 décembre 1809 Auteur du *Système des connaissances chimiques.*

3. **Jan Ingenhousz**, né à Bréda (Hollande) en 1730. Docteur en médecine et praticien dans son pays d'abord, puis en Angleterre, où il vécut presque constamment à partir de 1767. Nommé médecin de l'empereur d'Autriche avec une pension de 600 livres sterling, en 1768. Membre de la Société royale de Londres depuis 1769. Mort à Londres le 7 septembre 1799. Son titre de gloire est son ouvrage intitulé : *Experiments on vegetables,* 1779, traduit par lui en français.

4. **Jean Senebier,** né à Genève en mai 1742. Pasteur évangélique dans cette ville (1765), puis à Chancy; depuis 1773, bibliothécaire en chef de cette ville où il est mort le 22 juillet 1809. Ses *Recherches sur l'influence de la lumière solaire sur la vie des plantes* ont immortalisé son nom.

5. **Joseph Priestley**, né à Fieldhead, près Leeds, dans le Yorkshire, le 13 mars 1733. Fils d'un marchand qui le destina à l'état ecclésiastique. Théologien fougueux. Successivement pasteur, professeur, prédicateur, précepteur chez le marquis de Landsdowns. Quitta Londres après bien des déboires et émigra en Pensylvanie, où il mourut le 6 février 1804, à Northumberland. Son livre le plus célèbre est l'*Essai sur les différentes espèces d'air.* Lire sa biographie et le parallèle entre Lavoisier, Scheele et Priestley dans les *Leçons de philosophie chimique*, 3e leçon.

Saussure, démontrent la décomposition de l'acide carbonique de l'air par les parties vertes des végétaux. Ils entrevoient les phénomènes de respiration des plantes et les véritables origines de la production végétale. Lavoisier et Laplace révèlent la source probable de la chaleur animale, etc.

La révolution est complète dans les idées qu'on se faisait sur les phénomènes d'oxydation; l'analogie de la combustion vive avec la respiration ouvre des horizons nouveaux à la physiologie naissante. Deux points sont acquis par le génie de Lavoisier à la théorie de la nutrition :

1° Composition élémentaire des substances végétales et animales (carbone, oxygène, hydrogène, azote);

2° Causes de décomposition des substances complexes dans l'organisme animal (combustion lente, respiration).

Il n'est plus question d'archée, de fermentation, de bouillonnement, de phlogistique; ces termes vagues, destinés seulement à masquer l'ignorance complète de ceux qui s'en servaient, font place à une notion précise, susceptible de mesure exacte : la combinaison du carbone et de l'hydrogène des corps avec l'oxygène de l'air, pour former de l'acide carbonique et de l'eau.

Appuyée sur l'expérience, source unique de nos connaissances positives, la science moderne va se substituer dans toutes les branches de l'activité humaine à l'empirisme des temps passés devenu stérile, l'observation pure ayant donné, depuis longtemps[1], tout ce qu'elle pouvait fournir. La balance à la main, le chimiste va scruter la composition des corps qui l'entourent, étudier leurs actions réciproques et poser les fondements de la statique chimique des êtres vivants. Soixante années environ s'écouleront encore avant que l'agriculture bénéficie des progrès de la chimie et de la physique ; mais une fois entrée dans la voie féconde de l'expérimentation, elle marchera à grands pas.

11. Du rôle de la science en agriculture. — Liebig a défini excellemment[1] le but de la chimie agricole en disant : « Elle cherche à mettre en harmonie l'expérience des agriculteurs avec les lois na-

1. *De la Théorie et de la pratique en agriculture*, p. 17.

turelles ou les vérités solidement établies. » Ce n'est point, en effet, en antagoniste de la pratique que le savant se présente au cultivateur ; il n'a ni l'envie ni la prétention de lui imposer, au lieu et place de celles qu'il a toujours pratiquées, des méthodes de culture, d'assolement ou d'alimentation. Il vient offrir non des réformes absolues, mais l'explication de faits observés et restés sans lien entre eux, tant que la science chimique et physiologique ne les éclaire pas. En appliquant aux problèmes agricoles les découvertes de la chimie, de la physique et de la biologie, nous nous proposons comme guides et comme conseillers et non point comme des réformateurs autoritaires. Le prétendu antagonisme de la pratique et de la science existe seulement pour les esprits ignorants qui font résider, dans l'habileté à conduire une charrue et à semer un champ, le mérite de l'agriculteur, confondant le métier avec l'art, opposant à tout progrès venu par la science, c'est-à-dire par l'expérience, la routine et le préjugé, ennemis irréconciliables de toute amélioration réelle.

L'observation *montre* et l'expérience *instruit*, suivant le mot si juste du plus illustre expérimentateur de tous les temps[2]. Aujourd'hui, l'observation a *montré* tout ce que l'on pouvait *voir* sans l'expérience ; à cette dernière, maintenant, de nous *instruire* sur les relations des faits avec leurs causes immédiates, déterminées.

L'observation nous a fait connaître que la plante croît dans le sol avec le concours indispensable de l'air, de l'eau, de la lumière et de la chaleur ; que tous les sols ne conviennent pas également à la même espèce agricole, à la même essence forestière ; que le blé, la betterave, etc., cultivés indéfiniment dans le même sol, donnent des récoltes dont le poids va cesse en diminuant, tandis que les forêts fournissent sensiblement, de temps immémorial, les mêmes quantités de produits annuels ; que l'alternance des récoltes remédie, en agriculture, à cette atténuation dans les rendements ; que l'addition de certaines substances (engrais) a le même résultat, etc., etc.

L'expérience scientifique, c'est-à-dire le *déterminisme* exact des conditions des phénomènes, nous a donné l'explication de ces faits qu'une observation dix fois séculaire laissait dans une obscurité com-

---

2. CLAUDE BERNARD, *Introduction à la médecine expérimentale.*

plète quant à leurs causes prochaines. La physiologie est venue expliquer le rôle de la lumière, de la chaleur et de l'air dans la germination; l'action des parties vertes des végétaux sur l'acide carbonique, l'eau et l'ammoniaque de l'air dans la nutrition des plantes ; en nous révélant les exigences diverses des végétaux en substances minérales, elle nous rend compte de la nécessité des assolements, de l'épuisement relatif du sol, de l'action des engrais, etc... Aux termes vagues et vides de force vitale, affinité, action moléculaire, catalytique, etc., l'expérience substitue la connaissance de phénomènes susceptibles de mesure et de pesée et se reproduisant chaque fois que les mêmes conditions se trouvent réunies.

Les services rendus par la science à l'agriculture ont une portée immense : à mesure que nous découvrons les lois qui régissent la matière brute et les êtres vivants, avec les progrès de la chimie et de la biologie, l'art qui consiste à produire dans le temps le plus court et aux moindres frais la substance vivante, végétale ou animale, c'est-à-dire l'agriculture considérée dans son acception la plus vaste, réalise des progrès que des siècles d'observation ne lui avaient pas permis d'accomplir.

La pratique en toutes choses, en agriculture comme en médecine, en industrie, est l'application à des cas déterminés des notions acquises par l'expérience ; la routine, qu'il ne faut point confondre avec elle, est la continuation de l'emploi de procédés suivis par nos devanciers, sans que rien prouve qu'il n'y ait point avantage à les modifier. Le savant, d'autant plus modeste qu'il sait surtout combien de choses il ignore, fait la guerre à la routine ; il cherche à substituer des faits précis, des procédés définis et rationnels à des méthodes empiriques, mais il ne veut être pour le praticien, dans le bon sens du mot, qu'un guide l'aidant à appliquer dans son exploitation les notions exactes qu'il a acquises des phénomènes naturels. Il ne saurait donc exister aucune lutte entre la science et la pratique ainsi comprises, l'une ayant pour but non d'asservir l'autre, mais de l'éclairer et de la remettre dans la voie de la vérité lorsqu'elle tend, par routine, à s'en écarter. Bien plus, le vrai praticien n'est, en définitive, qu'un expérimentateur plus ou moins conscient des méthodes qu'il emploie : c'est par la comparaison de deux ou de plusieurs phénomènes ayant trait au même objet qu'il adopte ou rejette telle ou telle pratique. Le chimiste ou le physiologiste, qui viennent lui révéler les causes auxquelles tiennent ses succès ou ses revers, lui apportent leur aide; ils n'ont jamais manifesté la prétention de l'engager à ne point tenir compte de l'observation : ils se bornent à lui enseigner à bien observer et à soumettre les faits constatés au criterium de l'expérience et de la raison, seuls fondements de nos connaissances. L'expérience n'est, au fond, qu'une observation provoquée.

Dans un sens général et abstrait, l'expérimentateur est celui qui invoque ou provoque, dans des conditions déterminées, des faits d'observation pour en tirer l'enseignement qu'il désire, c'est-à-dire l'expérience. L'observateur est celui qui obtient les faits d'observation et qui juge s'ils sont bien établis et constatés à l'aide de moyens convenables. Sans cela, les conclusions basées sur ces faits seraient sans fondement solide. C'est ainsi que l'expérimentateur doit être en même temps bon observateur et que dans la méthode expérimentale l'expérience et l'observation marchent toujours de front[1].

C'est à la méthode expérimentale ainsi entendue et pratiquée que l'agriculture moderne est redevable de ses plus grands progrès. On peut, sans crainte d'exagération, affirmer que, par son alliance avec la science, l'art agricole réalisera les merveilles dont l'industrie, appuyée sur la chimie et la physique, et guidée par elles, nous a rendus témoins depuis un quart de siècle.

Il règne encore aujourd'hui, au sujet des qualités requises du cultivateur, des préjugés incroyables. On répète sans cesse que la sobriété, l'ardeur au travail et même l'âpreté au gain sont les conditions de succès qu'aucune autre ne peut remplacer; que la petite culture est plus productive que la grande, etc... On donne comme preuve de cette manière de voir l'insuccès de l'homme du monde, qui, ayant reçu une éducation supérieure à celle du paysan et, par son genre de vie antérieur, contracté d'autres habitudes, se ruine parfois lorsqu'il vient à s'adonner à l'agriculture. On conclut de ce rapprochement qu'il faut être né et avoir été élevé, dès son plus jeune âge, au milieu des champs pour devenir un agriculteur. Ceux

1. CLAUDE BERNARD, *Introduction à la médecine expérimentale.*

qui tiennent un semblable langage font preuve de peu de réflexion. Si le travail assidu, l'ordre, l'économie sont, en agriculture comme en toute autre carrière, des dons précieux, indispensables pour réussir, ils ne sauraient suppléer à la science acquise. Que le fils de famille ayant reçu une instruction médiocre, sinon nulle, devant lequel sont demeurées closes les portes des carrières libérales et celles des écoles, vienne à s'adonner à l'agriculture et qu'il achève de s'y ruiner, il n'y a rien là, certes, qui ait lieu de nous surpendre. Il en eût été absolument de même si, préférant l'industrie à l'agriculture, il se fût fait maître de forge, filateur ou fabricant de sucre. Il ne suffit point, en effet, de louer ou d'acheter une ferme pour se réveiller agriculteur. Il ne suffit pas même d'être intelligent, il faut être instruit ; peu de professions, pour être embrassées avec fruit, exigent en effet autant de connaissances variées que celle de cultivateur.

La civilisation moderne a profondément modifié les conditions de l'agriculture ; l'art de cultiver le sol a bénéficié de tous les progrès réalisés dans l'état social, dans la science et dans l'industrie depuis bientôt un siècle ; mais, en accroissant le champ de son activité, les réformes et les progrès qui ont apporté de si grands et de si féconds changements dans la société contemporaine ont, dans une proportion presque égale, augmenté les difficultés inhérentes à toute exploitation rurale.

L'agriculteur, par la force des choses, est devenu un industriel ; la liberté du commerce, si favorable, quoi qu'en pensent quelques esprits chagrins, au développement de notre industrie nationale par excellence, a créé une concurrence qui impose à la culture un redoublement d'énergie et d'intelligentes améliorations.

La culture intensive est devenue un objectif vers lequel doivent tendre le propriétaire et le fermier intelligents ; l'assolement triennal, basé sur la production des céréales, cesse d'être rémunérateur dans bien des cas et fera place, dans un temps d'autant plus court que le propriétaire du sol sera plus éclairé, aux procédés culturaux qui élèvent les rendements de la terre à des chiffres inconnus dans la plupart des régions de la France.

12. L'enseignement supérieur de l'agriculture. — Sans vouloir aborder ici les questions si complexes du capital engagé à l'hectare, de l'augmentation des salaires, de la rareté des bras, de la liberté commerciale, du remembrement du territoire, de la révision du cadastre, etc., questions auxquelles sont étroitement liés les progrès futurs de notre agriculture, qu'il me soit permis de signaler, en passant, la réforme la plus urgente, la plus difficile peut-être à réaliser, celle de l'instruction des classes qu'on appelle *dirigeantes*. Là est la réforme la plus utile qu'il y ait à introduire dans notre organisation sociale. Il faut absolument, dans une nation démocratique, que les hommes appelés à entrer, à un titre quelconque, dans les conseils du pays ; à prendre part dans la commune, dans le département, dans l'État, à la discussion des affaires, à l'administration de la fortune publique, soient, par leur instruction, supérieurs à ceux qu'ils ont la prétention de diriger. En ouvrant largement, à tous les citoyens français, l'accès des carrières libérales, les portes de l'administration, l'entrée des assemblées délibérantes des divers degrés, la constitution républicaine doit non-seulement faire appel à toutes les bonnes volontés, mais surtout à toutes les capacités et aux capacités seulement. De là, nécessité de rendre obligatoire l'instruction primaire, qui préparera un corps électoral plus éclairé ; de mettre l'enseignement secondaire en rapport avec les besoins et les aspirations de notre temps, et d'attirer autour des chaires du haut enseignement les hommes qui aspirent à remplir dans la société française un rôle que ni la fortune, ni la naissance, sans l'instruction, ne sauraient désormais leur permettre de jouer.

Or, dans un pays qui, comme la France, compte, au premier rang de ses industries, l'industrie du sol, il importe que l'enseignement des choses agricoles occupe la place qui a été accordée jusqu'ici seulement au droit, aux lettres, aux sciences, à la médecine, aux arts industriels. Il faut que l'enseignement supérieur agricole, dont la création en 1848 et la reconstitution en 1875 ont été l'une des plus heureuses inspirations du gouvernement républicain, ne demeure pas lettre morte. Nos législateurs doivent lui fournir toutes les ressources matérielles désirables pour que, s'implantant définitivement au premier rang de nos institutions d'instruction publique, il rayonne sur le pays et prépare pour l'avenir des générations de législateurs et d'administrateurs, de propriétaires d'autant plus soucieux des progrès de l'agriculture qu'ils en connaîtront mieux l'importance et les difficultés.

Le haut enseignement agricole, comprenant l'ensemble des sciences positives, économiques et juridiques dans leurs rapports avec la production du sol, devrait être le complément de l'éducation libérale de tous ceux qui ne se dirigent pas vers une carrière définie et que leur situation sociale appelle, à des titres divers, à prendre part au développement de l'agriculture nationale. Cette réforme si importante rencontre d'autant plus de difficultés qu'il s'agit de modifier les mœurs de notre pays plus encore que ses institutions. Elle suppose dans les goûts et dans les habitudes des jeunes gens qui appartiennent aux classes riches une transformation profonde; il faut qu'ils renoncent à l'oisiveté et à la flânerie pour se livrer à l'étude sérieuse des sciences physiques et naturelles, de l'économie politique et rurale, du droit, etc., qui les rendraient aptes à exercer sur les progrès de l'agriculture une influence dont ils seraient les premiers à bénéficier, la plupart de ceux auxquels je fais allusion étant des fils de grands propriétaires fonciers.

Tant que le propriétaire français, à l'inverse de ce qui se passe en Angleterre, ne s'intéressera pas directement à l'exploitation du sol qu'il possède ; tant qu'il considérera son fermier comme un simple débiteur venant à chaque échéance lui apporter son fermage ; tant qu'il ne sera pas assez instruit et assez soucieux de ses propres intérêts pour encourager, même à prix d'argent, des améliorations dans la terre mise à ferme par lui, la source la plus féconde des progrès agricoles chez nos voisins d'outre-Manche manquera à notre agriculture.

C'est de la confiance réciproque, de la communauté d'intérêts bien compris entre propriétaire et fermier, que dépend, en très-grande partie, une meilleure administration du sol; cette union implique de part et d'autre une instruction plus solide, des connaissances plus étendues dans les diverses branches des sciences qui forment désormais la seule base certaine des progrès en agriculture. — L'Institut national agronomique de Paris et les écoles régionales dont il conviendrait d'augmenter le nombre et de modifier l'enseignement sur certains points, permettraient d'arriver assez rapidement à cette réforme si désirable, à la condition toutefois que les idées que je viens d'exposer soient partagées par le plus grand nombre des intéressés, c'est-à-dire de ceux qui détiennent la grande et la moyenne propriété.

13. Objet et plan général du cours. — Au premier rang des nombreuses connaissances que doit posséder l'agriculteur, se trouvent la chimie et la physiologie appliquées à l'étude des êtres vivants. Le double but que poursuit le cultivateur (production de substance végétale et de substance animale) implique de la part de celui qui veut l'atteindre un ensemble de notions précises sur les conditions de la nutrition des plantes et des animaux. C'est à l'exposé des lois qui régissent l'ensemble des fonctions de nutrition chez les êtres vivants et à l'examen critique des doctrines qui s'y rattachent que nous consacrons les deux premières parties du cours. Dans la troisième, nous appliquerons à l'exploitation du sol et à l'étude économique de ses produits, les notions théoriques acquises antérieurement, et nous chercherons à en déduire les applications rationnelles à la culture du sol et à l'élevage du bétail.

Nous suivrons l'ordre suivant dans la première partie de ce vaste champ d'étude :

1° Exposé des doctrines agricoles antérieures à 1840 ;

2° Examen critique de la théorie minérale de la nutrition;

3° L'atmosphère dans ses rapports avec la plante ;

4° Rôle du sol dans la nutrition des végétaux.

BIBLIOGRAPHIE.

1857. — **J. V. Liebig,** *De la Théorie et de la Pratique en agriculture.* Lille.

1863. — **L. de Lavergne,** *Essai sur l'économie rurale de l'Angleterre, de l'Écosse et de l'Irlande.* 4e édit. In-12. Paris.

1865. — **Claude Bernard,** *Introduction à la médecine expérimentale.* In-8°. Paris.

1868. — **C. Voit,** *Ueber die Theorien der Ernährung der thierischen Organismen.* Munich. In-4°.

1875. — **J. H. Plath,** *Die Landwirthschaft der Chinesen und Japanesen, im Vergleiche zu der der Europäischen.* (*Sitzungs-Bericht der phil. histor. Classe der K. Academie der Wissenschaften*). Munich, t. VI.

CHAPITRE III

HISTORIQUE DES DOCTRINES AGRICOLES. — LES PRÉCURSEURS DE LIEBIG

SOMMAIRE : Utilité de l'historique. — Bernard Palissy. — Olivier de Serres. — Lavoisier. — Th. de Saussure. — Humphry Davy. — Thaër et Mathieu de Dombasle.

14. — Utilité de l'historique des doctrines agricoles. — Lorsqu'on veut se faire une idée juste d'une doctrine et du mérite de son auteur, il importe d'étudier avec soin les travaux qui l'ont précédée, afin de préciser l'état de la science au moment de l'apparition de la nouvelle théorie.

C'est, à la fois, un acte de justice envers les hommes dont les travaux ont préparé la voie et un moyen excellent de mettre en relief le progrès accompli. Rarement les théories qui se succèdent sont le développement des hypothèses qui les ont immédiatement précédées; d'ordinaire, elles en sont l'antithèse. C'est ainsi que, dans les sciences physico-chimiques et dans la médecine par exemple, nous voyons la théorie des ondulations remplacer celle de l'émission, la théorie de la combustion renverser l'hypothèse du phlogistique, les partisans de l'anémie succéder aux défenseurs à outrance de l'inflammation, etc..... La loi de l'action et de la réaction s'impose dans la science, dans la littérature, dans les arts, dans la politique, dans toutes les œuvres de l'homme, en un mot.

Avant d'aborder l'examen des recherches scientifiques qui ont fixé nos idées sur les points fondamentaux de la nutrition des plantes, il convient donc de jeter un coup d'œil rétrospectif sur la doctrine de l'humus dont l'absolutisme a été la grande erreur de l'agriculture jusqu'à une époque très-rapprochée de nous. Fondée sur les belles recherches de Th. de Saussure[1] sur le terreau, appuyée sur des faits vrais en partie, mais trop incomplétement observés, mise en honneur par Thaër[2], l'un des agronomes les plus éminents du commencement du siècle, cette théorie, poussée jusqu'à ses dernières limites, menaçait les nations modernes du sort de Rome et de la Grèce. Le sol de l'Europe et du Nouveau-Monde allaient vers un épuisement complet, sans la réaction amenée dans les esprits par le génie de Liebig.

Une école diamétralement opposée, dont le fondateur, comme il arrive souvent, vit sa doctrine un instant compromise par l'ardeur inconsidérée de ses adeptes, dressa, à dater de 1840, autel contre autel. La lutte s'engagea ardente et parfois excessive entre les partisans des deux théories ; il ne fallut pas moins de trente ans de polémique et d'expériences pour porter la conviction dans l'esprit des agriculteurs, les amener à modifier leurs errements, leur faire adopter la doctrine nouvelle en les prémunissant contre les exagérations de charlatans presque aussi dangereux pour elle que ses détracteurs les plus convaincus. Nous verrons plus loin comment l'expérience, sanctionnant une partie des bons effets attribués à l'humus dans la fécondité des sols, a montré son insuffisance sur des points fondamentaux, et m'a conduit ainsi à concilier, par une discussion critique reposant sur des données expérimentales, les deux doctrines antagonistes.

A une époque encore peu éloignée de nous, on considérait l'*humus,* c'est-à-dire cette substance noirâtre, partie constitutive du terreau résultant de la décomposition des débris végétaux dans le sol, comme l'élément fertilisateur par excellence. On pensait que les *détritus organiques,* dissous par les eaux pluviales, étaient absorbés par les racines et amenés par cette voie aux tissus vivants, dont ils

---

[1] **Nicolas-Théodore de Saussure**, fils d'Horace-Benedict de Saussure, né à Genève, le 14 octobre 1767. Professeur honoraire et membre de la Société de physique et d'histoire naturelle de Genève. Mort dans cette ville le 18 avril 1845.

[2] **Albrecht-Daniel Thaër**, né à Celle (Hanovre), le 14 mai 1752. Docteur en médecine de l'Académie de Göttingen (1774), médecin praticien à Celle, puis à Berlin en 1804, conseiller d'État de Prusse en 1807, fondateur et directeur de la célèbre école d'agriculture de Möglin en 1810. Mort à Möglin le 26 octobre 1828.

constituaient exclusivement la nourriture. D'après cette hypothèse, les plantes étaient censées vivre à la manière des animaux, c'est-à-dire par l'absorption d'aliments organiques d'une composition chimique plus ou moins analogue à celle de leurs tissus. Quant aux cendres, c'est-à-dire aux substances minérales qu'on y rencontrait, on leur attribuait peu d'importance en raison de leur faible quantité ; on les regardait comme un accident, et l'on allait même jusqu'à dire qu'elles ne provenaient nullement du sol, le végétal seul ayant la puissance de les créer de toutes pièces. De là, cette double croyance que les principes minéraux étaient inutiles, et que plus une terre est riche en *humus*, plus elle est fertile.

Quelques citations empruntées à l'œuvre du partisan le plus éminent de la doctrine de l'humus nous montreront tout à l'heure combien étaient absolues les idées des cultivateurs et de quels dangers leur application exclusive menaçait le maintien de la fertilité de nos sols. Comme introduction à la discussion des doctrines qui ont tour à tour occupé et dominé la scène agricole, je me propose d'établir, d'une part, que l'importance des matières minérales dans la végétation avait été pressentie il y a fort longtemps déjà ; de l'autre, que, par suite de l'oubli complet dans lequel étaient tombés les écrits auxquels je fais allusion, les propositions avancées par Liebig en 1840 constituaient à la fois une grande nouveauté scientifique et une véritable révolution agronomique, tant elles venaient heurter de front les convictions les mieux assises à ce moment.

La nécessité des matières minérales pour la production des végétaux a-t-elle été entrevue avant Liebig ? Quelles idées avaient cours sur le rôle des engrais minéraux il y a quarante ans ? Telles sont les deux questions que je vais successivement examiner.

15. — Bernard Palissy. — Ses vues agricoles. — Vers le milieu du seizième siècle, un homme de génie, aussi grand par le caractère que par l'intelligence, Bernard Palissy[1], résumait, dans des traités

---

[1] **Bernard Palissy**, né vers 1499 en Aquitaine. On n'a aucun détail sur l'origine et sur les débuts de ce grand homme. Employé par les commissaires du roi à lever la carte topographique de la Saintonge, peintre, sculpteur et potier, il voyagea beaucoup, particulièrement en France et en Italie. Séduit par la probité et par les vertus des premiers hommes qui prêchèrent la religion réformée, il embrassa le calvinisme vers

célèbres mais trop peu lus de nos jours, l'ensemble de ses réflexions sur les sciences naturelles; c'est à ces chefs-d'œuvre qu'il faut remonter pour rencontrer la première notion précise sur le rôle des matières minérales dans la végétation et la première explication rationnelle de la véritable cause des propriétés fertilisantes du fumier. On ne saurait se défendre d'un profond sentiment d'admiration pour la sagacité de ce grand esprit en lisant les quelques fragments suivants empruntés textuellement aux *Traités des sels divers* et *de l'agriculture,* publiés en 1563, fragments que l'on croirait écrits par un agronome contemporain.

A la page 207 de l'édition des œuvres de Palissy on lit ce qui suit

Le sel[1] fait végéter et croître toutes semences. — Et combien qu'il y ait peu de personnes qui sachent la cause pourquoi le fumier sert aux semences et qui l'apportent seulement par coutume et non par philoso-

1546. Ses biographes rapportent les malheurs qui l'accablèrent à ce sujet et la grandeur d'âme avec laquelle il resta fidèle à ses convictions, au mépris de sa vie. L'édit de juin 1559, contre les protestants, fut mis, en 1562, à exécution par le parlement de Bordeaux : les réformés furent condamnés à mort, sans appel. Palissy obtint un sauf-conduit du duc de Montpensier. Le comte de la Rochefoucauld ordonna que son atelier serait un lieu de franchise; mais les juges de Saintes passèrent outre. Palissy fut conduit en prison, son atelier saccagé. Il ne fut sauvé du supplice que par un ordre du roi, rendu à la prière de la reine mère.

D'Aubigné (*Histoire universelle,* p. III, liv. III, chap. 1er, p. 216) raconte en ces termes comment, à l'âge de 90 ans, il répondit à Henri III, de triste mémoire, lui offrant la conversion au catholicisme ou la mort : « Mathieu de Lannoy, autrefois ministre et maintenant l'un des seize (ligueurs), sollicitait qu'on menât au spectacle public (à la mort) le vieux Bernard, premier inventeur des poteries excellentes; mais le duc de Mayenne fit prolonger son procès, et l'âge de 90 ans qu'il avait en fit l'office à la Bastille; encore ne puis-je laisser aller ce personnage, sans vous dire comment le roi (Henri III), lui ayant dit en prison : *Mon bonhomme, si vous ne vous accommodez sur le fait de la religion, je suis contraint de vous laisser entre les mains de mes ennemis.* La réponse fut : *Sire, j'étais bien tout prêt à donner ma vie pour la gloire de Dieu; si c'eût été avec quelque regret, certes, il serait éteint en ayant ouï prononcer à un grand roi : « Je suis contraint. » C'est ce que vous, Sire, et tous ceux qui vous contraignent, ne pourrez jamais sur moi, parce que je sais mourir.* »

On ne connaît pas la date exacte de la mort de Palissy; d'Aubigné indique 1589. Tout ce qu'on sait, c'est que Palissy, qui professait l'histoire naturelle et la physique à Paris (sans doute aux Tuileries, où était son atelier de potier), faisait encore des leçons en 1584. Il a publié sa dernière œuvre en 1580.

1. Par sel, Palissy entendait évidemment parler de matière minérale, comme on le verra plus loin.

phie; si est-ce que le fumier que l'on porte aux champs ne servirait de rien, *si ce n'était le sel que les pailles et foins y ont laissé en se pourrissant.* Par quoi ceux qui laissent leurs fumiers à la merci des pluies sont fort mauvais ménagers et n'ont guère de philosophie acquise ni naturelle; car les pluies qui tombent sur les fumiers, découlant en quelque vallée, emmènent avec elles le sel dudit fumier qui se sera dissous à l'humidité, et par ce moyen il (le fumier) *ne servira plus de rien étant porté aux champs.* La chose est assez aisée à croire; et, si tu ne le veux croire, regarde quand le laboureur aura porté du fumier en son champ, il le mettra, en le déchargeant, par petites piles, et quelques jours après il le viendra épandre parmi le champ et ne laissera rien à l'endroit desdites piles. Toutefois, après qu'un tel champ sera semé de blé, tu trouveras que le blé sera plus beau, plus vert et plus épais à l'endroit où lesdites piles auront reposé, que non pas en un autre lieu, et cela advient parce que les pluies qui sont tombées sur les pilots ont pris le sel en passant au travers et descendant en terre; par là, tu peux connaître que ce n'est pas *le fumier qui est la cause de la génération ains* (mais) *le sel que les semences avaient pris en la terre.* Encore que j'aie déduit autrefois ce propos des fumiers en un petit livre que je t'ai dit que je fis imprimer dès les premiers troubles, si est-ce qu'il me semble qu'il n'est point superflu en cet endroit. Car, par là, tu entendras aussi la cause pourquoi tous excréments peuvent aider à la génération des semences. Je dis tous excréments, soit de l'homme ou de la bête. C'est toujours confirmation d'un propos que j'ai répété plusieurs fois en parlant de l'alchimie, que quand Dieu forma la terre, il la remplit de toutes espèces de semences; mais si quelqu'un sème un champ plusieurs années sans le fumer, les semences *tireront le sel de la terre* pour leur accroissement, et *la terre par ce moyen se trouvera dénuée de sel* et ne pourra plus produire; par quoi la faudra fumer ou la laisser reposer quelques années, afin qu'elle reprenne quelque salsitude provenant des pluies ou nuées. Car toutes terres sont terres; mais elles sont bien plus salées les unes que les autres. Je ne parle pas d'un sel commun seulement, *mais je parle des sels végétatifs.*

Le doute ne me paraît pas possible; Palissy avait une idée aussi nette que juste de la nécessité des matières minérales comme aliments des plantes, et, pour lui, la valeur du fumier résidait principalement dans sa teneur en principes minéraux. En faut-il un autre exemple? Quelques pages plus loin, le grand artiste décrit la pratique des brûlis et nous en donne une explication rationnelle. Écoutons-le :

Et pour mieux montrer que le sel n'est pas ennemi des natures végétatives, voyons un peu la manière de faire des laboureurs ardennais : en certaines contrées des Ardennes, ils coupent du bois en grande quantité, le couchent et arrangent en terre, en sorte qu'il puisse avoir air par-dessous. Après, ils mettent grand nombre de mottes de terre par-dessus, puis ils font brûler le bois au-dessous desdites mottes, en telle sorte que les racines des herbes qui sont en ladite terre sont brûlées, et quand ladite terre et racines ont souffert grand feu, ils l'épandent par le champ comme fumier, puis labourent la terre et y sèment du seigle. Au lieu qui auparavant n'était que bois, le seigle s'y trouve fort beau, et ils font cela de seize en seize ans; car ils la laissent reposer seize années, et en quelques endroits six années, et en d'autres que quatre ; durant lequel temps la terre, n'étant point labourée, produit du bois aussi grand et épais comme il était auparavant. Et autant comme il leur faut de terre pour ensemencer une année, ils coupent des bois et font brûler des mottes, comme l'ai déjà dit, et conséquemment tous les ans jusque au nombre de seize ; et alors recommencent à la première pièce de terre qu'ils avaient labourée seize ans auparavant, en laquelle ils trouvent le bois aussi grand comme la première fois.

J'ai dit ceci pour deux occasions : l'une parce que mon propos du sel n'est pas encore fini, et parce que les laboureurs dudit pays disent que la terre est échauffée par ce moyen, et qu'autrement elle ne produirait rien à cause que le pays est froid ; sur quoi je dis que, comme l'eau qui a été bouillie est plus sujette à geler que l'autre, aussi le feu qu'ils y font ne cause pas l'accroissement des fruits, *mais faut croire que c'est le sel que les arbres, herbages et racines brûlées y ont laissé.....* Si le sel était ennemi des semences, il est certain que le bois et les herbes qu'ils font brûler n'amenderaient point la terre, mais la rendraient inutile : parce qu'en brûlant lesdits bois, *le sel qui est en iceux demeure en la terre.*

Bernard Palissy, comme le montrent ces citations, attribuait au sol l'origine des matières minérales que laissent les plantes après leur incinération. En 1800, nous le verrons tout à l'heure, on mettait encore en doute cette origine des cendres.

Puis il ajoute en manière de réflexion :

Si je connaissais toutes les vertus des sels, je penserais faire des choses merveilleuses.

Dans le *Traité de l'agriculture,* Bernard Palissy s'exprime plus clairement encore, si c'est possible, sur la nécessité de restituer au sol les matières minérales qui lui sont enlevées par les récoltes. Après avoir de nouveau déploré le peu de soin que les cultivateurs apportent à l'aménagement de leurs fumiers et rappelé que la teinture emportée par les eaux qui lavent les fumiers *est la principale et le total de la substance du fumier,* et que le fumier ainsi lavé ne peut servir, *sinon de parade,* il dit :

Tu dois entendre premièrement la cause pourquoi on porte le fumier aux champs, et ayant entendu la cause, tu croiras aisément ce que je t'ai dit. Il faut que tu me confesses que quand tu apportes le fumier au champ, *que c'est pour lui rebailler une partie de ce qui lui a été ôté;* car il en est ainsi qu'en semant le blé, on a espérance qu'un grain en apportera plusieurs ; *or, cela ne peut être sans prendre quelque substance à la terre ; et si le champ a été semé plusieurs années, sa substance est emportée avec les pailles et grain.* Par quoi il est besoin de rapporter les fumiers, boues et immondicités, et même les excréments et ordures, tant des hommes que des bêtes, si possible était, *afin de rapporter au lieu la même substance qui lui aura été ôtée.* Et voilà pourquoi je dis que les fumiers ne doivent être mis à la merci des pluies, parce que les pluies, en passant par lesdits fumiers, emportent le sel qui est la principale substance et vertu du fumier.

Plus loin, revenant à la combustion des chaumes sur place, il ajoute :

« Je te demande, n'as-tu pas vu certains laboureurs qui, quand ils veulent semer une terre deux années suivantes, ils font brûler la glu ou paille du reste du blé qui aura été coupé, et en la cendre de ladite paille sera trouvé le sel que la paille avait attiré de la terre, *lequel sel demeurant dans le champ aidera derechef à la terre ;* et ainsi la paille étant brûlée dans le champ, *elle servira d'autant de fumier* parce qu'elle laissera la même substance qu'elle aura attirée de la terre. »

Je pourrais multiplier ces citations, mais les fragments qu'on vient de lire suffisent amplement, je pense, pour mettre en relief l'idée dominante de Bernard Palissy, à savoir la nécessité de restituer au sol, dans une certaine limite, les matières minérales que lui ont enlevées les récoltes. Il revient sans cesse et sous toutes les formes à ce thème de prédilection.

N'est-il pas vraiment extraordinaire de retrouver, dans un écrit du milieu du seizième siècle, le fondement d'une doctrine qui a paru si neuve et si fort en contradiction avec les idées reçues, il y a quarante ans à peine ? Il ne m'a pas semblé possible d'écrire l'histoire de la théorie de la nutrition minérale des végétaux sans restituer à l'immortel potier de Saintes la place qui lui est due, et sans mettre en lumière ses idées aussi originales que conformes à ce que nous savons aujourd'hui.

16. — Olivier de Serres. — En 1600, un demi-siècle environ après la publication des traités de Palissy, parut la première édition du *Théâtre d'agriculture* d'Olivier de Serres[1]. Il n'est pas sans intérêt de placer, en regard des observations si précises et si nettes qu'on vient de lire, quelques passages dans lesquels le seigneur du Pradel résume son opinion sur la valeur du fumier :

Le fumer des terres, dit-il, est une très-notable part du ménage, étant notoire à tous ceux qui font profession de manier la terre, que c'est le fumier qui réjouit, réchauffe, engraisse, amollit, adoucit, dompte et rend aisées les terres fâchées et lasses par trop de travail, celles qui de nature sont froides, maigres, dures, amères, rebelles et difficiles à cultiver, tant il est vertueux.... *La valeur du fumier consistant en la chaleur*, fait que plus il est prisé, plus il abonde en cette qualité-là ; comme le moins recherchable est le plus froid.

Que cette phraséologie vague et boursouflée est loin des raisonnements pleins de sens de Bernard Palissy ! et comment s'étonner que les travaux de ce grand esprit soient demeurés jusqu'à ce jour dans l'oubli, alors que son contemporain, Olivier de Serres, agriculteur si distingué à tant de titres, les ignora complétement ou, s'il les connut, les considéra comme sans portée et ne méritant pas même d'être cités et discutés !

On peut résumer en quatre propositions les faits avancés par Bernard Palissy dans ses traités sur les sels et sur l'agriculture :

1° Les cendres que laissent les végétaux en brûlant proviennent du sol ;

2° Pour entretenir la fertilité du sol, il faut lui restituer ce que les récoltes lui ont enlevé ;

3° La principale valeur du fumier réside dans sa richesse en matières minérales enlevées au sol par la plante ;

4° Les excréments de l'homme et ceux des animaux doivent être

1. **Olivier de Serres**, seigneur du Pradel, né à Villeneuve-de-Berg (Languedoc) en 1539, mort le 2 juillet 1619. Sa vie est très-peu connue. L'ouvrage qui l'a rendu célèbre : *Théâtre d'agriculture*, a eu, de 1600 à 1675, vingt éditions.

rendus au sol, parce qu'ils sont formés des substances qui lui ont été soustraites par les récoltes.

Ces quatre propositions, que tous les agronomes considèrent, à l'heure qu'il est, comme des vérités évidentes, comme des axiomes, pour ainsi dire, forment la base de la théorie de la nutrition minérale des plantes et la justification de l'emploi des engrais minéraux en agriculture. Nous verrons plus loin combien de temps s'est écoulé avant que ces notions si importantes, ainsi que les applications qui en découlent, aient été acceptées sans conteste par la science et par la pratique.

Si l'on se reporte, par la pensée, à l'état d'enfance dans lequel se trouvaient les sciences, et en particulier l'histoire naturelle, au temps de Palissy, on ne saurait trop admirer la sagacité de cet homme, dont l'intuition a devancé de plus de trois siècles les découvertes de la chimie agricole.

J'ai dit que les écrits de l'auteur du *Traité des sels* ont passé inaperçus pour ses contemporains ; il semble en avoir été de même pour les générations qui l'ont suivi, car l'on chercherait vainement dans les nombreux ouvrages d'agriculture, publiés depuis 1580 jusqu'en 1840, quelques passages rappelant, de près ou de loin, les idées de Bernard Palisssy.

17. — Lavoisier. — L'incomparable génie qui a fondé la chimie et la physiologie générale en appliquant la balance à l'étude des phénomènes naturels, Lavoisier, qu'une mort à jamais néfaste et criminelle a enlevé à la science dans la plénitude de son activité intellectuelle, avait tracé, dans une pièce restée inédite jusqu'en 1860, le programme le plus net qu'on puisse formuler sur les recherches à entreprendre pour établir la statique chimique de la nutrition.

M. J. Dumas, qui ajoute à tous ses titres à la reconnaissance des savants, la publication des œuvres complètes de Lavoisier, a retrouvé, au milieu de papiers sans importance, une pièce entièrement écrite de la main de ce grand homme, pièce dont tous les termes sont faits pour confondre d'admiration le lecteur qui songe à l'époque où elle a été écrite [fin de 1792 ou commencement de 1793, quelque temps avant l'assassinat juridique de Lavoisier (8 mai 1794)].

Posée dans les termes où Lavoisier l'avait conçue, il y aura bientôt un siècle, la théorie de la nutrition devait attendre cinquante ans que l'expérimentation vînt la consacrer !

Voici ce document du plus haut intérêt pour l'histoire de la nutrition :

Pièce sans titre de la main de Lavoisier[1].

Les végétaux puisent dans l'air qui les environne, dans l'eau et, en général, dans le règne minéral, les matériaux nécessaires à leur organisation.

Les animaux se nourrissent ou de végétaux ou d'autres animaux qui ont été eux-mêmes nourris de végétaux, en sorte que les matières qui les forment sont toujours, en dernier résultat, tirées de l'air et du règne minéral.

Enfin la fermentation, la putréfaction et la combustion rendent perpétuellement à l'air de l'atmosphère et au règne minéral les principes que les végétaux et les animaux en ont empruntés.

Par quels procédés la nature opère-t-elle cette merveilleuse circulation entre les deux règnes ? Comment parvient-elle à former des substances combustibles, fermentescibles et putrescibles avec des combinaisons qui n'avaient aucune de ces propriétés? Ce sont des mystères impénétrables. On entrevoit cependant que, puisque la combustion et la putréfaction sont les moyens que la nature emploie pour rendre au règne minéral les matériaux qu'elle en a tirés pour former des végétaux et des animaux, la végétation et l'animalisation doivent être des opérations inverses de la combustion et de la putréfaction . . . .

C'est donc sur l'animalisation, sur la nutrition des animaux que l'Académie appelle l'attention des savants de toutes les nations. Elle ne se dissimule pas que le problème qu'elle propose de résoudre embrasse une immense étendue ; qu'il suppose la connaissance analytique des substances qui servent à la nourriture des animaux, des altérations qu'elles éprouvent successivement dans le canal qui les reçoit, d'abord par le mélange du suc salivaire, deuxièmement par le mélange du suc gastrique, troisièmement par le mélange de la bile ; qu'il suppose même jusqu'à un certain point la connaissance analytique de ces différents sucs et de ces différentes humeurs.

Il suppose surtout la connaissance des gaz qui se dégagent dans le cours de la digestion, de la manière dont la digestion rend au sang ce qui lui

1. Dumas, *Leçon professée à la Société chimique en* 1860, p. 294. Paris, Hachette, 1861.

est continuellement enlevé par la respiration. Enfin, comme les animaux, dans l'état de santé et lorsqu'ils ont pris leur croissance, reviennent chaque jour, à de légères différences près, au même poids qu'ils avaient la veille, il en résulte que la recette est égale à la dépense, et qu'on peut se rendre, par conséquent, exactement compte de l'emploi des aliments que les animaux consomment chaque jour. . . . .

Cette page admirable, dont chaque phrase semble écrite d'hier, contient, en germe, toute la statique chimique des êtres vivants, la théorie de la nutrition minérale des végétaux, celle de la circulation éternelle de la matière à la surface de notre planète. Lavoisier y trace, dans un langage d'une merveilleuse précision, le programme des recherches qui ont abouti, dans ces dernières années seulement, à l'établissement de règles positives pour l'entretien de la fertilité du sol et pour l'alimentation du bétail.

18. — Th. de Saussure et Humphry Davy[1]. — Arrivons au dix-neuvième siècle. Parmi les hommes éminents auxquels l'histoire naturelle et l'agriculture doivent une grande partie de leurs progrès dans la première moitié de notre siècle, il en est quatre dont je veux interroger les œuvres au point de vue spécial qui nous occupe : Th. de Saussure et sir Humphry Davy, représentants illustres de la chimie agricole ; Thaër et Mathieu de Dombasle[2], dont les noms personnifient à un haut degré l'alliance de la théorie et de la pratique dans l'art de cultiver la terre. L'examen critique des écrits de ces auteurs, en ce qui concerne les éléments minéraux des plantes, montrera clairement, je l'espère, l'état de la question avant la publication de la chimie de Liebig, en même temps qu'il mettra en lu-

---

1. **Sir Humphry Davy**, fils d'un sculpteur sur bois, né à Penzance (Cornouailles) le 17 décembre 1778. Docteur en médecine et en pharmacie, puis professeur de chimie à la *Royal Institution*. Membre et président de la Société royale de Londres. Mort à Genève, le 29 mai 1829. A isolé par la pile les métaux alcalins. Son *Traité de chimie agricole* est très-remarquable pour l'époque à laquelle il a paru.

2. **Christophe-Joseph-Alexandre Mathieu de Dombasle**, né à Nancy, le 26 février 1777. Élevé chez les Bernardins, à Metz ; fondateur, avec Berthier, de la première école d'agriculture française, à Roville, en 1822. Les *Annales de Roville* et les œuvres complètes, publiées par les soins de son petit-fils, renferment des documents précieux sur l'agriculture de cette époque. Mathieu de Dombasle a été l'un des promoteurs, avec Braconnot, de l'industrie du sucre indigène. Il est le fondateur de la fabrique d'instruments aratoires qui porte son nom.

mière, une fois de plus, le génie de Palissy et de Lavoisier. Je suivrai l'ordre chronologique dans cet examen[1].

C'est à Th. de Saussure qu'on doit les premiers travaux importants sur la constitution du terreau et sur la composition des cendres des végétaux. Dans l'ouvrage remarquable qui a pour titre : *Recherches chimiques sur la végétation*, l'illustre Génevois a résumé l'ensemble de ses études sur la germination, sur la respiration des végétaux, sur le terreau, sur l'absorption des dissolutions salines par les racines des plantes et sur les cendres des végétaux. On ne saurait trop recommander à ceux qui se livrent à l'étude de la physiologie végétale la lecture attentive de cette série de mémoires qui rendront impérissable le nom de leur auteur.

Th. de Saussure est le premier qui ait attribué quelque importance au résidu incombustible des végétaux et qui ait cherché à découvrir les rapports existant entre la composition des cendres et celle du sol. La partie de ses recherches qui nous intéresse spécialement en ce moment est le chapitre où il s'occupe de l'absorption des matières minérales par les racines des plantes et de la constitution des cendres des végétaux.

Disons tout d'abord que nulle part dans les écrits de Th. de Saussure ne se trouve exprimée l'idée de la nécessité de restituer au sol les matières minérales enlevées par les récoltes, idée qui ressort si nettement des écrits de Bernard Palissy. Il y a lieu de s'étonner que la pensée de restituer au sol les éléments qui forment les cendres du végétal ne soit pas venue à l'esprit de l'illustre Génevois auquel nous devons le premier travail sur les résidus incombustibles des plantes. Ce que Th. de Saussure a parfaitement démontré peut se résumer, en ce qui concerne notre sujet, dans les points suivants :

1° Les substances minérales qu'on rencontre dans les végétaux ne sont pas accidentelles ;

2° Leur nature varie avec les sols ;

---

1. Les *Recherches chimiques sur la végétation* de Th. de Saussure ont paru en 1804 ; H. Davy a publié la première édition de son *Agricultural chemistry* en 1813. La traduction des *Principes raisonnés d'agriculture* de Thäer (2e édition) porte la date de 1831, et le *Traité d'agriculture* de Mathieu de Dombasle, écrit vers 1840, a été publié en 1861 seulement par les soins de son petit-fils.

3° Elles sont inégalement réparties dans le végétal ;

4° Les racines des plantes plongées dans des dissolutions salines étendues absorbent les sels, mais en moins grande proportion que l'eau qui tient ces sels en dissolution ;

5° Un végétal n'absorbe pas, en même proportion, toutes les substances contenues à la fois dans une même dissolution ;

6° Lorsqu'on compare le poids de l'extrait, par l'eau, que peut fournir le sol le plus fertile au poids de la plante sèche qui s'y est développée, on trouve qu'elle n'a pu y puiser qu'une très-faible portion de sa substance ;

7° Le phosphate de chaux et la potasse font partie des cendres de tous les végétaux.

Pour bien saisir l'importance de ces conclusions, il faut se rappeler qu'au moment où Th. de Saussure faisait ses expériences et en publiait les résultats, on considérait comme absolument accidentelles les matières minérales qui constituent les cendres des végétaux. On croyait généralement qu'en raison même de leur petite quantité, relativement à la masse du végétal, ces matières n'avaient aucune importance ; enfin, il était encore reçu, comme au temps de Palissy, que les sels étaient nuisibles à la végétation.

Je me bornerai sur ces divers points à quelques courtes citations :

Plusieurs auteurs, dit Th. de Saussure, ont admis que les substances minérales qu'on trouve dans les végétaux n'y sont qu'accidentelles et nullement nécessaires à leur existence, parce qu'ils ne les contiennent qu'en très-petite quantité. Cette opinion, vraie sans doute pour les substances qui ne se rencontrent pas toujours dans la même plante, n'est point démontrée pour celles qui y existent constamment. Leur petite quantité n'est pas un indice de leur inutilité. Le phosphate de chaux contenu dans un animal ne fait peut-être pas la cinq centième partie de son poids ; personne ne doute cependant que ce sel ne soit nécessaire à la constitution des os. J'ai trouvé ce même sel dans les cendres de tous les végétaux où je l'ai recherché, et nous n'avons aucune raison d'affirmer qu'ils puissent exister sans lui. On a souvent conclu, de ce que quelques sels, dans certaines proportions, sont nuisibles à certaines plantes, que tous les sels, dans toutes les proportions, sont nuisibles à la végétation : l'observation prouve que plusieurs plantes requièrent un aliment salin, mais qu'il doit être modifié dans sa quantité et dans ses principes, suivant la nature du végétal qui doit l'absorber.

Notons encore que c'est à Duhamel du Monceau[1] et à Th. de Saussure qu'on doit les premiers essais de culture des végétaux dans des dissolutions salines à composition définie, méthode dont nous parlerons tout à l'heure et qui a donné, depuis vingt années, des résultats du plus haut intérêt dans les mains habiles de MM. Sachs, Knop, Nobbe, Schrœder, Erdmann, Stohmann, etc.

H. Davy, contemporain de Th. de Saussure, auquel on doit les premiers travaux sur le rôle de l'ammoniaque dans la végétation, a fait aussi un certain nombre d'expériences relatives à l'influence des sels sur la végétation ; mais il ne paraît pas avoir été conduit à des résultats bien décisifs.

Il a constaté cependant que les dissolutions de nitre, d'acétate et de carbonate de potasse, de chlorure de potassium et de chlorhydrate d'ammoniaque, produisent de bons effets sur la végétation. Il cite, en particulier, le carbonate d'ammoniaque comme donnant les meilleurs résultats; mais l'explication qu'il propose de ce fait montre tout de suite combien il était loin d'attribuer aux matières minérales leur véritable rôle dans le développement des végétaux. Il dit, en effet : « Les plantes qui absorbaient le carbonate d'ammoniaque dissous étaient, de toutes, celles qui poussaient avec le plus de force. On devait naturellement s'attendre à ce résultat, *puisque le sel dont il s'agit est composé de carbone, d'hydrogène, d'azote et d'oxygène.* »

Dans les mémoires de Davy, pas plus que dans ceux de Saussure, on ne rencontre l'indication de la nécessité de restituer au sol les matières minérales soustraites par les plantes.

En résumé, les recherches de ces deux savants éminents, qui ont enrichi la physiologie et la chimie agricoles de faits nombreux et très-importants, n'ont exercé qu'une influence médiate sur la théorie vraie de la nutrition des plantes.

Ni l'un ni l'autre ne paraissent avoir eu connaissance des écrits de Bernard Palissy. Tous deux semblent avoir considéré les matières

1. **Henry-Louis Duhamel du Monceau**, inspecteur général de la marine; né en 1700 à Paris, mort, dans cette ville, le 22 juillet 1781. Pensionnaire-botaniste de l'Académie des sciences (1728). Botaniste, chimiste et physicien, ingénieur et forestier, Duhamel a laissé deux ouvrages particulièrement remarquables : la *Physique des arbres* et les *Éléments d'architecture navale*.

formées d'azote, d'hydrogène, d'oxygène et de carbone, c'est-à-dire les matières organiques, comme la source principale sinon unique des éléments des végétaux.

Rien dans leurs écrits ne donne à penser qu'ils aient regardé comme *indispensable* au développement des plantes une alimentation minérale.

19. — A. Thaër et Mathieu de Dombasle. — Après avoir interrogé les savants, adressons-nous aux praticiens et demandons-leur à quelle cause il faut attribuer la fertilité d'un sol, la valeur comme engrais du fumier et le degré d'importance qu'ils accordent aux engrais minéraux. Quelques phrases empruntées à Thaër et à Mathieu de Dombasle, que l'on peut à bon droit considérer comme des représentants éminents de l'agriculture de leur temps, vont nous édifier à ce sujet et nous dispenser de longs développements.

Thaër, je l'ai déjà dit, a été l'un des plus ardents promoteurs de la théorie exclusive de l'humus; les seules matières dont il soit, selon lui, nécessaire de se préoccuper au point de vue de la restitution, sont les substances organiques. Il s'exprime ainsi à ce sujet :

L'humus est une partie constituante plus ou moins considérable du sol. *La fécondité du terrain dépend, à proprement parler, entièrement de lui; car, si l'on en excepte l'eau, c'est la seule substance qui, dans le sol, fournisse un aliment aux plantes.....* Comme l'humus est une production de la vie, de même aussi il en est la condition. Il donne la nourriture aux corps organisés; sans lui, il ne saurait y avoir une vie individuelle, tout au moins pour les animaux et pour les plantes les plus parfaits : ainsi la mort et la destruction étaient nécessaires à l'alimentation et à la reproduction d'une nouvelle vie. Plus il y a de vie, plus la quantité d'humus produite devient considérable, plus il y a d'éléments de nutrition pour les organes de la vie. Chaque être organisé s'approprie durant sa vie une quantité toujours croissante d'éléments naturels bruts et, en les travaillant au dedans de lui, produit enfin l'humus; de sorte que cette matière s'augmente d'autant plus que les hommes et les animaux se multiplient dans une contrée, et que l'on cherche à multiplier les produits du sol[1]..... — Les engrais minéraux, s'ils ne contiennent aucune matière organique, opèrent uniquement, ou du moins essentiellement, par la faculté qu'ils ont de favoriser la décomposition.

---

1. *Principes raisonnés de l'agriculture*, t. II, pages 175 et 284.

Mathieu de Dombasle, comme Thaër et presque tous les agronomes de son temps, range les matières minérales parmi les amendements et non parmi les engrais ou aliments des plantes. Son opinion, à ce sujet, est tout entière dans les lignes suivantes[1] :

On donne spécialement le nom d'amendements à des matières inorganiques qui produisent sur les récoltes un effet analogue à celui des engrais, mais par des moyens différents, c'est-à-dire soit en *stimulant les organes des végétaux,* soit en exerçant quelque action sur les principes constituants du sol. Quelques personnes pensent, il est vrai, que les substances que l'on emploie comme amendements agissent à la manière des engrais, c'est-à-dire qu'elles sont absorbées par les végétaux et qu'elles leur servent de nourriture. Il est très-possible qu'il en soit ainsi ; mais, sans entrer dans une discussion théorique *sur ce point assez indifférent pour la pratique,* on peut dire qu'il semble très-probable, d'après les faits observés, que les substances inorganiques que l'on emploie comme amendements doivent leurs principaux effets à un mode d'action différent de celui des engrais, et que, si elles peuvent être absorbées par les végétaux de même que ces derniers, c'est par d'autres moyens qu'elles contribuent principalement à donner plus d'activité à la végétation.

Je terminerai cet historique en citant quelques lignes extraites de la *Maison rustique,* publication excellente à beaucoup de titres et que tous les agriculteurs intelligents ont entre les mains. En 1837, trois ans, par conséquent, avant la publication de la *Chimie agricole* de Liebig, Payen s'exprime ainsi au sujet des engrais minéraux, qu'à l'exemple de M. de Dombasle il range sous le titre de *stimulants :*

Enfin, l'efficacité des engrais dépend encore de la présence et des proportions de divers sels *stimulants :* la plupart des sels neutres et alcalins, en petite proportion, paraissent utiles à toutes les plantes, et *cela peut tenir à la conductibilité et aux courants électro-chimiques qu'ils favorisent.* Il importe d'autant plus de ne pas confondre l'action de ces substances avec celle des engrais, que, *loin de servir eux-mêmes d'aliments aux plantes,* ils les rendent plus actives dans leur végétation et capables d'assimiler une plus forte dose des produits des engrais ; que, par conséquent, on doit augmenter la proportion de ceux-ci lorsqu'on ajoute les stimulants convenables. (Article *Engrais* de la *Maison rustique.*)

Que nous voilà loin de B. Palissy et de son admirable bon sens !

---

1. *Traité d'agriculture,* t. II, p. 171.

Résumons en quelques mots cet historique succinct des travaux des précurseurs de Liebig : un homme de génie a posé, il y a plus de trois siècles, les prémisses de la doctrine nouvelle. Ses contemporains et ses successeurs ont ignoré ou méconnu ses idées, demeurées jusqu'à ce jour dans le plus profond oubli. Tout en édifiant, par ses travaux, la doctrine de l'humus, Th. de Saussure a découvert de nombreux faits sur lesquels repose en partie la théorie de la nutrition des plantes; mais, pas plus que Davy, il n'en a tiré de conclusions relativement à l'épuisement du sol. Lavoisier seul avait compris l'étroite solidarité qui unit le monde minéral aux plantes et aux animaux.

La pratique, interrogée dans la personne de deux de ses illustres représentants, ne semble pas avoir eu des vues plus nettes que la science sur le rôle des matières minérales. En un mot, vers 1840, à en juger par l'ensemble des doctrines alors en honneur, on semblait plus loin de la véritable explication de l'épuisement de la terre par les récoltes et du rôle réparateur du fumier qu'en 1563. Cette situation des esprits explique, à la fois, l'enthousiasme et les critiques passionnées qui, de côtés divers, accueillirent les premiers écrits de Liebig. Ce novateur hardi venait attaquer de front les préjugés les mieux enracinés, il le faisait avec autant de talent que d'ardeur; il n'en fallait pas davantage pour soulever des orages.

BIBLIOGRAPHIE.

1553. — **Bernard Palissy**, *Œuvres revues sur les exemplaires de la bibliothèque du roi*, par Faujas de Saint-Fond et Gobet. In-4°. Paris, Ruault, 1777.

1600. — **Olivier de Serres**, *le Théâtre de l'agriculture et Mesnage des champs*. Nouvelle édition conforme au texte. 2 vol. in-4°. Paris, an XII (1804).

1819. — **A. Thaër**, *Principes raisonnés d'agriculture*; traduction du baron E. Crud. 2e édit., 4 vol. in-8° et atlas. Paris, Cherbuliez, 1831.

1837. — **Bailly, Bixio et Malpeyre**, *Maison rustique du dix-neuvième siècle*. 5 vol. grand in-8°. Paris, 1837.

1861. — **J. Dumas**, *Leçons de chimie professées en 1860 à la Société chimique*. In-8°. Paris, Hachette, 1861.

CHAPITRE IV

EXPOSÉ DE LA DOCTRINE DE LIEBIG [1]. — CRITIQUE DE LA THÉORIE DE L'HUMUS.

SOMMAIRE : L'alimentation des végétaux est exclusivement minérale. — Examen critique de la doctrine de l'hunus. — Origine du carbone des végétaux. — Origine de l'hydrogène et de l'azote des végétaux.

20. — L'alimentation des végétaux est exclusivement minérale. — Dans la rapide esquisse que j'ai tracée de nos connaissances positives en chimie agricole avant 1840, j'espère avoir réussi à montrer que Bernard Palissy est le premier écrivain, à ma connaissance du moins, qui ait formulé nettement l'importance des matières minérales dans la végétation et la nécessité de les restituer au sol.

Après la lecture de la note de Lavoisier, heureusement retrouvée par M. Dumas, on ne peut douter que le créateur de la chimie mo-

---

1. **Baron Justus de Liebig,** né le 13 mai 1803 à Darmstadt; mort le 18 avril 1873 à Munich. Liebig était le fils d'un petit marchand de couleurs; on l'envoya au gymnase de Darmstadt pour y faire ses études classiques. Le futur associé de l'Institut de France manifesta de bonne heure son goût pour la chimie : en revanche il n'était pas fort en thèmes et n'occupait que les derniers rangs de sa classe. Un jour son professeur lui dit : « Et toi, Liebig, que seras-tu ? » L'enfant, sans la moindre hésitation, répondit : « Chimiste ». Un bruyant éclat de rire de ses camarades accueille cette déclaration. Le maître secoue la tête et ajoute : « Ah ! Liebig, tu es le souci de tes parents, la plaie de tes maîtres et tu ne feras jamais rien de bon. » L'illustre chimiste se plaisait à raconter cette anecdote, et il ajoutait : « Ni maître ni élèves ne savaient ce qu'était la chimie, mais moi je savais bien ce que je voulais être. » — Avant l'âge de 14 ans, Liebig avait déjà lu tous les journaux et livres classiques de chimie existant à Darmstadt; il avait, dans les mesures que lui offraient les faibles ressources de la boutique de son père, répété les expériences décrites dans ces ouvrages. Doué d'une mémoire et d'une activité d'esprit extraordinaires, il obtint, par sa persévérance, que son père,

derne n'ait eu sur ce sujet des idées très-arrêtées qui avaient devancé ce que nous savons aujourd'hui. Dans une communication faite par lui, en 1788, à la Société d'agriculture de Paris, communication intitulée : *Résultats de quelques expériences d'agriculture*

---

cédant à sa vocation irrésistible, le plaçât comme élève en pharmacie à Heppenheim près de Darmstadt. Il avait alors 15 ans. Après dix mois de séjour dans cette officine, ne trouvant pas d'aliments suffisants pour l'activité de son esprit, il revint à Darmstadt où, grâce à la libéralité du grand-duc de Hesse qui lui ouvrit l'accès de la bibliothèque du château, il put se préparer à suivre les cours de l'Université. Il fréquenta successivement les Universités de Bonn et d'Erlangen, où il suivit les cours de chimie théorique de Kastner, entra en relations avec Platen, le botaniste Bischoff, le chimiste Engelhardt et le philosophe Schelling. Il quitta Erlangen, ne pouvant pas, faute de ressources, poursuivre comme il l'eût voulu ses études dans un laboratoire, et vint en 1823 à Paris. Voici en quels termes il rappelait, un demi-siècle plus tard, l'accueil qu'il y reçut :

« Vous connaissez, Messieurs, les mérites de Gay-Lussac et de Thenard, mais il y en a peu parmi vous qui aient eu le bonheur de connaître personnellement ces savants : le besoin de leur payer mon tribut de reconnaissance me porte à vous en dire quelques mots.

« Ce qu'ils ont fait tous les deux pour moi suffira pour vous faire comprendre ce qu'ils ont fait pour beaucoup d'autres.

« J'arrivai à Paris il y a quarante-quatre ans, jeune étudiant, enfant de dix-neuf ans, sans recommandation aucune, si ce n'est celle de mon désir de m'instruire.

« J'avais apporté à Paris un petit travail sur les composés fulminants d'argent et de mercure : c'est à M. Thenard que je m'adressai pour le présenter à l'Académie.

« Le président de l'Académie, car Thenard occupait à ce moment cette position, reçut le jeune étudiant étranger avec la plus grande bienveillance. La note fut lue par Gay-Lussac, et c'est Dulong qui fit le rapport.

« Dès ce moment je possédai à Paris les amis les plus chaleureux. M. Thenard me procura un laboratoire où je pus poursuivre mes travaux, et j'étais au comble du bonheur quand M. Gay-Lussac m'admit dans sa maison, m'ouvrit son laboratoire de l'Arsenal, et me proposa de terminer avec lui mon travail sur l'argent et sur le mercure fulminants.

« Ce fut là ce qui donna la direction à tous mes travaux ultérieurs. « Il faut vous « occuper, Monsieur Liebig », me disait-il tous les jours, « de la chimie organique, voilà « ce qui nous manque. » Je fus, je crois, son premier élève. Après moi, ce fut mon ami Pelouze, qu'une maladie cruelle tient aujourd'hui éloigné de nous.

« Jamais je n'oublierai les heures passées dans le laboratoire de Gay-Lussac. Quand nous avions terminé une bonne analyse (vous savez, sans que je vous le dise, que la méthode et les appareils décrits dans notre mémoire commun sont de lui seul), quand nous avions terminé une bonne analyse, il me disait : « Maintenant il faut que « vous dansiez avec moi comme je dansais avec Thenard quand nous avions trouvé « quelque chose de bon. » Et nous dansions.

« Vous avez, Messieurs, souvent entendu appeler Thenard, le père Thenard : c'était véritablement notre père à nous ; le père de nous tous, qui tendait toujours et ne refu-

et réflexions sur leurs relations avec l'économie politique[1], Lavoisier annonce qu'il s'occupe d'agriculture depuis dix ans environ et qu'il travaille à rassembler les matériaux d'un ouvrage qu'il médite sur cet objet. La mort de cet homme, illustre entre tous, a privé l'humanité d'une œuvre dont on peut pressentir toute la grandeur en méditant le mémoire auquel je fais allusion. Porté, par son génie, à introduire la balance dans l'étude de tous les phénomènes naturels, Lavoisier avait institué dans les fermes qu'il possédait un système d'expériences et d'observations relatives au rendement des terres, à la quantité de prairies et de bétail nécessaires à une exploitation rationnelle, qui l'eussent infailliblement conduit à l'étude chimique des rapports existant entre le sol et les récoltes. Au point de vue de l'économie rurale et eu égard au temps où il a été écrit, le mémoire lu à la Société d'agriculture en 1788 est aussi extraordinaire, aussi admirable, que le sont, dans leur genre, les traités de Bernard

---

sait jamais la main aux faibles pour les aider à monter l'échelle et à vaincre les difficultés (*).»

De retour en Allemagne, en 1824, sur les instances d'Alex. de Humboldt, il se destina à l'enseignement. Après un brillant examen de doctorat subi à l'Université de Giessen, il fut, à 21 ans, nommé professeur extraordinaire de chimie à la même Université. Son laboratoire, fréquenté, de 1824 à 1852, par les jeunes chimistes de tous les pays, devint bientôt célèbre dans le monde entier. Liebig quitta Giessen pour aller occuper, en 1852, la chaire de chimie de l'Université de Munich. Anobli et créé baron par le roi de Bavière, il devint successivement membre de toutes les Académies d'Europe, l'un des six associés étrangers de l'Institut de France et président de l'Académie des sciences de Munich.

Pendant les cruels événements de 1870-1871, Liebig, auquel m'unissaient des liens d'une amitié déjà ancienne, aussi respectueuse de mon côté que dévouée du sien, ne laissa échapper aucune occasion de rendre service à ceux de nos compatriotes que les malheurs de la guerre conduisirent en Allemagne comme prisonniers de guerre; j'ai mis, à mainte reprise, à contribution, et sans jamais la lasser, la reconnaissance qu'il avait gardée à la France en souvenir de ses débuts, et je remplis un devoir très-doux pour moi en rappelant les témoignages constants d'affection qu'il a donnés à notre pays, en cherchant à adoucir les maux de la captivité pour tous ceux de nos compatriotes que j'avais recommandés à son bon accueil. Liebig succomba, après trois ans de souffrances, le 18 avril 1873, avec calme et sérénité, après avoir, plus heureux que bien d'autres, assisté au triomphe complet de ses idées scientifiques

1. *Œuvres complètes de Lavoisier*, t II, p 812.

(*) Banquet offert, le 22 avril 1867, par les chimistes français aux chimistes et physiciens étrangers.

Palissy. Quel progrès eût imprimé ce grand homme à l'agriculture ? à quel point une mort à jamais odieuse a-t-elle retardé dans sa marche la chimie agricole ? Nul ne saurait le dire ; mais on peut, sans crainte de se tromper, affirmer que Lavoisier a emporté avec lui, sur ces graves questions, des découvertes et des vues dont la connaissance eût singulièrement aplani la voie à ses successeurs. L'idée fondamentale qui sert de guide à tous les savants depuis le commencement de ce siècle n'est-elle pas celle qui a inspiré les impérissables découvertes de Lavoisier ? N'est-ce pas lui qui, le premier, a établi le point de départ immuable de tous les travaux des chimistes, des physiciens et des physiologistes modernes? « Rien ne se crée, ni dans les opérations de l'art, ni dans celles de la nature, et l'on peut poser en principe que dans toute opération il y a une égale quantité de matière avant et après l'opération, que la qualité et la quantité des principes est la même et qu'il n'y a que des changements, des modifications. » C'est précisément dans l'étude de ces changements, de ces modifications de la matière minérale passant du sol et de l'atmosphère dans la plante et de la plante dans l'animal pour faire retour intégralement au sol et à l'atmosphère, d'où elle vient, que réside tout entier le problème de la nutrition chez le végétal et chez l'animal. C'est l'application des lois découvertes par la science à la production régulière et économique des végétaux et, par suite, du bétail qui constitue l'agronomie. Lavoisier, et c'est là où j'en veux venir, Lavoisier, qui a posé la pierre angulaire de l'édifice, doit être rangé, lui aussi, au premier rang des fondateurs de la chimie et de la physiologie agricoles. C'est, sans nul doute, sa fin prématurée qu'il faut seule accuser des lacunes que présentent ses œuvres, en ce qui regarde les conséquences nécessaires de ses doctrines appliquées à l'agriculture.

L'examen rétrospectif de l'influence exercée sur les progrès des sciences et sur leurs applications par les idées des hommes de génie est si attrayant que je me laisse entraîner malgré moi à revenir sur l'histoire de la chimie agricole dans le siècle dernier. Je demande pardon à mes lecteurs de cette digression et j'arrive à mon sujet ; je me propose d'analyser sommairement la première édition du livre de Liebig, réservant pour une discussion ultérieure les modifications apportées à sa doctrine par l'auteur lui-même et par ses contradicteurs[1].

Au mois de septembre 1840, sans que rien ait pu faire pressentir la nouvelle doctrine, alors que savants et praticiens étaient unanimes pour attribuer à l'humus seul la fertilité des sols, pour mesurer la fécondité des champs par leur richesse en terreau, et pour estimer les engrais d'après leur teneur en matière organique, paraît à Brunswick, sous le titre : *Chimie organique appliquée à l'agriculture et à la physiologie*, un livre à la première page duquel on lit : « *C'est la nature inorganique exclusivement qui offre aux végétaux leurs premières sources d'alimentation.* » Le livre est dédié à Alexandre de Humboldt, il est signé d'un nom déjà célèbre dans les sciences ; l'assertion qu'il contient, et qui en est le programme, si tranchante et si fort en opposition avec les idées reçues, paraît sans doute bien hardie, mais le double patronage sous lequel elle s'offre aux lecteurs lui assure à la fois l'attention publique, des défenseurs ardents et des contradicteurs passionnés. A vingt ans de là, l'ouvrage de Liebig se trouve traduit dans toutes les langues ; il est parvenu, en Allemagne, à la septième édition, et l'assertion, jugée jadis si audacieuse, est devenue une vérité incontestée ; elle a reçu de l'expérience une consécration absolue ; on en a déduit toutes les conséquences raisonnables et déraisonnables ; on en a usé et abusé pour engager la pratique agricole dans des voies tour à tour heureuses ou fatales, suivant l'application juste ou fausse qu'on en a faite ; quelques-uns ont cherché à se l'approprier, d'aucuns s'en sont servis pour faire de la réclame à leur profit, mais tous l'ont proclamée vraie dans son essence, et désormais elle constitue ce que l'on pourrait appeler un axiome agronomique.

Comment s'est opéré ce revirement dans l'opinion du monde agricole ? Quelle est au juste la signification de cette phrase ? Quels développements son auteur a-t-il donnés à cet aphorisme ? Quelles conséquences en a-t-il déduites ? De quelles critiques la doctrine qu'elle

1. C'est à dessein que je laisse de côté, pour l'instant, les éditions ultérieures de la *Chimie appliquée à l'agriculture*, ayant surtout pour but de montrer l'originalité des vues de Liebig dans leur premier jet.

renferme a-t-elle été l'objet? Quels faits positifs sont venus l'appuyer ou la combattre? Enfin, quelle conclusion pratique immédiatement applicable à l'agriculture en doit découler? Telles sont les nombreuses et intéressantes questions que je me propose d'examiner dans ces leçons, en me plaçant successivement au point de vue de l'histoire et de la critique scientifique. Je ne me dissimule point les difficultés d'un pareil sujet, et parfois, en présence des nombreuses recherches auxquelles il m'entraîne, je me sens tenté de reculer; mais je suis constamment ramené vers son étude par la ferme conviction que j'ai de l'importance des problèmes qu'il soulève, pour les progrès ultérieurs de l'agriculture.

Passer en revue et discuter les questions énumérées plus haut, n'est-ce pas en effet faire l'histoire des points fondamentaux de la chimie agricole? Et d'ailleurs, quelle étude plus intéressante et plus importante pour des agriculteurs que celle des doctrines sur lesquelles repose désormais tout progrès dans la pratique? Je ne puis avoir la prétention d'offrir, dans ce cours, un tableau complet des découvertes modernes de la chimie agricole, mais je m'efforcerai de ne laisser dans l'ombre aucun point saillant et de n'omettre aucun des faits dont la connaissance importe au cultivateur pour résoudre pratiquement, sur ses terres, le problème de l'entretien de la fertilité du sol par la fumure.

La publication de la *Chimie appliquée à l'agriculture* a marqué un tel progrès dans nos connaissances positives en agronomie, elle a été le point de départ d'interprétations si neuves qu'une analyse des principaux chapitres de ce livre est indispensable pour montrer l'étendue de la révolution inaugurée en 1840.

J'emprunterai d'abord quelques lignes à la dédicace qui sert de préface, afin d'indiquer dans quelles circonstances a été conçu et écrit ce programme de la rénovation de la science agronomique au dix-neuvième siècle :

J'ai reçu, dit l'auteur, de la *British Association for the advancement of science*, lors de sa session à Liverpool en 1837, la prière, très-honorable pour moi, de rédiger un rapport sur l'état de nos connaissances en chimie organique. Sur ma proposition, la Société a décidé qu'il serait fait une démarche auprès de M. Dumas, membre de l'Académie des sciences de

Paris, dans le but de le prier de se joindre à moi pour la rédaction de ce rapport. Telle est l'origine de la publication du présent ouvrage, dans lequel j'ai cherché à présenter la chimie organique dans ses rapports avec la physiologie végétale et l'agriculture, ainsi que les modifications que subissent les matières organiques dans la fermentation et la putréfaction.

L'Association britannique, en provoquant l'apparition de l'œuvre considérable que nous allons analyser, a rendu à la science un service signalé dont l'agriculture ne perdra point le souvenir et que j'ai cru devoir rappeler.

21. — Examen critique de la doctrine de l'humus. — Comme cela devait être, Liebig débute par un examen critique de la théorie de l'humus qui régnait alors en souveraine. Dans les chapitres consacrés aux sources et à l'assimilation du carbone par les plantes, à l'origine et au mode d'action de l'humus, il donne les raisons qui doivent faire abandonner les opinions admises jusqu'à lui sur la cause prépondérante de la fertilité du sol et prépare ses lecteurs à l'intelligence de la nouvelle doctrine.

Engageons-nous sous sa direction dans cette intéressante discussion et voyons à quels arguments il va avoir recours pour porter la main sur cette arche sainte de la culture d'alors.

L'humus est une matière à composition mal définie, les chimistes lui ont donné divers noms (acide ulmique, ulmine, acide humique), suivant son aspect ou sa manière d'être. Sa richesse en charbon varie de 57 à 72 p. 100, d'après les analyses connues[1]. La substance humique, que l'on considère comme la partie active du terreau, est insoluble dans l'eau et ne saurait, conséquemment, pénétrer, par voie d'absorption, dans les végétaux ; aussi a-t-on invoqué la formation d'une combinaison d'acide ulmique et de chaux pour expliquer l'assimilation du terreau. Admettons un instant qu'il en est ainsi et voyons, à l'aide de quelques chiffres, quelle pourrait être la quantité de carbone apportée par cette voie aux végétaux.

A Erfurth, l'une des contrées les plus fertiles de l'Allemagne, il tombe annuellement 350,000 kilogr. d'eau sur une surface de 2,500 mètres carrés. Admettons que toute cette quantité d'eau soit

1. On remarquera que Liebig ne parle pas de la teneur de l'humus en azote.

absorbée par les racines d'une plante annuelle (dans l'espace de quatre mois environ), de manière qu'après avoir été charriée dans les diverses parties de la plante, cette eau se vaporise en totalité à travers les feuilles. Supposons, en outre, que les eaux pluviales ne pénètrent dans la plante que saturées d'ulmate de chaux, le sel le plus riche en acide ulmique, et voyons quelle quantité de carbone l'humus pourra apporter aux diverses récoltes.

Sur une surface de 2,500 mètres carrés, il y aura 150 kilogr. d'acide ulmique absorbés ou 175 kilogr. d'ulmate de chaux, une partie de ce sel exigeant pour se dissoudre 2,000 parties d'eau. On sait que, dans un champ de la surface donnée, il croît 10,000 kilogr. de betteraves (feuilles non comprises) ou 1,290 kilogr. de blé (paille et grain), correspondant respectivement à 440 et 522 kilogr. de carbone. Il est donc aisé de voir que 150 kilogr. d'acide ulmique, correspondant à 108 kilogr. de charbon, au maximum, ne suffiraient pas même pour rendre compte du carbone contenu dans les feuilles et dans les racines. Du reste, il est notoire qu'une partie seulement des eaux pluviales qui tombent sur la surface de la terre pénètre dans les plantes et est expirée par elles (évaporation), de sorte que, en comparant la quantité réelle de carbone contenue dans la plante avec celle que l'on pourrait supposer y avoir été transmise par l'acide ulmique, on obtient un résultat tellement inférieur, par rapport à cette dernière, qu'on doit l'envisager comme nul.

Les diverses plantes, objets de notre culture et de nos récoltes, telles que le bois, le foin, le blé, etc., présentent des différences énormes sous le rapport de leur masse, mais non pas sous celui du carbone qu'elles contiennent ; quelques chiffres vont mettre en évidence ce fait remarquable :

2,500^{mq}	de forêts produisent	503	kilogr. de carbone[1].	
—	de prairies	—	509	—
—	de betteraves[2]	—	440	—
—	de céréales	—	522	—

1. Ce chiffre et les suivants représentent la totalité du carbone contenu dans la récolte obtenue sur 2,500 mètres carrés. Nous verrons plus tard qu'ils sont inférieurs à la réalité, mais je tiens à faire l'exposé des idées de Liebig en 1840, sans entrer, pour l'instant, dans la critique des faits avancés par lui.

2. Feuilles non comprises.

De là il faut conclure, dit Liebig, *que des surfaces égales de terres propres à la culture peuvent produire une quantité égale de carbone ;* cependant quelles différences énormes se présentent dans les conditions nécessaires à l'accroissement des plantes qu'on y cultive !

22. — Origine du carbone des végétaux. — Mais où l'herbe des prairies et le bois des forêts prennent-ils leur carbone, puisqu'on ne leur amène pas d'engrais qui pourrait leur servir d'aliment ? D'où vient que ces terrains, au lieu de s'appauvrir sous le rapport du carbone, s'enrichissent au contraire d'année en année ? On dit que dans les terres où l'on a cultivé les céréales, on remplace, par l'engrais, le carbone qu'on leur a enlevé à l'état d'herbe, de paille ou de grain ; et pourtant ces terres ne produisent pas plus de carbone que les prairies et les forêts, où on ne le remplace jamais ? Serait-il raisonnable, demande Liebig, d'admettre que les lois de la nutrition des végétaux pussent être changées par la culture, et que, pour les blés et les plantes fourragères, il existât d'autres sources de carbone que pour l'herbe et les arbres qui croissent dans les prés et les forêts ? Certes, personne, ajoute-t-il, *ne voudra contester l'influence de l'engrais* sur le développement des plantes soumises à la culture ; mais ce qui est aussi positif, *c'est que l'engrais ne concourt pas à la production du carbone* dans les plantes et qu'il n'y exerce aucune action directe.

Liebig fait ensuite une remarque si juste et si simple à la fois, qu'on s'étonne qu'elle ne soit venue à l'esprit d'aucun des partisans de la théorie de l'humus. On ne s'est pas aperçu, dit-il, lorsqu'on a voulu résoudre le problème de l'origine du carbone dans les végétaux, que cette question embrasse celle de l'origine de l'humus. — D'après tout ce que nous savons, l'humus est un produit de la putréfaction et de la combustion lente des plantes ou des parties végétales ; il ne peut donc pas exister d'humus originel, de terreau primitif, *car avant l'humus il y avait des plantes.* Où les plantes ont-elles puisé leur carbone ? Puisque ce n'est pas dans le sol, *il faut nécessairement que ce soit dans l'atmosphère.* Si c'est dans l'*atmosphère, sous quelle forme le carbone y est-il contenu ?* On voit d'ici la suite de ce chapitre, dans lequel l'auteur expose le rôle des feuilles dans la décomposition de l'acide carbonique par les plantes et les questions qui s'y rattachent. Nous ne le suivrons pas sur ce terrain connu de tous nos lecteurs et sur lequel nous aurons d'ailleurs occasion de revenir en parlant des belles recherches de M. Boussingault sur le rôle des feuilles dans la nutrition des plantes.

En 1828, A. Brongniart[1] avait émis d'une manière précise les mêmes vues, dans un mémoire lu à l'une des séances publiques de l'Académie des sciences. Liebig ne paraît pas avoir eu connaissance de ces pages remarquables, que je vais reproduire textuellement :

La comparaison du développement successif des végétaux et des animaux n'est pas un des points les moins remarquables de l'étude des corps organisés fossiles.

On sait, en effet, que, dans les terrains plus anciens ou de la même époque que la formation houillère, il n'existe aucun reste d'animal terrestre, tandis qu'à cette époque la végétation avait déjà pris un grand développement et était composée de plantes aussi remarquables par leurs formes que par leur taille gigantesque. Plus tard, la végétation terrestre perd en grande partie ce développement singulier, et les animaux vertébrés à sang froid deviennent très-nombreux : c'est ce qu'on observe pendant la troisième période.

Enfin, plus tard, les végétaux deviennent plus variés, plus parfaits ; mais les analogues de ceux qui ont existé les premiers sont réduits à une taille bien moindre : c'est l'époque de l'apparition des animaux les plus parfaits, des animaux à respiration aérienne, des mammifères et des oiseaux.

Ne pourrait-on pas trouver quelque cause propre à expliquer d'une manière naturelle ce développement et cette végétation vigoureuse des plantes à respiration aérienne, dès les temps les plus reculés de la formation du globe, et, au contraire, l'apparition des animaux à sang chaud dans les dernières périodes de la formation seulement, c'est-à-dire de ceux dont la respiration aérienne est la plus active ? Cette différence dans l'époque de l'apparition de ces deux classes d'êtres ne dépendrait-elle pas de la différence de leur mode de respiration et de circonstances dans l'état de l'atmosphère propres à favoriser le développement des uns et à s'opposer à celui des autres ?

---

1. **Adolphe-Théodore Brongniart**, fils du célèbre minéralogiste Alex. Brongniart né le 14 janvier 1801, à Paris, mort le 18 février 1877. Professeur de botanique au Collége de France et au Muséum d'histoire naturelle ; membre de l'Académie des sciences depuis 1834 ; nombreux travaux de botanique. L'*Histoire des végétaux fossiles* (2 vol. in-4°, 1822 à 1847) a fondé la paléontographie végétale.

Sous quelle forme pouvait se trouver, à l'époque de la création des êtres organisés, tout le carbone que ces êtres ont absorbé par la suite, et qui s'est trouvé enfoui avec leurs dépouilles dans le sein de la terre, ou qui existe encore réparti dans tous les êtres organisés qui couvrent actuellement la surface du globe ?

Il est évident que les animaux, ne puisant de carbone ni dans l'atmosphère ni dans le sol, mais seulement dans leur nourriture, les végétaux seuls peuvent avoir pris dans une substance inorganique le carbone nécessaire à leur accroissement, carbone qui, par leur intermédiaire, a servi ensuite à la nutrition des animaux.

Nous ne concevons pas, si ce carbone avait été à l'état solide, comment les végétaux auraient pu se l'assimiler ; et d'ailleurs, dans les terrains plus anciens que ceux qui renferment les premiers débris des végétaux on connaît à peine quelques traces de charbon.

Il faut donc que ce carbone, que les plantes de la végétation primitive et les végétaux suivants ont absorbé, fût sous une forme propre à servir à leur nutrition ; or, nous n'en connaissons que deux, l'ulmine ou le terreau, qui, résultant lui-même de la décomposition d'autres végétaux, nous ferait rentrer dans un cercle vicieux, et l'acide carbonique, qui, décomposé par les feuilles des végétaux sous l'influence de la lumière solaire, fixe son carbone dans la plante et sert ainsi à son accroissement.

Il me paraît donc impossible de supposer que les végétaux aient puisé ailleurs que dans l'atmosphère, et à l'état d'acide carbonique, le carbone qui se trouve dans tous les végétaux et dans tous les animaux existants, et celui qui, après avoir servi à leur nutrition, a été déposé sous forme de houille, de lignite ou de bitume dans les divers terrains de sédiment. Si on suppose donc que tout ce carbone, à l'état d'acide carbonique, était répandu dans l'atmosphère avant la création des premiers êtres organisés, on verra que l'atmosphère, au lieu de contenir moins d'un millième d'acide carbonique, comme cela a lieu actuellement, devait en renfermer une quantité qu'on ne peut évaluer exactement, mais qui était peut-être de 3, 4, 5, 6, ou même 8 p. 100.

On sait parfaitement, par les recherches de M. Théodore de Saussure, que cette proportion d'acide carbonique, loin de nuire à la végétation, lui est très-favorable lorsque les plantes sont exposées au soleil. Cette différence très-probable dans la nature de l'atmosphère peut donc être considérée comme une des causes les plus puissantes qui ont influé sur la végétation si active et si remarquable de notre première période.

Mais cette même circonstance a dû nuire, au contraire, beaucoup à la décomposition des restes des végétaux morts et à leur transformation en terreau ; car ce mode de décomposition est dû essentiellement à la soustraction d'une partie du carbone de bois par l'oxygène de l'air; et si l'atmosphère contenait moins d'oxygène et plus d'acide carbonique, cette décomposition devait, sans aucun doute, être plus difficile et plus lente. De là l'accumulation de ces débris de végétaux en des sortes de couches de tourbe, même dans des circonstances et avec des végétaux qui, dans l'état actuel de l'atmosphère, ne donneraient pas lieu à la formation de semblables couches de combustible.

D'un autre côté, cette différence dans la composition de l'atmosphère, si favorable à l'accroissement et à la conservation des végétaux, devait être un obstacle à l'existence des animaux, et surtout à celle des animaux à sang chaud, dont la respiration plus active exige un air plus pur; aussi, durant cette première période, pas un seul animal à respiration aérienne ne paraît avoir existé.

Pendant cette période, l'atmosphère avait été purgée d'une partie de son excès de carbone par les végétaux qui croissaient sur la terre, qui se l'étaient assimilé, et qui l'avaient ensuite enfoui, à l'état de houille, dans le sein de la terre; c'est après cette époque, pendant notre seconde et notre troisième période, que commencent à paraître cette immense variété de reptiles monstrueux, animaux qui, par la nature de leur respiration, peuvent cependant vivre dans un air beaucoup moins pur que celui qu'exigent les animaux à sang chaud, et qui en effet les ont précédés à la surface de la terre.

Les végétaux continuaient à soustraire une partie du carbone de l'air, et rendaient ainsi tous les jours notre atmosphère plus pure; mais ce n'est qu'après l'apparition d'une végétation toute nouvelle, riche en grands arbres et origine des nombreux dépôts de lignite, végétation qui paraît avoir couvert la surface de la terre de vastes forêts, qu'un grand nombre d'animaux mammifères analogues, sous le rapport des traits essentiels de leur organisation, à ceux qui existent encore sur la terre, parurent pour la première fois sur sa surface.

Ne peut-on pas supposer, d'après cela, que notre atmosphère était arrivée à ce degré de pureté qui seul pouvait convenir à la respiration plus active des animaux à sang chaud, et favoriser également le développement des végétaux et des animaux, tandis que l'existence simultanée de ces deux ordres d'êtres et l'influence inverse de leur respiration maintiennent actuellement notre atmosphère dans un état de stabilité qui est un des caractères remarquables de la période actuelle?

L'étude des métamorphoses du règne végétal, si je puis employer cette expression, pendant la formation de la croûte du globe, semble donc nous annoncer que la température et l'étendue des mers ont toujours été en diminuant, depuis la première apparition des végétaux sur la terre jusqu'à l'époque actuelle.

Sur l'origine de l'humus Brongniart et Liebig sont donc parfaitement d'accord.

Mais si l'humus, auquel Liebig vient d'enlever son rôle prépondérant et essentiel dans la végétation, ne sert pas à la nutrition proprement dite de la plante, est-il donc inutile ? N'accomplit-il aucune fonction ? Il ne le pense pas et consacre tout un chapitre à établir le mode de formation et le rôle de l'humus. Les conclusions de ce chapitre peuvent se traduire ainsi : L'idée qu'on s'est faite jusqu'à présent du mode d'action de l'humus est entièrement erronée. L'influence de l'humus sur la végétation s'explique de la manière la plus claire et la plus satisfaisante si l'on considère la présence de l'acide carbonique et des bases rendues solubles par ce gaz, dans l'eau qui se rassemble quelquefois dans les trous d'une prairie ou dans l'eau de la plupart de nos fontaines. L'humus nourrit les plantes, non parce que, comme tel, il est absorbé et assimilé, mais parce qu'il présente aux racines une source lente et continue d'acide carbonique qui approvisionne la plante de sa nourriture essentielle en facilitant la dissolution des éléments nutritifs du sol[1].

En résumé, Liebig refuse à l'humus les propriétés nutritives, par essence, que lui accordaient Thaër et, à sa suite, tous les agriculteurs contemporains, propriétés occultes que rien ne justifie. Tout le carbone des végétaux vient de l'acide carbonique de l'air, et c'est comme producteur d'acide carbonique que l'humus sert à la nutrition, mais non comme source directe de carbone à un état de combinaison organique douée de propriétés secrètes et spéciales.

23. — Origine de l'hydrogène et de l'azote des végétaux. — D'où vient l'hydrogène qui entre dans la composition de tous les produits végétaux? D'où vient l'azote qu'on y rencontre également d'une manière constante? Tel est l'objet des deux chapitres suivants. L'hydrogène, suivant Liebig, vient de l'eau ; l'azote de l'ammoniaque, car l'on n'est aucunement fondé à croire que l'azote de l'atmosphère prenne part directement à l'assimilation ni chez les animaux ni chez les plantes. L'origine de l'hydrogène et de l'azote dans les végétaux

1. Mes expériences sur le rôle des matières organiques du sol assignent une influence considérable et tout autre à l'humus, comme on le verra plus loin.

a donné lieu à des travaux très-importants et notamment aux belles recherches de M. Boussingault et de M. Schlœsing que nous examinerons plus loin, dans un chapitre spécial ; il nous suffira d'avoir indiqué, pour le moment, l'opinion professée en 1840, à ce sujet, par Liebig.

Nicolas Le Blanc, l'inventeur de la soude artificielle, et plus tard Schattenmann, agronome et industriel bien connu, avaient devancé Liebig dans l'interprétation du rôle de l'ammoniaque considérée comme source de l'azote des végétaux : les deux fragments suivants dont nous devons la publication à M. J. Dumas, ne laissent aucun doute à ce sujet. Le premier est extrait d'une leçon faite en 1860, par M. Dumas, à la Société chimique ; j'ai emprunté le deuxième aux notes du célèbre *Essai de statique chimique des êtres organisés*. Voici le mémoire de Le Blanc, retrouvé dans des papiers de famille et publié pour la première fois en 1860.

Séance de l'Académie des sciences du lundi 20 messidor an XII.

Un membre, au nom d'une commission[1], lit le rapport suivant sur un mémoire de M. Le Blanc, portant pour titre : *Observations sur les substances ammoniacales considérées principalement comme matières végétatives.*

On sait que les matières animales et végétales décomposées, et dans l'état de putréfaction, deviennent entre les mains des agriculteurs d'excellents engrais ; mais on n'est pas aussi avancé sur la manière dont elles agissent, non plus que sur la cause qui détermine les effets qu'elles produisent.

Ce n'est pas cependant qu'on ait négligé les recherches sur cet objet important, mais le seul résultat qu'elles aient fourni jusqu'à présent se réduit à des conjectures vagues et incertaines, et à des théories si peu satisfaisantes, qu'il faut convenir qu'il reste encore beaucoup de travaux à faire avant qu'on ait obtenu la solution du problème qu'on propose depuis si longtemps.

Parmi les sciences qui peuvent le plus contribuer à procurer des lumières sur l'objet dont il s'agit, la chimie doit tenir le premier rang ; elle seule, en s'occupant de l'analyse des engrais, contribuera non-seulement à jeter un nouveau jour sur l'économie agricole, mais elle parviendra encore à la perfectionner en simplifiant ses procédés

Pénétré des avantages qui pourraient résulter d'un travail entrepris d'après ces vues, M. Le Blanc a essayé de s'en occuper, déjà même il a recueilli quelques faits précieux qu'il a consignés dans le mémoire dont nous allons rendre compte à la classe.

---

1. La commission était composée de Vauquelin, Fourcroy et Deyeux.

Un des engrais, dit M. Le Blanc, dont l'effet est le plus remarquable, est bien certainement la *poudrette,* c'est-à-dire le résidu des déjections animales qui, privé par l'évaporation spontanée de son humidité, se trouve réduit à une espèce de terreau.

En analysant cette substance, l'auteur a reconnu qu'elle contenait une très-grande quantité d'ammoniaque combinée avec différents acides. Comparant ensuite ces propriétés avec celles qu'ont aussi les autres engrais, il s'est bientôt aperçu que, plus la quantité des sels ammoniacaux que ces derniers contiennent est considérable, et plus aussi leur influence sur la végétation devient sensible.

C'est pour cela sans doute que les eaux vannes, les urines, le sang pourri, et beaucoup d'autres fluides de cette espèce qui tous donnent beaucoup d'ammoniaque, sont employés si utilement pour fertiliser les terres et remplacent si souvent avec tant d'avantage les autres fumiers dont on a coutume de se servir.

La conséquence naturelle de ce premier fait est que les substances ammoniacales ont une influence marquée sur la végétation et que, soit qu'elles agissent entières, soit que leur action ne puisse être attribuée qu'aux principes qu'elles fournissent en se décomposant, il n'en est pas moins certain que l'ammoniaque doit faire une des bases essentielles de toute espèce de fumier, et que plus les matières qu'on emploiera contiendront de cette substance et plus aussi leur effet sera assuré.

En partant de ce principe, on conçoit facilement de quelle importance il est de ne plus perdre les déjections animales et de les employer à fertiliser des terres qui, faute d'engrais ordinaires, ne donnent pas un produit qui puisse dédommager le cultivateur des peines qu'il a prises.

En vain a-t-on prétendu que la *poudrette* avait des inconvénients, et surtout celui de brûler les plantes ; que son emploi ne convenait qu'aux terrains humides, et qu'en général les cultivateurs en faisaient peu de cas aujourd'hui.

Toutes ces assertions, dit M. Le Blanc, sont démenties par le fait. Pour en avoir la preuve, il suffit de savoir que dans plusieurs cantons de la Normandie on se sert de la *poudrette,* et que sa consommation est si considérable, qu'il est à croire qu'avant peu l'exploitation actuelle de cette matière ne suffira pas pour des pays plus voisins. Or, assurément si les reproches qu'on fait à la *poudrette* étaient fondés, les cultivateurs ne mettraient pas tant d'empressement à s'en procurer, elle serait abandonnée comme inutile.

Sans doute, il s'est rencontré des terrains où la *poudrette* a pu devenir nuisible ; mais que conclure de ce fait ? Rien autre chose, sinon qu'il en est de cette matière comme de tous les fumiers, dont le choix doit être fait d'après la nature du terrain auquel ils sont destinés.

Au reste, en admettant même que la *poudrette* ne convienne pas pour fumer toutes les terres, on ne pourra pas au moins disconvenir que les effets qu'elle produit sur celles où on cultive les graminées sont tels qu'on est, en quelque sorte, dans le cas de s'en étonner.

Le parti qu'on peut tirer de la *poudrette* ne se borne pas, suivant M. Le Blanc, à rendre les terres plus fertiles, on peut l'utiliser encore en la faisant servir à la fabrication du muriate d'ammoniaque. Les vannes qu'on trouve dans les bassins où on dépose les matières fécales peuvent aussi servir au même usage, il ne s'agit que de les disposer pour cela.

C'est surtout de cet objet que M. Le Blanc paraît s'être occupé.

D'après les expériences qu'il dit avoir faites, il semble faire entendre que ces vannes étant très-riches en ammoniaque, on pourrait en extraire cet alcali, et qu'à l'aide de procédés qui lui sont particuliers, rien ne serait si facile que de se procurer ce produit en très-grande quantité.

Si maintenant on résume tous les objets qui font le sujet du mémoire de M. Le Blanc, on voit :

1° Qu'il établit comme chose certaine que l'ammoniaque et même les sels ammoniacaux, seuls résultats, en grande partie, de la décomposition des substances animales, sont principalement ceux qui, dans les fumiers, agissent comme engrais ;

2° Que la *poudrette*, c'est-à-dire le résidu de l'évaporation des matières fécales, contenant beaucoup de sels ammoniacaux, doit, par cela même, produire un excellent engrais ;

3° Que les vannes, les urines et autres fluides de cette espèce, contenant aussi beaucoup de sels ammoniacaux et étant par conséquent susceptibles de fournir une grande quantité d'ammoniaque, ne doivent pas être perdus, mais qu'on doit les recueillir pour les faire servir à la fabrication du muriate d'ammoniaque dont l'usage dans les arts est aujourd'hui très-étendu ;

4° Enfin, que M. Le Blanc paraît avoir trouvé des procédés sûrs et économiques pour obtenir de ces fluides le produit ammoniacal qu'ils contiennent.

En admettant que tout ce que M. Le Blanc a consigné dans son mémoire soit exact, comme tout porte à le croire, il devra en résulter, d'un côté, qu'il aura contribué à éclairer la théorie des engrais, et que de l'autre il aura prouvé la possibilité d'utiliser des matières qui, repoussantes par l'odeur fétide qu'elles exhalent, sont toujours abandonnées et causent beaucoup de tourment lorsqu'il s'agit de s'en débarrasser.

Considéré sous ce double point de vue, le travail de M. Le Blanc mérite quelque attention ; aussi pensons-nous que la classe doit applaudir aux efforts de ce chimiste, et l'engager à poursuivre des recherches qui, indubitablement, le conduiront à des résultats utiles.

Voici maintenant la lettre de Schattenmann à M. Dumas :

Je regarde comme une preuve de votre bienveillance d'avoir bien voulu me citer dans plusieurs occasions en traitant de l'action de l'ammoniaque sur la végétation.

Le traitement des engrais est encore fort négligé en France, et même en Alsace, où la culture est cependant très-perfectionnée. Depuis longtemps on utilise en Suisse les urines des étables, on lave les fumiers et l'on en recueille les eaux dans des fosses, où après la fermentation l'ammoniaque est saturée et convertie en sulfate d'ammoniaque par le sulfate de fer, le sulfate de chaux ou l'acide sulfurique. Ces eaux, répandues sur les prés et les champs, produisent une végétation puissante, qu'il faut principalement attribuer au sulfate d'ammoniaque, qui ne se volatilise pas, comme le carbonate d'ammoniaque, par l'action de la chaleur que les rayons du soleil fournissent avec intensité. Le fumier, comme l'urine, contient également de l'ammoniaque qu'il importe de conserver, et qui se perd le plus souvent d'après les procédés assez généralement usités.

Le fumier de cheval passe pour être infiniment inférieur à celui des bêtes à cornes ; mais cela ne paraît tenir qu'à la manière de le traiter, laquelle consiste, en Alsace, en Lorraine, et généralement en France, tantôt à le mettre en tas dans une fosse où il est quelquefois noyé dans l'eau, tantôt à l'entasser à sec à environ un mètre de hauteur sans l'arroser suffisamment. Ce préjugé que le fumier de cheval ne se fait qu'en le remuant et en le mêlant, fait que cette opération a généralement lieu une ou deux fois. Or, le fumier qui est dans l'eau ne fermente pas, et la paille ne se décompose pas. Au contraire, celui qui est entassé légèrement et qui n'est pas arrosé suffisamment, s'échauffe au point qu'il moisit souvent; l'ammoniaque qu'il développe se volatilise, et on perd par là la partie la plus active de l'engrais.

On n'obtient ainsi qu'un fumier léger et peu substantiel dont l'action est infiniment inférieure à celle du fumier de vache et de bœuf, qui est naturellement humide et gras, et peu disposé à s'échauffer.

J'ai toujours traité avec un plein succès le fumier de cheval d'une manière entièrement opposée à celle qui est généralement usitée. J'ai établi une fosse de 400 mètres carrés de surface, divisée en deux parties de 200 mètres. Cette fosse est un plan incliné qui s'élève en avant et de droite et de gauche, de manière que les eaux qui en découlent se réunissent au milieu, où se trouve un réservoir garni d'une pompe pour ramener à volonté sur le fumier les eaux qui en découlent. De cette manière, je ne perds pas une goutte des eaux saturées par le fumier. Celles-ci sont en définitive entièrement absorbées par le fumier lui-même au moment de son enlèvement, si on ne préfère pas les employer directement.

Les deux parties sont alternativement garnies de fumier sortant des écuries. Ce fumier est entassé à 3 ou 4 mètres de hauteur sur toute la surface du carré, foulé par le pied des hommes qui l'y portent et l'y répandent, et abondamment arrosé par les pompes.

J'obtiens ainsi un tassement parfait et l'humidité suffisante ; car je regarde ces deux conditions comme nécessaires pour combattre cette fermentation violente qui est propre au fumier de cheval et qui détermine l'évaporation des parties les plus énergiques. J'ajoute aux eaux saturées et je répands sur le fumier du sulfate de fer dissous ou du sulfate de chaux ou plâtre en poudre, afin de convertir en sulfate l'ammoniaque qui se développe, et qui se volatiliserait facilement à une température un peu élevée. J'obtiens par ces moyens simples et peu dispendieux, dans l'espace de deux ou trois mois, un engrais parfaitement fait, aussi gras et aussi pâteux que le fumier de vache et de bœuf, et d'une grande énergie qui se manifeste par les productions remarquables que j'en obtiens sur les champs et sur les prés pendant nombre d'années.

Le fumier de cheval, mis en tas, consomme une quantité d'eau considérable, ce qui s'explique facilement par la chaleur qu'il développe et qui donne lieu à une évaporation continuelle. J'ai la conviction que généralement on ne se rend pas raison de l'importance de cette évaporation, et que le fumier de cheval ne reçoit, chez la plupart de nos cultivateurs, que la moindre partie de l'eau nécessaire.

Les urines et eaux de fosse à fumier fermentées, et dont l'ammoniaque a été saturée et convertie en sulfate, répandues sur des prés, produisent une végétation vigoureuse, qui se distingue de celle qui se trouve à côté. *Un nom ou des figures quelconques, décrits par l'arrosement d'un pré, sont fort reconnaissables par la végétation, de même qu'on a pu reconnaître ces mêmes figures formées en Amérique par le plâtre en poudre appliqué au trèfle, lorsqu'il s'agissait d'y faire adopter l'usage de cette substance.* L'ammoniaque est une partie essentielle de l'engrais employé à toutes les cultures ; et comme mon procédé tend à conserver l'ammoniaque et à la préserver de l'évaporation lorsque le fumier est employé, il est évident que cet engrais doit avoir une action bien supérieure.

Je ne crois pas avoir fait une découverte, car l'usage de saturer les urines et les eaux des fosses à fumier, de répandre ces eaux sur les prés par un temps humide, au printemps comme après les coupes successives, est ancien en Suisse, et je n'ai cherché qu'à me rendre raison de l'effet du sulfate de fer sur les urines fermentées et de leur action puissante sur la végétation. *Je suis naturellement arrivé à reconnaître que l'ammoniaque décompose le sulfate de fer et se convertit en sulfate d'ammoniaque qui ne se volatilise pas, et qui est la cause principale de l'action forte sur la végétation.* J'ai dû encore admettre que le fumier de cheval devait faire évaporer les parties ammoniacales, lorsqu'il entre dans une fermentation trop vive, et j'ai dû aviser aux moyens de maîtriser cette fermentation et de convertir l'ammoniaque en sulfate.

Ces principes, je les ai exposés dans toutes les occasions. Différents propriétaires qui se livrent à la culture ont pris du sulfate de fer pour en saturer leur eau de fumier, sans donner à cette application beaucoup de suite, à l'exception de M. le baron de Gail, propriétaire à Mulhausen, qui emploie depuis plusieurs années le sulfate de fer et le plâtre pour ses fumiers, et qui se loue beaucoup des effets qu'il en obtient.

Revenons maintenant à la première édition du livre de Liebig :

24. — Nécessité des principes inorganiques pour la végétation. — Il importe, je crois, de faire remarquer, dès à présent, que l'on est dans le vrai en considérant comme des composés minéraux l'eau, l'acide carbonique, l'ammoniaque et l'acide nitrique, sources de l'hydrogène, du carbone et de l'azote de tous les êtres vivants. En effet, ces composés résultent de la combinaison de gaz ou de substances indépendantes de toute matière vivante, substances qui, selon toute probabilité, ont toujours existé, et dont la présence à la surface de notre planète a, dans tous les cas, précédé, à coup sûr, l'apparition du premier organisme vivant.

Nous voici arrivés au chapitre dans lequel l'auteur expose pour la première fois ses idées sur les principes inorganiques des végétaux. Comparé à ce que nous ont appris, depuis cette époque, les recherches dont la théorie de Liebig a été le point de départ, le nombre de faits que contient ce chapitre est sans nul doute bien restreint ; la science à ce moment était pauvre en analyses de cendres, et ne comptait guère d'autres expériences, sur l'absorption des solutions salines par les plantes, que celles de Th. de Saussure. Mais au point de vue de l'histoire de la théorie minérale, ce chapitre présente un intérêt capital. Arrêtons-nous-y pendant quelques instants.

Outre l'acide carbonique, l'ammoniaque et l'eau, indispensables à la végétation pour le développement de certains organes destinés à des fonctions particulières et spéciales pour chaque famille, les plantes exigent encore d'autres matières que leur offre la nature minérale. Ces matières, nous les retrouvons, bien qu'altérées, dans la cendre des végétaux. Leur proportion varie généralement, suivant la nature du sol, *mais il en faut toujours une certaine quantité pour que les plantes se développent*[1].

Dans les différentes familles végétales, on rencontre les acides les plus variés. Qui voudrait prétendre que leur présence est l'effet du hasard ? Il faut bien se persuader du contraire : ces acides sont tous destinés à remplir certaines fonctions pendant la vie des plantes ; ils sont tous indispensables à leur existence. Si cette proposition est vraie, et nous ne croyons pas, dit Liebig, qu'on puisse la contester, il est certain que les bases alcalines (potasse, soude, chaux, magnésie) doivent également être nécessaires à la végétation, car tous les acides que les plantes renferment s'y trouvent à l'état de sels neutres ou acides. Il n'y a pas de plante qui, après l'incinération, ne laisse de cendre carbonatée, pas de plante où manqueraient par conséquent des sels à acides végétaux[2].

De cette remarque découle naturellement le rôle important, *indispensable* des oxydes métalliques dans la nutrition végétale et partant dans l'agriculture. Liebig tire immédiatement de ces prémisses une autre conséquence, à savoir que, comme il n'y a pas de raison de croire que la plante, en se développant librement, produise une plus grande quantité d'acide particulier (oxalique, tartrique, malique, suivant les espèces) qu'il lui en faut pour son existence, il est naturel qu'une plante, quelle que soit la nature du sol, contienne toujours une quantité constante et invariable de bases alcalines[3].

Voyons si les faits justifient cette conclusion :

La quantité d'oxygène qui entre dans la composition des bases décelées par l'analyse des cendres doit rester constante, quelle que soit d'ailleurs la nature de ces bases (potasse, chaux, magnésie), si

1. *Loc. cit.*, p. 92.

2. Les sels organiques, oxalates, citrates, malates, tartrates, etc., laissent tous des carbonates comme résidu de leur calcination.

3. Il ne faut pas oublier que Liebig admettait que les bases alcalines peuvent se substituer l'une à l'autre dans leur manière d'agir, et que la conclusion si neuve qu'il vient d'énoncer ne se trouvait aucunement modifiée à son sens, lorsqu'une certaine base se rencontre dans un individu, tandis qu'elle manque dans un autre de la même espèce. Il admettait qu'elle est alors remplacée par une base analogue, par une substance isomorphe, comme disent les chimistes. Les travaux récents ont modifié considérablement nos idées sur ce point-là. (V. les *Essais de cultures dans l'eau et cendres des végétaux*).

le raisonnement de Liebig est fondé. Est-ce vrai? C'est ce que va nous apprendre la comparaison de quatre analyses de cendres de pin et de sapin empruntées à Th. de Saussure et à Berthier :

Pins du Mont-Bréven (*Saussure*).

100 parties de cendres contiennent :

Carbonate de potasse		3,60
— chaux		46,34
— magnésie		6,77
Oxygène de la potasse	0,41	
— chaux	7,33	
— magnésie	1,27	
Oxygène total	9,01	

Pins du Mont-Lasalle (*Saussure*).

100 parties de cendres contiennent :

Carbonate de potasse		7,36
— chaux		51,19
— magnésie		0,00
Oxygène de la potasse	0,85	
— chaux	8,10	
Oxygène total	8,95	

Sapin d'Allevard (*Berthier*).

100 parties de cendres contiennent :

Potasse et soude		16,8
Chaux		29,5
Magnésie		3,2
Oxygène de la potasse	3,42	
— chaux	8,21	
— magnésie	1,20	
Oxygène total	12,82	

Sapin de Norwége (*Berthier*).

100 parties de cendres contiennent :

Potasse	14,10	Oxygène	2,40	12,84 oxygène.
Soude	20,70	—	5,30	
Chaux	12,30	—	3,45	
Magnésie	4,35	—	1,69	

Cette concordance, vraiment remarquable, des quatre nombres ci-dessus, pris deux à deux, ne saurait être fortuite, dit Liebig, et si de nouvelles recherches viennent la confirmer, on ne saurait l'interpréter autrement que nous l'avons fait. La nécessité absolue des matières minérales dans la végétation ressort clairement de ces faits.

Comme conclusion, je reproduirai un fragment d'un autre écrit de Liebig, postérieur de quelques années à la première édition de sa *Chimie agricole,* et auquel je reviendrai plus tard, mais qui résume en aussi peu de mots que possible les principes théoriques posés, dès 1840, par l'illustre novateur :

Les aliments de toutes les plantes vertes sont des substances inorganiques et minérales.

La plante vit d'acide carbonique, d'ammoniaque (acide nitrique), d'eau, d'acide phosphorique, d'acide sulfurique, de silice, de chaux, de magnésie, de potasse et de fer ; il en est qui réclament du sel marin.

Entre tous les éléments de la terre, de l'eau et de l'air qui prennent part à la vie de la plante, il existe une solidarité telle que si, dans toute la chaîne des causes qui déterminent la transformation de la matière inorganique en substance susceptible d'une activité organique, il venait à manquer un seul chaînon, la plante et l'animal ne pourraient exister.

Le fumier, les excréments des animaux et de l'homme n'influent pas sur la vie des plantes par leurs éléments organiques, mais indirectement par le produit de leur putréfaction et de leur décomposition, c'est-à-dire après la transformation de leur carbone en acide carbonique et de leur azote en ammoniaque ou en acide nitrique. Le fumier d'étable, qui se compose de parties ou de débris de plantes et d'animaux, peut, par conséquent, être remplacé par les combinaisons inorganiques auxquelles il donne naissance en se transformant dans le sol.

Ces principes, suivant la propre expression de leur auteur, non-seulement n'ont aucun rapport avec les idées émises antérieurement, mais ils leur sont diamétralement opposés.

Quelles applications de ces principes théoriques Liebig cherche-t-il à faire, dès le début, à l'explication de la jachère, au choix des assolements et à la culture en général ? C'est ce que nous allons examiner.

BIBLIOGRAPHIE.

1840. — **J. Liebig**, *Die organische Chemie in ihrer Anwendung auf Agricultur und Physiologie.* In-8°, Brunswick.

1873. — *Justus v. Liebig,* von **J. Volhard**. *Alalgemeine Zeitung* (mai).

1874. — **Th. v. Bischoff**, *Ueber den Einfluss des Freiherrn J. v. Liebig auf die Entwickelung der Physiologie.* In-4°, Munich.

1874. — **Max v. Pettenkofer**, *Dr J. Freiherr v. Liebig.* In-4°, Munich.

1874. — *J. v. Liebig als Begründer der Agricultur-Chemie. Eine Denkschrift* von **A. Vogel**. In-4°, Munich.

CHAPITRE V

EXPOSÉ DE LA DOCTRINE DE LIEBIG. — LA JACHÈRE ET LES ASSOLEMENTS.

SOMMAIRE : La jachère dans l'ancienne théorie et dans la nouvelle. — Épuisement du sol et théorie des assolements. — Des engrais. — Fumier d'étable et engrais artificiels. — L'acide phosphorique. — Emploi des phosphates en agriculture.

25. — Résumé de la critique de l'humus. — Dans la rapide analyse qu'on vient de lire de la première partie de la *Chimie appliquée à l'agriculture,* j'ai dû négliger bien des aperçus nouveaux, passer sous silence bien des pages intéressantes ; mais si j'ai réussi à mettre en lumière les faits sur lesquels s'appuyait Liebig dès 1840, pour faire disparaître la vieille doctrine de l'humus et lui substituer la théorie minérale, j'aurai atteint mon but. Nous avons vu qu'en interrogeant les travaux de ses devanciers sur les propriétés de la substance complexe qu'on nomme l'humus, Liebig reconnaît et démontre aisément : 1° qu'elle est à peine soluble dans l'eau ; 2° que la quantité absorbable par les végétaux, dans l'hypothèse la plus favorable, est loin de suffire pour expliquer la teneur en carbone des plantes ; 3° que la récolte obtenue sur un champ riche en terreau ou auquel on restitue ce dernier par les fumures, ne contient ni plus ni moins de carbone que la récolte produite par un champ sur lequel on ne rapporte pas d'humus. En un mot, si la matière organique joue un rôle dans la végétation, ce qu'est loin de nier Liebig, ce n'est pas celui qu'on lui a attribué jusqu'alors : ce n'est pas parce que l'humus a été une matière vivante, comme on se plaisait à le répéter jusqu'en 1840, qu'il nourrit les végétaux ; c'est parce qu'il produit, par sa décomposition lente sous l'influence de l'air et de l'eau, un dégagement constant d'acide carbonique qui aide à la dissolution des éléments minéraux du sol et, partant, à leur absorption par les racines des plantes. Nous verrons plus loin que là n'est pas le rôle essentiel de l'humus dans la végétation ; mais n'anticipons pas. L'auteur a ensuite établi la nécessité absolue de la présence des matières minérales comme aliments des végétaux en fondant son raisonnement sur trois faits incontestables :

1° L'origine minérale du carbone, de l'hydrogène et de l'azote des plantes ;

2° La présence constante des matières minérales dans les végétaux (cendres) ;

3° La formation et l'existence, dans tout végétal, d'acides combinés à des bases.

26. — La jachère dans l'ancienne théorie et dans la nouvelle. — Poursuivons maintenant notre examen de la *Chimie appliquée à l'agriculture*, et cherchons quelle déduction son auteur va tirer des faits qu'il a mis en lumière, relativement à l'étude de la jachère et des assolements[1]. Commençons par la jachère :

Il est de toute nécessité, si les principes posés par Liebig sont vrais, qu'un sol, pour être fertile, présente aux végétaux une quantité de matières minérales suffisante et dans un état convenable d'assimilation, soit que le sol en question contienne ces matières, soit qu'on les lui fournisse par les engrais. Depuis un temps immémorial, les cultivateurs se sont aperçus que la même terre ne pouvait pas produire indéfiniment des récoltes égales d'une même plante ; de ce fait d'observation pure sont nées deux pratiques dont l'usage s'est perpétué jusqu'à nous : la jachère et l'alternance des récoltes.

Suivant la méthode que j'ai adoptée au début de ces leçons, je vais mettre sous les yeux de mes lecteurs quelques passages des écrits de Thaër et de Mathieu de Dombasle, ainsi qu'un fragment extrait de la *Maison rustique*, concernant la jachère et son utilité.

---

1. Je prends pour guide, dans ce chapitre, la traduction du livre de Liebig (1843), parce que l'auteur y a donné un développement plus complet à ces divers sujets que dans la première édition.

J'ouvre Thaër[1], et je vois que, selon lui, les principaux avantages de la jachère ou plutôt des labours de jachère sont les suivants : 1° division du sol d'autant plus utile que ce dernier est plus argileux et plus tenace ; 2° destruction des mauvaises herbes qui se sont propagées par semences ou par racines ; 3° possibilité donnée au sol d'absorber les substances de l'atmosphère qui doivent être combinées à la terre pour être transformées en sucs nourriciers des plantes ; 4° enfin, mélange et incorporation plus complets des parties constituantes du sol et des engrais qu'on y a enfouis. On comprend, par là, que Thaër attache une grande importance aux labours de jachère, et la lecture attentive des pages que ce grand agriculteur a consacrées à cette question montre que, sans connaître la cause la plus directe de l'utilité de la jachère, il en avait constaté les avantages incontestables.

Mathieu de Dombasle donne de la jachère les raisons suivantes[2] :

La jachère a trois buts distincts : le premier est d'ameublir le sol et il est beaucoup de terrains qui ne peuvent être amenés à un état complet de pulvérisation qu'à l'aide de labours réitérés pendant la saison la plus sèche de l'année ; le second but est d'exposer successivement aux influences atmosphériques les diverses parties du terrain, soit que ces influences tendent à faire absorber par le sol certains principes fertilisants contenus dans l'atmosphère, soit qu'elles se bornent à modifier les *substances organiques* contenues dans le terrain, de manière à les rendre plus facilement absorbables par les végétaux. L'expérience démontre de la manière la plus incontestable combien la fertilité du sol est accrue par la fréquente exposition à l'air de ses diverses parties ; enfin la jachère a pour but de nettoyer le sol, c'est-à-dire de détruire les plantes vivaces qui l'infectent, ainsi que les semences de plantes spontanées, etc...

M. Leclerc-Thouin[3] exprime, à peu près de la même manière, son opinion sur l'utilité des jachères : « Leur but principal, dit-il, est de *reposer la terre* en l'empêchant de porter continuellement des céréales ; — de donner le temps et les moyens de la façonner convenablement, de manière à prévenir l'envahissement des mauvaises

1. *Principes raisonnés d'agriculture*, t. Ier, p. 398 et suivantes.
2. *Traité d'agriculture*, t. II, p. 217.
3. *Maison rustique*, t. Ier, p. 268.

herbes, — enfin, accidentellement, de ménager quelques dépaissances aux troupeaux. »

Ainsi, pour tous les agronomes de la première partie du dix-neuvième siècle, la jachère est encore un moyen de rendre plus assimilables les matières organiques, l'humus du sol, tant par l'action de l'air que par leur mélange plus intime avec la couche arable. Ces grands praticiens ont très-bien constaté l'effet de la jachère ; ils ont vu qu'elle restitue au sol une fertilité épuisée par les cultures. Thaër a même reconnu que les labours de jachère équivalent, dans certains cas, à une addition d'engrais. Il dit, en effet[1] : « Si cela (les labours en jachère) peut avoir lieu de la fin de l'été jusqu'aux semailles d'automne de l'année suivante, et chaque fois en prenant le sol à un degré convenable d'humidité, la terre est alors changée en une poudre homogène, meuble, et toutes les parties fertiles qui y sont contenues sont mises en action, ce qui fait qu'un champ, en apparence épuisé, peut, au moyen d'une jachère donnée avec soin et *sans nouveaux engrais*, souvent être poussé à une fécondité étonnante. »

De là, à saisir l'action décomposante exercée sur les éléments minéraux du sol par l'eau et par l'acide carbonique de l'air, il n'y a pas loin, et si Thaër, comme ses contemporains, n'avait pas cru d'une façon si absolue à l'impossibilité pour les plantes de se nourrir autrement que par des substances provenant d'origine exclusivement organique, son grand esprit d'observation l'eût sans doute conduit à cette déduction naturelle des faits si bien constatés par lui.

Revenons maintenant à la *Chimie organique* de Liebig.

Après avoir montré que les végétaux puisent dans le monde minéral tous leurs aliments, *sans exception*, et que la matière qui a appartenu aux corps des êtres vivants ne devient assimilable par les plantes qu'après être retournée à la forme minérale, Liebig devait être conduit par la logique à donner une nouvelle théorie de la jachère, relativement du moins aux phénomènes chimiques qui l'accompagnent.

C'est ce qui arriva en effet : le chapitre consacré à cette étude est extrêmement remarquable et renferme des considérations dont la

1. Page 397, *loc. cit.*

justesse et l'importance ne sauraient échapper à un lecteur attentif. — Parcourons-en attentivement les principales pages :

L'économie agricole est à la fois un art et une science, dit, en commençant, Liebig. Elle a pour base scientifique la connaissance des conditions de la vie des végétaux, de l'origine de leurs éléments et des sources de leur alimentation. Cette connaissance conduit à des règles précises pour l'exercice de l'art, à des principes qui enseignent la nécessité, l'opportunité des opérations mécaniques par lesquelles l'agriculteur favorise le développement des plantes ou les délivre de certaines influences nuisibles.

Aucune expérience, faite dans l'exercice de cet art, ne doit être en contradiction avec les principes scientifiques, car ceux-ci sont le résumé, l'expression raisonnée de toutes les observations.

La théorie ne doit pas non plus se trouver en opposition avec l'expérience, la première ne faisant que ramener une série de phénomènes à leurs causes premières.

Une terre sur laquelle on cultive plusieurs années de suite la même plante devient stérile pour elle au bout de trois ans : une autre terre ne le devient qu'après sept, une troisième après vingt, une quatrième après cent ans seulement. L'une porte du blé, mais point de haricots, l'autre donne des navets, mais point de tabac, la troisième fournit d'abondantes récoltes de navets, mais point de trèfle, etc... Quelles sont les causes qui privent ainsi une terre de la fertilité pour une même plante ? Par quelle raison une espèce végétale y prospère-t-elle, tandis qu'une autre n'y réussit guère ?

C'est la *science* qui énonce ces divers problèmes.

Quels moyens faut-il employer pour conserver à un champ sa fertilité pour une même plante ? Comment le rendre fertile pour deux, pour trois ou pour toutes les plantes cultivées ?

C'est *l'art* qui pose ces dernières questions, mais il ne les résout pas lui-même.

La routine attribue tout succès dans l'agriculture aux opérations mécaniques : certes, personne n'admet que le contact du soc ou de la herse fertilise la terre comme par enchantement ; ce qui agit efficacement dans un labour donné avec soin, c'est sans contredit la division extrême de la terre, l'ameublissement du sol;

mais *l'opération mécanique n'est qu'un simple moyen pour arriver à ce but.*

Voici venir la théorie de la désagrégation chimique du sol, théorie qui semble une banalité aujourd'hui, mais qui, il y a quarante ans, introduisait dans l'agronomie, comme on peut le voir en se reportant aux idées de Thaër et de Mathieu de Dombasle, des vues entièrement nouvelles.

« Lorsqu'on laisse reposer les terres en jachère, les principes de l'atmosphère exercent sans cesse une action chimique sur les parties solides du terrain. C'est à la faveur de l'acide carbonique, de l'oxygène de l'air, de l'humidité, des eaux pluviales, que certaines parties des roches ou de leurs débris qui constituent la terre labourable, reçoivent la faculté de se dissoudre dans l'eau. Ces parties, une fois dissoutes, se séparent des parties non dissoutes. » Et plus loin, « le mot jachère pris dans son acception la plus large signifie donc cette période de la culture où l'on abandonne le sol aux influences atmosphériques pour qu'il s'enrichisse de certaines substances solubles. » Dans un sens moins étendu, cette expression se rapporte au temps de repos dans la culture des céréales. Pour ces plantes, en effet, l'affluence de la silice soluble et des alcalis est une des principales conditions de leur prospérité. Si, pendant la jachère, on cultive sur le même terrain un autre végétal par la récolte duquel on n'enlève pas de silice au sol, celui-ci conserve nécessairement sa fertilité pour le blé qu'on y cultive après.

Liebig indique ensuite comment le chaulage et l'écobuage produisent des résultats analogues à la jachère en rendant solubles les silicates alcalins contenus dans le sol. Il conclut en disant : « Les opérations mécaniques du labourage, la jachère, l'emploi de la chaux et la calcination de l'argile concourent donc à prouver la vérité d'un seul et même principe scientifique ; ce sont là des moyens propres à accélérer la désagrégation des silicates à base d'alumine et d'alcali (feldspaths), à offrir certains principes nutritifs indispensables aux nouvelles générations végétales. »

Quelqu'un de mes lecteurs sera peut-être tenté de m'adresser le reproche de m'être étendu trop longuement sur des idées et sur des faits que tout agriculteur connaît, qui sont dans le domaine public, et dont le moindre mérite, aujourd'hui, est à coup sûr la nouveauté.

Pour toute réponse, j'invoquerai mon rôle d'historien, qui ne me permettait pas de passer sous silence, sans la rapporter à son auteur, l'interprétation vraie des phénomènes chimiques dont l'accomplissement durant la jachère contribue si puissamment à l'extension de la fertilité du sol, phénomènes dont l'évidence aujourd'hui éclate aux yeux de tous et n'est contestée par personne.

27. — Épuisement du sol et théorie des assolements. — La connaissance de la *faculté épuisante* de certains végétaux est fort ancienne ; l'usage des assolements, qui remonte si loin, en fait foi. Les cultures alternes et la rotation des récoltes n'ont d'autre origine que l'observation de ce fait que la terre ne peut pas indéfiniment porter la même plante, et qu'il est nécessaire d'établir une succession de diverses récoltes sur le même sol, sous peine de voir la fertilité de la terre diminuer dans une notable proportion. C'est à peu près à la constatation de ce fait que se bornaient, à la fin du siècle dernier, les notions théoriques des agriculteurs sur la question des assolements.

Lorsqu'on crut avoir trouvé dans l'humus le véritable principe fertilisant des sols, l'aliment sinon exclusif, du moins prépondérant des végétaux, on fut tout naturellement conduit à mesurer la faculté épuisante des végétaux à la proportion de matières organiques formée par eux. De même qu'on évaluait le degré de fécondité d'une terre par sa richesse en humus, de même on calcula l'épuisement du sol par le poids des matières hydrogénées, carbonées et azotées contenues dans les récoltes. — Thaër s'exprime à ce sujet de manière à ne laisser aucun doute sur son opinion[1] :

Mais comme les plantes tirent de l'humus ou de la décomposition des matières animales et végétales les substances nécessaires à leur nourriture, dit-il, ces matières doivent être diminuées, et enfin épuisées par la végétation des plantes sur le sol, et cela dans la proportion des sucs que ces plantes absorbent, *ou, ce qui revient au même, des sucs qu'elles contiennent.* La force de la végétation et la quantité de chaque produit sont

1. *Principes raisonnés d'agriculture,* p. 922 et suivantes, t. Ier.

déterminées par la proportion des sucs nourriciers contenus dans le sol, toutefois dans ses rapports avec l'espace où la végétation s'opère. Par *sucs nourriciers,* nous entendrons dorénavant cette partie de terreau qui se trouve en état de passer dans les suçoirs des plantes, celle qui constitue *la richesse* et le plus grand facteur de la *fécondité du sol,* et nous admettrons que la quantité de ces sucs soit modifiée, augmentée ou diminuée par chaque produit qui est sorti du sol, sans être remplacé par un équivalent. La dissipation des sucs nourriciers varie non-seulement suivant le volume et le poids, mais encore suivant la nature des produits. D'après l'expérience générale et des épreuves faites dans des cas particuliers, elle est, dans les céréales et dans le plus grand nombre des produits, en proportion directe de la substance nutritive que ces produits eux-mêmes contiennent, surtout dans leur grain. On sait que le blé épuise plus que le seigle, le seigle plus que l'orge, et l'orge plus que l'avoine. Suivant l'analyse qu'Einhof a faite des diverses espèces de grains, la quantité de sucs nourriciers, c'est-à-dire de principe glutineux, d'amidon et de mucilage sucré qu'ils contiennent y est dans les proportions centésimales suivantes : blé, 78 ; seigle, 70 ; orge, 65 à 70; avoine, 58.

De ces données résultant uniquement, on le voit, des quantités de charbon, d'oxygène, d'azote et d'hydrogène contenues dans les grains, Thaër conclut les rapports proportionnels suivants pour la propriété qu'ils ont d'épuiser le sol : blé, 13 ; seigle, 10 ; orge, 7; avoine, 5.

Cette théorie de l'épuisement du sol régnait sans conteste dans le monde agricole vers 1835.

28. — Opinion de M. Boussingault. — La nature minéralogique du sol est alors considérée comme n'ayant pas d'importance. M. Boussingault[1], en 1838, admet, dans tout ce qu'elles ont d'essentiel, les idées de Thaër sur les causes de fertilité des sols. Les lignes sui-

1. **Boussingault (Jean-Baptiste-Joseph-Dieudonné)** est né à Paris le 2 février 1802. Au sortir de l'école des mineurs de Saint-Étienne, il est engagé par une compagnie anglaise à la recherche de mines, anciennement comblées, à rouvrir et à exploiter. Il part pour l'Amérique. Il étudie de près les grands phénomènes naturels, la végétation des tropiques, les volcans, etc., et ne tarde pas à faire des publications intéressantes qui attirent sur lui l'attention du monde savant. Il rencontre Humboldt dans le nouveau monde et se lie d'amitié avec lui. Pendant l'insurrection des colonies espagnoles soulevées par Bolivar, il est arraché à ses travaux et attaché à l'état-major du général Bolivar, de 1820 à 1822; comme soldat, il continue ses études sur la Bolivie, le Vénézuéla et les contrées situées entre Carthagène et l'origine de l'Orénoque. Après l'affranchissement de la Bolivie, se sentant plus entraîné vers les recherches scientifiques que

vantes résument la doctrine en honneur auprès des agronomes et des physiologistes de cette époque, sur les causes de la fertilité des terres et sur les moyens de l'entretenir ou de l'accroître[1].

Aujourd'hui la science agricole a fait justice de l'importance que l'on attribuait à la composition minéralogique des terrains. Les analyses, assez nombreuses, de sols arables n'ont rien appris qui puisse faire présumer une influence marquée des terres sur la végétation. Je pourrais citer d'immenses cultures de maïs dans un terrain presque entièrement formé de sables siliceux, qui reçoit toute sa fertilité de l'humidité et d'une quantité suffisante d'engrais. Les substances minérales qui ont une action non équivoque sur le développement de certaines plantes sont très-limitées. On peut désigner l'hydrate, le sulfate et le carbonate de chaux; peut-être faut-il y joindre quelques sels alcalins. Certains agriculteurs décrivent ces substances sous le nom de stimulants, en leur prêtant la propriété de stimuler la végétation, bien que, dans la réalité, nous n'ayons aucune idée sur la cause de leur action.

La question de la composition chimique des sols a été introduite dans la science par Davy; peut-être est-il juste de lui reprocher d'avoir, par cela même, fait négliger une question bien autrement importante, je veux parler de celle qui s'occupe des qualités physiques des terrains, telles que leur faculté d'imbibition, leur affinité pour l'eau, la propriété si variable de s'échauffer par les rayons solaires; enfin l'étude de l'ensemble des propriétés physiques, étude dont l'utilité a été si bien comprise par Schübler. Dans mon opinion, l'étude physique et chimique des terrains offre des résultats plus curieux qu'applicables.

C'est en vain que, pour montrer l'action chimique de certaines roches, on a cité les racines d'arbres séculaires prospérant à une grande profondeur au milieu d'un terrain calcaire. Sans examiner jusqu'à quel point il est vrai qu'une racine profondément enfoncée végète encore avec vigueur, on doit admettre nécessairement que cette racine, à quelque profondeur

---

vers la carrière militaire, il rentre en France et va prendre possession de la chaire de chimie de la Faculté de Lyon, dont il devient le doyen.

En 1839, il entre à l'Académie des sciences et occupe, dès lors, la chaire du Conservatoire des arts et métiers créée pour lui. Pendant les loisirs que lui laissait son enseignement, il posait dans son laboratoire privé de Bechelbronn les principes de l'expérimentation scientifique appliquée à la nutrition des animaux.

La grande idée de Boussingault, c'est l'introduction de la balance dans l'étude des phénomènes de la vie. On peut, à bon droit, le considérer comme le créateur de la statique de la nutrition et comme le fondateur des laboratoires de recherches agricoles.

1. *Loc. cit.*, pages 9, 10 et 13.

qu'on la suppose, reçoit cependant de l'humidité ; or, toutes les fois qu'il y a humidité, c'est comme s'il y avait contact avec l'atmosphère, puisque, à la lumière près, la racine reçoit, par l'intermédiaire de l'eau, tous les principes qui se trouvent dans l'air, et de plus une certaine quantité de matière organique soluble, dont l'eau doit se charger en s'infiltrant à travers la couche supérieure et fertile du terrain.

Laissant donc de côté toutes les idées hasardées sur l'influence des terres dans la végétation, je considérerai avec Thaër le fumier ou le terreau qui en dérive, comme l'agent qui contribue le plus efficacement à la formation des plantes, et j'admettrai que la force de végétation est déterminée par la proportion de sucs nourriciers qui se rencontrent dans le terrain ; entendant par sucs nourriciers, cette partie du terreau susceptible d'être absorbée par les suçoirs des racines, celle en un mot qui, toujours suivant le grand agriculteur que je viens de nommer, constitue la fécondité, la fertilité du sol.

Et, plus loin, il accentue encore sa manière de voir :

Or, Thaër pose en principe que les engrais les plus actifs ; ceux qui procurent aux terrains la plus grande fécondité, sont aussi ceux qui contiennent la plus forte dose de substances animalisées. D'un autre côté, j'ai fait voir, dans mon premier mémoire sur les fourrages, que ceux-là sont les plus nutritifs qui renferment le plus d'azote. En combinant ces deux résultats, on trouve que les cultures qui exhument du sol la plus grande quantité d'azote sont en même temps celles qui l'appauvrissent le plus.

Ce que je viens de dire rend donc probable que, pendant l'épuisement du sol, l'action épuisante s'exerce principalement sur la matière azotée qui fait partie des sucs nourriciers, et que pour restituer à la terre le degré de fertilité qu'elle possédait avant la culture, il faut y introduire par les fumiers une quantité équivalente de cette même matière azotée.

Ainsi, en 1838, Boussingault considère les propriétés physiques des sols comme l'emportant de beaucoup sur la composition chimique dans la nutrition végétale ; les matières animalisées des fumiers, et en particulier les principes azotés constituent pour lui l'élément essentiel de la fécondité des terres. Dès 1835, Schattenmann, l'éminent agronome de Bouxwiller, a compris et mis en relief, nous l'avons vu tout à l'heure, l'influence des sels ammoniacaux, du sulfate d'ammoniaque notamment, sur les récoltes ; c'est à ces composés qu'il attribue, pour la plus grande partie, l'action fertilisante des fumiers[1].

Deux ans seulement avant l'apparition du livre de Liebig, M. Boussingault, guidé par les idées exprimées plus haut, communiquait à l'Académie des sciences[2], sous le titre de *Discussion de la valeur relative des assolements par l'analyse élémentaire,* un nouveau mémoire auquel je vais faire encore quelques emprunts pour achever de préciser l'état de la question en 1840. On va voir que M. Boussingault, auquel la physiologie végétale doit tant de précieuses découvertes, discute et critique avec beaucoup de sens la théorie absolue de Thaër, mais qu'il est loin encore cependant des idées de Liebig sur l'importance des matières minérales dans la question des assolements. L'éminent agronome débute ainsi dans sa communication à l'Académie des sciences :

Le rapport suivant lequel l'air et la terre concourent au développement de la vie végétale est non-seulement digne de fixer notre attention dans l'intérêt de la physiologie, c'est de plus un fait important dont la connaissance permettra d'approfondir les deux questions vitales de la science agricole : la théorie de l'épuisement du sol par la culture et l'étude des assolements. Thaër, qui mieux que personne était à même de comprendre toute la portée de la question de l'épuisement du sol, a cherché à la résoudre pour les principales cultures. Je n'ai pas à exposer ici la méthode qu'il a suivie, puisqu'elle se trouve tracée dans son admirable ouvrage ; j'observerai seulement que cette méthode se fonde sur un principe contestable, savoir : que l'épuisement du sol est proportionnel à la quantité de matière nutritive contenue dans les récoltes. En effet, en admettant le principe posé par cet illustre agriculteur, on admet tacitement que toute la matière organique est originaire du sol. Le sol, sans doute, contribue pour une certaine proportion au développement des végétaux, mais on sait aussi que l'air y prend également part. Là où l'on peut se procurer en quantité illimitée les engrais, on ne sent pas la nécessité absolue d'adopter un système de rotation ; mais dans la plupart des exploitations agricoles, là où l'on ne peut tirer des engrais du dehors, tout se passe différemment ; ici l'on est forcé de suivre un système, et la quantité de produits qu'il est possible d'exporter chaque année se trouve comprise dans certaines limites qu'on ne dépasse jamais impunément. Pour con-

1. Voir p. 63 et suivantes.

2. *Comptes rendus,* t. VII, p. 1149 et suivantes.

server à la terre sa fertilité normale, il faut lui rendre périodiquement, après chaque succession de récoltes, des quantités égales d'engrais. En envisageant cette condition *sous un point de vue purement chimique, l'on peut dire que les produits que l'on peut exporter sans nuire à la fertilité du terrain se représentent par la matière organique contenue dans les récoltes, déduction faite de la matière organique qui se trouvait dans les engrais*. En effet, cette dernière matière, sous une forme ou sous une autre, doit retourner dans le sol pour le féconder de nouveau, c'est un capital qu'on confie à la terre et dont l'intérêt est représenté par le produit marchand de l'exploitation.

Arrêtons-nous quelques instants sur ces deux publications afin d'en mettre en relief le sens exact. Il me semble résulter, de la lecture de ces extraits, trois faits qu'il nous faut retenir, sans les discuter : 1° M. Boussingault est d'avis que, pour entretenir la fertilité normale du sol, il faut lui rendre des quantités égales d'engrais après chaque rotation ; 2° il est évident que la restitution de la matière organique seule le préoccupe, le rôle des sels minéraux étant au moins douteux à ses yeux ; 3° il semble admettre implicitement, d'après cela, l'assimilation directe de la matière organique par les végétaux.

Dans le cours de cette note, M. Boussingault expose qu'il a eu pour but de comparer, pour un cas particulier du sol et du climat, le rapport qui existe entre la matière élémentaire (carbone, oxygène, hydrogène, azote) contenue dans une succession de récoltes et la même matière comprise dans l'engrais consommé pour les produire ; en d'autres termes, il cherche à évaluer, par l'analyse, la quantité de substances organiques prélevées sur l'atmosphère et dans le sol par telle ou telle rotation. Le principal résultat de son travail est de démontrer que les rotations de culture qui ont été jugées dans la pratique les plus productives sont précisément celles qui prélèvent la plus grande quantité de principes sur l'atmosphère.

En un mot, au point de vue spécial qui nous intéresse, M. Boussingault, en 1838, cherche à expliquer les assolements et à déterminer les conditions les meilleures, par l'évaluation des matières organiques formées soit aux dépens de l'humus, soit à l'aide des principes gazeux de l'atmosphère sans tenir compte des matières minérales du sol.

29. — Idées de Liebig sur les assolements. — Examinons maintenant comment Liebig envisage la question des assolements —

et les règles qui, d'après lui, doivent guider les agriculteurs dans le choix des rotations.

La première conséquence que Liebig tire des analyses des cendres des végétaux, au point de vue de la théorie nouvelle des assolements, c'est que les plantes de la grande culture peuvent être rangées en divers groupes caractérisés par la prédominance, dans leurs cendres, de l'une des substances minérales qui les forment. Cette *dominante* sera la chaux pour les unes, la *potasse* pour les autres, la *silice*[1] pour les troisièmes, etc. Connaissant, dit-il, la quantité et la composition des cendres végétales, on peut en déduire avec facilité sous quel rapport et à quel degré les différentes plantes potassées, siliceuses ou calcaires peuvent épuiser le sol ; il cite alors l'exemple suivant du genre de calcul auquel on peut se livrer à ce sujet, exemple qui montre une fois de plus la distance qui sépare Liebig de ses devanciers. Un hectare de terre a perdu par les récoltes :

	Sels alcalins.	Sels de chaux, magnésie, fer.	Silice.
	Kilogr.	Kilogr.	Kilogr.
Froment (paille et grain)[2]	65,26	33,77	130
Pois (paille et grain)	99,20	185,74	23,30
Seigle	41,38	28,91	69,88

Les récoltes ont enlevé du même terrain, en phosphate de chaux :

Pois.	Froment.	Seigle.	Topinambour.	Navets.
58k,5	56k,24	38k,32	61 kilogr.	18k,92

On voit, d'après cela, que les plantes, pour fleurir et fructifier, reçoivent du sol des substances minérales déterminées. Si la potasse, la

1. Liebig a attribué une importance trop grande à la silice, qui ne fait jamais défaut dans aucun sol cultivé.

2. Au sujet de ces analyses empruntées à différents auteurs, Liebig fait une remarque d'une grande portée et qui concorde tout à fait avec ce que j'aurai occasion de faire observer, à plusieurs reprises, dans le cours de nos études. « On ne peut obtenir, dit-il, des nombres exacts qu'en déterminant la cendre des produits cultivés dans un même terrain et en soumettant cette cendre à l'analyse, tandis que les évaluations suivantes se rapportent à des cendres dont les plantes avaient été cultivées dans des terrains différents et sous des conditions fort variées. » C'est pour s'être départi trop facilement de cette sage manière d'opérer qu'on a souvent commis tant d'erreurs au sujet des calculs relatifs à la restitution au sol par les engrais de ses éléments minéraux.

chaux ou la magnésie viennent à manquer, il ne se forme qu'une quantité de tiges, de feuilles ou de fleurs, correspondant à la proportion de ces substances déjà renfermées dans la semence ; dans le cas d'une absence complète de phosphate, les grains ne se développent point du tout. Ce qui précède suggère à l'auteur une de ces réflexions simples comme toutes les vérités qu'on rencontre presque à chaque page de son livre : « Si toutes les plantes, sans exception, enlèvent certaines parties au sol, il est clair qu'aucun végétal ne pourra l'améliorer ou le rendre plus fertile pour une autre espèce. » Après avoir discuté le rôle prépondérant de chacune des matières minérales que je nommais tout à l'heure dominantes au point de vue des cultures spéciales, et avoir ainsi rendu compte du changement qui s'opère dans la composition du sol par les récoltes successives, Liebig signale spécialement l'importance des phosphates en agriculture : ce point entièrement neuf de sa doctrine le conduira plus loin à insister sur l'emploi des os et des superphosphates comme engrais : il faut donc nous y arrêter un instant.

30. — De l'importance agricole des phosphates. — C'est la première fois que le rôle de l'acide phosphorique est indiqué avec cette précision, la première fois qu'on attribue aux phosphates, découverts dans les cendres de tous les végétaux par Th. de Saussure, une influence indispensable au développement complet des plantes.

Si le sol, dit Liebig, renferme une proportion convenable de silicates alcalins, d'argile, de chaux et de magnésie, il offrira aux plantes des provisions jusqu'à un certain point inépuisables d'alcalis, de terres alcalines et de silice ; mais ces provisions ne peuvent pas s'utiliser partout à la même époque. L'ameublissement du sol, l'emploi de certaines substances chimiques (de la chaux, etc.), peuvent abréger le temps nécessaire pour que ces provisions prennent une forme convenable, mais celles-ci ne suffisent pas au développement complet des plantes. Il leur faut aussi des phosphates et des sulfates, autrement elles ne portent pas de graines, car toutes les graines, sans exception, renferment des combinaisons dans la composition desquelles entrent l'acide phosphorique et le soufre.

Le sol deviendra stérile, malgré l'abondance des silicates et des alcalis, s'il ne peut plus offrir aux nouvelles générations les phosphates et les sulfates... Tel terrain peut contenir le phosphate de magnésie et le phosphate de chaux en quantité suffisante pour une récolte de pommes de terre et de navets, sans être assez riche pour une récolte de froment. On conçoit, d'après cela, la haute importance des phosphates pour l'agriculture. Comme ces sels ne se rencontrent qu'en faible quantité dans la terre labourable, il faut avoir d'autant plus de soin qu'elle n'en vienne point à manquer. L'auteur trace ensuite un tableau des exigences des plantes en aliments minéraux, exigences variables avec les espèces. En voici les principaux traits : la proportion des aliments nécessaires au développement libre et complet des différentes plantes varie extrêmement. Peu de plantes prospèrent dans un sable aride, dans un terrain composé seulement de calcaire ou sur des roches entièrement nues. Celles qui persistent dans ces terrains sont, en général, des plantes vivaces, croissant fort lentement, n'exigeant que de faibles quantités de substances minérales que le sol, stériles pour d'autres espèces, peut leur offrir en toute mesure. Les plantes annuelles, celles qui ne vivent qu'un été, se développent et arrivent à un accroissement complet dans un intervalle bien moins long ; aussi ne réussissent-elles pas dans un terrain pauvre en matières minérales ; les aliments contenus dans l'atmosphère ne leur suffisent pas pour ce temps si court ; il faut, pour atteindre le but qu'on se propose en cultivant les plantes annuelles, créer dans le sol une atmosphère artificielle d'acide carbonique et d'ammoniaque[1] et leur offrir, par l'intermédiaire des organes correspondants placés dans le sol, les aliments qui manquent aux feuilles.

Mais l'ammoniaque et l'acide carbonique ne suffisent pas, il faut encore des alcalis, des sels terreux, de l'acide phosphorique.

Les plantes douées d'une verdure persistante, les plantes grasses, les fougères, les pins et les sapins se comportent bien autrement. Ils absorbent continuellement par les feuilles, en hiver comme en été, le carbone de l'acide carbonique que le sol aride ne peut leur fournir. Leurs feuilles, coriaces ou charnues, retiennent l'eau avec

1. Voir plus loin le rôle des matières azotées du sol dans la végétation. Le pouvoir absorbant du sol n'a été découvert qu'en 1850 par Huxtable, Thompson et Th. Way.

beaucoup d'énergie et n'en perdent, par la transpiration, que fort peu, comparativement aux autres végétaux. D'un autre côté, la proportion des substances minérales que les plantes vivaces enlèvent au sol pendant toute l'année est aussi bien plus faible que celle, par exemple, qu'un même poids de froment absorbe dans l'espace de trois mois.

La conclusion de cet ensemble de faits, Liebig la tire en disant : *Le principal avantage des assolements consiste dans les proportions inégales de substances minérales enlevées au sol par les plantes cultivées alternativement dans un même terrain.*

Les plantes doivent, dans un terrain fertile, trouver toutes les substances inorganiques nécessaires à leur développement, en quantité suffisante et dans un état qui convienne à l'assimilation. Une terre, préparée par la culture, renferme une certaine somme de ces substances ainsi que des parties végétales en putréfaction et des sels ammoniacaux. On y fait succéder à une plante à potasse (aux navets, aux pommes de terre) une plante siliceuse et à celle-ci une plante calcaire.

Toutes ces plantes exigent des alcalis et des phosphates ; la plante à potasse a besoin de la plus forte proportion d'alcalis et ne demande les autres substances qu'en faible dose. Il faut à la plante à silice, indépendamment de la silice soluble laissée dans le sol par les plantes à potasse, des quantités considérables de phosphates ; la plante à chaux (le pois, le trèfle) qui vient ensuite peut épuiser le sol, par rapport aux phosphates, si bien qu'il n'en reste plus que pour la formation du grain d'une seule récolte d'avoine ou de seigle.

Le nombre des récoltes dépend de la quantité de silicates ou de phosphates alcalins et de sels calcaires ou magnésiens contenus dans le sol. Ces provisions peuvent suffire à deux récoltes d'une plante à potasse ou à chaux, ou bien à trois ou à plusieurs récoltes d'une plante à silice ; en somme, elles peuvent donc servir à cinq ou sept récoltes ; mais au bout de ce temps il faut renouveler les substances minérales enlevées par les récoltes de grains, d'herbes ou de pailles, il faut donc *rétablir l'équilibre si l'on veut conserver à la terre sa fertilité première*. Cela se fait par l'*engrais*.

Pour terminer l'examen des deux premières éditions de la *Chimie appliquée à l'agriculture,* il me reste à analyser l'important chapitre consacré à la restitution au sol, sous forme d'engrais, des substances minérales que lui ont enlevées les récoltes.

31. — Des engrais. — Fumiers d'étable et engrais minéraux. — La nécessité de rapporter sur un sol, épuisé par une rotation, les matières minérales que les plantes lui ont enlevées, en d'autres termes l'idée de la *restitution* à la terre des éléments inorganiques des végétaux, se présente à l'esprit comme une conséquence immédiate et inévitable de tout ce que nous a appris jusqu'ici la théorie minérale. Arrivé aux conclusions pratiques de la doctrine de Liebig, je voudrais pouvoir mettre tout entier sous les yeux de nos lecteurs le chapitre relatif aux engrais, chapitre empreint à un si haut degré de bon sens et de justesse de vues. A défaut d'une reproduction qui m'entraînerait trop loin, je m'efforcerai, par une analyse aussi fidèle que possible, de faire ressortir les traits marquants de la nouvelle doctrine qui, après quarante années d'expérience, de discussion, de débats contradictoires, est définitivement acceptée dans tous ses points fondamentaux [1].

Je me suis assez étendu, je crois, sur l'opinion des agriculteurs de la première partie de ce siècle relativement aux matières fertilisantes, pour n'avoir plus à y revenir. Cette opinion, on se le rappelle, peut d'ailleurs se résumer en une phrase : le fumier seul est un engrais ; la chaux, les cendres et autres composés inorganiques sont des stimulants, des amendements, *mais point des aliments.*

Dans l'une de ces synthèses puissantes qui constituent un des caractères saillants de son génie, Liebig résume à grands traits, au début de ce chapitre, les rapports immuables qui rendent à jamais solidaires les uns des autres les animaux et les plantes. Entrevus par Lavoisier [2], développés d'une manière grandiose par

1. Édition de 1843, p. 244 et suivantes.

2. Par quels procédés la nature opère-t-elle cette merveilleuse circulation entre les deux règnes? Comment parvient-elle à former des substances combustibles, fermentescibles et putrescibles avec des combinaisons qui n'avaient aucune de ces propriétés? Ce sont là des mystères impénétrables. On entrevoit cependant que puisque la combustion et la putréfaction sont les moyens que la nature emploie pour rendre au règne minéral les matériaux qu'elle en a tirés pour former des végétaux et des animaux, la

M. Dumas[1] dans sa célèbre leçon à la Faculté de médecine, cette corrélation des phénomènes qui concourent à l'entretien de la vie à la surface du globe et en assurent la continuation, a inspiré à l'éminent chimiste une introduction magistrale à l'exposé des lois de restitution des éléments inorganiques au sol.

De ces considérations élevées et qui sont intimement liées au sujet qui l'occupe, Liebig tire les conclusions dont l'ensemble est le point de départ des innombrables essais tentés depuis bientôt quarante ans sur les engrais chimiques en Angleterre et en Allemagne. Ce sont ces conclusions que je présenterai au lecteur aussi nettement qu'il me sera donné de le faire.

L'observation nous a appris que c'est dans le jeune âge seulement ou dans l'engraissement des animaux qu'on observe un accroissement de poids chez l'individu, et qu'une partie des principes élémentaires reste fixée dans l'organisme. Dans l'âge adulte, si l'alimentation est suffisante, le corps n'augmente ni ne diminue sensiblement de poids ; mais dans la vieillesse, au contraire, il s'élimine plus de substances nutritives qu'il ne s'en fixe dans l'économie. L'expérience a montré que les quantités de carbone, d'hydrogène et d'azote éliminées sont précisément celles qui ont été ingérées par les aliments.

Dans les urines, on retrouve l'azote des substances alimentaires à l'état d'urée et de combinaisons azotées. Les fèces contiennent les substances non brûlées, telles que le ligneux, la chlorophylle, la cire, qui n'éprouvent pas d'altération dans l'organisme.

L'examen de l'urine et des fèces prouve que ces excréments renferment toutes les substances minérales des aliments, les alcalis, les sels et la silice. L'urine contient toutes les substances minérales solubles consommées dans les aliments ; les fèces renferment toutes celles qui sont insolubles, de sorte que l'on peut concevoir ces substances comme les cendres, comme le résidu des aliments brûlés dans un fourneau : l'urine contiendrait donc la partie soluble des cendres

---

végétation et l'assimilation doivent être des opérations inverses de la combustion et de la putréfaction. (Lavoisier, *Leçons de chimie professées à la Société de chimie*, 1861, p. 245.)

2. *Essai de statique chimique des êtres organisés*, par MM. Dumas et Boussingault, 1841, Paris.

et les fèces la partie insoluble. L'analyse chimique démontre qu'on retrouve dans les excréments du cheval et de la vache tous les principes contenus dans la cendre des aliments consommés par ces animaux.

L'effet produit sur nos terres par l'urine et par les excréments solubles ne présente donc plus rien de mystérieux. Les parties minérales des aliments de l'homme et des fourrages proviennent donc de nos champs; elles y sont récoltées sous forme de graines, de racines ou d'herbe. Les parties combustibles de ces aliments se convertissent dans l'économie animale en combinaisons oxygénées, l'urine et les fèces contiennent les principes du sol; en rendant ceux-ci aux terres, on en rétablit la fertilité primitive; en portant ces principes sur un terrain qui manquait de ces substances, on fertilise aussi celui-ci pour toute espèce de végétaux.

Une partie des récoltes est employée à la nutrition, à l'engraissement des bestiaux que les hommes consomment; une autre est employée directement sous la forme de farine, de pommes de terre, de légumes; une troisième se compose de débris végétaux non consommés que l'on utilise comme paille ou comme litière.

Il est évident d'après cela, observe Liebig, que tous les principes minéraux que l'on exporte avec les animaux, les grains ou les autres produits agricoles, peuvent être regagnés par des excréments liquides ou solides, par les os et le sang des animaux tués; il ne dépend donc que de nous de rétablir l'équilibre dans la composition de nos terres en recueillant avec soin toutes ces matières. On peut calculer la quantité de substances minérales qu'on exporte par une brebis, par un bœuf ou par le lait d'une vache, ou par un boisseau d'orge, de froment ou de pommes de terre; de même la composition des fèces de l'homme indique combien il faut en répandre sur les terres pour en compenser les pertes.

Il est certain qu'on peut se passer des excréments animaux si l'on est en état de tirer d'autres sources les substances par lesquelles ces excréments ont précisément de la valeur en agriculture. Il importe peu, dit Liebig, qu'on offre aux champs l'ammoniaque sous forme d'urine ou sous celle d'un sel extrait du goudron de houille (sulfate d'ammoniaque); qu'on y répande le phosphate de chaux sous forme d'apatite ou sous celle de matière osseuse.

L'essentiel dans l'agriculture, c'est donc de remplacer d'une manière quelconque les substances que l'atmosphère ne peut point fournir. Lorsque cette restitution n'est pas complète, la fertilité des terres diminue; elle augmente au contraire lorsqu'on y porte plus qu'on n'en avait enlevé.

L'importation de l'urine et des excréments solides équivaut à celle du blé ou des bestiaux, car ces substances acquièrent, dans un intervalle qu'on peut calculer d'avance, la forme du blé et de la chair des os; elles passent dans le corps de l'homme et sont journellement rejetées sous la forme qu'elles possédaient d'abord. L'unique perte réelle à laquelle nos mœurs ne peuvent s'opposer, c'est celle du phosphate des os que l'homme emporte dans la tombe. Chaque partie de cette immense quantité de nourriture que l'homme prend dans l'espace de soixante ans et qui provient de nos terres, peut être récupérée pour y être ramenée. Ce n'est que dans les os ou dans le sang de l'homme jeune ou de l'animal soumis à l'engrais qu'il reste une certaine quantité de phosphate de chaux et de phosphate alcalin; sauf cette dernière quantité, très-faible comparativement à celle qui se consomme tous les jours, tous les sels alcalins, tous les phosphates, tous les principes minéraux des aliments que l'animal consomme, se retrouvent donc dans les excréments liquides et dans les fèces.

En portant sur les terres l'urine et les excréments de l'homme et des animaux, *on y ramène donc les cendres des plantes* qui leur avaient servi de nourriture. On rétablit, par conséquent, l'équilibre primitif en répandant ces excréments sur le sol; on communique alors à celui-ci la faculté d'offrir une nouvelle récolte d'aliments.

Maintenant que nous savons que les principes minéraux des aliments passent dans l'urine et dans les fèces de l'animal qui s'en nourrit, il est aisé d'établir la valeur des différents engrais. Liebig résume la discussion relative à cette valeur dans l'aphorisme suivant: *Les excréments liquides ou solides d'un animal ont la plus haute valeur, comme engrais, pour les plantes qui ont servi de nourriture à cet animal.*

On peut donc conclure de ce qui précède, dit plus loin l'auteur, que l'on remplacera utilement *les excréments des animaux par des matières qui renferment les mêmes principes.* Comme les excréments doivent principalement leur efficacité aux substances minérales qu'ils renferment et qui sont nécessaires au développement des plantes cultivées; comme, d'ailleurs, la nutrition s'opère, dans les plantes sauvages, d'après les mêmes lois que dans celles-ci, il est évident qu'on peut engraisser les terres avec les substances alimentaires minérales des plantes sauvages, c'est-à-dire avec leurs cendres, absolument comme avec les excréments des animaux. En faisant un choix convenable, on parvient ainsi à rendre aux terres tous les principes qu'on en avait enlevés par les récoltes.

32. — Le phosphate de chaux et les os. — Nous voici arrivés à l'une des observations capitales de Liebig ; je veux parler de l'emploi des os comme engrais. Les remarques qui suivent ont été le point de départ de l'utilisation des phosphates et des superphosphates, dont la consommation atteint aujourd'hui un chiffre si considérable.

Sous le point de vue qui nous occupe, dit Liebig, les os de l'homme et des animaux présentent aussi beaucoup d'importance. Les os de l'homme et des animaux proviennent de l'apatite (phosphate de chaux), qui ne manque jamais dans un terroir fertile. Du sol, les principes des os passent dans la paille, dans le foin et en général dans le fourrage que mangent les animaux. Si l'on admet, avec Berzélius, que les os renferment 55 pour 100 de phosphate de chaux et de phosphate de magnésie, et que, d'un autre côté, le foin en contient autant que la paille de froment, il est clair que 8 kilogr. d'os contiendront autant de phosphate de chaux que 1,000 kilogr. de foin ou de paille de froment, ou bien 20 kilogr. d'os autant qu'il s'en trouve dans 1,000 kilogr. de froment ou d'avoine.

Ces nombres permettent d'évaluer, approximativement, la qualité de phosphate que le sol cède annuellement aux plantes dont nous venons de parler. Ainsi 30 kilogr. d'os frais répandus sur un arpent de 2,500 mètres de superficie pourvoiraient de phosphate trois récoltes de froment, de trèfle ou de légumineuses. L'état dans lequel on y amène ces phosphates ne paraît pas indifférent ; plus les os seront pulvérisés et entièrement mélangés avec la terre, mieux ils seront assimilés. Le procédé le plus convenable serait sans contredit de *les mettre pendant quelque temps en digestion avec la moitié de leur poids d'acide sulfurique* étendu de trois à quatre parties d'eau, de délayer la pâte produite dans cent parties d'eau, et d'arroser enfin le sol avec ce liquide acide avant d'y donner un labour. De cette manière, l'acide libre se combinerait instantanément avec les principes basiques du sol et y répandrait uniformément le sel neutre produit.

Cette indication est l'origine de l'emploi des phosphates et des superphosphates de chaux en agriculture. L'opération suggérée par Liebig a servi de base à toute l'industrie des engrais artificiels, depuis cette époque. Le 23 mai 1842, deux ans à peine après la publication de la première édition de la *Chimie appliquée,* M. Lawes prenait en Angleterre le premier brevet pour la transformation, au moyen de l'acide sulfurique, du phosphate tribasique de chaux en phosphate acide[1].

L'industrie des superphosphates était créée.

Liebig pressentait tellement l'importance que devaient acquérir un jour les engrais chimiques qu'il écrivait, après avoir parlé du traitement des os par l'acide phosphorique : « Il viendra un temps où l'on préparera exprès dans les fabriques les engrais pour chaque terre, pour chaque plante qui doit y pousser. L'agriculture se trouvera alors au point où est déjà arrivé, en partie, l'art de guérir ; là, on a substitué des principes chimiques à un grand nombre de médicaments dont on ne savait expliquer la vertu miraculeuse ; ainsi on administre maintenant l'iode, la quinine, la morphine au lieu et place des éponges calcinées, du quinquina, de l'opium, qui, comme l'expérience l'a prouvé, doivent uniquement leur efficacité à ces principes.

Dans l'agriculture, le principe fondamental, dit-il plus loin, c'est de rendre toujours à la terre, en pleine mesure, n'importe sous quelle forme, tout ce qu'on lui enlève par les récoltes et de se régler en cela sur les besoins de chaque espèce végétale en particulier.

Il y a des plantes qui ont besoin d'humus et n'en produisent pas sensiblement, d'autres qui peuvent s'en passer et enrichissent même

---

1. M. Lawes a eu le grand et incontestable mérite de comprendre, dès 1841, l'importance des phosphates pour l'agriculture et de créer l'industrie des engrais artificiels. J'aurai occasion de revenir plus tard sur cette partie de l'histoire de la théorie minérale.

d'humus des terroirs où il ne s'en trouve point. Un agriculteur intelligent emploiera donc l'humus pour les premières et n'en donnera pas aux autres ; il se servira de l'humus produit par celles-ci pour en approvisionner les végétaux qui en exigent.

Si l'on offre au végétal l'humus en quantité abondante, si on lui présente l'acide carbonique et toutes les matières dont il a besoin, même l'azote, sauf les phosphates, il ne pourra se développer que jusqu'à un certain point ; il produira des feuilles, mais point de graines, il donnera peut-être du sucre et de la fécule, mais point de gluten.

En effet, l'abondance de l'ammoniaque et conséquemment de l'azote n'atteint pas non plus complétement le but de la culture. Quelque nécessaire que soit cette substance pour le développement vigoureux d'une plante, elle ne saurait suffire à la production de la caséine, de la fibrine ou de l'albumine, car celles-ci ne se trouvent jamais dans les végétaux sans être accompagnées d'alcalis, de sulfates ou de phosphates. Il faut donc admettre que, sans le concours de ces substances minérales, l'ammoniaque n'exerce pas la moindre influence sur la formation et le développement des graines, et qu'il importe peu, les autres conditions n'étant pas remplies, que l'on offre ou non de l'ammoniaque aux terres.

Que d'idées neuves, que d'aperçus ingénieux, que de vérités jusqu'alors obscures ou inconnues renferme ce chapitre sur les engrais !

Parvenu à la fin de la première partie de ma tâche, l'examen de la doctrine de Liebig à ses débuts, je crois utile de résumer brièvement l'ensemble de notre excursion dans le domaine de la chimie agricole jusqu'en 1842.

Bernard Palissy, dès 1560, a posé le principe de la restitution au sol des matières minérales enlevées par les récoltes, et donné l'explication vraie du rôle principal du fumier.

Th. de Saussure a le premier appelé l'attention des agronomes sur la présence constante des matières minérales dans les végétaux et sur les rapports que présente la composition des cendres avec la nature des sols. C'est lui qui, le premier aussi, a bien étudié les propriétés du terreau et indiqué leur importance pour l'agriculture.

Thaër, auquel l'agriculture doit tant d'excellents travaux, a développé les idées de Saussure et la doctrine de l'humus ; pour lui, les plantes se nourrissent principalement par le terreau ; pour lui, la fécondité des terres résidant dans leur richesse en humus, il suffit de restituer cette matière au sol pour perpétuer sa fertilité. Cette théorie, adoptée par tous les agriculteurs, a régné sans conteste jusqu'en 1840.

A cette époque mémorable, paraît le livre de Liebig consacré à démontrer et à envisager dans toutes ses conséquences ce principe, fondement de la nouvelle théorie : « Tous les aliments des végétaux appartiennent au monde minéral. » Les propriétés de l'humus, mieux comprises et mieux interprétées, ne suffisent plus pour expliquer les phénomènes de la nutrition. La substance minérale qui fait partie des tissus de toutes les plantes est *indispensable* à leur existence : une quantité considérable de matière inorganique est enlevée au sol et exportée de nos champs par les récoltes. Le fumier est efficace surtout parce qu'il restitue à la terre les principes inorganiques qu'elle a perdus. Il faut, pour entretenir la fécondité du sol, lui rendre les aliments minéraux cédés, par lui, aux récoltes. De là, possibilité de remplacer le fumier par les matières minérales qu'il contient, et, comme conséquence, fabrication et emploi des engrais artificiels.

33. — Les 50 aphorismes de Liebig. — Pour compléter l'exposé des points fondamentaux de la théorie de Liebig, il me paraît utile de donner ici la traduction des cinquante aphorismes dans lesquels il l'a lui-même résumée quelques années plus tard. Je me borne à cette citation textuelle, me réservant de discuter quelques-unes de ces thèses après avoir terminé l'examen historique qui m'occupe en ce moment. — En 1855, Liebig publia à Brunswick un opuscule peu connu en France [1], qui renferme le résumé de la théorie de la nutrition minérale des plantes. Quelques-uns de ces aphorismes paraissent aujourd'hui des lieux communs, tant, à notre insu souvent, les idées du fondateur de la chimie agricole sont devenues des vérités acceptées de tous.

Je ne saurais trop recommander la lecture attentive de ces quel-

1. *Die Grundsätze der Agricultur-Chemie.* Brunswick, 1855.

ques pages si claires, si vraies, et dans lesquelles on retrouve, nettement définies et déposées en germe, toutes les idées justes sur les causes de la fertilité des sols et sur les moyens de l'entretenir.

La théorie de la nutrition, celle de la jachère, des cultures alternantes et des assolements, le principe des dominantes du sol et des plantes, le moyen d'analyser les sols par les plantes, soi-disant réinventés dix ans plus tard par M. G. Ville, y sont exposés avec une précision qui ne laisse rien à désirer, et qui fournit ample matière à réflexions. Je traduis textuellement ces cinquante aphorismes :

1. — Les plantes reçoivent en général leur carbone et leur azote (directement ou indirectement) de l'atmosphère : le carbone sous forme d'acide carbonique, l'azote sous forme d'ammoniaque. L'eau et l'ammoniaque fournissent aux plantes leur hydrogène ; le soufre des éléments sulfurés des végétaux provient de l'acide sulfurique.

2. — Cultivées dans les terrains les plus différents, sous les climats les plus variés, dans les plaines ou sur les hauteurs des montagnes, les plantes renferment un certain nombre de substances minérales. Ces substances sont toujours les mêmes, et la composition des cendres des végétaux nous en révèle la nature et les propriétés. Les éléments des cendres étaient primitivement les éléments du sol. Toutes les sortes de terrains fertiles en renferment une certaine quantité ; aucun terrain où croissent des plantes n'en est privé.

3. — Par la récolte, on enlève au sol, dans les produits obtenus, toute la partie des éléments de la terre devenus éléments des plantes. Le terrain est, dès lors, plus riche en ces éléments avant les semailles qu'après la récolte ; la composition du sol se trouve donc modifiée après la récolte.

4. — Après une série d'années et un nombre correspondant de récoltes, la fertilité diminue ; toutes choses égales d'ailleurs, le sol n'est plus ce qu'il était auparavant. Le changement survenu dans la composition est la cause probable de la stérilité qu'il présente.

5. — Les engrais, le fumier de ferme, les excréments des hommes et des animaux restituent au sol la fertilité qu'il a perdue.

6. — Le fumier consiste dans des substances végétales et animales corrompues, renfermant une certaine quantité des éléments du sol. Les excréments des animaux et de l'homme représentent les cendres des aliments brûlés dans leur corps, cendres provenant des plantes récoltées dans les champs. L'urine contient les éléments du sol solubles dans l'eau ; les matières fécales, les éléments insolubles absorbés dans l'alimentation. Le fumier d'écurie et d'étable renferme les éléments du sol contenus dans les produits récoltés ; il est clair que, par son incorporation au sol,

il lui restituera les éléments minéraux qui lui ont été enlevés. Rendre à un terrain épuisé sa composition primitive, c'est lui rendre en même temps sa fertilité. Il est certain que l'une des conditions de la fertilité du sol était sa teneur en aliments minéraux. Un sol riche en contient davantage qu'un sol pauvre.

7. — Les racines des végétaux se comportent relativement à l'assimilation des aliments qu'elles tirent de l'atmosphère absolument comme les feuilles; c'est-à-dire que, comme ces dernières, elles possèdent la propriété d'absorber l'acide carbonique et l'ammoniaque et de les utiliser dans leurs tissus de la même manière que si l'absorption avait eu lieu par les feuilles.

8. — L'ammoniaque que le sol renferme ou qu'on lui ajoute se comporte comme un élément du sol; il en est de même de l'acide carbonique.

9. — Les matières végétales et animales, les excréments des animaux se putréfient et se décomposent. Par suite de la décomposition, l'azote de leurs éléments se transforme en ammoniaque. Une petite partie de l'ammoniaque passe à l'état d'acide nitrique, produit de l'oxydation de l'ammoniaque.

10. — Nous avons tout lieu de croire que dans la nutrition des végétaux, l'acide nitrique peut remplacer l'ammoniaque, c'est-à-dire que l'azote du premier est utilisé par l'organisme végétal dans le même but que celui de la seconde.

11. — Le fumier ou engrais animal ne fournit donc pas seulement aux plantes les substances minérales, mais bien encore celles que les végétaux puisent dans l'atmosphère. Cet apport d'engrais augmente donc la qualité des éléments nutritifs contenus dans l'atmosphère.

12. — Les principes nutritifs fournis à la plante par le sol, pénètrent par les racines dans l'organisme végétal. Leur introduction s'effectue à l'aide de l'eau qui les dissout et leur sert de véhicule[1]. Certains d'entre eux sont solubles dans l'eau pure, d'autres seulement dans l'eau contenant de l'acide carbonique ou certains sels.

13. — Toutes les matières qui rendent solubles dans l'eau les éléments du sol insolubles par eux-mêmes, augmentent, par leur présence dans le sol, la quantité de ces principes que pourrait dissoudre un même volume d'eau de pluie.

14. — La décomposition progressive des détritus végétaux et animaux qui constituent le fumier donne naissance à de l'acide carbonique et à des sels ammoniacaux. Cet engrais constitue donc dans le sol une source d'a-

1. Les nombreuses recherches de culture des plantes dans l'eau ont mis hors de doute cette assertion, mais il y a un autre mode de nutrition que nous étudierons.

cide carbonique ; il en résulte que l'air et l'eau confinés dans la terre fumée sont plus riches en acide carbonique qu'en l'absence de fumier.

15. — Le fumier ne procure pas seulement aux plantes une certaine somme d'aliments minéraux et atmosphériques : l'acide carbonique et les sels ammoniacaux résultant de sa décomposition, leur fournissent encore le moyen d'assimiler les éléments insolubles, par eux-mêmes, dans l'eau, et cela en plus grande quantité, dans le même temps, qu'en l'absence des matières organiques putrescibles.

16. — Dans les années chaudes et sèches, les plantes reçoivent du sol, toutes proportions gardées, moins d'eau que dans les années humides. Les récoltes sont, dans les différentes années, en rapport avec le degré de sécheresse ou d'humidité. La production d'un champ donnant, par suite de sa constitution, un faible rendement dans les années sèches, augmente dans une certaine limite dans les années de pluie plus abondante, la température moyenne restant la même.

17. — De deux champs, dont l'un renferme, absolument parlant, plus de matières nutritives que l'autre, le plus riche est, toutes choses égales d'ailleurs, même dans les années sèches, d'un rapport plus considérable que l'autre.

18. — De deux champs de même qualité et d'égale teneur en principes minéraux, mais dont l'un renferme en outre une source d'acide carbonique provenant d'éléments putrescibles végétaux, de fumier, par exemple, ce dernier est, toutes choses égales d'ailleurs, d'un plus grand rapport que l'autre. La cause de cette différence, de cette inégalité dans les rendements, réside dans l'apport inégal, qualitativement et quantitativement, que les plantes reçoivent du sol dans des temps égaux.

19. — Tous les obstacles qui s'opposent à ce que les éléments nutritifs des plantes que renferme le sol soient assimilés, s'opposent, dans la même mesure, à ce que ces éléments concourent à la nutrition, c'est-à-dire qu'ils paralysent la nutrition. Une certaine constitution physique du sol est une condition indispensable de l'efficacité des aliments qu'il renferme. Le sol doit laisser pénétrer l'air et l'eau et permettre aux radicelles de se propager dans toutes les directions pour chercher la nourriture de la plante. L'expression de *conditions telluriques* désigne l'ensemble des conditions nécessaires au développement de la plante, en tant qu'elles dépendent de la constitution physique et de la composition du sol.

20. — Toutes les plantes, sans distinction, ont besoin pour leur nutrition d'acide phosphorique, d'acide sulfurique, d'alcalis, de chaux et de fer ; certaines espèces demandent de la silice ; les plantes qui poussent sur le rivage de la mer et dans la mer prennent du sel marin, de la soude, des iodures métalliques. Dans beaucoup d'espèces végétales, la chaux et la magnésie peuvent partiellement remplacer les alcalis, et réciproque-

ment. Toutes ces substances sont comprises sous la dénomination d'aliments minéraux. Les aliments atmosphériques sont l'acide carbonique et l'ammoniaque. L'eau sert à la fois d'aliment et d'adjuvant dans les phénomènes de l'assimilation.

21. — Les principes nutritifs nécessaires à un végétal ont une importance égale, c'est-à-dire qu'un seul d'entre eux faisant défaut, la plante ne prospère pas.

22. — Le sol des champs propres à la culture de toutes les espèces de végétaux renferme tous les éléments nécessaires à ces espèces. Les mots *fertile* ou riche, *stérile* ou pauvre, expriment la proportion relative de ces éléments du sol en quantité et en qualité. On entend par différence en *qualité*, l'état différent de solubilité ou de transmissibilité des aliments minéraux dans l'organisme végétal, par l'intermédiaire de l'eau.

De deux espèces de sol renfermant les mêmes quantités d'aliments minéraux, l'un peut être fertile (considéré comme riche), l'autre stérile (regardé comme pauvre), si, dans le dernier, ces aliments ne sont pas libres, mais bien engagés dans une combinaison chimique.

23. — Toutes les espèces de sols propres à la culture renferment les éléments minéraux des plantes, sous ce double état. Considérés ensemble, ils constituent le capital; les éléments solubles, à l'état de liberté, représentent la partie mobile, le fonds de roulement du capital.

24. — Améliorer un sol, l'enrichir, le rendre fertile par des moyens convenables, mais sans lui apporter du dehors des aliments minéraux, c'est mobiliser et mettre en liberté, rendre utilisable pour les plantes une partie du capital mort, immobilier, c'est-à-dire les aliments combinés chimiquement.

25. — La préparation mécanique d'un champ (labours, etc.) a pour objet de vaincre les résistances chimiques du sol, de provoquer la transformation des détritus végétaux et animaux en acide carbonique et en ammoniaque, de mettre en liberté et de rendre assimilables les aliments minéraux qui s'y trouvent engagés dans des combinaisons chimiques. Cela arrive par le concours de l'atmosphère, de l'acide carbonique, de l'oxygène et de l'eau. L'action produite sur les éléments minéraux du sol s'appelle désagrégation; celle qui s'exerce sur les détritus organiques, putréfaction. La présence d'eau dans le sol, s'opposant au contact de l'air atmosphérique avec les combinaisons chimiques, est un obstacle à la désagrégation et à la putréfaction.

26. — L'époque pendant laquelle s'effectue la désagrégation est la jachère. A ce moment, le sol reçoit, par l'intermédiaire de l'air et des eaux pluviales, de l'acide carbonique et de l'ammoniaque. La dernière reste dans le sol quand il renferme des matières qui la fixent, c'est-à-dire lui enlèvent sa volatilité.

27. — Un sol est fertile, pour une espèce végétale donnée, quand il renferme, en quantité et dans un rapport convenables, les matières nutritives nécessaires à cette espèce, sous un état qui en permette l'assimilation.

28. — Lorsque, par suite d'une série de récoltes, après lesquelles les éléments minéraux absorbés par les plantes n'ont pas été remplacés, ce sol a perdu sa fertilité pour cette espèce végétale, une ou plusieurs années de jachère la lui restituent, si, à côté des éléments solubles qui ont disparu, il renferme une certaine somme des mêmes matières à l'état de combinaison. En effet, pendant la jachère, la culture mécanique et la désagrégation ont rendu ces dernières solubles. Le système de fumure dit *engrais vert* amène plus rapidement le même résultat.

29. — La jachère et les labours ne peuvent rendre fertile un sol qui manque d'aliments minéraux.

30. — L'accroissement de la fertilité d'un champ par la jachère et par la préparation mécanique, joint à la soustraction des éléments du sol par les récoltes, en l'absence de restitution de ces éléments, a pour résultat, au bout d'un temps plus ou moins long, d'amener la stérilité durable de ce champ.

31. — Si l'on veut rendre durable la fertilité d'une terre, il faut, après plus ou moins de temps, remplacer les éléments soustraits par les récoltes, c'est-à-dire restituer au sol sa composition première.

32. — Différentes espèces végétales ont besoin, pour se développer, des mêmes matières minérales, mais en quantités et dans des temps inégaux. Quelques plantes agricoles doivent rencontrer de la silice à l'état soluble.

33. — Si un champ donné contient une certaine somme de tous les aliments minéraux en *quantités* égales et sous un état convenable, ce champ deviendra stérile pour une espèce particulière, lorsque, par une succession de récoltes, un élément spécial du sol, la silice soluble, par exemple, aura été exporté dans une proportion telle que la quantité restante ne suffise plus à une nouvelle récolte de cette plante.

34. — Une seconde plante, qui n'exige plus cet élément (la silice), cultivée dans le même champ, pourra donner une récolte ou une série de récoltes. En effet, les autres éléments minéraux nécessaires à cette nouvelle plante existent dans le sol en proportions différentes, il est vrai (ils ne s'y trouvent plus en quantités égales), mais en quantités suffisantes pour le développement du végétal en question. Une troisième espèce prospérera après la seconde, dans le même champ, si les éléments restants suffisent aux besoins de la récolte, et si, pendant la culture de cette plante, la désagrégation rend soluble une nouvelle quantité de l'élément manquant (de la silice dans notre hypothèse), la première plante pourra

de nouveau, toutes les autres conditions étant remplies, être cultivée dans le même champ.

35. — C'est sur l'inégale quantité, sur la qualité diverse des aliments minéraux et sur les proportions différentes dans lesquelles ils servent au développement des diverses espèces végétales que reposent le système dit *culture alternante*, et les différences que présente la succession des récoltes dans les diverses régions agricoles.

36. — Toutes choses égales, d'ailleurs, la croissance d'une plante, l'augmentation de sa masse et son complet développement dans un temps donné, sont en rapport avec la surface des organes destinés à recevoir l'alimentation. La quantité de la matière nutritive qui peut être puisée dans l'air dépend de la surface et du nombre des feuilles ; celle des aliments fournis par le sol, du nombre et de la surface des radicelles.

37. — Si, pendant la période de formation des feuilles et des racines, on donne à deux plantes de même espèce une quantité inégale d'aliments dans le même temps, l'accroissement de leur masse sera différente. Il est plus considérable chez la plante qui reçoit plus de nourriture ; le développement du végétal est accéléré. La même inégalité se manifeste dans l'accroissement des plantes si on leur donne la même nourriture, en quantité, mais sous un état de solubilité différent.

On diminue le temps nécessaire au développement d'une plante en lui donnant, dans un espace de temps et sous un état convenables, les quantités nécessaires de tous les aliments atmosphériques et telluriques indispensables à sa nutrition. Les conditions qui permettent d'abréger la durée du temps nécessaire à son développement sont corrélatives de celles qui amènent l'accroissement de masse de la plante.

38. — Deux plantes dont les radicelles sont de longueur et d'expansion égales poussent moins bien l'une à côté de l'autre ou l'une après l'autre, à la même place, que deux plantes dont les racines, de longueurs inégales, reçoivent leur nourriture dans le sol à des profondeurs et dans des places différentes.

39. — Les aliments nécessaires à la vie d'une plante doivent agir simultanément dans un temps donné pour que cette plante atteigne, dans cette période, son complet développement. Plus est considérable le développement d'une plante dans un temps donné, plus elle exige de principes nutritifs dans ce même temps ; les plantes annuelles exigent plus d'aliments que les espèces persistantes.

40. — Si, dans le sol ou dans l'atmosphère, l'un des éléments qui concourent à la nutrition des plantes vient, soit à se trouver en quantité insuffisante, soit à manquer des qualités qui le rendent assimilable, la plante ne se développe pas ou se développe mal. L'élément qui fait complétement défaut ou qui n'existe pas en quantité suffisante empêche les

autres principes nutritifs de produire leur effet ou tout au moins diminue leur action nutritive.

41. — En ajoutant au sol l'élément absent ou n'existant pas en quantité suffisante, en facilitant la dissolution des principes insolubles, on restitue aux autres éléments leur efficacité. L'absence ou l'insuffisance d'un élément nécessaire, tous les autres existant dans le sol, rend ce dernier stérile pour toutes les plantes à la vie desquelles cet élément est indispensable. Le sol produira d'abondantes récoltes si on lui fournit cet élément en quantité et sous un état convenables. Si l'on est en présence d'un sol dont on ne connaît pas la teneur en aliments minéraux, des essais faits avec chacun des éléments des engrais, pris isolément, serviront à faire connaître la nature du sol et la présence des autres éléments de l'engrais dans ce sol. Si, par exemple, le phosphate de chaux agit, c'est-à-dire élève le rendement du champ, cela sera une preuve que ce champ n'en contenait pas, ou tout au moins pas assez, tandis qu'il était suffisamment pourvu des autres principes nutritifs, car si un autre élément nécessaire avait en même temps fait défaut, le phosphate de chaux n'eût pas produit d'effet.

42. — L'efficacité de l'ensemble des éléments du sol, dans un temps donné, dépend du concours des éléments atmosphériques dans le même temps.

43. — Réciproquement, l'efficacité des éléments atmosphériques, dans un temps donné, est liée à un concours simultané des éléments du sol. Si les éléments du sol existent en quantité et à un état convenables, le développement de la plante est en rapport avec la quantité des aliments atmosphériques que la plante a pu assimiler et a réellement assimilés. Le nombre et la masse des plantes qu'on peut cultiver dans un champ d'une surface donnée s'élèvent et s'abaissent proportionnellement à la quantité et à la qualité des aliments minéraux du sol et avec l'absence ou l'existence des obstacles que les propriétés physiques de la terre peuvent apporter à leur assimilation. Les plantes qui croissent dans un sol fertile y enlèvent, à l'air atmosphérique, plus d'acide carbonique et d'ammoniaque que celles qui poussent sur un sol stérile. La quantité qu'elles absorbent de ces gaz est proportionnelle à la fertilité du sol : elle n'est limitée que par la teneur de l'air en acide carbonique et en ammoniaque.

44. — Les conditions atmosphériques et la croissance des plantes (apport d'acide carbonique et d'ammoniaque) restant les mêmes, les récoltes sont directement proportionnelles à la quantité d'aliments minéraux fournis par l'engrais.

45. — Dans des conditions telluriques égales, les récoltes sont proportionnelles à la quantité des éléments atmosphériques fournis par l'air et

par le sol. Si l'on ajoute aux éléments minéraux actifs du sol de l'ammoniaque et de l'acide carbonique, on augmente la fertilité de la terre.

La réunion des conditions telluriques et atmosphériques et leur action simultanée en quantité, qualité et durée convenables, déterminent le maximum dans les rendements.

46. — L'apport (au moyen de sels ammoniacaux, d'humus) d'une quantité d'aliments atmosphériques supérieure à celle que fournit l'air augmente, pour une période donnée, la puissance nutritive des aliments minéraux du sol. Dans un même temps, sous cette influence, des surfaces égales de terre donneront des récoltes plus considérables : on pourra, dans une année, faire une récolte égale à celles de deux années sur une terre qui n'aurait pas reçu cette addition.

47. — Dans un sol riche en principes nutritifs minéraux, le rendement ne peut être augmenté par l'addition d'éléments minéraux.

48. — Dans une terre riche en aliments atmosphériques, le rendement ne peut s'accroître par l'addition d'une nouvelle quantité de ces dernières.

49. — On obtient d'un champ riche en aliments minéraux, pendant une année ou pendant une série d'années, des récoltes abondantes en ajoutant et en incorporant au sol de l'ammoniaque seule, ou de l'humus et de l'ammoniaque, sans restituer à la terre les éléments absorbés par les récoltes. La persistance des rendements dépend alors de la quantité et de la qualité des éléments minéraux contenus dans le sol. La pratique longtemps continuée de ce système amène l'épuisement du sol.

50. — Si, après avoir épuisé la terre, on veut lui restituer sa fertilité première, il faut lui rendre les éléments qu'elle a perdus pendant cette série d'années. Si, dans dix ans, le sol a donné dix récoltes, sans qu'on ait fait une compensation des aliments exportés, il faudra, la onzième année, restituer au champ une quantité décuple de principes nutritifs si l'on veut lui conserver la faculté de fournir une nouvelle série d'un nombre égal de récoltes.

Toute la doctrine des engrais minéraux est là : rien n'y manque. La théorie de la restitution, celle de la jachère et des assolements, l'idée des *dominantes* du sol propres à chaque culture spéciale ; le rôle principal du fumier, l'analyse du sol par les plantes, en un mot les principes fondamentaux de l'entretien et de la restauration de la fertilité des sols s'y trouvent explicitement indiqués. Nous verrons quels tempéraments les expériences ultérieures ont apportés à la doctrine de Liebig relativement au rôle et aux sources de l'azote dans la végétation. Mais nous pouvons dès à présent affirmer qu'aucun des principes relatifs à la nutrition proprement dite énoncés plus haut, n'a été infirmé par l'expérience. Le plagiat dont on a tenté de rendre victime l'illustre auteur de la théorie minérale n'a point abouti : tous les hommes au courant de la science savent à quoi s'en tenir sur ce point. « *Cuique suum.* »

BIBLIOGRAPHIE.

1840. — **J. Liebig**, *Die organische Chemie in ihrer Anwendung auf Agricultur und Physiologie.* In-8°. Brunswick.

1844. — **J. Liebig**, *Chimie appliquée à la physiologie végétale et à l'agriculture,* traduite par Ch. Gerhardt. 2e édition. Paris, Masson.

1855. — **J. Liebig**, *Grundsætze der Agricultur-Chemie.* In-8°, Brunswick.

CHAPITRE VI

ESSAIS DE CULTURE DANS LES MILIEUX ARTIFICIELS.

SOMMAIRE : Expériences de Wiegmann et Polstorff. — Méthode de culture dans l'eau. — Historique de la question. — Essais de culture dans l'eau entrepris de 1857 jusqu'à nos jours. — Résultats. — Démonstration nouvelle de la théorie minérale de la nutrition.

A. — *ESSAIS DE CULTURE DANS LES SOLS ARTIFICIELS.*

34. — L'école de Liebig. — Le génie, dans les sciences, revêt deux formes bien distinctes : des hommes auxquels l'humanité doit les découvertes les plus profitables à son développement, les uns analysent les phénomènes, réalisent des expériences, créent des méthodes et des procédés nouveaux d'investigation ; les autres, embrassant d'un coup d'œil synthétique les faits déjà connus, les rapprochent, les groupent et en déduisent une doctrine qui avait échappé à leurs devanciers et qu'ils laissent le soin à leurs successeurs d'étayer et d'agrandir par l'expérimentation. Liebig fut un maître parmi ces derniers.

Son œuvre, dont j'ai tenté de présenter une analyse fidèle, a été le point de départ de nombreuses recherches, aussi fécondes en résultats pratiques qu'intéressantes au point de vue purement scientifique. Avant 1840, on ne connaissait presque rien des rapports qui unissent la plante au monde minéral, et c'est surtout par cette sorte d'intuition propre à certains hommes de génie que Liebig fut guidé dans l'établissement de sa doctrine. Basée, à son origine, sur un nombre restreint de faits positifs, la nouvelle théorie devait bientôt, grâce à l'élan même donné par elle à la chimie agricole, trouver dans les faits dont elle provoqua la découverte, de nouveaux et solides appuis en même temps qu'une éclatante consécration.

L'assertion catégorique que les aliments des végétaux sont d'origine exclusivement minérale semblait bien justifiée par les exemples cités par Liebig et par les raisonnements basés sur la discussion des faits naturels, mais dans les sciences naturelles rien ne vaut la démonstration expérimentale.

Deux ordres de recherches provoquées par la publication du livre de l'illustre chimiste, les essais de culture dans les sols artificiels et les essais de culture dans l'eau, sont venus asseoir sur des bases inattaquables le théorème qui est la pierre angulaire de la science de la nutrition des végétaux.

Il nous faut exposer avec quelques détails ces méthodes fécondes en résultats d'une importance capitale, puisqu'ils ont fixé définitivement nos idées sur les sources véritables de la vie des plantes.

35. — Recherches de Wiegmann et Polstorff. — En 1800, l'Académie des sciences de Berlin avait mis au concours la question suivante : « Quelle est la nature des éléments du sol dont l'analyse chimique décèle la présence dans les diverses sortes de céréales indigènes. Ces matières pénètrent-elles dans le végétal telles qu'on les y trouve ou bien sont-elles produites dans les plantes sous l'influence des organes de la végétation ? » Un certain Schrader, dans le mémoire qu'il envoya à l'Académie pour ce concours, conclut en déclarant que les cendres des végétaux sont le produit de la force vitale. Saussure en 1802 écrivait[1] : « On ne sait pas jusqu'ici si les éléments d'un certain nombre de plantes sont purement accidentels et dépendent de la nature du sol dans lequel ont cru ces plantes, ou bien s'ils sont un véritable produit des végétaux indépendant de toutes conditions locales. » Mais, comme on l'a vu précédemment, dès 1804, l'illustre Génevois tirait des nombreuses analyses qu'il avait faites la conclusion que les éléments contenus dans les cendres viennent du sol et sont très-utiles à la végétation.

En 1840, quelques mois après la publication de la *Chimie appliquée*, l'Académie royale de Göttingue, frappée sans doute par l'ori-

1. *Recherches chimiques sur la végétation.*

ginalité de la nouvelle doctrine, fondait un prix pour le meilleur mémoire sur cette question : « Les éléments inorganiques des végétaux sont-ils utiles au développement de la plante ? »

Le concours valut à l'agronomie un travail des plus remarquables, devenu classique au delà du Rhin, et dont je vais présenter une analyse succincte.

Wiegmann et Polstorff[1], pour répondre au programme de l'Académie de Göttingue, entreprirent des recherches sur la végétation de quelques plantes importantes pour l'agriculture, dans des sols artificiels, de richesses diverses en matières minérales. Ce n'était pas la première fois qu'on tentait de faire croître des végétaux dans un milieu autre que le sol naturel. Déjà en 1750, Ch. Bonnet avait fait des essais de ce genre sur de la mousse et sur des éponges humides; Hassenfratz et Th. de Saussure lui-même avaient renouvelé ces expériences sans beaucoup de succès. Le beau travail de Wiegmann et Polstorff, inspiré par les vues si nettes de Liebig, était appelé, par l'importance des conclusions auxquelles il a conduit ses auteurs, à faire une grande sensation.

Ces savants choisirent pour leurs essais les plantes suivantes : orge, avoine, vesce, sarrasin, tabac et trèfle; ils les élevèrent dans deux espèces de sols différents. Le premier était du sable quartzeux de Königslutter (près de Brunswick), calciné, traité par l'eau régale et lavé, c'est-à-dire du sable débarrassé, aussi complètement que permettent de le faire les moyens chimiques dont nous disposons, de matière organique et de toute substance soluble dans l'eau ; le second sol était formé du même sable mélangé à diverses matières fertilisantes. Je citerai comme exemple le mélange suivant :

Pour 1,000 *parties ce sol artificiel contenait :*

Sable quartzeux	861,26
Alumine hydratée	15,00
Phosphate de chaux	15,60
Oxyde de fer	10,00
Carbonate de magnésie	5,00
Sulfate de potasse	0,34

1. *Ueber die anorganischen Bestandtheile der Pflanzen.* Braunschweig, 1842.

Sel marin	0,13
Sulfate de chaux (anhydre)	1,25
Craie lavée	10,00
Oxyde de magnésie	2,50
Humate[1] de potasse	3,41
— de soude	2,22
— d'ammoniaque	10,29
— de chaux	3,07
— de magnésie	1,97
— d'alumine	4,64
— d'oxyde de fer	3,32
Humine insoluble dans l'eau	50,00
	1,000,000

C'est dans ce sol contenant 861,26 parties pour 1,000 de sable et 139 de matières diverses, que Wiegmann et Polstorff firent croître leurs plantes ; ils élevaient simultanément les mêmes végétaux dans du sable pur, comme je l'ai dit précédemment.

Examinons maintenant comment les plantes se sont comportées dans le sable pur et dans la terre artificielle :

1° *Vicia sativa* (VESCE).

A. Dans le sable pur. — Les plantes atteignirent, jusqu'au 4 juillet, une hauteur de 10 pouces, et quelques tiges se disposaient à fleurir. Le 6 et le 7 juillet, plusieurs fleurs s'épanouirent ; le 11, elles eurent de petites gousses, mais sans graines et qui étaient déjà fanées le 15. Toutes ces plantes, qui avaient déjà des feuilles à leur partie inférieure, furent extraites du sable avec leurs racines, lavées avec de l'eau distillée, séchées et incinérées.

B. Dans la terre artificielle. — Les plantes acquirent, jusqu'à la mi-juin, une hauteur de 18 pouces, de sorte qu'il a fallu les soutenir avec des tuteurs ; elles fleurirent parfaitement à partir du 16 juin ; le 26, apparurent de nombreuses gousses entièrement saines, qui

1. Pour préparer ces combinaisons, Wiegmann et Polstorff firent bouillir de la tourbe ordinaire avec une solution faible de potasse et précipitèrent la solution par l'acide sulfurique concentré. Le précipité constitue la matière désignée, dans le tableau, par le nom d'humine. C'est en dissolvant ce dernier dans la potasse, la soude et l'ammoniaque et en évaporant les solutions saturées qu'ils obtinrent les humates alcalins et autres.

mûrirent le 8 août et donnèrent des semences capables de reproduire. On recueillit les plantes avec les précautions que je viens de dire.

2° *Hordeum vulgare* (ORGE).

A. Dans le sable pur. — L'orge avait atteint jusqu'au 30 juin, où elle se mit à fleurir imparfaitement, une hauteur de près de 1 pied 1/4; mais elle n'eut pas de grain, et, dans le courant du mois de juillet, les barbes des épis et les pointes des feuilles jaunirent, de sorte que toutes les tiges furent alors arrachées et traitées comme les vesces.

B. Dans la terre artificielle. — Elle atteignit jusqu'au 25 juin, où elle fleurit parfaitement, une hauteur de 2 pieds 1/4, fructifia bien et fournit, le 10 août, du grain entièrement développé et mûr.

3° *Avena sativa* (AVOINE).

A. Dans le sable pur. — L'avoine était arrivée, le 30 juin, où elle fleurit très-incomplétement, à une hauteur de près de 1 pied 1/2; mais elle ne fructifia point, et, dans le courant de juillet, les barbes des épis et les extrémités des feuilles devinrent jaunes, comme c'était le cas pour l'orge. On arracha les tiges le 1er août, et on les traita comme les autres.

B. Dans la terre artificielle. — L'avoine avait atteint, le 28 juin, époque à laquelle elle fleurit parfaitement, une hauteur de 2 pieds 1/2; elle fructifia bien et fournit, le 16 août, du grain développé et mûr. On l'arracha pour la traiter comme précédemment.

4° *Polygonum fagopyrum* (SARRASIN).

A. Dans le sable pur. — De toutes les plantes semées dans le sable pur, le sarrasin semblait prospérer le mieux[1]; il atteignit, à la fin de juin, une hauteur de 1 pied 1/2 et poussa beaucoup de rameaux. Il se mit à fleurir le 28 juin, resta en fleur jusqu'en septembre, mais ne fructifia point. On le traita comme les autres récoltes.

B. Dans la terre artificielle. — Dans cette terre, le sarrasin poussa vite, acquit une hauteur de 2 pieds 1/2, se ramifia si bien qu'il fallut

---

1. Le sarrasin est très-peu exigeant en substances minérales, c'est la plante par excellence des sols pauvres.

lui donner un soutien, se mit à fleurir le 15 juin, et donna des graines dont la plus grande partie arriva à maturité le 12 août. On l'arracha le 4 septembre, quoiqu'il fût encore en grande partie en fleur et présentât encore un peu de grain non mûr ; il perdait déjà beaucoup de feuilles. On le traita comme les précédents.

5° *Nicotiana tabacum* (TABAC).

A. Dans le sable pur. — Le tabac semé le 10 mai ne leva que le 2 juin, mais se développa d'une manière tout à fait normale. Dès que les plantules eurent la deuxième couronne de feuilles, on arracha les pieds qui étaient de trop, et on laissa intacts les plus vigoureux. Ceux-ci continuèrent de pousser tout doucement jusqu'aux premières gelées d'octobre, mais n'eurent pas plus de quatre feuilles ; ils n'atteignirent que 5 pouces sans former de tiges; ils furent arrachés le 21 octobre avec leurs racines et traités comme les autres plantes[1].

B. Dans la terre artificielle. — Semé, comme le précédent, le 18 mai, il levait déjà le 22 mai et se développa vigoureusement. Dès que les plants eurent leurs secondes feuilles, on arracha les moins beaux, et l'on n'en laissa que trois des mieux développés. Ceux-ci poussèrent fort bien, eurent des tiges de plus de 3 pieds et beaucoup de feuilles; se mirent à fleurir le 25 juillet et fructifièrent déjà le 10 août. Le 8 septembre, plusieurs capsules étaient arrivées à maturité et contenaient de la graine parfaite. Le 21 octobre, on arracha toutes ces plantes pour les traiter comme les autres.

6° *Trifolium pratense* (TRÈFLE).

A. Dans le sable pur. — Le trèfle, qui avait levé le 5 mai, se développa d'abord assez bien, mais n'atteignit, jusqu'au 15 octobre, que la hauteur de 3 pouces 1/2 ; les feuilles brunirent alors brusquement, de sorte qu'on arracha la plante pour lui faire subir le même traitement qu'aux autres.

B. Dans la terre artificielle. — Il avait 10 pouces le 15 octobre, et était épais et d'un vert foncé. On le traita comme les autres plantes.

---

1. Le tabac est une des plantes les plus exigeantes en substances minérales; il donne d'ordinaire de 20 à 25 p. 100 de cendres (du poids de la substance sèche).

Tous ces végétaux ont été arrosés avec de l'eau distillée pure, exempte d'ammoniaque; ils ont été maintenus soigneusement à l'abri de toute influence extérieure de nature à leur apporter des aliments. Wiegmann et Polstorff incinérèrent une quantité de graine égale à celle qui avait été ensemencée, et déterminèrent le poids et la composition des cendres. Ils incinérèrent également les récoltes et firent l'analyse des cendres. Je renverrai mes lecteurs, pour les détails de ces analyses, au mémoire original, et je me bornerai à citer ici quelques chiffres qui mettent en évidence l'influence des matières minérales du sol sur la teneur en cendre des végétaux :

Analyse des semences.

100 grammes donnent de cendres :

	Grammes.
Vesce	2,576
Orge	2,432
Avoine	2,864
Sarrasin	1,522
Trèfle	4,687

Végétaux qui ont crû dans le sable pur.

100 grammes de plantes sèches donnent en cendres :

	Grammes.
Vesce	6,840
Orge	5,383
Avoine	4,569
Sarrasin	1,875
Tabac	12,650
Trèfle	6,641

Végétaux qui ont crû dans la terre artificielle.

100 grammes de plantes sèches donnent en cendres :

	Grammes.
Vesce	12,126
Orge	7,040
Avoine	5,738
Sarrasin	3,992
Tabac	18,249
Trèfle	11,614

Il faut remarquer que ces nombres expriment les quantités inégales de substances minérales absorbées par les poids égaux des plantes dans le sable et dans la terre artificielle. Ce sont les poids respectifs des principes de leurs cendres et non pas les quantités absolues que le sable ou la terre artificielle ont cédées à chaque plante.

Ainsi, par exemple, on a obtenu pour les cinq pieds de tabac semés dans le sable, 0gr,506 de cendres, tandis que les trois pieds de celui qui était venu dans la terre artificielle ont donné 3gr,922, c'est-à-dire pour cinq pieds 6gr,525. Les substances minérales que le sable avait cédées aux cinq pieds de tabac sont à celles qui ont été fournies par la terre artificielle comme 10 est à 130. La terre artificielle a donc fourni au tabac, dans le même temps, près de treize fois plus de substances minérales que le sable; le développement du tabac a été en raison directe de la provision d'aliments offerts par les deux terrains. Le résultat général de ces recherches peut se traduire ainsi: les plantes élevées dans le sable pur contiennent deux fois plus de matières minérales (cendres) que les semences dont elles proviennent. Les plantes élevées dans le sol artificiel renferment quatre, cinq et même treize fois plus de cendres que les semences.

On remarquera que, malgré les précautions prises par ces habiles expérimentateurs pour préparer un sol absolument insoluble, les plantes obtenues dans le sable pur laissaient, après incinération, un poids de cendres beaucoup plus considérable que les semences dont elles provenaient. D'où venaient ces matières minérales ? Ni de l'eau ni de l'air : apparemment du sable. C'est ce que Wiegmann et Polstorff ont établi par une vérification directe. L'analyse du sable leur démontra qu'il possédait la composition suivante :

Silice	97,900
Potasse	0,320
Chaux	0,484
Magnésie	0,009
Alumine	0,876
Oxyde de fer	0,315
	99,904

Ce sable contenait donc plus de 2 % de son poids des substances qu'on rencontrait associées à la silice dans les cendres des végétaux qu'il avait portés. Mis en contact avec de l'eau distillée et de l'acide carbonique pendant un mois, ce sable abandonna à l'eau de la silice, de la potasse, de la chaux et de la magnésie. Dès lors plus de doute, pour Wiegmann et Polstorff, les matières minérales contenues dans les cendres des plantes provenaient du sable. Dans la crainte qu'on ne vînt à penser que les matières minérales trouvées dans les plantes du sable pur s'étaient formées de toutes pièces dans le végétal, Wiegmann sema des graines de cresson dans un sol formé de fils de platine très-menus réunis dans un creuset de même métal. Le cresson, arrosé d'eau distillée, poussa, mais l'analyse montra que la plante tout entière ainsi obtenue ne renfermait pas plus de cendre que la graine d'où elle provenait.

La conclusion de ces recherches est la suivante : La matière minérale est indispensable à l'organisation des végétaux et à leur développement ; les plantes souffrent lorsqu'elles ne rencontrent pas une quantité suffisante de matière minérale. Enfin, la potasse et la soude, la magnésie et la chaux, l'oxyde de fer et l'alumine peuvent se substituer respectivement l'un à l'autre dans la végétation, comme on sait que cela a lieu dans les combinaisons purement chimiques[1]. Je crois utile de faire remarquer que l'alimentation fournie aux plantes dans les essais que je viens de rapporter n'était pas exclusivement minérale, puisque Wiegmann et Polstorff ont employé, en addition au sable pur, des humates alcalins et terreux. Mais l'objection que l'on pourrait tirer de ce fait ne détruit en rien la valeur du travail de ces deux chimistes, puisque le point capital qu'ils avaient en vue est démontré, à savoir l'assimilation des matières minérales par les plantes et son utilité. Les essais de culture dans l'eau que j'examinerai tout à l'heure ont confirmé les conclusions de Wiegmann et Polstorff ; ils ont, de plus, montré non-seulement que la matière organique n'est pas indispensable au développement des plantes, mais qu'elle n'est pas assimilée par ces dernières.

En 1847[2], Polstorff publia une nouvelle série de recherches faites sur la culture de l'orge dans un sol artificiel ; il avait alors choisi la brique pilée placée dans une caisse doublée en plomb. Comme

1. Je fais toutes mes réserves au sujet de cette conclusion sur laquelle je reviendrai lorsque nous nous occuperons de l'assimilation des matières minérales par les plantes.

2. *Ann. der Ch. und Pharm.*, t. LXII, p. 192.

engrais, il employa entre autres, sans mélange mais sous différentes formes, les éléments contenus dans les cendres de l'orge, et constata ainsi qu'un végétal arrive à sa croissance parfaite dans un sol qui ne renferme que les éléments de ses cendres.

Je me suis étendu un peu longuement sur les recherches de Wiegmann et Polstorff, parce qu'elles présentent un intérêt capital au point de vue de l'histoire de la théorie minérale. Liebig venait de publier pour la première fois sa nouvelle doctrine ; mais les esprits étaient encore si prévenus en faveur de l'humus, on attribuait de toutes parts une si grande importance au rôle de la matière organique dans la végétation, que peu de personnes consentaient à admettre qu'un grain dépourvu de toute nourriture végétale pût germer, se développer et finir par donner une plante vigoureuse et féconde, comme si elle eût vécu dans un sol additionné de fumier. Les expériences de Wiegmann et Polstorff, en venant apporter aux idées de Liebig une consécration palpable, constituaient donc un événement considérable dans la physiologie agricole de cette époque. A ce titre, elles devaient être analysées assez complétement pour être bien comprises ; leur portée est très-grande, et le travail que je viens d'examiner a servi de point de départ, je pourrais même dire de modèle, à presque tous ceux qui ont été entrepris depuis dans la même voie. En couronnant ce mémoire, l'Académie de Göttingue honorait justement des recherches importantes, en même temps qu'elle venait donner une sanction précieuse aux doctrines du jeune chimiste dont les écrits allaient révolutionner la science agricole.

36. — Essais de Salm-Horstmar, Boussingault, Hellriegel, etc... — Quel rôle joue chacun de ces éléments minéraux dans la végétation ? quelle est leur importance respective ? telles sont les deux questions fondamentales au point de vue de la restitution au sol des matières enlevées par les récoltes, que n'ont pas abordées Wiegmann et Polstorff, et dont la solution a préoccupé bon nombre d'agronomes depuis 1842. Déjà en 1838, M. Boussingault avait imaginé l'emploi de sols artificiels pour étudier l'assimilation de l'azote par les plantes. L'examen de ces recherches trouvera place dans le chapitre consacré à l'étude des sources de l'azote de la végétation.

Je mentionnerai pour mémoire, en suivant l'ordre chronologique, les recherches du prince Salm-Horstmar sur cette question [1]. Dans un travail publié en 1846, ce savant a décrit un très-grand nombre d'expériences qui ont porté sur les céréales et en particulier sur l'avoine élevée dans le sable pur ou additionné de diverses matières. Les résultats principaux de ces longues et délicates recherches peuvent se résumer dans les propositions suivantes :

1° Dans un sol dépourvu de matières minérales et azotées, l'avoine a crû, mais elle est restée petite, chétive et n'a fourni que deux fleurs et une graine [2].

2° Le sable additionné de substances azotées a donné une plante plus haute que la précédente, portant une fleur et une graine ; mais la hampe perdit bientôt la force de se tenir droite.

3° Le sable dépourvu de matière azotée, mais additionné de potasse, de chaux, de magnésie, d'oxyde de fer, d'acide phosphorique, d'acide sulfurique (à l'état de sulfate) et de silice, a donné une plante frêle et courte ; la fructification n'a pas eu lieu.

Salm-Horstmar conclut de ces expériences que les sept éléments indiqués ci-dessus ne suffisent pas à la nutrition des plantes, que la potasse ne saurait remplacer la soude, selon lui indispensable au développement parfait de l'avoine, du blé, du colza. Nous verrons plus loin ce qu'il faut penser de cette dernière opinion, d'après les travaux récents.

Je n'ai cité ces résultats peu concluants que parce qu'il me semble juste d'accorder à Salm-Horstmar le mérite d'avoir un des premiers tenté, dans des sols artificiels, des essais de culture ayant pour objet de déterminer le rôle spécial des éléments minéraux dans la nutrition.

Zöller et Nœgeli ont entrepris, au jardin botanique de Munich, une série d'essais fort importants, dans un sol artificiel formé de tourbe et de divers sels; mais comme ces essais avaient surtout pour but de résoudre quelques questions spéciales dont nous aurons à nous

---

1. Ces travaux ne présentent pas toujours peut-être l'exactitude désirable, mais, au point de vue historique, on ne saurait les passer sous silence.

2. Il y a lieu de remarquer que le sable employé a dû céder à la plante quelques faibles quantités de substances nutritives et assimilables, comme cela avait eu lieu dans les expériences de Wiegmann et Polstorff ; cette condition seule peut expliquer la croissance de l'avoine, quelqu'imparfaite qu'elle avait été.

occuper plus loin, notamment celle de l'absorption, par les plantes, d'aliments existant dans le sol à l'état insoluble, j'ajournerai l'exposé des résultats obtenus.

Hellriegel, directeur de la station de Dahme, a fait également dans le sable calciné des essais sur l'orge, l'avoine et diverses céréales, dans le but de déterminer les quantités minima de chacune des matières minérales nécessaires à la nutrition des plantes[1]. Cet habile expérimentateur a mis hors de doute l'absolue nécessité de la potasse, de l'acide phosphorique, pour la croissance complète des végétaux. Ses expériences sur l'azote ont établi une fois de plus, contrairement aux assertions de M. Georges Ville et en confirmation des résultats obtenus par MM. Boussingault, Lawes, Gilbert et Pugh, que l'azote de l'air est tout à fait insuffisant pour l'obtention d'une récolte, du moins en ce qui concerne les céréales et les plantes expérimentées à ce point de vue. L'azote assimilable par les céréales vient en grande partie du sol : un sol qui ne renferme pas d'azote assimilable est tout à fait impropre à la culture des céréales; sans cet élément, la plante se développe presque aussi peu que sans potasse et sans acide phosphorique. C'est à la faveur de l'azote du sol seulement que grandissent les organes capables de décomposer et d'assimiler les combinaisons azotées contenues dans l'air (ammoniaque ou nitrates).

Je n'insisterai pas davantage, pour le moment, sur les essais de culture dans les sols artificiels, devant avoir l'occasion d'y revenir plus tard à propos de l'assimilation de l'azote et de quelques autres questions importantes de physiologie végétale.

B. — *ESSAIS DE CULTURE DANS LES SOLUTIONS AQUEUSES.*

37. — Historique de la question. — Si l'on réfléchit un instant aux expériences de Wiegmann et Polstorff et de leurs successeurs, on se rend aisément compte des difficultés de toute sorte qui accompagnent les essais de végétation dans des sols artificiels; on a vu comment il est presque impossible d'opérer sur un sol renfermant uniquement les matières nutritives qu'on y introduit directement,

1. *Landw. Versuchsstationen*, 1870.

puisque le sable blanc, calciné et lavé avec les acides les plus énergiques ne fournit pas un sol absolument stérile par lui-même : or cette dernière condition est indispensable pour des recherches sur la végétation par voie de synthèse. Les essais de culture dans des sols artificiels, si précieux, par exemple, lorsqu'il s'agit de déterminer à quelle profondeur et dans quelle couche les plantes vont chercher leurs aliments, perdent beaucoup de leur prix lorsqu'on leur demande un renseignement sur la valeur absolue de telle ou telle substance considérée comme aliment ; cela tient à ce qu'il est à peu près impossible, je le répète, de préparer artificiellement un sol qui ne puisse, dans la durée de l'expérience, céder aucune matière à la plante qui y croît, la désagrégation du sol artificiel par l'eau, l'acide carbonique et l'oxygène de l'air mettant constamment en liberté de petites quantités de potasse, d'acide phosphorique, etc...

Ces réflexions ont depuis longtemps suggéré aux physiologistes l'idée de substituer, dans le genre de recherches qui nous occupent, les dissolutions salines très-étendues aux sols artificiels solides. Je sais que l'on peut, à juste titre, adresser aux essais de culture dans l'eau plusieurs reproches qui ne sont pas sans importance. La plante sur laquelle on expérimentera étant destinée à croître dans la terre, milieu résistant dont les propriétés physiques sont très-différentes de celles de l'eau, ne doit-on pas redouter l'influence fâcheuse d'un changement si radical de milieu ? L'espace nécessaire au développement des racines ne sera-t-il pas forcément trop restreint dans ces sortes d'expériences. A ces objections, dont je reconnais la portée, on est en droit de répondre, grâce aux beaux résultats obtenus depuis 25 ans à l'aide de cette méthode, que, tout bien examiné, la possibilité de mettre à la disposition de la plante des quantités exactement déterminées de matières absolument pures, la faculté de suivre le développement des racines, la marche de la végétation, celle de renouveler intégralement le milieu dans lequel croît la plante, de le faire varier à volonté, en un mot, les conditions spéciales qu'offre la méthode de culture dans l'eau présentent des avantages qui balancent et au delà les inconvénients signalés plus haut.

Mes lecteurs pourront d'ailleurs juger par eux-mêmes de la valeur de cette méthode, par les importantes conclusions auxquelles elle a conduit les savants qui l'ont appliquée avec le soin et l'habileté indispensables dans toute recherche scientifique. — C'est seulement lorsque nous aurons étudié ces travaux que nous pourrons apprécier la valeur pratique des résultats obtenus dans le laboratoire.

La première idée de la méthode de culture dans l'eau remonte à 1758 : elle est due à Duhamel[1]. Cet illustre observateur l'appliqua à diverses plantes, notamment à des haricots et à quelques espèces d'arbres, telles que l'amandier, le chêne, etc.

Les haricots qu'il avait fait germer sur des éponges humides furent élevés dans l'eau de fontaine; ils donnèrent des feuilles, quelques fleurs, mais n'eurent pas de graines.

Les châtaigniers, noyers et chênes, obtenus de graines, également germées sur des éponges, loin de tout contact avec la terre, crûrent dans l'eau aussi vite que les mêmes espèces placées dans le sol. Duhamel conserva un amandier pendant quatre ans et un chêne pendant huit années; tous deux périrent par accident : on oublia un jour de remplacer l'eau évaporée. Mais, suivant l'auteur de la *Physique des arbres*, bien que ces jeunes plantes se fusent développées convenablement, leur existence ne se serait sans doute pas prolongée bien au delà du terme qu'elle atteignit; le mauvais état des racines, plus que le manque de nourriture, les eût fait bientôt périr. Le chêne cependant, malgré ce mauvais état de la racine, avait quatre branches; sa tige mesurait 19 à 20 lignes de circonférence, et il atteignait 18 pouces en hauteur.

Ces essais, dit Duhamel, montrent que l'eau pure suffit pour permettre aux graines de germer et de se développer; mais il ajoute bientôt qu'il sait que l'eau filtrée employée à ces expériences n'est pas exempte de sels. Cette réflexion sur la présence de matières minérales dans l'eau ordinaire le conduisit sans doute à faire sur des bulbes de jacinthe et de narcisse, ses essais de culture dans de l'eau contenant du salpêtre, du sel marin, etc. Il observa que les dissolutions trop concentrées étaient nuisibles aux plantes, et ne vit, dit-il, aucune différence entre la croissance des végétaux élevés dans l'eau pure, et celle des végétaux nourris par des dissolutions très-étendues.

1. *Physique des arbres*, 1re partie.

Duhamel avait pressenti le parti qu'on pouvait tirer d'expériences analogues; mais la conviction où il était que l'eau de source suffit au développement parfait d'un végétal, jointe à l'imperfection de la chimie à cette époque, l'empêcha peut-être de pousser plus loin ses investigations.

En 1792, Hassenfratz publia, dans les *Annales de chimie*, des expériences dont voici les conclusions : Les plantes qui ont végété dans de l'eau pure ont augmenté en poids ; mais seulement en proportion de l'eau absorbée, c'est-à-dire que si le poids total du végétal s'est accru, celui de la substance sèche n'a pas varié[1]. Hassenfratz admit, en outre, que la quantité de carbone contenu dans la totalité de la plante développée dans l'eau pure est moindre que celle que renferme la substance sèche de la graine d'où provient le végétal.

38. — Expériences de Th. de Saussure. — Th. de Saussure a réfuté, par une expérience décisive sur la croissance de la menthe poivrée dans l'eau distillée, l'opinion erronée de Hassenfratz ; il a montré que, loin de contenir moins de carbone que la graine d'où elle provenait, la plante, après une végétation de deux mois et demi, avait fixé dans ses tissus plus de 50 p. 100 de son poids primitif de carbone, provenant de l'air[2].

Après avoir reconnu que l'eau et les gaz sont des aliments insuffisants pour opérer l'entier développement des végétaux, Saussure s'est proposé de résoudre expérimentalement les deux problèmes suivants : Les plantes absorbent-elles en même proportion que l'eau les substances qui sont en dissolution dans ce liquide ? Les plantes absorbent-elles, dans un liquide contenant plusieurs substances en dissolution, certaines substances préférablement à d'autres ? C'est à la culture dans l'eau que l'illustre Génevois a demandé la réponse à ces questions : comprenant les causes des erreurs de ses devanciers, et notamment de Duhamel, il substitua l'eau distillée à l'eau de source, et n'employa dans ses essais que des matières pures. Les expériences portèrent sur le *Polygonum persicaria* et sur le *Bidens*

1. Cette assertion est, à coup sûr, erronée ; les plantes empruntent à l'acide carbonique de l'air une part très-notable (près de 50 p. 100) de la substance sèche.

2. *Recherches chimiques sur la végétation*, 1804.

cannabina pourvus de leurs racines. On avait pris le soin, avant de mettre ces plantes en expériences, de les laisser séjourner dans l'eau distillée jusqu'à ce que leurs racines commençassent à s'allonger. Les plants de *Polygonum* ont végété à l'ombre pendant cinq semaines, dans des dissolutions de chlorure de potassium, de nitrate de chaux, de sel marin, de sulfate de soude et d'extrait de terreau. (40 pouces, soit 793 cent. cubes d'eau distillée contenaient respectivement 0gr,637 de l'un de ces sels.) Les plantes ont toujours langui dans le chlorhydrate d'ammoniaque ; elles n'ont pu se développer dans l'eau sucrée qu'à la condition qu'on renouvelât la dissolution, qui se putréfiait très-promptement ; elles sont mortes au bout de huit jours dans l'eau gommée et dans la dissolution d'acétate de chaux ; elles n'ont pu vivre plus de deux ou trois jours dans une solution de sulfate de cuivre. Pour déterminer la quantité de ces sels absorbée par les plantes, Saussure mettait fin à l'expérience dès que les plantes avaient absorbé exactement la moitié de la dissolution ; il dosait les sels dans le liquide restant. Voici pour les deux espèces végétales employées les résultats obtenus :

Quantité de sel absorbée par le Polygonum.

47	parties de sulfate de cuivre.	
29	—	sucre.
14,7	—	chlorure de potassium.
14,4	—	sulfate de soude.
13	—	sel marin.
12	—	chlorhydrate d'ammoniaque.
9	—	gomme.
8	—	acétate de chaux.
5	—	extrait de terreau.
4	—	nitrate de chaux.

Quantité de sel absorbée par le Bidens.

48	parties de sulfate de cuivre.	
32	—	sucre.
17	—	chlorhydrate d'ammoniaque.
16	—	chlorure de potassium.
15	—	sel marin.
10	—	sulfate de soude.
8	—	nitrate de chaux.
8	—	gomme.
8	—	acétate de chaux.
6	—	extrait de terreau.

Si l'absorption des sels par les racines de la plante se fût faite proportionnellement à celle de l'eau, moitié (ou 50 parties) du sel eût été absorbée. On voit par les chiffres précédents qu'il est loin d'en être ainsi. Ces expériences mettent en évidence deux faits de physiologie végétale très-importants, à savoir : que les plantes n'absorbent pas les matières dissoutes dans l'eau en mêmes quantités que l'eau qui les tient en dissolution, et que les sels dissous dans l'eau pénètrent, suivant leur nature, en quantités très-différentes dans le végétal.

Dans une deuxième série d'expériences, Th. de Saussure se propose de déterminer si les plantes ont des préférences pour telle ou telle substance. Dans 793 cent. cubes d'eau, il dissout $0^{gr},637$ de divers sels, puis il dispose l'expérience comme je l'ai indiqué plus haut. Voici les résultats obtenus après que chaque plante eut absorbé moitié du liquide dans lequel elle plongeait :

Poids des substances dissoutes dans l'eau avant l'expérience.	POLYGONUM. Poids de sels absorbé.	BIDENS. Poids de sels absorbé.
1. 100 parties de sulfate de soude	11,7	7
— chlorure de sodium	22	20
2. 100 parties de sulfate de soude	12	10
— chlorure de potassium	17	17
3. 100 parties d'acétate de chaux	8 1/4	5
— chlorure de potassium	33	16
4. 100 parties de nitrate de chaux	4 1/4	2
— chlorhydrate d'ammoniaque	16 1/4	15
5. 100 parties d'acétate de chaux	31	35
— sulfate de cuivre	34	36
6. 100 parties de nitrate de chaux	17	9
— sulfate de cuivre	34	36
7. 100 parties de sulfate de soude	6	13
— chlorure de sodium	10	16
— acétate de chaux	»	»
8. 100 parties de gomme	26	21
— de sucre	34	46

Th. de Saussure est porté à admettre que cette grande inégalité d'absorption, le choix fait en quelque sorte par la plante entre diverses matières salines, dépend non d'une sorte d'affinité de la plante, mais bien du degré de fluidité ou de viscosité du liquide ; en d'autres termes, de la quantité du sel dissous dans le liquide. Nous verrons plus tard que les phénomènes connus sous le nom de *diffusion* expliquent, jusqu'à un certain point, cette inégalité d'absorption si bien constatée pour la première fois par Th. de Saussure.

Si j'ajoute que cet éminent observateur a contrôlé les résultats obtenus dans ces essais par l'analyse des cendres des végétaux mis en expérience, j'aurai indiqué, je crois, les points saillants de ces belles recherches dont je crois devoir rappeler les conclusions citées incomplétement plus haut :

1° Les racines des plantes absorbent les sels et les extraits, mais en moins grande raison que l'eau qui tient ces sels et ces extraits[1] en dissolution ;

2° La section des racines, leur décomposition et, en général, la langueur de la végétation, favorisent l'introduction des sels et des extraits dans les plantes ;

3° Un végétal n'absorbe pas en même proportion toutes les substances contenues à la fois dans une même dissolution ; il en fait des sécrétions particulières : il absorbe, en général, en plus grande quantité, les substances dont les solutions séparées sont moins visqueuses ;

4° Lorsque l'on compare le poids de l'extrait que peut fournir le sol le plus fertile au poids de la plante sèche qui s'y est développée, on trouve qu'elle n'a pu y puiser qu'une très-petite partie de sa propre substance.

Je reviendrai plus tard sur cette conclusion très-importante, dont Th. de Saussure ne pouvait prévoir l'importance à l'époque où il a fait ses essais.

Sir Humphry Davy rapporte dans ses *Éléments de chimie agricole* quelques essais de culture dans l'eau, entrepris par lui dans le but de démontrer que les matières solides ne peuvent pas pénétrer dans les tissus des plantes par absorption. Il a constaté que le charbon en poudre impalpable, en suspension dans l'eau, ne pénètre pas dans le végétal par ses racines. Nous ne nous arrêterons pas à ce travail, qui a peu éclairé la question de la nutrition végétale.

Hartig, en 1840, a fait végéter des haricots dans des dissolutions aqueuses d'humates de potasse, de soude et d'ammoniaque ; il a obtenu ainsi des plantes d'assez grande taille ; sa conclusion est que l'eau seule est absorbée, l'humus restant dans la dissolution.

1. Par extrait, Saussure entend le liquide par lequel on a traité un sol.

Lorsqu'en 1840 Liebig vint attaquer de front la vieille théorie de l'humus, Th. de Saussure, dont les travaux avaient contribué pour une si large part au crédit accordé à l'humus en agriculture, entreprit, malgré son âge avancé, une nouvelle série de recherches sur l'absorption de l'humus par les plantes dans des dissolutions aqueuses : il crut pouvoir conclure de ces expériences qu'Hartig s'était trompé et que la matière organique du terreau est absorbée par les végétaux.

Johnson vint, en 1844, appuyer les conclusions de Th. de Saussure par des expériences qui ne semblent pas avoir une grande valeur, par suite des conditions défectueuses dans lesquelles ce chimiste plaça les végétaux choisis pour ses essais.

J'aurai occasion de revenir sur la question que soulèvent les expériences de Hartig et celles de Th. de Saussure lorsque j'exposerai les conditions de fertilité des sols et le rôle des matières organiques dans la nutrition des plantes.

39. — Recherches de J. Sachs et du Dr Handke. — Les premiers essais de culture dans l'eau, entrepris à une époque où le rôle des matières minérales dans la végétation était contesté ou à peine entrevu, ne pouvaient pas conduire à des interprétations nettes des problèmes soulevés par les vues hardies de Liebig. La voie ouverte par les expériences de Duhamel et de Th. de Saussure devait cependant devenir des plus fécondes entre les mains des élèves de l'illustre novateur.

Les essais de culture dans l'eau, remis en honneur par un travail important de J. Sachs[1] sur le développement des racines, prirent bientôt, dans l'étude des phénomènes de nutrition des plantes, un rang important et achevèrent d'établir la démonstration expérimentale de l'origine minérale des aliments des végétaux.

En effet, cette méthode, qui rend l'expérimentateur maître absolu de la qualité et de la quantité des aliments minéraux à offrir à la plante, devait permettre, non-seulement de fixer la nature et le poids des substances minérales nécessaires pour le développement d'une

---

2. *Compt. rend. de l'Acad. de Vienne,* 1858 ; en extrait dans la *Physiologie végétale,* de Sachs, p. 137.

espèce végétale donnée, mais encore faire reconnaître, parmi les éléments chimiques dont l'assemblage complexe constitue le sol arable, ceux qui sont absorbés et ceux que le végétal n'assimile pas. L'exposé complet des essais de culture dans l'eau et les solutions aqueuses formerait à lui seul aujourd'hui un livre volumineux; je me bornerai à signaler les résultats des principales recherches entreprises depuis 1857; je renverrai mes lecteurs aux sources bibliographiques qui leur permettront de recourir à l'étude des mémoires originaux, s'ils désirent de plus amples renseignements sur certains points particuliers.

Le Dr Handke entreprit en 1859, dans le laboratoire de M. Stöckhardt, à Tharand[1], des essais qui, malgré leur imperfection, méritent d'être rapportés dans l'intérêt historique de la question. Je vais les résumer succinctement.

Eau distillée et alcalis. Eau distillée contenant $\frac{1}{1000}$ de potasse : les racines se ramollissent et sont détruites en huit jours; la solution à $\frac{1}{5000}$ produit presque aussi promptement le même résultat; c'est dans une liqueur contenant seulement $\frac{1}{10000}$ de son poids de potasse que les plantes peuvent continuer à vivre. Handke a ensuite essayé des solutions de verre soluble, de carbonate d'ammoniaque, de sulfate et de phosphate de la même base, tantôt seuls, tantôt réunis avec ou sans addition de combinaisons chimiques. Voici le résultat général de cette série d'essais : 1° le carbonate d'ammoniaque est le sel de cette base qui doit être employé au maximum de dilution. C'est seulement dans des liqueurs contenant $\frac{1}{10000}$ de carbonate que la croissance des plantes est normale; une dilution de 6 à 8 millièmes suffit pour les autres sels; 2° l'addition d'humus paraît exercer une influence favorable sur la végétation.

Un essai comparatif de culture dans l'eau distillée et dans une solution à $\frac{1}{3000}$ de nitrate de potasse donne des résultats également mauvais, seulement les feuilles jaunissent davantage dans l'eau distillée. Une plante est placée dans de l'eau distillée reposant sur du granit en poudre; elle languit, mais dès que les racines atteignent le granit, celles-ci se développent avec une grande vigueur.

1. *Chemischer Ackersmann,* 1859, n° 1.

Eau distillée et cendres des végétaux. L'expérience est faite dans un vase en verre incolore avec des fèves de marais : les cendres qui doivent servir de nourriture sont mises en suspension dans l'eau ; tous les jours on fait passer un courant d'acide carbonique dans le liquide ; la végétation des fèves est très-active. Au bout d'un mois, les racines sont complétement envahies par des algues; les feuilles et les tiges commencent à périr. On enlève le liquide et on le remplace par une nouvelle solution de cendres, fortement colorée par de l'extrait d'humus, les algues disparaissent en quelques jours, les anciennes racines fournissent rapidement des racines secondaires; sur la souche, il se développe de nouvelles tiges dont l'une fleurit à la fin de l'automne. Dans les vases recouverts extérieurement de papier blanc ou bleu, les algues ne se développent qu'au bout de 7 à 8 semaines; dans le vase recouvert par une feuille de papier noir, il n'y a aucune production de végétation parasite, même lorsqu'on ne renouvelle pas la solution pendant trois mois. Cette observation a montré qu'il fallait soustraire les vases aux expériences à l'action de la lumière, en les recouvrant extérieurement d'une enveloppe opaque.

En 1858, M. Knop avait élevé des plantes dans des solutions salines. M. J. Sachs, de son côté, avait entrepris des recherches du même genre. Je n'entrerai pas dans l'examen de la question de priorité qui a suscité entre ces deux habiles expérimentateurs une polémique très-vive : ils ont, chacun, à leur avoir scientifique des travaux assez distingués pour qu'il me soit permis de confondre ici leurs noms, sans me livrer à une enquête contradictoire à ce sujet. La physiologie, et en particulier la méthode des cultures dans l'eau, leur est redevable à tous deux des perfectionnements rapidement apportés à l'étude expérimentale de la nutrition minérale des plantes.

M. J. Sachs, en 1860, proposa l'emploi des solutions fractionnées, c'est-à-dire l'introduction successive, dans les liqueurs d'élevage, des différents sels destinés à servir d'aliments aux plantes.

M. Knop et après lui M. Stohmann se prononcèrent pour l'emploi des mélanges complets, dès le début de l'essai.

Cette dernière méthode a prévalu et a été adoptée par presque tous les physiologistes qui ont fait des essais de cultures dans l'eau. Je la décrirai donc avec assez de détails pour la faire bien comprendre.

40. — Description de la méthode de culture dans l'eau [1]. — Pour faire un essai complet de végétation dans une solution aqueuse de principes nutritifs, il faut, de préférence, opérer sur des graines germées sans le contact de la terre. Je recommande pour cette première opération l'emploi du germoir de M. Nobbe, dont voici la description : ce germoir est en terre argileuse très-poreuse et non vernissée ; la figure 1 le représente au quart de grandeur naturelle.

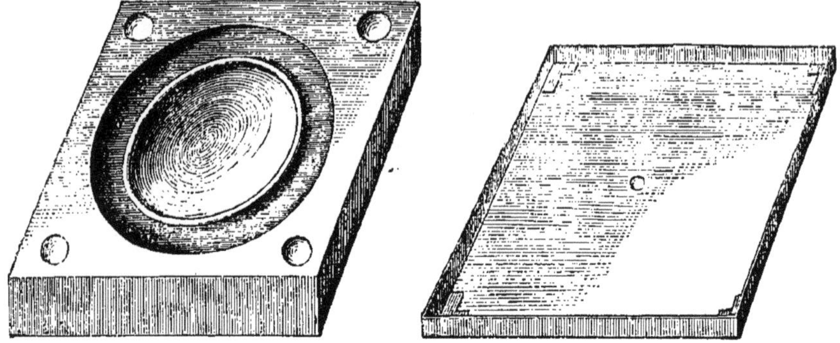

Fig. 1. — Germoir de Nobbe, au quart de grandeur naturelle.

Fig. 2. — Couvercle du germoir de Nobbe.

C'est une plaque quadrangulaire de 0^{m},05 d'épaisseur, de 0^{m},20 de côté. La capsule centrale sert de récipient pour les graines qu'on veut faire germer; elle a un diamètre de 0^{m},10, et sa profondeur dans le centre est de 0^{m},02. Une centaine de semences, de volume moyen, peuvent y être placées sans se trouver au contact les unes des autres. Cette cupule, dont la paroi intérieure va en mourant jusqu'à la partie supérieure, est terminée par un bord de 0^{m},005 de largeur, à paroi extérieure verticale. Elle est entourée par un canal circulaire de 0^{m},03 de profondeur. Les trous figurés aux quatre angles de la plaque reçoivent de petits godets en verre dans lesquels on met, pour les recherches physiologiques, de la potasse caustique destinée à absorber l'acide carbonique qui se produit pendant la germination, et dont la présence pourrait nuire au développement ultérieur des plantes.

La figure 2 représente, à la même échelle, l'envers du couvercle du germoir, également en terre poreuse. Les tasseaux en terre

1. Knop, *Agricultur-Chemie* (passim).

placés aux angles de ce couvercle, empêchant la fermeture hermétique de l'appareil, permettent le renouvellement constant de l'air dans l'intérieur du germoir. L'orifice central sert à fixer, à l'aide d'un bouchon, le thermomètre dont la boule va plonger au centre de la cupule où sont placées les graines. Pour les essais de semence l'on peut se dispenser du thermomètre.

Pour se servir du germoir, l'on remplit le canal extérieur avec de l'eau. Bientôt, par suite de la porosité de la terre, tout l'appareil est imbibé, et l'intérieur de la cupule est maintenu assez humide pour que, dans des conditions convenables de température (10 degrés à 15 degrés C.), la germination de semences de bonne qualité s'effectue aussi rapidement que possible. La seule précaution à observer pendant la durée de l'expérience consiste à maintenir le niveau de l'eau dans le canal extérieur, à une hauteur suffisante pour que la cupule soit toujours imbibée sans que de l'eau à l'état liquide s'écoule, pardessus le bord, le long de ses parois. En maintenant l'eau dans ce canal à la hauteur du fond de la cupule, on atteint généralement ce résultat.

On peut placer directement les graines sèches dans l'appareil, ou, ce qui est préférable, les laisser se gonfler pendant vingt-quatre à trente-six heures dans un vase contenant de l'eau distillée ou de l'eau de pluie. Beaucoup de graines peuvent germer sans avoir été préalablement gonflées ; mais, dans ce cas, la germination tarde davantage à commencer.

Pour les graines destinées aux essais de culture dans l'eau, avant de placer les graines dans le germoir, il est bon, suivant l'indication donnée par M. Knop, de les laisser gonfler par leur séjour pendant douze à vingt-quatre heures dans un mélange d'une partie de sulfate de chaux et trois parties d'eau.

Les principaux avantages du germoir de M. Nobbe, indépendamment de la simplicité et de la commodité des essais, sont les suivants :

1° Les phases de la germination s'accomplissent dans une obscurité complète; la position de la graine est toujours la même ; la graine est isolée et libre ; on peut à volonté suivre à l'œil, en découvrant le germoir, les diverses phases de la germination; on peut enlever les graines stériles sans gêner les autres ;

2° Le renouvellement de l'oxygène autour de la graine est parfait, la circulation de l'air s'effectue assez complétement entre le couvercle et la partie inférieure de l'appareil pour que l'on puisse, à la rigueur, se passer de potasse pour enlever l'acide carbonique;

3° Possibilité de maintenir un degré constant d'humidité, grâce à la porosité de la terre qui constitue le germoir;

4° On peut observer la température à tous moments et la régler si l'on veut. Il suffit d'ailleurs de placer le germoir dans un lieu où la température moyenne reste sensiblement la même et ne s'abaisse pas trop pendant la nuit.

On peut donc, à l'aide de cet appareil, remplir facilement les principales conditions d'une bonne germination et se livrer à des recherches variées sur les diverses phases de ce phénomène. Les graines qui, maintenues entre 15 et 20 degrés centigrades dans l'appareil, ne germent pas, ne se développeront pas dans le sol, on peut en être certain.

Le germoir de Nobbe permet d'éviter complétement les moisissures qui envahissent fréquemment les graines dans les expériences ordinaires de germination dans des milieux artificiels. Il suffit, pour détruire tous les germes de moisissures, de mettre le germoir dans l'eau et de porter la température de l'eau à l'ébullition; on prévient ainsi, pour longtemps, la production de moisissures.

Ce petit appareil peut rendre de grands services aux agriculteurs pour l'essai de leurs graines; il est indispensable dans les laboratoires des stations agronomiques qui contrôlent les semences livrées à la grande culture. Revenons à la culture dans l'eau.

Lorsque le grain germé a déjà une racine bien formée, on la place comme l'indique la figure 3, entre les deux moitiés d'un bouchon dont on a enlevé la partie centrale, de manière à ménager au centre des deux parties rapprochées un orifice suffisant pour le passage de la tige lorsqu'elle aura acquis son développement. On fixe la plante avec du coton ou de l'étoupe imprégnée d'une solution très-étendue d'acide phénique qui en prévient la pourriture. On se sert pour maintenir le bouchon d'un disque en zinc percé d'un trou central et muni d'un petit entonnoir *b*, destiné au renouvellement du liquide. Pour protéger complétement le mélange nutritif contre l'accès de la lumière, le mieux est d'envelopper le vase en verre d'un manchon en métal, C, sur lequel s'adapte le couvercle A qui porte le bouchon. On évite ainsi complétement la production d'algues dans la solution et l'on peut, en outre, suivre facile-

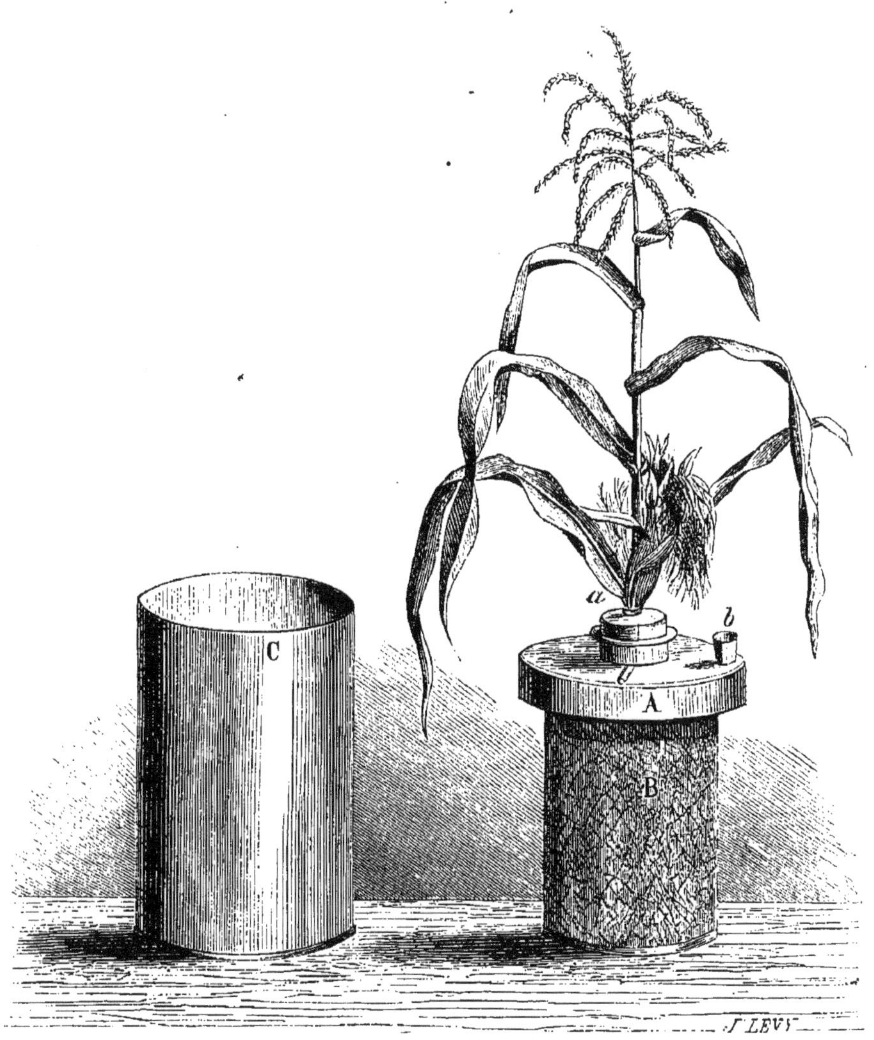

Fig. 3. — Dispositif d'un essai de culture, d'après Knop.

ment, en enlevant le manchon, le développement des racines et la marche de l'expérience.

Les nombreux essais faits par M. Knop, de 1860 à 1865, dont je vais rappeler les principaux résultats, l'ont conduit à adopter le mélange suivant comme le plus favorable à la végétation. Pour un litre d'eau :

1 gramme de nitrate de chaux,
0gr,250 de phosphate de potasse,
0 ,250 de nitrate de potasse,
0 ,250 de sulfate de magnésie.

On ajoute ensuite à la solution du phosphate de peroxyde de fer jusqu'à ce qu'un léger trouble commence à apparaître. Si l'on veut faire des essais avec une solution chlorée, on ajoute 0gr,250 de chlorure de potassium ou de chlorure de calcium à la dissolution. Si l'essai est d'assez longue durée, il faut renouveler les dissolutions en prenant toutes les précautions nécessaires pour ne pas froisser les racines. Il est bon, également, d'insuffler lentement, à l'aide d'un soufflet, de l'air ordinaire dans l'intérieur du liquide, tous les quatre ou cinq jours.

Il convient, dans la plupart des cas, de préparer trois solutions de concentration diverse, contenant respectivement par litre : 0gr,500, 1 gramme et 2 grammes du mélange nutritif indiqué plus haut. On place, au début, la graine germée dans la solution la plus faible (0gr,500) ; lorsque les racines sont bien développées, on les saupoudre avec une pincée de phosphate de fer en poudre, ce qui dispense de l'addition de phosphate de fer dans la liqueur. Lorsque la plante a acquis un certain développement, on remplace la première solution par la seconde, et quelques semaines avant l'époque prévue pour la floraison, on emploie la solution la plus riche. Il ne faut, en aucun cas, dépasser la dose de 4 grammes dans la solution la plus riche. A partir de l'époque de la floraison, la plante peut être maintenue dans l'eau distillée pure ; la fructification s'y opère parfaitement. Les plantes, à partir de leur floraison, n'empruntent plus de substances minérales aux sols, elles élaborent celles qu'elles ont assimilées jusque-là. Je citerai plus loin deux expériences de M. Boussingault et des essais de culture faits à la station agronomique de l'Est sur le tabac, qui confirment tout à fait cette assertion.

Si l'on expérimente sur des arbres feuillus ou résineux et en général sur des espèces pérennes, on peut se contenter de solutions très-pauvres, les liquides concentrés convenant mal à ces végétaux, à raison de leurs faibles exigences comparées à celles des espèces annuelles. Pendant l'hiver, après la chute des feuilles, l'eau distillée suffit, même pour les essences à feuilles persistantes. Enfin, il reste à l'observateur à apprécier, d'après la température, suivant l'activité de l'évaporation des feuilles, etc., le degré de concentration à choisir de préférence et les modifications à introduire dans le renouvellement des liqueurs durant la période de végétation.

41. — Essais de MM. Knop, Stohmann, etc. — Maintenant que nous connaissons la méthode générale, je vais exposer sommairement les essais qui ont établi sa valeur scientifique et permis de tracer les règles que je viens de rappeler.

En 1859, M. Knop a tiré les conclusions suivantes de ses premières recherches :

1° Le phosphate acide de potasse ($2HO.KO.PhO^5$) est le sel qui se prête le mieux à l'alimentation phosphorique de la plante;

2° Les nitrates de potasse et de chaux conviennent parfaitement comme sources d'azote, de potasse et de chaux dans les essais de culture dans l'eau;

3° Le sulfate de magnésie est une source convenable d'acide sulfurique et de magnésie;

4° Le fer peut être utilement mis à la disposition des plantes sous la forme de phosphate de peroxyde.

La réunion des cinq composés salins précédents fournit les quatre bases : chaux, potasse, magnésie et oxyde de fer, et avec le concours de l'acide carbonique de l'air, les quatre acides : carbonique, sulfurique, nitrique et phosphorique, indispensables et suffisants pour le développement des plantes dans l'eau. A l'aide de ce mélange, M. Knop a pu élever des haricots qui non-seulement ont donné des tiges et des feuilles normalement développées, mais encore des fleurs et des fruits capables de reproduire l'espèce;

5° Les carbonates alcalins (potasse ou ammoniaque) et les acides libres exercent une action nuisible sur le végétal, même lorsqu'ils n'existent qu'à des doses extrêmement faibles. De là, nécessité de maintenir, aussi parfaite que possible, la neutralité des liqueurs;

6° Les acides énergiques (SO^3HO, AzO^54HO, PhO^53HO) combinés aux bases fortes (potasse et ammoniaque) sont supportés en quantités relativement considérables par les plantes ;

7° Tous les corps réducteurs, sels de protoxyde de fer, hydrogène sulfuré, etc., agissent sur les plantes comme des poisons, quand ils ne sont pas très-rapidement transformés, par l'oxydation, en sels inoffensifs.

Les récoltes obtenues dans les essais de 1859 étaient relativement faibles comme poids, ce que M. Knop attribue, non à la composition des mélanges nutritifs, mais aux altérations des liquides causées, au bout d'un certain temps, par l'action des racines sur le mélange. Il institue de nouvelles expériences en choisissant des végétaux qui, par suite de leur faible développement, aient des exigences moindres que le haricot et nécessitent conséquemment des solutions plus pauvres en principes minéraux. L'orge et le cresson remplissent ces conditions ; l'orge donna, dans les essais de 1860, 24 grains sur une seule tige ; le cresson fructifia aussi complétement que dans le sol.

Un essai de culture dans l'eau fait, en 1861, sur le maïs, qui exige une alimentation assez riche, lui permit d'obtenir une plante du poids de 317 grammes, c'est-à-dire à peu près normale[1].

Il n'est pas inutile de faire connaître les mélanges qui ont donné à M. Knop les meilleurs résultats, voici les principaux :

1. $2(KO.\,AzO^5) + MgO.\,SO^3 + 2(CaO.\,AzO^5) + x\,KO.\,PhO^5$.
2. $2(KO.\,AzO^5) + MgO.\,SO^3 + CaO.\,AzO^5 + x\,KO.\,PhO^5$.
3. $KO.\,AzO^5 + MgO.\,SO^3 + 2(CaO.\,AzO^5) + x\,KO.\,PhO^5$.
4. $KO.\,AzO^5 + MgO.\,SO^3 + CaO.\,AzO^5 + x\,KO.\,PhO^5$.
5. $KO.\,AzO^5 + 2(MgO.\,SO^3) + CaO.\,AzO^5 + x\,KO.\,PhO^5$.
6. $4(KO.\,AzO^5) + MgO.\,SO^3 + 4(CaO.\,AzO^5) + x\,KO.\,PhO^5$.
7. $KO.\,PhO^5 + MgO.\,SO^3 + 2(CaO.\,AzO^5)$.

On ajoutait toujours au début quelques centigrammes ou même quelques décigrammes de phosphate de fer, qu'il n'est plus nécessaire de renouveler dans les dernières périodes de la végétation.

La dose de phosphate de potasse des six premières solutions était, en général, ajoutée après la confection du mélange : tous les trois

1. Voir les détails de cette expérience intéressante dans les *Lois naturelles de l'agriculture*, de LIEBIG ; traduction française, t. II, p. 421.

ou quatre jours, on donnait 0gr,500 à 1 gramme de phosphate de potasse pour 500 centimètres cubes de la dissolution primitive.

Les graminées poussent très-bien dans la solution n° 1. L'analyse du résidu du liquide (après végétation) a montré que les sels avaient été absorbés à peu près dans les proportions indiquées par la formule n° 6.

C'est de l'ensemble de ces essais que M. Knop a déduit le mélange que j'ai donné comme type, et qui peut servir très-bien aussi à l'arrosage de plantes en pots.

M. Stohmann a publié, en 1863, des essais fort intéressants (V. Bibliographie) dans le détail desquels je ne puis entrer, faute d'espace. Je me bornerai à indiquer les principaux mélanges expérimentés par lui, et à dire que ses résultats ont confirmé d'une manière générale les faits constatés par M. Knop.

Voici les mélanges nutritifs employés pour les essais de culture sur le maïs :

1. $MgO.SO^3 + 4(CaO.AzO^5) + 2(KO.AzO^5) + KO.PhO^5$.
2. $MgO.SO^3 + 4(CaO.AzO^5) + 2(AzH^4O.AzO^5) + KO.PhO^5$.
3. $MgO.SO^3 + 4(CaO.AzO^5) + 2(AzH^4O.AzO^5) + KO.PhO^5 + NaCl$.
4. $MgO.SO^3 + 4(CaO.AzO^5) + 2(AzH^4O.AzO^5) + KO.PhO^5 + \frac{1}{3}Fe^2Cl^3$.
5. $MgO.SO^3 + 4(CaO.AzO^5) + 2(AzH^4O.AzO^5) + 3(KO.PhO^5 + \frac{1}{3}Fe^2Cl^3 + KO.Si^2O^3$.
6. $MgO.SO^3 + 4(CaO.AzO^5 + 2(KO.AzO^5) + KO.PhO^5 + NaCl$.
7. $MgO.SO^3 + 4(CaO.AzO^5) + 2(KO.AzO^5) + KO.PhO^5 + \frac{1}{3}Fe^2Cl^3$.
8. $MgO.SO^3 + 4(CaO.AzO^5) + 2(KO.AzO^5) + 3KO.PhO^5) + \frac{1}{3}Fe^2Cl^3 + KO.Si^2O^3$.

M. Stohmann a reconnu, dans ces essais de substitution de l'ammoniaque à l'acide nitrique comme source de matière azotée, que les nitrates suffisent, comme l'avait montré M. Knop, et qu'il n'est nullement besoin d'ajouter des sels ammoniacaux aux liqueurs nitratées.

La dose employée par M. Stohmann était de 3 grammes de mélange, par litre d'eau. La solution n° 7 est particulièrement propre à des essais de culture sur la pomme de terre, réalisés simultanément par MM. Stohmann, à Halle, et Nobbe, à Tharand, en 1863.

42. — Essais de MM. Nobbe et Siegert. — Nous avons vu, par ce qui précède, que les plantes terrestres végètent, se développent, fleurissent et fructifient dans des solutions aqueuses entièrement exemptes de chlore. Les expériences que j'ai rapportées jusqu'ici autorisent donc à considérer ce corps simple, sinon comme inutile à la végétation, tout au moins comme superflu, puisque des plantes qui en sont privées parcourent toutes leurs phases de végétation jusqu'à la maturité. Peu de temps après la découverte des gisements des sels de Stassfurt, source de potasse si précieuse pour l'agriculture, MM. Nobbe et Siegert pensèrent qu'il serait intéressant d'étudier l'action des chlorures sur la végétation. Ils prirent comme solution type le mélange n° 6 de M. Knop, correspondant aux quantités pondérales suivantes :

Sulfate de magnésie.	123 parties.
Nitrate de chaux	328 parties.
Nitrate de potasse.	404 parties.

Ils firent une solution à $\frac{1}{3000}$ de ce mélange dans l'eau distillée et ajoutèrent, pendant la durée de l'essai, 0gr,133 de phosphate de potasse. Voilà quelle fut la composition de leur solution *normale*. MM. Nobbe et Siegert la modifièrent, dans le cours des essais, de diverses manières en remplaçant équivalents à équivalents :

Le sulfate de magnésie par le chlorure de magnésium ;
L'azotate de chaux par le chlorure de calcium ;
L'azotate de potasse par le chlorure de potassium ;
L'azotate de potasse par le chlorure de sodium.

Dans ces solutions, si riches en chlorures, le sarrasin, choisi comme plante d'expérience, prospéra à merveille. Voici les conclusions de ce premier travail :

1° Le sarrasin accomplit toutes les phases de sa végétation dans les solutions riches en chlorures ; il a donné, dans ce cas, en graines fertiles, plus de 200 fois le poids de la substance sèche primitive ;

2° L'absorption de silice, d'acide carbonique, de soude ou d'ammoniaque, par les *racines* de la plante, n'est pas nécessaire au développement parfait du sarrasin ;

3° Le sarrasin peut satisfaire toutes ses exigences en carbone à l'aide de l'acide carbonique de l'air ;

4° Le chlore semble essentiel à la formation des graines de sarrasin ;

5° La nature de l'élément électro-positif combiné au chlore et les quantités relatives de ce dernier mises à la disposition des racines ne paraissent pas indifférentes ;

6° L'acide sulfurique semble nécessaire au développement complet du sarrasin ;

7° La masse organique des organes aériens est environ sept fois plus considérable que celle des racines, chez cette plante. Les plants les plus développés sont ceux dans lesquels la masse des organes aériens est la plus considérable, par rapport à celle des racines ;

8° A quantités égales de substance organique, les racines contiennent moins de principes incombustibles que les tiges. (Comme dans les végétaux terrestres en général) ;

9° La transpiration des feuilles, c'est-à-dire la quantité d'eau évaporée, correspond presque exactement à la production organique et au taux des cendres de la plante ;

10° L'intensité de l'évaporation a, sur le taux des cendres, une influence bien plus grande que la richesse minérale de la solution nutritive (concentration).

Dans une seconde série de recherches, les mêmes auteurs se proposent de déterminer plus spécialement l'influence de la concentration des solutions sur la marche de la végétation. Ils ont recours à la solution du mélange suivant :

$$MgO.\ SO^3 + 4(CaO.\ AzO^5) + 4KCl;$$

auquel on ajoute le fer et la potasse à l'état de phosphate.

MM. Nobbe et Siegert ont expérimenté sur sept solutions nutritives, de concentration variable :

1° Eau distillée seule ;			
2° 0gr,500 du mélange pour un litre d'eau ;			
3° 1 gramme	id.	id.;	
4° 2 id.	id.	id.;	
5° 3 id.	id.	id.;	
6° 5 id.	id.	id.;	
7° 10 id.	id.	id.;	

Les plantes soumises à l'expérience ont été l'orge du Chili et le sarrasin.

Pour l'orge, le poids maximum de la substance sèche récoltée a été obtenu avec les solutions à 1, 2 et 3 grammes par litre.

Le rendement en grain a été *maximum* dans les solutions à 2 et

3 p. 1,000. Le maximum du nombre de tiges a été obtenu avec les solutions 3, 4 et 5; le plus grand nombre d'épis dans les liqueurs à 0gr,5, 1 gramme et 2 grammes par litre; le maximum d'épis non *mûrs*, dans les solutions à 2 et 3 p. 1,000.

Les solutions à 0gr,5, 1 gramme et 2 grammes ont fourni les grains les plus lourds; les liqueurs à 3 et à 5 grammes p. 1,000 ont donné le plus grand nombre de graines.

Dans les cultures de sarrasin, à l'inverse de ce qui s'est produit pour l'orge, le maximum de substance sèche correspond à la solution à 5 grammes p. 1,000. La liqueur la plus pauvre (à 0gr,500) a donné de mauvais résultats. Chemin faisant, MM. Nobbe et Siegert ont vérifié leurs premières expériences relatives à l'action du chlore; ils concluent encore à la nécessité de cet élément pour le développement de la graine du sarrasin.

Dans une nouvelle série d'essais (1865), M. Nobbe étudie à nouveau le développement de l'orge dans des solutions identiques, comme composition, aux précédentes, mais beaucoup moins concentrées. Il arrive à ce résultat, confirmatif des observations de MM. Knop et Stohmann, que les liquides renfermant 0gr,5 à 1 gramme p. 1,000 de sels nutritifs, sont les plus favorables pour les expériences de ce genre.

43. — L'isomorphisme physiologique n'existe pas. — Les analogies si grandes qu'offrent, dans leurs propriétés chimiques fondamentales, les corps qu'on désigne sous le nom de substances isomorphes (potasse, soude et ammoniaque, oxydes de rubidium et cœsium d'une part, chaux et baryte, de l'autre; magnésie et oxyde de zinc; oxyde de fer, alumine et oxyde de manganèse) ont été considérées par quelques physiologistes comme devant correspondre à des propriétés sinon identiques, du moins très-voisines, dans la manière dont se comportent ces corps vis-à-vis des organismes vivants.

La découverte, dans le sol et dans les cendres des végétaux, de deux nouveaux métaux alcalins[1], si analogues au potassium que, sans l'ana-

1. Rubidium et cœsium, découverts par MM. Bunsen et Kirchhoff dans les eaux mères des salines de Durkheim, et par moi dans les cendres d'un très-grand nombre de végétaux, betteraves, tabac, café, thé, etc. (Voir Thèse inaugurale de doctorat. Paris, 1863.)

lyse spectrale, on ignorerait sans doute encore leur existence, devait provoquer des essais directs en vue d'établir si l'isomorphisme physiologique existe parallèlement à l'isomorphisme chimique. Les expériences de MM. Knop, Sachs, Schrœder, Lehmann (1863), Birner et Lucanus (1865) sur les plantes, celles que j'ai exécutées, en 1863, dans le laboratoire et avec le concours de Claude Bernard, sur les animaux, ont fourni une réponse négative et très-nette au sujet du prétendu isomorphisme physiologique des différentes bases minérales. Le beau travail de MM. Nobbe, Erdmann et Schrœder, que j'analyserai plus loin avec détail, a pleinement confirmé ces conclusions négatives. Il me paraît utile, en raison de l'importance de cette question de physiologie générale, de résumer ici les points principaux de ces diverses recherches.

La méthode de culture dans l'eau se prête admirablement à ces essais de substitutions : c'est à elle qu'ont eu recours les chimistes que je viens de citer pour étudier leurs effets sur les plantes.

En 1863, M. Knop et ses collaborateurs montrèrent que la potasse ne peut être remplacée, dans une solution nutritive, ni par la soude ni par l'ammoniaque ; la baryte ne remplace pas la chaux, pas plus que l'oxyde de zinc ne peut se substituer à la magnésie, l'alumine et le manganèse au fer.

MM. Birker et Lucanus[1] (1865) entreprirent une série d'essais très-étendus sur l'orge ; ils se servirent de la solution n° 3 de Knop, dans laquelle ils substituèrent successivement au potassium, le rubidium, le lithium et le cœsium : la conclusion de ces expériences est que, dans aucun cas, les trois métaux alcalins si semblables au potassium ne peuvent remplir son office dans la nutrition des plantes. L'extrait suivant de mes recherches va montrer que l'organisme animal ne supporte pas davantage ces substitutions d'un métal alcalin à un autre, de propriétés chimiques fort analogues.

Les sels qui ont servi à mes expériences sont les suivants : chlorure de rubidium, chlorure de potassium, chlorure de sodium, carbonate de potasse, carbonate de soude, azotate de soude, azotate de potasse. — Les injections ont été faites dans la veine jugulaire, chez

1. *Versuchsstat.*, t. VI, p. 129, 1864.

des chiens et des lapins, à jeun ou en digestion. On a choisi de préférence, pour chaque expérience comparative, des animaux de taille et de vigueur identiques.

Première expérience (4 février 1863). — Dans la veine jugulaire d'un lapin en digestion, on injecte lentement (en 0^m30^s) 5 centimètres cubes d'une dissolution de 1 gramme de chlorure de rubidium pur dans 15 grammes d'eau, soit $0^{gr},66$ de ce sel. L'animal ne manifeste aucune gêne ; dès qu'on le lâche, il se met à courir.

Deuxième expérience. — Dans la veine jugulaire d'un lapin de tous points comparable au précédent, on injecte lentement une dissolution de chlorure de potassium (1 gramme pour 15 grammes d'eau) : l'animal est haletant, il se débat et la mort arrive d'une manière foudroyante, avant qu'on ait injecté $3^{cc},5$ de dissolution (soit $0^{gr},23$ de KCl). L'injection a duré 30 secondes. — A l'autopsie, on trouve tous les organes à l'état normal ; le sang est liquide dans tous les vaisseaux et dans le cœur ; le sang du cœur *gauche* est rouge, celui du cœur *droit* est noir.

Troisième expérience. — Dans la veine jugulaire d'un chien vigoureux, de taille moyenne, en digestion, on injecte lentement (en 1^m25^s) 15 centimètres cubes d'eau tenant en dissolution 1 gramme de chlorure de rubidium. L'animal ne paraît nullement souffrir ; lorsqu'on le détache, il court dans le laboratoire et va boire.

Quatrième expérience. — Dans la veine jugulaire d'un chien de taille moyenne, en digestion, et qui a servi un mois auparavant à d'autres expériences, on injecte (en 1^m20^s) 15 centimètres cubes d'eau contenant 1 gramme de chlorure de sodium. L'animal ne manifeste aucune souffrance ; lorsqu'on le détache, il court et joue comme avant l'opération.

Cinquième expérience. — Chez un chien vigoureux, en digestion, on injecte dans la veine jugulaire (en 1^m20^s) 1 gramme de chlorure de potassium dissous dans 15 centimètres cubes d'eau ; le chien se débat, crie et meurt foudroyé. A l'autopsie, comme chez le lapin (expérience 2), les organes sont à l'état normal ; le sang est parfaitement liquide ; le cœur gauche contient du sang rouge ; le cœur droit, du sang noir. L'animal n'est donc pas mort asphyxié.

Je reviendrai tout à l'heure sur l'action du chlorure de rubidium, mais je veux m'arrêter un instant sur la différence si profonde qui sépare le chlorure de potassium du chlorure de sodium, au point de vue physiologique. Le premier amène instantanément la mort, tandis que le second paraît tout à fait inoffensif. Claude Bernard avait déjà eu l'occasion de constater la parfaite innocuité du carbonate de soude injecté dans les veines; il avait vu qu'on peut aller jusqu'à des doses considérables sans produire d'accident. L'expérience lui avait également démontré la possibilité de mêler, pendant plusieurs mois, à la nourriture des animaux des quantités considérables de sels de soude, sans produire aucun trouble chez les sujets soumis à une semblable alimentation, tandis qu'il avait reconnu que les sels de potasse sont loin d'être supportés à la même dose dans les aliments. MM. Bouchardat et Stuart Cooper, de leur côté, dans leurs recherches sur les chlorures, bromure et iodure de potassium, avaient constaté l'action toxique de ces sels injectés dans les veines. Dans le but de m'assurer si, ce qui était peu probable *à priori*, l'acide combiné à la base avait de l'influence sur les propriétés toxiques du sel, j'ai fait quelques nouvelles expériences dont voici les résultats.

Sixième expérience. — Carbonate de potasse. Dans la veine jugulaire d'un chien vigoureux, de taille moyenne, à jeun depuis 36 heures, on pratique une injection qui dure 35 secondes. Les 7 centimètres cubes et demi de liquide injecté contenaient $1^{gr},5$ de carbonate de potasse. La mort est foudroyante, légères convulsions. L'autopsie donne les mêmes résultats que dans les expériences 2 et 5. (Chlorure de potassium.)

Septième expérience. — Carbonate de soude. L'animal choisi pour cette expérience est un chien vigoureux, de taille un peu supérieure à celle du précédent. Comme ce dernier, il est également à jeun depuis 36 heures. Le liquide employé à l'injection contient $11^{gr},6$ de carbonate de soude pour 100 grammes d'eau. Dans l'espace de deux minutes, on injecte lentement dans la veine jugulaire 22 centimètres cubes de la dissolution. L'animal n'éprouve aucun trouble apparent. Deux minutes après, on injecte de nouveau, en une minute et demie, $20^{cc},5$ de la même dissolution. Gêne apparente, agitation, cris légers; deux minutes après, l'animal paraît revenu à son état normal. On injecte de nouveau dans la même veine 22 centimètres cubes de la dissolution précédente. Convulsions, agitation ; l'œil est toujours sensible. Mort apparente ; on détache le chien, qui est privé de mouvement et de sensibilité ; il revient à lui au bout de 15 minutes environ ; une demi-heure après la dernière injection, il court comme si on ne lui avait fait subir aucune opération.

Huitième expérience. — Azotate de potasse. La dissolution contient 20 gr. de KO. AzO^5 pour 100 gr. d'eau. — On injecte dans l'espace de 0^m30^s, dans la veine jugulaire d'un lapin en digestion, $6^{cc},5$ de cette dissolution : l'animal meurt foudroyé ; à l'autopsie on constate exactement le même état de choses que dans les expériences 2, 5 et 6.

Neuvième expérience. — Azotate de soude. Chez un lapin en digestion on injecte, en 2 minutes, 13 centimètres cubes d'une dissolution de NaO. AzO^5, contenant 17 grammes de sel pour 100 d'eau. Effet passager. Convulsions très-légères. Quelques minutes après, l'animal court comme avant l'opération.

Avant de discuter les expériences que je viens de rapporter et de chercher à en tirer quelques conclusions, je crois utile de résumer, sous forme de tableau, les conditions principales des injections et leurs résultats.

ANIMAL.	DURÉE de l'injection.	SEL INJECTÉ.	DOSE DU SEL.	VOLUME de la dissolution.	EFFETS.
	min. sec.		grammes.	cent. cub.	
Lapin (en digestion).	0 30	Chlorure de rubidium.	0 66	5,0	Nul.
Lapin —	0 30	— de potassium	0 23	3,5	Mort.
Chien —	1 30	— de rubidium.	1 00	15,0	Nul.
Chien —	1 20	— de sodium. .	1 00	15,0	Nul.
Chien —	1 20	— de potassium	1 00	15,0	Mort.
Chien (à jeun). . . .	0 35	Carbonate de potasse.	1 5	7.5	Mort.
Chien —	6 (1)	— de soude. .	7 08	64,7	(2)
Lapin (en digestion).	0 40	Azotate de potasse . .	1 30	6,5	Mort.
Lapin —	2 26	— de soude. . .	2 21	13,0	Nul.

(1) A trois reprises.
(2) Effet passager.

Il résulte de cette série d'expériences :

1° Que les sels de soude peuvent être introduits dans le torrent circulatoire sans produire d'accidents et que des doses très-fortes de ces sels n'amènent pas la mort;

2° Que les sels de potasse injectés dans le sang sont éminemment toxiques et que des doses très-faibles suffisent pour amener la mort foudroyante;

3° Que la mort n'a pas lieu, dans ce cas, par asphyxie, puisqu'à l'autopsie les poumons et le cœur se trouvent à l'état normal;

4° Que, contrairement à ce qu'auraient pu faire prévoir les analogies si complètes du potassium et du rubidium, ce dernier métal est tout à fait dépourvu de propriétés toxiques et ses sels peuvent être impunément introduits dans le torrent circulatoire sans amener aucun des accidents produits par l'injection des sels de potassium.

Le fait le plus digne de remarque auquel m'a conduit cette étude est sans contredit l'action éminemment toxique des sels de potassium. Les expériences précédentes prouvent que la quantité de ces sels, en dissolution dans le sang, ne peut excéder une certaine limite, la présence de très-faibles quantités d'une combinaison de ce métal amenant immédiatement la mort. Sans prétendre expliquer ce fait intéressant, je rappellerai le beau travail de M. Schmidt (de Dorpat), sur les variations du sang dans les affections typhiques et dans le choléra. On sait qu'à l'état normal les globules sanguins sont très-riches en potassium, tandis que le sérum, qui contient beaucoup de chlorure de sodium, est presque entièrement dépourvu de sels de potasse. M. Schmidt a montré, par des analyses très-nombreuses, que, chez les individus atteints du choléra, le sérum du sang s'enrichit notablement en potasse, aux dépens des globules. L'altération si profonde du sang dans le choléra serait-elle due à l'excès de potasse qu'il renferme? C'est là ce qu'on n'oserait affirmer sans de nouvelles recherches, mais ce rapprochement de l'action toxique du potassium et de la présence d'un excès de potasse dans le sang, sous l'influence de maladies généralement mortelles, me paraît digne d'être noté.

Il y a une autre conséquence qui découle immédiatement des expériences précédentes, à savoir que l'action physiologique d'un corps n'est pas intimement liée à ses propriétés chimiques : on sait combien sont grandes les analogies du potassium et du rubidium : leur isomorphisme parfait, on pourrait presque dire l'identité de leurs caractères, aurait pu faire penser que l'un d'eux étant toxique, l'autre devait l'être également. On a vu qu'il n'en est rien. La nature chimique d'un corps ne peut donc rien faire préjuger d'absolu sur ses propriétés physiologiques, car si le rubidium devait exercer sur l'économie une action comparable à celle d'un des métaux alcalins déjà connus, tout s'accorderait, *à priori,* à faire admettre que son action devrait être analogue à celle du potassium ; l'expérience a prouvé que c'est au contraire au sodium qu'il ressemble par sa complète innocuité. Cela montre une fois de plus avec quelle réserve il faut conclure des faits qu'on observe dans le laboratoire, à ceux que présentent les êtres vivants.

44. — Des quantités relatives de principes minéraux absorbés. — De l'ensemble des longues recherches auxquelles Knop s'est livré sur la méthode de culture dans l'eau résultent un certain nombre de faits intéressants qui peuvent se résumer en ces termes :

1° La potasse est absorbée dans une solution aqueuse, jusqu'à la dernière trace, si la plante séjourne un temps suffisant dans la solution ;

2° La chaux (à l'état de nitrate) est absorbée très-énergiquement aussi, mais tandis que l'acide nitrique pénètre très-rapidement dans la plante, une partie de la chaux se dépose à l'état de carbonate sur les racines, de telle sorte que si la liqueur nutritive est entièrement exempte de sels ammoniacaux, la chaux ne peut jamais être absorbée complétement par le végétal ;

3° La magnésie passe à l'état de sulfate dans la plante à laquelle on l'offre en dissolution. M. Knop a retrouvé en nature du sulfate de magnésie dans une tige de maïs ;

4° L'oxyde de fer est absorbé lorsqu'on le dépose à l'état de phosphate sur les racines ; les plantes n'en exigent que de très-faibles quantités. M. E. Wolff admet, d'après des expériences qu'il a faites à ce sujet, que la semence de maïs renferme naturellement assez de fer pour fournir une plante verte de plusieurs mètres de haut. M. Knop pense que l'oxyde de fer joue un rôle très-important comme véhicule de l'acide phosphorique dans le sol ;

5° L'acide phosphorique disparaît jusqu'à la dernière trace quand on saupoudre les racines d'une plante vigoureuse avec du phosphate de fer. A d'autres états de combinaison, il semble moins être vite assimilé ;

6° L'acide sulfurique est moins facilement absorbé par les racines que les autres corps, cependant, dans certains cas, il disparaît complètement des dissolutions nutritives ;

7° Quant au chlore, Knop admet qu'il pénètre plus difficilement dans les végétaux que les autres principes minéraux.

45. — Expériences de MM. Nobbe, Schrœder et Erdmann sur le rôle de la potasse. — La place importante que la potasse occupe aujourd'hui dans l'agriculture, à laquelle les mines de Stassfurt sont venues en offrir des quantités pour ainsi dire illimitées, au moment où les cultures intensives ont appauvri sensiblement la plupart des sols en cette précieuse substance, explique pourquoi Nobbe et ses collaborateurs l'ont choisie pour objet de leur premier travail.

Le sarrasin et le seigle d'été sont les plantes sur lesquelles ils ont expérimenté ; des essais antérieurs avaient appris à Nobbe que le sarrasin parcourt facilement les diverses phases de son développement jusqu'à fructification et donne, dans des dissolutions convenablement préparées, des récoltes au moins égales à celles qu'il fournit dans un bon sol. C'est pourquoi son choix s'est arrêté sur cette plante ; les expériences faites sur le sarrasin ont été répétées sur le seigle, pour servir de contrôle aux premières. Je regrette de ne pouvoir reproduire *in extenso* le mémoire où sont consignées, dans le plus grand détail, les méthodes suivies par les auteurs et les résultats obtenus ; j'engage les physiologistes à le lire, et je vais chercher à en présenter une analyse aussi fidèle que possible.

On a souvent déjà agité la question de savoir si, dans la plante, la soude peut se substituer à la potasse, mais aucune expérience décisive ne lui avait jusqu'ici donné de solution définitive. Les expériences de Birner et Lucanus sur le trèfle, Hellriegel sur l'orge, Wolff sur l'avoine, avaient bien montré que le développement de ces végétaux était beaucoup plus considérable, lorsqu'on mettait à la disposition de leurs racines de la potasse, que lorsque ces dernières ne rencontraient que de la soude, du rubidium, de la lithine et de l'ammoniaque ; mais on ignorait, avant le travail qui nous occupe, à quelle cause devait être attribuée la végétation languissante des végétaux privés de potasse.

a. — *Essais de végétation avec le sarrasin du Japon.*

1° Comment se comporte la plante dans un milieu liquide pourvu de tous les principes nutritifs, moins la potasse, et quelles sont les causes des phénomènes particuliers observés durant la végétation?

2° Comment se comporte la plante dans des dissolutions contenant de la potasse sous des états de combinaisons différents. A quoi faut-il attribuer l'action plus ou moins favorable de tel ou tel sel de potasse?

3° La soude ou la lithine peuvent-elles, physiologiquement parlant, se substituer l'une à l'autre?

Telles sont les trois questions principales auxquelles les chimistes de Tharand ont donné, par leurs expériences, des réponses très-nettes. Outre la solution normale (I) que Nobbe savait capable de nourrir parfaitement le sarrasin, sept autres mélanges, dont voici la composition, furent employés dans ces expériences :

I. Solution normale.

		Nombre d'équivalents.
Sulfate de magnésie	($MgO. SO^3$)	1
Chlorure de potassium	(KCl)	4
Nitrate de chaux	$CaO. AzO^5$	4
Phosphate de potasse	$KO. PhO^5$	x
Phosphate de fer	$Fe^2O^3. PhO^5$	y

II. Solution sans potasse.

Sulfate de magnésie	($MgO. SO^3$)	1
Nitrate de chaux	($CaO. AzO^5$)	4
Acide chlorhydrique	(HCl)	n
Phosphate de fer	$Fe^2O^3. PhO^5$	y

ÉTUDE DE L'INFLUENCE DES DIVERS SELS DE POTASSE.

III. Nitrate de potasse.

Sulfate de magnésie	$MgO. SO^3$	1
Nitrate de potasse	$KO. AzO^5$	4
Chlorure de calcium	Ca. Cl	4
Acide phosphorique	—	m
Phosphate de fer	$Fe^2O^3. PhO^5$	y

IV. Sulfate de potasse.

Sulfate de magnésie.	$MgO. SO^3$	1
Sulfate de potasse	$KO. SO^3$	4
Chlorure de calcium.	Ca Cl	1
Nitrate de chaux	$CaO. AzO^5$	3
Acide phosphorique	—	m
Phosphate de fer	$Fe^2O^3. PhO^5$	y

V. Phosphate de potasse.

Sulfate de magnésie.	$MgO. SO^3$	1
Sulfate de potasse.	$KO. SO^3$	4
Chlorure de calcium	Ca Cl	1
Nitrate de chaux	$CaO. AzO^5$	m
Phosphate de fer	$Fe^2O^3. PhO^5$	y

SUBSTITUTION DE LA SOUDE ET DE LA LITHINE A LA POTASSE.

VI. Soude au lieu de potasse.

Sulfate de magnésie	$MgO. SO^3$	1
Chlorure de sodium	Na Cl	4
Nitrate de chaux	$CaO. AzO^5$	4
Phosphate de soude	—	2
Phosphate de fer	$Fe^2O^3. PhO^5$	y

VII. Lithine au lieu de potasse.

Sulfate de magnésie	$MgO. SO^3$	1
Chlorure de lithium	Li Cl	4
Nitrate de chaux	$CaO. AzO^5$	4
Acide phosphorique	—	m
Phosphate de fer	$Fe^2O^3. PhO^5$	y

SOLUTION CONTENANT A LA FOIS LITHINE ET POTASSE.

Sulfate de magnésie.	$MgO. SO^3$	1
Chlorure de lithium	Li Cl	3
Chlorure de potassium	KCl	1
Nitrate de chaux	$CaO. AzO^5$	4
Acide phosphorique	—	m
Phosphate de fer	$Fe^2O^3. PhO^5$.	y

Le tableau suivant donnera une idée plus précise de la richesse de chacune de ces solutions en principes nutritifs.

1 litre contenait, exprimées en milligrammes, les quantités suivantes de chacun des sels nutritifs énumérés plus haut :

	I	II	III	IV	V	VI	VII	VIII
Potasse.	326.7	»	274.1	265.0	225.6	»	»	79.7
Soude.	»	»	»	»	»	225.1	»	»
Lithine	»	»	»	»	»	»	104.2	73.8
Chaux	163.3	288.1	163.3	157.9	134.4	180.1	214.4	190.3
Magnésie	29.2	51.5	29.2	28.2	20.0	32.2	36.0	43.0
Oxyde de fer.	17.5	17.5	17.5	17.5	17.5	17.5	17.5	17.5
Acide phosphorique . .	95.8	15.5	56.3	56.3	356.2	95.8	56.3	56.3
Chlore	207.9	48.7	207.9	50.0	42.6	229.9	255.4	24.3
Acide sulfurique . . .	58.4	103.0	58.4	282.0	48.0	64.4	72.0	68.0
Acide nitrique	314.9	556.7	314.9	228.3	194.4	347.3	388.5	367.0

Ces dissolutions sont beaucoup trop concentrées pour qu'on les puisse employer directement à l'alimentation des végétaux. On les étendait d'une quantité d'eau suffisante pour que, dans la première période de végétation, le liquide nutritif ne contînt que 0^{gr},50 de substances minérales et, plus tard, 1 gramme seulement par litre.

Il importe d'indiquer le plan général que s'étaient tracé les auteurs avant de décrire les essais de culture et leurs résultats.

Pendant la période de végétation proprement dite, Nobbe et ses collaborateurs ont surtout porté leur attention sur le développement morphologique des plantes en expérience et sur les différences, sensibles surtout dans la période de jeunesse, apportées par la diversité des milieux nutritifs. Autant que le temps le leur a permis, les auteurs ont soumis les végétaux à l'examen microscopique, en s'attachant principalement au développement de l'amidon. Pendant l'hiver qui a suivi la culture, on a fait l'incinération des récoltes et procédé à l'analyse des cendres.

Les essais ont commencé le 7 mai 1869. Les semences employées provenaient de sarrasin élevé dans une solution aqueuse en 1867, et qui était remarquable par sa végétation luxuriante. On avait trié les semences et rejeté toutes celles dont la densité était supérieure à 1.107. Germées dans l'appareil spécial de Nobbe, que j'ai fait connaître précédemment, les graines qui semblaient promettre les pieds les plus vigoureux ont été placées dans leurs solutions respectives le 18 mai. Les séries I et II comptaient douze plantes en expériences dans des vases séparés ; les autres séries, six plantes seulement. Le mémoire original suit pas à pas et, pour ainsi dire, jour par jour le développement de chaque plante ; je vais résumer en quelques mots les résultats constatés dans chacune des séries d'expériences.

1re série (*chlorure de potassium*).

Pendant toute la durée de l'essai (7 mai à fin d'octobre), les plantes ont offert, à tous leurs états de développement, un aspect luxuriant. Elles ont commencé à fleurir dans les premiers jours de juin, et leur hauteur atteignait, vers le milieu du même mois, 0m,60 à 0m,80. A l'époque de la fructification (deuxième semaine d'août), elles parurent un moment languissantes ; mais presque toutes prirent le dessus. On fit la récolte à la fin d'octobre.

2e série (*sans potasse*).

Les plantes, semées dans une solution privée de potasse, se comportèrent absolument comme elles l'eussent fait dans de l'eau distillée, bien que tous les autres éléments nécessaires à leur développement existassent dans la liqueur. Les cotylédons se flétrirent promptement ; les feuilles rougirent. La hauteur des plantes n'atteignit jamais plus de 0m,02. Le milieu était absolument stérile. Inutile d'ajouter qu'il n'y a eu ni fleurs ni fruits. On a enlevé cette chétive récolte fin d'août et commencement de septembre. La figure 4 représente, d'après la photographie, les plantes des essais 1 et 2.

3e série (*nitrate de potasse*).

Le nitrate de potasse substitué au chlorure semble donner des résultats presque aussi bons, si l'on se borne à l'aspect extérieur. Les plantes de cette série sont aussi vigoureuses que celles de la 1re série ; mais elles sont plus petites (0m,45 à 0m,65). La récolte se fait en même temps que celles de la 1re série.

4e série (*sulfate de potasse*).

Ici, changement très-apparent ; dès le début, les plantes paraissent souffrir ; vers le milieu de juin se produisent des manifestations morbides qui vont croissant avec le temps : les mérithalles sont courts et épais ; les feuilles, diversement teintées, sont flasques, s'étiolent et

Fig. 4. — I. Sarrasin avec potasse. — II. Sarrasin sans potasse.

se recroquevillent. A part quelques rares sujets, il ne se développe pas de fleurs. On récolte au commencement de septembre.

5e *série (phosphate de potasse).*

L'action du phosphate, comparée à celle du chlorure, semble moins favorable encore à la végétation que celle du sulfate de potasse. Le développement, au début, avait paru meilleur que celui de la 4e série ; mais bientôt les phénomènes morbides signalés précédemment se manifestent et s'accentuent plus fortement encore que dans le cas du sulfate. Une seule plante fleurit sur les six. On récolte dans les premiers jours de septembre.

6e *série (soude substituée à la potasse).*

Les sujets de cette série ne se développent pas mieux que ceux de la seconde série, c'est-à-dire que ceux qui n'avaient pas de potasse à leur disposition. Ils n'atteignent que 0m,02 au maximum, se flétrissent et meurent. On fait la récolte à la fin d'août.

7e *série (lithine substituée à la potasse).*

Très-mauvais résultat. Plantes rabougries commençant à sécher en mai et mourant bientôt. Selon les auteurs, l'insuccès de la récolte doit être attribuée à la fois à l'absence de potasse et à la présence de lithine, comme le prouvent les expériences de la 8e série.

8e *série (lithine et potasse).*

Chose remarquable, tandis que la potasse donne partout naissance à une végétation vigoureuse, la lithine, associée à la potasse dans la dissolution, paralyse l'action bienfaisante de cette dernière ; les plantes assimilent mal, donnent bientôt des signes certains de dépérissement qui vont croissant, et les plantes meurent, comme si elles étaient soumises à l'action d'un poison.

Le premier fait capital qui se dégage de ces expériences, c'est que l'analogie, si grande qu'elle soit, des propriétés chimiques des éléments n'entraîne nullement, ce dont on se doutait, l'identité de leur action physiologique. J'ai moi-même démontré, dans des expériences rapportées plus haut, que la potasse, la soude et l'oxyde de rubidium, dont les caractères chimiques sont si voisins, exercent sur le sang des animaux des actions tout à fait différentes : tandis que l'on peut presque impunément injecter dans les veines d'un animal des quantités considérables de carbonate de soude, il suffit de quelques centigrammes de carbonate de potasse pour amener une mort foudroyante. Bien plus, l'oxyde de rubidium, presque identique par ses propriétés chimiques à la potasse, est tout à fait inoffensif, alors que la potasse tue. Dans les expériences de Nobbe, Schrœder et Erdmann, il se passe quelque chose de tout à fait analogue : la potasse nourrit les plantes, au développement desquelles elle est indispensable ; la soude ne saurait remplacer la potasse, mais elle ne nuit pas par sa présence, et la lithine agit comme un poison. Pour contrôler les essais relatifs à l'action de la potasse et montrer que c'est bien réellement l'absence de cet aliment qui produit les résultats négatifs des 2e et 6e séries, les auteurs ont, après coup, ajouté de la potasse dans les dissolutions II et VI ; les plantes ont bientôt perdu leur aspect maladif et commencé à végéter vigoureusement.

La partie la plus neuve et la plus importante de ce beau travail est celle qui concerne l'histoire du développement de l'amidon dans les plantes soumises à des alimentations minérales diverses. Tous les éléments numériques de discussion sont exposés en détail dans le mémoire original, et je suis forcé de restreindre l'analyse que j'en puis donner à l'énoncé des résultats observés. Les auteurs, dans leurs recherches microscopiques, ont suivi, pour constater la présence de l'amidon, le procédé de Sachs, qui consiste à traiter la tranche de la tige à observer, successivement par la potasse et l'acide acétique, à la bien laver et à la plonger dans une solution d'iode dans l'iodure de potassium. Pour ne pas racornir les feuilles, on se contentait de décolorer la section par l'alcool et de la plonger directement dans la solution iodurée. Voici les principaux résultats de ces longues et minutieuses observations.

I (chlorure de potassium) et III (nitrate de potasse) : notablement moins d'amidon dans les feuilles que dans les séries IV et V (sulfate et phosphate de potasse), où l'on observe une production anormale de grains de chlorophylle. L'accumulation de l'amidon est tellement marquée dans les feuilles des séries IV et V, que la chlorophylle semble avoir été entièrement transformée en fécule. Dans les tiges, au contraire, absence d'amidon (séries IV et V), ou répartition très-inégale, par îlots, dans les tissus. Cette répartition inégale et cette accumulation de fécule dans les feuilles paraissent être la cause de l'état maladif des plantes de cette série.

Dans les plantes des dissolutions I et III (chlorure et nitrate de potasse), la répartition de l'amidon est tout à fait normale. Les plantes du chlorure diffèrent de celles du nitrate en ce que, dans les premières, l'amidon est concentré dans la couche cellulaire, tandis que, dans les secondes, la moelle et l'écorce contiennent de la fécule. Les feuilles des plantes de la solution chlorurée renferment moins d'amidon que celles des plantes nourries dans le nitrate.

La production d'amidon est à peu près complétement nulle dans les séries II et VI (absence de potasse). L'addition de potasse dans les dissolutions qui n'en contenaient pas ramène progressivement la production de fécule. Il faut, d'après cela, admettre que la potasse est un facteur indispensable à la production de l'amidon. Les observations microscopiques confirment, à ce point de vue, les faits relatifs à l'action nulle de la soude et à l'influence fâcheuse de la lithine.

L'action de la potasse est si marquée, qu'en ajoutant du chlorure de potassium à une dissolution qui n'en avait pas reçu primitivement, on peut, après deux jours, constater déjà que les grains de chlorophylle, qui étaient complétement exempts d'amidon, en contiennent des quantités appréciables.

Les recherches que j'ai faites en collaboration avec M. Fliche, depuis la publication des mémoires de Nobbe, Schrœder et Erdmann, ont pleinement confirmé ces résultats, comme on le verra plus loin.

Au point de vue du rendement, les effets de la potasse ne sont pas moins marqués : une plante de la série I (chlorure de potassium) a donné, en moyenne, cinquante-cinq fruits mûrs ; une plante de la série III (nitrate), trente et un fruits. Les autres ont donné des fruits imparfaits ou qui ne sont pas arrivés à maturité.

b. — *Pesée et analyse des récoltes.*

Nobbe et ses collaborateurs ont pesé et analysé avec grand soin les récoltes obtenues, feuilles, tiges et grains, lorsqu'il y en a eu. Le tableau I indique les poids respectifs de substance sèche fournis par les récoltes de chacune des séries (moyennes de 10 essais).

SÉRIES.	RACINES Milli-grammes.	TIGES ET FLEURS. Milli-grammes.	FEUILLES. Milli-grammes.	FRUITS MURS. Milli-grammes.	FRUITS AVOR-TÉS.	TOTAL.
I. Chlorure de potassium . .	1730.0	10070.0	6720.0	1110	670	20310.0
II. Sans potasse.	9.2	7.9 [1]	50.4	—	—	67.5
III. Nitrate de potasse. . . .	1720.0	6360	7950.0	650(5)	720	17400
IV. Sulfate de potasse. . . .	72.0	200.6	576.8	—	—	849.5
V. Phosphate de potasse. . .	230.5	447.3	842.2	—	—	1520
VI. Soude substituée à potasse	8.9	11.9 [2]	96.3	—	—	117.1
VII. Lithine.	—	—	—	—	—	—
VIII. Lithine et potasse . . .	42.1	117.6 [3]	225.9	—	—	385.6

Ces chiffres apportent une nouvelle confirmation des faits indiqués précédemment ; la solution normale (chlorure de potassium) donne une très-abondante récolte ; après elle, vient la série du nitrate de potasse. Les séries II et VI donnent des récoltes presque nulles ; l'assimilation a commencé à se faire dans les séries IV et V (sulfate et phosphate), mais s'est bientôt arrêtée. La lithine seule (série VII) a été mortelle, et la lithine, même en présence de la potasse, exerce encore, d'une façon manifeste, son action délétère.

Passons maintenant au taux pour cent des cendres fournies par ces différentes récoltes. Le tableau suivant les indique ; les cendres sont calculées, abstraction faite de l'acide carbonique et du charbon ; ce sont les cendres pures :

SÉRIES.	RACINES.	TIGES et FLEURS.	FEUILLES.	FRUITS MURS.	FRUITS AVORTÉS.
I. Chlorure de potassium	7.57	10.12	11.98	2.28	2.85
III. Nitrate de potasse. . . .	7.90	10.13	9.06	2.66	2.99
IV. Sulfate de potasse	9.21	14.34	16.12	—	—
V. Phosphate de potasse	10.83	16.00	15.74	—	—
II. Sans potasse.		9.74		—	—
VI. Soude substituée à potasse. .		21.07		—	—
VIII. Lithine et potasse		17.43		—	—

Ces chiffres mettent en lumière un fait intéressant, à savoir que

1. Tiges, pas de fleurs. — 2. Tiges, pas de fleurs. — 3. Tiges sans fleurs.

le taux pour cent des cendres est plus élevé dans tous les organes des plantes mal venant des séries IV et V, que celui des plantes nourries dans un milieu plus approprié à leur développement (séries I et III). Pour les feuilles notamment, la différence est frappante et correspond à l'état maladif que nous avons constaté précédemment.

c. — *Dosage de la potasse dans les récoltes.*

100 *parties de cendres contiennent en potasse :*

SÉRIES.	RACINES.	TIGES et FLEURS.	FEUILLES.	FRUITS MURS.	FRUITS AVORTÉS.
I. Chlorure de potassium. . . .	15.43	34.19	18.57	25.62	42.49
III. Nitrate de potasse.	17.23	44.44	22.06	39.74	41.61
IV. Sulfate de potasse	22.87	28.81	13.76	—	—
V. Phosphate de potasse. . . .	18.88	22.79	15.75	—	—
II. Sans potasse		8.12		—	—
VIII. Soude substituée à potasse.		4.74		—	—

Si maintenant nous cherchons combien cent parties de substance sèche de chacune des récoltes contiennent de potasse, nous obtenons les chiffres suivants :

SÉRIES.	RACINES.	TIGES et FLEURS.	FEUILLES.	FRUITS MURS.	FRUITS AVORTÉS.
I. Chlorure de potassium. . . .	1.168	3.454	2.213	0.585	1.211
III. Nitrate de potasse.	1.361	4.502	1.099	1.055	1.237
IV. Sulfate de potasse	2.106	4.130	2.219	—	—
V. Phosphate de potasse	2.045	3.683	2.478	—	—
II. Sans potasse		0.791		—	—
VI. Soude substituée à potasse. .		0.999		—	—

Les auteurs font observer que les quantités de potasse, très-faibles d'ailleurs, décelées par l'analyse dans les cendres des plantes nourries par des dissolutions exemptes de potasse, proviennent soit de poussières extérieures, soit des vases en verre dans lesquels ont été faits les essais de culture, et qu'elles peuvent expliquer la croissance, si faible qu'elle soit, des graines semées dans ces milieux.

En discutant les chiffres de ces trois tableaux, on voit que, dans les feuilles (des séries IV et V) où s'est produite la grande accumulation d'amidon dont nous avons parlé, le taux pour cent des cendres augmente en même temps que celui de la potasse reste stationnaire. Les racines malades contiennent plus de potasse que les organes correspondants des plantes saines.

Si l'on examine, en particulier, la composition des cendres des première et troisième séries (chlorure et nitrate), on y constate des différences qui ne sont pas sans intérêt :

100 *parties de cendres contiennent :*

	I. CHLORURE DE POTASSIUM.			III. NITRATE DE POTASSE.		
	RACINES.	TIGES et FLEURS.	FEUILLES.	RACINES.	TIGES et FLEURS.	FEUILLES.
Potasse	15.43	34.19	18.47	17.23	44.44	22.6
Soude.	1.30	1.81	1.18	—	1.39	1.27
Magnésie.	3.27	3.48	7.89	—	3.31	8.73
Chaux.	14.31	12.28	24.68	9.54	10.64	21.85
Oxyde de fer. . . .	26.21	0.11	1.91	23.13	0.35	1.60
Acide phosphorique .	24.13	6.09	6.97	24.35	9.92	8.96
Chlore.	6.03	11.35	11.03	—	9.22	8.97
Acide sulfurique. . .	1.09	2.67	2.83	—	3.04	1.98

Rapportés au poids de la substance sèche fournie par chacune des récoltes, ces nombres donnent les résultats suivants :

100 *parties de substances sèches contiennent :*

	I. CHLORURE DE POTASSIUM.			III. NITRATE DE POTASSE.		
	RACINES.	TIGES et FLEURS.	FEUILLES.	RACINES.	TIGES et FLEURS.	FEUILLES.
Potasse	1.168	3.450	2.213	1.361	4.502	1.999
Soude.	0.098	0.183	0.131	—	0.141	0.115
Magnésie.	0.248	0.352	0.945	—	0.335	0.791
Chaux.	1.083	1.236	2.957	0.754	1.078	1.980
Oxyde de fer. . . .	1.984	0.011	0.229	1.827	0.035	0.145
Acide phosphorique .	1.827	0.609	0.835	1.924	1.005	0.812
Chlore.	0.456	1.149	1.321	—	0.934	0.813
Acide sulfurique. . .	0.083	0.270	0.339	—	0.308	0.179

De l'ensemble de cette première partie de leurs recherches, MM. Nobbe, Schrœder et Erdmann tirent les conclusions suivantes :

En ce qui concerne la production de l'amidon : les grains de chlorophylle ne peuvent donner naissance, sur place, à de l'amidon qu'avec le concours de la potasse. Au point de vue de cette production locale de fécule, le genre du sel de potasse ne semble pas avoir d'influence.

Aux trois questions formulées au début de leur mémoire, ils répondent comme suit :

1° Dans les dissolutions exemptes de potasse et renfermant tous les autres principes nutritifs, la plante végète comme dans l'eau pure; elle est impuissante à assimiler et n'augmente pas de poids, parce que, sans l'intervention de la potasse, il ne saurait se produire d'amidon dans les grains de chlorophylle ;

2° Le chlorure de potassium est la combinaison la plus favorable au développement du sarrasin. Vient ensuite le nitrate de potasse. Si la potasse n'est mise à la disposition de la plante que sous forme de sulfate ou de phosphate, il survient tôt ou tard une maladie très-prononcée qui a pour point de départ une accumulation passive d'amidon, parce que la fécule formée ne peut pas entrer en circulation et n'est pas utilisée pour le développement de la plante ;

3° La soude et la lithine ne peuvent pas se substituer physiologiquement à la potasse; tandis que la soude est simplement inutile, la lithine exerce une action perturbatrice qui se transmet au tissu du végétal.

Ce mémoire très-intéressant, dont je recommande la lecture aux personnes qui s'occupent de chimie agricole, nous conduit à une connaissance précise de l'un des rôles importants de la potasse. Il met à néant les préventions que certains agriculteurs avaient au sujet de l'emploi du chlorure de potassium dans les fumures. Partout où n'est pas à craindre un excès de chaux ou de magnésie pouvant amener la production des chlorures de ces bases, on doit donc recourir de préférence à l'emploi du chlorure de potassium plutôt qu'à celui du sulfate.

Pour contrôler leurs essais sur le sarrasin, les auteurs ont entrepris une seconde série de recherches sur la culture du seigle dans les mêmes dissolutions. Je me bornerai à signaler ce second mémoire à mes lecteurs, et à en reproduire la conclusion, identique d'ailleurs à celle qu'ont fournie les expériences sur le sarrasin. « La combinaison sous laquelle on offre la potasse aux plantes exerce une influence notable sur la végétation ; pour le seigle comme le sarrasin, le chlorure de potassium occupe le premier rang parmi les sels de potasse. » J'ajouterai en terminant qu'il y a tout lieu de croire qu'il en est ainsi de la plupart des végétaux de la grande culture.

46. — Essais de culture dans l'eau avec des matières azotées organiques. — La série des travaux que je viens d'analyser a eu pour résultat de démontrer la possibilité de substituer une dissolution aqueuse de principes minéraux au sol, pour élever une plante depuis sa sortie de la graine jusqu'à son entier développement, c'est-à-dire jusqu'à la fructification. En est-il de même si l'on offre aux plantes des substances organiques azotées pour remplacer l'azote nitrique et ammoniacal ? Les recherches de Hampe, Knop, E. Wolff, Birner et Lucanus, Rautenberg et Kühn sur la substitution de l'urée, de l'acide urique, de la leucine, de la tyrosine, du glycocolle, de la gélatine, de l'albumine, des humates, picrates, citrates, formiates, acétates, des alcaloïdes végétaux, ont fourni des résultats parfois contradictoires et pourraient être reprises avec intérêt.

Le résultat général qui découle de ces essais, c'est que les substances azotées autres que les sels ammoniacaux et les nitrates ne permettent pas d'amener une plante à fructification, et l'on peut conclure de la discussion des expériences faites jusqu'ici que les substances organiques azotées n'agissent sur le végétal comme source d'azote assimilable, qu'après avoir subi une décomposition préalable, qui transforme leur azote en ammoniaque ou en acide nitrique.

J'aurai l'occasion de revenir sur cette question lorsque nous étudierons le rôle des matières organiques du sol dans la nutrition des plantes ; je ne m'y arrête donc pas davantage, pour l'instant.

47. — La nutrition minérale des végétaux inférieurs. — Expériences de M. L. Pasteur. — En 1860, dans l'une de ses œuvres capitales[1], M. L. Pasteur fit des essais de culture de la levûre de

1. Mémoire sur la fermentation alcoolique.

bière dans des solutions de principes nutritifs artificiels et démontra que les organismes inférieurs se nourrissent, comme les végétaux supérieurs, à l'aide d'éléments minéraux, à la condition qu'on leur fournisse, en outre, un élément carboné destiné à remplacer l'acide carbonique, source du carbone des végétaux à parties vertes.

Parmi les mélanges employés par M. Pasteur, j'en citerai un qui lui a permis de développer de toutes pièces la levûre de bière : voici la composition de cette solution nutritive :

Eau pure.	100 grammes.
Sucre candi.	10 —
Tartrate d'ammoniaque .	0gr,1.
Cendres de 1 gramme de levûre.	

M. Pasteur plaça dans ce mélange des traces de levûre fraîche ; la fermentation ne tarda pas à se produire et peu à peu un dépôt abondant recouvrit le fond du vase. Ce dépôt était formé de levûre très-ramifiée. L'éminent chimiste varia cette expérience de diverses façons et arriva à cette conclusion que la qualité et la quantité des éléments minéraux mis à la disposition de la levûre sont tout aussi essentiels à son développement que le sucre chargé de lui fournir son carbone. Supprimant successivement et un à un chacun des éléments du milieu artificiel, sucre, élément azoté, matières minérales, il constata que tous sont indispensables au même degré à la vie et à l'accroissement de la plante, et que la suppression de l'un d'eux entraîne la stérilité du milieu, absolument comme nous l'avons reconnu pour les végétaux phanérogames.

Tous ces résultats, dit M. Pasteur en manière de conclusion, de la plus rigoureuse exactitude, bien que la plupart aient été obtenus en agissant sur des poids de matière très-faibles, établissent la production de la levûre alcoolique et de la fermentation qui lui correspond dans un milieu formé uniquement de sucre, d'un sel d'ammoniaque et d'éléments minéraux.

Les essais de substitution tentés par M. Pasteur lui montrèrent que, dans la végétation des mucédinées, l'ammoniaque peut être remplacée par d'autres composés azotés, tels que le nitrate de potasse et l'éthylamine. Mais les phosphates ne sauraient être remplacés par leurs isomorphes, les arséniates, résultat concordant avec ceux que j'ai rapportés plus haut.

48. — Essais de culture dans l'eau de M. Raulin. — En 1869, l'un des élèves distingués de M. Pasteur, M. J. Raulin, a publié un remarquable travail sur la culture dans l'eau de l'*Aspergillus*. Ce mémoire, qui peut être considéré comme un modèle d'expérimentation, l'a conduit à des résultats très-intéressants. Il est à regretter que M. Raulin, dans l'historique très-soigné qui précède l'exposé de ses recherches originales, n'ait mentionné, en aucune façon, les essais de culture dans l'eau, poursuivis de 1857 à 1869, dans les laboratoires agricoles de l'Allemagne. Il eût trouvé, dans les beaux travaux que j'ai analysés précédemment, matière à des rapprochements intéressants ; il eût pu faire ressortir les analogies que présentent, sous le rapport de leurs exigences en aliments minéraux, les végétaux inférieurs et les plantes phanérogames, car les mélanges dont il s'est servi, et qui lui ont permis d'obtenir des récoltes *maxima* d'aspergillus, offrent avec ceux que j'ai indiqués jusqu'ici la plus grande ressemblance. Ils sont formés d'ammoniaque, de phosphates alcalins, de magnésie, d'oxyde de fer, etc., associés à des substances hydrocarbonées chargées de fournir le carbone de la plante, au lieu et place de l'acide carbonique.

J'engage les jeunes physiologistes à lire entièrement ce remarquable mémoire, dont le sujet s'écarte trop de nos études spéciales pour que j'entre dans les développements que comporterait son étude attentive, et qui, dans son ensemble, confirme le rôle des éléments minéraux, aliments aussi indispensables pour les végétaux inférieurs que pour les plantes phanérogames.

49. — Résumé et conclusions. — Dans ce premier livre et comme introduction à nos études, je me suis efforcé de présenter un tableau aussi fidèle que possible des doctrines qui ont dominé la scène agricole jusqu'en 1840 et de la révolution inaugurée à cette époque par la publication du livre de J. Liebig.

L'agriculture ancienne a vécu tout entière dans l'ignorance des lois qui régissent les êtres vivants ; l'antiquité et le moyen âge nous ont légué des pratiques agricoles fondées sur l'observation pure, indépendante de toute connaissance scientifique. Lavoisier, en introduisant la balance dans l'étude des propriétés des corps, a découvert et proclamé l'indestructibilité de la matière et, par là, fondé la chimie et les sciences qui en dépendent. La pléiade d'esprits éminents qui ont jeté un si vif éclat sur la fin du dix-huitième siècle et sur le commencement du dix-neuvième, a posé, avec lui, les fondements de toutes nos connaissances positives dans les sciences physiques et naturelles.

En ce qui concerne l'agriculture, dont la chimie et la physiologie forment la base scientifique, l'influence des travaux de Théodore de Saussure sur le terreau et sur la nutrition organique des plantes a dominé exclusivement de 1809 à 1840. Méconnaissant le véritable rôle du fumier, si clairement indiqué par Bernard Palissy dès 1560, les agriculteurs et les praticiens de la première moitié du siècle, sous la conduite de l'éminent fondateur de Möglin, n'ont été préoccupés que de la restitution au sol des substances organiques enlevées par les récoltes. La présence constante d'un certain nombre de principes minéraux dans les végétaux, si bien établie par les recherches de Th. de Saussure sur les cendres des plantes, ne leur a pas ouvert les yeux sur la nécessité de restituer au sol les matières minérales assimilées par les plantes.

En 1840, Liebig, frappé de la diminution des rendements de la plupart des sols en culture, attribue ce résultat à un appauvrissement de la terre en matières minérales; il vient proclamer la nécessité absolue de la restitution de la potasse, de l'acide phosphorique, de la magnésie, etc. Il établit dans une œuvre magistrale le rôle de la matière minérale dans la végétation. En opposition complète avec la théorie de l'humus, il élève la doctrine minérale qu'il appuie sur les trois bases suivantes :

1° Les plantes ont précédé l'humus, ce dernier, par conséquent, n'est point leur aliment;

2° Les substances inorganiques sont les aliments des plantes auxquelles elles ont préexisté à la surface du globe ;

3° Tous les végétaux connus renferment des oxydes métalliques combinés aux acides en proportions définies.

Les conséquences naturelles de la nouvelle doctrine sont :

1° L'insuffisance du fumier pour entretenir la fertilité du sol, une partie des substances minérales des récoltes ne faisant pas retour, par cette voie, à l'exploitation qui les a fournies (grains, lait, viande, etc.) ;

2° La restitution nécessaire des matériaux inorganiques (cendres) enlevés au sol par les récoltes et par d'autres voies que le fumier ;

3° L'explication rationnelle de la jachère et des assolements ;

4° La création de l'industrie des engrais minéraux.

Les idées théoriques de Liebig reçurent une vérification complète des expériences de culture dans les milieux artificiels (sols et solutions salines) que provoqua l'apparition de la nouvelle doctrine.

Nous pouvons résumer sous forme de tableau le résultat de tous les essais concernant la nature et la source véritable des aliments des êtres vivants.

Les corps simples et les combinaisons qui forment le corps des plantes et des animaux sont les suivants :

I. — ÉLÉMENTS FONDAMENTAUX.

A. *Gazeux.*

Azote. . . .	Ammoniaque (Azote, Hydrogène).	Acide nitrique (Azote, Oxygène).	Corps gras. Corps neutres. Acides végétaux.	Matières protéiques : alcaloïdes.
Hydrogène. .	Eau (Hydrogène, Oxygène).			
Oxygène. . . .	Acide carbonique (Oxygène, Carbone).			
Carbone.				

B. *Solides.*

Potassium.	Combinés à l'oxygène et aux acides.	Cendres des végétaux et des animaux.
Sodium.		
Calcium.		
Magnésium		
Fer		
Manganèse		
Phosphore	Combinés à l'oxygène et aux bases, à l'état d'acides.	
Soufre.		
Silicium		
Chlore[1]		

II. — ÉLÉMENTS ACCIDENTELS.

Aluminium, brome, iode, fluor, cuivre, plomb, zinc, nickel, cobalt, rubidium, cœsium, argent[2].

1. Rangé dans les corps solides, parce que c'est toujours sous cette forme, à l'état de chlorure, qu'il sert d'aliment aux plantes.

2. Ces corps se rencontrent accidentellement dans les cendres des végétaux, mais ils ne sont pas des aliments indispensables des plantes.

Ainsi se trouve complétement vérifié l'aphorisme inscrit par Liebig en tête de la *Chimie appliquée à l'agriculture* : « *Les aliments des plantes sont exclusivement d'origine minérale.* »

Nous engageant plus avant dans la question, nous allons maintenant aborder l'examen des rapports de la plante avec l'atmosphère et avec le sol, afin d'arriver à nous faire, des causes prochaines de la fertilité des terres et des moyens de la maintenir, une idée en accord avec les progrès réalisés depuis l'inauguration de la théorie minérale.

Cette étude nous conduira à étendre la doctrine de Liebig aux cas spéciaux que présente la culture ; nous verrons quelles sont les modifications à apporter, sur certains points, aux idées de l'illustre chimiste, mais nous constaterons, en même temps, que le point de départ de la révolution introduite par lui dans l'agriculture est demeuré intact et a reçu des travaux de ses successeurs une consécration absolue.

BIBLIOGRAPHIE.

Deux motifs m'engagent à donner une bibliographie à peu près complète des travaux publiés, de 1859 jusqu'à ce jour, sur la méthode de culture dans l'eau : 1° L'importance capitale de cette méthode pour les recherches physiologiques sur la nutrition des plantes : je crois, en effet, que, bien loin d'avoir épuisé la série des problèmes que cette méthode permet d'étudier, les chimistes auxquels nous sommes redevables des résultats importants dont j'ai présenté l'analyse dans ce chapitre, n'ont fait qu'ouvrir une voie d'une grande fécondité. C'est en prenant pour modèle le travail de Nobbe, Schrœder et Erdmann sur l'influence de la potasse dans l'assimilation, qu'on peut espérer résoudre les questions, si obscures encore, soulevées par le rôle de chacun des éléments minéraux dans la production des principes immédiats des végétaux. 2° Je pense, en second lieu, rendre service aux jeunes agents forestiers en leur signalant comme sujets de travail, des essais de culture dans l'eau sur les végétaux agricoles ou forestiers. Ce genre de recherches qui ne nécessite aucune installation spéciale, peut être poursuivi loin des ressources qu'offre un centre intellectuel, à l'aide de quelques substances chimiques et d'un microscope. Il y a tant à faire dans cette voie que l'on peut être certain à l'avance, en entreprenant des essais de culture dans l'eau, d'arriver à des résultats intéressants.

L'abréviation V. S. signifie *die landwirthschaftlichen Versuchs-Stationen, organe des Stations agronomiques*, journal rédigé par F. Nobbe. Chemnitz et Berlin, 1858 à 1879. 21 vol. in-8°.

1758. — **Duhamel du Monceau**, *Physique des arbres*, 1re partie.
1792. — **Hassenfratz**, *Annales de chimie et de physique*, t. XIII.
1804. — **Th. de Saussure**, *Recherches chimiques sur la végétation.*

1814. — **H. Davy,** *Éléments de chimie agricole;* traduction française de Bulos. 2 vol. in-8°, Paris, 1819.

1840. — **Hartig,** *Essai d'absorption de l'humus.* (Il n'est pas absorbé.)

1842. — **Th. de Saussure,** *Pharm. Centr.-Blatt,* p. 305. Critique des essais de Hartig.

1844. — **Johnson,** *Freie ökonomische Gesellsch. von Petersburg,* 2e cahier, p. 162.

1859. — **Dr W. Knop,** *Agricultur-Chemische Versuche.* V. S., t. I, p. 3. Essais de culture, dans des sols artificiels, d'avoine et trèfle. — La gélatine, l'acide hippurique et l'urée ne sont pas des aliments pour les plantes.

1859. — **Dr W. Knop,** *Ein Vegetations-Versuch.* V. S., t. I, p. 181. Essais sur les haricots.

1860. — **Dr J. Sachs,** *Wurzel-Studien. — Erziehung von Landpflanzen im Wasser.* Mémoire intéressant sur les conditions à remplir dans les essais de culture dans l'eau. V. S., t. II, p. 1-31.

1860. — **Dr W. Knop,** *Ueber die Ernährung der Pflanzen durch wässerige Lösungen bei Ausschluss des Bodens.* V. S., t. II, p. 65-94. Ce mémoire est consacré à l'étude expérimentale de la marche de la végétation dans des solutions salines de nature chimique et de concentration différentes. — L'auteur analyse les liquides et les récoltes à diverses époques de la végétation. — Il étudie les variations de la substance organique pendant la germination et la croissance du haricot dans des substances nutritives ; enfin, la manière dont se comportent les plantes en présence de substances organiques en dissolution dans l'eau. Conclusion générale : les résultats de ces essais sont en parfaite concordance avec la théorie de Liebig.

1860. — **Dr J. Sachs,** *Vegetations-Versuche mit Ausschluss des Bodens über die Nährstoffe und sonstige Ernährungsbedingungen von Mais, Bohnen und anderen Pflanzen.* V. S., t. II, p. 219-268. Exposé complet de la méthode dite fractionnée. Principales conclusions : Le fer est indispensable au développement des feuilles vertes. Chlorose des plantes qui ont crû dans des solutions dépourvues de fer. Contrairement à l'assertion de Th. de Saussure, les racines sont dépourvues de la faculté de choisir les principes minéraux qu'elles absorbent.

1860. — **Dr W. Knop,** *Ueber die Ernährung der Pflanzen durch wässerige Lösungen bei Ausschluss des Bodens.* V. S., t. II, p. 270-293. L'auteur continue ses recherches sur la méthode de culture dans l'eau en étudiant la qualité des substances minérales qu'une plante doit avoir à sa disposition pour se nourrir. Les sels qui remplissent cet office sont les suivants :

1. Nitrate, sulfate et phosphate de potasse ;
2. Nitrate, sulfate, phosphate et carbonate de chaux ;
3. Sulfate, carbonate et phosphate de magnésie ;
4. Sulfate et phosphate d'oxyde de fer.

Essais faits avec le maïs, le colza, le tabac, pour déterminer les quantités de substances salines à employer, par litre de solution nutritive.

1860. — **L. Pasteur,** *Mémoire sur la fermentation alcoolique.* (*Ann. de chimie et de physique.* 3e série, t. LVIII.)

1861. — **Dr J. Sachs.** Continuation des mémoires précédents. V. S., t. III, p. 30-44. Essais de culture dans l'eau des haricots nains, de la fève, de la betterave.

1861. — **Dr W. Knop,** *Quantitativ-Analytische Arbeiten über den Ernährungsprocess der Pflanzen.* V. S., t. III, p. 295-321. Mémoire très-intéressant.

C'est dans ce travail que Knop émet l'opinion que l'oxyde de fer, qu'il ne considère pas comme la cause du verdissement des plantes, aurait surtout pour office de servir de véhicule à l'acide phosphorique. — Les plantes, conformément à ce que Liebig a avancé, se nourrissent exclusivement de substances décomposées, entièrement oxydées (minérales).

1862. — **Dr F. Stohmann**, *Ueber Vegetations-Versuche in wässerigen Lösungen.* V. S., t. IV, p. 65-67. L'auteur oppose, dans cette note, des essais de culture avec des liquides contenant, dès le début, tous les éléments nutritifs, à la méthode fractionnée de Sachs. Il se prononce en faveur de ce procédé qu'il préfère à la méthode fractionnée. — Essais sur le maïs. — Stohmann conclut également que les plantes n'atteignent jamais, dans l'eau, le développement auquel elles arrivent dans le sol qui doit régulariser, dit-il, l'absorption des matières nutritives offertes au végétal.

1862. — **Dr W. Knop**, *Ueber einige Vorgänge beim Keimen der Samen unter normalen und abnormen Umständen.* V. S., t. IV, p. 137-146.

1862. — **F. Nobbe et Siegert**, *Ueber das Chlor als specifischen Nährstoff der Buchwaizenpflanze*, V. S., t. IV, p. 318-340. D'après ces essais, le chlore et l'acide sulfurique paraissent nécessaires au développement et à la fructification du sarrasin.

1863. — **Dr W. Knop**, *Quantitative Arbeiten über den Ernährungsprocess der Pflanzen.* V. S., t. V, p. 94-109. Le fer est nécessaire à la végétation. — Essais de substitution d'une base à une autre dans la végétation, d'où résulte que les bases ne peuvent pas se remplacer dans une solution nutritive. Essais de végétation dans des solutions acides ou alcalines. — Knop se prononce catégoriquement pour les solutions complètes et contre la méthode dite fractionnée de Sachs.

1863. — **F. Nobbe et Siegert**, *Ueber das Chlor als specifischen Nährstoff der Buchweizenpflanze* V. S., t. V, p. 116-136. Mémoire important dans lequel les auteurs établissent, par l'examen morphologique et chimique de deux plantes, venues l'une dans le sol, l'autre dans une solution nutritive (sarrasin), l'identité du développement et de la proportion des principes immédiats. — Confirment le résultat obtenu relativement à la nécessité du chlore pour le développement du sarrasin.

1864. — **Dr W. Knop**, *Untersuchungen über die Aufnahme der Mineralsalze durch das Pflanzengewebe.* V. S., t. VI, p. 81-107. Mémoire à consulter. Vérification des essais de Th. de Saussure. — Influence excellente du nitrate d'ammoniaque comme source d'azote. — Absorption de la soude par les racines des plantes, etc......

1864. — **Fr. Nobbe et Th. Siegert**, *Beiträge zur Pflanzencultur in wässrigen Nährstofflösungen.* V. S., t. VI, p. 19-45. Sur la concentration des liqueurs. Végétation de l'orge du Chili dans des solutions de concentration diverse. *Id.* du sarrasin.

1864. — **F. Nobbe**, *Die Kartoffel als Wasserpflanze.* V. S., t. VI, p. 57-61. Essai réussi de culture de la pomme de terre dans une solution aqueuse.

1864. — **F. Nobbe et Th. Siegert**, *Beiträge zur Pflanzencultur in wässrigen Nährstofflösungen.* V. S., t. VI, p. 108-120. Sur le rôle du chlore comme aliment des plantes. Conclusions : La signification physiologique du chlore se manifeste seulement lorsque les organes végétatifs de la plante sont bien constitués et quand la fonction de reproduction (floraison et fructification) va commencer. Cependant les grains du sarrasin (plante sur laquelle on a expérimenté) renferment très-peu de chlore. L'action du chlore n'atteint son plein que lorsqu'on l'offre aux plantes, combiné au potassium ou au calcium; cette action est faible ou nulle même, lorsqu'il est combiné au sodium et au magnésium.

1864. — **W. Wolf**, *Die Saussure'schen Gesetze der Aufsaugung von einfachen Salzlösungen durch die Wurzeln der Pflanzen*. V. S., t. VI, p. 203-230.

1864. — **Dr F. Stohmann**, *Vegetations-Versuche in wässrigen Lösungen*. V. S., t. VI, p. 347. A réussi à élever des pommes de terre dans une solution aqueuse, comme Nobbe, de son côté, le faisait en même temps. — Observations très-intéressantes sur la présence de quantités notables de silice dans les plantes (maïs) élevées dans des solutions aqueuses exemptes de silice, cette substance venant des vases en verre qui l'ont cédée à l'eau durant les essais. Ce fait confirme les observations antérieures de Scheele, Lavoisier, Chevreul, Fuchs, Pelouze, sur la solubilité du verre et indique une cause d'erreur à éviter dans les essais de culture dans l'eau.

1864. — **F. Rautenberg et G. Kühn**, *Vegetations-Versuche im Sommer* 1863. V. S., t. VI, p. 355; in extenso *Journal für Landwirthschaft*, 1861, cah. 1, p. 107 et suiv. Essais sur le maïs et le *Vicia faba*. — Influence des différentes sources d'azote minéral sur la végétation. (Nitrates et sels ammoniacaux.)

1865. — **Prof. W. Knop**, *Quantitative Untersuchungen über den Ernährungsprocess der Pflanzen*. V. S., t. VII, p. 93-107. C'est le mémoire dont j'ai donné les principales conclusions dans le § 27 (v. p 128). Quantités relatives des principes absorbés.

1865. — **Dr W. Wolf**, *Chemische Untersuchungen über das Verhalten von Pflanzen in der Aufnahme von Salzen aus Salzlösungen, welche zwei Salze gelöst enthalten*. V. S., t. VI, p. 193-218. Mémoire intéressant dans lequel l'auteur reprend les travaux de Th. de Saussure et cherche à déterminer la loi d'absorption d'un sel par une plante végétant dans une dissolution de deux sels. (Continuation du mémoire de 1863, cité plus haut.)

1865. — **Dr Hampe**, *Der Harnstoff als stickstoffhaltiges Pflanzennahrungsmittel*. V. S., t. VII, p. 308-310.

1865. — **Dr Lucanus**, *Versuche über die Erziehung einiger Landpflanzen in wässriger Lösung*. V. S., t. VII, p. 363-371. Essai de substitution des bases alcalines les unes aux autres.

1865. — **Pr. F. Nobbe**, *Ueber die physiologische Function des Chlors in der Pflanze*. V. S., t. VII, p. 371-386. Étude sur la fonction physiologique du chlore. Nobbe conclut à nouveau à la nécessité de cet élément pour le développement parfait du sarrasin et peut-être des autres végétaux de la grande culture.

1865. — **E. Wolff et Knop**, *Notiz über die stickstoffhaltigen Nahrungsmittel der Pflanzen*. V. S., t. VII, p. 463-467.

1866. — **Dr Birner et Lucanus**, *Wassercultur-Versuche mit Hafer*. V. S., t. VIII, p. 128-177. Mémoire important. Source de l'azote assimilable. Essais de substitution des bases, etc.

1866. — **Pr. A. Leydecker**, *Ueber die physiologische Bedeutung des Chlors in der Buchweizenpflanze*. V. S., t. VIII, p. 177-187. Confirmation des résultats obtenus antérieurement par Nobbe.

1866. — **Pr. E. Wolff**, *Ueppige Vegetation in wässrigen Lösungen der Nährstoffe*.

V. S., t. VIII, p. 189. Étude intéressante sur le maïs, l'avoine, le trèfle, les haricots nains, élevés dans des solutions salines. Analyse des cendres des récoltes dans l'eau, comparée à la composition des cendres des mêmes récoltes dans le sol.

1866. — Dr **Hampe**, *Ueber Harnstoff und Harnsäure als stickstoffhaltige Pflanzennahrungsmittel*. V. S., t. VIII, p. 225-235. Analysé précédemment, § 47, p. 89.

1866. — Dr **W. Johnson**, *Ueber die Assimilation complexer stickstoffhaltiger Körper durch die Vegetation*. V. S., t. VIII, p. 235-238.

1866. — **F. Nobbe**, *Ueber das relative Nahrungsbedürfniss der Pflanze*. V. S., t. VIII, p. 337-346. Mémoire intéressant à consulter.

1867. — **Hampe**, *Ueber die Assimilation von Harnstoff und Ammoniak durch die Pflanze*. V. S., t. IX, p. 49-70, et t. IX, p. 157-168.

1867. — **F. Nobbe**, *Beiträge zur Pflanzencultur in tropfbar-flüssigen Wurzelmedien*. V. S., t. IX, p. 71-81, p. 228-234 et p. 477-480.

1867. — **R. Biedermann**, *Ueber die Aufnahme einiger Chloride durch das Pflanzengewebe*. V. S., t. IX, p. 312-329.

1867. — **A. Beyer**, *Einige Beobachtungen bei den diesjährigen Vegetations-Versuchen in wässerigen Lösungen*. V. S., t. IX, p. 480-482.

1868. — **F. Nobbe**, *Beiträge*....., etc. V. S., t. X, p. 1-24. Suite des mémoires du tome IX.

1868. — **W. Hampe**, *Vegetations-Versuche mit Ammoniaksalzen, Harnsäure, Hippursäure und Glycocoll als stickstoffhaltigen Nahrungsmitteln der Pflanzen*. V. S., t. X, p. 175-187.

1868. — **Pr. E. Wolff**, *Berichte über die in den Jahren* 1866 *und* 1867 *ausgeführten Vegetations-Versuche in wässriger Lösung der Nährstoffe*. V. S., t. X, p. 349-379.

1869. — Dr **A. Beyer**, *Bericht über die im Sommer* 1867 *an der Versuchs-Station Regenwalde ausgeführten Wassercultur-Versuche*. V. S., t. XI, p. 262-287.

1869. — Dr **P. Wagner**, *Vegetations-Versuche über die Stickstoff-Ernährung der Pflanzen*, t. XI, p. 287-308.

1870. — **Raulin**, *Études chimiques sur la végétation*. *Annales des sciences naturelles*, 5e série, t. XI. Mémoire très-important.

1870. — Dr **P. Wagner**, *Wassercultur-Versuche mit Maïs*. V. S., t. XIII, p. 69-75 et p. 218. La créatine, substance organique azotée, ne peut pas fournir d'azote aux plantes avant d'avoir été décomposée (ammoniaque et nitrate). — Le manganèse ne peut pas remplacer le fer dans la nutrition des végétaux. Résultat conforme à celui de Birner et Lucanus.

1870. — **Baron E. Camphausen**, *Cultur von* linum usitatissimum *in wässriger Nährstofflösung*. V. S., t. XIII, p. 264-269.

1870. — **F. Nobbe**, Dr **Schrœder** et **R. Erdmann**, *Ueber die organische Leistung des Kaliums in der Pflanze*, t. XIII, p. 321-399 et p. 401-423. Mémoire capital qui a révélé le rôle de la potasse dans la formation de l'amidon. Analysé longuement § 47, p. 140 et suiv.

1872. — **A. Schischkin**, *Cultur-Versuche mit Lein*. V. S., t. XV, p. 126-131.

LIVRE DEUXIÈME

L'ATMOSPHÈRE ET LA PLANTE

CHAPITRE PREMIER

L'ATMOSPHÈRE. — SA CONSTITUTION GÉNÉRALE

Sommaire : Du rôle de l'atmosphère. — Les limites de l'atmosphère. — Des états successifs de la matière cosmique. — Poids et volume de l'atmosphère. — Composition et variations de l'air atmosphérique dans l'espace et dans le temps.

50. — Du rôle général de l'atmosphère. — A l'enveloppe gazeuse de la terre qu'on nomme atmosphère, est dévolu un double rôle d'une importance capitale. Elle entretient la vie des plantes et des animaux, impossible en son absence; elle met en communication les uns avec les autres les êtres vivants, et notamment les hommes, en transmettant le son. Sans atmosphère, la terre serait un désert comme la lune; sans le concours incessant de ses éléments, la vie disparaîtrait instantanément de la surface de notre planète.

Les végétaux puisent leurs aliments dans le sol et dans l'air; à ce dernier, ils empruntent leur oxygène, leur hydrogène et médiatement ou immédiatement la totalité du carbone et de l'azote (sous forme de nitrate et d'ammoniaque) qui entrent dans la composition de leurs tissus.

Tous les principes nutritifs destinés à servir de matière première à l'organisation des animaux sont élaborés avec le concours de l'atmosphère; les substances neutres : fécule, amidon, sucres, graisses et les acides végétaux, par l'union du carbone, de l'oxygène et de l'hydrogène ; les substances protéiques et les alcaloïdes : fibrine, albumine, gélatine, caséine, solanine, nicotine, etc., par la combinaison de ces trois corps simples avec l'azote. Les organes foliacés des plantes sont l'atelier où s'élaborent, sous l'influence de la lumière, de la chaleur et de l'électricité atmosphériques, les aliments des animaux, que ces derniers consomment les feuilles elles-mêmes ou qu'ils aient recours aux *magasins* où vont se concentrer, en vue de la perpétuation de l'espèce, les réserves alimentaires de la plante, graines, fruits, tubercules, tiges souterraines.

L'étude de la vie, du développement et de la transformation de la feuille, siége principal de la nutrition du végétal, implique l'examen préalable, aussi complet que possible, de la constitution de l'atmosphère.

51. — Des limites de l'atmosphère. — Quelle est la hauteur de l'atmosphère terrestre ? Il est impossible, dans l'état de nos connaissances, de donner à cette question une réponse précise. Les observations astronomiques (étude des phénomènes de réfraction) assignent à la masse gazeuse qui enveloppe la terre une hauteur de 74 kilomètres ; mais il n'est pas impossible que ce chiffre corresponde à un minimum, les couches situées au delà de cette distance pouvant diminuer de densité, dans une mesure telle, que la lumière réfléchie par elle ne produise plus d'impression sur notre œil. L'observation des étoiles filantes, prise par certains calculateurs comme base d'évaluation, donnerait à l'atmosphère une hauteur supérieure à 300 kilomètres.

Où et comment finit l'atmosphère ? Nous ne le savons donc absolument pas ; ce qui est certain, et cela nous suffit, c'est que les phénomènes qu'il nous importe d'étudier et de connaître se passent dans une couche d'air de quelques lieues à peine de hauteur. A une altitude de 6,000 mètres, la pression barométrique a déjà diminué de moitié. A 10 milles géographiques d'altitude (74 kilomètres), elle devient si faible qu'elle cesse d'être appréciable ; à 60 kilomètres, elle se trouve réduite à 1 millimètre, c'est-à-dire que dans cette région existe un vide aussi parfait que le vide de la meilleure machine pneumatique.

Le fait positif, incontestable, c'est la *limitation* de l'atmosphère par suite de l'abaissement considérable de la température des couches élevées de l'air, et de l'entraînement de l'atmosphère terrestre par la terre, dans son mouvement de rotation.

52. — États sucessifs de la matière. — Quelle idée la science moderne nous permet-elle de nous faire des phases successives par lesquelles a passé notre planète, et en particulier son atmosphère, avant d'être peuplée d'êtres vivants ? Quelle conception des rapports de la matière cosmique avec les substances terrestres autorisent les progrès de la physique, de l'astronomie et de la chimie ? C'est ce que nous allons examiner rapidement.

Suivant toute probabilité, la terre possède encore un noyau central liquide, incandescent. Ce noyau est recouvert par une enveloppe froide, formée d'oxydes métalliques, mauvais conducteurs de la chaleur et contribuant à maintenir la température élevée du centre de notre planète.

Les trois quarts de cette enveloppe sont recouverts par les eaux (73,05 p. 100), un quart seulement forme les continents. La terre est entourée d'une enveloppe gazeuse de 74 kilomètres de hauteur. Un simple coup d'œil jeté autour de nous, nous fait donc constater l'existence des trois états physiques que la matière affecte dans tous les corps terrestres : solide, liquide et gazeux ; en exprimant, sous le nom de *feu,* deux des manifestations les plus importantes de la matière, la lumière et la chaleur, nous avons les quatre éléments des anciens : Feu, Eau, Air et Terre. La doctrine qui consistait à considérer le monde matériel comme formé de ces quatre éléments, doctrine qui a régné avec des modifications plus ou moins profondes jusqu'à Lavoisier, a donc été l'expression assez exacte des divers états sous lesquels s'offre la matière à un observateur superficiel.

Quand Lavoisier eut créé la chimie, l'examen attentif des propriétés des corps qui nous entourent décela chez les uns, qui ont reçu le nom de corps simples ou éléments, des caractères propres, irréductibles sous l'influence des agents que nous avons à notre disposition, chaleur, électricité, actions chimiques, etc., tandis que les autres se montraient formés des premiers dans des rapports simples et constituaient les corps composés. Par quels états antérieurs la matière a-telle passé avant de revêtir les caractères d'espèces ou entités solides, liquides et gazeuses que nous connaissons? Bien que la réponse à cette question soit plutôt du domaine de l'astronomie et de la physique que du nôtre, je crois cependant utile de résumer très-succinctement l'idée que la science moderne est arrivée à se faire à ce sujet.

Kant et, après lui, Laplace ont émis l'hypothèse que la matière cosmique a primitivement existé à l'état gazeux; que, par le mouvement de rotation dont elle est animée, elle s'est condensée, et le refroidissement des planètes survenant, elle a successivement passé à l'état fluide ou demi-fluide et enfin à l'état solide. Les nébuleuses nous offrent encore, à l'heure qu'il est, de la matière à l'état gazeux en voie d'agrégation sous l'influence du mouvement rotatoire.

La grande découverte de Kirchhoff et Bunsen, en nous permettant de soumettre à l'analyse la photosphère du soleil, les étoiles et les nébuleuses elles-mêmes, est venue, entre les mains des astronomes et des physiciens contemporains, donner une vraisemblance aussi grande que possible à l'hypothèse de Laplace en révélant l'identité de composition chimique de la terre et des astres de notre système planétaire.

Voici la liste des corps simples dont la présence a été démontrée dans la photosphère du soleil[1]:

Sodium.	Titane.
Fer.	Aluminium.
Calcium.	Strontium.
Magnésium.	Plomb.
Chrome.	Cadmium.
Nickel.	Arium.
Baryum.	Urane.
Zinc.	Vanadium.
Cobalt.	Potassium.
Hydrogène.	Palladium.
Manganèse.	Molybdène.

1. NORMAN LOCKYER, *Studien zur Spectralanalyse*, 1879.

Éléments dont la présence est probable, mais non encore confirmée :

Indium.	Étain.
Lithium.	Argent.
Rubidium.	Glucinium.
Cœsium.	Lanthane.
Bismuth.	Istrium ou terbium.

Éléments qui, jusqu'à présent, n'ont pas été découverts dans la photosphère du soleil :

Carbone.	Chlore.
Silicium.	Brome.
Thallium.	Iode.

Enfin, tout récemment, les recherches de M. Norman Lockyer l'ont conduit à admettre comme probable l'unité de la matière, soupçonnée depuis longtemps par des savants éminents, par M. Dumas notamment. De même que nous avons affaire à une seule force, chaleur ou mouvement, de même les êtres si variés qui peuplent la terre, la terre elle-même et les astres innombrables qui scintillent dans l'espace, seraient formés d'un substratum unique, revêtant dans ses modalités, par suite de groupements infiniment variables, des formes en nombre également infini. Une seule force, une seule matière [l'hydrogène (?)], telle serait la conception à laquelle arriverait la science moderne en se basant sur les découvertes de l'analyse spectrale et sur le principe de l'équivalence mécanique de la chaleur. Je m'empresse de faire remarquer que cette conception, dont la simplicité égale la grandeur, a besoin de confirmation avant d'être définitivement admise par la science positive, mais sa hardiesse et sa vraisemblance lui assurent dès à présent place au premier rang des hypothèses cosmogéniques.

Le refroidissement des planètes a dû être d'autant plus rapide que leur distance du soleil était plus grande et leur masse plus faible, d'autant plus long qu'elles présentaient les conditions inverses. Les petites planètes : Mercure, Mars, Vénus et la Terre, se sont refroidies plus vite que les grandes et à une époque antérieure au refroidissement de celles-ci.

Le tableau suivant[1] indique les relations de masse, de volume et de densité des principales planètes, la terre étant prise comme terme de comparaison :

	MASSE.	VOLUME.	DENSITÉ.	DENSITÉ rapportée à celle de l'eau = 1.
Soleil	319.455.000	1.245.500.000	0.255	1.4231
Jupiter.	304.590	1.214.000	0.251	1.3998
Saturne (sans l'anneau).	90.000	733.000	0.123	0.6859
Uranus.	43.300	85.720	0.155	0.8644
Neptune	22.200	67.100	0.331	1.8460
Terre	1. —	1. —	1. —	5.5770
Vénus	0.783	0.881	0.888	4.9524
Mars.	0.100	0.122	0.820	4.5731
Mercure	0.073	0.059	1.225	6.8318

D'après les lois du refroidissement nous pouvons faire, sur les phases qu'a traversées notre planète, avant d'être habitée par les plantes et les animaux, quelques hypothèses rationnelles.

Suivant toute probabilité, la terre a passé par les états successifs que je vais résumer à grands traits.

D'abord à l'état de nébuleuse, la terre a dû offrir l'aspect d'une masse gazeuse animée d'un mouvement de rotation. La contraction de la matière, sous l'influence de l'attraction, a amené ensuite une condensation des particules matérielles; une partie du mouvement étant transformée en chaleur, la terre est devenue lumineuse par elle-même. Le refroidissement superficiel, dû au rayonnement dans l'espace, a amené la formation d'une croûte solide, formée d'oxydes et servant d'enveloppe à la matière liquide; la terre a cessé d'être lumineuse. La couche superficielle, en se contractant, s'est rompue par place, d'où l'état éruptif de la surface terrestre : la matière fluide du centre s'est échappée à la surface; à ces contractions correspondent les soulèvements anciens des montagnes, la formation des vallées, les volcans, etc. La surface de la terre est trop chaude

1. KNOP, *Agricultur-Chemie*, 1868. In-8°. Leipzig.

encore pour que l'eau puisse s'y condenser. La vapeur d'eau disséminée dans l'atmosphère ambiante n'a pu se déposer sous forme de pluie avant que la température de la surface se trouvât abaissée, par rayonnement, au-dessous de 100°. — Progressivement la température de l'eau, d'abord chaude, se refroidit jusqu'à n'être plus égale partout qu'à la température actuelle de la zone torride ; les éruptions continuant, l'eau couvre, peu à peu, presque toute la terre. A cette époque correspond l'apparition probable de végétaux et d'animaux aquatiques appartenant aux espèces inférieures. Le climat est hypertropical, nébuleux, humide ; l'atmosphère est chargée d'acide carbonique. Enfin, le refroidissement graduel de la terre s'accentuant, la température devient à peu près celle de l'époque actuelle. Comparée à l'échauffement résultant de l'action du soleil, la chaleur propre de la terre n'est plus sensible. Le lit des mers se forme, les soulèvements des montagnes continuent, les dépôts sédimentaires et les phénomènes volcaniques achèvent de modifier la surface de notre planète.

Durant cette période, le refroidissement des régions polaires est plus rapide que celui de l'équateur, la faune et la flore hypertropicales disparaissent. Les espèces tropicales reculent du pôle vers l'équateur et se concentrent dans les points du globe où nous les retrouvons aujourd'hui encore.

Telle est l'idée *hypothétique,* la plus conforme aux données de la physique générale, qu'il soit possible de se faire de la formation de la terre.

Reste le grand problème de l'origine des êtres vivants. Sa solution, comme celle de toutes les causes premières, nous échappera toujours. Nous verrons plus loin ce qu'il nous faut penser de la question des générations dites spontanées ; je me réserve de la traiter avec toute l'attention qu'elle comporte en parlant des corpuscules organisés de l'air.

Après ce coup d'œil rapide sur les états probables par lesquels a passé la matière cosmique avant de constituer la planète que nous habitons, nous allons aborder successivement l'étude des propriétés chimiques et physiques de l'atmosphère considérée dans ses rapports avec la végétation.

Quand nous connaîtrons les liens qui unissent les plantes au milieu aérien dans lequel elles vivent, les emprunts qu'elles lui font, les restitutions dont l'air est le siége de la part des animaux et des végétaux, nous passerons à l'étude de la formation, de la composition et des propriétés du sol. Nous serons alors à même d'aborder les problèmes de l'assimilation végétale, si importants pour la théorie de la culture.

53. — Poids et volume de l'atmosphère. — Le volume de l'enveloppe gazeuse qui entoure la terre ne saurait être rigoureusement déterminé, puisque nous ne connaissons pas sa hauteur précise; son poids peut être évalué assez exactement à l'aide du baromètre.

On appelle pression barométrique normale la pression exercée sur une surface d'un centimètre carré, par une colonne de mercure de même base et d'une hauteur de 760 millimètres, la température étant 0°. Cette pression est de 1033^{gr},3, la densité du mercure à 0° étant égale à 13,596 fois celle de l'eau.

La colonne d'eau qui ferait, dans ces conditions de température, équilibre à une colonne de mercure mesurerait 10^{m},60 de hauteur. La colonne d'air qui fait équilibre à 76 centimètres de mercure mesure 7,990 mètres, le poids du litre d'air étant égal à 1^{gr},293187 et le mercure pesant, à volume égal, 10,517 fois plus que l'air. Si donc il n'y avait pas de changement dans la température et par suite dans le volume de l'atmosphère, sa hauteur serait d'environ 8 kilomètres; mais la dilatation intervenant, il est extrêmement difficile, comme nous l'avons vu, de fixer une limite à l'extension de notre atmosphère.

En partant des données que je viens de rappeler, quelques auteurs ont tenté d'évaluer les poids et volumes des principaux gaz dont le mélange forme l'air atmosphérique; je citerai comme exemple de ces calculs, d'ailleurs sans grand intérêt, l'évaluation de M. Knop[1].

La surface totale du globe terrestre est de 9,300,000 milles géographiques carrés (51 milliards d'hectares, d'après O. Reclus).

Le poids total de l'atmosphère serait d'environ 5,193,154 billions de kilogrammes, et l'on aurait pour la composition de l'atmosphère

1. *Kreislauf des Lebens.*

les chiffres suivants dont le moindre défaut n'est pas d'offrir à l'esprit des nombres qu'il a peine à saisir :

EN VOLUME (en milles géographiques carrés).	
Azote.	7,343,185
Ammoniaque.	15
Oxygène.	1,953,000
Acide carbonique . . .	3,800
Total.	9,300,000

EN POIDS (en billions de kilogrammes).	
Azote.	3,990,414
Ammoniaque.	5
Oxygène.	1,199,619
Acide carbonique	3,116
Total.	5,193,154

M. Dumas, dans ses célèbres leçons sur la *Statique chimique des êtres organisés,* a présenté ces rapports sous une forme plus accessible à l'esprit. L'air qui nous entoure, dit-il, pèse autant que 581,000 cubes de cuivre d'un kilomètre de côté ; son oxygène pèse autant que 134,000 de ces mêmes cubes.

La pression exercée sur la surface du corps de l'homme est d'environ 15,500 kilogrammes, la surface du corps d'un homme de taille moyenne étant de 150 décimètres carrés. Nous ne nous doutons pas de l'existence de ce poids considérable, la pression s'exerçant à la fois et également à l'extérieur et à l'intérieur de nos tissus, mis en communication directe avec l'atmosphère par les cavités et par les liquides qui les baignent. Mais l'on s'explique aisément les troubles fonctionnels ressentis par l'homme qui s'élève à des hauteurs où la pression atmosphérique diminue d'un tiers ou de moitié, sur les hautes montagnes ou dans les ascensions en ballon. Examinons maintenant les causes connues des variations de la composition de l'air, la nature des corps simples ou composés que les chimistes y ont découverts, les proportions dans lesquelles on les y rencontre, nous aborderons ensuite l'étude détaillée du rôle des principaux d'entre eux dans la végétation.

54. — Des variations de composition de l'atmosphère. — Au sein de l'atmosphère et avec le concours des matières minérales puisées dans le sol par la plante, s'accomplissent les trois actes fondamentaux de la nutrition végétale : 1° décomposition de l'acide carbonique par la matière verte (chlorophylle) ; 2° décomposition de la vapeur d'eau et production des matières hydrocarbonées ; 3° décomposition des vapeurs ammoniacales (AzH^4O et AzO^5) ; production des substances protéiques. Envisagé comme source des aliments des plantes, l'air peut donc être considéré comme formé des corps suivants :

Oxygène et ozone;
Acide carbonique;
Vapeur d'eau;
Ammoniaque et acide nitrique.

La lumière, la chaleur et l'électricité concourent à leur mise en œuvre par la plante qui les transforme en substance vivante ; enfin la pesanteur exerce sur l'accroissement longitudinal des organes en voie de développement, une action immédiate qui a été démontrée par Knight[1] et étudiée depuis par plusieurs physiologistes.

Par suite des actes qui s'accomplissent au sein de l'atmosphère, l'air subit, dans sa composition, des modifications incessantes et de sens inverses, dont le résultat final paraît être l'établissement d'un équilibre à peu près parfait dans les rapports des principes essentiels qui le constituent.

Les principales causes de variation de la composition de l'air se rattachent aux actions suivantes :

A. *Pertes.*

I. Soustraction d'oxygène due :

1° A la respiration des animaux ;
2° Aux combustions vives ;
3° Aux combustions lentes et à la putréfaction;
4° A l'oxydation des matières organiques.

II. Soustraction d'acide carbonique due :

1° A l'assimilation du carbone par les végétaux ;
2° A la carbonatation des oxydes métalliques.

III. Soustraction d'ammoniaque et d'acide nitrique : formation de toutes les matières azotées (albumine, fibrine, caséine, légumine, alcaloïdes, etc.).

B. *Gains.*

IV. Rejet de l'oxygène correspondant au carbone de l'acide carbonique décomposé par les plantes (seule cause connue de restitution de l'oxygène).

---

1. *Philosophical transactions*, 1806, t. II, p. 99.

V. Production d'acide carbonique :

Respiration des animaux et des végétaux ;
Combustions de toutes sortes.

VI. Production d'ammoniaque :

1° Par la décomposition et la putréfaction des substances azotées (matière protéique, urée, etc.) ; ces décompositions sont accompagnées d'une émission d'azote gazeux provenant de la réduction d'une partie de l'azote primitivement engagé dans les combinaisons azotées ;

2° Formation d'ammoniaque et d'acide nitrique par la combinaison directe de l'azote, de l'oxygène et de l'hydrogène (vapeur d'eau) atmosphériques, sous l'influence des décharges électriques lumineuses ou obscures (foudre, étincelle, effluve, orages, etc.) ; cette cause paraît être la *seule source* d'ammoniaque et d'azote nitrique des êtres vivants (Boussingault, Liebig) ;

3° Restitution d'ammoniaque empruntée à l'atmosphère par la végétation à des époques antérieures à la nôtre (ammoniaque dégagée par la combustion ou la distillation de la houille et congénères ; ammoniaque rejetée par les solfatares et les fumerolles, etc.) ;

4° Production de nitrates et d'ammoniaque dans un certain nombre de phénomènes chimiques et physiques (évaporation, combustions, etc.) ;

5° Dégagement d'ammoniaque entraînée par l'évaporation des eaux de la mer, provenant de la réduction des nitrates dans le sein des mers, sous l'influence d'organismes inférieurs [1]. (Schlœsing.)

Malgré ces causes incessantes de variation dans la composition chimique de l'air atmosphérique, le fait de la constance des principes essentiels (oxygène, azote, acide carbonique et ammoniaque) est aujourd'hui acquis. L'équilibre se maintient : l'influence des végétaux compensant celle des animaux. Sans entrer dans l'étude complète de la composition de l'air, je crois indispensable d'en rappeler ici les traits fondamentaux.

55. — Substances existant dans l'air atmosphérique. — Les corps dont la présence a été signalée jusqu'ici dans l'air peuvent se ranger dans les catégories suivantes :

1° *Gaz simples ou composés* [2].

1. Oxygène et ozone (oxygène modifié) ;

---

1. Comme on le voit, les sources d'azote assimilable (ammoniaque et acide nitrique), qu'il ne faut pas confondre avec les causes de restitution d'une partie de cet azote emprunté à l'air par les êtres vivants, se bornent aux phénomènes électriques. Je reviendrai sur ce point capital dans les leçons consacrées à l'assimilation de l'azote par les plantes.

2. On sait qu'il n'existe pas de gaz permanents : à une température et sous une

2. Azote;
3. Hydrogène (accidentel). Émanation des volcans et sources volcaniques (R. Bunsen, Ch. Sainte-Claire Deville, Fouqué);
4. Vapeur d'eau;
5. Ammoniaque . . . .
6. Acide nitreux . . . . } Sources de l'azote des êtres vivants;
7. Acide nitrique. . . .
8. Acide carbonique;
9. Oxyde de carbone (traces sans importance provenant de combustions incomplètes), transformé en acide carbonique par l'électricité atmosphérique;
10. Eau oxygénée;
11. Hydrogène carboné (traces), gaz des marais;
12. Acide sulfureux. . . } Émanations volcaniques et combustion du
13. Hydrogène sulfuré. } gaz.
14. Acide chlorhydrique, émanations volcaniques.

2° *Matières solides.*

15. Iode (son existence est très-douteuse);
16. Chlorure de sodium entraîné par l'évaporation de l'eau de la mer;
17. Matières organiques (traces);
18. Organismes inférieurs, corpuscules organisés (jouent un rôle très-important);
19. Poussières minérales diverses.

Si nous écartons de ces corps ceux qui ne jouent qu'un rôle insignifiant, ou dont l'intervention dans les phénomènes de la nutrition n'a pas été jusqu'ici reconnue, il nous reste à étudier les propriétés

---

pression convenables, tous les gaz réputés permanents, oxygène, azote, air, hydrogène, oxyde de carbone, ont été liquéfiés et solidifiés par MM. Cailletet et R. Pictet. L'hydrogène, comme l'avait depuis longtemps admis M. J. Dumas, d'après ses propriétés générales, est un métal d'un aspect analogue au zinc. Les progrès récents de la physique et de la chimie tendent à rendre probable l'unité de la matière cosmique. Les composés si variés dont l'ensemble constitue le monde ne sont peut-être que des modalités d'un substratum unique, l'hydrogène. Pressentie depuis un demi-siècle par l'illustre secrétaire perpétuel de l'Académie des sciences, l'hypothèse de l'unité de la matière rencontre chaque jour de nouveaux partisans. La matière serait une, comme la force est une: toutes deux indestructibles, ne subiraient que des transformations dont la variété constituerait les corps réputés simples jusqu'ici. L'importance capitale de cette manière d'envisager le monde appelle de nouvelles observations avant d'être considérée comme acquise à la science, mais j'ai cru devoir la signaler.

et la manière d'être dans l'air des substances suivantes, et leur rôle dans la végétation :

1° Acide carbonique ; 2° oxygène et ozone ; vapeur d'eau ; 4° azote, ammoniaque et nitrate ; 5° corpuscules organisés, organismes inférieurs.

56. — Composition de l'air. — Je supposerai connue de mes lecteurs, l'histoire de la découverte de la composition de l'air atmosphérique dont Lavoisier fixa la constitution générale en 1774, et que les beaux travaux de MM. Dumas et Boussingault, V. Regnault, Brunner, etc., ont établie d'une façon définitive dans le second quart du siècle actuel. Je me bornerai a résumer ici, en quelques mots, l'état de nos connaissances sur ce point.

a. *Oxygène et azote.* — L'air est formé essentiellement par ces deux gaz en mélange, sur tous les points de la surface du globe, à toutes les altitudes, à quelques très-légères variations près, dans les proportions suivantes :

En volume, 79,1 d'azote et 20,9 d'oxygène ; en poids, 77 parties d'azote et 23 parties d'oxygène, ces gaz étant supposés secs, à 0° et à la pression de $0^{m},760$. L'air confiné dans la neige ou dissous dans l'eau présente une composition différente, 32 parties en poids d'oxygène et 68 parties d'azote (Péligot et Boussingault). L'invariabilité de composition de l'air atmosphérique a constamment été reconnue depuis les travaux de Gay-Lussac et de Humboldt (1804) jusqu'à nos jours.

b. *Acide carbonique.* — Les variations dans la teneur de l'atmosphère en acide carbonique, à l'époque actuelle, ne semblent pas non plus s'exercer dans des limites considérables. Tous les nombres donnés jusqu'ici par les savants qui se sont occupés de la question oscillent entre les extrêmes suivants : En volume : pour 10,000 volumes d'air, 2 vol. 719 à 4 vol. 68 ; en poids : pour 10,000 parties d'air, 4 p. 132 à 6 p. 740. L'altitude, la direction des vents, les conditions locales expliquent ces écarts.

Th. de Saussure avait conclu d'une vaste série d'analyses d'air faites à Genève, que l'air de cette ville renfermait des quantités d'acide carbonique variant de 3 vol. 76 à 5 vol. 75 (par 10,000 vol. d'air), suivant la direction des vents et les heures du jour.

Thenard, Brunner et d'autres ont confirmé les nombres de Th. de Saussure.

Les frères Schlagintweit ont trouvé à Linz, dans les Alpes (à 800 mètres d'altitude), 4 vol. 2; à Johannishütte (2,000 mètres), 4 vol. 8; à Rackern, sommet neigeux au-dessus de la zone de végétation (2,590 mètres), 5 vol. 8.

Thorpe a trouvé dans l'air de la mer d'Islande, 3 vol. 08 et dans l'air de l'Océan Atlantique (moyenne du 31 mai), 2 vol. 95. Le même observateur a constaté dans l'air de Para (Brésil), 3 vol. 28 d'acide carbonique pour 10,000 vol. d'air.

L'analyse de l'air du grand Saint-Bernard, faite (2,800 mètres) par M. Ch. Sainte-Claire Deville et par moi en juillet 1860, nous a donné 3 vol. 9 à 4 vol. 7.

Depuis les recherches de Saussure, de Thenard, de MM. Boussingault et Dumas, on admet que 10,000 mètres cubes d'air renferment, en moyenne, 4 mètres d'acide carbonique. Selon toute probabilité, la richesse de l'air en acide carbonique n'est pas constante; les différences constatées par les chimistes qui se sont occupés de la question s'expliquent très-bien par les variations entre les quantités d'acide carbonique produit par les phénomènes naturels : combustion, respiration, etc., et celles du même gaz détruit par la végétation. Dans les grands centres de population, la proportion d'acide carbonique est sensiblement plus élevée qu'en rase campagne.

De 1868 à 1871, M. F. Schulze a fait des observations journalières sur la proportion de l'acide contenu dans l'air de Rostock; voici les résultats moyens pour chacune de ces années :

	ACIDE CARBONIQUE dans 10,000 volumes d'air.	
	En poids.	En volume.
1868	4,4012	2,8943
1869	4,3751	2,8668
1870	4,4089	2,9052
1871	4,5894	3,0126
Et pour la moyenne des quatre années	4,4436	2,9197

Le chiffre maximum a été (en volume) de 3^{m},1191. M. Henneberg a été conduit à reprendre, en 1872, la détermination du taux de l'acide carbonique de l'air, à l'occasion de ses recherches sur la respiration des animaux.

Il a trouvé dans les expériences faites, de mai à juillet 1872, à la station de Weende, que 10,000 volumes d'air supposé à 0° et à la pression de $0^m,760$ contiennent 3,2 volumes d'acide carbonique. Ce chiffre, un peu supérieur au chiffre moyen résultant des analyses de Schulze, est cependant inférieur de près de 25 p. 100 au chiffre généralement admis jusqu'ici. Il se peut que des causes locales aient concouru à élever le chiffre trouvé par les chimistes précédemment cités; il se peut aussi que les volumes d'air sur lesquels Saussure, Thenard et Boussingault ont opéré (volumes sensiblement plus faibles que ceux de l'air analysé par Henneberg, et surtout par Schulze), aient été insuffisants pour permettre de donner un chiffre correspondant à la composition moyenne de l'atmosphère. Il semble, en tous cas, qu'il y ait lieu de considérer la teneur de quatre dix-millièmes comme un maximum et non comme une moyenne.

c. *Ozone et eau oxygénée.* — Cavendish a découvert la combinaison directe de l'azote de l'air avec l'oxygène sous l'influence de l'étincelle électrique ; il a montré qu'en faisant passer l'étincelle dans un mélange humide de ces deux gaz, ou d'oxygène et d'ammoniaque, il se produit de l'acide nitrique. Schœnbein, auquel on doit la découverte de l'oxygène actif ou ozone, a donné l'explication de ce fait, en démontrant que l'oxygène qui acquiert sous l'influence des décharges électriques la propriété de se combiner, à la température ordinaire, avec l'azote, est de l'oxygène modifié ou ozone. Ce corps possède à un bien plus haut degré les propriétés oxydantes de l'oxygène ; il s'unit à une foule de substances que l'oxygène ordinaire n'attaque pas. Il semble se produire de l'ozone dans un grand nombre de phénomènes chimiques, mais nos connaissances à ce sujet et les moyens de constater et de mesurer la quantité d'ozone que renferme l'air atmosphérique sont encore trop incomplets pour que nous nous y arrêtions. M. Houzeau admet, d'après ses expériences, que la couche d'air qui s'étend à 2 mètres environ au-dessus du sol, renferme $\frac{1}{450000}$ de son poids, soit $\frac{1}{700000}$ de son volume d'ozone.

Quant à l'eau oxygénée (peroxyde d'hydrogène), découverte par Thenard et signalée comme un des éléments de l'air par Schœnbein, sa présence semble tenir également, comme celle de l'ozone et de l'acide nitreux, aux actions électriques qui ont leur siége dans l'atmosphère. Schœnbein a trouvé de l'eau oxygénée dans toutes les pluies d'orage où il l'a recherchée. Nos connaissances sur ces états si curieux de l'oxygène et de l'eau sont trop peu avancées, en ce qui concerne leur rôle dans les phénomènes de la végétation, pour que nous nous y arrêtions davantage. Pour ce qui concerne leurs propriétés physiques et chimiques, nous renverrons nos lecteurs aux traités et mémoires spéciaux.

d. Ammoniaque, nitrates, vapeur d'eau. Corpuscules organisés. — L'importance de l'ammoniaque, des nitrates et de la vapeur d'eau contenus dans l'air est si considérable, que nous devrons consacrer à l'étude de la formation, des proportions et du rôle de ces composés, des chapitres spéciaux. Il en est de même des corpuscules organisés, dont le rôle capital dans les fermentations et dans les modifications que subissent les matières organiques incorporées dans le sol, mérite un examen particulier.

57. — Variation de l'atmosphère dans le temps. — Il est une dernière question dont je veux dire quelques mots, avant d'aborder l'étude détaillée du rôle de l'atmosphère dans la végétation. Les expériences des chimistes les plus exercés ont mis en évidence l'invariabilité de composition de l'air, en quelque point du globe qu'on l'analyse. Le brassage constant de l'atmosphère par les vents, dus aux variations incessantes de la température des couches aériennes, explique suffisamment ce fait. En a-t-il toujours été de même ? aux époques géologiques antérieures à la nôtre, l'air était-il formé des mêmes principes en même proportion ? Malgré le grand intérêt scientifique que présentent ces questions, il ne leur a pas été donné jusqu'ici de solution positive et il ne semble pas possible qu'on arrive à y répondre d'une manière certaine. Nous avons vu (p. 47 et suiv.) l'opinion de Brongniart sur la richesse relative de l'air en acide carbonique avant la formation des houillères, et c'est à des appréciations de ce genre que se bornent à peu près nos connaissances sur les états antérieurs de l'atmosphère. On a calculé, en se basant sur des évaluations arbitraires, mais qui ne semblent pas trop éloignées de la réalité, que si les végétaux cessaient tout à coup de restituer l'oxygène provenant de la fixation de l'acide carbonique par leurs parties vertes, il faudrait aux animaux 800,000 ans pour absorber tout l'oxygène de l'air, et, de plus, en supposant que depuis 6,000 ans il n'y ait pas eu de restitution d'oxygène par les plantes, le volume primitif de ce gaz ne serait diminué que de $\frac{1}{400}$. Or, nos méthodes analytiques sont loin de comporter ce degré d'approximation, et la nature des changements de composition survenus dans l'air depuis quelques milliers de siècles ne semble pas susceptible d'une mesure même approchée. M. Dumas fait à ce sujet la remarque suivante[1] : En supposant la terre peuplée de mille millions d'hommes et en portant la population animale à une quantité équivalente à trois mille millions d'hommes, on trouverait que ces quantités réunies ne consomment, en un siècle, qu'un poids d'oxygène égal à 15 ou 16 kilomètres cubes de cuivre, tandis que l'air en renferme 134,000. Il faudrait dix mille années pour que tous ces hommes pussent produire sur l'air un effet sensible à l'eudiomètre de Volta, même en supposant la vie végétale anéantie pendant tout ce temps.

Ce qu'il nous importe de savoir, c'est que le milieu fluide dans lequel nous vivons, principalement composé d'azote (ammoniaque et nitrates), d'oxygène, de vapeur d'eau, présente une composition identique dans tous les points du globe; que, partout, il offre aux plantes et aux animaux les éléments indispensables à la formation et à la réparation de leurs tissus. Après cette vue d'ensemble sur l'océan aérien, nous allons examiner avec les détails que comporte l'importance du sujet, le rôle de chacun de ses éléments dans la nutrition de la plante.

BIBLIOGRAPHIE.

1841. — **Dumas et Boussingault**, *Recherches sur la véritable composition de l'air atmosphérique. Mémoires de chimie*, de J. Dumas. In-8°.

1844. — **J. Dumas**, *Essai de statique chimique des êtres organisés*. Paris. In-8°.

1860. — **Lavoisier**, *Œuvres complètes*. 1 volume.

1868. — **Knop**, *Kreislauf des Lebens. Lehrbuch der Agricultur-Chemie*. Leipzig. In-8°.

1879. — **Norman Lockyer**, *Studien zur Spectralanalyse*. In-12. Brockhaus, Leipzig.

1. *Statique chimique*, p. 19.

CHAPITRE II

LES EAUX ATMOSPHÉRIQUES. — HYGROMÉTRIE. — INFLUENCE DES FORÊTS. STATIONS FORESTIÈRES EXPÉRIMENTALES.

SOMMAIRE : Importance du rôle de l'eau dans la nature. — Propriétés générales de l'eau à ses trois états. — Hygrométrie. — Climats. — Influence des forêts sur l'état hygrométrique de l'air. — Rosée, brouillards, nuages, gelée blanche, verglas, pluie, neige. — Répartition des pluies. — Influence des forêts sur la répartition des pluies. — Stations forestières expérimentales; leur programme.

58. — Importance du rôle de l'eau dans la nature. — L'eau fait essentiellement partie de tous les êtres vivants. Elle est indispensable aux manifestations de la vie de la plante et de l'animal, à quelque degré de l'échelle biologique qu'ils appartiennent. Certains êtres possèdent, il est vrai, la curieuse propriété de résister à une dessiccation absolue, mais ils ne sont pas soustraits pour cela à la loi commune; leurs manifestations vitales, suspendues pour un temps, ne pouvant apparaître de nouveau sans le concours de l'eau.

Le rôle de l'eau dans la végétation est multiple ; principe constant des tissus vivants, ce liquide est la source unique d'hydrogène des végétaux (amidon, sucres, matières grasses, etc....) ; c'est le véhicule des matières minérales et des gaz dans l'intérieur de la plante ; enfin, à l'état solide, l'eau exerce tantôt une action bienfaisante (rôle protecteur de la neige), tantôt une influence destructive (gelée des plantes).

L'étude de l'eau sous les divers états qu'elle affecte dans la nature : libre ou combinée, à l'état de vapeur, brouillards et nuées ; à l'état liquide : pluie, eau de source et de rivière ; à l'état solide : neige et glace, offre à l'agriculteur un intérêt capital. Le degré d'humidité de l'air et du sol, la quantité de pluie tombée, l'eau déversée naturellement ou artificiellement sur le sol, sont des facteurs prépondérants de la végétation. Aucun phénomène physiologique ne peut s'accomplir dans un milieu dépourvu d'eau et, partant, sans l'intervention de ce liquide ; l'examen attentif des rapports de la végétation avec l'eau servira donc de point de départ indispensable à nos études sur l'assimilation.

59. — L'eau et ses divers états. — Il n'est point inutile de rappeler sommairement les caractères généraux du composé le plus abondant dans la nature, puisqu'il couvre les trois quarts environ de la surface de la terre. L'eau existe constamment à trois états. On la rencontre sous la forme solide dans la glace, dans la neige et dans de nombreux composés, tels que les cristaux ou les oxydes basiques hydratés. A l'état liquide, elle constitue la masse des rivières, des fleuves et de la mer ; tous les tissus vivants, végétaux et animaux, en renferment des proportions considérables, de 12 à 90 p. 100 de leur poids ; enfin, réduite en vapeur, sous l'action de la chaleur solaire, elle forme, à des degrés de condensation divers, l'eau hygrométrique de l'atmosphère, les brouillards, les nuages, la rosée, etc. 100 parties d'eau sont formées de 88,89 parties d'oxygène et de 11,11 parties d'hydrogène ; deux volumes de vapeur d'eau résultent de la combinaison de deux volumes d'hydrogène avec un volume d'oxygène.

Parmi les propriétés fondamentales de ce liquide, il en est quelques-unes que nous rappellerons, en raison de leur relation étroite avec les phénomènes naturels qui nous occupent. La glace entre en fusion à une température fixe que les physiciens ont prise pour le point zéro du thermomètre centigrade ou Réaumur[1]. On dit généralement que l'eau se congèle à 0°, mais il ne faut point oublier que l'abaissement de la température jusqu'à 0° ne suffit pas pour amener la congélation ; il faut en outre une certaine agitation du liquide, l'eau pouvant subir une température de 8°, 9° et même 10° au-dessous de zéro sans se transformer en glace, si elle est maintenue

1. Le thermomètre Fahrenheit marque + 32° dans la glace fondante et 212° dans la vapeur d'eau.

dans un état de repos absolu. Voici une bouteille pleine d'eau : le thermomètre qui y est plongé marque — 5°5 ; l'eau est cependant restée liquide, le vase qui la renferme ayant été soustrait à toute agitation; je retire le thermomètre, vous voyez l'eau se prendre subitement en masse. Ce phénomène intervient dans la formation des gros grêlons et du verglas, comme nous le verrons plus loin.

En se congelant, l'eau de notre vase a augmenté de volume, comme l'indique la comparaison de l'espace qu'elle occupait tout à l'heure avec la hauteur actuelle de la glace dans le flacon. Cette augmentation de volume est d'un dixième environ. Un litre d'eau, en se solidifiant, occupe sensiblement 1[dc],1. Cette propriété remarquable est propre à l'eau, qui ne la partage avec aucun corps connu; elle explique la flottaison des glaçons à la surface des rivières et des fleuves, la rupture des vases remplis d'eau pendant l'hiver et celle des vaisseaux des êtres organisés soumis à un froid assez considérable pour amener la congélation des liquides qui baignent leurs tissus.

Une autre propriété physique non moins importante est celle qu'on désigne sous le nom de *maximum de densité*. En passant de 0° à + 4°08, l'eau, au lieu de se dilater comme les autres liquides sous l'influence d'une augmentation de température, diminue de volume. De plus, entre 4°08 et 100° l'eau se dilate irrégulièrement et non proportionnellement à la température, comme cela se passe en général pour les autres corps.

Le tableau suivant indique les volumes et les densités de l'eau de 0° à + 9° ; il montre que l'eau possède presque exactement à 9° le même volume qu'à 0°, après avoir subi dans l'intervalle de ces deux températures une contraction notable.

Température.	Volume de l'eau à + 4°08 = 1.	Densité de l'eau à + 4°08 = 1.
0°	1,00012	0,999877
1°	1,00007	0,999930
2°	1,00003	0,999969
3°	1,00001	0,999992
4°	1,00000	1,000000
5°	1,00001	0,999994
9°	0,00017	0,999829

Cette propriété de l'eau, de présenter un maximum de densité, maintient constamment en mouvement, pendant l'hiver, les couches superficielles des rivières, étangs, ruisseaux, etc... ; elle en permet l'aération, en retarde la congélation, et joue par conséquent un rôle qui n'est pas sans importance dans l'existence des animaux aquatiques. Lorsque l'eau renferme une proportion de sels voisine de la quantité dissoute dans l'eau de mer, dont la densité est 1,027, elle perd cette propriété de présenter un maximum de densité.

Le poids du centimètre cube d'eau distillée, déterminé, dans le vide, à la température de + 4°, est le gramme, base de toutes nos mesures de poids.

L'eau liquide est 770 fois plus lourde que l'air sec. Un volume d'eau, passant de l'état liquide à l'état gazeux, occupe 1,700 volumes. Le poids spécifique de la vapeur d'eau, comparé à celui de l'air, est égal à 0,623.

60. — État hygrométrique de l'air. — L'ensemble des conditions qu'on désigne sous le nom de *climat* d'un lieu est principalement défini par la température et par l'état hygrométrique de ce lieu. Il est donc important de préciser ce qu'on entend par état hygrométrique de l'air, d'apprendre à le mesurer et d'examiner les résultats généraux des observations faites jusqu'ici, notamment en ce qui touche l'influence des forêts sur le climat et sur le régime des eaux.

Les pays dont l'air est sec, c'est-à-dire pauvre en vapeur d'eau, sont soumis aux variations extrêmes de température, du jour à la nuit : la vapeur d'eau absorbe en effet une très-grande quantité de chaleur, tandis que l'air très-sec est diathermane et laisse arriver jusqu'au sol presque toute la chaleur solaire. Plus l'air est humide, plus il s'échauffe, et moins, en même temps, le sol s'échauffe par l'action directe du soleil. Il n'est pas rare, comme on le sait, de voir dans le Sahara, après des journées de chaleur tropicale, pendant lesquelles un thermomètre placé dans le sable arrive à marquer 45° en été, la température de l'air s'abaisser à 0°, après le coucher du soleil. Les nuages, les brouillards, forment un écran qui protége le sol contre le refroidissement nocturne.

La vapeur d'eau est un véritable régulateur de la température de l'air; elle équilibre la température à la surface de la terre et transporte la chaleur d'un point à un autre. Plus l'air est chargé de vapeur d'eau, plus il est léger, puisque la densité de cette dernière est notablement moindre que celle de l'air. De là, résulte une relation étroite entre la pression barométrique et le degré de saturation de l'atmosphère.

L'influence bienfaisante de l'humidité de l'air se fait partout sentir : elle empêche la flétrissure des plantes, elle transporte, pour la déposer sous forme de rosée, l'une des matières nutritives les plus importantes, l'ammoniaque ; elle rend les sols plus frais et plus fertiles, fait qu'on observe en comparant les terres des climats secs à celles des climats humides. Enfin, l'eau hygrométrique de l'atmosphère exerce une action notable sur les organismes animaux et particulièrement sur l'homme. L'air très-sec est pénible à respirer, l'évaporation cutanée s'y exagère ; le bien-être qu'on éprouve en marchant dans les forêts est dû, en grande partie, à l'état hygrométrique de l'air des massifs boisés. L'observation fréquente de l'état hygrométrique et de ses variations présente un intérêt réel pour l'agriculture, et la comparaison des résultats obtenus dans les observatoires météorologiques peut rendre les plus grands services à la culture locale.

Considéré dans son ensemble, le mécanisme de la circulation de l'eau dans la nature s'explique aisément. Sous l'influence de la chaleur solaire, le sol, les ruisseaux, les rivières, les fleuves et la mer dégagent constamment dans l'air des quantités énormes de vapeur d'eau ; la glace elle-même, par une évaporation peu apparente, quoique réelle, émet des vapeurs. A cette transformation incessante de l'eau solide et liquide en gaz, vient s'ajouter le déversement, dans l'atmosphère, de quantités notables de vapeur due à la respiration et à la perspiration cutanée des animaux, et à la transpiration des plantes. Ces phénomènes sont accompagnés d'une soustraction de chaleur empruntée à l'air pour la transformation de la glace ou de l'eau en vapeur.

Tant que l'espace où se produisent les phénomènes d'évaporation n'est pas *saturé*, le dégagement de vapeur d'eau continue ; l'état de saturation varie essentiellement avec la température. On dit qu'un volume d'air est saturé, lorsqu'il tient en dissolution toute la vapeur d'eau qu'il peut dissoudre à la température à laquelle se trouve sa masse. Le tableau suivant met en évidence les écarts considérables que présente la teneur en eau d'un même volume d'air à des températures différentes.

Températures centigrades.	Tension de vapeur en millimètres de mercure.	Pression par centimètre carré en kilogrammes.	Poids de l'eau par mètre cube.
—	—	—	—
— 20°	1,333	0,0018	1gr,5
— 10°	2,613	0,0036	2 ,9
— 5°	3,660	0,0050	4 ,0
0°	5,059	0,0069	5 ,4
5°	6,947	0,0094	7 ,3
10°	9,475	0,0129	9 ,7
15°	12,837	0,0170	13 ,0
20°	17,314	0,0235	17 ,1
25°	23,090	0,0314	22 ,5
30°	30,643	0,0418	29 ,4
40°	52,998	0,0720	49 ,2

On voit, d'après cela, qu'un mètre cube de gaz, saturé à la température de 5°, cessera de l'être si la température s'élève et pourra dissoudre à 15°, 5gr,705 d'eau de plus qu'il n'en renfermait à 5°. Inversement, si la température de l'air saturé, que je supposerai égale à 20°, tombe brusquement à 5°, il se condensera, par mètre cube, 9gr,8 d'eau qui se déposera, suivant les cas, sous forme de pluie, de givre ou de rosée, ou restera à l'état de nuage. On appelle *point de rosée,* la température variable à laquelle se condense l'eau dissoute dans l'air, au contact d'un corps plus froid que le fluide.

L'humidité due à la saturation, variable avec la température, est invisible dans l'air ; elle ne devient apparente qui si la condensation lui donne la forme de brouillard ou de nuage.

On appelle état hygrométrique de l'air, le rapport entre la quantité de vapeur existant dans l'air, la température où l'on fait l'observation, et la quantité nécessaire pour la saturation de l'air à cette même température.

L'hygrométrie est la branche de la physique qui s'occupe spécialement de ces déterminations.

On peut suivre trois méthodes différentes pour étudier les relations de l'air avec l'eau : les appareils qu'on emploie portent le nom d'atmidomètres et d'hygromètres physiques ou chimiques. Sans entrer ici dans les détails que l'on trouvera à ce sujet dans les traités spéciaux, je dirai quelques mots de chacune de ces méthodes.

Dans l'atmidométrie, on détermine le volume ou le poids de l'eau évaporée dans un temps donné, par une surface donnée; cet appareil, que je décrirai en parlant de l'influence des forêts sur la climatologie de la région, a été appliqué par Dalton, par Schübler, etc., et employé avec succès par M. A. Mathieu, à la station de l'École forestière, à Bellefontaine, et dans les stations forestières allemandes pour étudier l'influence du couvert sur l'évaporation du sol.

L'atmidomètre donne la mesure de l'évaporation de l'eau dans des conditions déterminées, mais ne nous apprend rien sur l'état hygrométrique de l'air proprement dit.

Pour déterminer cet état, on peut avoir recours, soit aux hygromètres physiques (hygromètres de Saussure, Daniell, Regnault), pour la description et le maniement desquels je renverrai mes lecteurs aux traités de physique, soit aux hygromètres chimiques qui reposent tous sur l'absorption de la vapeur d'eau par des substances chimiques qu'on met en contact avec des volumes d'air déterminés, et qu'on pèse ensuite pour connaître le poids de l'eau fixée. Ces deux méthodes nécessitent l'emploi d'appareils trop compliqués pour que leur usage puisse être recommandé aux agronomes ou aux forestiers.

Le psychromètre, dont l'idée première appartient à Leslie et à Hutton, a été introduit dans la pratique par August, qui en a indiqué l'application d'une manière complète et qui a dressé des tables dont l'emploi simplifie les calculs à faire pour trouver l'état hygrométrique. Le psychromètre consiste essentiellement en deux thermomètres gradués en $\frac{1}{10}$ de degré, placés l'un à côté de l'autre. L'un est un thermomètre ordinaire qui donne la température du lieu; l'ampoule de l'autre est recouverte d'une gaze incessamment humectée d'eau; il porte le nom de thermomètre mouillé. Pour déterminer l'état hygrométrique de l'air, on note, au même moment, la température indiquée par les deux thermomètres. August a dressé des tables qui donnent directement :

1° La force élastique de la vapeur d'eau ;

2° Le point de rosée ;

3° L'humidité relative ;

4° L'humidité absolue.

On applique la formule suivante, à l'aide des nombres fournis, au moment de l'expérience, par la lecture des deux thermomètres et du baromètre, pour déterminer l'humidité absolue :

$$x = f - \frac{0,429\,(t - t')}{610 - t'}\,h\,;$$

dans cette formule, les lettres correspondent aux données suivantes :

t = température du thermomètre sec ;

t' = température du thermomètre mouillé ;

f = force élastique de la vapeur d'eau (sa saturation à t' degré) ;

h = hauteur barométrique ;

x = tension de la vapeur de l'air au moment de l'expérience.

Cette formule fait connaître la tension en millimètres de mercure de la vapeur d'eau contenue dans l'air. Pour connaître l'humidité relative, c'est-à-dire la fraction de saturation, il faut diviser la tension f de la vapeur d'eau à saturation (à la température t') par x :

$$\text{l'humidité relative } y = \frac{f}{x}.$$

Pour éviter ces calculs assez longs, M. Prazmowski a construit une règle dans le genre des règles à calcul qui donne, par une simple lecture, l'humidité relative de l'air. Je recommande l'emploi de cette règle, d'un usage très-commode, pour toutes les déterminations qui n'exigent pas une rigueur absolue.

Dans ces dernières années, un industriel de Boston, ayant à faire de très-nombreuses déterminations de l'état hygrométrique de l'air pour la dessiccation des bois destinés à ses ateliers, a trouvé une solution très-pratique qui supprime tout calcul et permet de multiplier ainsi les observations psychrométriques. Voici la disposition ingénieuse imaginée par M. Lowe et représentée par la figure 5, que je dois à l'obligeance de M. A. Redier. Le thermomètre sec et le thermomètre mouillé sont placés de chaque côté d'une plaque en cuivre émaillée, dont le côté gauche est relié à une échelle inégalement divisée. A mesure que la température indiquée sur cette échelle va en augmentant, les divisions de la règle deviennent plus petites, suivant une progression que M. Lowe a déterminée par une série d'expériences et de calculs préliminaires. Pour se servir de l'instrument, on commence par lire le thermomètre sec et l'on amène l'index supérieur de l'échelle à la division qui porte le degré indiqué par le thermomètre ; le bouton placé au bas de l'aiguille du cadran est mobile de haut en bas et autour de son axe ; on utilise le mouvement vertical pour cette première opération. On lit ensuite le

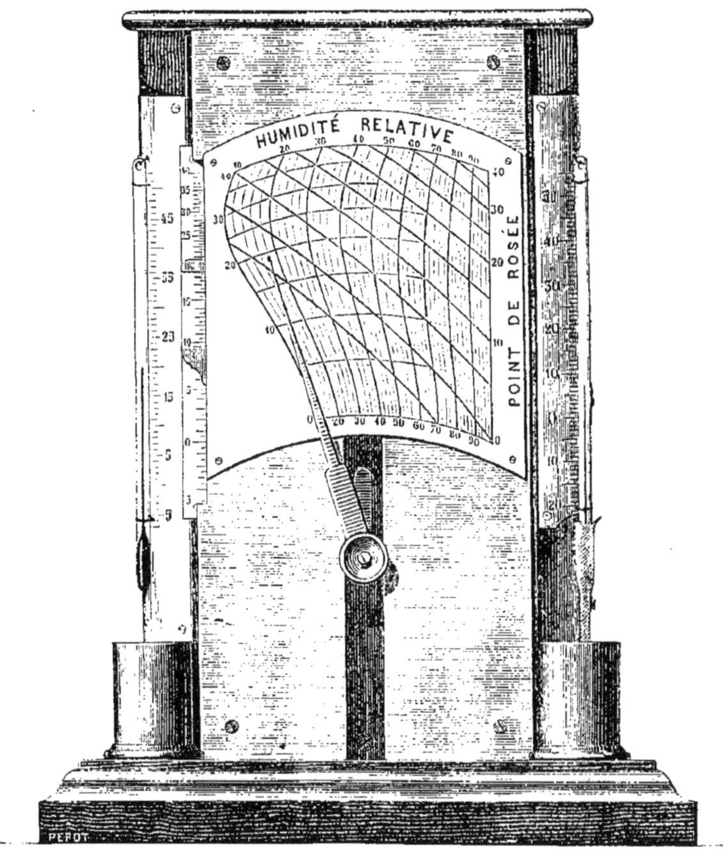

Fig. 5. — Hygromètre graphique de Lowe.

thermomètre mouillé, et à l'aide du mouvement circulaire du bouton, on amène l'index inférieur de l'échelle sur le degré correspondant à celui du thermomètre. Ce dernier mouvement déplace simultanément l'aiguille du diaphragme émaillé, et si l'on a déterminé exactement la position des deux curseurs sur l'échelle, il ne reste plus qu'à lire sur les divisions verticales l'humidité relative, et sur les divisions horizontales la température correspondant au point de rosée pour cette fraction de saturation.

Depuis deux ans j'emploie l'hygromètre de M. Lowe, et les comparaisons que j'ai eu l'occasion de faire de ses indications avec celles des tables d'August m'ont démontré qu'il suffit parfaitement pour les observations météorologiques[1].

61. — Définition générale des climats. — Nous avons dit plus haut que l'état hygrométrique de l'air constitue l'une des caractéristiques les plus importantes du climat ; l'humidité relative ayant une influence plus grande que l'humidité absolue, c'est celle que les météorologistes ont choisie pour fixer la nature des climats ; nous adopterons, avec M. R. de Vivenot[2], les définitions suivantes :

Climats secs : la fraction moyenne de saturation est inférieure à 70 p. 100.

Climats humides : la fraction moyenne de saturation est supérieure à 70 p. 100.

Les climats secs se subdivisent en climats très-secs : fraction de saturation, 55 p. 100 ; climats moyens : fraction de saturation, 56 p. 100 à 70 p. 100.

Climats moyennement humides : fraction de saturation, 71 p. 100 à 85 p. 100.

Climats très-humides : fraction de saturation, 86 à 100.

Cette classification générale des climats nous amène à étudier les variations diurnes, mensuelles et annuelles de l'état hygrométrique de l'air ; l'influence de l'altitude, celle du voisinage des forêts et des mers sur les mêmes phénomènes.

Il ne faut jamais perdre de vue la différence fondamentale entre le sens des termes, humidité absolue et humidité relative ; cette dernière, qui sert à caractériser le climat, est le rapport entre la quantité de vapeur d'eau existant dans l'air à une température donnée, et le poids de vapeur d'eau nécessaire pour saturer cet air à la même température.

---

1. On trouve l'hygromètre graphique de Lowe chez M. A. Redier, constructeur d'horlogerie et d'appareils de précision, cours des Petites-Écuries, n° 6, à Paris.

2. *Ueber die Messung der Luftfeuchtigkeit zur richtigen Würdigung der Klimate.* Vienne, 1866.

Dans le langage ordinaire, on désigne sous le nom d'air sec cet état de l'atmosphère favorable à l'évaporation rapide de l'eau à la surface des corps mouillés, à la dessiccation du sol et des plantes. L'évaporation continue à se faire avec facilité, et l'homme placé dans cette atmosphère éprouve un bien-être tout particulier. L'humidité absolue de l'air peut être considérable dans ce cas, mais l'humidité relative est faible, comme l'indiquent les écarts très-notables de température indiqués par les thermomètres sec et mouillé du psychromètre d'August. Les caractères inverses constituent ce qu'on nomme temps humide; les thermomètres sec et mouillé marquent des températures voisines, mais il ne s'ensuit pas nécessairement que le taux de l'humidité absolue soit très-élevé. Le matin, l'air étant fréquemment voisin de son point de saturation (point de rosée), le temps semble humide à cette époque de la journée. L'aspect des produits que la cheminée d'une locomotive déverse dans l'air rend très-apparent l'état relatif de saturation de l'air; par les temps secs, si le foyer est fumivore, la cheminée semble ne pas émettre de vapeur, celle-ci se dissolvant instantanément dans l'air; par les temps humides, au contraire, la vapeur qui s'échappe de la cheminée se condense dans l'atmosphère et devient très-manifeste pour l'observateur. Étudions d'un peu plus près l'humidité absolue et l'humidité relative de l'atmosphère.

62. — Variations diverses de l'humidité absolue. — Elles résultent immédiatement de l'échauffement de la surface terrestre et sont sous la dépendance de la température plus ou moins élevée des eaux et du sol. Sur mer et sur les côtes, ces variations sont beaucoup plus régulières et leurs écarts bien moins grands que dans l'intérieur des continents, l'échauffement et le refroidissement des couches du sol nues ou couvertes de végétation, étant bien plus variables que ceux des nappes d'eau. Dans le *climat maritime*, l'humidité absolue présente un minimum, dans toutes les saisons, au lever du soleil, et un maximum au moment le plus chaud du jour, généralement après midi. Dans le *climat continental*, loin des mers, la marche de l'humidité absolue est différente suivant les saisons. En été, la terre ne restitue pas aussi vite, à l'air, l'eau enlevée par les courants chauds : il y a alors deux maxima et deux minima. Pour notre région, les heures des maxima et des minima sont les suivantes :

9 heures du matin. .	Maximum d'humidité absolue.	
4 — du soir. . .	Minimum	—
9 — du soir. . .	Maximum	—
Lever du soleil . . .	Minimum	—

Ce dernier est le minimum le plus accentué ; c'est à partir du lever du soleil que l'évaporation de l'eau par le sol devient active ; à neuf heures du matin, l'effet maximum de l'évaporation est produit. Plus tard, il n'y a plus de compensation entre l'évaporation du sol et l'entraînement de la vapeur d'eau par l'air, la teneur absolue de l'atmosphère en eau s'abaisse.

En hiver, dans la zone tempérée que nous habitons, la marche est tout autre : il n'y a qu'un maximum, correspondant à l'échauffement diurne du sol et de l'atmosphère, vers deux heures de l'après-midi. Le minimum se présente au coucher du soleil.

63. — Variations annuelles de l'humidité absolue. — L'humidité absolue croît de janvier à juillet, et décroît inversement de juillet à fin décembre. Au mois le plus chaud correspond l'humidité absolue maxima ; au mois le plus froid l'humidité absolue minima. Les chiffres suivants, extraits d'un travail de Louis Ballot[1], mettent ce fait en évidence :

Quantités d'eau, en grammes, par mètre cube d'eau.

Lieux des observations.	Janvier.	Février.	Mars.	Avril.	Mai.	Juin.
Londres. . . .	4gr,4	4gr,8	5gr,4	6gr,0	7gr,0	8gr,2
Naples	4 ,9	5 ,0	3 ,4	5 ,6	7 ,9	9 ,2
Carlsruhe . . .	1 ,3	1 ,6	1 ,7	0 ,6	2 ,7	6 ,0
Vienne	0 ,3	0 ,2	1 ,0	0 ,6	1 ,9	4 ,4

Lieux des observations.	Juillet.	Août.	Septembre.	Octobre.	Novembre.	Décembre.
Londres. . . .	11gr,2	11gr,6	9gr,4	8gr,1	6gr,6	6gr,1
Naples	10 ,4	10 ,2	8 ,6	8 ,0	6 ,3	5 ,8
Carlsruhe . . .	5 ,8	7 ,8	6 ,7	4 ,9	3 ,9	2 ,2
Vienne	3 ,7	4 ,0	3 ,8	2 ,6	1 ,9	0 ,7

Ces déterminations montrent aussi combien est grand l'écart entre

1. MULDER's *Scheikunde der bouwb. aarde Deel.*, I, p. 310.

les quantités d'humidité absolue de l'air des climats maritime et continental, comme je l'ai signalé plus haut.

64. — Variations diurnes de l'humidité relative. — En général, la fraction de saturation atteint son maximum un peu avant le lever du soleil; le minimum se produit entre trois et quatre heures de l'après-midi. La vaporisation de l'eau augmente pendant le jour avec la température, l'air va s'approchant de son point de saturation pour une température élevée. Il serait alors saturé pour une température plus basse que la moyenne diurne; il pourrait même être sursaturé si un refroidissement brusque de l'atmosphère venait à se produire.

L'abaissement de température produit par la disparition du soleil rapproche donc toujours l'air de son point de rosée. Par suite, le maximum de la tension de l'eau dissoute dans l'air et le minimum de température coïncident presque toujours avec le lever du soleil : si, à ce moment du jour, la température s'abaisse au-dessous du point de rosée, il y a formation de pluie ou de brouillard. Le maximum d'humidité relative coïncide donc avec le minimum d'humidité absolue au lever du soleil.

65. — Variations annuelles de l'humidité relative. — L'humidité relative (fraction de saturation) suit, pour l'année entière, une tout autre marche dans ses rapports avec l'humidité absolue. Dans les mois chauds la fraction de saturation est plus faible que dans les mois froids, contrairement à ce qui a lieu pour l'humidité absolue. C'est ce que montre très-clairement le tableau suivant :

Lieu d'observation. Hall.	Humidité absolue. Tension moyenne en mill. de mercure.	Humidité relative. Taux p. 100 de la saturation.
Janvier	4^{m},509	85,8
Février	4 ,749	81,0
Mars	5 ,107	77,3
Avril	6 ,247	71,3
Mai	7 ,836	69,3
Juin	10 ,843	71,0
Juillet	11 ,626	68,5
Août	10 ,701	66,1
Septembre	9 ,560	72,8
Octobre	7 ,868	78,9
Novembre	5 ,644	85,6
Décembre	5 ,699	86,6

Le maximum d'humidité absolue (juillet, 11mm,626) coïncide presque avec le minimum d'humidité relative (août, 66,1 p. 100).

66. — Variations avec l'altitude et l'éloignement de la mer. — Une série d'observations faites simultanément au Righi, au Faulhorn et à Zurich, sous la direction du professeur Kæmtz, du mois de juin au mois de septembre, pendant les années 1832 et 1833, montre que, suivant l'altitude, les écarts observés sont bien plus notables pour la tension de la vapeur (humidité absolue) que pour l'humidité relative :

	Altitude.	HUMIDITÉ absolue. Tension en millim.	HUMIDITÉ relative.
	—	—	—
Zurich	547m	4,865	74,6
Righi-Kulm	1,800	3,037	84,3
Zurich	547	4,102	74,8
Faulhorn	2,730	1,830	74,4

Ainsi, dans les deux points extrêmes, Zurich et sommet du Faulhorn, l'humidité relative moyenne est restée sensiblement la même, tandis que l'humidité absolue a présenté des écarts de plus de 50 p. 100, entre les deux stations. L'influence de la proximité des mers n'est pas moins sensible. Le climat maritime et côtier diffère du climat continental, non-seulement par la température, mais encore par l'humidité relative. Le climat continental est sec, le climat maritime humide, la fraction de saturation de l'air s'abaissant rarement au-dessous de 80 p. 100, en moyenne.

Il résulte de tous les faits résumés brièvement plus haut qu'il n'existe pas de relation proportionnelle entre l'humidité relative et l'humidité absolue d'un lieu.

67. — Influence des forêts sur l'humidité absolue de l'air. — Les forêts, qui exercent sur la température, sur les quantités d'eau que reçoit le sol et sur celles qu'il évapore, une action si marquée, comme nous le verrons plus loin, ne paraissent pas, d'après les observations faites dans les stations météorologiques forestières de Bavière, avoir une influence prononcée sur l'humidité absolue de l'air. La tension de la vapeur d'eau hors bois ou sous bois, à 1m,50 au-dessus du sol, paraît à peu près identique, en moyenne, avec une très-légère différence en faveur de la région déboisée. Les moyennes annuelles ont donné pour valeur de ses tensions, d'ailleurs très-voisines dans les observations journalières, 3,89 hors bois et 3,45[1] sous bois. L'évaporation de l'eau étant d'autant plus rapide que l'air est plus chaud, l'humidité absolue de l'air doit être plus grande en été qu'en hiver ; comme résultat moyen, les observations des stations allemandes ont fourni pour les différentes saisons les nombres suivants :

	TENSIONS EN LIGNES		Différences.
	à l'air libre.	sous bois.	
Hiver.	2',05	2',16	+ 0',11
Printemps.	3 ,14	3 ,18	+ 0 ,04
Automne	3 ,16	3 ,25	+ 0 ,09
Été.	5 ,21	5 ,20	— 0 ,01

Ainsi la forêt n'exerce pas d'influence sensible, ni pour l'année entière ni suivant les saisons, sur l'humidité absolue de l'air. C'est un fait très-remarquable, comme le fait observer Ebermayer[2], qu'un mètre cube d'air pris dans une forêt ne contienne pas, en moyenne, plus de vapeur d'eau que le même volume d'air hors bois; mais cela s'explique par les relations de température qu'offrent les sols boisés et non boisés et par les courants qui s'établissent entre la forêt et le sol découvert.

L'air de la forêt est plus froid et plus calme que l'air du dehors, l'évaporation y est moindre et la tension de la vapeur ou humidité absolue devrait également y être inférieure à celle de l'atmosphère hors bois. Mais comme le sol boisé est plus humide en général que le sol découvert, et que les feuilles des arbres répandent dans l'atmosphère de la forêt l'eau provenant de leur transpiration, les deux causes contraires s'annulent et l'équilibre s'établit entre elles. Il ne faudrait pas conclure de là que l'air des forêts est plus sec que l'air hors bois, les expressions sec et humide ayant trait, comme nous l'avons déjà dit maintes fois, à l'humidité relative et non à l'humidité absolue de l'atmosphère.

68. — Influence des forêts sur l'humidité relative de l'air. — Si l'on considère la fraction de saturation de l'air atmosphérique

1. Lignes parisiennes; la ligne vaut 2mm,25.

2. *Die physikalischen Einwirkungen des Waldes auf Luft und Boden*, von E. Ebermayer, 1 vol. in-8° et atlas. Aschaffenburg, 1873, p. 148 et suivantes.

en forêts et hors bois, on constate, à l'inverse de ce qui se passe pour l'humidité absolue, des différences considérables; les relevés d'observations de six stations forestières ont fourni les moyennes annuelles suivantes :

Altitudes en mètres.	Stations.	HUMIDITÉ RELATIVE hors bois.	sous bois.	Différences.
—	—	—	—	—
		Pour 100.	Pour 100.	Pour 100.
925	Duschlberg.	79,36	88,15	8,79
610	Seeshaupt.	77,57	86,08	8,51
489	Rohrbrunn.	77,73	83,31	5,58
489	Johanneskreuz	76,86	83,39	6,53
390	Ebrach	78,66	83,16	4,50
333	Altenfurth	80,19	83,33	3,14
133	Aschaffenburg.	74,99	—	—

Toutes ces stations appartiennent au climat moyennement humide. Suivant la plus ou moins grande proximité de la mer, l'air des forêts s'est montré de 3 à 9 p. 100 (en moyenne, de 6,36 p. 100) plus humide que l'atmosphère des sols découverts, ce qui est d'autant plus intéressant que l'humidité absolue, dans les mêmes stations et à la même époque, s'est maintenue presque identique dans les deux cas. La température de l'air étant plus basse sous bois qu'à l'air libre, on s'explique pourquoi, l'humidité absolue restant la même, la fraction de saturation est plus grande en forêts que dans l'air du sol déboisé.

L'influence de l'altitude est également manifeste. Dans les lieux élevés, l'humidité relative annuelle de l'air des forêts est plus considérable qu'à des altitudes inférieures; de même aussi les écarts entre les humidités relatives de l'air sous bois et hors bois augmentent avec l'altitude des stations d'observations. L'état boisé du sol augmente la moyenne annuelle d'humidité relative de l'air dans une proportion d'autant plus grande que l'altitude de la forêt est plus considérable.

Les chutes d'eaux météoriques (rosée, brouillard, pluie, neige) seront donc plus abondantes dans les régions fortement boisées que dans les régions nues, leur fréquence et leur intensité augmenteront avec l'altitude du sol.

Il semble résulter de là que l'état boisé du sol influe sur la fréquence des pluies, uniquement en augmentant l'humidité relative de l'air, en amenant ce fluide plus près de son point de saturation que si le sol est nu, de telle sorte qu'un abaissement de température rend la condensation de l'eau plus facile et plus intense dans les régions boisées que dans les régions dépourvues de forêts.

Le climat des régions boisées est en toute saison beaucoup plus humide que celui des pays nus; cette influence se fait particulièrement sentir pendant l'été, où l'écart est presque double durant cette saison, comparativement aux autres, comme le montrent les moyennes suivantes :

	HUMIDITÉ RELATIVE DE L'AIR.			
	Printemps.	Été.	Automne.	Hiver.
	Pour 100.	Pour 100.	Pour 100.	Pour 100.
Hors bois	74,96	71,92	82,72	84,19
Sous bois	80,66	81,20	87,54	89,43
Différences. . .	5,78	9,28	5,22	5,24

Pendant l'été, l'action de la forêt sur la production des météores aqueux est donc bien plus manifeste que durant les autres saisons de l'année. L'air humide qui se répand autour d'une forêt diminue notablement le rayonnement nocturne, et partant, les gelées blanches de printemps et d'automne, si fréquentes dans les climats secs.

Si nous examinons maintenant les résultats des observations mensuelles des stations bavaroises, nous voyons que, dans toutes, le maximum de sécheresse s'observe en mai, aussi bien hors bois que sous bois, et le maximum d'humidité en octobre et en novembre dans presque toutes les stations :

	HUMIDITÉ RELATIVE		Écarts.
	hors bois.	sous bois.	
	Pour 100.	Pour 100.	Pour 100.
Mars	81,21	84,57	3,56
Avril.	76,04	81,23	4,29
Mai.	66,71	76,18	9,47
Juin	70,77	80,10	9,33
Juillet.	72,08	82,15	10,07
Août	72,89	81,33	8,44
Septembre.	71,16	79,99	8,83
Octobre.	88,69	92,15	3,46
Novembre	88,32	91,68	3,36
Décembre	87,06	92,16	5,10
Janvier	84,91	88,68	3,77
Février	80,61	87,48	6,85

De mai à septembre, c'est-à-dire dans les mois les plus chauds et correspondant à la période de végétation, l'air s'est toujours montré plus sec que dans les mois froids (octobre à avril). Dans toutes les stations et presque pendant tous les mois de l'année, l'air des forêts a été notablement plus humide que l'air de la région non boisée. C'est le mois le plus chaud, juillet, qui a présenté l'écart le plus considérable; les plus faibles différences se sont au contraire manifestées dans les mois les plus froids. En juillet, l'écart moyen dans les fractions de saturation de l'atmosphère des deux régions a atteint 10,07 p. 100; en janvier, il est tombé à 3,77 p. 100. De là résulte cette conclusion que les défrichements sur de grandes étendues ont pour effet de diminuer notablement l'humidité relative pendant les mois chauds et dans les régions chaudes; ils rendent, par suite, plus rares les météores aqueux, la pluie, et leur enlèvent de leur intensité. Le sol des pays défrichés sur une vaste surface est moins humide et les sources s'appauvrissent. Dans les plaines et sur les plateaux, les inconvénients des défrichements se font sentir d'une façon plus manifeste (par la diminution des pluies) que dans les pays de montagnes.

Cette humidité plus grande de l'air sous bois, durant la saison chaude de l'année, diminue l'évaporation du sol et celle des jeunes plantes, d'ailleurs abritées par le couvert, conditions favorables à la végétation. L'altitude exerçant une action marquée sur l'état hygrométrique de l'air des forêts, il en résulte que les plantes importées des régions montagneuses dans la plaine se trouvent placées, outre les conditions de sol et de climat, dans un milieu plus sec que celui où elles sont nées, fait dont il est bon de tenir compte dans la distribution géographique et dans la transplantation des essences forestières.

Les variations horaires de l'état hygrométrique présentent aussi de l'intérêt : en raison de l'abaissement de température qui survient la nuit et le matin surtout, l'humidité relative de l'air, en terrains déboisés comme en forêts, est plus grande à huit heures du matin qu'à cinq heures du soir, ainsi que le montrent les moyennes obtenues dans les stations forestières bavaroises. L'humidité relative de l'air a été trouvée plus grande, à huit heures qu'à cinq heures du soir, des quantités centésimales suivantes :

	Hors bois.	Sous bois
	Pour 100.	Pour 100.
Mars	7,11	4,40
Avril	11,61	6,35
Mai	11,95	11,92
Juin	8,28	8,96
Juillet	9,92	8,08
Août	13,50	9,52
Septembre	17,35	12,94
Octobre	3,17	2,69
Novembre	0,57	....
Décembre	1,21	....
Janvier	0,43	....
Février	5,93	5,93

Les écarts diurnes de l'humidité relative de l'air sont donc beaucoup plus faibles en forêts qu'en régions déboisées, notamment dans les pays les plus chauds, où ils atteignent leur maximum.

Si nous résumons les résultats des observations faites dans les stations forestières de la Bavière de 1864 à 1872, en ce qui concerne l'influence des forêts sur l'état hygrométrique de l'air, nous pouvons en tirer deux conclusions importantes : 1° l'état de boisement du sol n'influe notablement, sur l'humidité absolue de l'air, à aucune époque de l'année ; 2° les forêts ont, au contraire, une action des plus marquées sur l'humidité relative de l'atmosphère, beaucoup plus élevée sous bois que dans les régions nues. L'humidité relative augmente avec l'altitude et les forêts contribuent, dans une large mesure, à rendre plus humide le climat de la région qu'elles couvrent.

L'étude de l'évaporation de l'eau sous bois et hors bois trouvera sa place dans le chapitre relatif aux propriétés physiques du sol. Nous allons maintenant aborder l'examen des eaux météoriques, produits de la condensation, dans diverses circonstances, de l'humidité contenue en tout temps dans l'air atmosphérique.

69. — Les eaux météoriques. — Formation de la rosée. — Partout où des corps solides arrivent, pour une cause quelconque, à une température inférieure à celle du *point de rosée* de l'atmosphère qui les baigne, il y a nécessairement condensation de l'eau hygrométrique, qui se résout en eau liquide. Le même phénomène prend naissance au sein de l'atmosphère lorsque la température de l'air s'abaisse au-dessous de son point de rosée. Ces condensations, suivant l'ensemble des conditions dans lesquelles elles se produisent, engendrent la rosée, le givre, le verglas, le brouillard, les nuages, la pluie, la neige, le grésil ou la grêle. Cherchons à nous rendre compte de la formation de chacun de ces météores aqueux.

Aristote avait déjà observé que la rosée se manifeste seulement dans les nuits calmes et sereines. Plus tard, ce fait a été contesté, mais une observation plus attentive a montré qu'en effet les rosées abondantes ne se forment guère que durant les nuits claires et par un temps calme. Pour Aristote, la rosée était une pluie de la couche atmosphérique inférieure. L'explication de ce phénomène, assez complexe, a été donnée pour la première fois dans un travail magistral, modèle de recherches scientifiques, par W. C. Wells[1].

Dans ce beau mémoire, l'auteur établit que la rosée est le dépôt d'eau liquide sur les corps solides, pierres, plantes, etc., par suite du refroidissement de ces corps à une température inférieure au point de rosée, la température de l'air demeurant supérieure à celle qui amènerait la condensation de son humidité. Le refroidissement causé par le rayonnement de la chaleur le soir, pendant la nuit et le matin, est la cause immédiate de ce phénomène ; pour qu'il se produise, la nuit doit être claire, sans brouillard, la limpidité de l'air le rendant diathermane.

La rosée est plus forte au printemps et en automne qu'en été ; elle atteint son maximum dans les matinées où un temps clair succède à une nuit à ciel couvert. Une élévation notable de température dans le jour favorise la rosée du lendemain. Par les nuits calmes, il y a plus de rosée de minuit au lever du soleil que depuis son coucher jusqu'à minuit. Une couverture quelconque, nuage, brouillard, etc., diminuant ou supprimant le rayonnement de la chaleur vers l'espace,

---

1. **Wells (William-Charles)**, né en 1757 à Charlestown (Caroline du Sud), docteur en médecine de l'Université d'Édimbourg en 1780. D'abord chirurgien d'un régiment écossais, puis médecin praticien dans la Floride et dans la Caroline du Sud ; revenu en Angleterre en 1790 ; médecin du dispensaire de Fuisburg, puis de l'hôpital de Saint-Thomas, à Londres ; membre de la Société royale ; mort à Londres en 1817. Il a laissé quelques mémoires intéressants sur la vision monoculaire et sur les actions galvaniques des muscles ; mais c'est son *Essay on dew* (*Essai sur la rosée*), publié en 1814, à Londres, qui l'a rendu célèbre.

diminue ou supprime la rosée. Le vent ou le voisinage de corps rayonnant de la chaleur modifient également le phénomène. Si l'on examine, par une belle matinée d'été, les feuilles des plantes voisines du sol et celles d'un arbre élevé, on constate que ces dernières restent fréquemment sèches, alors qu'une abondante rosée recouvre les plantes à basse tige. Cela s'explique aisément si l'on réfléchit que l'air est plus chaud au sommet des arbres qu'à la surface du sol, et qu'il y a plus d'agitation à cette hauteur qu'en bas; au milieu, les feuilles des arbres se protégent mutuellement contre le rayonnement qui se produit à la partie supérieure de l'arbre seulement. Les surfaces métalliques polies rayonnent moins et se couvrent moins abondamment de rosée, par conséquent, que les surfaces rugueuses ou granulées. Des masses métalliques un peu volumineuses ne présentent presque jamais de rosée à la surface, en raison de leur pouvoir conducteur, qui est considérable; il faut en effet, pour qu'ils se recouvrent de rosée, que toute la masse arrive à une température égale à celle du point de rosée. Les corps mauvais conducteurs de la chaleur se recouvrent à la surface d'une couche de rosée bien avant que toute leur masse soit arrivée à un abaissement uniforme de température.

Une plaque métallique maintenue horizontalement à quelques mètres au-dessus de la surface du sol se recouvre (par suite de sa conductibilité) d'une couche de rosée sur les deux côtés exposés à l'air. La facilité avec laquelle les métaux se mettent en équilibre de température avec l'air explique, d'autre part, pourquoi ils restent fréquemment secs, alors que les autres corps sont recouverts de rosée. Les plantes glabres et les plantes pileuses nous offrent des exemples fréquents des mêmes phénomènes. Les couvertures de paille, d'étoffe, de bois et en général les corps mauvais conducteurs, empêchant le rayonnement, ne permettent pas un abaissement suffisant de la température des corps qu'ils recouvrent pour que ceux-ci se revêtent de rosée.

Il est presque impossible de déterminer, au moyen d'un udomètre, la quantité d'eau que le phénomène de la rosée peut apporter à la terre ou aux plantes. M. Boussingault a employé une voie détournée pour arriver à une évaluation approximative de l'importance numérique de ce phénomène. Voici comment il décrit lui-même la méthode qu'il a suivie :

Après une nuit sereine, lorsque l'atmosphère était restée calme, quand, en un mot, les circonstances avaient été favorables à la radiation nocturne, je me rendais dans les prairies des bords de la Sauer avant le lever du soleil. Là, avec une éponge, on essuyait l'herbe sur une surface de quatre mètres carrés. L'eau était mise dans un flacon et pesée. (Cette méthode ne donne que des minima, parce qu'elle ne permet pas de tenir compte de l'eau absorbée par le sol.) Voici les poids de rosée obtenus, par ce moyen, depuis le 14 août jusqu'au 2 octobre de l'année 1857 :

		Rosée prise sur le mètre carré.	Hauteur de la couche d'eau en millimètres.
		—	—
Août	14	637gr	0,16
—	18	710	0,18
—	19	352	0,09
—	22	495	0,12
—	23	303	0,08
—	26	242	0,06
—	27	310	0,08
—	28	140	0,04
—	29	250	0,06
Septembre	2	402	0,10
—	7	1,072	0,27
—	16	1,080	0,27
—	17	712	0,18
—	20	355	0,09
—	23	1.020	0,26
—	28	670	0,15
Octobre	2	722	0,18
		Moyenne	0,14

En moyenne, les rosées recueillies sur la prairie représentaient une pluie de $0^{mm},14$, équivalant à 1,400 litres d'eau tombant sur une surface d'un hectare, volume trop faible, sans doute, pour remplacer l'arrosement, mais qui n'en est pas moins très-utile sur les prés comme sur les cultures, en atténuant les mauvais effets causés par des sécheresses prolongées ; on en a eu une preuve frappante dans l'été de 1857. Depuis plusieurs années on n'avait pas éprouvé une température élevée aussi persistante, il ne pleuvait qu'à de longs intervalles ; la terre était poudreuse. Trois plantes seules résistaient parfaitement : le froment, la vigne et le tabac ; dont la vigueur me rappelait les belles plantations d'Ambalna, des vallées d'Arragua, de Varinas. Je n'ai pas mentionné le houblon, qui occupe toujours un sol foncièrement humide. Quant aux autres cultures, leur développement était singulièrement retardé ; les arbres se dépouillaient, parce que, ainsi que je l'ai observé maintes fois dans les régions équinoxiales, une sécheresse extrême agit sur la forêt comme un hiver rigoureux. Les feuilles des betteraves, des pommes de terre, des topinambours souffraient considérablement durant ces chaudes journées ; elles étaient pendantes et flétries, mais le matin on les trouvait redressées, vivaces, fermes sur la tige. Ce changement, je l'attribue uniquement à l'intervention de la rosée, et non pas, comme on pourrait aussi se l'imaginer, à ce que la transpiration, cessant pendant la nuit, l'eau puisée par les racines s'accumulerait dans le tissu des parties aériennes du végétal. Voici le fait sur lequel j'appuie cette opinion. C'est une coutume très-répandue en Alsace comme en Lorraine de planter des pruniers dans les champs labourés. Or, on remarquait que partout où ces arbres abritaient des betteraves, des topinambours, les feuilles abattues par la chaleur du jour ne se relevaient pas ; c'est que l'arbre, en formant un écran, s'opposait à la radiation nocturne, au refroidissement qui en est la conséquence et, par suite, au dépôt de rosée : il fallait de la pluie pour ranimer ces plantes [1].

Je me réserve d'examiner plus loin, à propos des sources d'azote de la végétation, le rôle que la rosée joue dans la nutrition des végétaux, comme véhicule de l'ammoniaque de l'air. Je préfère ne m'occuper, pour le moment, que des états physiques de l'eau atmosphérique.

70. — Gelée blanche. — Givre. — Verglas. — La gelée blanche n'est autre chose que de la rosée coagulée par son abaissement de température au-dessous de zéro. En hiver, elle se produit instantanément par le dépôt de la rosée sur les plantes ou sur le sol. Au printemps et en été, il y a deux phases dans la formation de la gelée blanche : premièrement, dépôt de rosée ; deuxièmement, congélation de la couche de rosée. Le givre et le verglas paraissent produits par l'arrivée brusque d'un courant d'air très-humide sur des surfaces préalablement refroidies au-dessous de zéro : sol, branches et feuilles des arbres et des plantes. La glace se forme alors instantanément. Ces deux phénomènes entraînent quelquefois de véritables désastres.

---

1. BOUSSINGAULT, *Agronomie, chimie agricole et physiologie*, t. II, p. 320 et suiv. Paris, in-8°, 1861.

Le verglas qui s'est produit le 23 janvier 1879 et qui a causé de si grands dégâts dans nos forêts, a révélé une forme particulière de ce phénomène qui n'avait pas été décrite jusqu'alors. Ce n'est pas la chute de petits cristaux formés dans l'atmosphère par un refroidissement subit qui a produit ce verglas, mais bien une pluie fine, très-froide, ténue, comme l'ont observé MM. Massé à Épernay, Godefroy à Lorient et le capitaine Piebourg à Fontainebleau, à un état de surfusion à une température inférieure à zéro. Les deux derniers observateurs que je viens de citer assignent une température de —4° à cette eau ; je n'ai pas déterminé sa température, mais j'ai constaté, comme eux, que c'était bien de l'eau liquide et non du verglas, dans le sens ancien de ce terme, qui est tombé les 22 et 23 janvier dernier. A Fontainebleau, dit le capitaine Piebourg[1], il est tombé une telle quantité de verglas le 22 janvier, que les marches inférieures d'un escalier de pierre avaient rejoint celles de dessus. On voyait un manchon de 4 centimètres sur les fils télégraphiques et une couche de 2 centimètres sur une feuille dont l'épaisseur normale atteignait à peine 1 millimètre. Les aiguilles de pin, que j'ai observées attentivement à Nancy, étaient recouvertes d'un bourrelet de glace absolument transparente, d'un diamètre de 2 millimètres environ.

Ces dépôts, que j'ai observés à Nancy comme le capitaine Piebourg à Fontainebleau, ne ressemblaient en rien à ceux du givre ou de la gelée blanche, qui sont formés de petites aiguilles blanches sans dureté : ils étaient constitués par une glace dure, à contours arrondis, si transparente qu'on voyait nettement à l'intérieur l'aiguille du pin, le brin d'herbe ou le rameau sur lequel elle était déposée. Cette glace différait aussi de celle que donne la gelée ordinaire. Elle était humide et mouillée de gouttes d'eau qui tombaient. Il semblait qu'une portion seulement de la pluie prenait l'état solide pendant que le reste demeurait liquide ; c'était tout à la fois une formation continue de glace et les apparences du dégel. J'ai pesé une feuille d'aucuba recouverte de verglas : son poids était de 12gr,67 ; débarrassée du verglas, elle ne pesait plus que 540 milligrammes. Elle portait donc environ 25 fois son poids de glace. On comprend la rup-

1. Jamin, *Revue des Deux-Mondes*, 15 février 1879.

ture des fils télégraphiques et des arbres eux-mêmes signalée sur un très-grand nombre de points de la France à la suite des journées des 22 et 23 janvier. J'emprunte encore à l'intéressant article que M. Jamin a publié dans la *Revue des Deux-Mondes* la note que lui a communiquée M. Serval, conservateur des forêts à Paris, sur les dégâts causés dans les forêts de la première conservation.

Les forêts domaniales de la zone parisienne, atteintes par le verglas des 23, 24, 25 janvier, sont celles de Fontainebleau (17,000 hectares), Villefermoy (2,200 hectares), Jouy (1,400 hectares), Malvoisins (500 hectares) et Sourdan (400 hectares). Ces forêts sont situées dans le département de Seine-et-Marne.

On peut évaluer à 200,000 stères le volume de bois brisé par le verglas; la seule forêt de Fontainebleau compte dans ce chiffre 150,000 stères. Les parties de cette forêt peuplées en pins ont été principalement endommagées. Depuis cinquante ans environ, le service des forêts s'était attaché avec persévérance à restaurer les cantons ruinés, au moyen de semis et de plantations de pins sylvestres; il avait ainsi créé des massifs résineux d'une étendue totale de 4,000 à 5,000 hectares. Chaque année, ces massifs étaient soigneusement éclaircis, de manière à laisser aux cimes un libre développement. On peut dire que ces beaux massifs de pins sont détruits dans la proportion de 60 à 70 p. 100. Il semblerait que certaines parties ont été mitraillées à outrance. Il sera nécessaire de raser à blanc d'immenses étendues et de recommencer le repeuplement. L'œuvre de la restauration de la forêt de Fontainebleau se trouve retardée de trente ans.

Les cantons peuplés en essences feuillues ont moins souffert. Toutefois, les hêtres d'âge moyen ont été très-entamés. Quant aux bois d'essences tendres, ils sont presque partout brisés. Je crois qu'on aurait peine à trouver debout un seul de ces gracieux bouleaux dont le tronc argenté, surmonté d'un léger feuillage, faisait l'ornement des parties rocheuses de la forêt.

Dans les jeunes coupes des florissants taillis de Villefermoy, les baliveaux, espoir de l'avenir, sont brisés dans la proportion de 60 à 80 p. 100.

Le vendredi 24 janvier, cette dernière forêt, peuplée en essences feuillues, entièrement enveloppée d'une épaisse couche de glace, ressemblait, selon l'expression imagée d'un garde général adjoint, « à une immense exposition de cristallerie ». Rien de plus saisissant que l'immobilité et le silence qui pesaient sur la forêt, brusquement troublés de temps en temps par l'effroyable fracas des bris d'arbres.

71. — Brouillards et nuages. — Identiques dans leur essence, ces deux phénomènes météorologiques portent des noms différents, suivant la distance de la terre à laquelle ils prennent naissance. La température de l'air humide, venant à s'abaisser à un degré inférieur à son point de rosée, il se produit une condensation de vapeur très-divisée, bulles microscopiques ou vésicules, qui emprisonnent de l'air à leur intérieur et que l'on pourrait comparer à de très-petites bulles de savon. Si le nombre de ces vésicules est assez considérable dans le voisinage du sol, il en résulte une opacité de l'atmosphère que l'on désigne sous le nom de brouillard. C'est en général au contact du sol ou des eaux que ce phénomène se manifeste; lorsque la condensation a lieu dans les régions du ciel plus ou moins élevées, on donne à l'eau condensée le nom de nuages.

A volume égal, l'eau est 773 fois plus lourde que l'air; cependant les nuages flottant dans l'atmosphère s'y maintiennent parfois très-longtemps et ne descendent que lentement. On a indiqué deux causes pour expliquer cette apparente anomalie : la résistance de l'air et l'adhérence des vésicules aqueuses aux couches d'air environnantes. Les vésicules des nuages sont de dimensions très-petites, d'autant plus faibles que le beau temps a été plus prolongé avant leur formation et que la température est plus élevée. Avant de se résoudre en pluie, elles augmentent de volume. Kæmtz a déterminé le volume des vésicules des nuages dans les différentes saisons de l'année. Voici les nombres qu'il a donnés :

	Millimètres.
Hiver	0,0215
Printemps	0,0163
Été	0,0139
Automne	0,0203

Tous les excursionnistes qui ont visité les montagnes, ont eu l'occasion de constater maintes fois que les nuages ne sont autre chose que des brouillards; vues de la plaine, ces condensations de vapeur d'eau ont l'aspect de nuages; quand on s'élève jusqu'à la région où elles se manifestent, on voit, en traversant ces nuées, qu'elles sont absolument identiques aux brouillards de nos vallées. Certains nuages sont absolument immobiles dans le ciel : ce phénomène tient à ce que la couche d'air qui leur est inférieure n'est pas saturée de vapeur d'eau; les forêts de sapins présentent fréquemment des exemples de nuages stationnaires.

La formation des brouillards et des nuages se rattache toujours à l'une des trois causes suivantes :

1° Mélange de couches d'air de températures différentes ;

2° Ascension brusque dans l'air d'une quantité de vapeur d'eau supérieure à celle que l'atmosphère peut dissoudre à la température où elle se trouve (cas des rivières, étangs, terres humides) ;

3° Refroidissement subit de l'air sur une grande étendue au-dessus de son point de rosée.

La forme des nuages est, comme on le sait, essentiellement variable.

La classification générale adoptée par presque tous les météorologistes est due à Lucke Howard (1772), droguiste et membre de la Société royale de Londres, qui, d'après leur forme, a classé les nuages en trois groupes principaux : *cirrus* (nuage léger ayant l'aspect d'une chevelure) ; *cumulus* (nuage plus ou moins arrondi) ; *stratus* (nuage stratifié). En combinant ces dénominations fondamentales, d'après les variétés d'aspect des nuages, on a créé les termes de *cirro-cumulus*, *cirro-stratus*, *cumulo-stratus*, *nimbus* ou *cirro-cumulo-stratus*, suivant que domine l'une ou l'autre des formes fondamentales.

Le cirrus occupe d'ordinaire les plus hautes régions de l'atmosphère ; il est généralement formé par la rencontre de deux courants latéraux, venant l'un du pôle, l'autre de l'équateur.

Le cumulus se produit par l'ascension d'un courant d'air froid vertical. La formation du stratus dépend du refroidissement plus ou moins lent des couches d'air, sur place.

L'influence des montagnes sur la production des nuages est connue de tous; elles agissent sur l'humidité de l'air à la façon d'un condensateur. Quant à la hauteur des nuages au-dessus du sol, elle est éminemment variable et plus grande en été qu'en hiver. Les nuages sont situés dans le ciel à de beaucoup moins grandes altitudes qu'on ne se le figure d'ordinaire. On le comprend aisément, si l'on réfléchit combien est faible la tension de la vapeur d'eau à 4,000 ou 5,000 mètres d'altitude, en raison de l'abaissement de la température de l'air à ces hauteurs. A. de Humboldt assigne 2,000 mètres en moyenne à l'altitude des nuages des Cordillières. Schübler indique 1,670 mètres pour les Alpes; Peytier et Houard, 900 mètres dans les Pyrénées.

Crouwaits a trouvé, sur 5,381 observations de hauteur des nuages faites dans les montagnes du nord de l'Angleterre, les altitudes réparties de la façon suivante :

293 fois de 0 à 400 mètres;
1,640 fois de 400 à 800 mètres;
1,350 fois de 800 à 1,050 mètres;
2,098 fois à 1,050 mètres et au-dessus.

Sur le continent, les déterminations de hauteur des nuages présentent de très-grands écarts. Pouillet a donné, pour la hauteur déterminée par lui en octobre, 1,200 mètres au-dessus du niveau du sol. Kæmtz a trouvé des *cirri* de 3,300 mètres à 8,000 mètres et des nuages volumineux (*cumuli*) de 1,000 mètres à 3,300 mètres.

La fréquence des nuages est très-grande, le nombre de jours où ils manquent dans l'Europe centrale est très-faible; sous les tropiques il en est autrement. Nous reviendrons à cette question à propos de la pluie.

72. — Pluie. — L'importance, pour la végétation, des quantités d'eau que reçoit le sol sous forme de pluie, ne fait doute pour aucun agriculteur. Chaque plante exige pour vivre une quantité d'eau proportionnelle, en général, à son poids : du plus ou moins d'eau tombée sur la terre dépend le développement nul, imparfait ou complet des plantes; il est même certains sols, comme les sables purs, dans lesquels la répartition de la pluie est le facteur prépondérant des rendements qu'on obtient. Voici l'indication du taux pour 100 d'eau que renferment quelques espèces agricoles ou forestières importantes :

Pommes de terre.	Tubercules.	76,0	Lentilles.	9,0
	Feuilles.	85,1	Sarrasin.	12,5
Turneps.	Racines.	91,0	Maïs.	18,0
	Feuilles.	88,5	Avoine.	14,0
Betteraves.	Racines.	81,9	Blé.	14,0
	Feuilles.	89,7	Tilleul (feuilles).	55,0

Tabac	Feuilles.	87,1	Chêne	Bois	35,0
	Tiges	85,8		Feuilles	57,4
	Racines	84,1			
Féveroles		8,9	Saule (bois)		60,0

Les forêts ne sont pas moins exigeantes que les autres récoltes; elles redoutent la sécheresse; il leur faut un certain minimum annuel d'eau, d'autant plus élevé que le climat et le sol sont plus chauds et, partant, plus secs. L'eau est d'autant plus nécessaire aux forêts que les arbres possèdent une surface d'évaporation énorme ; il faut qu'ils puissent réparer, par leurs racines, la déperdition d'eau due aux feuilles. Les arbres et les plantes en général sont comme des courants d'eau, constants pendant toute leur période de végétation. Pendant l'hiver, la perte par évaporation est presque nulle ; mais l'eau est encore nécessaire aux arbres, elle s'accumule dans leurs tissus, véritables réservoirs où les feuilles nouvelles vont puiser lors de leur développement.

Pendant les grandes sécheresses, ce sont encore ces réservoirs qui empêchent l'arbre de périr. Si les arbres résistent à des sécheresses qui font disparaître toute végétation annuelle, c'est à l'extension de leurs racines à d'assez grandes profondeurs qu'ils le doivent.

Nous nous occuperons un peu plus loin des quantités d'eau nécessaires à l'accroissement et à l'évaporation des plantes et des arbres, quantités variables non-seulement avec les genres et les espèces, mais encore avec les organes des végétaux, avec leur âge, leur taille, suivant la nature du sol, du climat, de l'éclairage, etc. Nous allons d'abord examiner la répartition générale des pluies et les quantités d'eau qui, de ce chef, arrivent au sol en pays boisés et dans les régions défrichées.

Les pluies sont le résultat de la condensation, à l'état liquide, de la vapeur d'eau dissoute dans l'air. Elles se produisent par le contact, plus ou moins brusque, des couches d'air saturées de vapeur avec d'autres couches moins chaudes qu'elles. Les deux causes médiates les plus fréquentes sont : l'ascension verticale de couches chargées d'humidité vers les régions plus froides et la rencontre, sous l'influence des vents, de couches horizontales inégalement chargées de vapeur et à des températures différentes. La première cause est dominante dans les climats intertropicaux, la deuxième dans les climats ectropicaux.

Les quantités d'eau qui tombent annuellement dans les divers lieux du globe sont extrêmement inégales d'un point à l'autre, et sensiblement identiques, au contraire, pour le même lieu. On peut, sous le rapport du régime des pluies, partager les climats deux grandes catégories : climats pluvieux et climats secs. Au point de vue de la répartition géographique et de la fréquence des pluies, la terre peut être divisée en six grandes zones principales :

1° Trois zones intertropicales, qui sont :

a) Zone du calme avec pluie dans tous les mois et presque tous les jours après midi : 3° lat. sud à 5° lat. nord.

b) Zone à pluie double périodique, deux fois par jour, avec interruption au moment où le soleil est au zénith : 3° à 10° et à 15° lat. nord au 3°, 10° et 15° lat. sud.

c) Zone à pluie unique, une fois par jour : 15° à 25° ou 27° lat. nord à 15°, 25° ou 27° lat. sud ;

2° Trois zones ectropicales :

a) Zone subtropicale avec pluies d'hiver, de printemps et d'automne ; pas de pluie en été : 25° à 40° ou 50° lat. nord et 25° ou 40° lat. sud.

b) Zone à pluie en toutes saisons : 40°, 60° lat. nord et 40° à 60° lat. sud.

c) Zone avec hiver presque sans pluie : zone circumpolaire ; 60° à 90° nord et sud.

Au point de vue des quantités totales d'eau tombées annuellement, on compte quatre grandes régions : de 0° au 25° latitude nord, il tombe en moyenne 2 mètres d'eau par an ; du 25° au 40° latitude nord, 1 mètre ; du 40° au 50° latitude nord, 0m,75, et du 50° au 60°, seulement 0m,60.

Fréquence et quantité de pluie ne sont pas nécessairement connexes, c'est-à-dire que la quantité d'eau de pluie que reçoit le sol n'est pas proportionnelle au nombre de jours de pluie par année. Ainsi, à Saint-Pétersbourg il pleut 168 jours par an, en moyenne, et la hauteur d'eau tombée est de 0m,46 ; à Rome, on ne compte que

145 jours de pluie, et la chute d'eau s'élève cependant à 0m,81, année moyenne.

A mesure que l'on s'éloigne de l'équateur, la quantité d'eau diminue ; à mesure qu'on s'élève dans l'air, la quantité de pluie décroît également. Les premières observations de ce fait intéressant remontent au XVIIIe siècle ; elles ont été faites sur la tour de Westminster, à Londres, par Heberden ; contrôlées et vérifiées à Manchester par Dalton, à Besançon par Person. Les observations udométriques de l'observatoire de Paris ont montré que, tandis que le sol de la terre reçoit annuellement 0m,57 d'eau, sur la terrasse de l'observatoire, située à 28 mètres plus haut, la chute de pluie n'est que de 0m,50. Parallèlement à l'accroissement de l'humidité relative de l'air (fraction de saturation), le nombre des jours de pluie va en augmentant du sud au nord. L'Europe du Sud compte 120 jours de pluie en moyenne par année, l'Europe moyenne, 146 jours, l'Europe du Nord, 180. Inversement, à mesure que l'on s'éloigne de la mer, le nombre des jours de pluie diminue, en même temps que décroît l'humidité relative. Pétersbourg compte 168 jours de pluie, Kasan, 90, et Jakutsk, 60 jours seulement.

La *quantité* de pluie qui tombe, en un point donné, dépend à la fois du nombre de jours de pluie et de l'intensité de la chute. La quantité *absolue* de pluie décroît donc à mesure que l'on s'éloigne de l'Océan, le nombre des jours de pluie et le volume de celle-ci diminuant en même temps. Par exemple, si l'on prend pour unité la quantité d'eau qui tombe annuellement à Saint-Pétersbourg, la quantité tombée dans les plaines de l'Allemagne = 1,2 ; celle que reçoit l'intérieur de l'Angleterre = 1,4 ; la pluie qui tombe sur les côtes de la Manche = 2,1.

L'influence de l'altitude sur les chutes d'eau pluviale est également très-notable. Il tombe, toutes choses égales d'ailleurs, plus de pluie sur les hauteurs que dans les plaines. Nous avons déjà dit que les montagnes agissent comme des condensateurs, les nuages et les pluies y sont plus fréquents. A quoi cela tient-il ? Les montagnes n'attirent pas les nuages, comme on l'a quelquefois écrit, mais elles favorisent leur formation ; elles sont, de plus, un véritable obstacle mécanique à leur propulsion et à leur déplacement. On sait que lorsque des gaz denses ou condensés se *détendent,* il y a production de travail et absorption équivalente de chaleur empruntée au milieu ambiant. Plus l'expansion de ces gaz est rapide, plus grande est la condensation de vapeur dans l'air où ils s'échappent. Je pourrais citer de nombreux exemples de ce fait, tels que l'ouverture de la soupape d'une locomotive, la fumée qui apparaît dans l'air ambiant quand on débouche une bouteille de champagne, etc. L'abaissement de la température correspondant à la détente brusque de la vapeur de la chaudière et de l'acide carbonique du vin de champagne condense la vapeur d'eau de l'atmosphère, qui se trouve saturée pour cette température. De même, le volume du gaz (air) qui, des régions inférieures de l'atmosphère (plaines ou vallées), s'élève verticalement au sommet des montagnes, augmente par le fait de la diminution de pression : il y a nécessairement refroidissement, par suite de ce changement de volume, et la vapeur d'eau se condense sous forme de nuage ou de pluie. On a calculé, à l'appui de ce raisonnement, qu'un courant d'air venant des vallées et se dirigeant au sommet des Alpes, à 3,000 ou 4,000 mètres d'altitude, se refroidit de 20° environ, ce qui explique très-bien la condensation d'une quantité notable de vapeur d'eau à cette hauteur. Inversement, si la condensation brusque d'une masse d'air a lieu de haut en bas, sous l'influence d'un courant violent, il se dégage une quantité de chaleur égale à celle que le même volume avait absorbée dans le premier cas ; l'air est désaturé, sa température ayant augmenté, et les nuages se dissipent.

L'action alternative de ces deux causes explique la formation si fréquente de nuages dans les montagnes, et leur disparition subite à certains moments.

Je ne saurais entrer ici dans le détail des observations udométriques faites en France ; on trouvera dans les ouvrages de météorologie, et notamment dans l'*Annuaire* de l'observatoire de Montsouris pour 1879, les relevés pluviométriques répartis par bassins. Je me bornerai à indiquer en terminant les pluies dominantes suivant les saisons. *Automne :* Royaume-Uni ; côte ouest de la France ; Pays-Bas et Norwége ; *été :* Allemagne ; pays rhénan ; Est de la France ; Danemark ; Suède.

Avant d'aborder l'étude, si intéressante pour nous, de l'influence des forêts sur la répartition, la fréquence et l'intensité des pluies, je dirai quelques mots de la neige et de la grêle.

73. — Neige et grêle. Orages. — L'eau peut rester liquide, comme nous l'avons vu précédemment, bien au-dessous de 0°, à la condition qu'elle ne soit pas agitée. Les vésicules qui forment les nuages atteignent souvent des températures très-basses sans se congeler, ainsi qu'ont permis de le constater les observations faites par les aéronautes. Dans leur ascension du 27 juillet 1850, MM. Bixio et Barral ont noté les décroissements de température, au fur et à mesure que l'aérostat s'élevait dans l'air; ils ont constaté les températures suivantes :

Altitudes.	Températures.
800 mètres.	+ 16° centigrades.
2,000 —	+ 9° —
3,750 —	— 0°5 —
5,120 —	— 7°0 —
6,330 —	— 10°5 —
6,510 —	— 35°0 —
7,000 —	— 39°0 —

A une altitude de 2,000 mètres, les voyageurs étaient séparés de Paris par un épais brouillard situé au-dessous du ballon; à 5,000 mètres, le brouillard dans lequel les aéronautes se trouvaient était compact; bien que le thermomètre accusât — 7°, la vapeur d'eau n'était pas congelée; à 6,000 mètres, le brouillard devenait moins épais. MM. Bixio et Barral constatèrent la présence de quelques aiguilles de neige (*t.* = — 10°5). Au-dessus d'eux, le ciel était serein.

Lorsqu'un courant d'air un peu rapide vient à traverser une couche saturée de vapeur d'eau à basse température, la congélation se produit; il tombe alors, suivant les cas, de la neige ou de la grêle. Ce dernier état de l'eau météorique se produit avec une fréquence et une intensité des plus variables. La grêle manque complétement sous les tropiques; la zone où se fait remarquer la présence de ce météore aqueux, dont les effets sont parfois si désastreux pour l'agriculture, est comprise entre le 30e et le 60e degré de latitude australe et boréale; au nord et au sud de cette zone, on n'a jamais constaté la présence de la grêle. La production de ce phénomène accompagne d'ordinaire les orages violents ; les chutes de grêle atteignent leur maximum au moment le plus chaud de l'année et du jour ; elles sont très-rares pendant la nuit.

En général, la chute de grêlons est limitée à des surfaces peu étendues. Cependant on cite des exemples d'orages à grêle qui ont exercé leurs ravages sur de très-longs parcours. Le 13 juillet 1788, un orage à grêle s'est étendu des Pyrénées à la Baltique, ravageant la France et la Hollande. La vitesse de propagation de l'orage atteignait 16 milles géographiques à l'heure ; l'ouragan s'est partagé en deux courants en arrivant à la Baltique ; on a recueilli ce jour-là des grêlons du poids de 250 grammes. Le 27 avril 1860, un orage avec grêlons pesant de 15 à 160 grammes a ravagé la Thuringe et la Saxe. Le 24 mai 1873, un ouragan avec grêle s'est propagé des Vosges à la Bavière rhénane en quelques heures. Ce jour-là, dans le seul département de Meurthe-et-Moselle, la grêle a causé pour plus de 225,000 francs de dégâts. On ne saurait trop appeler l'attention des agriculteurs sur l'utilité de l'assurance contre la grêle, l'association étant le seul remède à opposer à un fléau qu'on ne saurait éviter.

On a fait sur la formation des grêlons de très-nombreuses hypothèses; malgré les tentatives des physiciens, nous ne possédons encore aucune donnée précise sur les conditions dans lesquelles se produit ce phénomène.

Revenons à la pluie et examinons l'influence des forêts sur sa fréquence et sur sa répartition à la surface du sol.

74. — Description des stations météorologiques de l'École forestière. — Quelles quantités d'eau ou de neige arrivent jusqu'au sol dans un massif forestier et sur un terrain non boisé? Combien la cime des arbres retient-elle d'eau? Quelle influence les forêts exercent-elles sur le régime udométrique d'une région? Telles sont les questions intéressantes au premier chef, pour l'agriculture et la sylviculture, que je vais essayer de résoudre en m'appuyant sur les observations faites à l'École forestière, à la Station agronomique de l'Est et dans les stations forestières bavaroises.

C'est à la Saxe et à la Bavière que revient l'honneur de l'organisation des premières stations forestières expérimentales. En 1862 et

1863, on a installé dans ces deux États, sur un certain nombre de points convenablement choisis, des séries d'observations relatives à la météorologie, à la production forestière, à la formation de la couverture, etc.... On trouvera à la fin de ce chapitre les documents relatifs à cette utile institution. En France, l'administration des forêts, désireuse de voir étudier expérimentalement la question, fort controversée encore, de l'influence météorologique des forêts, a prescrit, en 1866, à l'École forestière de Nancy d'entreprendre diverses études afin de déterminer l'action des régions boisées sur les principaux phénomènes météorologiques dont le climat est la résultante, et sur l'alimentation des nappes aquifères souterraines auxquelles les sources doivent leur existence. L'École se mit immédiatement à l'œuvre et commença, à cette date, une série d'observations qu'elle a continuées jusqu'à ce jour sans interruption.

Trois stations, situées aux environs de Nancy, sont affectées aux observations météorologiques : la *station des Cinq-Tranchées*, la *station de Bellefontaine* et la *station d'Amance*.

La *station des Cinq-Tranchées,* située à 8 kilomètres et à l'ouest de la ville, à l'altitude de 380 mètres, est placée au centre d'un vaste plateau boisé, la Haye, qui forme les assises calcaires de l'oolithe inférieur. Deux udomètres y sont disposés : l'un en plein bois, sous un perchis de hêtres et de charmes moyennement serrés, âgé de 40 ans en 1866 ; l'autre à peu de distance du précédent, au milieu d'un espace découvert de plusieurs hectares de surface, attenant à la maison forestière des Cinq-Tranchées. La quantité d'eau pluviale que reçoit un udomètre placé dans une forêt peut varier avec la position de l'instrument, suivant qu'elle correspond aux pleins ou aux trouées du feuillage. Pour éviter cette cause d'erreur, l'udomètre de la forêt est de construction spéciale : il est pourvu d'un récepteur de grandes dimensions, dont la surface circulaire est exactement égale à la projection de cime de l'une des perches du massif. La tige de l'une de celles-ci le traverse en son centre et, à l'aide d'une collerette qui l'entoure, y déverse l'eau pluviale qui, dans les grandes ondées, ruisselle sur sa longueur.

Les observations poursuivies aux Cinq-Tranchées ont pour objet de déterminer la quantité d'eau météorique qui tombe dans une région boisée et de rechercher la proportion d'eau reçue par le sol, hors bois et sous bois.

La *station de Bellefontaine* est située à 6 kilomètres nord-ouest de Nancy, à l'altitude d'environ 240 mètres, au fond d'un vallon ouvert du sud-est au nord-ouest, sur le bord du massif forestier de la Haye. Cette station est la plus importante. Des udomètres, atmidomètres et thermomètres à minima et à maxima y sont disposés sur deux points distants l'un de l'autre d'environ 400 mètres, l'un en terrain déboisé cultivé en pépinière, l'autre dans la forêt, sous un massif assez touffu de charmes, hêtres et frênes, qui était âgé de 60 ans au début des expériences (1866). Les udomètres sont de construction ordinaire et de grandes dimensions; le récepteur en est circulaire et de 50 centimètres de diamètre; les thermomètres ont été vérifiés et réglés à plusieurs reprises. Quant aux atmidomètres, nous en parlerons en étudiant les rapports du sol avec l'atmosphère.

La troisième station est celle d'*Amance*. Les deux précédentes stations sont des stations forestières; celle d'Amance, à 10 kilomètres nord-est de Nancy, près du sommet d'une colline de l'oolithe inférieur, à l'altitude de 380 mètres, est située au centre d'une région qui, sans être dépourvue de forêts, peut être plus spécialement considérée comme une région agricole. On y a installé un udomètre seulement, au milieu d'un terrain découvert.

Les stations forestières de la Haye sont trop peu distantes de la station agricole (18 kilomètres) pour ne point être comparables; elles sont même trop rapprochées pour que toute solidarité météorologique soit effacée entre elles, pour que le plateau de la Haye, avec ses nombreuses forêts, ne fasse pas sentir son influence jusque dans la région peu boisée d'Amance, et réciproquement. Cette dernière circonstance atténue certainement les différences constatées par les observations météorologiques dans ces stations et fortifie d'autant les conclusions qui peuvent en être déduites. On peut être certain, en effet, que si, sans cesser d'être comparables, les lieux d'observation étaient assez éloignés l'un de l'autre pour ne point s'influencer mutuellement, que si l'un d'eux était au centre d'une région boisée, l'autre en pleine région agricole, absolument privée de forêts, les différences météorologiques qu'on y constaterait seraient bien plus grandes que celles qui résultent des observations actuelles et attesteraient une action beaucoup plus profonde des forêts sur le climat local[1].

75. — Installation pluviométrique de la station agronomique. — Depuis 1870, les observations udométriques ont été faites régulièrement à la Station agronomique de l'Est. Le pluviomètre dont je me sers est représenté dans la planche A. Il mesure exactement 1 mètre carré de surface ; il est placé au niveau du sol des cases de végétation, ce qui permet de comparer exactement les quantités d'eau reçues par ces cases à celles qui s'écoulent par les drains débouchant à la partie inférieure. Je m'étendrai plus loin sur la disposition de ces cases, ne m'occupant pour l'instant que de l'installation du pluviomètre. Cet appareil, P, en cuivre rouge verni, communique par le tube central *a*, avec un réservoir, Q, muni d'un tube indicateur de niveau *i*. Ce récepteur, d'une capacité de 27 litres environ, est relié par un trop-plein, *b*, avec un autre vase en métal *q'*, dans lequel, en cas d'ondée très-abondante, s'écoule l'eau pluviale en excès dans le réservoir Q. Des robinets de décharge, *r* et *r'*, servent à la vidange de l'appareil ; l'eau est mesurée dans un vase gradué en verre. La surface du pluviomètre étant égale à 1 mètre carré, la lecture du volume ou de la hauteur de pluie tombée ne nécessite aucun calcul. L'installation des cases de végétation ayant été complétée vers le milieu de l'année 1870 seulement, les observations régulières ont eu lieu, sans discontinuité, du 1er janvier 1871 jusqu'à ce jour. L'altitude du pluviomètre est de 217 mètres. Je vais indiquer successivement les moyennes mensuelles des chutes de pluie dans les stations forestières de l'École et à la Station agronomique de l'Est, de 1871 à 1877 inclus.

76. — Relevés pluviométriques des stations de l'École forestière. — Je commencerai par donner le résumé des observations udométriques des trois stations météorologiques forestières, en y joignant, pour les années 1871 à 1877, les relevés annuels de la Station agronomique de l'Est. On trouvera plus loin les relevés mensuels des quantités d'eau météorique tombée à Nancy.

---

1. Météorologie comparée agricole et forestière — V. Bibliographie.

Relevé annuel des observations udométriques de 1867 à 1877 inclusivement.

ANNÉES.	ÉPAISSEUR DE LA LAME D'EAU REÇUE ANNUELLEMENT EN SOL DÉCOUVERT DANS LES STATIONS			
	des Cinq-Tranchées.	de Belle-Fontaine.	d'Amance.	de Nancy.
	M.	M.	M.	M.
1867	0.9250	0.8790	0.8620	—
1868	0.7490	0.7380	0.6310	—
1869	0.7740	0.7210	0.6280	—
1870	0.5760	0.5930	0.5180	—
1871	0.7440	0.7080	0.6250	0.6552
1872	0.9030	0.8778	0.7170	0.8514
1873	0.7535	0.7409	0.6390	0.7195
1874	0.6955	0.6189	0.5459	0.7146
1875	0.9541	0.8942	0.5972	0.8126
1876	0.8220	0.8474	0.6699	0.7597
1877	0.9081	0.9619	0.7469	0.9028
TOTAUX des 11 années.	8.8042	8.5801	7.1799	5.4158[1]
MOYENNE ANNUELLE.	0.8003	0.7800	0.6527	—
MOYENNE des 7 années.	0.8257	0.8070	0.6487	0.7716

[1] Total des 7 années.

Ces chiffres mettent en évidence, de la façon la plus nette, l'influence des forêts sur la quantité de pluie que le sol reçoit. Malgré une différence d'altitude de 163 mètres (Amance, 380 mètres; station agronomique, 217 mètres), on constate, en moyenne, une diminution de $0^m,123$ dans la hauteur de la couche d'eau tombée, dans la station la plus élevée. — Je reviendrai sur ce point tout à l'heure.

Sans aucune exception, dans le cours des onze années d'observations faites par M. Mathieu, la pluie a été plus abondante dans les deux stations forestières des Cinq-Tranchées et de Bellefontaine que dans la station d'Amance.

Dix fois sur treize, il a plu davantage dans la station centrale des Cinq-Tranchées que dans la station de Bellefontaine, placée sur les rives du grand massif forestier de la Haye.

En résumé, les quantités d'eau tombées aux Cinq-Tranchées, à Bellefontaine et à Amance sont entre elles, pour l'année moyenne, comme 100 : 97 : 81. Ce résultat est la conséquence d'une cause permanente ; l'état très-boisé du sol dans les deux premières stations, le terrain d'Amance étant au contraire nu et découvert.

La cime des arbres arrête une partie de l'eau précipitée de l'atmosphère ; cette portion y retourne directement par l'évaporation sans parvenir jusqu'au sol. La quantité en est variable, suivant que le couvert des essences peuplant les forêts est épais ou léger, suivant que les feuilles sont caduques ou persistantes. Les observations poursuivies par l'École forestière de Nancy ont eu pour but de déterminer, pour les forêts en majeure partie peuplées de hêtres, de charmes et de chênes, les quantités de pluie retenues par les feuilles. L'importance du sujet m'engage à faire de larges emprunts à la partie du mémoire de M. Mathieu qui a trait à cette question.

77. — Quantité d'eau pluviale interceptée par le couvert des arbres. — Des udomètres ont été placés hors bois et sous bois dans les deux stations des Cinq-Tranchées et de Bellefontaine. Voici le résumé de sept années d'observations (1871 à 1877)[1].

Eau pluviale hors bois.

MOIS.	1871.	1872.	1873.	1874.	1875.	1876.	1877.	MOYENNE de 11 années.
	M.	M.	M.	M.	M.	M.	M.	M.
Janvier . . .	0.0220	0.0529	0.0670	0.0443	0.0911	0.0257	0.0340	0.0575
Février . . .	0.0390	0.0615	0.0464	0.0265	0.0164	0.1252	0.0925	0.0524
Mars	0.0400	0.0529	0.0562	0.0421	0.0146	0.1074	0.0988	0.0607
Avril	0.1180	0.0815	0.0449	0.0287	0.0346	0.0206	0.0651	0.0534
Mai.	0.0340	0.0918	0.0894	0.0214	0.0741	0.0611	0.0833	0.0596
Juin	0.1140	0.0629	0.0642	0.0780	0.0864	0.0850	0.0410	0.0664
Juillet. . . .	0.1080	0.0544	0.0677	0.0962	0.1236	0.0239	0.0904	0.0732
Août	0.0340	0.0843	0.0387	0.0608	0.1511	0.0603	0.0606	0.0640
Septembre. .	0.0880	0.0425	0.1205	0.0456	0.0861	0.0971	0.0964	0.0752
Octobre . . .	0.0770	0.1044	0.0803	0.0566	0.0837	0.0520	0.0821	0.0848
Novembre . .	0.0490	0.1454	0.0534	0.0704	0.1534	0.0837	0.0910	0.0788
Décembre . .	0.0210	0.0685	0.0248	0.1249	0.0390	0.0800	0.0859	0.0755
TOTAUX. .	0.7440	0.9030	0.7535	0.6955	0.9541	0.8220	0.9211	0.8015

1. Je n'ai pris, à dessein, dans les onze années d'observations que les sept années correspondant aux observations faites sur la pluie à la Station agronomique de l'Est, afin de rendre les rapprochements plus faciles à saisir.

a) *Station des Cinq-Tranchées :* perchis moyennement serré de charmes et de hêtres, âgé de 45 ans en 1871.

Eau pluviale sous bois.

MOIS.	1871.	1872.	1873.	1871.	1875.	1876.	1877.	MOYENNE de 11 années.
	M.	M.	M.	M.	M.	M.	M.	M.
Janvier . . .	0.0260	0.0843	0.0592	0.0406	0.0865	0.0226	0.0336	0.0522
Février . . .	0.0390	0.0499	0.0522	0.0224	0.0146	0.1161	0.0911	0.0530
Mars	0.0380	0.0473	0.0500	0.0384	0.0148	0.1024	0.0960	0.0595
Avril	0.1040	0.0720	0.0391	0.0254	0.0334	0.0192	0.0571	0.0489
Mai.	0.0310	0.0781	0.0771	0.0153	0.0709	0.0547	0.0564	0.0515
Juin	0.0980	0.0521	0.0557	0.0769	0.0881	0.0750	0.0337	0.0605
Juillet . . .	0.0860	0.0504	0.0552	0.0924	0.1225	0.0199	0.0720	0.0659
Août	0.0290	0.0791	0.0337	0.0577	0.1449	0.0500	0.0490	0.0563
Septembre. .	0.0790	0.0370	0.1044	0.0468	0.0807	0.0863	0.0759	0.0686
Octobre. . .	0.0660	0.0934	0.0778	0.0526	0.0709	0.0487	0.0661	0.0742
Novembre . .	0.0480	0.1255	0.0471	0.0683	0.1416	0.0814	0.0687	0.0713
Décembre . .	0.0170	0.0609	0.0226	0.1239	0.0388	0.0803	0.0715	0.0714
TOTAUX. .	0.6610	0.7940	0.6741	0.6607	0.9077	0.7566	0.7711	0.7333

La comparaison des moyennes des onze années d'observations établit la proportion de l'eau parvenue jusqu'au sol de la forêt, et par conséquent celle qui a été retenue par les cimes. Année moyenne, sur $0^m,8015$ d'eau tombée de l'atmosphère, en sol découvert aux Cinq-Tranchées, les cimes d'un perchis de charmes et de hêtres en ont laissé parvenir jusqu'à terre $0^m,7333$ et ont retenu de cette eau $0^m,0682$ seulement. Cela revient à dire qu'aux Cinq-Tranchées le sol, boisé comme il a été dit, reçoit (91.50) p. 100 de toute l'eau météorique, et que 8.5 p. 100 sont arrêtés par le couvert des arbres.

Ces relations se modifient naturellement, suivant que la forêt est ou n'est point feuillée. Pendant les six mois compris inclusivement de novembre à avril, alors que la forêt a perdu ses organes foliacés, les cimes des arbres laissent parvenir jusqu'à la terre 94.16 p. 100 de toute l'eau pluviale et n'en interceptent que 5.84 p. 100. Dans la belle saison, c'est-à-dire de mai en octobre, pendant les six mois dans lesquels la forêt est parée de la verdure, 89 p. 100 seulement de l'eau pluviale atteignent le sol; il en reste 11 p. 100 sur les cimes.

Le couvert complet interceptant 11 p. 100 de l'eau pluviale, quand ce couvert, réduit aux branches sans feuilles, en arrête 5.16 p. 100, on peut en conclure que, dans les forêts feuillues, les feuilles doublent simplement, en été, l'action du couvert d'hiver.

On aurait pu supposer aux feuilles une plus grande influence. Cependant, si l'on songe que ces dernières, qui ne sont point des organes d'absorption de l'eau, ne se laissent ni imbiber, ni mouiller par elle; que la pluie perle à leur surface et finit par arriver presque en totalité jusqu'au sol, ce résultat ne présente plus rien d'étonnant.

Le couvert des forêts feuillues n'oppose donc que peu d'entraves à la chute de la pluie, et s'il est vrai que la pluie est plus abondante dans les régions boisées que dans les pays dénudés, il serait possible que cette circonstance compensatrice neutralisât complètement l'action du couvert.

En comparant, dans ce but, la station forestière des Cinq-Tranchées avec la station agricole d'Amance, on s'assure, en effet, que le sol boisé de la première a reçu, année moyenne, de 1867 à 1877, $0^{m},7333$ d'eau atmosphérique, quand sur le sol découvert de la seconde il n'en est tombé que $0^{m},6527$.

Le sol des forêts feuillues est, en conséquence, dans les grandes régions boisées, autant et plus abreuvé que le sol nu des régions agricoles. L'alimentation des nappes aquifères et des sources est donc amélioré, comme je l'ai dit précédemment, par le couvert des forêts.

Le mois de février présente une exception que l'on pourrait être tenté d'imputer à des erreurs d'observations; en année moyenne, la pluie a été un peu plus abondante sous bois ($0^{m},573$) que hors bois ($0^{m},536$). Cette anomalie disparaît si l'on remarque qu'en ce mois surtout les arbres condensent et congèlent fréquemment sur leur cime, sous forme de givre, l'humidité atmosphérique, de sorte qu'au premier soleil il pleut assez abondamment sous leur couvert, bien qu'aucune eau ne tombe de l'atmosphère.

b) *Station de Bellefontaine :* haut perchis en massif complet de charmes, hêtres, chênes et frênes âgés de 60 ans en 1866.

Des observations udométriques, hors bois et sous bois, analogues à celles des Cinq-Tranchées, ont été simultanément poursuivies à la station de Bellefontaine. Voici les résumés des années 1871 à 1877 et la moyenne des 11 années (1867-1877).

Eau pluviale hors bois. (Bellefontaine.)

MOIS.	1871.	1872.	1873.	1874.	1875.	1876.	1877.	MOYENNE des 11 années.
	M.	M.	M.	M.	M.	M.	M.	M.
Janvier . . .	0.0230	0.0513	0.0637	0.0454	0.0894	0.0219	0.0555	0.0592
Février . . .	0.0530	0.0470	0.0523	0.0269	0.0242	0.1208	0.1072	0.0536
Mars	0.0380	0.0475	0.0697	0.0425	0.0185	0.1131	0.1317	0.0672
Avril. . . .	0.1350	0.0818	0.0575	0.0190	0.0311	0.0272	0.0651	0.0569
Mai	0.0300	0.0989	0.0966	0.0240	0.0766	0.0604	0.0767	0.0594
Juin	0.1280	0.0421	0.0768	0.0719	0.0863	0.0963	0.0330	0.0646
Juillet. . . .	0.0850	0.0758	0.0461	0.0707	0.1236	0.0331	0.0792	0.0708
Août	0.0290	0.0755	0.0358	0.0647	0.1048	0.0697	0.0557	0.0559
Septembre. .	0.0800	0.0398	0.1061	0.0501	0.0768	0.1143	0.1080	0.0732
Octobre. . .	0.0570	0.0960	0.0690	0.0521	0.0777	0.0404	0.0822	0.0781
Novembre . .	0.0260	0.1429	0.0505	0.0520	0.1558	0.0721	0.0811	0.0708
Décembre . .	0.0240	0.0792	0.0168	0.0995	0.0294	0.0781	0.0865	0.0703
TOTAUX. .	0.7080	0.8778	0.7409	0.6189	0.8942	0.8474	0.9619	0.7800

Voici les résultats des observations sous bois, de 1871 à 1877 :

Eau pluviale sous bois. (Bellefontaine.)

MOIS.	1871.	1872.	1873.	1874.	1875.	1876.	1877.	MOYENNE des 11 années.
	M.	M.	M.	M.	M.	M.	M.	M.
Janvier . . .	0.0240	0 0432	0.0510	0.0362	0.0809	0.0206	0.0477	0.0499
Février . . .	0.0460	0.0427	0.0507	0.0254	0.0210	0.1148	0.0962	0.0495
Mars. . . .	0.0380	0.0451	0.0642	0.0357	0.0141	0.1030	0.1160	0.0573
Avril. . . .	0.1170	0.0767	0.0539	0.0170	0.0292	0.0216	0.0571	0.0482
Mai.	0.0300	0.0840	0.0783	0.0162	0.0632	0.0505	0.0608	0.0471
Juin	0.1130	0.0413	0.0629	0.0604	0.0681	0.0807	0.0260	0.0537
Juillet. . . .	0.0800	0.0509	0.0300	0.0578	0.0930	0.0251	0.0612	0.0549
Août	0.0250	0.0668	0.0262	0.0535	0.0866	0.0518	0.0452	0.0464
Septembre. .	0.0700	0.0294	0.0924	0.0423	0.0629	0.0849	0.0896	0.0598
Octobre. . .	0.0510	0.0856	0.0492	0.0362	0.0686	0.0384	0.0733	0.0647
Novembre. .	0.0230	0.1286	0.0415	0.0472	0.1419	0.0671	0.0727	0.0616
Décembre . .	0.0180	0.0687	0.0133	0.0921	0.0270	0.0694	0.0764	0.0593
TOTAUX. .	0.6350	0.7630	0.6136	0.5200	0.7565	0.7279	0.8222	0.6524

Comme terme de comparaison, je réunis dans le tableau suivant les résultats des observations pluviométriques de la Station agronomique de l'Est, à 217 mètres d'altitude, faites pendant les mois et années correspondants.

Station agronomique de l'Est. (Nancy.)

MOIS.	1871.	1872.	1873.	1874.	1875.	1876.	1877.	MOYENNE des 11 années.
	M.	M.	M.	M.	M.	M.	M.	M.
Janvier . . .	0.0450	0.0542	0.0622	0.0375	0.0860	0.0180	0.0568	0.5138
Février . . .	0.0535	0.0525	0.0554	0.0251	0.0193	0.1044	0.1022	0.5872
Mars	0.0598	0.0537	0.0679	0.0359	0.0217	0.1299	0.1059	0.6782
Avril	0.1416	0.0719	0.0413	0.0282	0.0272	0.0327	0.0589	0.5740
Mai	0.0423	0.0938	0.0831	0.0499	0.0931	0.0415	0.0674	0.6730
Juin	0.1434	0.0436	0.0754	0.0698	0.0883	0.0767	0.0383	0.7650
Juillet . . .	»	0.0384	0.0572	0.1032	0.0110	0.0489	0.0974	0.6516
Août	0.0023	0.0715	0.0319	0.0823	0.1142	0.0593	0.0573	0.5982
Septembre. .	0.0822	0.0376	0.0980	0.0712	0.0804	0.0783	0.0712	0.7413
Octobre. . .	0.0612	0.0851	0.0755	0.0441	0.0703	0.0269	0.0785	0.6308
Novembre. .	0.0293	0.1479	0.0513	0.0491	0.0910	0.0765	0.0821	0.7131
Décembre . .	0.0036	0.1011	0.0201	0.1182	0.0299	0.0668	0.0910	0.6153
TOTAUX. .	0.6219	0.8513	0.7193	0.7145	0.8324	0.7499	0.9070	0.7709

Avant de rien conclure des résultats pluviométriques de Bellefontaine, M. A. Mathieu fait remarquer qu'il importe de se rappeler qu'à cette station l'udomètre sous bois est placé dans le fond d'un vallon frais et fertile, sous un massif beaucoup plus touffu que ne l'est celui des Cinq-Tranchées; enfin que cet udomètre, de construction ordinaire, ne présente pas les garanties d'exactitude de ce dernier, puisque, jusqu'à un certain point, les indications qu'il fournit sont subordonnées à l'emplacement qu'il occupe, relativement aux portions plus où moins touffues du couvert auxquelles il correspond. Sous cette réserve, on constate que le massif touffu de Bellefontaine reçoit, année moyenne, $0^{m},7800$ d'eau pluviale, qu'il en retient $0^{m},1275$ et en laisse parvenir jusqu'au sol $0^{m},6525$; qu'en d'autres termes il intercepte les 17 centièmes de toute l'eau précipitée de l'atmosphère, de sorte que la terre n'en reçoit que les 83 centièmes. Pendant les six mois durant lesquels la forêt est dépouillée de sa verdure, de novembre à avril inclusivement, il est tombé à Bellefontaine $0^m,3780$ d'eau; il est resté de cette eau sur les cimes une lame d'une épaisseur de $0^m,0422$; il en est parvenu à la terre $0^m,3258$, c'est-à-dire que le couvert a conservé 13.9 p. 100 de la totalité de l'eau pluviale, et que le sol en a reçu 86.1 p. 100. De mai en octobre, pendant le cours des six mois où la forêt est parée de verdure, sur la quantité totale de $0^m,4020$ d'eau pluviale, les cimes des arbres en ont arrêté $0^m,0754$, soit 18.8 p. 100, et le sol en a reçu $0^m,3266$, soit 81.21 p. 100. L'action du couvert est ici plus manifeste qu'à la station des Cinq-Tranchées, mais, comme cela a été dit déjà, cette différence peut n'être pas uniquement due à l'état plus serré du massif, elle peut aussi résulter d'indications moins précises de l'udomètre placé sous bois.

En tout cas, le sol de Bellefontaine a reçu, année moyenne, pendant les onze années d'observations, $0^m,6525$ d'eau, malgré le couvert épais qui le domine : c'est précisément la quantité d'eau tombée, pendant cette même année moyenne, sur le sol découvert de la station agricole d'Amance.

Les conclusions à déduire des observations de Bellefontaine confirment donc celles qu'ont fournies les udomètres des Cinq-Tranchées : en région forestière, le sol reçoit autant et plus d'eau sous le couvert des arbres que le sol découvert des régions peu ou point boisées.

Comparons, en terminant, les résultats des observations pluviométriques de Bellefontaine, d'Amance et de la Station agronomique de l'Est.

Hors bois à Bellefontaine, il tombe, année moyenne, $0^m,8070$; à Nancy, $0^m,7709$; à Amance, $0^m,6487$. Ces chiffres sont tout à fait significatifs en ce qui concerne l'influence des forêts sur le climat d'une région. En effet, le plateau d'Amance, situé à 380 mètres, c'est-à-dire à une altitude supérieure de 163 mètres à celle de la station de Nancy, devrait recevoir beaucoup plus d'eau que cette dernière; c'est le contraire qui a lieu : la proximité des massifs forestiers qui entourent Nancy du côté ouest se fait sentir d'une façon notable sur le climat de cette ville, dans laquelle il tombe presque autant d'eau qu'à quelques mètres de la forêt elle-même, et beaucoup plus que sur le plateau d'Amance, éloigné du massif de Haye de 18 kilomètres environ. Ici l'influence de l'altitude est complétement compensée, et au delà, par le voisinage des forêts.

Les observations udométriques entreprises dans les stations forestières bavaroises, postérieurement à celles de l'École de Nancy et continuées jusqu'à ce jour, ont confirmé d'une manière générale les résultats obtenus par M. Mathieu. Je renverrai mes lecteurs, pour le détail des expériences faites en Allemagne, à l'ouvrage publié par M. Ebermayer (V. Bibliographie), me bornant a en indiquer la conclusion générale : L'état boisé du sol augmente la quantité d'eau pluviale que la terre reçoit ; les forêts, loin de nuire à l'alimentation de la nappe d'eau souterraine, l'entretiennent et l'augmentent; les défrichements rendent le climat moins pluvieux, le sol moins frais et diminuent, par conséquent, le débit des sources sous-jacentes.

78. — Les stations forestières de l'Allemagne. — Avant d'aborder l'examen du rôle de l'électricité atmosphérique, de la chaleur et de la lumière sur la végétation, je crois utile de faire connaître les motifs qui ont décidé l'administration forestière des divers pays de l'Allemagne à organiser des stations expérimentales de recherches appliquées à la sylviculture. Ayant eu l'occasion de visiter, à diverses reprises et récemment encore, la plupart de ces stations, j'ai rapporté la conviction que cet exemple devrait être suivi par l'administration française pour le plus grand profit de la science et de la pratique forestières. Ce n'est point le lieu d'entrer dans tous les détails que comporterait l'exposé de l'organisation de cette excellente institution (l'Allemagne compte neuf stations forestières centrales), mais je désire en faire connaître au moins le programme. Le procès-verbal de la réunion des forestiers, tenue à Regensbourg en 1868, remplit parfaitement ce but. Au moment où la météorologie est, en France, l'objet de préoccupations qu'on ne saurait trop encourager, il me paraît utile de publier aussi l'instruction relative aux observations météorologiques et autres faites dans les stations forestières allemandes. Ces deux documents donneront aux forestiers une idée exacte de ce qui se passe chez nos voisins d'outre-Rhin.

79. — Fondation des stations forestières allemandes. — *Procès-verbal de la séance tenue à Vienne par les forestiers et les agriculteurs* *allemands pour organiser les recherches forestières; suivi du procès-verbal de la séance tenue à Regensbourg le 22 novembre 1868.*

La section forestière constituée à Vienne en 1868, lors de la réunion des forestiers et des agriculteurs allemands, a adopté à l'unanimité la résolution suivante, émanée du directeur général des forêts royales de Saxe, M. de Kirchbach :

Il sera créé un comité de cinq membres, chargé de proposer un plan pour l'établissement de stations expérimentales forestières. Ce plan désignera les questions à étudier en premier lieu et examinera si les stations doivent être placées auprès des écoles spéciales, sur des points centraux ou ailleurs. Les résolutions que l'on prendra seront consignées dans un rapport adressé aux autorités compétentes.

Dans cette même séance, on choisit les cinq membres suivants pour la formation de ce comité :

Le Dr G. Heyer, professeur, directeur de l'École royale forestière de Prusse à Münden;

Le Directeur Wessely, à Mariabrunn;

Le Dr Ebermayer, professeur à Aschaffenbourg;

Le Dr Baur, professeur à Hohenheim;

Le Dr Judeich, administrateur des forêts, directeur de l'École forestière de Tharand.

Les membres ainsi nommés s'entendirent ensuite, par correspondance, et résolurent que la première réunion du comité aurait lieu à Regensbourg le 22 novembre 1868.

Au jour fixé, le comité s'assembla à Regensbourg. Le directeur Wessely, retenu par une maladie, n'assistait pas à la séance. Il avait choisi comme suppléant le Dr Oser, professeur à Mariabrunn, et lui avait confié, pour le présenter à l'assemblée, un mémoire écrit sur quelques questions concernant les recherches à entreprendre.

Le comité, avant de passer à la discussion d'aucune question ayant trait au but de la réunion, dut se prononcer sur la question de savoir jusqu'à quel point le professeur Dr Oser, suppléant de Wessely, pourrait prendre part aux délibérations, puisqu'il n'avait aucun mandat direct de l'assemblée de Vienne, et que celle-ci n'avait rien décidé quant à la nécessité ou à la possibilité d'un suppléant.

Les quatre membres du comité décidèrent alors, à l'unanimité, d'admettre le suppléant aux délibérations, voulant maintenir la proportionnalité désirable entre les forestiers autrichiens et ceux des autres États allemands. Mais ils ne crurent pas pouvoir lui donner le droit de vote. Ensuite on résolut d'utiliser autant que possible, dans les discussions, le mémoire de Wessely. Le professeur Oser se déclara satisfait de ces résolutions et l'on procéda à l'examen des questions à l'ordre du jour.

La discussion sur les questions ayant trait au but de la réunion conduisit d'abord à se demander pourquoi, malgré les efforts nombreux d'hommes capables et très-savants, malgré les réunions faites en vue de recherches forestières, on n'avait encore pu obtenir que des résultats à peu près insignifiants. (A cette époque les administrations forestières de Saxe et de Bavière étaient les seules qui, donnant le bon exemple, marchaient de l'avant.) Cependant les recherches n'avaient jamais manqué de but; la bonne volonté des hommes spéciaux n'avait jamais fait défaut. Pourquoi la science agricole a-t-elle devancé la science forestière, par la créations des stations expérimentales? Ces faits ne trouvaient qu'une explication insuffisante dans l'énorme difficulté attachée à toute recherche forestière; ce qui manquait, c'était une organisation suffisante qui seule pouvait imprimer une impulsion unique aux forces éparses, qui seule pouvait suivre des expériences de longue haleine.

Aussi le comité fut-il d'avis que le mieux était d'aborder immédiatement la question de l'organisation et de ne rien discuter, de ne rien fixer avant de l'avoir vidée. Dans ce but, la réunion adopta le programme de discussion qui suit :

I. — Organisation des recherches forestières.

Puisque la situation des stations ou des bureaux de recherches doit exercer une influence importante sur leur organisation, il faut commencer par délibérer sur la question suivante qui termine la proposition de Kirchbach :

Les stations doivent-elles être placées auprès des écoles forestières, sur des points centraux ou ailleurs?

Le comité ne put pas donner une réponse tout à fait générale sur cette question, à cause de la situation des différents États, qui entraîne la nécessité d'une organisation différente.

Pour les grands États, c'est-à-dire pour la Prusse, l'Autriche, la Bavière, il paraît nécessaire de fonder des stations de recherches entièrement indépendantes, dont le directeur sera l'agent forestier du grade le plus élevé. L'avis prévalut au contraire pour les petits États, comme étant plus conforme au but, d'unir les stations de recherches aux écoles déjà existantes, en supposant toutefois qu'on rendrait possible à ces dernières la solution des problèmes à étudier, en augmentant leurs ressources.

On décida aussi de permettre à l'Autriche de placer sa station expérimentale à l'École forestière de Mariabrunn[1], puisque celle-ci se trouvait

---

1. Depuis cette époque, le siége de l'enseignement forestier a été porté à Vienne; l'École forestière de Mariabrunn a été réunie à l'Institut agronomique (*Hochschule für Bodencultur*).

dans le voisinage immédiat de Vienne, résidence du forestier du grade le plus élevé.

Pour l'organisation de la station, on devra prendre pour base les instructions suivantes :

a) Dans les grands États on placera à la tête de l'établissement deux hommes, dont l'un sera un forestier habitué aux mathématiques, et l'autre un naturaliste au courant de la chimie agricole.

b) Dans les petits États, la combinaison des écoles avec les stations de recherches permet de prendre les professeurs de sylviculture et d'histoire naturelle. Mais encore faut-il que la condition énoncée plus haut soit remplie, c'est-à-dire que, par une augmentation des ressources de l'enseignement, on rende possible la partie du travail absolument indispensable et que l'enseignement de l'École ne soit pas compromis.

La commission considère comme impossible d'entrer dans plus de détails sur l'organisation, puisque ces détails peuvent et doivent changer dans les différents pays, suivant le local et les personnes dont on dispose, sans qu'il devienne plus difficile pour cela d'atteindre le but commun.

II. — Désignation des questions a traiter les premières.

Puisque les questions spéciales et leur importance relative sont la conséquence immédiate de la constitution des stations de recherches, la commission se contentera de désigner les questions qui lui paraissent les plus pressantes ; elle exprimera en même temps le vœu que les différentes stations, dans le choix de leurs travaux, s'inspirent des besoins de leur pays.

La nature des recherches permet de les diviser en deux groupes principaux :

A. — Recherches de statique forestière.

Elles comprennent les questions suivantes (chacune de ces questions peut se diviser en un plus ou moins grand nombre de points à examiner):

1. — Éducation des plants.
2. — Méthodes de culture.
3. — Régénération naturelle et artificielle.
4. — Irrigations des forêts.
5. — Éclaircies.
6. — Émondages.
7. — Quantité de rejets que fournissent les différentes essences.
8. — Influence de la station et du mode de traitement sur la forme des arbres.

9. — Exploitation : *a*) instruments ; *b*) méthodes d'abatage ; *c*) saison d'abatage ; *d*) volume des différentes sortes de produits, exprimé en nouvelles mesures allemandes ; *e*) constitution des assortiments ; *f*) méthodes d'écorçage.
10. — Influence des produits accessoires sur le rendement : *a*) les feuilles mortes ; *b*) le résinage ; *c*) le pâturage, etc.
11. — Conservation de la semence ; séchoirs.
12. — Modes et instruments de transport.
13. — Industries forestières accessoires, c'est-à-dire : méthodes de carbonisation, moyens employés pour recueillir les produits de la distillation, conservation des bois, scieries, etc.
14. — Méthodes de cubage : *a*) pour les arbres ; *b*) pour les massifs.
15. — Production en quantité et en qualité.
16. — Construction de tables des volumes.
17. — Constatation du rendement en matériel ligneux des massifs purs et mélangés, pour construire des tables conformes à l'expérience.
18. — Variations des prix avec l'âge et la dimension des bois.
19. — Prix anciens avec l'indication détaillée des causes qui les ont fait varier.
20. — Rendement des produits accessoires.

B. — Recherches d'histoire naturelle.

Elles comprennent les questions principales suivantes :

a) *Chimie. — Physiologie.*

1. — Faculté germinative de la semence. Entretien de cette faculté.
2. — Résistance des téguments de la semence.
3. — Recherche de la température nécessaire pour la germination des différentes essences forestières ; son influence sur la durée de la germination.
4. — Influence de la lumière sur le développement des essences forestières.
5. — Influence de la composition, de l'humidité et de la profondeur du sol sur l'enracinement et sur le développement des essences.
6. — Influence de la station sur la production de résine, sur la quantité et la qualité de l'écorce et du tannin.
7. — Pouvoir évaporateur des essences forestières aux différents âges, considéré dans ses rapports avec l'humidité et la température de l'air.
8. — Détermination du taux des cendres et de l'eau des différentes essences et des diverses parties de la même essence, suivant que l'âge, la station et la saison varient.

9. — Recherches sur la réserve alimentaire emmagasinée dans l'écorce, dans les rayons médullaires et dans le parenchyme ligneux, et sur l'état de cette réserve dans les arbres qui ont perdu leurs feuilles pendant l'année, soit par les dévastations des insectes, soit par la grêle.

10. — Recherches sur l'humidité moyenne contenue dans le sol des diverses stations forestières, tant pendant la saison de végétation que pendant la saison chaude, lors d'une sécheresse prolongée. Influence de la couverture du sol, de sa division, et des abris sur cette humidité.

11. — Recherches précises sur les propriétés physiques des différents sols et en particulier sur leur pouvoir d'absorber et de rayonner de la chaleur.

12. — Étude de l'influence des différentes matières minérales sur la croissance des essences forestières.

13. — Étude de l'influence des engrais artificiels sur le développement des essences forestières, surtout dans les pépinières.

14. — Recherches sur la quantité et l'espèce des parties constitutives inorganiques des feuilles aux différentes phases de leur décomposition.

15. — Observations sur les variations du temps nécessaire aux feuilles pour se décomposer, quand changent la station et l'état du peuplement.

16. — Évaluation de la quantité de feuilles tombant annuellement des différentes essences aux différents âges, et détermination de la quantité de matières minérales que l'enlèvement des feuilles mortes fait perdre au sol.

17. — Variations des propriétés physiques des différentes essences avec la station, l'âge et l'état du massif. Faire sur ces variations des recherches directes sur la plus grande échelle possible, et indirectes en se servant des données recueillies par les différentes industries travaillant le bois.

18. — Recherches sur les maladies et les défauts des bois, leurs causes; importance des champignons.

b) *Forêts. — Météorologie.*

1. — Constatation de la température sous bois et hors bois.

2. — Recherches sur la température des arbres dans ses rapports avec la température du sol et de l'air.

3. — Recherches sur la température du sol des forêts, sa constatation à des profondeurs, des situations, des expositions variables et dans des massifs différents.

4. — Influence de la station et de la couverture du sol sur la production de dégâts par la gelée.
5. — Constatation de la quantité de pluie tombée sous bois et hors bois.
6. — Influence de la couverture sur l'humidité et sur l'évaporation du sol.
7. — Constatation de l'évaporation de l'eau en forêt et hors forêt.
8. — Constatation de la quantité d'eau qui s'infiltre aux différentes profondeurs du sol, sous bois et hors bois, à des expositions et sous des abris très-différents.
9. — Constatation de la quantité d'acide carbonique et d'humidité contenue dans l'air de la forêt pendant la saison de végétation, sous des massifs fermés ou non, composés de différentes essences et diversement situés.

III. — Relations entre les stations des différents pays.

Les stations forestières de l'Allemagne et de l'Autriche, tout en conservant leur liberté d'action, formeront une association destinée à la défense de leurs intérêts communs. Elles entreront aussi en relation avec les institutions analogues des pays étrangers, avec les propriétaires de forêts particulières et les agents forestiers qui sont disposés à entreprendre des recherches. Les stations nouvellement formées devront s'adresser à la Société pour en faire partie.

Les recherches à entreprendre, de même que celles qui sont déjà commencées, seront réparties entre les diverses stations, de manière à empêcher la dispersion des forces, de manière aussi à ce qu'elles se prêtent un appui et un complément mutuels.

Enfin les stations entreront annuellement en relation, par l'organe de leurs délégués, qui délibéreront sur les affaires communes, qui répartiront le travail et qui fixeront les méthodes et leur mise en pratique.

IV. — Publication des résultats.

Les résultats seront publiés dans des comptes rendus annuels. Ce qui ne doit pas empêcher de les faire paraître auparavant dans des revues. On laisse aux différentes stations la faculté de publier isolément les comptes rendus, ou de les réunir tous en un seul volume.

Heyer, Judeich, Baur, Ebermayer.

M. Judeich fait suivre ce procès-verbal des réflexions suivantes :

La gravité de la question sera mon excuse, si j'ose me permettre d'ajouter quelques observations au compte rendu précédent. Je les fais dans le but de montrer pourquoi les recherches forestières ont laissé jusqu'à présent beaucoup à désirer, et de faire bien comprendre quel esprit doit présider à la solution des questions qui sont posées, si on veut obtenir des résultats utiles à la science et à l'exploitation forestière.

Depuis plus de 40 ans des forestiers très-capables, comme Hundenhagen et De Wedekind, ont entrepris de démontrer, par leurs écrits et par leurs discours, combien il serait nécessaire de compléter, par des recherches directes, les observations recueillies par Hartig, Cotta, etc., pendant leur vie pratique et active. Ils ont fondé la statique forestière. Malgré les recherches nombreuses faites par différents sylviculteurs allemands, les résultats demeurent bien en arrière des efforts tentés. L'assemblée des forestiers du sud de l'Allemagne, réunie à Darmstadt en 1845, chargea le professeur Ch. Heyer de travailler à une instruction pour la solution des questions de statique; celle-ci parut en 1846 et reçut de nombreuses approbations. De loin en loin on en parla, on mit même la main à l'œuvre, mais avec peu de suite. En 1857, l'actif directeur général des forêts de Saxe, M. de Berlepsch, s'occupa des vœux émis dans ce but par l'école de Tharand, et la Saxe, donnant alors le bon exemple, devança les autres pays en établissant quelques recherches forestières; la Bavière seule jusqu'à présent a suivi cette initiative et s'est mise au travail avec une grande énergie. On doit être étonné de voir que, malgré des efforts si nombreux, les résultats obtenus soient si peu importants[1], et que les forestiers soient dépassés de beaucoup par les agriculteurs. La raison de ces faits se trouve dans la différence qui existe entre les recherches forestières et les recherches agricoles, et aussi, comme l'a dit le procès-verbal rapporté plus haut, dans une organisation fautive.

Quant à ce qui concerne les questions de statique forestière posées dans le titre A, elles doivent donner des résultats directs pour la science de l'exploitation et même pour l'exploitation. Mais elles sont très-difficiles à résoudre, parce que la plupart d'entre elles exigent un temps et un espace beaucoup plus considérables que les recherches analogues en agriculture. Le forestier doit attendre d'ordinaire très-longtemps entre la semaille et la récolte. C'est là la raison capitale, qui aurait dû amener l'établissement de stations ou de bureaux à poste fixe, et qui aurait dû empêcher les recherches de changer de lieu, en même temps que le forestier qui les dirigeait. Cependant le temps énorme pendant lequel on attend la réponse aux questions posées sur la culture des plantes forestières, temps qui fait que l'on a à craindre des perturbations dans les expériences, n'est pas le seul inconvénient, car les recherches sur l'ex-

1. Ces réflexions ont précédé de plusieurs années les remarquables publications de M. Ebermayer sur les travaux des stations expérimentales bavaroises.

ploitation forestière exigent encore un espace considérable si on veut les rendre comparables, comme cela doit être. Un champ de recherches de quelques ares suffit pour permettre à l'agriculteur de comparer les différentes cultures et les différents procédés. Le forestier, d'après la nature même des plantes qu'il élève, devrait disposer d'au moins un are pour chaque partie de ses études comparatives. Mais la difficulté de trouver des stations dans des conditions assez analogues pour permettre la comparaison, augmente avec l'étendue de la surface mise en expérience. Ainsi, par exemple, les quelques recherches entreprises en Saxe en 1860 avaient déjà rendu nécessaire une surface boisée de 106 acres (27 hectares). Toutes ces circonstances font voir pourquoi les recherches sur l'exploitation forestière demeurent la plupart du temps absolument sans résultat.

Ainsi en Saxe, par exemple, plusieurs places d'études sur les feuilles mortes, et les recherches sur la météorologie forestière ont été complétement détruites par le bris de neige de 1866. La tempête du 7 décembre 1868 a malheureusement empêché d'obtenir des résultats de plusieurs travaux importants non-seulement en Saxe, mais aussi en Bavière.

Les recherches de statique forestière ne sont pas seulement le complément des recherches d'histoire naturelle comprises dans le titre B; la plupart du temps, ces dernières doivent prêter un appui indispensable aux premières. Les deux divisions de B, chimie et physiologie, forêts et météorologie, se complètent mutuellement. Il importe de prendre les mots dans leur sens le plus large, surtout pour les recherches relatives à tout ce qui concerne les conditions de la vie des plantes, et spécialement leur culture.

Notre époque a obtenu déjà des résultats importants sur ce point, particulièrement depuis qu'on est entré dans la voie des recherches inductives. Le fait est bien connu des lecteurs des journaux spéciaux. Les noms de Sachs, Nobbe, Hellriegel, etc., suffisent à dire tout ce que je pense, et pour le but que je me propose, il est à peine besoin de poursuivre plus loin cette étude par laquelle je voudrais rendre évidente la grande différence qui existe encore ici entre la culture des plantes agricoles et celle des plantes forestières, ainsi que les difficultés infiniment plus grandes que cette dernière a à vaincre.

La science forestière doit aborder là un terrain encore peu travaillé, car on a jusqu'à présent fort négligé les recherches purement scientifiques et physiologiques. C'est à bon droit que quelques personnes ont fait remarquer que le forestier n'avait pas à élever des arbres isolés, mais bien des massifs (réunions d'arbres), et que l'arbre qui a crû en massif clos depuis sa jeunesse est un individu tout différent de celui qui a crû en liberté. Tout cela est très-juste, mais il ne faut pas s'exagérer la valeur de cette différence, car elle provient surtout de ce que dans l'éducation des plants en massif, l'action de la lumière ne peut se produire sur les côtés des arbres à cause des voisins, et aussi de la protection mutuelle que se prêtent les arbres contre le vent et les tempêtes. C'est une grande erreur de croire que les recherches sur des plants isolés ne peuvent pas fournir au forestier des résultats utiles. Beaucoup des conditions de la vie sont communes aux différentes essences, aussi bien quand l'individu doit croître en massif que quand il est isolé. Telles sont, par exemple, les conditions de nutrition, etc...

Malheureusement il se présente encore dans la culture des plantes forestières une difficulté : c'est qu'elles exigent un grand nombre d'années pour arriver à maturité. Personne n'essayera de cultiver des sapins ou des chênes de 100 ans dans des solutions aqueuses ou même dans un sol artificiel. Si nous réussissons à cultiver des arbres dans ces conditions seulement jusqu'à l'âge de 10 ou 20 ans, nous pourrons en tirer, sur les matières nutritives et leur activité relative, des conclusions bien plus fondées que nous ne le ferions avec cent analyses de cendres d'arbres ou de sol. Dans un grand nombre de recherches, ces analyses ont certainement une grande valeur; mais, en les faisant, nous nous privons du vrai moyen de comparaison, car nous restons toujours sous la dépendance des influences perturbatrices extérieures. Mais est-il inexact de croire que l'on pourrait tirer une conclusion bien fondée sur l'action d'une matière nutritive dans la vie d'un arbre, lorsque l'on voit que cet arbre s'accroît très-également tant qu'on lui fournit cette matière, et qu'au contraire il dépérit ou meurt lorsqu'on l'en prive ou qu'on ne la lui donne qu'en quantité insuffisante ? Certainement non. Ce ne sont pas seulement des recherches récentes qui nous enseignent que l'on peut élever des arbres dans des solutions aqueuses, car Duhamel qui vivait il y a plus de 100 ans, a, comme on sait, déjà élevé des chênes dans l'eau jusqu'à l'âge de 8 ans. La connaissance des matières nutritives des plantes est d'une grande importance non-seulement pour la science, mais même pour le forestier. Grâce à elle, nous pourrons introduire çà et là des engrais qui certes n'auront pas une action directe jusqu'à l'époque de la récolte, mais qui augmenteront la rapidité et la vigueur de la croissance des jeunes plants, ce qui leur permettra de supporter plus facilement les dangers auxquels ils sont exposés à cet âge. En outre, les forestiers doivent décider assez souvent jusqu'à quel point les matières nutritives contenues dans un sol peuvent permettre d'en obtenir des produits accessoires (sartage, culture de l'herbe, etc.).

Quant aux propriétés physiques des différents sols et à leur influence sur la croissance des arbres, faits si importants pour la sylviculture, il en est de même que pour les matières nutritives. C'est aussi une culture artificielle des différentes plantes, culture qui seule nous permet de mettre les expériences à l'abri des influences perturbatrices, qui nous donnera des résultats beaucoup plus sûrs et plus utiles que des recherches directes, mais empiriques, faites dans la forêt même. Les recherches sur les produits de l'exploitation, et en première ligne celles que l'on fait sur les propriétés du bois, sur ses maladies, appartiennent à l'histoire naturelle. C'est seulement à l'aide de la chimie et de la physiologie, et avec le secours de l'observation attentive de toutes les circonstances qui se produisent que l'on peut apporter quelque lumière sur ces points encore obscurs. Presque toutes les recherches qui ont été faites jusqu'à présent sur la combustibilité et la durée du bois sont défectueuses parce qu'elles s'appuient sur des observations empiriques. Le point important est de se délivrer de ces méthodes.

Ensuite les recherches et les observations les plus importantes sont celles qui ont trait à la météorologie forestière. Il est indiscutable que les forêts exercent une certaine action sur le climat local, sur le degré d'humidité, etc. Nous voulons, à la place des hypothèses admises jusqu'à présent, qui sont sans fondement, établir des conclusions ayant au moins une base certaine. Aussi est-il important de donner à cette science une base solide sur laquelle nous pourrons nous appuyer ensuite; on obtiendra ce résultat par des observations et des recherches de détail faites pendant plusieurs années.

La tâche des stations et des bureaux forestiers est déjà excessivement étendue, comme on peut le voir d'après les quelques remarques que je me suis permis de donner. Nos fils et nos petits-fils travailleront encore à la solution de questions qui nous paraissent très-simples. Cependant nous n'avancerons jamais si nous ne nous séparons pas entièrement du point de vue utilitaire qui pèse encore sur les recherches forestières actuelles, plus que sur les recherches agricoles, parce que nous ne demandons à chaque recherche spéciale que ce qui nous semble bien utile. Ce principe utilitaire a eu jusqu'à présent pour conséquence importante d'empêcher les recherches forestières de se développer dans le bon sens; en un mot, ce principe est une véritable calamité, le plus grand ennemi de la science et de l'exploitation. Nous ne devons pas oublier que tout ce qui fait avancer la science pure, sera plus ou moins tôt utile à l'exploitation, soit directement, soit indirectement, car toute l'exploitation n'a qu'une base infaillible : la science.

80. — Instruction météorologique des stations forestières allemandes. — Voici le texte complet, avec les tableaux qui l'accompagnent, des instructions dressées pour le service météorologique forestier des neuf stations centrales, qui comptent aujourd'hui déjà de nombreuses stations isolées et placées sous leur direction immédiate.

I. — But des stations météorologiques forestières.

La tâche des stations météorologiques forestières est de fournir des observations comparatives :

1° Sur la température de l'air en forêt, comparativement avec la même température en plein champ ;

2° Sur la température de l'air en forêt, à $1^m,50$ du sol, comparativement avec la température mesurée à la cime des arbres ;

3° Sur l'état hygrométrique de l'air à l'intérieur et à l'extérieur des massifs ;

4° Sur l'état hygrométrique de l'air en forêt, à $1^m,50$ du sol et dans la cime des arbres ;

5° Sur l'évaporation de l'eau à l'intérieur et à l'extérieur du massif ;

6° Sur la quantité de pluie et de neige qui arrive sur le sol, en forêt, comparativement à celle qui tombe en plein champ ;

7° Sur la température du sol des forêts aux différentes profondeurs de 0 mètre, $0^m,15$, $0^m,30$, $0^m,60$, $0^m,90$ et 1^m20, comparée à celle que l'on observe en plein champ aux mêmes profondeurs.

En outre, on observera et on inscrira jour par jour dans les tableaux : la hauteur barométrique, la direction des vents, leur intensité, la marche des nuages, l'état plus ou moins couvert du ciel et le caractère général de la journée. A ces observations, on ajoutera celle des phénomènes météorologiques de toute espèce, les orages, les éclairs, les arcs-en-ciel, les aurores boréales, les halos de soleil ou de lune, etc.....

En dehors des observations météorologiques qui précèdent, on tiendra note de certains faits particuliers à la vie animale et végétale.

II. — Instructions générales.

Pour que les observations faites à chacune des stations puissent être comparables, il est nécessaire :

1° Que le dispositif adopté soit partout le même ;

2° Que les appareils soient exactement comparés ;

3° Que les instruments, dans toutes les stations, soient disposés d'après les mêmes principes ;

4° Que les observations soient faites à des heures déterminées ;

5° Que la réduction des observations soit faite suivant les mêmes règles.

L'introduction des moyennes de cinq jours, d'après Dove, est maintenue ; mais on se séparera de Dove pour les données numériques relatives aux températures, qui seront comptées en degrés de l'échelle centésimale ; pour les données relatives aux longueurs et aux surfaces, on emploiera le système métrique. L'année sera comptée, comme l'année civile, du 1er janvier au 31 décembre ; on se conformera ainsi à la décision du congrès international de météorologie tenu à Vienne du 2 au 16 septembre 1873.

La bonne conservation des instruments destinés aux observations n'est possible qu'à la condition de les entretenir soigneusement et d'en éloigner les observateurs sans mandat. Si un appareil devient défectueux ou se brise, il faut le remplacer immédiatement par un instrument de réserve et en donner avis à la station principale, qui pourra dès lors le faire réparer. Dans tous les cas où l'observateur se trouve en face d'un doute, d'une difficulté, il doit s'adresser à la station principale, qui lui fera parvenir les instructions nécessaires.

Les heures d'observations doivent être les mêmes pour toutes les stations ; elles sont fixées, d'une façon absolue, à huit heures du matin et à deux heures de l'après-midi. L'heure ainsi donnée est l'heure moyenne du lieu d'observation, telle qu'on la trouve aux bureaux de poste, dans les gares et aux bureaux télégraphiques. Le jour se comptera entre deux minuits consécutifs ; il sera partagé en douze heures avant midi et douze heures après midi.

Il est à désirer que chaque observateur forme une ou deux personnes à la pratique des observations ; elles pourront ainsi le remplacer en cas d'empêchement. Quoi qu'il en soit, s'il était impossible d'exécuter une observation en temps convenable, on laisserait en blanc dans les tables ce qui y est relatif. Dans aucun cas, en effet, on ne doit, dans ces tableaux, introduire de nombres pris arbitrairement ; ils produiraient forcément des résultats entachés d'erreurs, leur comparaison avec ceux des autres stations montrerait leur fausseté, et, dès lors, toutes les observations de la même station, fussent-elles faites avec le plus grand soin, paraîtraient nécessairement douteuses.

Les observateurs devront apporter les plus grandes précautions, aussi bien dans l'exécution des observations que dans la notation de leurs résultats. Le mieux est de les inscrire, au crayon, toujours dans le même ordre et au lieu même où l'on a observé, sur un calepin particulier destiné à cet usage (supplément n° 1) ; la transcription dans les tableaux principaux en sera faite, aussitôt que possible, jour par jour même, si cela se peut. A la fin de chaque mois, on clora ces tableaux, et on les enverra à la station principale, dans les premiers jours du mois suivant, le 5 au plus tard. Il est indispensable d'observer exactement cette date d'envoi, de façon que les observations puissent être contrôlées et réunies en temps opportun.

Le but des observations relatives à la vie des plantes est de rechercher les lois de dépendance qui existent entre le développement des végétaux et les conditions de température, d'humidité, etc., où ils se trouvent. On possède déjà à ce sujet un grand nombre d'observations, mais pas assez toutefois pour qu'on puisse en tirer des conclusions absolument certaines ; bien plus, on n'a pas encore établi d'une manière nette et admise par tous les conditions des observations qui n'ont pas été suffisamment précisées jusqu'ici. Ainsi, faut-il tenir compte de la chaleur seule, ou en même temps de l'état hygrométrique ? Est-ce la température moyenne du jour qu'il faut considérer, ou bien aussi les températures extrêmes ? L'échelle des températures doit-elle commencer à 0° ou à un autre nombre ? Faut-il considérer la chaleur simplement comme une somme des températures, ou bien comme une fonction d'un autre ordre de ces mêmes températures, quand on veut avoir l'expression de la quantité de chaleur nécessaire à une plante pour qu'elle arrive à un point déterminé de son développement ? Jusqu'alors, aucune de ces questions n'a été résolue : apporter de nouveaux matériaux en vue de leur solution, telle est la tâche des observateurs actuels.

Les observations relatives aux végétaux forestiers devront porter sur l'époque à laquelle se fait le développement des bourgeons, sur celles auxquelles se présentent les premières feuilles, les premières fleurs ; sur celles enfin où ont lieu la maturité du fruit et la chute des feuilles. On déterminera ces différentes phases du développement pour les vingt-six espèces suivantes :

Abies excelsa, épicéa. — *Abies pectinata*, sapin pectiné, sapin noir, sapin des Vosges. — *Acer platanoïdes*, érable plane. — *Æsculus hippocastanum*, marronnier d'Inde. — *Alnus glutinosa*, aune glutineux, aune noir. — *Betula alba*, bouleau. — *Calluna vulgaris*, bruyère commune. — *Cornus mascula*, cornouiller mâle. — *Corylus avellana*, noisetier commun. — *Fagus sylvatica*, hêtre. — *Galanthus nivalis*, perce-neige. — *Larix europæa*, mélèze. — *Pinus sylvestris*, pin sylvestre. — *Prunus avium*, cerisier des oiseaux. — *Prunus padus*, cerisier à grappes. — *Prunus spinosa*, prunier épineux, épine noire. — *Quercus pedonculata*, chêne pédonculé. — *Ribes grossularia*, groseiller commun. — *Salix caprea*, saule marceau. — *Sambucus nigra*, sureau noir. — *Sorbus aucuparia*, sorbier des oiseleurs. — *Syringa vulgaris*, lilas commun. — *Tilia parvifolia*, tilleul commun, tilleul à petites feuilles. — *Ulmus campestris*, orme champêtre. — *Vaccinium myrtillus*, airelle myrtille. — *Viola odorata*, violette.

Quant aux plantes agricoles, on notera l'époque de l'ensemencement, les jours où apparaissent les premières feuilles, les fleurs, les épis, et aussi l'époque de la maturité et de la récolte. Ces diverses observations se feront sur les plantes suivantes :

Avena sativa, avoine commune. — *Brassica campestris var. oleifera*, colza. — *Hordeum vulgare*, orge. — *Secale cereale æstivum*, seigle de printemps. — *Secale cereale hibernum*, seigle d'automne. — *Triticum cereale æstivum*, blé de printemps. — *Triticum cereale hibernum*, blé d'automne.

Relativement aux animaux, les observations porteront sur les phénomènes suivants : l'époque de l'arrivée de la palombe (*Columba palumbus*), du roi des cailles, appelé râle de genêts (*Crex pratensis*), et du coucou (*Cuculus canorus*) ; l'époque de l'arrivée et du départ de la cigogne (*Ciconia alba*), de l'hirondelle de cheminée (*Hirundo rustica*), de la bergeronnette (*Motacilla alba*), de la bécasse commune (*Scólopax rusticola*) et de l'étourneau commun (*Sturnus vulgaris*) ; les époques enfin où l'on entend les premiers chants de l'alouette (*Alauda arvensis*), du pinson (*Fringilla cœlebs*), du rossignol (*Sylvia luscinia*) et du merle (*Turdus merula*).

En outre, on devra observer le commencement des époques où essaiment le bostriche typographe, le grand hylobe brun (*Curculio pini*), l'hylésine du pin (*Hylesinus piniperda*) et le hanneton commun (*Melolontha vulgaris*) ; enfin, on devra noter le commencement du rut du cerf et du lièvre.

On devra encore chercher à connaître les habitations successives des lépidoptères, si funestes aux essences résineuses, les phases de leurs métamorphoses (chenille, chrysalide, papillon) ; au cas où les connaissances de l'observateur seraient insuffisantes, il choisira des échantillons convenables et les enverra à la station principale, qui les déterminera exactement.

Au commencement de chaque année, on enverra, en même temps que les tables météorologiques du mois de décembre précédent, les tables relatives aux observations faites sur le règne végétal et le règne animal.

III. — Instructions générales.

1° *Le psychromètre.*

Cet instrument sert à déterminer l'état hygrométrique de l'air atmosphérique et son humidité absolue. L'humidité absolue et l'humidité relative se calculent au moyen de données fournies par deux thermomètres, l'un sec, l'autre mouillé. On doit d'abord lire la température du thermomètre sec, puis celle du thermomètre mouillé ; cette lecture se fait par degrés et par dixièmes de degré ; on sépare, en les écrivant, les dixièmes de degré des degrés entiers, par une virgule. Sur l'échelle du thermomètre, chaque degré est divisé en cinq parties égales, de telle sorte qu'on peut lire immédiatement les dixièmes pairs ; les dixièmes impairs sont obtenus par estimation. Pour les températures supérieures à 0°, les dixièmes se comptent de bas en haut, et pour les températures au-dessous de 0°, de haut en bas ; on fait précéder les températures au-dessus de 0° du signe + (plus), et celles au-dessous de 0°, du signe — (moins). Pour opérer la lecture, il importe que l'œil de l'observateur se trouve exactement à la même hauteur que le niveau supérieur du mercure.

Pour obtenir des résultats présentant toute certitude, il est encore nécessaire de se conformer aux instructions suivantes : Il faut, en premier lieu, éviter d'approcher du thermomètre le visage ou la main plus qu'il n'est nécessaire pour que la lecture soit possible. Cette dernière doit en outre être faite rapidement : le voisinage du corps n'est en effet pas sans influence sur l'élévation du mercure dans le thermomètre. Pour combattre cette influence dans la mesure du possible, on devra lire d'abord les dixièmes de degré, et ensuite les degrés entiers.

La boule du thermomètre mouillé devra être maintenue continuellement humide ; à cet effet on l'enveloppera d'une toile fine, liée par un fil au-dessus et au-dessous de la boule et plongeant par son extrémité libre dans un vase rempli d'eau.

Le mieux est de donner à cette toile une forme telle qu'elle entoure deux fois la boule du thermomètre et que son extrémité libre aille toujours en augmentant de largeur. On doit s'attacher spécialement à ce que la toile reste constamment souple et humide ; dès qu'elle commence à devenir dure et sèche et qu'elle ne peut plus, par suite, absorber l'eau d'une manière suffisante, on doit la remplacer par une nouvelle. Le vase où plonge la toile doit toujours être rempli d'eau ; on peut employer à cet usage l'eau de pluie ou de neige, qu'on filtrera auparavant sur un tissu de lin ou de coton.

Si, par suite d'un froid prolongé, l'eau se congèle sur la toile et dans le vase, il faut opérer de la façon suivante : un quart d'heure environ avant d'observer, on mouille la boule du thermomètre ainsi que la toile, ou on les plonge dans un vase rempli d'eau, de manière à ce que la boule du thermomètre se recouvre d'une légère couche d'eau. Lorsque cette eau s'est congelée, on peut procéder à l'observation.

Enfin, si le thermomètre à boule sèche était recouvert d'humidité, soit par suite de la présence d'un brouillard épais, soit par la pluie ou la neige, qui, chassées par le vent, se seraient introduites sous l'abri, il est indispensable de l'essuyer, de le dessécher avec le plus grand soin quelque temps avant de faire l'observation (environ un quart d'heure).

2° *Le thermomètre à maxima.*

La détermination de la température la plus élevée qui s'est produite pendant un certain espace de temps, se fait au moyen du thermomètre à maxima. Supposons le petit morceau de métal appelé index, qui se trouve à la partie supérieure de l'instrument, séparé du niveau du mercure par une légère colonne d'air. Si alors la température s'élève, le mercure monte, pousse l'index, et celui-ci, lorsque la température s'abaisse, reste au point le plus élevé qu'il a atteint. Dans chaque observation, on doit noter le point de l'échelle qui correspond à l'extrémité supérieure de l'index. Cette échelle est divisée en degrés, que l'on peut, par suite, lire immédiatement ; quant aux dixièmes de degré, on ne peut que les estimer : on les compte, pour les températures au-dessus et au-dessous de zéro, de la manière qui a été indiquée au n° 1 pour les thermomètres du psychromètre.

Après chaque lecture, il faut rapprocher autant que possible l'index de la colonne mercurielle. Pour y arriver, on prend le thermomètre dans la main, puis, par de légères secousses que l'on donne à l'instrument dans le sens de sa longueur, on fait descendre l'index. Lorsqu'il est parvenu à la distance d'un degré environ (de l'échelle) du niveau supérieur du mercure, l'instrument peut être remis en place ; il est disposé pour une observation subséquente.

3° *Le thermomètre à minima.*

La détermination des températures les plus basses, survenues dans un certain intervalle de temps, se fait au moyen du thermomètre à minima. Ce thermomètre est disposé horizontalement ; dans l'intérieur de l'esprit-de-vin se trouve un index de verre ; celui-ci, lorsque la température s'abaisse, est entraîné par l'alcool qui se contracte, et lorsque la température s'élève, il reste au point le plus bas où il est parvenu. Le point de l'échelle qu'il faut noter est celui auquel correspond l'extrémité droite de l'index de verre, ou, si l'on suppose le thermomètre vertical, le point qui correspond à l'extrémité supérieure de cet index ; l'échelle est divisée en degrés ; les dixièmes de degré s'estiment à vue, on les compte de gauche à droite pour les températures au-dessus de zéro, et en sens inverse pour les températures inférieures à zéro. L'observation effectuée, on doit incliner le thermomètre de manière à ce que la boule soit plus élevée que l'autre extrémité. Dans cette position, l'index de verre descend dans l'alcool jusqu'à l'extrémité de la colonne liquide. Dès que ce résultat est obtenu, on replace le thermomètre dans sa position normale, et il se trouve disposé pour l'observation suivante.

Il reste à faire remarquer que le thermomètre à minima devient facilement défectueux ; il arrive, en effet, que l'alcool s'évapore dans le tube du thermomètre et vient se condenser en bulles liquides en divers points de ce tube. Lorsqu'il se trouve ainsi de l'alcool séparé de la masse principale, il faut immédiatement y prendre garde ; on enlèvera donc le thermomètre de sa place, et par des secousses suffisamment fortes, que l'on donnera à l'instrument dans le sens de sa longueur, la boule en bas, on arrivera à réunir à la colonne liquide les bulles qui s'en étaient séparées. Si ce soin était négligé, toutes les observations faites depuis la séparation des bulles seraient défectueuses ; aussi, l'observateur doit-il s'assurer journellement que l'instrument est en bon état.

4° Thermomètre donnant la température du sol.

La température du sol sera observée à sa surface et aux différentes profondeurs de 0m,15, 0m,30, 0m,50, 0m,90 et 1m,20. Les thermomètres destinés à la surface du sol et à 0m,15 de profondeur seront supportés à la profondeur convenable à l'aide d'un trépied. La hauteur du mercure doit être lue directement sur l'échelle solidaire du thermomètre.

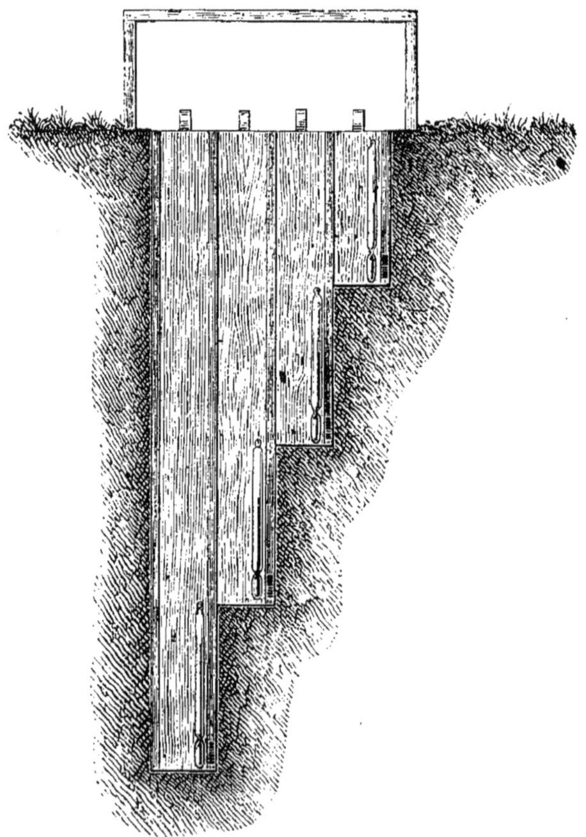

Fig. 6. — Dispositif des thermomètres du sol.

Pour les quatre autres profondeurs, les thermomètres seront introduits dans des gaînes en bois d'une certaine épaisseur (*fig.* 6) enfouies dans le sol à ces différentes profondeurs, de telle sorte que la boule de chaque thermomètre se trouve immédiatement en contact avec la terre environnante. Un couvercle, placé au-dessus du sol, empêchera autant que possible l'introduction de l'humidité et la circulation de l'air dans les différentes couches.

Pour chaque observation, il faut enlever le couvercle supérieur, retirer ensuite successivement les différents thermomètres, opérer la lecture et les remettre en place. Les degrés de l'échelle sont divisés en dix parties égales, de sorte qu'on peut lire directement les dixièmes de degré.

Comme, pour chaque observation, on amène forcément les thermomètres dans des milieux de températures différentes, il importe d'exécuter la lecture aussi rapidement que possible, et, dans ce but, on recommande de lire en premier lieu les dixièmes de degré, puis les degrés entiers, et de prendre note de ces deux nombres en les séparant par une virgule.

L'observation de tous les thermomètres terminée, on ferme le couvercle supérieur aussi hermétiquement que possible.

5° *Le baromètre.*

A côté du baromètre se trouve un thermomètre, dont l'observation doit précéder celle du baromètre. L'échelle de ce thermomètre est divisée en degrés ; la lecture, à un demi-degré près, est suffisante ; on peut d'ailleurs l'exécuter facilement par simple estimation.

La température déterminée, il faut observer la hauteur de la colonne mercurielle, et pour cela on opère comme il suit : On donne d'abord à l'instrument quelques légères secousses pour détruire l'influence de l'adhérence du mercure au verre ; puis, en tournant lentement la vis, on approche l'anneau métallique qui entoure le tube barométrique de la surface convexe du mercure. Ce résultat obtenu, on place l'œil dans une position telle que le bord postérieur de l'anneau métallique soit exactement recouvert par le bord antérieur ; de cette façon, l'œil et les deux bords de l'anneau se trouvent dans un même plan horizontal ; on fait alors descendre l'anneau jusqu'à ce qu'il coïncide exactement avec le niveau supérieur du mercure. Pour arriver sûrement à ce résultat, il faut tenir une bougie allumée derrière le tube barométrique, de telle sorte qu'on aperçoive la flamme entre le mercure et l'anneau. Si on approche alors l'anneau de la colonne mercurielle, il coïncidera exactement avec le point le plus élevé de celle-ci, lorsque la flamme ne sera plus visible, précisément à cette place même.

La hauteur barométrique peut s'obtenir avec une approximation de 0.05 de millimètre, en opérant comme il suit : L'échelle principale en verre dépoli ne porte que les millimètres entiers. Cela posé, on regarde tout d'abord au-dessus de quelle division se trouve le zéro de la petite échelle d'ivoire, appelée vernier, lequel correspond exactement au bord inférieur de l'anneau métallique. (On a ainsi le nombre entier de millimètres.) Pour avoir les fractions de millimètre, on regarde ensuite laquelle des vingt petites divisions du vernier coïncide le plus exactement avec l'une de celles de l'échelle principale qui doit être sur son prolongement. Selon que cette coïncidence a lieu à la première, deuxième, troisième, etc., division du vernier, on a : 5, 10, 15 centièmes de millimètre à ajouter aux millimètres entiers qu'on a lus précédemment à l'échelle principale. Si, par exemple, le zéro se trouve entre la 758e et la 759e division, et que la 13e division du vernier coïncide avec une de celles de l'échelle principale, c'est le nombre 758,65 qui représentera la hauteur barométrique.

Le baromètre ne doit pas être changé de la place qu'il occupe ; on ne doit pas non plus faire varier sa position de la verticale. Ce que l'observateur fera de mieux, sera de le suspendre verticalement dans sa chambre, assez loin du fourneau, et de manière que les rayons du soleil ne puissent pas l'atteindre directement.

6° *Atmidomètres.*

Un vase en zinc, de forme carrée, d'une surface de 2,000 centimètres carrés et d'une hauteur de $0^m,12$ ou $0^m,13$ sera établi, à l'abri des eaux météoriques, sous un appentis en bois, de sorte que l'air puisse y circuler librement. Le premier jour de chaque mois, lors de l'observation du matin, on mesurera exactement une certaine quantité d'eau (de pluie ou de neige), 3,000 centimètres cubes par exemple, qu'on versera dans l'atmidomètre. Si, après plusieurs jours, l'eau a beaucoup diminué, et s'il est à craindre que l'évaporation continuant ne mette à nu le fond de la cuve, on mesurera le liquide restant et on y versera une nouvelle quantité d'eau. On opère ainsi durant tout le mois et l'on note chaque fois la quantité d'eau versée. A la fin du mois, ou pour mieux dire, lors de l'observation du matin du premier jour du mois suivant, on mesure la quantité d'eau qui reste dans la cuve et on en prend note. Une simple soustraction donne le nombre de centimètres cubes d'eau évaporée pendant le mois; et la division par le nombre 200 donne, en millimètres, la hauteur de la colonne d'eau évaporée.

7° *Direction et force du vent.*

La direction du vent est déterminée par la position que prend la girouette par rapport à la flèche orientée. On doit distinguer seize directions des vents et on les désignera par les signes abréviatifs suivants :

Nord.	= N.	Sud	= S.
Nord-nord-est. .	= N.-N.-E.	Sud-sud-ouest. .	= S.-S.-O.
Nord-est	= N.-E.	Sud-ouest. . . .	= S.-O.
Est-nord-est. . .	= E.-N.-E.	Ouest-sud-ouest .	= O.-S.-O.
Est.	= E.	Ouest.	= O.
Est-sud-est . . .	= E.-S.-E.	Ouest-nord-ouest.	= O.-N.-O.
Sud-est.	= S.-E.	Nord-ouest . . .	= N.-O.
Sud-sud-est. . .	= S.-S.-E.	Nord-nord-ouest.	= N.-N.-O.

On donnera l'idée de la force du vent par un nombre qu'on ajoutera à l'indication de sa direction et qu'on estimera de la manière suivante :

Le nombre 0 indique un calme absolu, ou une brise tellement faible que les feuilles des arbres sont à peine agitées;

Le nombre 1 indique un vent faible qui agite seulement les feuilles et les menues branches des arbres.

Le nombre 2 indique un vent de force moyenne qui, en forêt, agite les branches des arbres et, en plaine, produit un léger sifflement;

Le nombre 3 indique un grand vent; les plus fortes branches, les arbres eux-mêmes sont agités, la marche devient pénible, on entend un très-fort sifflement, les corps légers sont emportés dans les airs;

Le nombre 4 indique une tempête; les arbres sont alors continuellement en mouvement, çà et là des rameaux et des branches se brisent, des arbres sont déracinés, un bruit continu se fait entendre, mêlé à des coups de vent violents; enfin la marche contre le vent devient excessivement pénible.

8° *Direction des nuages.*

Aussi souvent qu'il sera possible, on devra noter, aux heures habituelles d'observation, la direction suivie par les nuages au zénith du lieu. S'ils suivent, à des hauteurs inégales, deux directions différentes, on en prendra note dans les tables destinées à cet usage ; on indiquera les deux directions en les séparant par un trait horizontal. Ainsi la notation $\frac{\text{N.-E.}}{\text{S.-O.}}$ indiquera que les nuages inférieurs viennent du S.-O., et que les plus élevés viennent du N.-E.

Si l'on ne peut déterminer la direction du vent, on tracera, dans le tableau destiné à cette indication, un trait horizontal.

9° *Aspect du ciel.*

La présence de nuages plus ou moins considérables sera indiquée au moyen de dix nombres; 0 indique un ciel pur, 10 un ciel absolument couvert, et les nombres de 1 à 9 les diverses nuances entre ces deux extrêmes. Ainsi la notation 3 signifiera que les 3 dixièmes du ciel sont couverts de nuages et que le reste est libre.

On devra aussi se rendre compte de l'épaisseur des nuages et la noter; le nombre 0 indiquera une faible épaisseur, le nombre 2 une couche très-forte; ces notations seront écrites en petits chiffres, en haut et à droite de ceux dont on vient de parler au paragraphe précédent. Ainsi, la notation 10^0 signifie que le ciel est entièrement couvert, mais d'une couche faible de nuages; la notation 10^2 indique au contraire que les nuages qui couvrent le ciel sont très-épais. On n'emploiera pas de notation plus exacte pour les cas intermédiaires.

10° *Caractère général de la journée.*

Cette observation sera inscrite le soir dans les tableaux qui y sont destinés; on se servira des expressions générales: ciel clair, nuageux, très-nuageux, entièrement couvert, brumeux, pluvieux, orageux, etc...

11° *Mesure de la pluie et de la neige.*

Chaque jour, lors de l'observation faite à 8 heures du matin, on versera dans un vase gradué l'eau tombée dans le pluviomètre et on en déterminera la quantité. Pour y arriver exactement, il faut tenir le vase bien horizontalement, et placer l'œil dans le même plan que la surface de l'eau; on lira alors, en prenant, non pas le point de l'échelle qui correspond à la surface proprement dite (ménisque supérieur), mais le contact de la surface miroitante avec la division graduée. La graduation donne les centimètres cubes, un espace de 20 centimètres est divisé en 10 parties égales, de telle sorte que les dimensions paires peuvent se lire immédiatement, tandis que les impaires doivent être estimées à vue.

Pendant l'hiver, le pluviomètre doit être remplacé par un vase spécial à large panse dont la forme empêchera la neige d'être expulsée au dehors, sous l'action du vent. Pour déterminer la quantité de neige tombée, il est nécessaire de la transvaser avec soin, de la laisser fondre et de mesurer la quantité d'eau qui en provient, de la manière indiquée plus haut. Il importe de faire connaître dans les tableaux si l'eau est tombée sous forme de pluie ou de neige, ou de pluie mélangée de neige.

La surface d'ouverture du pluviomètre et celle du vase destiné à mesurer la quantité de neige tombée sont de 2,000 centimètres carrés; le pluviomètre est placé à $1^m,50$ de la surface du sol. Dès lors, si l'on divise par 200 le nombre de centimètres cubes fourni par l'observation, on obtiendra en millimètres la hauteur d'eau tombée.

Lorsque la pluie ou la neige sont très-abondantes, il faut procéder journellement à deux observations ; dans les circonstances ordinaires, une seule observation, faite le matin, suffit.

12° *Observations spéciales.*

Ici se rangent les phénomènes météorologiques de toute espèce que l'on peut observer dans le cours de la journée. D'après les conventions du congrès météorologique international de Vienne, on se servira des notations suivantes :

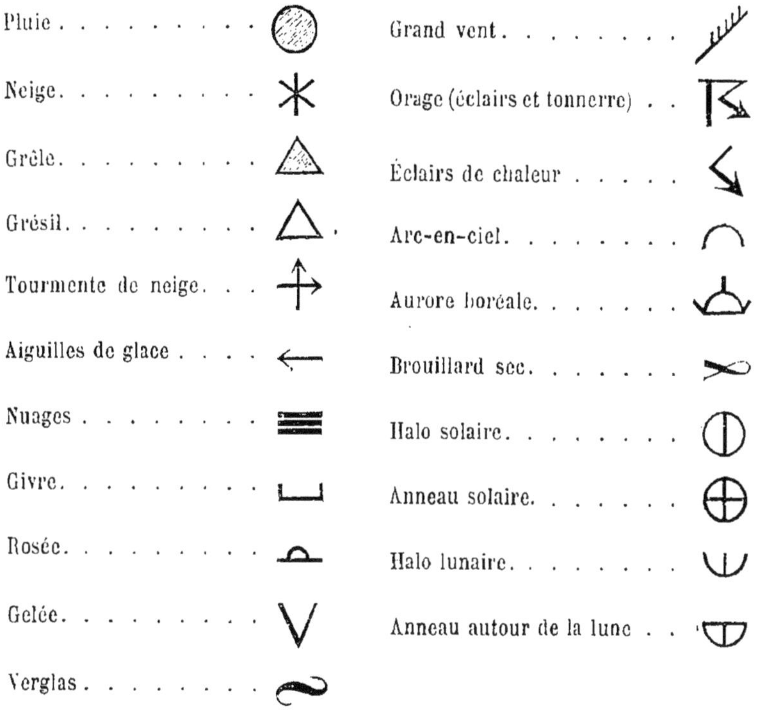

Pluie	Grand vent. . . . .
Neige.	Orage (éclairs et tonnerre) . .
Grêle.	Éclairs de chaleur . . . . .
Grésil.	Arc-en-ciel. . . . .
Tourmente de neige. . .	Aurore boréale. . . . . . .
Aiguilles de glace	Brouillard sec. . . . . . .
Nuages	Halo solaire. . . . .
Givre.	Anneau solaire. . . . . . .
Rosée.	Halo lunaire. . . . .
Gelée.	Anneau autour de la lune . .
Verglas	

Pour chaque espèce de phénomène, les nombres ^{0} ou ^{2}, inscrits en petits chiffres en haut et à droite de la notation, exprimeront que le phénomène a eu plus ou moins d'intensité ; on y ajoutera encore l'indication de la durée du phénomène. Pour cela, le jour sera compté entre deux minuits consécutifs; de minuit à midi, le temps sera désigné par la lettre M, et de midi à minuit, par la lettre S. On devra encore, pendant l'hiver, indiquer journellement si le sol est ou non couvert de neige, et approximativement, l'épaisseur qu'atteint cette dernière.

13° *Observations relatives au monde animal et végétal.*

On devra, pour les observations à faire sur les plantes, chercher à remplir aussi exactement que possible les conditions suivantes :

1° Que les plantes croissent dans le voisinage de la station ;

2° Que les sujets choisis soient parvenus à l'âge de fertilité ;

3° Que les sujets qui doivent être l'objet d'observations soient situés à la même exposition ;

4° Que les plantes considérées ne se développent pas, par suite de prédispositions spéciales, d'une façon anormale ;

5° Que les observations soient faites pendant plusieurs années consécutives sur les mêmes sujets.

On détermine, comme il suit, les époques précises des différents phénomènes de la végétation :

1° Le gonflement des bourgeons a lieu lorsque le développement en longueur des axes provoque l'apparition de zones plus claires entre les écailles de couleur sombre du bourgeon ;

2° On prendra comme point précis de l'apparition des premières feuilles le jour où une feuille s'étale complètement ; pour les résineux, ce sera celui où le bourgeon se débarrasse de son enveloppe, c'est-à-dire où les premières aiguilles apparaissent à la pointe du bourgeon ; enfin, pour les céréales, ce sera le jour où les deux premières feuilles étalées s'inclinent de côté, tandis que la troisième, encore enroulée, reste verticale ;

3° L'époque de la première floraison est annoncée, pour les arbres et les arbrisseaux, par la dispersion du pollen ou par un changement dans la couleur des étamines ; pour les céréales, c'est le moment où les étamines et le style apparaissent, sortant des glumes qui forment l'enveloppe florale ;

4° La maturité du fruit coïncidera avec les phénomènes suivants :

Avec la chute des noisettes ou des glands tout à fait sains pour le noisetier commun (*Corylus avellana*), le hêtre (*Fagus sylvatica*) et le chêne pédonculé (*Quercus pedonculata*) ; les fruits qui tombent les premiers sont généralement piqués par les insectes ;

Avec la déhiscence des capsules pour le marronnier d'Inde (*Æsculus hippocastanum*) et le saule Marceau (*Salix caprea*) ;

Avec la chute des premières graines pour le sapin pectiné (*Abies pectinata*) ;

Avec la chute des fruits qui renferment la semence pour l'orme champêtre (*Ulmus campestris*) ;

Avec le moment où les écailles des cônes deviennent plus brunes et se dessèchent pour l'épicéa (*Abies excelsa*) et le mélèze (*Larix europæa*) ;

Avec le dessèchement des capsules pour le tilleul commun (*Tilia parvifolia*) ;

Avec le ramollissement des fruits pour le cerisier à fruits doux (*Prunus avium*), le groseillier commun (*Ribes grossularia*) et l'airelle myrtille (*Vaccinum myrtillus*) ;

Avec la coloration noire des fruits pour le cerisier à grappes (*Prunus padus*), l'épine noire (*Prunus spinosa*) et le sureau noir (*Sambucus nigra*) ;

Avec la coloration rouge sang du fruit pour le cornouiller mâle (*Cornus mascula*) ;

Avec la décoloration du chaume, par suite de son dessèchement, pour les céréales.

Pour les plantes inscrites dans les tables et dont on n'a pas parlé ici, la maturité des fruits n'est pas nettement indiquée par l'apparition de phénomènes certains; c'est pourquoi il n'y a pas lieu de l'observer. Il en est de même de l'époque de la chute des feuilles chez les résineux, à l'exception du mélèze.

Il est superflu de donner des détails plus complets sur les observations dont les animaux doivent être l'objet. Il suffit simplement que les tableaux (supplément n° 4) qui y sont relatifs soient remplis scrupuleusement et en temps opportun.

IV. — RÈGLES RELATIVES A LA RÉDUCTION DES OBSERVATIONS MÉTÉOROLOGIQUES.

Les observations météorologiques exécutées d'après les indications précédentes peuvent, après avoir été soumises à certaines corrections, devenir comparables, et il est dès lors possible d'en tirer des conclusions relatives aux conditions atmosphériques. Ces corrections n'exigent pas grand travail si on les fait jour par jour, mais si elles se rapportent à une longue période de temps, c'est bien différent. Aussi, il est à désirer que les observateurs entreprennent ce travail, alors qu'il est avantageux de le faire; souvent, en effet, des erreurs de lecture ou d'écriture peuvent se réparer, lorsqu'il y a peu de temps que l'observation est faite; dans le cas contraire, ce n'est plus possible. On va voir, d'après ce qui suit, comment les corrections doivent être exécutées.

1° *Correction des températures.*

La température lue à l'échelle du thermomètre n'a besoin d'aucune correction si l'échelle est convenablement construite et si le zéro correspond bien à la température de la glace fondante. Mais comme la position du zéro est sujette à varier avec le temps, il est nécessaire de la vérifier de temps en temps, une fois par an environ, et de tenir compte dans l'observation des modifications survenues. Ainsi, si à la température de la glace fondante le thermomètre marque + 0°,8, toutes les températures observées seront diminuées de 0°,8 ; de même, si le thermomètre marquait — 0°,7, toutes les températures observées devront dès lors être augmentées de 0°,7. Pour prendre un exemple, si on lit à l'échelle les trois lectures suivantes : + 9,5 ; + 0,3 ; — 2,6, la correction, dans les premiers cas, donnera les nombres : + 8,7 ; — 0,5 ; — 3,4. Dans le second cas, si on a observé les températures : + 10,6 ; — 0,2 ; — 7,9, la correction les ramènera aux nombres : + 11,3 ; + 0,5 ; — 7,2.

2° *Corrections et réductions barométriques.*

La température du thermomètre qui est joint au baromètre, étant corrigée comme on vient de le voir, on devra ramener à zéro la hauteur barométrique observée. Si on appelle h_0 la hauteur cherchée et h_t la hauteur barométrique observée à la température t ; si on désigne en outre par k le coefficient de dilatation absolue du mercure pour un degré centigrade, et par m le coefficient linéaire du laiton qui forme l'échelle, on a :

$$[1] \qquad h_0 = h_t \frac{1 + mt}{1 + kt}$$

Or

$$m = 0{,}00001878$$
$$k = 0{,}00017993 ;$$

cette dernière valeur est une valeur moyenne de k, pour les températures comprises entre 0° et 35° ; elle est tirée de l'équation donnée par Regnault,

$$k = 0{,}000179005t + 0{,}0000000252316t^2.$$

On déduit de l'équation [1] :

$$h_0 = h_t - h_t \times t \times 0{,}00016115.$$

Si la température était inférieure à zéro, on remplacerait le signe — par le signe + dans le second membre [1].

La valeur de ce membre, qui exprime la valeur de la correction, peut s'obtenir immédiatement au moyen de la table I. Pour cela, on cherchera parmi les nombres écrits en haut des colonnes verticales, la hauteur barométrique observée, et, parmi ceux qui sont écrits à la gauche des colonnes horizontales, la température ramenée à zéro ; le nombre situé, à la fois, dans les deux colonnes sera pris pour valeur de la correction.

Cette table a la même forme que celles qui se trouvent dans les instructions destinées aux stations météorologiques de la Suisse et du duché de Bade. Les valeurs des nombres ont été calculées au moyen des formules données plus haut.

Les hauteurs barométriques y sont inscrites de 10 en 10 millimètres, et les températures de demi-degré en demi-degré. Si la température ou la hauteur barométrique observées ne se trouvent pas exactement dans la table, il suffira de chercher les valeurs qui en sont les plus voisines ; le nombre correspondant sera pris pour valeur de la correction. Supposons, par exemple, la hauteur barométrique $= 754^{mm},3$ et la température $= 21°,3$;

la table donne le nombre de correction relatif à la hauteur = 750 millimètres et à la température 21°,5 ; ce nombre est 2,6. On l'adoptera, et dans le cas actuel, la hauteur barométrique ramenée à zéro sera = 751mm,7 (754,3 — 2,6).

Si la capillarité amenait la nécessité d'une correction, la station principale en enverrait la valeur à l'observateur ; cette constante serait ajoutée à la hauteur barométrique ramenée à zéro.

3° *Humidité absolue de l'atmosphère.*

L'humidité absolue, c'est-à-dire la tension de la vapeur d'eau dans l'atmosphère, se détermine au moyen des différences de température observées aux deux thermomètres du psychromètre, et à l'aide de la hauteur barométrique ramenée à zéro. Si l'on désigne par

t la température observée au thermomètre à boule sèche,
t_1 id. id. mouillée,
h_0 la hauteur barométrique ramenée à zéro,
e_1 la tension maxima de la vapeur d'eau à la température t_1, exprimée en millimètres,
e la tension absolue cherchée,

on a, d'après les formules de Regnault et en se servant des nombres (*Tables psychrométriques*, par Jelinck, Vienne, 1871) du même auteur corrigés par Horitz (*Bull. de l'Acad. des Sc. de Saint-Pétersbourg*, XIII) :

$$e = e_1 - \frac{0,480\,(t - t_1)\,h_0}{610 - t_1}$$

et

$$e = e_1 - \frac{0,480\,(t - t_1)\,h_0}{689 - t_1}$$

la première équation sert lorsque l'eau est à l'état liquide, la seconde, lorsque l'eau (qui recouvre la boule du thermomètre) est congelée. Si, dans ces équations, on donne à t_1 au dénominateur une valeur moyenne, elles prennent une forme plus simple. Substituons, comme cela existe dans les instructions destinées aux observations météorologiques de la Suisse et du duché de Bade, la valeur moyenne + 10° dans la première égalité, et la valeur — 5° dans la seconde, elles deviennent

$$e = e_1 - 0,000800\,(t - t_1)\,h_0,$$
$$e = e_1 - 0,000692\,(t - t_1)\,h_0.$$

Pour trouver e, il faut d'abord chercher dans la table II la valeur de e_1 qui correspond à celle observée pour t_1. Cette table est construite d'après les nombres donnés par Regnault et corrigés par Horitz ; sa forme est la même que celle des tables de Jelinck. Les valeurs des nombres ont été calculées au moyen des formules de Regnault :

$$\log e_1 = a + b \times \alpha^t - c\,\beta^t \text{ pour } t > 0;$$
$$\log e_1 = a + b \times \alpha^{t+32} \qquad \text{pour } t < 0.$$

On a pris, pour les constantes, les valeurs données par Horitz (*Physique de Wüllner*, 1re édition, II, 167). La disposition de la table est claire par elle-même. A gauche sont inscrits les degrés entiers, et en haut les dixièmes de degré, de sorte qu'on peut lire immédiatement la valeur de e, la température étant déterminée à 1 dixième de degré près.

La valeur de la correction [2e membre] est donnée par la table IV dans le cas où l'eau est gelée sur la boule du thermomètre, et par la table III dans le cas contraire. On trouve cette valeur dans la colonne verticale correspondant à la hauteur barométrique observée et dans la colonne horizontale correspondant à la différence des températures observées. En retranchant la valeur de la correction de celle trouvée précédemment pour e_1, on a la tension absolue cherchée e.

Lorsque, par suite de la présence de nuages épais, le thermomètre mouillé est aussi élevé ou plus élevé que l'autre, l'atmosphère est saturée d'humidité ; dans ce cas, on pose $e =$ la valeur de e_1, laquelle correspond à la température observée au thermomètre sec.

Les exemples suivants rendront plus clair l'emploi des tables II, III et IV :

1° Soient d'abord : $h_0 = 762.1$; $t = 15.3$; $t_1 = 9.7$,

on en déduit : $t - t_1 = 5.6$. D'où (table II) $e_1 = 8.98$;

la valeur de la correction est donnée (table III) $= 3.40$.

D'où : $e = 8.98 - 3.40 = 5.58$.

2° Soient : $h_0 = 670.8$; $t = 32.5$; $t_1 = 19{,}7$,

on aura : $t - t_1 = 12.8$; $e_1 = 17.07$.

D'où : $e = 17.07 - 6.86 = 10.21$.

3° Soient : $h_0 = 720.7$; $t = 0.3$; $t_1 = -0.2$ (eau non congelée),

on aura : $t - t_1 = 0.5$; $e_1 = 4.54$.

D'où : $e = 4.54 - 0.29 = 4.25$.

4° Soient : $h_0 = 692.4$; $t = -5.7$; $t_1 = -7{,}2$ (eau gelée),

on aura : $t - t_1 = 1.5$; $e_1 = 2.63$.

D'où : $e = 2.63 - 0.72 = 1.91$.

4° *État hygrométrique de l'atmosphère.*

On entend par état hygrométrique le rapport qui existe entre la tension de la vapeur d'eau dans l'atmosphère, c'est-à-dire entre l'humidité absolue et la tension qu'aurait la vapeur d'eau, l'air étant saturé, à la température de l'observation. L'état hygrométrique est donc précisément égal au quotient de la valeur de *e*, par la tension maxima de la vapeur d'eau à la température *t*. La table V renferme les divers états hygrométriques relatifs, calculés en centièmes. Dans les nombres écrits en haut de la table, on cherchera l'état hygrométrique absolu qu'on a trouvé, et dans les nombres écrits à gauche la température observée au thermomètre à boule sèche. Si les nombres qui expriment l'état hygrométrique absolu et la température ne se trouvent pas exactement dans la table, on prendra ceux qui s'en rapprochent le plus et on cherchera l'état hygrométrique relatif qui leur correspond. Dans la plupart des cas, une interpolation sera nécessaire.

Pour les exemples donnés précédemment, au n° 3, l'état hygrométrique relatif sera le suivant :

1° $e = 5.58 \quad t = 15.3.$

État hygr. $= 43$ %.

2° $e = 10.21 \quad t = 32.5.$

État hygr. $= 28$ %.

3° $e = 4.25 \quad t = 0.3.$

État hygr. $= 89$ %.

4° $e = 1.91 \quad t = -5.7.$

État hygr. $= 63$ %.

V. — Règles a suivre pour l'ordre des observations et leur transcription dans les tables générales.

A. — Observations journalières.

I. — *Observations à faire le matin, à huit heures.*

a) *Station hors bois.*

1. — Températures observées au psychromètre;
2. — Température maxima à l'ombre;
3. — Id. id. au soleil;
4. — Température du sol (aux diverses profondeurs);
5. — Quantité de pluie tombée;

6. — Direction des vents;
7. — Force des vents;
8. — Intensité des nuages;
9. — Direction des nuages;
10. — Phénomènes divers.

b) *Station sous bois.*

1. — Températures observées au psychromètre à $1^m,50$ de la surface du sol;
2. — Températures observées au psychromètre à la cime des arbres;
3. — Température maxima à l'ombre à $1^m,50$ au-dessus du sol;
4. — Id. id. à la cime des arbres;
5. — Température du sol (aux diverses profondeurs);
6. — Quantité de pluie tombée;
7. — Phénomènes divers.

II. — *Observations à faire le matin, à huit heures et demie.*

1. — Température du thermomètre annexé au baromètre;
2. — Hauteur barométrique.

III. — *Observations à faire, à deux heures après midi.*

a) *Station hors bois.*

1. — Températures observées au psychromètre;
2. — Température minima à l'ombre;
3. — Id. id. au soleil;
4. — Température du sol;
5. — Direction du vent;
6. — Force du vent;
7. — Intensité des nuages;
8. — Direction des nuages;
9. — Phénomènes divers.

b) *Station sous bois.*

1. — Températures observées au psychromètre à $1^m,50$ du sol;
2. — Id. id. id. à la cime des arbres;
3. — Température minima à l'ombre à $1^m,50$ du sol;
4. — Id. id. à la hauteur des cimes;
5. — Id. id. sous l'action du rayonnement direct à $1^m,50$ de la surface du sol;
6. — Température du sol;
7. — Phénomènes divers.

IV. — *Observations à faire, à deux heures et demie après midi.*

1. — Température du thermomètre qui est joint au baromètre;
2. — Hauteur barométrique.

V. — *Notes à prendre à neuf heures du soir.*

1. — Caractère général de la journée;
2. — Phénomènes divers.

Pour la transcription des observations, il faut noter ceci : les données fournies par le thermomètre à maxima et par le pluviomètre, le matin à 8 heures, seront portées à la date du jour précédent; toutes les autres observations porteront la date du jour où on les exécutera.

B. — Observations mensuelles.

Au commencement de chaque mois, à huit heures du matin, on nettoiera l'atmidomètre; on y versera 3000 centimètres cubes d'eau de pluie ou de neige, ou, en tout cas, d'eau de rivière bouillie, et on notera la quantité d'eau introduite. Il faudra ajouter de l'eau de temps en temps, de manière que le fond du vase soit toujours recouvert; on prendra exactement note des quantités d'eau ainsi ajoutées. Au commencement du mois suivant, à huit heures du matin, on notera la quantité d'eau restant dans la cuve.

C. — Observations relatives aux animaux et aux végétaux.

Le genre d'observations à faire est indiqué au § 13 de l'article III; il n'est pas besoin d'explications plus développées. Il suffit de remplir exactement et en temps opportun les feuilles d'observations.

D. — Transcription des observations dans les tables générales.

Pour pouvoir prendre les moyennes de 5 jours utilisées par Dove, il est nécessaire de mettre dans les tableaux généraux, à côté des lettres *a*, *b*, *c*, etc., les dates correspondantes, comme il est indiqué à la table VI. Lorsque, comme dans une année bissextile, le mois de février a 29 jours, l'intervalle du 25 février au 1er mars est alors de 6 jours; dans ce cas cas exceptionnel, on prendra la moyenne de 6 jours au lieu de 5.

Il faut encore remarquer que les moyennes de 5 jours ne doivent être formées que de colonnes complètes et non de celles qui ne comprennent que 1, 2 ou 3 jours. Les moyennes mensuelles sont relatives à tous les jours du mois[1].

---

1. Je renverrai pour les tables de correction aux traités spéciaux.

1er Supplément. — **Spécimen du Journal des Observations météorologiques.**

Station hors bois.

DATE :					
Matin, 8 heures.	Psychromètre.	Thermomètre à boule sèche.			
		— — humide.			
	Température maxima.	A l'ombre.			
		Au soleil.			
	Température du sol.	A la surface du sol.			
		A 0m,15 de profondeur.			
		A 0m,30 —			
		A 0m,60 —			
		A 0m,90 —			
		A 1m,20 —			
	Pluviomètre.				
	Direction du vent.				
	Force du vent.				
	Aspect du ciel.				
	Direction des nuages.				
	Phénomènes remarquables.				
Matin, 8 1/2 h.	Thermomètre joint au baromètre.				
	Baromètre.				
Soir, 2 heures.	Psychromètre.	Thermomètre à boule sèche.			
		— — humide.			
	Température minima.	A l'ombre.			
		A l'air libre.			
	Température du sol.	A la surface.			
		A 0m,15 de profondeur.			
		A 0m,30 —			
		A 0m,60 —			
		A 0m,90 —			
		A 1m,20 —			
	Direction du vent.				
	Force du vent.				
	Aspect du ciel.				
	Direction des nuages.				
	Phénomènes remarquables.				
Soir, 2 1/2 h.	Thermomètre joint au baromètre.				
	Baromètre.				

Station sous bois.

DATE :							
Matin, 8 heures.	Psychromètre inférieur.	Thermomètre à boule sèche.					
		— — humide.					
	Psychromètre supérieur.	Thermomètre à boule sèche.					
		— — humide.					
	Tempér. maxima à l'ombre.	En bas ($1^m,50$ du sol).					
		En haut (cime des arbres).					
	Température du sol.	A la surface.					
		A $0^m,15$ de profondeur.					
		A $0^m,30$ —					
		A $0^m,60$ —					
		A $0^m,90$ —					
		A $1^m,20$ —					
	Pluviomètre.						
	Phénomènes remarquables.						
Soir, 2 heures.	Psychromètre inférieur.	Thermomètre à boule sèche.					
		— — humide.					
	Psychromètre supérieur.	Thermomètre à boule sèche.					
		— — humide.					
	Tempér. minima à l'ombre.	En bas ($1^m,50$ du sol).					
		En haut (cime des arbres).					
		A l'air libre.					
	Température du sol.	A la surface.					
		A $0^m,15$ de profondeur.					
		A $0^m,30$ —					
		A $0^m,60$ —					
		A $0^m,90$ —					
		A $1^m,20$ —					
	Phénomènes remarquables.						
Soir, 9 heures.	Caractère de la journée.						
	Phénomènes remarquables.						

2e SUPPLÉMENT. — Observations météorologiques forestières.

1. La hauteur barométrique moyenne pendant le mois a été de. . . . . . =
2. La plus grande hauteur barométrique a eu lieu le... à... h., par le vent du =
3. La plus basse — — — =
4. La température moyenne du mois, d'après les thermomètres à maxima et à minima a été . . . . =
5. La température la plus élevée du mois, à l'ombre, a eu lieu le... par le vent du . . . . =
6. La température la plus basse du mois, à l'ombre, a eu lieu le... par le vent du . . . . =
7. La température moyenne du sol, pendant le mois, a été, à la surface . =
8. — — — — à $0^m,15$ de profondeur. . . . . =
9. La température moyenne du sol, pendant le mois, a été, à $0^m,30$ de profondeur . . . . =
10. La température moyenne du sol, pendant le mois, a été, à $0^m,60$ de profondeur. . . . . =
11. La température moyenne du sol, pendant le mois, a été, à $0^m,90$ de profondeur . . . .
12. La température moyenne du sol, pendant le mois, a été, à $1^m,20$ de profondeur. . . . . =
13. La somme de pluie tombée, pendant le mois, a été de. . =
    — de neige — — — . =
    — de pluie et neige mêlées tombées, pendant le mois, a été de . . . . =
    (Donner la hauteur en millimètres.)
14. La quantité d'eau évaporée, pendant le mois, a été de (en millimètres) =
15. Nombre des vents et somme des nombres qui représentent leurs intensités . . . . =
    N. =. . . . N.-N.-E. =. . . . N.-E. =. . . . E.-N.-E. =. . . . etc.
16. Le nombre des orages a été de. . . . . =
17. — des jours où le ciel est resté pur, a été de. . . . . =
18. — — — — couvert, a été de . . . . =
19. La moyenne de l'état des nuages, pendant le mois, a été de . . . . . =
20. La tension moyenne de la vapeur d'eau a été de. . . . . =
21. — de l'air sec a été de. . . . . =
22. L'état hygrométrique moyen a été, en centièmes, de . . . . =

Tableau résumé de la température pendant le mois.

Ce tableau sera rempli au commencement de chaque mois et l'original en sera envoyé à la station principale.

Les moyennes mensuelles et celles de cinq jours se prennent avec deux décimales; les observations, avec une seulement.

On écrira dans ce

En face des lettres *a*, *b*, *c*, *d*, etc., on mettra les dates des ours du mois. On ne era les moyennes de cinq jours que pour les colonnes complètes, et non pour celles qui ne comprennent qu'un ou deux jours. La moyenne mensuelle comprend tous les jours du mois vulgaire.

OBSERVATIONS MÉTÉOROLOGIQUES FORESTIÈRES, TRANS

LES MOYENNES GÉNÉRALES SE CALCULENT AVEC DEUX DÉCIMALES; POUR CELLES D

ANNÉES 18 . . . . .

	DATE.	HAUTEUR BAROMÉTRIQUE EN MILLIMÈTRES.							PSYCHROMÈTRE.				TENSION DE LA VAPEUR D'EAU en millimètres.			ÉTAT HYGROMÉTRIQUE relatif en centièmes.			Therm. maxima à l'ombre. 8 heures, matin.	Therm. minima à l'ombre. 2 heures, soir.	Moyenne des deux obser-vations pré-cédentes.	Therm. maxima au soleil. 8 heures, matin.
		8 heures du matin.		2 heures de l'après-midi.		Réduction à 0°.			8 heures, matin.		2 h., après-midi.											
		Baromètre.	Therm. joint au barom.	Baromètre.	Therm. joint au barom.	Barom. 8 h., matin,	Barom. 2 h., soir.	Moyenne.	Therm. sec.	Therm. humide.	Therm. sec.	Therm. humide.	8 h., matin.	2 h., soir.	Moyenne.	8 h., matin.	2 h., soir.	Moyenne.				
a b c d e																						
Somme																						
Moyenne																						
f g h i k																						
Somme																						
Moyenne																						
l m n o p																						
Somme																						
Moyenne																						
q r s t u																						
Somme																						
Moyenne																						
v w x y z																						
Somme																						
Moyenne																						
Somme du mois																						
Moyenne du mois																						
Phénomènes météorologiques spéciaux.																						

tableau l'original des observations.

RITES A . . . ., PAR . . . ., POUR LE MOIS DE . . ; . . .

· 5 JOURS, ON DOUBLE LA SOMME OBTENUE ET ON RECULE LA VIRGULE D'UN RANG A GAUCHE.

Therm. minima à l'air libre. 2 heures, soir.	Moyenne des deux obser-vations pré-cédentes.	TEMPÉRATURE DU SOL. 8 heures, matin						TEMPÉRATURE DU SOL. 2 heures, après-midi						VENT.				NUAGES AU CIEL.		DIRECTION des nuages.		ATMIDO-MÈTRES.	EAU TOMBÉE en centimètres cubes.			HAUTEUR de neige tombée.	BROUIL-LARD, GELÉE, ROSÉE.	PHÉNOMÈ remarquat
		à la surface.	à une profondeur de					à la surface.	à une profondeur de					8 heures, matin.		2 heures, soir.		8 h., matin.	2 h., soir.				8 heures, matin.		Heure et durée.			
			0m,15.	0m,30.	0m,60.	0m,90.	1m,20.		0m,15.	0m,30.	0m,60.	0m,90.	1m,20.	Direc-tion.	Force.	Direc-tion.	Force.	Degré.	Degré.	8 h., matin.	2 h., soir.		Pluie.	Neige.				

3e SUPPLÉMENT. — Observations météorologiques forestières.

1. La température moyenne du mois, d'après les thermomètres à maxima et à minima, a été :
   a) A 1m,50 du sol . . . . =
   b) A la hauteur des cimes. . . . . =
2. La plus haute température du mois, à l'ombre, a eu lieu le . . . . ., par le vent du. . . . . :
   a) A 1m,50 du sol . . . . =
   b) A la hauteur des cimes . . . . =
3. La plus basse température du mois, à l'ombre, a eu lieu le . . . . ., par le vent du. . . . . :
   a) A 1m,50 du sol . . . . =
   b) A la hauteur des cimes. . . . . =
4. La température moyenne du sol, pendant le mois, a été, à la surface =
5. — — — à 0m,15 de profondeur. . . . . =
6. La température moyenne du sol, pendant le mois, a été à 0m,30 de profondeur. . . . . =
7. La température moyenne du sol, pendant le mois, a été à 0m,60 de profondeur. . . . . =
8. La température moyenne du sol, pendant le mois, a été à 0m,90 de profondeur. . . . . =
9. La température moyenne du sol, pendant le mois, a été à 1m,20 de profondeur. . . . . =
10. La quantité d'eau tombée, pendant le mois, sous forme de pluie, a été. . . . . (en millimètres) . . . . . =
    La quantité d'eau tombée pendant le mois, sous forme de neige, a été . . . . (en millimètres) . . . . . =
    La quantité d'eau tombée, pendant le mois, sous forme de pluie et neige mélangées . . . . (en millimètres) . . . . . =
11. La quantité d'eau évaporée, pendant le mois, a été. . . . . =
12. La tension moyenne de la vapeur d'eau a été :
    a) A 1m,50 du sol . . . . =
    b) A la hauteur des cimes. . . . . =
13. La pression de l'air sec a été en moyenne . . . . =
14. L'état hygrométrique de l'air, en centièmes, a été :
    a) A 1m,50 de la surface. . . . . =
    b) A la hauteur des cimes. . . . . =

Ce tableau sera rempli au commencement de chaque mois et l'original en sera envoyé à la station principale.

Les moyennes mensuelles et celles de 5 jours se prennent avec 2 décimales les observations avec une seulement.

On écrira da

OBSERVATIONS MÉTÉOROLOGIQUES FORESTIÈRES,

LES MOYENNES GÉNÉRALES SE CALCULENT AVEC DEUX DÉCIMALES ; POUR

ANNÉE 18 . . . . .

	DATE.	PSYCHROMÈTRE A 1m,50 DU SOL. 8 heures, matin. Thermomètre à boule sèche.	8 heures, matin. Thermomètre à boule humide.	2 heures, soir. Thermomètre à boule sèche.	2 heures, soir. Thermomètre à boule humide.	TENSION DE LA VAPEUR en millimètres, à 1m,50 du sol. 8 h., matin.	2 h., soir.	Moyenne des observations.	ÉTAT HYGROMÉTRIQUE relatif en centièmes, à 1m,50 du sol. 8 h., matin.	2 h., soir.	Moyenne des observations.	PSYCHROMÈTRE à la cime des arbres. 8 heures, matin. Therm. à boule sèche.	8 heures, matin. Therm. à boule humide.	2 heures, soir. Therm. à boule sèche.	2 heures, soir. Therm. à boule humide.	TENSION DE LA VAPEUR D'EAU en millimètres, à la cime des arbres. 8 h., matin.	2 h., soir.	Moyenne des observations.	ÉTAT HYGROMÉTRIQUE en centièmes, à la cime des arbres. 8 h., matin.	2 h., soir.	Moyenne des observations.
a																					
b																					
c																					
d																					
e																					
Somme																					
Moyenne																					
f																					
g																					
h																					
i																					
k																					
Somme																					
Moyenne																					
l																					
m																					
n																					
o																					
p																					
Somme																					
Moyenne																					
q																					
r																					
s																					
t																					
u																					
Somme																					
Moyenne																					
v																					
w																					
x																					
y																					
z																					
Somme																					
Moyenne																					
Somme du mois																					
Moyenne du mois																					
Phénomènes météorologiques spéciaux.																					

En face des lettres *a, b, c, d,* etc., on mettra les dates des différents jours. On ne fera les moyennes de cinq jours que pour les colonnes
mplètes, et non pour celles qui ne comprennent qu'un ou deux jours. La moyenne mensuelle comprend tous les jours du mois vulgaire.

ns ce tableau l'original des observations

AITES A . . . ., PAR . . . . PENDANT LE MOIS DE . . . .

CELLES DE 5 JOURS, ON DOUBLE LA SOMME OBTENUE ET ON RECULE LA VIRGULE D'UN RANG A GAUCHE.

A 1m,50 DU SOL.			A LA CIME DES ARBRES.			Therm. minima à l'air libre, 2 heures du soir.	TEMPÉRATURE DU SOL. 8 heures du matin						TEMPÉRATURE DU SOL. 2 heures du soir							ATMIDOMÈTRES.	BROUILLARD, GELÉE, ROSÉE.	QUANTITÉ D'[EAU] TOMBÉE en centi[mètres].			HAUTEUR de neige tombée.	CARACTÈRE général de la journée.
Therm. maxima à l'ombre. 8 heures, matin.	Therm. minima à l'ombre. 2 heures, soir.	Moyenne des deux observations précédentes.	Therm. maxima à l'ombre. 8 heures, matin.	Therm. minima à l'ombre. 2 heures, soir.	Moyenne des deux observations précédentes.		à la surface du sol.	à une profondeur de 0m,15.	0m,30.	0m,60.	0m,90	1m,20.	à la surface du sol.	à une profondeur de 0m,15.	0m,30.	0m,60.	0m,90.	1m,20.	X			8 heures du matin. Pluie.	Neige	Heure et durée.		

4e SUPPLÉMENT. — **Phénomènes de la vie animale et végétale.**

A. — VÉGÉTAUX.

Végétation forestière.

NOMS DES ESPÈCES.	SITUATION et exposition.	GONFLEMENT des bourgeons. Date.	APPARITION des premières feuilles. Date.	APPARITION des premières fleurs. Date.	MATURITÉ des premiers fruits. Date.	CHUTE des feuilles ou époque où elles jaunissent. Date.
Épicéa.						
Sapin des Vosges.						
Erable plane.						
Marronnier d'Inde						
Aune glutineux						
Bouleau						
Bruyère						
Cornouiller mâle						
Noisetier.						
Hêtre						
Perce-neige						
Mélèze						
Pin sylvestre						
Cerisier doux						
Cerisier à grappes						
Épine noire						
Chêne pédonculé.						
Groseillier						
Saule Marceau.						
Sureau noir						
Sorbier des oiseleurs						
Sureau.						
Tilleul à petites feuilles . . .						
Orme champêtre.						
Airelle myrtille.						
Violette						

Végétation agricole.

NOMS DES ESPÈCES.	EXPOSITION.	SEMIS. Date.	1re FEUILLE Date.	APPARITION des épis. Date.	FLORAISON. Date.	MATURITÉ. Date.	RÉCOLTE. Date.
Avoine							
Chou							
Orge							
Seigle de printemps . .							
Seigle d'automne . . .							
Blé de printemps . . .							
Blé d'automne.							

B. — ANIMAUX.

NOMS DES ESPÈCES.	DATE de l'arrivée.	NOMS DES ESPÈCES.	ÉPOQUE du premier chant.
Pigeon ramier . . . Râle de genêts . . . Coucou		Alouette . . . . . . Pinson . . . . . . Rossignol . . . . . Merle.	

NOMS DES ESPÈCES.	DATES de l'arrivée et du départ.	NOMS DES ESPÈCES.	ÉPOQUE de l'essaimage.
Cigogne . . . . . . Hirondelle de cheminée . . . . . . Bergeronnette . . . Bécasse . . . . . . Étourneau.		Bostriche . . . . . Grand hylobe brun. Hylésine du pin . . Hanneton commun.	

NOMS DES ESPÈCES.	DATE.
Commencement de la chaleur du lièvre. . . . . — du rut du cerf	

[On enverra ce tableau en même temps que celui des observations météorologiques du mois de décembre.]

BIBLIOGRAPHIE.

1849. — Dr **Berghaus**, *Meteorologisch-Klimatographischer Atlas*. In-folio, 2 vol. Perthes, à Gotha.

1873. — Dr **E. Ebermayer**, *Die Physikalischen Einwirkungen des Waldes auf Luft und Boden. Resultate der Forstlichen Versuchs-Stationen im Königreich Bayern*. 1 vol. et atlas grand in-8°. Aschaffenbourg.

1878. — **A. Mathieu**, *Météorologie comparée agricole et forestière*. (Rapport à M. le sous-secrétaire d'État, président du Conseil d'administration des forêts.) In-4°. Imp. nationale.

1878. — **M. Fautrat**, *Observations météorologiques faites de 1877 à 1878*. In-4°. Imp. nationale.

1879. — *Annuaire de l'Observatoire de Montsouris*. Gauthier-Villars. In-32. Paris.

CHAPITRE III

LA CHALEUR ET LA VÉGÉTATION.

Sommaire : Répartition de la chaleur à la surface du globe. — Variations de la température suivant les latitudes et avec l'altitude. — Sommes de chaleur nécessaires aux végétaux. — Influence de la latitude sur la précocité des végétaux. — Influence des forêts sur la température.

81. — Remarques générales. — La lumière, la chaleur et l'électricité, concourent d'une manière directe à la végétation. Le rôle de ces agents physiques dans la nature est aussi important que celui de l'eau. L'étude de leurs variations incessantes et de leur répartition à la surface de la terre est du domaine de la météorologie et m'entraînerait au delà des limites de ce cours : je dois me borner à des indications générales sur l'influence prépondérante de ces agents physiques sur le développement des plantes. Je les envisagerai principalement dans leurs rapports avec les végétaux de la grande culture et avec les forêts. Nous commencerons par l'étude de la chaleur, que je ferai suivre de quelques observations relatives à l'influence de la lumière sur la précocité des espèces agricoles dans les régions du Nord ; mais je réserverai l'étude de l'action directe de la lumière qui trouvera sa place naturelle dans le chapitre consacré à l'assimilation du carbone par les plantes. L'observation la plus simple nous montre que la chaleur et la lumière exercent sur le développement des végétaux supérieurs une action bienfaisante. Depuis la germination d'une graine jusqu'à l'entier développement de la plante à laquelle elle donne naissance, la température du milieu ambiant influe manifestement sur l'assimilation ; pendant une seule période de son existence (germination), le végétal peut vivre dans l'obscurité ; dès l'apparition des premières feuilles, la lumière lui est aussi indispensable que la chaleur pour la formation du protoplasma chlorophyllien et, partant, pour la production et l'accroissement de ses tissus. Si les faits que je viens de rappeler sont universellement admis par les physiologistes, ces derniers sont beaucoup moins bien fixés sur la part respective des deux agents dans les phénomènes de la végétation : cela tient à ce que nous ne possédons, à l'heure qu'il est, aucune mesure rigoureuse de l'intensité lumineuse et de l'action chimique de la lumière. Nous pouvons aujourd'hui estimer approximativement la température d'un lieu, nous n'avons aucun procédé qui nous permette de déterminer d'une manière suffisamment exacte la quantité de rayons lumineux et de radiations chimiques qu'une plante reçoit, dans les diverses conditions où elle se trouve placée. Or, l'influence exercée sur la nutrition d'une plante par la lumière étant au moins égale, sinon supérieure, à l'action de la température, il en résulte que les calculs des sommes de chaleur nécessaires au développement complet de telle ou telle espèce végétale ne fournissent que des indications générales, fort intéressantes sans doute, mais dépourvues des caractères de certitude qu'elles pourront acquérir le jour où nous saurons mesurer séparément les intensités calorifique, lumineuse et chimique d'un rayon solaire.

82. — Des limites extrêmes de température compatibles avec la vie végétale. — La germination, première période de l'existence des plantes, peut avoir lieu à quelques degrés au-dessous de zéro. Les plantes, une fois développées, vivent, suivant les espèces, entre des limites de température très-étendues. Le *tremella reticulata* prospère dans l'eau de source thermale de Dax à + 49°; le mélèze, en Sibérie, brave un froid de — 35° à — 40°. Les graines même sont insensibles aux plus basses températures ; des semences de trèfle, de seigle, de froment, exposées à un froid de plus de 100 degrés, obtenu avec l'acide carbonique congelé, n'ont pas perdu leur faculté germinative [1]. De ce que les graines ne sont pas désorganisées, par le froid le plus intense que nous puissions produire,

1. Boussingault, *Agronomie, température et végétation*, t. III.

M. Boussingault tire cette conclusion remarquable que si, par une cause quelconque, la surface de la terre, jusqu'à une profondeur de 2 mètres, et la masse entière de l'Océan venaient à se refroidir à — 100 degrés, la vie animale, sans aucun doute, serait anéantie sur notre planète, les êtres d'un ordre supérieur disparaîtraient pour toujours, tandis que l'organisme végétal, par la résistance de ses semences, reparaîtrait si le globe recouvrait la température qu'il possède actuellement; mais pas un être vivant ne respirerait plus sur cette terre réchauffée, à l'exception, peut-être, de quelques animaux inférieurs, en admettant, ce qui est assez vraisemblable, que les œufs de certains insectes résistassent, comme les graines, à un froid excessif. Nous étudierons plus tard les limites de chaleur et de froid que peut supporter chaque espèce importante.

83. — Répartition de la chaleur à la surface du globe. — Nous avons dit précédemment que deux conditions suffisent à déterminer le climat d'un lieu : l'humidité relative et la température de l'air, en ce lieu. Nous commencerons donc, comme nous l'avons fait pour l'humidité, par jeter un coup d'œil sur la répartition de la température, facteur important de la distribution géographique des plantes à la surface du globe.

Le voyageur partant du pôle pour aller à l'équateur, rencontre successivement sur sa route, et dans l'ordre suivant, des végétaux qui diffèrent essentiellement les uns des autres par leur taille, leur vigueur et leurs caractères généraux : d'abord les lichens, les mousses et quelques plantes et arbustes alpestres ; les premiers arbres qui frappent sa vue sont les bouleaux et les saules, puis les résineux (pins et sapins), ensuite les feuillus (hêtres et chênes) associés aux prairies, puis aux céréales; enfin, à mesure qu'il s'avance vers le sud, le maïs et la vigne, le riz, l'olivier, le myrte, le laurier, le citronnier, l'oranger, le cotonnier, la canne à sucre, l'arbre à thé, le figuier, les fougères arborescentes, le caféier, le cacaotier et le palmier, et, vers l'équateur, le bananier. Le tableau suivant, que j'emprunte à l'œuvre posthume de F. Haberlandt[1], donne une idée exacte des températures moyennes de ces diverses zones de végétation.

---

1. *Der allgemeine landwirthschaftliche Pflanzenbau* 4e fascicule, 1879.

Température moyenne des différentes

ZONES DE VÉGÉTATION.	LATITUDE NORD.	HIVER.		
		Décembre.	Janvier.	Février.
1. Zone polaire de végétation de 72° à 90°. Région des herbes alpestres, lichens et mousses.	75°	—22°0	—24°37	—19°8
2. Zone de végétation arctique de 66° à 72°. Buissons, pâturages, bouleaux.	70°	—18°62	—21°12	—18°5
3. Zone subarctique de 58° à 66°. Région des conifères, bouleaux et saules.	60°	—13°50	—15°75	—13°5
4. Zone tempérée froide de 45° à 58°. Hêtres, chênes, prairies, céréales.	50°	— 4°75	— 6°75	— 5°37
5. Zone tempérée plus chaude de 34° à 45°. Arbres à feuillage persistant, maïs, vigne, olivier.	40°	+ 6°25	+ 4°62	+ 5°50
6. Végétation subtropicale de 23° à 34°. Myrtes, lauriers, citronniers, orangers, cotonniers, canne à sucre, arbre à thé	30°	+15°37	+14°75	+15°50
7. Zone tropicale de 15° à 23°. Figuier, fougères arborescentes, palmiers, cannes, caféier.	20°	+22°75	+21°12	+22°62
8. Zone équatoriale de 15° latitude nord à 15° latitude sud. Palmiers et bananiers.	0°	+26°25	+26°37	+ 26°5

Les écarts de température extrême, entre les mois les plus chauds et les mois les plus froids de ces huit régions, s'élèvent respectivement aux chiffres suivants : 31°62, 31°99, 29°25, 23°75, 16°25, 12°25, 4°87 et 1°37, les différences de température, aux diverses époques de l'année, étant d'autant plus grandes qu'on s'éloigne davantage de la région équatoriale, où elles deviennent presque nulles.

84. — Variation de la température avec la latitude. — Un coup d'œil jeté sur ce tableau, montre que la température décroît de l'équateur au pôle. Les observations d'Alex. de Humboldt ont établi qu'en Europe cette décroissance est, en moyenne, de 0°5 par degré de latitude. Le tableau suivant met le fait en évidence :

zones en degrés centigrades.

PRINTEMPS.			ÉTÉ.			AUTOMNE.			MOYENNE annuelle.
Mars.	Avril.	Mai.	Juin.	Juillet.	Août.	Septembre.	Octobre.	Novembre.	
−18°12	−10°05	− 2°25	+ 4°0	+ 7°25	+ 5°75	+ 0°75	− 9°12	− 17°62	− 8°77
−13°87	− 6°62	+ 1°65	+ 7°62	+10°87	+ 8°87	+ 3°65	− 3°87	− 13°5	− 5°29
− 8°62	− 1°62	+ 5°37	+10°75	+13°50	+11°37	+ 7°12	+ 0°75	− 8°0	− 1°01
− 1°62	+ 5°50	+10°62	+14°87	+17°0	+16°37	+12°25	+ 6°37	0°0	+ 5°37
+ 8°0	+12°25	+16°75	+21°0	+22°37	+22°5	+18°75	+15°37	+ 9°75	+13°55
+17°62	+20°12	+23°1	+25°12	+25°75	+27°0	+25°25	+22°75	+18°87	+20°93
+24°0	+26°12	+27°0	+27°25	+27°62	+27°62	+27°0	+26°12	+24°62	+25°32
+27°0	+27°37	+26°75	+26°62	+25°87	+26°0	+26°12	+26°12	+26°50	+26°47

Décroissance de la température moyenne annuelle, par un degré de latitude, compté du pôle à l'équateur.

Entre les parallèles :

De Palerme	(38°)	au cap Nord (71°)	= 0°52
—	—	à Paris (49°)	= 0°60
—	—	à Berlin (52°5)	= 0°56
De Rome	(42°)	à Paris (49°)	= 0°66
—	—	à Berlin (49°).	= 0°59
—	—	à Copenhague (56°).	= 0°52
De Marseille	(43°)	à Paris (56°)	= 0°59
De Paris	(49°)	au cap Nord (71°)	= 0°48
De Berlin	(51° 1/2)	au cap Nord (71°)	= 0°53
		Moyenne générale.	= 0°50

85. — Variation de la température avec l'altitude. — La décroissance de la température, à mesure que l'on s'élève verticalement dans l'air, est assez rapide : on peut admettre, en moyenne, pour les régions ectropicales, une diminution de 0°56 par 100 mètres d'augmentation dans l'altitude.

Pour la zone tropicale le tableau suivant, emprunté à l'*Économie rurale*[1], fait connaître les températures moyennes annuelles des localités situées à des altitudes variant de 0 mètre à 5400 (entre le 11e degré de latitude boréale et le 5e degré de latitude australe). De l'ensemble de ces observations, faites par M. Boussingault dans le voisinage des tropiques, résulte un abaissement moyen de température de 0°51 pour cent mètres d'élévation verticale.

Localités.	Altitude.	Température moyenne.	Remarques.
—	—	—	—
	Mètres.	Degrés.	
Cumana	0	27,5	Terrains arides.
San-Carlos	169	27,5	Plaines étendues.
Novita.	180	26,1	Forêts, marécages.
San-Martin	423	26,6	Grès, steppes du Rio-Meta.
Maracay	439	25,5	Gneiss, vallée d'Aragua.
Mariquita.	548	25,4	Vallée de la Magdelena.
Truxillo	823	24,0	Grès, Venezuela.
Caracas	930	21,9	Pays assez boisé.
Cartago.	979	24,5	Vallée de Cauca.
Toro.	989	24,4	—
Anserma-Nueva . . .	1,050	23,7	—
Vega de Zupla	1,225	21,5	Pays boisé, humide.
Marmato	1,416	20,4	—
Rodeo	1,709	19,2	—
Poyayan	1,809	17,5	Trachyte, pays très-montagneux.
Riosucio	1,818	19,3	Syénite, près Zupia.
Banos	1,909	16,7	Forêts, près Tunguragua.
Pamplona.	2,311	16,5	Granit.
Sonson.	2,535	14,0	Forêts.
Pasto	2,610	14,7	Trachyte, forêts.
Bogota.	2,641	14,5	Grès, plateau.
Santa-Rosa	2,744	14,4	Grès.
Latacunga.	2,861	15,5	Débris de ponces, aride.
Riobamba.	2,870	15,4	Sol sablonneux, stérile.
Quito	2,918	15,2	Trachyte.

1. Boussingault, tome II, p. 684.

Localités.	Altitude.	Température moyenne.	Remarques.
—	—	—	—
	Mètres.	Degrés.	
Chita.	2,970	15,0	Grès.
Pinantura.	3,155	11,1	Trachyte.
Vetas	3,218	9,5	Syénite.
Cumbal.	3,219	10,7	Plateau aride.
Ferme de Lysco . . .	3,549	8,9	Trachyte.
Métairie d'Antisana. .	4,072	3,4	Pâturages.
Azufral de Juan . . .	4,119	3,9	Volcan de Toleina.
Limite des neiges. . .	4.500	1,6	—
Glacier d'Antisana . .	5,460	— 1,7	—

En dehors de la zone tropicale, les variations de température, avec l'altitude, sont beaucoup moins régulières. Je ne pourrais les indiquer, même sommairement, sans dépasser le cadre de ces leçons, et je me vois obligé de renvoyer mes lecteurs aux ouvrages spéciaux de météorologie.

Lorsque nous nous occuperons des cultures spéciales, céréales, racines, prairies, etc., j'aurai l'occasion de revenir sur cette intéressante question et je ferai connaître avec soin les conditions de température nécessaires au développement de ces diverses espèces, ainsi que les limites d'altitude et de latitude des principales récoltes.

86. — Sommes de chaleur nécessaires aux divers végétaux. — Les tentatives faites pour trouver une expression générale de la quantité de chaleur nécessaire au développement d'un végétal, depuis sa germination jusqu'à la fructification, sont fort anciennes. Adanson[1] proposa, le premier, de fixer la somme de chaleur nécessaire en multipliant le nombre de jours de végétation par les sommes des températures moyennes observées durant cette période. M. Boussingault[2] a repris, en la modifiant, l'idée d'Adanson et mis en relief, d'une manière saisissante, la relation plus ou moins étroite qui unit la température et la végétation. Voici comment il s'exprime au sujet du rapport de ces phénomènes :

Dans l'examen de cette question, on cherche d'abord quel est le temps

1. **Adanson (Michel)**, né à Aix (Provence) le 7 avril 1727, mort à Paris le 3 août 1806. Naturaliste et voyageur célèbre, membre de l'Académie des sciences. Son *Histoire naturelle du Sénégal* a illustré son nom.

2. *Économie rurale*, t. II, p. 691, 1851.

écoulé entre la naissance d'une plante et sa maturité; on détermine ensuite la température de l'espace qui sépare ces deux époques extrêmes de la vie végétale. En comparant ces données, pour une même espèce de plante cultivée en Europe et en Amérique, on arrive à ce résultat curieux que le nombre de jours compris entre le commencement de la végétation et la maturité est d'autant plus grand que la température moyenne, sous l'influence de laquelle la plante végète, est moindre. La durée de la végétation sera la même, quelque différent que soit le climat, si cette température est identique de part et d'autre; elle sera ou plus courte ou plus longue, selon que la chaleur moyenne du cycle sera elle-même plus ou moins forte. En d'autres termes, la durée de la végétation paraît être en raison inverse de la température moyenne; de sorte que, si on multiplie le nombre de jours durant lesquels une même plante végète dans des climats distincts, on obtient des nombres à peu près égaux. Ce résultat n'est pas seulement remarquable en ce qu'il semble indiquer que, sous toutes les latitudes, à toutes les hauteurs, la même plante, dans le cours de son existence, exige une quantité égale de chaleur; il peut aussi trouver une application directe en permettant de prévoir la possibilité d'acclimater un végétal dans une contrée dont on connaît la température moyenne des mois.

En appliquant cette règle à la végétation des différentes régions terrestres, c'est-à-dire en multipliant le nombre de jours de végétation de chacune des zones par leur température moyenne, on trouve que la somme de chaleur reçue par les plantes, dans ces diverses zones, est extrêmement différente (Haberlandt) :

	Somme de chaleur.
1. Zone de 75° latitude nord	544°50
2. — de 70° —	971°40
3. — de 60° —	1507°95
4. — de 50° —	2522°46
5. — de 40° —	4966°25
6. — de 30° —	7650°00
7. — de 20° —	9253°75
8. — de 0° —	9663°37

La somme de chaleur reçue sous l'équateur est, on le voit, plus de dix-huit fois supérieure à celle de la zone de 75° latitude nord.

Voici, d'autre part, les résultats fournis par l'application que M. Boussingault a faite de cette méthode à quelques végétaux cultivés sous des climats différents :

Espèces cultivées. —	Nombre des jours de végétation. —	Température moyenne. — Centigr.	Sommes de chaleur nécessaires. —
Blé d'automne.			
LIEUX :			
Alsace	137	15°	2055
Paris	160	13°4	2161
Kingston (Amérique du Nord)	122	17°2	2098
Alais	146	14°4	2092
Muhlhausen (Thuringe)	176	11°14	1960
Blé de printemps.			
Alsace	131	15°8	2069
Kingston	106	20°0	2120
Cincinnati	137	15°7	2151
Zimijaca (tropiques)	147	14°7	2161
Quinchuqui —	181	14°0	2534
Turmero —	92	24°0	2208
Truxillo —	100	22°3	2230
Orge d'hiver.			
Alsace	122	14°0	1748
Alais	137	13°1	1795
Orge de printemps.			
Alsace	92	19°0	1708
Muhlhausen	114	15°5	1790
Égypte	90	21°0	1890
Kingston	92	19°0	1738
Cumbal (très-haut sous l'équateur)	168	10°7	1796
Santa-Fé	122	14°7	1793
Maïs.			
Alsace	122	20°0	2440
Alsace	153	16°7	2550
Alais	135	22°7	3060
Kingston	122	22°0	2684
Amérique du Sud	92	27°5	2530
Amérique du Sud (plus haut)	137	21°5	2887
Santa-Fé	183	15°0	2745
Pommes de terre.			
Alsace	183	18°2	2944
Alais	153	21°1	3228
Muhlhausen	133	15°56	2078
Venezuela	120	25°5	3060
Merida (Cordillères)	137	22°0	3060
Santa-Fé	200	14°7	2930
Antisana (sous l'équateur)	276	11°0	3036
Cambugan (sous l'équateur plus haut)	330	9°5	4142
Pusuqui	200	15°5	3180

Schleiden a fait en 1838 et en 1841, à Copenhague, des observations du même genre sur la pomme de terre. Voici les nombres auxquels il est arrivé :

Copenhague (1838)	124	16°28	2019
Copenhague (1841)	147	15°10	2220

J'appellerai tout de suite l'attention de mes lecteurs sur les différences énormes des sommes de température exigées à Cambugan et à Copenhague, 4142° et 2019° pour la végétation de la pomme de terre. Nous verrons plus loin l'argument à tirer de ces écarts, dans la discussion de la part à faire à la chaleur et à la lumière dans les phénomènes de la végétation.

Sous les tropiques, la connaissance de la température moyenne d'un lieu peut donner une idée assez exacte de la culture de ce lieu, parce que la température de chaque jour est très-peu différente de la moyenne annuelle. Il en est tout autrement pour les pays situés au dehors des cercles tropicaux. Là, la connaissance de la température moyenne annuelle ne suffit plus pour renseigner sur la possibilité de telle ou telle culture. Ni les lignes isothermes reliant entre eux les points du globe à température moyenne égale, ni les lignes isothères (températures estivales moyennes égales), ni les lignes isochimènes (températures hivernales égales), ni la connaissance des moyennes mensuelles de la température du lieu ne suffisent pour se prononcer d'une manière formelle sur la possibilité d'une culture déterminée. De deux lieux où la température moyenne est égale, l'un situé dans l'Europe moyenne, l'autre en Angleterre, par exemple, l'un pourra fournir de la vigne, tandis que cette plante se refusera à croître dans l'autre ; cette différence tient à ce que l'été est frais en Angleterre, tandis qu'il est beaucoup plus chaud dans l'Europe moyenne, bien que les températures annuelles soient égales en certains points.

Les physiciens qui se sont occupés de la question, après M. Boussingault, ont proposé de substituer à sa formule des modes de calculs plus ou moins compliqués. Babinet croit plus exact de multiplier le carré des jours de végétation par la somme des températures moyennes. Quételet fait la somme du carré des températures moyennes et multiplie le total par le nombre des jours de végétation. Je crois inutile de m'arrêter à ces divers modes d'évaluation, une critique sérieuse pouvant leur être adressée à tous ; dans ces calculs, les observateurs ont absolument négligé l'influence de la lumière pour ne tenir compte que des températures ; or, la durée de l'éclairement des plantes doit exercer une influence considérable sur leur végétation et la suppression de ce facteur modifie notablement les résultats. F. Haberlandt, professeur à l'École supérieure d'agriculture de Vienne, dont la science déplore la mort récente, proposa et employa, en 1866[1], une méthode de calcul, qui, sans permettre un départ exact entre l'influence de la chaleur et celle de la lumière, fait cependant entrer en ligne de compte cette dernière d'une façon indirecte. Comme élément de calcul, il considère la durée des jours. Pour cela, il divise chaque mois de végétation en périodes dont chacune a la même durée moyenne de jour (temps écoulé du lever au coucher du soleil). Je citerai un exemple : Haberlandt a cultivé de l'avoine à Ungarisch-Altenburg d'avril à juillet, les périodes d'égale longueur des jours ont été les suivantes :

	LONGUEUR DES JOURS.		
	1re période.	2e période.	3e période.
Avril	13h, 3m	13h,37m	14h, 6m
Mai	14 ,41	15 ,10	15 ,32
Juin	15 ,50	16 —	16 , 1
Juillet	15 ,54	15 ,50	15 ,16

En prenant pour unité la longueur d'un jour de douze heures, les durées indiquées pour chacune de ces périodes deviennent égales aux nombres suivants :

	1re période.	2e période.	3e période.
Avril	1 ,09	1 ,13	1 ,17
Mai	1 ,22	1 ,26	1 ,30
Juin	1 ,32	1 ,33	1 ,33
Juillet	1 ,32	1 ,32	1 ,27

Ce sont ces nombres qu'Haberlandt prend comme coefficients, dans la détermination des sommes de chaleur nécessaires, tenant compte ainsi, dans une certaine limite, de l'influence de la lumière.

Afin d'abréger les calculs, on établit par périodes de cinq jours,

1. *Centralblatt für die gesammte Landescultur*, 1866, nos 11 et 12.

par exemple, la température moyenne et la longueur moyenne des jours. En multipliant successivement par ces deux valeurs le nombre de jours qu'a duré la végétation, le produit donne la somme de chaleur nécessaire au développement de la plante.

Lorsqu'il s'agit de calculer la somme de chaleur pour des plantes bisannuelles, on prend comme base le nombre des jours dont la température est supérieure à 0°, en défalquant ceux où la glace se montre d'une façon persistante pendant la journée. En comparant entre elles les sommes de chaleur calculées pour chaque plante croissant sous des latitudes différentes, on trouve tantôt des concordances très-grandes, tantôt des écarts non moins notables. Le tableau ci-dessous donne les écarts *maxima* et *minima* observés pour les espèces agricoles les plus importantes :

Espèces végétales.	Sommes de température	
	minima.	maxima.
Blé d'automne	1960	2250
Blé de printemps	1870	2275
Seigle d'hiver	1700	2125
Seigle de printemps	1750	2190
Orge d'hiver	1700	2075
Orge de printemps	1600	1900
Avoine	1940	2310
Maïs	2370	3000
Riz	3500	4500
Sorgho	2500	3000
Millet commun	2050	2550
Millet d'Italie	2350	2800
Sarrasin	1000	1200
Chanvre (à maturité)	2600	2900
Betteraves	2400	2700
Betteraves porte-graines	2400 + 1500	2700 + 1800
Navets	1400	1600
Chou-rave	1550	1800
Colza d'hiver	2300	2500
Navette d'hiver	2100	2300
Colza d'été	1700	1900
Navette d'été	1600	1750
Pommes de terre	1300	3000
Tabac	3200	3600
Lin	1600	1850
Spergule	1000	1350

Espèces végétales.	SOMMES DE TEMPÉRATURE	
	minima.	maxima.
Tournesol	2600	2850
Pavot	2250	2780
Cameline	1580	1790
Pois	2100	2800
Lentilles	1500	1800
Haricots	2400	3000
Fèves de marais	2300	2940
Vesce	1780	1920
Gesse	2260	2450
Gesse cultivée	2170	2840
Fève de Soja	2500	3000

Ces écarts dans les quantités de chaleur nécessaires à l'entier développement d'une même espèce végétale tiennent à des causes multiples (écarts entre les températures extrêmes de l'air et du sol, humidité, etc.) dont la plus importante me paraît être la quantité de lumière reçue par les plantes et que nous n'avons aucun moyen d'apprécier exactement.

87. Influence de la latitude sur la précocité des végétaux. — Les belles observations de M. le professeur Schübeler et la remarquable discussion critique à laquelle les a soumises M. E. Tisserand[1] en y joignant le fruit de ses observations personnelles, mettent en évidence ce fait important que les plantes cultivées dans les hautes latitudes sont douées d'une activité de végétation bien plus grande que celles des pays méridionaux, puisque, transportées dans le sud[2], leurs semences donnent leur récolte beaucoup plus tôt que celles-ci.

Ce fait prouverait, dit M. E. Tisserand, que pour produire le même effet utile, les plantes dépensent sensiblement moins de force dans les régions septentrionales que dans le sud; qu'elles utilisent, par conséquent, mieux le calorique solaire, qu'elles ont une puissance d'assimilation plus énergique, qu'elles donnent, en un mot, un effet utile plus grand. La plante-outil, comme l'appelle le savant directeur de l'agriculture, se comporterait donc dans le nord comme une machine plus perfectionnée capable d'un rendement de

1. *Mémoire sur la végétation dans les hautes latitudes.*

2. Voir aussi *Recherches sur les graines originaires des hautes latitudes*, par A. Petermann. Bruxelles, 1877.

8 à 10 p. 100 supérieur à celui des plantes des latitudes méridionales ; en d'autres termes, la plante gagnerait en activité, en vitesse d'élaboration ce qu'elle ne peut avoir, dans les hautes latitudes, ni en temps, ni en chaleur. A quoi peut être attribuée cette activité végétale dans les hautes latitudes? Est-ce seulement parce que la durée plus grande des jours prolonge d'autant l'acte d'assimilation de carbone, accompli seulement sous l'influence de la lumière solaire? l'électricité atmosphérique serait-elle, comme j'inclinerais à le penser, pour quelque chose dans ce phénomène ? C'est ce que des recherches directes pourront seules nous apprendre.

Jusqu'au moment où les physiciens nous auront dotés d'une méthode qui nous permette de mesurer séparément l'intensité lumineuse, l'intensité chimique et l'intensité calorifique des rayons solaires, la question ne pourra pas faire un pas décisif. Quant aux sommes de chaleur nécessaires à la végétation, les chiffres que nous donnons plus haut ne doivent pas être pris comme ayant une valeur absolue, mais bien seulement comme des indications, utiles dans la pratique, sur les relations entre le climat d'un lieu et la naturalisation possible de tel ou tel végétal.

Pour terminer avec ces généralités, il me reste à parler de l'influence des forêts sur la température de la région qu'elles couvrent.

88. — Influence des forêts sur la température de l'air. — Nous possédons aujourd'hui des documents qui nous permettent de déterminer assez exactement l'influence des forêts sur la température moyenne et sur la température extrême de l'air. Les observations météorologiques faites, d'une part, en France par M. A. Mathieu, de 1867 à 1877[1], de l'autre dans les stations forestières bavaroises depuis 1869[2], mettent en relief l'action exercée par les grands massifs forestiers sur la température moyenne et, partant, sur le climat de la région dont elle est un des facteurs importants. *A priori*, on devait s'attendre à trouver l'air des forêts plus frais que celui des terrains découverts ; en effet, l'atmosphère reçoit la chaleur solaire par trois voies distinctes : 1° une faible partie, $\frac{1}{8}$ à $\frac{1}{5}$, lui vient directement par absorption de la chaleur des rayons solaires par l'air, dans son par-

---

1 et 2. Voir bibliographie.

cours du soleil à la terre ; 2° le sol rayonne après son échauffement une totable proportion de la chaleur qu'il a reçue directement ; 3° l'air s'échauffe par conductibilité au contact du sol. La plus grande somme de chaleur de l'atmosphère lui vient de ces deux sources indirectes, les couches inférieures s'échauffant par contact en léchant le sol et s'élevant pour faire place à d'autres. Plus le sol s'échauffe durant le jour, plus l'air de la région se trouve à une température élevée, comme le montre l'exemple du désert. On voit donc que l'air des forêts, dont le sol ne reçoit pas directement les rayons solaires, doit être plus frais que celui de la région déboisée. Prenant pour guide la remarquable publication de M. E. Ebermayer, nous allons examiner successivement les principaux résultats des observations faites dans les stations bavaroises.

89. — Influence des forêts sur la température moyenne annuelle de l'air. — A une hauteur de 1m,50 au-dessus du sol, la température moyenne annuelle de l'air, sous bois, a été trouvée plus basse que hors bois de quantités qui ont varié avec l'altitude de 0°70 à 1°12. La moyenne est de 0°75. Exprimé en centièmes, l'écart entre les deux températures moyennes est de 10 p. 100 environ, c'est-à-dire que les défrichements de grande étendue augmenteront de 10 p. 100 environ, la température moyenne d'un lieu. Comme nous le verrons plus loin, la présence d'une forêt sur le sol abaisse la température moyenne de ce dernier de 21 p. 100, comparativement au sol déboisé. L'influence exercée sur la température moyenne du sol par la forêt est donc sensiblement double de celle que subit l'air.

Dans la couronne des arbres, la température annuelle moyenne décroît de 0°5 environ sur la température de l'air à 1m,50 ; la température va donc constamment en décroissant, sous bois, du sol à la cime de l'arbre.

90. — Variations avec les saisons. — Au printemps, la température du jour sous bois, à 1m,50, a été constamment plus basse qu'à l'air libre : en moyenne de 1°02. Si l'on envisage la température moyenne du jour et de la nuit, l'écart est moins grand et tombe à 0°43 ; les feuillus et les résineux ne présentent pas de différences notables sous ce rapport, dans cette saison. La température de la couronne des arbres est, au printemps, d'environ 0°68 plus chaude que celle de l'air sous bois à 1m,50; elle est inférieure, au contraire, de 0°34 à celle de l'air hors bois.

En été, pendant la période active de la végétation, se présentent les écarts maxima, dans toutes les stations, entre les températures sous bois et hors bois. Plus l'été est chaud, plus grande est l'action de la forêt sur la température du sol et de l'air; la différence absolue de température est deux fois plus marquée dans le sol que dans l'air; ainsi, en moyenne générale, l'air de la forêt pendant le jour est de 1°68 plus froid qu'à l'air libre, et la température du sol boisé s'abaisse à 3°22 au-dessous de celle du sol découvert. Les feuillus et les résineux ne semblent pas, les uns plus que les autres, influencer ce phénomène. La couronne des arbres possède en été une température plus élevée de 0°75 en moyenne que celle de l'air à 1m,50, et plus basse de 0°88 que la température hors bois, à 1m,50 du sol.

Il résulte de ces données que, dans les pays fortement boisés, la température moyenne du jour pendant l'été, et plus encore celle du sol, serait, à altitude égale, inférieure à celle des régions déboisées.

Le défrichement des forêts a donc pour résultat d'élever sensiblement, pendant l'été, la température de l'air, celle du sol et partant d'augmenter l'intensité de l'évaporation et de diminuer le degré d'humidité de la terre. Ces considérations sont d'autant plus importantes que les forêts qu'on envisage sont situées plus au sud.

Dans les mois d'automne, les écarts de température diminuent. Pendant le jour, la température moyenne de l'air sous bois ne diffère plus que de 0°45 de celle de l'air en région nue, soit moitié de l'écart observé au printemps et un quart seulement de l'écart d'été. En tenant compte de la température des nuits, l'écart moyen entre les températures sous bois et hors bois est de 0°24 en faveur de la région boisée. La température de la couronne des arbres est de 0°55 environ plus élevée que celle de l'air à hauteur d'homme et sensiblement égale à celle de l'air en terrain découvert.

En hiver, la température moyenne de l'air s'est montrée, dans les stations bavaroises, inférieure de quelques dixièmes de degré à celle de l'atmosphère sous bois, et l'on peut dire d'une façon générale que pendant cette saison les forêts n'exercent pas d'action sensible sur la température de l'air ambiant.

91. — Variations diurnes. — Il résulte également des observations bavaroises que les variations horaires de la température sous bois sont, en général, un peu plus faibles après midi que dans la matinée. Enfin il s'établit, en sens inverse, pendant le jour et durant la nuit, des courants allant de la forêt au sol déboisé. Pendant le jour, le courant d'air va de la forêt à l'extérieur; pendant la nuit, il se dirige, au contraire, du sol découvert au massif boisé.

92. — Observations thermométriques de l'École forestière. — Depuis 1869, M. A. Mathieu a fait à Bellefontaine des observations régulières sur la température de l'air hors bois et sous bois à une hauteur de $1^{m},50$ au-dessus du sol. Les deux points d'observation se trouvent, l'un en terrain déboisé, à 400 mètres environ de l'autre, situé sous le massif assez touffu de la forêt. De l'ensemble de ces observations, pour le détail desquelles je renverrai le lecteur au mémoire original, on peut conclure, comme des observations des stations bavaroises, que, dans les forêts, la température moyenne mensuelle de l'air diffère de celle de l'air des champs; que cette différence est faible et ne s'exprime souvent que par des centièmes, au plus par quelques dixièmes de degré, pendant les mois d'hiver, de printemps et d'automne; qu'elle s'accentue en été, où elle s'élève le plus souvent au delà de un degré et parvient même exceptionnellement à deux degrés. On avait pensé, à l'origine, qu'avec une température moyenne mensuelle moins élevée en été, les forêts présentaient en hiver une température supérieure à celle des champs; que le déficit d'été était compensé par l'excédant d'hiver, et que, tout compte fait, elles n'exerçaient aucune influence sur la température moyenne de l'année. Il n'en est rien. Sauf de très-rares exceptions sans aucune importance, qui ne se produisent qu'en hiver, la température moyenne mensuelle de l'air est toujours, dans les bois, inférieure à celle des champs; par conséquent, dans les premiers, la température moyenne de toute l'année est inférieure à celle des seconds. Les forêts exercent donc incontestablement, au point de vue des moyennes, une action frigorifique en toute saison, action très-faible en hiver, très-appréciable au contraire pendant l'été.

Le tableau suivant résume les faits de cet ordre pour les années 1869-1877 :

ANNÉES.	TEMPÉRATURES MOYENNES.				TEMPÉRATURE MOYENNE GÉNÉRALE.		EXCÈS de la température hors bois.
	MINIMA.		MAXIMA.				
	Hors bois.	Sous bois.	Hors bois.	Sous bois.	Hors bois.	Sous bois.	
1869	+ 2°50	+ 3°35	+ 14°87	+ 13°13	+ 8°69	+ 8°24	+ 0°45
1870	+ 1 27	+ 2 25	+ 14 76	+ 13 33	+ 8 02	+ 7 79	+ 0 23
1871	+ 0 32	+ 1 78	+ 14 07	+ 12 08	+ 7 19	+ 6 93	+ 0 26
1872	+ 3 32	+ 4 48	+ 16 34	+ 14 17	+ 9 83	+ 9 33	+ 0 50
1873	+ 2 94	+ 4 03	+ 14 76	+ 1295	+ 8 85	+ 8 49	+ 0 36
1874	+ 1 62	+ 2 80	+ 15 37	+ 13 23	+ 8 49	+ 8 01	+ 0 48
1875	+ 2 18	+ 3 10	+ 14 52	+ 12 61	+ 8 35	+ 7 85	+ 0 50
1876	+ 3 13	+ 3 78	+ 15 28	+ 13 37	+ 9 20	+ 8 58	+ 0 62
1877	+ 3 32	+ 3 89	+ 15 16	+ 12 23	+ 9 24	+ 8 56	+ 0 68
TOTAUX. .	+20 60	+29 46	+135 13	+118 10	+77 86	+73 78	+ 4 08
MOYENNE.	+ 2°29	+ 3°27	+ 15°01	+ 13°12	+ 8°65	+ 8°19	+ 0°46

Ainsi, à Bellefontaine, l'influence de la forêt sur la température de l'air, à 1m,50 du sol, a eu pour effet d'abaisser la moyenne de chacune des années 1869-1877, sans aucune exception ; cet abaissement, toujours faible, a varié de 0°23 à 0°68 ; il a été, pour l'année moyenne résultant des neuf années d'observation, de 0°46, c'est-à-dire d'un peu moins de un demi-degré, soit un peu plus faible que la moyenne (0°75) des stations bavaroises. Le tableau qui précède met, en outre, en évidence un fait très-intéressant : la moyenne des *minima* de chaque année est toujours plus élevée sous bois que hors bois, tandis que, inversement, la moyenne des *maxima* y est toujours plus basse.

Pour l'année moyenne, l'écart est, pour les *minima*, de 0°98, pour les *maxima*, de 1°89 ; de sorte que les *minima* et *maxima* moyens, dont la demi-somme produit la température moyenne annuelle, sont, sous bois, plus rapprochés entre eux de 0°98 + 1°89, c'est-à-dire de 2°87, que ne le sont ceux qui résultent des observations hors bois. Rien n'est plus propre que ce fait à mettre en lumière l'action modératrice des forêts qui, sans influer d'une manière bien notable sur la température moyenne annuelle d'un lieu, fournissent, pour former celle-ci, des termes bien moins extrêmes que ne le font les terrains découverts. On ne peut s'empêcher de faire remarquer qu'elles agissent ici exactement comme les océans, qu'elles tendent à adoucir les climats excessifs ou continentaux et à les rapprocher des climats constants ou littoraux.

La température de l'air à 1m,50 du sol est bien plus constante dans les bois que dans les champs; les oscillations quotidiennes y sont moins brusques et moins amples; les *maxima*, ceux surtout qui correspondent aux excessives chaleurs de l'été, y sont notablement moins élevés, les *minima* moins bas.

L'effet désastreux des gelées printanières et même de celles de l'automne est très-souvent amoindri en intensité par le couvert des arbres qui, s'opposant au rayonnement vers l'espace, atténue souvent de 2 à 8 degrés les abaissements subits d'une température voisine de zéro, alors que, d'une différence d'un demi-degré, dépend souvent la vie des organes, feuilles et fleurs nouvellement développées. Le forestier voit, dans ce fait, l'importance extrême du couvert convenablement ménagé pour protéger les jeunes peuplements contre les atteintes des gelées du printemps.

La moyenne des *minima* de chaque mois est plus élevée sous bois que hors bois; par contre, la moyenne des *maxima* y est plus basse. La température moyenne mensuelle est, par conséquent, pour la forêt, formée de termes moins différents que ne le sont ceux qui concourent à la moyenne mensuelle des terrains découverts. Cette moindre différence à Bellefontaine est de 2°,87.

La température mensuelle moyenne est, en toutes saisons, plus basse dans les bois qu'en rase campagne; la différence, toutefois, est très-faible en hiver, au printemps et en automne, et ne se mesure que par centièmes ou par dixièmes de degré; elle s'élève à 1 et 2 degrés en été. Cette action tend à uniformiser les saisons. Comme conséquence de ce qui précède, la température annuelle moyenne de l'air est, en forêt, plus basse que celle des champs; les forêts exercent sur cette moyenne une influence frigorifique incontestable. En compensation de cet abaissement, d'ailleurs très-léger (0°,50 en moyenne), la forêt a pour effet d'adoucir les *maxima* et les *minima*; de régulariser la température des jours, des mois, des saisons; de rendre plus semblables entre eux les éléments des moyennes mensuelles et annuelles; d'amoindrir les chaleurs extrêmes, les froids rigoureux; de rapprocher enfin les climats forestiers des climats constants ou littoraux.

La concordance des observations des stations allemandes avec les faits constatés par M. A. Mathieu est frappante; elle autorise à considérer les résultats relatifs à l'action des forêts sur le climat d'une région comme acquis d'une façon définitive.

BIBLIOGRAPHIE.

1851. — **Boussingault**, *Économie rurale*, t. II, 2e édition. Paris.

1864. — **Boussingault**, *Agronomie, chimie agricole et physiologie*, t. III. *Température et végétation*. Paris. In-8°.

1873. — **A. Ebermayer**, *Die physikalischen Einwirkungen des Waldes auf Luft und Boden*. In-8°.

1878. — **Mathieu**, *Météorologie comparée agricole et forestière*. In-4°. Paris.

1879. — **Haberlandt**, *Der allgemeine landwirthschaftliche Pflanzenbau*. In-8°. Vienne. 1e livraison.

CHAPITRE IV

L'ÉLECTRICITÉ ATMOSPHÉRIQUE ET LA VÉGÉTATION

Sommaire : Historique de la question. — Expériences de M. E. Mascart. — Les physiciens du dix-huitième siècle. — Recherches effectuées à la station agronomique de l'Est. — Essais de culture faits à Mettray. — Influence de l'électricité atmosphérique sur l'assimilation, sur la floraison et la fructification. — Applications à l'agriculture et à la sylviculture. — Nouvelle cause d'action du couvert des forêts.

93. — Action du couvert sur la végétation. — C'est un fait d'observation que, dans les forêts soumises au régime de la futaie, le sous-bois a disparu, le sol est généralement recouvert par une végétation languissante et les espèces qui forment le tapis n'y acquièrent jamais les mêmes dimensions qu'en rase campagne : de même, dans les taillis sous futaie, l'influence des arbres de haute taille se fait sentir sur la végétation environnante. Le *couvert,* pour me servir d'une expression consacrée dans le langage forestier, exerce sur les plantes (végétaux de petite taille ou arbustes) une influence que l'œil le moins expérimenté peut constater.

On a également remarqué, depuis longtemps, que dans le périmètre d'un arbre isolé, dépourvu de branches jusqu'à une certaine hauteur, la végétation est peu développée et ne parcourt d'ordinaire qu'une partie de ses phases normales. C'est ainsi que, dans une vigne par exemple, les ceps placés sous un arbre (pommier, cerisier, etc.) produisent peu de raisins et donnent rarement des fruits mûrs, bien que l'air et la lumière circulent tout aussi librement autour de ces ceps que dans tout autre point de la vigne. Les arbres élevés, peupliers, platanes, etc., qui bordent les champs en culture produisent sur les récoltes avoisinantes des effets de tous points analogues.

En discutant les causes multiples invoquées pour expliquer ce phénomène (diminution dans l'éclairage, influence de la lumière verte réfléchie par les feuilles, racines traçantes pénétrant sous les récoltes qui bordent les routes, etc.), j'ai été conduit à supposer qu'on avait jusqu'ici négligé dans l'interprétation de l'action du *couvert* un facteur important, le pouvoir conducteur des végétaux pour l'électricité atmosphérique, la présence d'un arbre à haute tige devant soustraire les plantes sous-jacentes à l'influence de l'électricité, et cela dans un rayon qui dépasse la surface comprise dans la projection verticale de l'arbre.

La lecture de quelques passages du remarquable *Traité d'électricité statique,* publié dans le courant de l'année 1876 par M. E. Mascart, vint me confirmer dans cette manière de voir et me donner l'idée des expériences qui ont fait l'objet des Mémoires présentés à l'Académie des sciences, dans les séances des 8 juillet, 5 août et 9 décembre 1878.

Dans le paragraphe relatif au siége de l'électricité atmosphérique, M. Mascart reproduit les réflexions suivantes, dues à M. Thomson :

Considérons maintenant une portion étendue de la surface de la terre, unie ou couverte d'accidents de toute nature. La quantité totale d'électricité qui y sera contenue sera très-approximativement la même que sur une nappe liquide absolument calme qui serait la projection de la surface réelle; mais cette quantité d'électricité sera distribuée d'une façon très-irrégulière, plus grande sur les parties proéminentes et les surfaces convexes, plus faible sur les parties abritées et concaves ; absolument *nulle* dans l'intérieur d'une cavité, *sur le sol d'une forêt,* sur les parois d'un tunnel ou d'un appartement, alors même que les ouvertures auraient une valeur angulaire considérable [1].

Dans le chapitre relatif au paratonnerre, M. E. Mascart s'exprime ainsi au sujet des moyens de protection à employer contre l'électricité : « Le moyen le plus correct de soustraire un corps à l'action de l'électricité des nuages serait de l'entourer complétement par un conducteur fermé ou simplement par une sorte de grillage métallique relié à la terre à l'aide de communications multiples. En supposant même qu'il n'y ait aucun écoulement d'électricité, un pareil conducteur reste toujours au potentiel du sol et maintient le même potentiel sur tous les corps, conducteurs ou non, qu'il enveloppe. Si ce

1. MASCART, t. II, p. 577. — THOMSON, *Reprint of papers,* pages 192 et suivantes.

grillage est, en outre, muni de pointes nombreuses disséminées de toutes parts, les fuites d'électricité auront lieu de plusieurs côtés à la fois, par l'intermédiaire des conducteurs dont la section sera toujours suffisante, et l'appareil présentera les meilleures garanties de protection. C'est là le principe que M. Melsens a appliqué dans la construction du beau paratonnerre dont il a entouré l'hôtel de ville de Bruxelles... »

Le moyen employé pour garantir l'hôtel de ville de Bruxelles des dégâts de la foudre, dont le principe est celui de la cage de Faraday, m'a paru applicable à l'étude de l'influence exercée par l'électricité atmosphérique. Mon savant ami, M. Mascart, dont l'avis et les conseils me sont si précieux, a ratifié le projet d'expériences que je lui ai soumis au commencement de l'année 1877, et dès le mois de mars de la même année, je commençai mes essais.

Avant de décrire les dispositions principales et les résultats de mes expériences, il me semble utile de résumer l'état de la question au moment où j'ai entrepris mes recherches.

94. — Expériences des physiciens du dix-huitième siècle. — Lorsque, au mois de mars 1877, j'ai institué les essais dont la lecture du *Traité d'électricité statique* de M. E. Mascart m'avait suggéré l'idée, je considérais la question comme absolument neuve. Elle l'était pour moi, et, si j'en juge par le silence complet des ouvrages de physique et de physiologie végétale les plus récents, elle devait l'être également pour les savants contemporains. M. J. Sachs, l'un des naturalistes les plus distingués de notre époque, résume, en ces termes, ce que l'on connaissait, en 1874, relativement à l'influence de l'électricité atmosphérique sur la végétation[1] :

Enracinée dans le sol, la plante terrestre épanouit dans l'atmosphère ses branches et ses feuilles et présente à l'air une large surface. Le tissu de la plante tout entière étant imbibé de liquides électrolytiques, il semble donc que le corps de la plante est capable d'égaliser les différences électriques qui peuvent exister entre le sol et l'atmosphère, par le moyen de courants qui traversent de haut en bas tout le tissu végétal. Ceci posé, comme l'atmosphère possède habituellement une tension électrique différente de la tension électrique du sol, et que cette différence de tension

1. *Traité de botanique,* traduit par M. Van Tieghem, p. 904.

change suivant le temps qu'il fait, on est fondé à croire qu'il s'opère continuellement à travers le corps de la plante des échanges électriques. Ces courants continus exercent-ils une action favorable sur les phénomènes végétatifs?

Cette question, comme toutes celles qui ont trait à ce sujet, n'a pas encore été l'objet d'une étude scientifique. Les brusques et puissantes compensations entre l'état électrique de l'air et celui de la terre, qui s'opèrent à travers les arbres frappés de la foudre, attestent tout au moins que de faibles différences dans l'état électrique de l'atmosphère et du sol peuvent aussi s'égaliser lentement à travers le corps de la plante.

A part les citations que j'ai empruntées à M. Mascart et en dehors des belles expériences dont il m'avait lui-même rendu témoin, sur la croissance plus rapide des plantes et sur l'évaporation plus active du sol soumis à l'effluve produite par la machine de Holz, expériences dont les détails n'ont pas encore été publiés par l'auteur, je n'ai trouvé dans aucun des traités modernes une seule indication que ces problèmes aient été antérieurement l'objet d'études expérimentales. Le silence gardé par les auteurs contemporains me donne lieu de penser qu'un résumé historique de la question aura, pour mes lecteurs, la nouveauté qu'il m'a offerte lorsque, par la lecture des ouvrages dont je vais parler, j'ai reconnu que les physiciens du dix-huitième siècle possédaient déjà des notions positives relativement à l'influence de l'électricité statique sur les êtres vivants et particulièrement sur la végétation.

De 1746 à 1749, trois physiciens, l'abbé Nollet en France[1], Jallabert à Genève, et Mambray à Édimbourg, ont fait, chacun de son côté, des expériences sur l'influence de l'électricité statique sur l'accroissement des végétaux. En 1783, l'abbé Bertholon, professeur de physique expérimentale des états généraux de la province de Languedoc, a publié tout un volume sur l'électricité des végétaux. Une analyse succincte des recherches de l'abbé Nollet et de celles de l'abbé Bertholon montrera quel sentiment exact de la question ont eu, il y a un siècle, ces habiles expérimentateurs, dont le nom ne saurait, sans une véritable injustice, être omis par les physiciens qui écriraient l'histoire de leur science de prédilection. Je m'attacherai tout spécia-

1. Voir la *Bibliographie* à la fin de ce chapitre.

lement aux expériences de Nollet et de Bertholon, dont la netteté et l'originalité n'ont rien à envier à celles de leurs successeurs.

95. — Expériences de l'abbé Nollet. — Le livre de l'abbé Nollet est divisé en cinq discours, dont les deux derniers seuls m'occuperont.

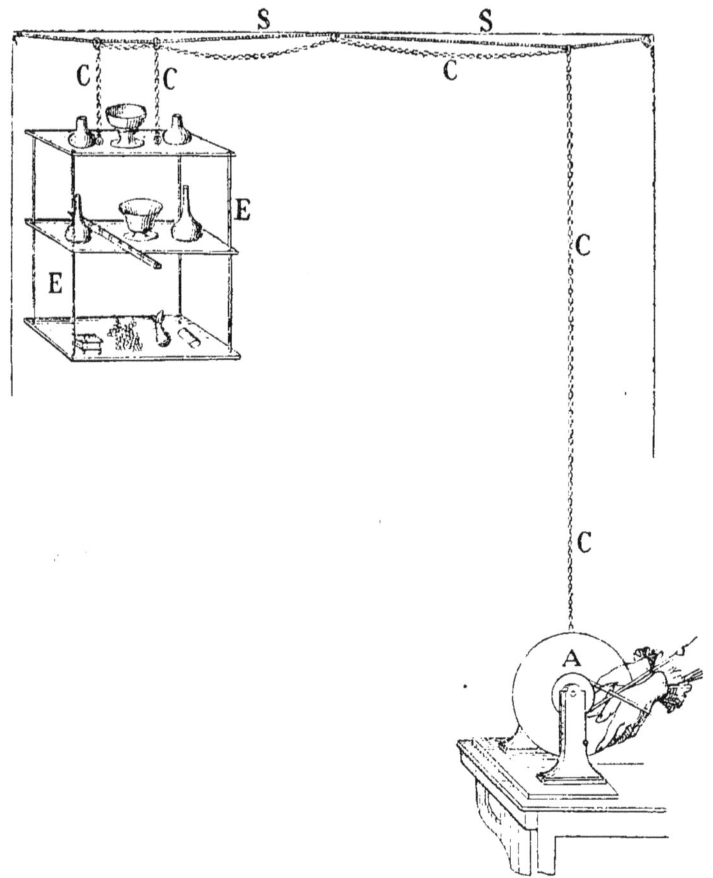

Fig. 7. — Appareil de Nollet pour l'étude de l'évaporation, sous l'influence de l'électricité statique.

Ils ont trait à l'influence de l'électricité sur l'évaporation et à son action sur les êtres organisés.

La figure 7 représente la disposition ingénieuse adoptée par l'abbé Nollet pour électriser les corps et décrite par lui en ces termes[1] :

1. *Recherches sur les causes physiques de l'électricité.*

Je fis faire une espèce de cage de trois grandes feuilles de tôle, dispo sées parallèlement entre elles, distantes l'une de l'autre d'environ un pied et tenues aux quatre coins par des montants en fer; je suspendis cette cage par deux anneaux de métal à un gros cordon de soie SS tendu horizontalement; j'y plaçais tout ce que je voulais électriser, et j'y conduisais l'électricité par le moyen d'une chaîne de fer CC qui la recevait d'un globe de verre A; deux hommes forts, que deux autres relevaient de temps en temps, faisaient tourner ce globe, tandis qu'une troisième personne y tenait les mains appliquées pour le frotter.... Avec cet appareil, je me munis encore d'une balance assez mobile pour trébucher par le poids d'un grain lorsque les bassins étaient chargés de 7 à 8 livres.... Je me mis ensuite à exécuter le projet que j'avais formé d'électriser pendant quatre ou cinq heures de suite, et à différentes fois, des quantités connues de diverses matières, pour voir : 1° si elles diminueraient de poids; 2° si elles changeraient de qualités. J'ai éprouvé d'abord des liqueurs et ensuite des corps solides non organisés, et j'ai considéré comme tels ceux qui les ont naturellement, mais dont les parties organiques ne font plus de fonctions, tels que les fruits détachés de leurs arbres, les plantes séparées de la terre, la chair des animaux morts, etc. Pour savoir avec quelque certitude si l'électricité était capable de changer le poids de tous ces corps, j'en pesais deux de la même espèce et à peu près du même volume, et l'on en tenait compte par écrit; l'un était électrisé pendant quatre ou cinq heures, et l'autre, pendant tout ce temps-là, demeurait dans le même lieu, mais à l'écart, après quoi on le pesait encore... Si l'électricité devait diminuer le poids des liqueurs, cette diminution pouvait être considérée comme une évaporation forcée...

L'abbé Nollet a expérimenté sur les liquides les plus divers : eau, vinaigre, urine fraîche, lait nouveau, huile d'olive, mercure, etc.

La différence entre les pertes subies par 4 onces de chacun des liquides suivants abandonnés à l'air libre ou soumis à l'électrisation pendant le même temps (cinq heures) a été la suivante :

	Grains.
Eeau de Seine	5
Vinaigre rouge	2
Solution de nitre	3
Urine fraîche	7
Lait	4
Essence de térébenthine	7
Esprit-de-vin	8
Ammoniaque liquide	11
Mercure	0
Huile d'olive	0

De ces expériences, il tire les conclusions suivantes :

1° L'électricité augmente l'évaporation naturelle des liqueurs, puisque, à l'exception du mercure, qui est trop pesant, et de l'huile d'olive, dont les parties ont trop de viscosité, toutes les autres qui ont été éprouvées ont souffert des pertes qu'il n'est guère possible d'attribuer à d'autres causes qu'à l'électricité.

2° L'électricité augmente d'autant plus l'évaporation que la liqueur sur laquelle elle agit est par elle-même plus évaporable.

Les expériences sur les corps solides ont donné à Nollet des résultats analogues. La différence des pertes subies dans le même temps par les corps, suivant qu'ils étaient électrisés ou non, a été la suivante :

	Grains.
Poire de beurré blanc pesant 4 onces.	6
Grappe de raisin blanc	7
Éponge légèrement humide.	6
Pied de basilic fraîchement coupé	5
Morceau de chair.	3
. . . .	
. . . .	
Paquet de clous	0

Conclusions :

1° L'électricité fait diminuer le poids des corps même qui ont la consistance des solides, pourvu qu'ils aient dans leurs pores quelques sucs ou quelque humidité propre à s'évaporer.

2° Les effets de l'électrisation sur les corps solides, toutes choses égales d'ailleurs, sont plus grands quand il y a plus de surface...

C'est dans le cinquième Discours, consacré aux *effets de la vertu électrique sur les corps organisés,* que se trouvent les expériences les plus intéressantes.

Après avoir démontré que l'écoulement d'un liquide par un tube capillaire, de discontinu qu'il était dans les conditions ordinaires, devient continu et, partant, beaucoup plus rapide lorsqu'on électrise le vase qui renferme le liquide, Nollet se demande si une action du même genre ne se produirait pas sur les vaisseaux capillaires des êtres organisés, « *qu'on peut regarder en quelque façon,* dit-il, *comme des machines hydrauliques préparées par la nature même* ».

Puis il ajoute : Je pensai que son action pourrait bien se faire sentir sur la séve des végétaux, ou donner aux fluides qui entrent dans l'économie animale quelque mouvement qui leur serait avantageux ou nuisible.

Au moment où Nollet étudiait ces questions, il apprit que Mambray avait, pendant tout le mois d'octobre 1746, électrisé à Édimbourg

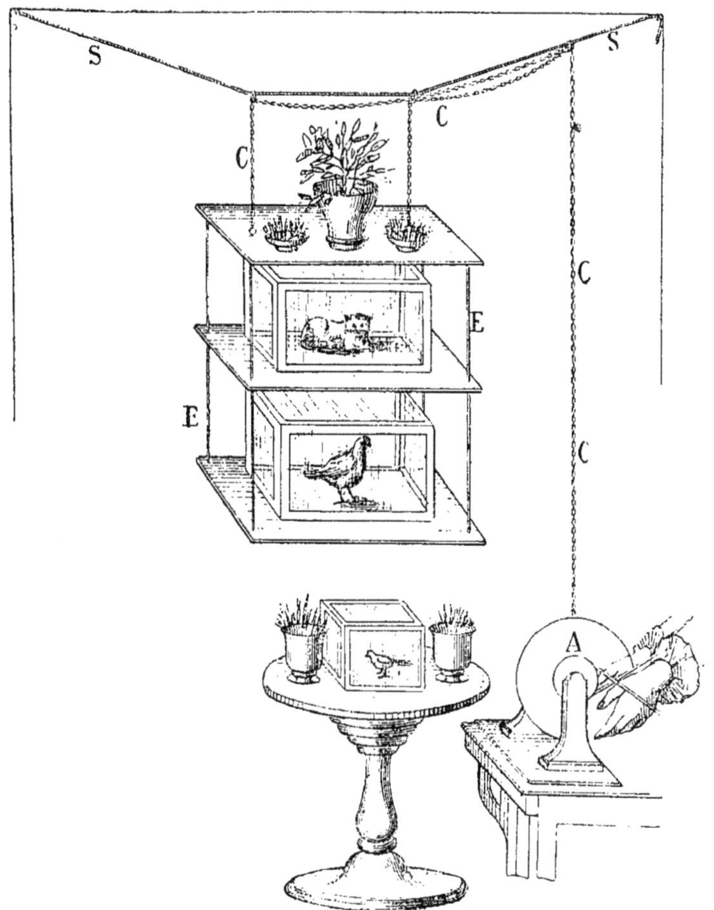

Fig. 8. — Expériences de Nollet. — Influence de l'électricité statique, sur les plantes et sur les animaux.

deux myrtes qui poussèrent à la fois de petites branches et des boutons, ce que ne firent pas de pareils arbustes non électrisés. En 1748, Jallabert avait publié, à Genève, des résultats identiques.

Nollet, encouragé par ces observations, qui confirmaient ses vues, résolut d'entreprendre des expériences sur les plantes et sur les animaux ; il se servit du dispositif représenté par la figure 8. Dans la cage en tôle EE étaient placés les objets à électriser ; sur un guéridon situé à quelque distance de l'appareil reposaient les mêmes objets, pour servir de terme de comparaison. Je crois devoir rapporter en entier le passage relatif aux expériences sur la germination, ainsi qu'une note sur l'aspect des plantes électrisées dans l'obscurité. Je donnerai ensuite un résumé des résultats obtenus sur les animaux.

Le 9 octobre de l'année 1747, je fis remplir de la même terre deux petites jattes d'étain toutes semblables ; je semai dans chacune une égale quantité de grains de moutarde pris au même paquet, je les laissai deux jours dans le même lieu sans y faire autre chose que les arroser et les exposer aux rayons du soleil depuis environ 10 heures du matin jusqu'à 3 heures après midi.

Le 11 du même mois, c'est-à-dire deux jours après avoir semé la graine, je plaçai une des jattes, marquée de la lettre A, dans la cage de tôle, où elle fut électrisée pendant 10 heures, savoir le matin depuis 7 heures jusqu'à midi, et le soir depuis 3 heures jusqu'à 8 ; pendant tout ce temps-là, l'autre jatte était à l'écart, mais dans la même chambre, où la température était assez uniformément de 13 degrés et demi au thermomètre de M. de Réaumur.

Le 12, ces deux jattes furent exposées ensemble au soleil et arrosées également ; on les rentra de bonne heure le soir, et je n'y aperçus encore rien de levé.

Le 13, à 9 heures du matin, je vis dans la jatte électrisée trois graines levées, dont les tiges étaient de 3 lignes hors de terre ; la jatte non électrisée n'en avait aucune : on eut de l'une et de l'autre le même soin que le jour précédent, et l'on électrisa le soir, pendant trois heures, celle qui était destinée à cette épreuve.

Le 14 au matin, la jatte électrisée avait neuf tiges hors de terre, dont chacune était longue de 7 à 8 lignes, et l'autre n'avait encore absolument rien de levé ; mais, le soir, j'en aperçus une dans celle-ci, qui commençait à se montrer. La première fut encore électrisée ce jour-là pendant cinq heures de l'après-midi.

Enfin, pour abréger ce détail, il suffira de dire que, jusqu'au 19 octobre, je continuai de cultiver également ces deux portions de terre ensemencées, en électrisant toujours une et toujours la même pendant plusieurs heures tous les jours, et qu'au bout de ce terme, c'est-à-dire après huit jours d'expériences, les graines électrisées étaient toutes levées et avaient des tiges de 15 à 16 lignes de hauteur, tandis qu'il y en avait à peine deux ou trois des autres hors de terre, avec des tiges de 3 à 4 lignes au plus.

Cette différence était si marquée, que je fus tenté de l'attribuer à quelque cause accidentelle que je ne connaissais pas; mais, au retour d'un petit voyage que je fus obligé de faire, je trouvai toutes les graines levées dans la jatte qui n'avait pas été électrisée, et je commençai à croire avec quelque confiance que l'électricité avait accéléré véritablement la végétation et l'accroissement des autres.

Quoique cela parût assez clairement indiqué par l'expérience que je viens de citer, je ne me suis rendu à cette conséquence qu'après plusieurs épreuves réitérées sur différentes graines et suivies de résultats à peu près semblables..... Il m'a semblé aussi que les graines dont l'électricité avait hâté la germination avaient poussé des tiges plus minces et plus faibles que celles qu'on avait laissées lever d'elles-mêmes; mais je n'oserais l'assurer, n'ayant pas eu un assez grand nombre d'expériences pour m'en rendre certain[1].

Voici la note relative à l'électrisation d'une plante dans l'obscurité :

C'est une chose curieuse à voir qu'une plante qu'on électrise dans l'obscurité : si c'est un pied de basilic, par exemple, de romarin, etc., de l'extrémité de chaque feuille, surtout si on en approche la main à une certaine distance, il sort un souffle très-sensible et une aigrette lumineuse. Je n'ai pas remarqué qu'une plante grasse ou aromatique fît mieux qu'une autre; mais j'ai toujours vu que les parties les plus flexibles faisaient effort pour s'écarter les unes des autres, comme il arriverait infailliblement aux fils d'une frange que l'on rendrait électrique; la même chose arrive sans doute aux feuilles d'une fleur, et c'est peut-être ce qui a fait dire à M. Boze que l'électricité fait épanouir les roses, les renoncules....

Il résulte de ces citations que l'abbé Nollet a constaté l'influence de l'électrisation sur le développement des graines des plantes, et qu'il a reconnu la faculté conductrice des tissus végétaux; mais nulle part il n'est fait allusion au rôle de l'électricité naturelle sur la végétation.

Dans une nouvelle série d'expériences il applique la même méthode à l'étude de l'action de l'électricité sur les animaux et sur l'homme. Il constate : 1° qu'un animal soumis pendant quatre à cinq heures à l'action de l'électricité statique subit des pertes de poids beaucoup plus grandes que les mêmes animaux non électrisés; 2° que les pertes de poids subies sont d'autant plus grandes que l'animal est d'une espèce plus petite. Je me bornerai à citer quelques-uns des

1. *Loc. cit.*, p. 358 et suiv.

résultats consignés dans les nombreux tableaux qui résument ces expériences intéressantes :

1° *Chat.* — 4 expériences.

	Perte du chat électrisé.	Perte du chat non électrisé.	Différence.
	Grains.	Grains.	Grains.
1.	162	96	66
2.	160	82	78
3.	192	90	102
4.	216	86	130

2° *Pinsons et Bruants.*

	Perte par l'électricité.	Perte des animaux non électrisés.	Différence.
	Grains.	Grains.	Grains.
1.	22	12	10
2.	25	20	5
3.	24	18	6
4.	26	18	8

Rapportées au poids des animaux soumis aux expériences, ces pertes sont pour le pinson de $\frac{1}{57}$ de son poids, pour le pigeon de $\frac{1}{140}$; pour le chat, la perte est bien plus faible encore. Nollet avait pris soin de faire les contre-épreuves en changeant, dans diverses expériences, le rôle des animaux. Ces pertes n'étaient donc pas dues à des accidents individuels.

Je m'arrête là pour les expériences de l'abbé Nollet; je crois en avoir dit assez pour montrer que l'honneur lui revient d'avoir le premier constaté expérimentalement l'influence de l'électricité sur l'évaporation des corps inertes ou vivants et sur la germination des végétaux.

L'année même où paraissait à Paris le livre de l'abbé Nollet, Franklin résumait sur son cahier de laboratoire (7 novembre 1749) les propriétés communes au fluide électrique et à la foudre[1]. Trois ans plus tard, d'Alibard à Marly-la-Ville (10 mai 1752) et Franklin en Amérique réalisaient la démonstration expérimentale de cette conception et soutiraient des nuages l'électricité dont ils étaient chargés. Il s'écoula environ vingt-cinq ans avant que l'on songeât à

1. MASCART, *Traité d'électricité statique*, t. II, p. 556.

faire quelques rapprochements entre les expériences de Nollet et la découverte de Franklin.

96. — Observations de Duhamel du Monceau. — Duhamel du Monceau est, à ma connaissance, le premier naturaliste qui ait fait quelques observations précises sur les rapports de l'état électrique de l'air avec le développement de la végétation. Dans le livre V, chapitre II, de la *Physique des arbres*, il insiste sur la croissance rapide des plantes pendant les temps orageux et sur l'action bienfaisante des pluies, même pour les plantes aquatiques. Je ne citerai qu'un passage significatif :

..... Mais les circonstances qui me paraissent les plus favorables à la végétation sont quand, après une pluie assez abondante, il survient un temps couvert accompagné d'un air chaud et disposé à l'orage, en un mot de cette disposition de l'air qu'on appelle communément lourd, pesant, parce qu'alors on a peine à supporter le travail.

Dans une pareille circonstance où les vapeurs s'élevaient en si grande abondance que la terre paraissait fumer, je m'avisai de mesurer un brin de froment épié, et je trouvai qu'en trois fois vingt-quatre heures il s'était allongé de plus de 3 pouces; dans le même temps, un brin de seigle s'allongea de 6 pouces et un sarment de vigne de près de 2 pieds....

..... Toutes les observations que je viens de rapporter prouvent, ce me semble, très-bien que la chaleur, jointe à l'humidité, est très-favorable à la végétation; néanmoins, la réunion de ces deux principes ne suffit pas encore, car lorsque, dans les étés chauds et secs, on arrose les plantes des potagers, on empêche à la vérité qu'elles ne meurent, on les met même en état de faire quelques progrès; mais elles ne végètent jamais avec autant de force que quand elles reçoivent l'humidité des pluies; bien plus, j'ai aperçu très-sensiblement que les arrosements étaient bien plus avantageux aux plantes quand on les faisait lorsque le temps était disposé à l'orage que quand il était beau et serein. Ainsi l'on peut dire que les grandes chaleurs et les longues sécheresses sont préjudiciables à la plupart des plantes et qu'elles profitent plus en huit jours de temps couvert et accompagné de pluies douces, que pendant un mois de sécheresse, et nonobstant le soin que l'on a de les arroser.... J'ai plusieurs fois remarqué, et avec étonnement, que les changements de temps produisent des effets sensibles sur le nénuphar, le volant d'eau, le cresson..., qui ont leurs racines et presque toute leur tige plongées dans l'eau, de sorte que, lorsqu'on a fauché une mare, un étang, une rivière, s'il faut quinze jours aux plantes qui y renaissent pour gagner la superficie de l'eau par un temps pluvieux, il leur faudra plus d'un mois lorsque le temps est à la sécheresse....

..... On aperçoit dans la nature d'autres agents très-puissants qui peuvent occasionner cet effet; la vertu magnétique et celle de l'électricité peuvent être apportées pour exemples : qui sait s'il n'y en a pas encore une infinité d'autres? M. l'abbé Nollet et M. Le Mosnier, le médecin, et plusieurs autres physiciens nous ont déjà fait entrevoir que l'électricité peut influer sur la végétation....

97. — L'électro-végétomètre de l'abbé Bertholon. — Nollet et ses contemporains ont montré l'influence de l'électricité statique sur les végétaux; Duhamel du Monceau entrevoit l'influence de l'électricité atmosphérique sur la croissance des plantes dans leur milieu naturel; l'abbé Bertholon va affirmer le lien étroit qui unit les phénomènes de la végétation à l'état électrique de l'air :

L'électricité de l'atmosphère a sur les plantes, comme sur tous les animaux, et particulièrement sur l'homme, une influence bien caractérisée; ce sujet n'ayant jamais été traité, il est nécessaire d'en démontrer la réalité et l'importance[1].

Le livre de l'abbé Bertholon mérite d'être lu entièrement par ceux qui s'occupent spécialement de la science des êtres vivants. L'unité de la vie chez les animaux et chez les plantes y est soutenue avec conviction et appuyée d'arguments que l'imperfection de la physiologie du temps rend très-incomplets, mais qui dénotent de la part de leur auteur une sûreté de vue et un sens philosophique rares.

Dans les divers chapitres de son livre, divisé en trois parties, l'abbé Bertholon rappelle les observations antérieures de Nollet, Boze, Jallabert, celles de Nuneberg, physicien de Stuttgart, qui a obtenu, en électrisant des oignons, des accroissements considérables comparativement au développement des mêmes plantes non électrisées. Il passe ensuite en revue le rôle de l'électricité atmosphérique dans la germination, la multiplication des branches, des fleurs et des fruits, l'influence de la vapeur d'eau de l'air *véritable conducteur de l'électricité,* etc. Cette partie, dogmatique, pour ainsi dire, est très-intéressante, mais je ne puis qu'y renvoyer mes lecteurs, une analyse détaillée des faits rapportés et des interprétations de l'auteur m'entraînerait, en effet, bien au delà des bornes de ces leçons. L'exposé de l'abbé Bertholon dénote des idées très-arrêtées sur les choses

1. Bertholon, p. 5.

dont il parle ; il est convaincu jusqu'à l'évidence de l'importance du rôle de l'électricité atmosphérique dans les phénomènes naturels de la végétation. Il est vraiment bien étrange que ce livre soit tombé dans un oubli complet et qu'aucun traité moderne de physique ou de physiologie végétale n'en fasse mention.

Je m'arrêterai à la partie expérimentale, tout à fait originale, de l'œuvre du professeur du Languedoc, dont les deux planches, reproduites d'après l'original, donnent une idée nette.

Convaincu de l'importante action de l'électricité atmosphérique sur la végétation, l'abbé Bertholon s'est proposé de « *remédier au défaut dans la quantité d'électricité naturelle, relativement aux végétaux.* »

Il me faut ici citer textuellement quelques pages de la troisième partie[1] :

Il y a habituellement dans l'atmosphère une grande quantité de matière électrique qui y est répandue ; elle existe toujours dans les hautes régions. Sur les montagnes elle se fait toujours sentir avec plus d'énergie que dans les plaines. Lorsqu'on est dans celles-ci, en élevant des conducteurs ou en lançant des cerfs-volants électriques qui aillent au-devant d'elle, pour ainsi dire, la chercher et la ramener vers la surface de la terre où plusieurs causes l'empêchent quelquefois de se montrer, on la voit aussitôt soumise à la voix de l'homme, lui obéir, descendre en quelque sorte du ciel et venir ramper à ses pieds pour y exécuter ses ordres... Ce principe supposé, pour remédier au défaut de la quantité de fluide électrique qui a quelquefois lieu, défaut qui est nuisible à la végétation, il faut élever dans le terrain qu'on veut féconder un appareil nouveau que j'ai imaginé, qui a tout le succès possible et qu'on peut nommer *électro-végétomètre ;* il est aussi simple dans sa construction qu'efficace dans sa manière d'agir, et je ne doute point qu'il ne soit adopté par tous ceux qui sont instruits des grands principes de la nature. Cet appareil est composé d'un mât AB (*fig.* 9. *Pl.* A, *fig.* I), ou d'une pièce de bois quelconque, suffisamment enfoui en terre pour qu'il puisse avoir une certaine solidité et résister aux vents.

(Suit la description des précautions à prendre pour la conservation du bois, goudronnage, etc.)

Au haut du mât nous mettons une espèce de console ou support C qui

1. *Loc. cit.*, pages 392 et suivantes.

est en fer; l'extrémité pointue sera enfoncée dans l'extrémité supérieure du mât et l'autre bout du support sera terminé en anneau pour y recevoir un tuyau de verre creux qu'on voit en D, et dans lequel on aura mastiqué une verge de fer qui s'élève en E. Cette verge de fer, qui se termine en

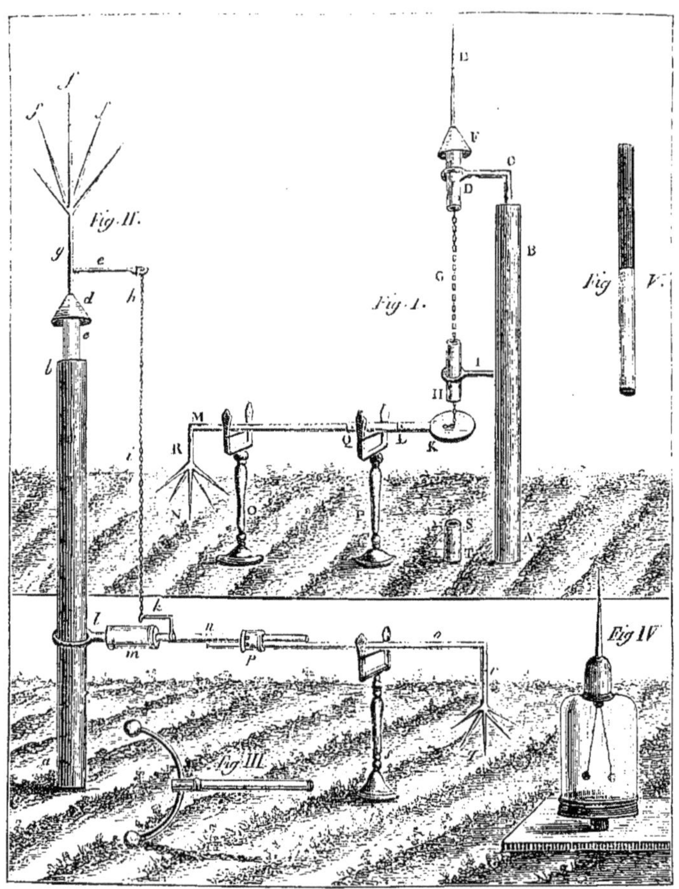

Fig. 9. — Électro-végétomètre de Bertholon. (Pl. A.)

pointe par son extrémité supérieure, est entièrement isolée, puisqu'elle tient fortement dans un tube de verre épais rempli de matière bitumineuse, scellée avec des cendres, de la brique pilée et du verre en poudre, ce qui forme un mastic très-bon et très-approprié à l'objet qu'on s'est proposé. Afin que la pluie ne mouille pas le tuyau de verre D, on a eu soin de souder un entonnoir F de fer-blanc à la verge E; alors celle-ci est toujours isolée. De l'extrémité inférieure de la verge E pend une chaîne G, qui entre dans un second tuyau de verre H, lequel est soutenu par le support I. L'extrémité inférieure de la chaîne dont nous venons de parler repose sur un disque de fer K qui fait partie du conducteur horizontal KLMN. En L est une brisure à charnière, afin de pouvoir tourner à droite ou à gauche la verge de fer LMN; il y en a une autre en Q pour que le mouvement circulaire puisse encore mieux s'exécuter. O et P sont deux guéridons en supports terminés en fourche, où l'on a attaché un cordon de soie bien tendu pour isoler le conducteur horizontal; en N sont plusieurs pointes de fer assez aiguës.

La fig. II (*pl.* A) représente un appareil semblable au premier pour le fond, mais avec quelques différences dans la construction. Je crois inutile de le décrire.

Bertholon continue en ces termes :

La structure de cet électro-végétomètre bien entendue, on en concevra facilement l'effet. L'électricité qui règne dans l'air sera soutirée par les pointes de l'extrémité supérieure; les expériences électriques les plus décisives prouvent que les pointes ont cette propriété. C'est ce qu'on appelle en physique le pouvoir des pointes. La matière électrique soutirée par la pointe E ou par celles qui sont marquées F, F, F, sera nécessairement transmise par la verge et par la chaîne, parce que l'isolement qu'on a pratiqué à l'extrémité supérieure du mât empêche qu'elle ne se communique au bois. Le fluide électrique de la chaîne passe au conducteur horizontal KM ou NO; ensuite il s'échappe par les pointes qui sont en N et Q, parce que les pointes qui ont le pouvoir de soutirer ont aussi celui de repousser le fluide électrique, ainsi que l'expérience le démontre. L'usage de cet instrument n'est pas plus difficile : supposons qu'il ait été placé au milieu d'un jardin potager, par exemple; en faisant tourner successivement le conducteur horizontal et en retirant l'allonge ou les allonges qu'on y aura mises, on pourra porter l'électricité dans toute la surface du terrain dont nous parlons. L'électricité soutirée de l'atmosphère sera conduite sur toutes les plantes qu'on cultivera, dans les temps où l'on aura observé trop peu d'électricité[1] dans les basses régions proches de la superficie de la terre. Lorsque le fluide électrique de l'atmosphère sera trop abondant, on rendra nul l'effet de notre appareil en K, en mettant une chaîne de fer qui pende et traîne même jusque sur le sol, ou une verge de fer perpendiculaire dont l'effet sera le même, celui de détruire l'isolement et de transmettre insensiblement le fluide électrique, à mesure qu'il est soutiré par les pointes : de cette sorte il n'y aura jamais surabondance de ce fluide dans l'instru-

1. La figure IV (*pl.* A) représente l'électroscope à balles de sureau de Cavallo, dont Bertholon se servait pour constater l'état électrique de l'atmosphère.

ment, et son effet deviendra nul ou sensible à volonté, selon qu'on placera ou non la seconde chaîne ou la verge additionnelle. . . . .

. . . .

Par le moyen de notre électro-végétomètre, on rassemblera à volonté le fluide électrique répandu dans l'air, on le conduira sur la surface de la terre dans les temps où il y en aura moins, où la quantité ne sera pas suffisante pour la végétation, à plus forte raison dans ceux où, quoique suffisante, elle ne sera pas assez grande pour obtenir des effets multipliés et des productions nombreuses. De cette façon on aura un excellent engrais qu'on ira, pour ainsi dire, chercher dans le ciel, et cet engrais ne sera nullement dispendieux... Cet engrais est celui que la nature emploie sur toute la surface de la terre et dans tous les lieux que nous appelons *en friche,* parce qu'ils ne sont fécondés que par les agents que la nature sait si bien mettre en œuvre... Il ne manquait peut-être, pour mettre le complément aux découvertes utiles qu'on a faites sur l'électricité, que de montrer l'art si avantageux de se servir du fluide électrique comme engrais; alors tous les effets que nous avons prouvés dans notre seconde partie dépendront de l'influence de l'électricité; tous ces effets, comme l'accélération dans la germination, dans l'accroissement et la production des feuilles, des fleurs, des fruits, leur multiplication, etc., seront produits, même dans les temps où les causes secondes s'y opposeraient, par l'accumulation du fluide électrique que nous avons eu l'art de rassembler sur les portions de la surface de la terre où nous cultivons des plantes plus particulièrement consacrées à nos besoins.

Cet appareil ayant été élevé par mes soins au milieu d'un jardin, on a vu les plantes diverses, les herbages, les fruits, plus hâtifs, plus multipliés et de meilleure qualité... Ces faits sont analogues à une observation que j'ai faite : c'est que les plantes croissent mieux et sont plus vigoureuses autour des paratonnerres, lorsqu'il y en a quelques-uns et que le local permet leur développement[1]; ils servent à expliquer comment la végétation est si vigoureuse dans les forêts et dans les plus grands arbres, dont la cime orgueilleuse s'élève avec autant de majesté dans l'air à une grande distance de la surface de la terre; ceux-ci vont chercher le fluide électrique bien plus haut que les plantes moins élevées; les extrémités aiguës de leurs feuilles, de leurs rameaux et de leurs branches sont autant de pointes que la nature leur a départies dans le jour de sa munificence pour soutirer le fluide électrique de l'air, cet agent si propre à la végétation et à toutes les fonctions des plantes. . . . .

---

1. L'abbé Nollet avait constaté que l'action de l'électricité statique se transmet par influence à distance sur les objets placés dans le voisinage d'une machine électrique. (L. G.)

Ce n'est pas seulement par le moyen de l'électricité de l'atmosphère rassemblée par des appareils qu'on peut remédier au défaut du fluide électrique si nécessaire à la végétation : l'électricité nommée artificielle peut encore y concourir. Quelque étonnante que soit cette idée et quoiqu'il paraisse peut-être impossible de la réaliser, on verra bientôt que

Fig. 10. — Autre électro-végétomètre de Bertholon. (Pl. B.)

rien n'est plus aisé. Supposons qu'on veuille augmenter la végétation des arbres d'un jardin, d'un verger, sans avoir recours aux appareils destinés à pomper, pour ainsi dire, l'électricité de l'atmosphère, il suffit d'avoir un grand tabouret isolateur représenté en A (*Pl.* B, *fig.* 2). On peut le faire de deux façons en versant une couche suffisante de poix et de cire fondues sur ce tabouret, dont les bords, étant plus élevés que le milieu, formeront une espèce de caisse ou de moule... On aura soin de placer dessus l'isoloir un baquet de bois rempli d'eau et de faire monter sur ce tabouret un homme armé d'une pompe aspirante en forme de seringue C. Si l'on établit une communication entre l'homme et une machine électrique mise en mouvement, l'homme, étant isolé ainsi que tout ce qui est sur le tabouret, pourra, en poussant le piston, arroser des arbres *g*, *g*, répandre sur eux une pluie électrique qui portera sur tous les végétaux qui la recevront un principe de fécondité, une vertu toute particulière qui a la plus grande influence sur toute l'économie végétale... J'imagine bien qu'on ne doute pas que l'électricité est communiquée à l'eau qui sert à l'arrosement, car il serait facile d'opérer ici la plus ample conviction, puisque, si quelqu'un reçoit sur le visage ou sur la main cette pluie électrique, aussitôt il sent des piqûres électriques, effet des étincelles qui sortent de chaque goutte d'eau. . . . .

Si l'on veut arroser dans un parterre ou dans un jardin des carreaux et plates-bandes de fleurs, ou des planches dans lesquelles on aura semé des graines où seront des plantes de divers âges et de différentes espèces, rien n'est plus aisé et plus expéditif que le procédé suivant, dont on se formera une idée suffisante en voyant la figure II de la planche B. Sur un chariot AA, on a placé un isoloir, moulé en forme de gâteau, de poix et de résine, comme nous l'avons dit ci-devant; pour plus grande facilité, il n'y a point de pieds à cet isoloir. Le chariot est traîné dans toute la longueur du jardin par un homme ou par un cheval qu'on y a attelé; à mesure qu'on tire le chariot, le cordon métallique *cc* se dévide de dessus la bobine D, laquelle tourne à l'ordinaire. Celle-ci est isolée, soit parce que l'axe mobile est un tube de verre solide, soit parce que le petit équipage qui soutient la bobine est planté dans la masse de résine, dans le cas où l'on voudrait que l'axe fût en fer. L est un support qui sert à empêcher que le fil d'or ou le cordon métallique ne traîne par terre et ne dissipe de cette façon l'électricité, et, de plus, il sert d'isoloir. Pour remplir ce dernier objet, il faut que l'anneau EF dans lequel il passe soit de verre. On peut également, si l'on veut, se servir des isoloirs et supports marqués O, P, S dans les figures I et II de la planche A.

Si un jardinier, monté sur l'isoloir, tient d'une main un arrosoir plein d'eau, et que de l'autre il prenne un cordon métallique G, propre à transmettre l'électricité qui vient du conducteur H, par le moyen du fil CC*o*, alors, l'eau étant électrisée, on aura une pluie électrique qui, tombant sur toute la surface des plantes qu'on veut arroser, rendra la végétation plus vigoureuse et plus abondante. Un second jardinier donnera de nouveaux arrosoirs pleins d'eau à celui qui est sur l'isoloir, lorsqu'il aura vidé ceux qu'il tenait, et en peu de temps on pourra arroser un jardin entier. Ce procédé n'est presque pas plus long que l'ordinaire, et quand même il le serait un peu plus, les grands avantages qu'on en retirera dédommageront bien abondamment de ce petit inconvénient. En répétant plusieurs jours de suite cette opération, soit sur des graines semées, soit sur des plantes qui prennent leur accroissement, on ne tardera pas à en retirer de grands avantages. Ce procédé facile, ainsi que le précédent, a été mis en pratique, je puis l'assurer, et cela avec le plus grand succès. Tous ceux qui continueront à l'éprouver en seront aussi satisfaits que je l'ai été. C'est ainsi que la physique moderne apprend à commander aux éléments, à se passer d'eux, s'il est permis de parler de la sorte.

Je m'arrête : ces citations suffisent pour faire connaître la méthode proposée il y a près d'un siècle pour soumettre les végétaux à l'influence de l'électricité atmosphérique ou à celle de l'effluve artificielle. Je suis heureux de l'ignorance dans laquelle j'étais des expériences de Bertholon lorsque j'ai entrepris les recherches que je vais exposer ; il est bien probable, en effet, que, connaissant les travaux de cet habile physicien et ses vues sur le rôle de l'électricité atmosphérique, j'aurais considéré le sujet comme en partie épuisé. La méthode que j'ai employée, et qui est, comme on va le voir, précisément l'inverse de celle de Bertholon, m'a permis de pousser plus avant l'étude de cette question si intéressante ; j'ai l'espoir d'être arrivé à jeter quelque lumière nouvelle sur un des agents prépondérants de la nutrition des plantes.

98. — Expériences sous la cage isolante (1877). — Fidèle aux principes fondamentaux de l'expérimentation physiologique, si bien mis en évidence par mon illustre maître Cl. Bernard, je me suis astreint à observer constamment les deux règles suivantes : 1° variation d'une seule des conditions dans chaque expérience ; 2° épreuve et contre-épreuve faites simultanément.

Afin de constater par une expérience directe si l'électricité atmosphérique, dont je ne pouvais mesurer ni la grandeur ni les variations incessantes, exerce ou non une influence sur la végétation, j'ai placé successivement, dans des sols plus ou moins différents d'origine, de richesse variable en principes nutritifs, de profondeurs diverses, etc., mais toujours identiques, deux à deux pour chaque expérience, deux plantes de même espèce aussi comparables que possible, se trouvant dans des conditions absolument semblables à tous égards, sol, humidité, éclairement, etc., sauf une seule, celle que je voulais étudier, l'état électrique de l'atmosphère ambiante.

Pour réaliser ce programme, j'ai adopté, dans les essais de 1877, le dispositif suivant. Deux caisses métalliques A et B, percées de trous à leur partie inférieure (*fig.* 11 et 12), contenant chacune 19 kilogrammes de la même terre, sont enfouies dans le sol du jardin de la station agronomique, aux $\frac{5}{6}$ environ de leur hauteur.

La caisse A est exposée à l'air libre, la caisse B est surmontée d'une cage légère en fil de fer, haute de $1^m,50$ et mesurant $0^m,40$ dans ses deux autres dimensions : cette cage est formée de quatre montants en fer de $0^m,01$ de diamètre, reliés entre eux par un treillis de fil de fer fin ($0^m,0005$), à mailles de $0^m,15$ sur $0^m,10$. Cette cage donne donc un libre accès à l'air, à la lumière, à l'eau, etc. ; elle n'a d'autre

Fig. 11. — Essai de végétation à l'air libre.

effet que de supprimer *entièrement*, pour la plante qu'elle enveloppe, l'action de l'électricité atmosphérique. Les deux caisses sont situées à peu de distance l'une de l'autre ; elles reçoivent, également et pendant le même temps, les rayons du soleil, la pluie, etc. Dans l'un des angles de chacune des caisses on a placé, au début de l'expérience, deux boîtes métalliques, étanches, contenant le même sol que les caisses et destinées à servir de témoins dans les variations que la terre sans récoltes éprouvera dans sa composition par son contact prolongé avec l'atmosphère. Ces témoins servirent principalement à étudier la nitrification naturelle du sol mu soustrait ou non à l'action de l'électricité.

Le sol qui a servi à remplir les caisses et les témoins, le 1er avril 1877, est un sol silicéo-calcaire, de fertilité moyenne, pris au pied

Fig. 12. — Essai de végétation sous cage.

d'un épicéa : le sol tamisé était parfaitement homogène ; il présentait la composition physico-chimique suivante :

			Pour 100.
Eau	15,5	contenant :	—
Calcaire	29,3	Acide phosphorique	0,26
Sable grossier	30,7	Potasse	0,13
— fin	16,9	Azote nitrique	0,00507
Argile	4,3	— ammoniacal	0,00563
Matière organique	3,4	— organique	0,15677
	100,1		

Première expérience (tabac). — Le 7 avril, on plante dans chacune des deux caisses A et B, un pied de tabac (variété d'Alsace) provenant de la même couche, pesant $3^{gr},5$ et portant quatre feuilles primordiales. Ces plants, tout à fait identiques, étaient complétement repris le 14 avril. A partir du 20 du même mois environ, jusqu'au jour de la récolte (7 août), on constate des différences très-notables dans le développement des deux tabacs : celui qui végétait à l'air libre se comportait comme les plants élevés à côté de lui en pleine terre ; le pied de tabac placé sous cage croissait beaucoup moins rapidement en hauteur et en diamètre. Tous deux étaient vigoureux ; leurs feuilles, très-vertes, dénotaient un fonctionnement régulier, bien que sensiblement différent en intensité, de la cellule chlorophyllienne. Le 7 août, le plant A avait fleuri et les graines commençaient à se former ; le plant B, très en retard relativement au premier, présentait à peine quelques boutons fort éloignés de leur épanouissement ; il n'avait pas une seule fleur.

Afin de soumettre avant l'hiver une autre espèce végétale aux mêmes influences, on mit fin, le 7 août au soir, à cette expérience, qui avait duré quatre mois et quelques jours. Les plants de tabac, débarrassés avec grand soin de la terre adhérente aux racines, ont été mesurés et pesés exactement ; on les a ensuite desséchés avec précaution et l'on a procédé à la détermination des taux de substance sèche, d'azote et cendres. Voici les résultats obtenus :

		Tabac			
		hors cage.		sous cage.	
Hauteur totale		$1^{m},05$		$0^{m},69$	
Nombre des feuilles		14		10	
Poids des feuilles fraîches		107^{gr}		70^{gr}	
Poids moyen d'une feuille		7,64		7	
Poids des tiges et des racines		106		70	
Poids total de la récolte		273		140	
Poids de la substance sèche	feuilles	13	30^{gr}	8,5	$17^{gr},5$
	tiges et racines	17		9,0	
Taux p. 100 de la substance sèche		10,99		12,5	
Azote total p. 100 de substance sèche		1,21		1,21	
Taux de cendres p. 100 de la substance sèche		10,34		13,83	

L'analyse immédiate des deux tabacs a donné les résultats consignés dans le tableau suivant :

	COMPOSITION IMMÉDIATE DE LA RÉCOLTE			
	hors cage.		sous cage.	
	Trouvée.	En cent.	Trouvée.	En cent.
	Gr.		Gr.	
Eau	243,000	89,01	122,500	87,50
Matières azotées. . . .	2,269	0,83	1,325	0,94
Mat. hydrocarbonées .	24,629	9,02	13,755	9,92
Cendres (mat. min.) . .	3,102	1,14	2,420	1,74
	273,000	100,00	140,000	100,00

La plante soustraite à l'électricité a pris, on le voit, un développement bien inférieur à celui de la plante exposée à l'air pourvu de son électricité. Elle a produit, comparée à cette dernière, les taux centésimaux suivants :

	Pour 100.
Matière vivante totale.	51,28
Matière azotée.	58,39
Substance hydrocarbonée (cellulose, amidon, etc.).	55,85
Cendres.	78,02

Je reviendrai plus loin sur ces variations.

Deuxième expérience (maïs caragua). — Le 8 août 1877, on remplace les tabacs par deux pieds de maïs provenant de graines semées, dans le même sol, le 20 juillet. Ces plants sont de tous points comparables ; ils mesurent $0^{m},18$ de hauteur et pèsent chacun $2^{gr},8$. Le 10 août, on place la cage métallique sur la caisse A et on laisse libre la caisse B. Ce changement de place de la cage métallique avait pour objet de s'assurer que quelque condition inconnue n'avait pas troublé, dans la première expérience, le phénomène attribué à l'absence d'électricité. Le 13 août, la reprise des maïs est parfaite. Le 21 du même mois, la différence dans le développement des deux maïs est déjà très-sensible et de même sens que celle observée chez les tabacs, le plant soustrait à l'influence électrique s'accroissant beaucoup moins que le plant à l'air libre.

Le sol des deux caisses n'ayant reçu aucune fumure avant la récolte de tabac, il me parut utile d'en accroître la fertilité, afin de voir si l'augmentation de la teneur du sol en azote, potasse et acide phosphorique assimilables, diminuerait les différences observées dans l'expérience précédente et dues exclusivement à l'état électrique de l'atmosphère ambiante.

Le 23 et le 24 août, on arrose très-également chacun des deux pieds de maïs (en trois fois) avec deux litres de solution nutritive possédant la composition suivante :

Nitrate de chaux pur	1gr
Phosphate de potasse pur	0,250
Nitrate de potasse pur	0,250
Sulfate d'ammoniaque pur	0,250
Eau, jusqu'à	1000cc

Du 24 août au 8 octobre, les deux caisses ont été arrosées à cinq reprises chacune avec 1,200 centimètres cubes d'eau distillée. Le 8 octobre, les menaces de gelée m'engagent à mettre fin à l'expérience, qui n'a duré que deux mois. La différence apparente entre les deux récoltes porte sur le développement du diamètre de la tige et des feuilles, plus que sur les hauteurs des plants.

Les pieds de maïs, arrachés, pesés et mesurés avec les mêmes soins que les plants de tabac, sont desséchés et analysés; ils donnent les résultats suivants :

	MAÏS	
	hors cage.	sous cage.
Hauteur totale	$1^m,10$	$0^m,98$
Nombre des feuilles	7	7
Poids des pieds, feuilles et tiges	86gr	50gr
Circonférence de la tige à $0^m,10$ du collet de la racine.	$5^c,3$	$4^c,1$

	TABACS	
	hors cage.	sous cage.
Poids de la récolte sèche	7gr,922	5gr,428
Taux pour 100 de la substance sèche	9,21	10,86
Azote pour 100 de la substance sèche	2,19	1,985
Cendres pour 100 de la substance sèche	14,419	19,575

	COMPOSITION IMMÉDIATE DE LA RÉCOLTE			
	hors cage.		sous cage.	
	Trouvée.	En cent.	Trouvée.	En cent.
	Gr.		Gr.	
Eau	78,078	90,78	44,572	89,14
Matières azotées	1,084	1,26	0,673	1,35
Matières hydrocarbonées	5,696	6,63	3,693	7,39
Cendres	1,142	1,33	1,062	2,12
	86,000	100,00	50,000	100,00

La plante soustraite à l'action de l'électricité atmosphérique a fourni, comparée à l'autre, les taux centésimaux suivants :

	Pour 100.
Matière vivante totale	58,14
Matières azotées	62,08
Substances hydrocarbonées	64,45
Matières minérales	92,99

Malgré l'addition de fumure dans les deux sols, l'écart entre la végétation des deux plants s'est maintenu considérable ; c'est d'autant plus frappant, que l'expérience n'a duré que deux mois, et qu'on y a mis fin bien avant que les maïs aient fabriqué toutes les réserves destinées à la floraison et à la fructification.

Troisième expérience (blé de Chiddam). — Le 6 novembre 1877, après avoir bien labouré les deux caisses, on y a semé du blé de Chiddam. La levée s'est faite régulièrement dans les deux caisses, et les plantes se sont comportées sensiblement de la même manière, de novembre à fin mars. Le 1er avril 1878, les blés des deux caisses ne présentaient pas, à l'œil, de différences marquées sous le rapport de la hauteur et de la vigueur. On change de nouveau la cage de place et on la reporte sur la caisse B.

Le 25 mai, les tiges de blé mesurent, dans les deux caisses, $0^m,38$ à $0^m,40$ de hauteur, mais le volume apparent des tiges est très-différent ; le blé croissant à l'air libre a plus de corps, et les tiges du blé sous cage sont restées grêles. On coupe dans chaque caisse six tiges de blé au rez du sol, en choisissant autant que possible les tiges qui représentent la croissance moyenne de la récolte de chaque caisse. On prend exactement le poids de ces six tiges ; voici les résultats des pesées :

	Gr.	
Poids des six tiges hors cage	6,570	
— sous cage	4,950	
Différence en faveur des tiges à l'air libre.	1,620	(30,5 pour 100)

Ainsi en moins de deux mois, du 1er avril au 25 mai, le blé soustrait à l'influence de l'électricité a produit 75,34 pour 100 seulement du poids de la récolte venue à l'air libre, bien que la faible hauteur des plants ($0^m,40$ au maximum) doive correspondre à des différences de tension électrique bien minimes.

Un accident a empêché de poursuivre, jusqu'à l'époque de la maturité, les deux expériences comparatives[1]. Le blé sous cage est demeuré grêle et rabougri ; il a fleuri difficilement, plusieurs fleurs ont avorté, la récolte en grains a été peu abondante. Il serait superflu d'entrer ici dans des détails sur les données numériques de cette expérience, le terme de comparaison (récolte à l'air libre) ayant fait défaut.

99. — Isolement de la végétation par les arbres. — Les expériences précédentes m'ont paru assez concluantes pour m'autoriser à attribuer à l'électricité atmosphérique une influence prépondérante sur les phénomènes intimes de la nutrition chez les végétaux, et, dès le mois de juillet 1878, je communiquai à l'Académie des sciences les résultats que je viens de rapporter[2].

Ne pouvant douter que les arbres élevés exercent sur la végétation placée dans leur voisinage une action analogue, sinon identique, à celle de la cage de Faraday, je m'expliquai dès lors, beaucoup mieux qu'auparavant, l'action enrayante du couvert des forêts et celle des grands arbres sur la végétation sous-jacente. Bien que cette action me parût hors de doute, considérant, avec M. Thomson, comme absolument nulle la tension électrique sur le sol d'une forêt, je crus utile de faire une expérience directe et de constater l'absence d'électricité sous les arbres de diverses tailles.

Le 2 août 1878, dans un vaste jardin situé dans un faubourg de Nancy et consacré en grande partie à la culture potagère, j'installai, à 10 heures du matin, un électromètre de Thomson, construit par la maison Ruhmkorff, sur les indications de M. E. Mascart. Sous un arbre de 9 mètres de hauteur environ (catalpa), dont le périmètre foliacé mesure 6 à 7 mètres de diamètre, je disposai l'électromètre et ses accessoires. A 5 mètres de l'appareil, était placée une lunette à tige munie d'une règle horizontale de $0^{m},50$ de longueur, divisée en cinquante parties égales.

L'image de cette règle, reflétée par le miroir de l'électromètre, était suffisamment amplifiée par la lunette pour que l'œil pût apprécier très-aisément la plus légère déviation du miroir.

1. Un chien a mangé, le matin du 2 juin 1878, l'extrémité des pousses des tiges de blé à l'air libre.

2. Comptes rendus de l'Académie des sciences, séance du 8 juillet 1878.

L'appareil communiquait par des fils conducteurs avec un vase complétement isolé (dispositif E. Mascart) dont on réglait à volonté l'écoulement et le niveau au-dessus du sol. J'ai fait successivement six expériences, dont voici le résumé et les résultats.

Première expérience. — On dispose le vase à écoulement au milieu d'une planche de choux située à 10 mètres environ de l'arbre sous lequel est installé l'électromètre. On place l'orifice du tube sur le sol même, et l'on donne issue à l'eau. L'électromètre n'accuse pas la moindre déviation du miroir. On élève alors le tube d'écoulement à $0^m,10$ au-dessus du sol ; le miroir subit une légère déviation correspondant à une tension appréciable, mais très-faible, étant donnée l'extrême sensibilité de l'appareil. Enfin on élève le vase à $0^m,90$ au-dessus du sol et l'on ouvre le robinet ; il se produit instantanément une déviation très-rapide du miroir, qui dépasse en quelques secondes le zéro de la règle.

En résumé : à l'air libre, au niveau du sol, tension nulle ; à $0^m,10$, tension très-faible, mais appréciable ; à $0^m,90$, tension relativement considérable.

Deuxième expérience. — On transporte le vase collecteur près du tronc de l'arbre, dans l'espace recouvert par les branches feuillées du catalpa ; aux différentes hauteurs comprises entre le sol et la naissance des branches, on n'observe aucune déviation dans le miroir lors de l'écoulement du liquide ; la tension électrique de l'atmosphère est donc nulle sous le catalpa.

Troisième expérience. — Le vase est porté successivement dans diverses régions du périmètre de projection de l'arbre, à une hauteur de $0^m,90$ au-dessus du sol ; nulle part il ne se manifeste la moindre déviation du miroir ; placé successivement à 1 mètre, $1^m,50$ et 2 mètres du périmètre de l'arbre, à l'air libre, le vase collecteur ne transmet aucun courant à l'électromètre.

Quatrième et cinquième expériences. — On porte ensuite le vase à écoulement sous un massif de lilas situé à quelque distance d'un pin sylvestre de 12 à 15 mètres de hauteur, puis sous un berceau de vigne vierge mesurant 4 mètres environ de hauteur : déviation du miroir absolument nulle dans les deux cas.

Sixième expérience. — Enfin, on répète, vers midi, la première expérience faite deux heures auparavant en ramenant le vase collecteur dans la planche de choux; on obtient le même résultat que le matin : déviation du miroir très-rapide, allant bien au delà de l'extrémité de la règle graduée. Le 2 août, l'électricité atmosphérique a été constamment positive.

De l'ensemble de ces expériences résulte la démonstration d'un certain nombre de faits connus ou prévus, mais qu'il était utile pour moi de vérifier expérimentalement :

1° Les grands arbres, les massifs de verdure, une cage en bois recouverte de plantes vivantes, fonctionnent, à l'égard de la végétation qu'ils dominent, absolument comme une cage métallique; ils soutirent l'électricité atmosphérique et soustraient complétement à son action les objets situés entre eux et le sol ;

2° Le périmètre de protection, contre l'influence électrique, d'un arbre de grande taille s'étend au delà de la surface comprise dans la projection verticale de la région foliacée; l'influence exercée à quelque distance sur la végétation environnante par le voisinage des grands arbres s'explique donc parfaitement (cas des peupliers qui bordent les routes, arbres des vignes, lisière des forêts, clairières des forêts, etc.);

3° Il est possible d'éliminer l'influence de l'électricité atmosphérique sur une plante, dans l'ordre de recherches qui m'occupe, en plaçant cette plante dans le voisinage d'un arbre élevé. Si ce dernier est dépourvu de branches jusqu'à une certaine hauteur, il laissera arriver la lumière directe, la chaleur solaire, la pluie, etc., jusqu'à la plante, qu'il isolera de l'influence de l'électricité atmosphérique, comme la cage dont je me suis servi dans mes essais de culture de 1877.

J'arrive maintenant aux expériences faites en 1878, à la station de Nancy, et à celles que mon ami et ancien collaborateur M. A. Leclerc, directeur du laboratoire de la Société des agriculteurs de France, a bien voulu instituer à Mettray pour servir de contrôle aux miennes.

100. — Expériences sous cage et sous marronnier (1878). — Les expériences installées dans le jardin de la Station agronomique de l'Est pendant l'été de l'année 1878 ont eu pour but principal, outre la vérification des essais de 1877, d'étudier l'influence de l'électricité atmosphérique sur la floraison et sur la fructification des végétaux. Les plantes soumises à l'expérimentation ont été, comme l'année précédente, le tabac et le maïs géant. J'ai choisi, à dessein, deux espèces très-éloignées l'une de l'autre par leur structure, par leurs exigences en matières minérales et par leur richesse très-inégale en azote, afin de pouvoir généraliser les résultats obtenus et les étendre, s'ils étaient concordants, aux végétaux les plus divers.

J'ai en outre institué des essais sur les arbres (feuillus et résineux), dont je ne pourrai publier les résultats que dans quelques années, à raison de la lente croissance des essences forestières.

M. Leclerc a, comme moi, expérimenté à Mettray, sous le climat de la Touraine, si différent de celui de la Lorraine, sur le maïs caragua. La parfaite concordance des résultats des quatre séries d'expériences que je vais décrire, la confirmation complète qu'elles m'ont apportée des expériences de 1877 ne me semblent laisser aucun doute sur l'importance des phénomènes que j'ai signalés le premier à l'attention des physiologistes.

101. — Tabac sous cage dans les cases de végétation. — J'ai installé, il y a dix ans, dans le jardin de la station, des cases étanches, de 1 mètre en tous les sens, à parois d'ardoise et contenant chacune 1 mètre cube de terre. Ces cases sont drainées ; elles sont, de plus, munies de thermomètres placés à $0^m,25$, à $0^m,50$ et à $0^m,75$ au-dessous du niveau supérieur du sol, et se prêtent parfaitement, par leurs dispositions générales, aux recherches physiologiques sur les végétaux. (Voir le plan de ces cases à la fin du volume.)

L'une de ces cases a été affectée, en 1878, aux recherches sur l'influence de l'électricité. Le sol silicéo-calcaire de la case, analysé avant la plantation, présentait la teneur suivante en principes nutritifs ; il renfermait pour 100 grammes de terre :

	Gr.
Chaux	3,44
Acide phosphorique	0,17
Potasse	0,21
Azote organique	0,143210
Azote ammoniacal	0,000397
Azote nitrique	0,004786[1]

1. C'est le sol de cette case qui a servi aux essais de nitrification exposés plus loin.

Le 15 mars 1878, on a planté dans cette case deux pieds de tabac provenant de la même couche, ayant même taille, même poids et même vigueur; dès que la reprise a été assurée, on a recouvert l'un des plants de la cage métallique représentée par la figure 13. Cette cage, formée d'un treillis de fil de fer mince, à mailles de $0^m,10$ sur $0^m,10$, mesure $1^m,60$ de hauteur et $0^m,50$ dans les deux

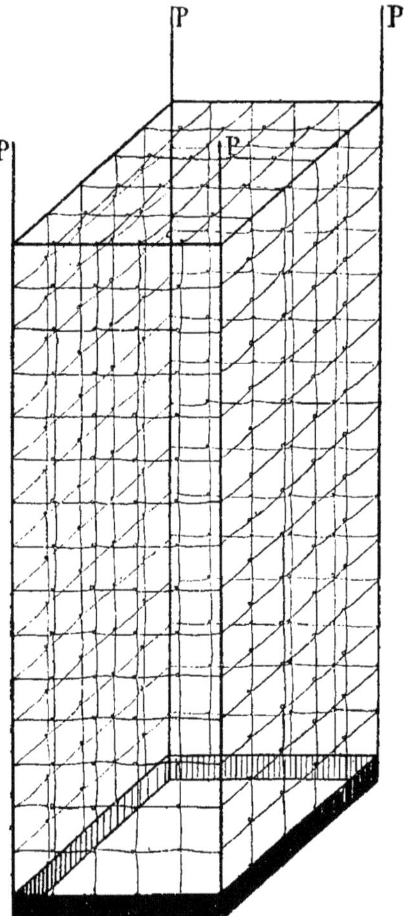

Fig. 13. — Cage isolante.

autres dimensions; elle est terminée, à sa partie supérieure, par quatre gros fils de fer de $0^m,002$ d'épaisseur, dépassant la partie supérieure de la cage d'environ $0^m,25$.

La végétation a parcouru successivement ses diverses phases, la plante sous cage se développant moins que l'autre; la floraison a surtout présenté un grand retard chez ce tabac. Le 23 août, jour de l'arrachage des deux plants, presque toutes les fleurs du tabac à l'air libre étaient épanouies; celles de l'autre pied, beaucoup moins nombreuses, étaient pour la plupart encore en boutons.

La récolte a été pesée, mesurée et analysée comme celle de l'année précédente. Voici les résultats généraux de cet essai :

	TABACS	
	hors cage.	sous cage.
Hauteur totale de la plante	$1^m,87$	$1^m,42$
Nombre des grandes feuilles	14	13
— des petites feuilles	6	6

	TABACS	
	hors cage.	sous cage.
Poids des grandes feuilles	$410^{gr},0$	$230^{gr},0$
Poids moyen d'une grande feuille	30 ,2	25 ,6
Poids des petites feuilles	70 ,0	70 ,0
Poids moyen d'une petite feuille	11 ,7	11 ,7
Diamètre de la tige à $0^m,50$ de la racine	$2^c,5$	$2^c,0$
Poids de la tige et des racines[1]	$670^{gr},0$	$560^{gr},0$
Nombre de fleurs	86	45
Poids total de la récolte fraîche	$1,150^{gr},0$	$860^{gr},0$
Poids total de la récolte séchée à 110°	129 ,47	160 ,89

Taux de la substance sèche et des cendres.

Taux pour 100 de la substance sèche	11,25	12,43
Taux pour 100 des cendres. — Tiges et côtes sèches	20,49	22,54
Taux pour 100 des cendres. — Feuilles	22,88	22,97

Taux d'azote et de nicotine.

	Pour 100.	Pour 100.
Taux de nicotine des feuilles sèches	0,57	0,47
Azote pour 100 de la substance sèche	4,22	2,85
Azote total de la substance sèche	$5^{gr},464$	$4^{gr},115$

De l'ensemble de ces chiffres on peut déduire la composition immédiate des deux plants récoltés hors cage et sous cage ; la voici :

1. Les racines étaient également bien développées dans les deux plants et pesaient environ 40 grammes.

Composition des tabacs (1878).

	Hors cage.	Sous cage.
	Gr.	Gr.
Eau	1,020,35	753,11
Matière sèche	129,47	106,89
Récolte totale	1,150,00	860,00
Azote (substance sèche)	5gr,464	4gr,115
Matière azotée correspondante	34,150	25,719
Nicotine pour 100	0,57	0,47
Poids total des cendres	26gr,52	24gr,076

	Composition immédiate			
	trouvée.	en cent.	trouvée.	en cent.
	Gr.		Gr.	
Eau	1,020,53	88,74	753,11	87,57
Matières azotées	34,15	2,47	25,72	2,99
Matières hydrocarbonées	68,80	5,93	57,09	6,94
Cendres	26,52	2,31	24,08	2,80
	1,150,00	100,00	860,00	100,00
Nombre de fleurs		89	45	

Le pied de tabac soustrait à l'influence de l'électricité atmosphérique a donc produit, comparé à la récolte fournie par le pied à l'air libre, les taux centésimaux suivants :

	Hors cage.	Sous cage.
Matière fraîche totale	100	73,93
Feuilles	100	62,50
Tiges et racines	100	83,58
Matières azotées	100	75,31
Matières hydrocarbonées	100	82,97
Cendres	100	90,80
Proportion des fleurs	100	50,56

La durée de cette expérience a été de cinq mois et huit jours.

102. Maïs sous cage dans les cases de végétation.— Côte à côte avec les tabacs, on avait planté, le 15 mars, deux pieds de maïs géant provenant du même semis, d'égale venue et pesant chacun un peu moins de 3 grammes. Après la reprise, l'un d'eux a été recouvert d'une cage métallique de tous points identique à celle du tabac (*fig.* 13). Les conditions de sol et de culture ont donc été, pour les deux maïs les mêmes que celles des tabacs dont il vient d'être question.

La récolte a eu lieu le 9 septembre 1878, un peu avant la floraison du maïs hors cage. La fleur du maïs sous cage, beaucoup moins développée que l'autre, était encore complétement enfermée dans le cornet terminal.

Voici les résultats des mensurations et des pesées des deux récoltes :

	MAÏS	
	hors cage.	sous cage.
Longueur du pied	$1^m,85$	$1^m,65$
Circonférence moyenne	$0^m,09$	$0^m,065$
Poids des feuilles	217^{gr}	132^{gr}
Poids de la tige (spathe compris)	572^{gr}	413^{gr}
Poids de l'épillet	25^{gr}	12^{gr}
Nombre de feuilles	12	12
Longueur de la plus grande feuille	$1^m,20$	$1^m,10$
Longueur de l'épillet	$0^m,25$	$0^m,12$
Poids total de la récolte	789^{gr}	545^{gr}
Poids total de la substance sèche	95^{gr}	$65^{gr},13$
Taux de substance sèche.	Pour 100.	Pour 100.
Feuilles	21	22
Tiges	8,1	8,36
Taux des cendres.	Pour 100.	Pour 100.
Feuilles	8,11	10,41
Tiges	7,65	10,20
Taux d'azote.	Pour 100.	Pour 100.
Feuilles	2,963	2,765
Tiges	2,07	1,48

De l'ensemble de ces données, on déduit les nombres suivants pour la composition immédiate des deux maïs :

	HORS CAGE.		SOUS CAGE.	
	Trouvée.	En cent.	Trouvée.	En cent.
	Gr.		Gr.	
Eau	693,470	87,89	479,870	88,05
Matières azotées	15,219	1,93	8,562	1,57
Matières hydrocarbonées	72,768	9,22	49,859	9,15
Cendres	7,543	0,96	6,709	1,23
	789,000	100,00	545,000	100,00

Le plant de maïs soustrait à l'influence de l'électricité atmosphérique a produit, comparé au maïs végétant à l'air libre, les taux centésimaux suivants :

	Hors cage.	Sous cage.
Matière fraîche totale	100	60,07
Feuilles	100	60,80
Tiges et racines	100	72,20
Fleurs	100	48,00
Matières azotées	100	56,26
Matières hydrocarbonées	100	68,71
Cendres	100	88,94

La durée de cette expérience a été de cinq mois et vingt-cinq jours. Je ferai remarquer que la différence des résultats obtenus sous cage et hors cage dans les deux séries d'essais (tabac et maïs) que je viens de rapporter est plutôt un minimum qu'un maximum. En effet, il serait possible que le voisinage immédiat des cages eût diminué l'influence de l'électricité atmosphérique sur les plantes élevées comparativement hors cage. Je me propose d'entreprendre une série spéciale d'essais pour déterminer directement s'il y a ou non protection des objets environnants par une cage isolante à parois verticales.

103. — Tabacs sous marronnier. — L'absence totale de tension électrique de l'air, constatée sous les arbres par les essais du 2 août, m'a conduit à démontrer expérimentalement qu'un arbre isole aussi complètement la végétation sous-jacente qu'une case métallique. Je n'avais pas attendu ce résultat prévu pour instituer des expériences comparatives sur les végétaux. Le 3 avril 1878, c'est-à-dire quinze jours après le commencement des essais dans la case de végétation, sur le tabac et sur le maïs, je plaçai dans trois pots en terre cuite, contenant 15 à 16 kilogrammes de terre de jardin[1], trois plants de tabac provenant de la même couche que les précédents et tout à fait comparables sous le rapport du poids, de la vigueur et du développement (quatre feuilles primordiales). La reprise était complète le 22 du même mois. On porta ces trois pots dans la partie la mieux

1. Quantité de terre trop petite : ainsi peut s'expliquer la faiblesse du poids de toutes les récoltes.

aérée et la plus éclairée du jardin, et on les plaça de façon qu'ils reçussent le soleil depuis le matin jusqu'au soir. L'un d'eux (n° 1) resta à l'air libre sans abri ; le second (n° 2) fut déposé à 1 mètre environ du premier et recouvert d'une cage semblable à celle décrite précédemment (*fig.* 13) ; enfin le troisième fut installé au pied d'un jeune marronnier très-peu feuillu, d'une hauteur de fût de 5 mètres environ, n'empêchant ni la lumière directe du soleil, ni l'air, ni la pluie, d'arriver au jeune plant.

Pendant les premiers temps, les différences notées périodiquement dans le développement des trois plants étaient peu sensibles ; elles s'accentuèrent rapidement lorsque les tabacs eurent acquis 0^m,60 à 0^m,70 de hauteur. C'est dans la période qui a précédé immédiatement, pour chacun des plants à des époques différentes, la formation et l'épanouissement des organes floraux, que l'élongation des tiges donna lieu aux accroissements les plus rapides, comme le montre le tableau suivant, extrait du registre d'observation :

Hauteur des plants à diverses époques et nombre des fleurs.

	Hors cage.	Sous cage.	Sous marronnier.
20 août 1878 . .	1^m,12 (1 fleur).	0^m,78 (pas de fleur).	0^m,88 (pas de fleur).
27 août.	1 ,20 (12 fleurs).	0 ,95 (1 bouton).	1 ,05 (1 bouton).
31 août.	1 ,20 (32 fleurs).	1 ,10 (1 fleur).	1 ,15 (1 fleur).
7 septembre . .	1 ,30 (48 fleurs ou boutons).	1 ,25 (28 fleurs ou boutons).	1 ,30 (29 fleurs ou boutons).

Le 25 septembre, la plupart des capsules sont bien formées, mais les feuilles commencent à se dessécher, et, la température extérieure devenant assez froide, les trois plants sont portés dans la salle de végétation de la station, ou la maturation s'achève à l'abri de l'influence de l'électricité, pour tous les trois.

Dans le commencement d'octobre, les capsules sont mûres ; elles ont pris la teinte brunâtre caractéristique, les plants sont presque entièrement desséchés ; on détache avec soin les capsules mûres des trois plants.

Le tabac hors cage donne	41	capsules mûres.
— sous cage donne	20	—
— sous marronnier donne.	20	—

On brise les capsules, on réunit la semence obtenue dans chaque récolte et on la pèse ; on obtient ainsi les poids ci-dessous :

	Hors cage.	Sous cage.	Sous marronnier.
	—	—	—
Graine	4gr,020	2gr,860	2gr,0510

Ces graines seront semées l'an prochain.

On procède ensuite à la pesée et à l'analyse des trois récoltes, ce qui donne les résultats suivants :

	TABACS		
	hors cage.	sous cage.	sous marronnier.
	—	—	—
	Gr.	Gr.	Gr.
Eau	385,93	276,67	248,99
Tiges sèches	25,50	25,50	21,50
Feuilles sèches	15,50	9,00	9,50
Graines	4,02	2,86	2,51
Capsules vides	3,90	1,34	1,80
	434,85	315,87	284,30

J'ai dosé l'azote dans la matière sèche des tiges, des feuilles et des graines. Voici les taux constatés dans les trois tabacs :

Azote pour 100 de substance sèche :

	TABACS		
	hors cage.	sous cage.	sous marronnier.
	—	—	—
	Gr.	Gr.	Gr.
Feuilles	1,45	1,62	1,62
Tiges	0,69	0,77	0,77
Graines	3,574	3,404	3,44

Quantités totales d'azote assimilé :

	TABACS		
	hors cage.	sous cage.	sous marronnier.
	—	—	—
	Gr.	Gr.	Gr.
Feuilles	0,281	0,176	0,183
Tiges	0,170	0,196	0,165
Graines	0.144	0,097	0,085
	0,601	0,469	0,433

Les feuilles et les tiges sèches, incinérées isolément, ont donné les taux pour 100 suivants de cendres :

	Hors cage.	Sous cage.	Sous marronnier.
	—	—	—
Tiges	7gr,70	8gr,20	8gr,34
Feuilles	19 ,70	18 ,36	18 ,58

La composition immédiate des trois récoltes, déterminée par le rapprochement des nombres ci-dessus, est la suivante :

	TABACS					
	HORS CAGE.		SOUS CAGE.		SOUS MARRONNIER.	
	Trouvée.	En cent.	Trouvée.	En cent.	Trouvée.	En cent.
	Gr.		Gr.		Gr.	
Eau	385,930	88,750	276,670	87,590	248,990	87,580
Matières azotées	3,756	0,863	2,931	0,928	2,706	0,952
Matières hydro-carbonées.	39,261	9,029	32,102	10,163	28,637	10,073
Cendres	5,903	1,358	4,167	1,319	3,967	1,395
Totaux.	434,850	100,000	315,870	100,000	284,300	100,000

Le fait qui frappe tout d'abord dans la comparaison de ces nombres, c'est l'action identique exercée sur les plantes par la cage métallique et par l'arbre.

Le tabac placé sous le marronnier a été tout aussi complétement soustrait à l'action électrique de l'air que le plant mis sous cage métallique.

L'influence sur la fructification est des plus nettes aussi : dans les deux cas, diminution de moitié dans le nombre des capsules, et réduction de 25 à 30 p. 100 dans le poids des graines.

De plus, le taux d'azote des graines est un peu plus faible pour les tabacs soustraits à l'électricité atmosphérique, ce qui m'a paru tenir à la présence de graines avortées dans les deux récoltes *sous cage* et *sous marronnier*.

Les plants de tabacs soustraits à l'influence de l'électricité atmosphérique ont produit, comparativement avec le plant à l'air libre, les taux centésimaux suivants :

	Hors cage.	Sous cage.	Sous marronnier.
	Gr.	Gr.	Gr.
Matière fraîche totale	100	72,64	65,38
Feuilles	100	56,60	59,75
Tiges	100	100,00	86,00
Nombre de capsules.	100	48,78	48,78
Graines.	100	71,15	62,44
Matières azotées	100	78,03	72,04
Matières hydrocarbonées.	100	81,74	72,94
Cendres	100	70,59	67,20

Ces essais, commencés le 3 avril 1878 et terminés le 15 octobre, ont duré un peu plus de six mois.

Je vais exposer maintenant les expériences que M. A. Leclerc a bien voulu faire à Mettray pour contrôler mes essais, puis je reviendrai sur l'ensemble des expériences pour en rapprocher les résultats et en tirer quelques conclusions qui me paraissent intéresser à la fois la physiologie, la physique générale et l'agriculture.

Je laisse également de côté, pour l'instant, l'analyse des cendres des végétaux hors cage et sous cage ; je consacrerai à leur examen un paragraphe spécial, après avoir décrit les essais de Mettray.

104. — Expériences de Mettray. — M. A. Leclerc a adopté, pour cet essai, des dispositions générales qui, ne s'écartant de celles que j'ai décrites précédemment sur aucun point important, rendent les résultats obtenus à Mettray tout à fait comparables avec ceux qu'ont fournis les expériences de la Station agronomique de l'Est.

Deux caisses en tôle, étanches, d'une surface de 1 mètre carré et d'une profondeur de $0^m,25$, sont, le 21 mai 1878, enfouies dans le sol, afin d'éviter les variations de température dues aux parois métalliques. On verse, dans chacune d'elles, 258 kilogrammes de terre homogène passée au tamis de 1 millimètre. Cette terre, analysée au commencement de l'expérience, présentait la composition centésimale suivante :

	Gr.
Silice soluble	0,135
Oxyde de fer et alumine	3,586
Chaux	0,739
Magnésie	0,060
Soude	0,042
Potasse	0,132
Acide sulfurique	0,151
Chlore	Traces.
Acide phosphorique	0,108
Azote total	0,128
Sable et matières non dosées	94,919
	100,000

L'azote existe sous les trois états dans le sol et s'y trouve dans les proportions suivantes, pour 100 grammes de terre :

	Gr.
Azote organique	0,122304
Azote ammoniacal	0,000420
Azote nitrique	0,005559
Azote total	0,128283

Après avoir arrosé le sol des deux caisses avec de l'eau distillée, on plante dans chaque caisse, sur sept rangs, 49 grains de maïs caragua préalablement germés hors des caisses.

Lorsque les maïs repris mesuraient de $0^m,08$ à $0^m,10$ de hauteur, on a recouvert l'une des caisses d'une cage de $2^m,50$ de hauteur, formée d'un treillis de fil de fer fin à mailles de $0^m,08$ de largeur. La partie inférieure de cette cage communiquait avec les parois de la caisse et avec le sol, comme dans les essais de Nancy en 1877 (voir p. 300, *fig.* 12). L'autre caisse est restée découverte.

42 maïs se sont développés dans la cage à l'air libre.

40 seulement dans celle qui était surmontée de la cage.

La végétation suivit régulièrement son cours dans les deux caisses, quoique beaucoup moins développée sous cage qu'à l'air libre.

Le 21 septembre, c'est-à-dire après quatre mois, on mit fin à l'expérience; les maïs furent arrachés avec soin, mesurés, pesés et analysés.

Pendant le cours de l'essai, M. Leclerc avait tenu note de la marche de la floraison.

Voici d'abord les résultats généraux de cette expérience :

	Hors cage.	Sous cage.
Tiges ou pieds n'ayant pas produit de fleur mâle.	5	14
Tiges ayant produit la fleur mâle.	37	26
Tiges ayant produit un épi femelle apparent	4	2
Hauteur du pied le plus grand.	$2^m,47$	$2^m,23$
Hauteur moyenne d'un pied.	1 ,69	1 ,51
Hauteur du pied le plus petit	1 ,33	0 ,20
Diamètre maximum du pied à la base	25 et 27 mill.	21 millimètres.
Diamètre minimum du pied à la base	14 millimètres.	7 millimètres.
Poids total des feuilles et tiges.	$11^k,578$	$8^k,521$

	Hors cage.	Sous cage.
Substances sèches, feuilles et tiges	$2^k,642$	$1^k,839$
— racines.	$531^{gr},2$	$391^{gr},2$
Azote total de la récolte	$25^{gr},984$	$21^{gr},682$
Taux pour 100 d'azote.	0,98	1,18
Cendres de la récolte (feuilles et tiges).	$213^{gr},3$	$168^{gr},1$
Taux pour 100 de substance sèche	22,82	21,58
Taux pour 100 de cendres	8,07	9,14

Calculée d'après ces données, la composition immédiate des récoltes est la suivante :

	HORS CAGE.		SOUS CAGE.	
	Trouvée.	En cent.	Trouvée.	En cent.
	Kilogr.		Kilogr.	
Eau	8,936	77,18	6,682	78,41
Matières azotées	0,162	1,40	0,135	1,59
Matières hydrocarbonées	2,267	19,58	1,536	18,03
Cendres	0,213	1,84	0,168	1,97
	11,578	100,00	8,521	100,00

Les produits récoltés *hors cage* étant pris pour unité, la plante *sous cage* a donné les rendements centésimaux suivants :

	Hors cage.	Sous cage.
Matière fraîche totale (feuilles et tiges)	100	73,59
Racines	100	73,63
Fleurs	100	68,29
Matières azotées	100	88,33
Matières hydrocarbonées	100	67,75
Cendres	100	78,87

Il n'est pas sans intérêt de comparer la valeur nutritive des deux maïs ; l'analyse immédiate que M. Leclerc a faite des tiges sèches permet cette comparaison :

	Hors cage.	Sous cage.
Cellulose	17,407	23,78
Matières grasses	1,950	1,99
Matières azotées	6,059	7,2732
Amidon	66,514	57,848
Cendres	8,070	9,140
	100,000	100,000
Rapport nutritif	$\frac{1}{11,29}$	$\frac{1}{8,22}$

Les taux des divers principes immédiats élaborés par la plante dans les deux cas sont dans les rapports suivants :

	Hors cage.	Sous cage.
Cellulose	100	136,62
Matières grasses	100	102,05
Matières azotées	100	120,02
Amidon, sucre, etc	100	86,82

La plante sous cage a donc élaboré, toutes proportions gardées, plus de cellulose, de matières grasses et de matières azotées que la plante à l'air libre, et moins d'amidon ou de sucre que cette dernière. Mais, si l'on compare entre elles les sommes des matières hydrocarbonées produites (cellulose+graisse+amidon), le total des matières hydrocarbonées fabriquées par les deux plantes est plus élevé dans le maïs à l'air libre que dans le maïs sous cage, dans le rapport de 100 à 97,34, soit de 3 p. 100 environ. Je reviendrai plus tard sur ces relations.

105. — Récapitulation des essais de culture de Nancy et de Mettray. — Avant d'examiner l'influence exercée par l'électricité atmosphérique sur la composition élémentaire des récoltes et sur la répartition des principes minéraux dans les cendres qu'elles ont fournies, je crois utile de rappeler, sous une forme synthétique, les résultats obtenus, en 1877 et en 1878, dans les expériences que je viens de décrire.

Trois essais ont porté sur le tabac, trois sur le maïs caragua, un sur le blé. Je négligerai ce dernier, qui est resté incomplet par suite d'un accident, pour ne m'occuper que des deux premières séries d'expériences.

Les taux moyens de substance sèche, d'azote et de cendres des trois essais de culture de tabac sont les suivants :

	Hors cage.	Sous cage.	Différence.
Taux moyen de substance sèche.	11,16	12,44	— 1,28
Taux moyen d'azote pour 100 de substance sèche. .	2,29	2,23	+ 0,06
Taux moyen de cendres pour 100 de substance sèche.	12,84	14,90	— 2,14

Pour les trois essais sur le maïs, voici les taux moyens obtenus :

	Hors cage.	Sous cage.	Différence.
Taux moyen de substance sèche. . .	14,72	14,80	— 0,08
Taux moyen d'azote.	2,05	1,98	+ 0,07
Taux moyen de cendres.	10,12	13,01	— 2,89

Enfin, la moyenne calculée d'après les résultats des six analyses (tabac et maïs réunis) donne :

	Hors cage.	Sous cage.	Différence.
Taux moyen de substance sèche. . .	12,94	13,62	— 0,68
Taux moyen d'azote.	2,17	2,11	+ 0,06
Taux moyen de cendres	11,48	13,95	— 2,47

Si maintenant on fait la somme des produits azotés, hydrocarbonés et des minéraux enlevés au sol par les deux séries de récoltes, on trouve, pour la production totale, les nombres suivants :

	Hors cage.	Sous cage.	Rapport des produits sous cage aux produits hors cage.
	Gr.	Gr.	Pour 100.
Matières azotées	218,5	174,2	79,72
Matières hydrocarbonées. . . .	2479,0	1692,0	68,25
Matières minérales.	257,0	210,4	81,87
Substance sèche totale . . .	2954,5	2076,6	70,29
Eau.	11356,4	8358,0	
Récolte totale.	14^{k},311	10^{k},435	72,91

Ces résultats numériques peuvent se traduire en quelques propositions qui les rendront plus faciles à saisir :

1° Les végétaux sur lesquels ont porté mes expériences (tabac et maïs géant) ont été notablement influencés dans leur accroissement par la suppression de tension électrique dans l'atmosphère qui les entourait.

La proportion de tissus vivants, formés en l'absence de l'action de l'électricité atmosphérique, a été inférieure de 27,09 pour 100 à la production normale.

2° Le taux des matières sèches élaborées par la plante s'est abaissé, sous cage, de 29,71 pour 100 ; celui des matières azotées, de 20,28 pour 100 ; le taux des matières amylacées (sucre, amidon, etc.) a été particulièrement influencé par la suppression de l'état électrique de l'air : il s'est abaissé de 31,75 pour 100, sous cage.

3° Les plantes végétant à l'air libre ont absorbé d'une manière absolue un peu plus d'azote, 0,06 pour 100, et beaucoup moins de matières minérales.

Ce fait, constant dans toutes mes cultures sous cage, d'une élévation dans le taux des cendres paraît d'autant plus singulier, au premier abord, que, suivant toute probabilité, comme on l'a vu, l'électricité atmosphérique favorise l'évaporation et, par conséquent, le passage d'un plus grand volume d'eau au travers des tissus de la plante pendant son développement. Je crois qu'il s'explique cependant d'une façon satisfaisante si l'on réfléchit que : 1° les racines se développent également dans les végétaux hors cage et sous cage ;

leur poids est resté, dans tous mes essais, exactement proportionnel à celui de la récolte, tandis que le poids des feuilles, rapporté à la récolte totale, est notablement inférieur dans la plante privée d'électricité; 2° l'atténuation dans la marche de la végétation sous cage porte principalement sur la production moindre d'amidon, de glucose, etc.; les deux plantes absorbant les mêmes quantités de matières minérales, mais fabriquant, à leur aide, des poids très-inégaux de matière verte (tiges et feuilles), le taux des cendres, dans ces dernières, doit être plus élevé chez la plante qui produit le moins de tissus verts, la quantité de principes minéraux correspondant, dans ce cas, à un poids moindre de substance sèche.

J'appelle tout particulièrement l'attention des physiciens sur la relation que j'ai constatée entre les taux de substance verte et de matières minérales élaborées par les végétaux et l'état électrique de l'atmosphère à des altitudes différentes. Les observations faites dans les stations forestières bavaroises ont mis en lumière deux faits fort intéressants : les variations inverses dans les dimensions des feuilles de la même essence et dans le taux de leurs cendres, avec les altitudes auxquelles croissent les arbres.

Les deux tableaux suivants donnent une idée des différences dans les dimensions des feuilles et des variations dans le taux des cendres[1] :

1. *Dimensions des feuilles de hêtre.*

Localités.	Hauteur au-dessus du niveau de la mer.	Surface totale de 1,000 feuilles en mèt. car.
Aschaffenbourg	133m	3mq,414
Odenwald	237	2 ,128
Guttenbergerwald	324	2 ,112
Id.	438	1 ,822
Buchberg	500	1 ,843
Melibocus (Odenwald)	514	1 ,674
Unterhüttenwald	685	1 ,500
Blasslberg	700	1 ,472
Hexenriegel	1,043	1 ,083
Tummelplatz	1,182	1 ,351
Lusengipfel, limite supérieure du hêtre	1,344	0 ,910

1. *La Statique chimique des forêts. Annales de la Station agronomique de l'Est*, p. 157 et suiv., in-8°. Librairie agricole de la Maison rustique; 1878.

Les écarts entre les altitudes extrêmes (1344 et 133 mètres) sont donc de 63 pour 100 en faveur de l'altitude la plus faible.

Les divergences dans les taux de matières minérales absorbées par les feuilles des mêmes essences à diverses hauteurs ne sont pas moins frappantes :

2. *Taux des cendres.*

HÊTRE.		ÉPICÉA.		MÉLÈZE.	
Altitude.	Taux pour 100 de cendres.	Altitude.	Taux pour 100 de cendres.	Altitude.	Taux pour 100 de cendres.
1,344m	3,94	1,110m	3,58	1,068m	2,49
685	5,52	915	5,43	880	2,77
324	6,70	730	6,25	476	3,57
237	6,97	130	10,19	171	6,02

Le même fait a été constaté pour les prairies ; l'herbe des pâturages élevés laisse 2,91 pour 100 de cendres seulement, tandis que celle des prairies basses donne, en moyenne, 6,02 de résidu incombustible. N'y aurait-il pas entre ces faits et la diminution progressive de la quantité d'électricité atmosphérique, à mesure qu'on descend dans les plaines, une étroite connexité ? C'est à la mesure directe de l'électricité atmosphérique dans les diverses régions de l'atmosphère à nous donner la réponse à cette question [1].

Ne serait-ce pas aussi à des conditions de cet ordre que seraient dus, au moins pour une part, les curieux phénomènes étudiés par MM. Schubeler, E. Tisserand et A. Petermann, sur la végétation et sur la précocité des récoltes en Norvége et dans les pays du nord de l'Europe [2] dont j'ai parlé dans le chapitre précédent ? Autant de sujets très-dignes de fixer l'attention des savants qui s'occupent plus particulièrement des grands problèmes de la physique du globe.

106. — Composition élémentaire des maïs cultivés hors cage et sous cage. — M. A. Leclerc a soumis à l'analyse élémentaire les deux récoltes de maïs obtenues par lui sous cage et hors cage : il a successivement analysé les fleurs, feuilles et tiges réunies, et les

1. L'électromètre enregistreur de M. A. Redier permettra sans doute de résoudre cet intéressant problème de la constitution électrique de l'air à diverses altitudes.

2. *Mémoire sur la végétation dans les hautes latitudes,* par M. E. Tisserand, directeur de l'Institut national agronomique ; Paris, 1876. — *Recherches sur les graines originaires des hautes latitudes,* par M. A. Petermann, directeur de la station agricole de Gembloux ; Bruxelles, 1877.

racines ; enfin, il a recherché dans la partie aérienne des récoltes les quantités d'acide nitrique et d'ammoniaque tout formés qu'elles contenaient. Voici les résultats de cet intéressant travail :

Composition élémentaire des tiges, feuilles et fleurs.

	EN CENTIÈMES.	
	Hors cage.	Sous cage.
	Gr.	Gr.
Carbone	42,290	43,511
Hydrogène	6,369	5,974
Azote	0,983	1,179
Oxygène	42,101	41,489
Matières minérales[1]	8,257	7,847
	100,000	100,000

	POUR TOUTE LA RÉCOLTE.	
	Hors cage.	Sous cage.
	Gr.	Gr.
Carbone	1117,531	800,306
Hydrogène	168,310	109,882
Azote	25,984	21,682
Oxygène	1112,517	763,114
Matières minérales	213,300	2168,100
	2637,642	1862,884

Les dosages de l'azote nitrique et de l'azote ammoniacal ont donné, pour toute la récolte, les résultats suivants :

	Hors cage.	Sous cage.
	Gr.	Gr.
Azote nitrique	0,051	0,032
Azote ammoniacal	0,315	0,249
Azote organique	25,618	21,401
Azote total	25,984	21,682

Après avoir débarrassé aussi bien que possible les racines extraites du sol de la terre qui y adhérait, et avoir réuni, par le tamisage du sol, les fragments qu'on n'avait pu arracher du premier coup, on les a lavées complètement, opération qui a dû leur faire perdre une partie de leurs matières minérales solubles, puis desséchées et pesées. Les racines des plantes hors cage pesaient, séchées, 591gr,019 ;

1. Déduction faite de l'acide carbonique.

celles des plantes sous cage, 391^{gr},785. Voici les résultats de leur combustion.

	EN CENTIÈMES.	
	Hors cage.	Sous cage.
	Gr.	Gr.
Carbone	45,09	45,18
Hydrogène	5,45	5,80
Azote	2,85	2,01
Oxygène	39,71	39,73
Matières minérales	6,90	7,28
	100,00	100,00

	RÉCOLTE TOTALE.	
	Hors cage.	Sous cage.
	Gr.	Gr.
Carbone	239,437	177,008
Hydrogène	28,940	22,723
Azote	15,134	7,875
Oxygène	210,868	155,656
Matières minérales	36,640	28,522
	531,019	391,784

En rapprochant ces nombres, on obtient pour la composition élémentaire des deux récoltes sèches les résultats généraux suivants :

	HORS CAGE.				
	Tiges, feuilles, fleurs.		Racines.		Total.
	Gr.		Gr.		Gr.
Carbone	1117,531	+	239,437	=	1356,968
Hydrogène	168,310	+	28,940	=	197,250
Azote	25,984	+	15,134	=	41,118
Oxygène	1112,517	+	210,868	=	1323,385
Matières minérales	213,300	+	36,640	=	249,940
			Récolte totale	=	3168,661

	SOUS CAGE.				
	Tiges, feuilles, fleurs.		Racines.		Total.
	Gr.		Gr.		Gr.
Carbone	800,306	+	177,008	=	977,314
Hydrogène	109,882	+	22,723	=	132,605
Azote	21,682	+	7,875	=	29,557
Oxygène	763,114	+	155,656	=	918,770
Matières minérales	168,100	+	28,522	=	196,622
			Récolte totale	=	2254,868

L'ensemble de ces résultats concorde tout à fait avec les analyses immédiates sommaires que j'ai données précédemment et auxquelles j'ai été contraint de me borner dans mes essais de culture de 1877 et de 1878, le temps m'ayant fait défaut pour effectuer les nombreuses analyses élémentaires qu'ils auraient comportées. Je suis donc doublement reconnaissant à mon ami et ancien élève, M. Leclerc, d'avoir bien voulu me fournir tous les chiffres qui précèdent.

Si l'on compare entre elles les quantités de carbone, d'hydrogène, d'azote, d'oxygène et de matières minérales contenues dans chacune des récoltes, en prenant pour unité la récolte hors cage, on voit plus nettement encore la concordance frappante des résultats de l'analyse immédiate et de l'analyse élémentaire.

Pour 100 de chacun des éléments fixés par la récolte hors cage, la récolte sous cage a donné les proportions suivantes :

	Tiges.	Racines.	Tiges et racines.	Récolte totale.
Carbone	71,6	73,9	72,0	71,21 pour 100
Hydrogène	65,2	78,5	67,2	
Azote	83,0	52,0	71,8	
Oxygène	68,5	73,8	69,4	
Matières minérales	78,7	77,8	78,7	

De l'ensemble de cette longue série de chiffres résulte donc, comme des analyses immédiates qui précèdent, la démonstration évidente de l'action enrayante exercée sur l'assimilation organique par la suppression de l'état électrique de l'air, réservoir de l'acide carbonique, de l'eau et de l'ammoniaque qui constituent les aliments aériens de la plante.

Pour compléter l'examen des récoltes fournies par les expériences de 1877 et de 1878, il me reste à faire connaître la composition des cendres de ces récoltes.

107. — Composition des cendres des récoltes hors cage et sous cage. — Nous avons vu précédemment que le taux des cendres données par la substance sèche est constamment plus élevé dans les plantes qui ont végété à l'abri de l'influence de l'électricité que dans celles venues à l'air libre. Il m'a paru intéressant de rechercher si la nature et la quantité de chacun des principes minéraux qui constituent les cendres variaient également dans ces deux conditions. En attendant que des essais ultérieurs me permettent de formuler des conclusions certaines à ce sujet, je crois utile de résumer mes analyses et celles de M. Leclerc. L'examen des chiffres qu'elles nous ont donnés montre combien, lorsqu'on publie des analyses de ce genre, il est important de préciser l'époque de la végétation à laquelle on a choisi la plante pour y doser les matières minérales, le taux de chacun des principes incombustibles variant dans des proportions énormes avec l'âge de la plante. Aussi est-ce à titre de renseignements, en attendant les expériences en cours d'exécution que je crois devoir donner dès à présent les résultats de nos analyses, sans méconnaître la nécessité d'une étude plus complète à ce sujet, avant d'en tirer des conclusions définitives.

TABACS.

1° *Composition des cendres de tabac* (cases de végétation).
Feuilles récoltées en pleine floraison.

	Hors cage.	Sous cage.
	—	—
Silice	5,48	5,37
Acide sulfurique	7,73	7,91
Acide phosphorique	7,87	6,56
Chlore	1,40	1,80
Chaux	51,75	54,33
Magnésie	5,77	3,13
Potasse	12,94	14,32
Soude	2,14	2,39
Oxyde de fer et de manganèse	4,92	4,18
	100,00	100,00
A déduire oxygène correspondant au chlore	0,31	0,40
Différence	96,69	99,60

Tiges des mêmes plants[1].

	Hors cage.	Sous cage.
Chaux	25,74	27,28
Potasse	2,83	3,44
Acide phosphorique	2,48	4,21

La comparaison de la composition des cendres, des tiges et des feuilles, montre que la végétation était moins avancée sous cage que hors cage, les éléments fondamentaux (potasse et acide phosphorique)

1. On s'est borné à doser les trois éléments les plus importants.

étant relativement plus abondants dans les tiges du pied sous cage que dans celles du plant à l'air libre, et la migration qui s'accomplit au moment de la floraison étant plus avancée hors cage.

Les essais de culture dans l'eau nous ont appris que les plantes cessent d'emprunter des matières inorganiques au sol, à partir de la floraison, l'air seul continuant à leur servir de milieu nutritif.

2° *Composition des cendres des tiges des trois tabacs. — Hors cage, sous cage et sous marronnier* (page 313)[1].

	Hors cage.	Sous cage.	Sous marronnier.
Chaux	7,12	7,81	8,03
Magnésie	2,87	1,19	1,32
Potasse	42,20	39,78	38,18
Soude	7,62	5,36	3,81
Acide phosphorique	8,25	8,90	9,39
Oxyde de fer	4,12	5,17	5,63

L'extrême analogie de la composition des cendres sous cage et sous marronnier montre une fois de plus l'identité d'action de l'arbre et de la cage.

La maturité de la plante est complète ; la plus grande partie des alcalis des feuilles s'est concentrée dans la tige.

MAÏS.

1° *Récolte du 9 septembre dans les cases de végétation (feuilles).*

	Hors cage.	Sous cage.
Silice	37,11	41,20
Acide sulfurique	3,09	4,52
Acide phosphorique	10,31	7,03
Chlore	3,35	4,52
Chaux	12,37	12,06
Magnésie	3,87	3,01
Potasse	25,26	23,12
Soude	0,52	2,01
Oxyde de fer et manganèse	4,12	2,53
	100,00	100,00
A retrancher pour chlore	0,74	1,01
	99,26	98,99

1. Les analyses des cendres des feuilles n'ont pu être faites faute de matériaux suffisants.

2° *Composition des cendres des maïs* (Mettray).

	TIGES, FEUILLES et fleurs réunies.		RACINES.	
	Hors cage.	Sous cage.	Hors cage.	Sous cage.
Silice.	40,020	38,222	61,449	50,210
Acide sulfurique. . . .	traces	traces	5,295	6,857
Acide phosphorique . .	4,896	4,952	4,554	4,501
Chlore	8,939	11,387	4,699	3,904
Chaux.	6,823	6,819	12,940	10,487
Magnésie.	1,848	1,945	1,265	1,048
Potasse	34,623	25,536	2,169	12,133
Soude.	0,000	4,497	2,060	5,889
Alumine.	2,353	2,117	5,566	4,969
Sesquioxyde de fer. . .	0,498	0,525		
	100,000	100,000	100,000	100,000

La différence qualitative la plus frappante entre les cendres des maïs et des tabacs hors cage et sous cage porte assurément sur la soude. Les cendres du maïs hors cage de l'essai de Nancy ne contiennent que 0,52 pour 100 de soude, au lieu de 2,01 sous cage. M. Leclerc n'a pas trouvé trace de soude dans les cendres de son maïs hors cage, tandis que celles du maïs sous cage en renfermaient 8,5 pour 100. L'électricité atmosphérique s'opposerait-elle à l'absorption de la soude par le maïs? Cela serait bien singulier. Le fait de l'absence de soude, constaté avec tous les soins possibles par M. Leclerc, mérite d'être noté, sauf vérification ultérieure. En dehors de ce point intéressant, les analyses faites à Mettray ont révélé d'une façon incontestable la présence, en proportion notable, de l'alumine dans les cendres du maïs; ce fait, absolument nouveau, a été mis hors de doute par M. Leclerc, qui a isolé et purifié l'alumine, afin d'en constater tous les caractères. Je lui laisserai le soin d'étendre cette étude à d'autres végétaux : la chose mérite d'être étudiée complètement, car la présence de l'alumine dans les cendres des végétaux autres que la vigne a été jusqu'à ce jour contestée. On sait, par les essais de culture dans l'eau, que l'oxyde d'aluminium n'est pas indispensable au développement complet d'une plante, mais il se pourrait que l'alumine jouât dans la nutrition un rôle jusqu'ici méconnu.

La comparaison du taux de chacun des principes minéraux qui

constituent les cendres des végétaux hors cage et sous cage montre que l'électricité atmosphérique exerce une action sur l'assimilation plus ou moins active de chacun d'eux ; mais j'attendrai de nouvelles récoltes pour élucider, s'il est possible, les conditions qui favorisent ou retardent l'assimilation de la potasse, de la soude, de la chaux et de l'acide phosphorique, par les plantes soumises ou soustraites à l'action de l'électricité atmosphérique.

108. La nitrification et l'électricité atmosphérique. — En ce qui concerne le rôle de l'électricité atmosphérique dans la nitrification proprement dite, mes expériences et celles de M. Leclerc sont, je crois, décisives. Il y avait lieu, *à priori,* de penser que les sols hors cage et sous cage devaient se comporter, au point de vue de la nitrification, d'une façon identique, la tension électrique au niveau du sol, et à plus forte raison dans le sol, étant sinon nulle, du moins très-faible (1).

Dans le but de vérifier le fait, j'ai institué deux expériences, l'une en 1877, l'autre en 1878, et j'ai prié M. Leclerc de porter, de son côté, son attention sur le même point dans les essais de contrôle qu'il a bien voulu faire à Mettray. Je vais exposer successivement les résultats de ces trois expériences.

Sol sans végétaux. — J'ai dit précédemment (p. 299) que j'avais placé, le 1er avril 1877, dans chacune des deux caisses A et B, deux boîtes métalliques étanches, d'une surface ouverte de 1 décimètre carré et renfermant chacune 500 grammes environ de la terre même des caisses. Ces boîtes témoins, destinées à étudier la nitrification du sol pendant la durée des expériences, sont restées en place, exposées à toutes les influences atmosphériques, l'une sous cage, l'autre hors cage, jusqu'au 9 octobre de la même année, c'est-à-dire pendant six mois. Leur surface était en partie recouverte de quelques mousses et autres végétaux parasites que l'on a soigneusement enlevés avant de faire l'analyse du sol. Le tableau suivant donne les résultats des analyses faites, le 1er avril et le 10 octobre 1877, de la terre des témoins hors cage et sous cage.

1. On trouvera, dans le chapitre VII, une étude complète des conditions de nitrification du sol. Je me borne à exposer ici l'influence de l'électricité sur ce phénomène.

Quantités d'azote organique, nitrique et ammoniacal contenues dans les témoins des caisses hors cage et sous cage.

	100 GRAMMES DE TERRE CONTENAIENT :		
		9 octobre 1877.	
	1er avril 1877.	Hors cage.	Sous cage.
	—	—	—
	Gr.	Gr.	Gr.
Azote organique.	0,156770	0,155830	0,156000
Azote ammoniacal.	0,000507	»	»
Azote nitrique	0,005630	0,003470	0,004070
Azote total	0,161907	0,159300	0,160070
Perte totale en azote		0,002607	0,001837
Perte p. 100 en azote total		1,61	1,13
Perte p. 100 en azote organique		0,599	0,555

Pendant les six mois qu'a duré l'expérience, les deux sols se sont donc, en l'absence de végétation, appauvris légèrement en azote; l'ammoniaque a disparu complétement, assimilée sans doute par les quelques mousses et autres végétations parasitaires qui commençaient à se développer dans les caisses témoins; l'azote nitrique a diminué de 20 p. 100 environ, et l'azote organique de 1 p. 100. L'absence d'électricité dans la couche d'air qui reposait sur le sol sous cage n'a donc point modifié sensiblement les phénomènes de nitrification. Il est superflu d'ajouter que, lorsque, à deux reprises, on a changé de caisse la cage métallique, les témoins ont été, le même jour, transportés d'une caisse dans l'autre.

Cette expérience semble prouver qu'au niveau du sol non cultivé l'influence de l'électricité atmosphérique ne joue pas de rôle appréciable dans la nitrification des matières organiques azotées.

Comment se passent les choses dans les sols cultivés ? C'est ce que vont nous montrer les expériences faites, en 1878, à Nancy et à Mettray.

Sol cultivé en 1878 (Nancy). — Dans la cage de végétation du jardin de la Station agronomique qui a servi à la culture simultanée du tabac et du maïs pendant cet été, on a prélevé, dans les premiers jours de mars, un échantillon moyen du sol, sur une profondeur de $0^m,25$, et l'on y a dosé l'azote sous trois formes; à la fin des expériences, le 10 octobre suivant, on a fait la même opération et dosé de nouveau l'azote organique, ammoniacal et nitrique, dans la terre hors cage et dans le sol sous cage.

La surface de terre recouverte par la cage mesurait $0^{m},50$ dans les deux sens; elle était donc égale à $0^{mq},250$; le poids du litre de terre étant de 1109 grammes et le volume de la terre qui a servi à chaque essai ($0^{m},25$ sur $0^{mq},250$) étant de $62^{lit},50$, le poids de terre considéré s'élevait à $69^{k},312$.

Voici les résultats des dosages d'azote avant et après culture, hors cage et sous cage :

	100 GRAMMES DE TERRE CONTENAIENT :		
	15 mars 1878.	10 septembre 1878.	
	Avant culture.	Sous cage.	Hors cage.
	Gr.	Gr.	Gr.
Azote organique	0,143210	0,142071	0,139447
Azote ammoniacal	0,000397	0,000289	0,000217
Azote nitrique.	0,004786	0,000030	0,000029
Azote total.	0,148393	0,142390	0,139693
Perte totale d'azote		0,006003	0,008700

Durant la végétation du tabac et du maïs, la plus grande partie de l'azote nitrique a disparu; l'ammoniaque a diminué très-notablement, ainsi que l'azote organique. Le calcul de ces pertes, établi sur la couche végétale tout entière, donnera une idée plus précise des emprunts faits à l'azote du sol, sous ses trois formes, par le maïs et par le tabac récoltés hors cage et sous cage.

En appliquant les résultats de l'analyse centésimale aux $69^{k},312$ de terre, on obtient les nombres suivants :

	LES $69^{k},312$ RENFERMENT :		
	Terre avant culture.	Après culture.	
		Sous cage.	Hors cage.
	Gr.	Gr.	Gr.
Azote organique	99,263	98,472	96,653
Azote ammoniacal.	0,275	0,200	0.050
Azote nitrique	3,317	0,021	0,020
	102,855	98,693	96,823

Les pertes du sol en azote nitrique, ammoniacal et organique, après culture, s'élèvent, d'après cela, aux chiffres suivants :

	Sous cage.	Hors cage.
	—	—
	Gr.	Gr.
Azote nitrique	3,296	3,297
Azote ammoniacal	0,075	0,125
Azote organique	0,791	2,610
Azote total perdu par les sols	4,162	6,032

L'azote nitrique et l'azote ammoniacal ont pu être assimilés par les plantes, soit directement (AzH^4O), soit, pour l'azote nitrique après transformation en ammoniaque ; quant à l'azote organique, il n'a pu servir à la nutrition des maïs et des tabacs qu'après avoir passé à l'état de nitrate et d'ammoniaque, l'azote des combinaisons organiques ne pénétrant pas à d'autres états dans les végétaux.

Il résulte de cette première conclusion que, tandis qu'à l'abri de l'électricité atmosphérique le tabac et le maïs n'ont absorbé qu'une quantité d'azote organique transformé, s'élevant à 0gr,791, le maïs et le tabac hors cage, soumis à l'influence électrique de l'air, ont assimilé des quantités de AzO^5 et de AzH^4O provenant de la nitrification d'un poids d'azote 3,29 fois plus considérable.

Si nous tenons compte maintenant du poids d'azote total assimilé par les récoltes de maïs et de tabac, et que nous retranchions respectivement de ces quantités les poids d'azote perdu par le sol, nous aurons, par différence, le nombre de grammes d'azote puisé dans l'air, à l'état d'ammoniaque, par les récoltes.

	Sous cage.	Hors cage.
	—	—
Azote total des récoltes (maïs et tabac)	5gr,485	7gr,899

Emprunts faits au sol.

Sous cage.	Gr.		
Azote nitrique	3,296		
Azote ammoniacal	0,075	= 4,162	
Azote organique	0,791		
Hors cage.	**Gr.**		
Azote nitrique	3,297		
Azote ammoniacal	0,125	=	6,032
Azote organique	2,610		
Déficit d'azote dans la récolte		1,323	1,867

Ce déficit a été comblé par l'ammoniaque de l'air et par celle des pluies. Or, si l'on néglige de distinguer ces deux sources d'ammoniaque l'une de l'autre (je n'ai pas dosé l'ammoniaque dans l'eau des pluies du 15 mars au 9 octobre), et que l'on considère en bloc l'assimilation de l'ammoniaque aérienne par les deux récoltes, on trouve que les quantités d'azote empruntées à l'ammoniaque de l'air sont exactement proportionnelles aux poids des récoltes elles-mêmes. La récolte sous cage s'est élevée à 1405 grammes ; elle a emprunté 1^{gr},323 d'azote au milieu aérien. La récolte hors cage, pesant 1^{kg},9395, aurait dû prendre 1^{gr},826 d'azote à l'air ; l'expérience a donné 1^{gr},867, différence qui reste tout à fait dans les limites d'erreur de ce genre d'expériences.

On peut calculer approximativement, d'après ces données, les quantités d'ammoniaque qu'une récolte d'une superficie égale à 1 hectare emprunterait à l'atmosphère, et se faire ainsi une idée saisissante de l'importance des belles conceptions de M. Schlœsing sur le rôle du milieu aérien dans la nutrition azotée des végétaux. La surface du sol, dans chacun des essais rapportés plus haut, était de $\frac{1}{4}$ de mètre carré. Les quantités d'ammoniaque fixées, par mètre carré de récolte, s'élèvent donc :

	Gr.
Hors cage, à	7,468
Sous cage, à	5,292

Cela donne à l'hectare :

	Kgr.
Pour le sol libre	74,680
Pour le sol sous cage	52,920

D'après l'analyse des récoltes, les maïs et tabacs renfermaient pour la récolte de 1 mètre superficiel :

	Gr.
Hors cage	31,596
Sous cage	21,940

1 hectare, cultivé en maïs et en tabac, a donc emprunté :

	AZOTE	
	hors cage.	sous cage.
	Kgr.	Kgr.
Au sol	241,28	166,48
A l'air	74,68	52,92

La part de l'ammoniaque aérienne dans la nutrition azotée de ces plantes s'est donc élevée dans le premier cas à 23,63 p. 100, dans le second à 24,12 p. 100 de l'azote total de la récolte.

Il n'est pas sans intérêt de faire remarquer que la production annuelle moyenne de 1 hectare de forêt, s'élevant à environ 6,000 kilogrammes de substance organique sèche contenant 1 p. 100 d'azote, exige pour son alimentation 60 kilogrammes d'azote ; que 1 hectare de prairies naturelles donne environ 4500 kilogrammes de substance sèche, renfermant approximativement 74 kilogrammes d'azote (1,66 p. 100), de telle façon que les emprunts faits par ces récoltes spontanées à l'ammoniaque de l'air suffisent pour expliquer la perpétuité de ces rendements dans des sols pourvus d'ailleurs des autres aliments minéraux indispensables et présentant des conditions physiques convenables.

L'atmosphère est donc un réservoir d'acide carbonique et d'ammoniaque où la végétation spontanée et, partant, sans fumure de main d'homme, va puiser indéfiniment son carbone et son azote [1].

En rapprochant les résultats de cet essai de culture des faits constatés pour le sol nu, en ce qui concerne les transformations de l'azote organique, on arrive à quelques conclusions qui me semblent intéressantes.

Dans l'expérience de 1877, les sols témoins sans culture ont perdu, par nitrification naturelle probablement, sous cage 0,555 p. 100, hors cage 0,599 de l'azote organique de la terre.

Dans l'expérience de 1878, les sols cultivés en maïs et tabac ont perdu dans le même temps (six mois), sous cage 0,796 p. 100, hors cage 2,62 p. 100 de leur azote organique. Les sols mis en expérience n'étant pas les mêmes, on ne peut les comparer rigoureusement, mais le faible écart qui existe entre les pertes d'azote organique subies par les sols soustraits à l'influence électrique, rapproché de la perte en azote organique plus que quadruple de la case hors cage, permettrait peut-être d'attribuer à l'action de l'électricité, se prolongeant jusque dans le sol par la conductibilité de la plante elle-même,

1. Les sols des dunes fixes, où le pin maritime donne des rendements élevés, ne contiennent que des quantités d'azote la plupart du temps impondérables ; mais le voisinage de la mer apporte à la végétation beaucoup d'ammoniaque entraînée par les vents.

une influence directe sur la combustion lente des matières azotées du sol. Je crois que ces deux expériences montrent qu'il n'y a pas nitrification du sol sous l'influence électrique, en ce sens que le taux d'acide nitrique n'augmente pas dans le sol aux dépens de l'azote de l'air, mais qu'il y a lieu d'admettre une influence de la tension électrique sur la nitrification de la matière azotée du sol. En d'autres termes, le sol mis en contact avec l'électricité statique de l'atmosphère, par l'intermédiaire d'une plante d'une hauteur de $1^{m},50$ à 2 mètres, ne s'enrichit pas en nitrates aux dépens de l'azote gazeux de l'air, mais voit s'activer la combustion des substances azotées qu'il renferme et qui deviennent ainsi aptes à nourrir sa récolte, à l'état de nitrates et d'ammoniaque. Les analyses des sols où les maïs ont végété, à Mettray, me fournissent des résultats de tous points confirmatifs de cette manière de voir, comme on va en juger.

Sol cultivé en 1878 (Mettray). — Les dispositions adoptées par M. A. Leclerc, un peu plus compliquées que celles de mes expériences, ont eu pour avantage de fournir des résultats plus complets en ce qui concerne l'absorption de l'ammoniaque de l'air par les plantes.

Afin d'empêcher la fixation de l'ammoniaque de l'air et des pluies par le sol d'une des caisses précédemment décrites (p. 317), M. Leclerc, dès que les plants de maïs eurent atteint quelques centimètres de hauteur, recouvrit la caisse hors cage d'une feuille de caoutchouc souple, percée de trous en nombre égal aux tiges de maïs. Dans chacun de ces trous s'engageait une tige. La croissance des plantes fit que bientôt chacune des ouvertures se trouva obturée, de telle sorte que le sol de la caisse fut complétement soustrait au renouvellement de l'air et à la pluie. On l'arrosa avec de l'eau distillée, aussi souvent qu'il fut nécessaire, pour maintenir dans le sol une humidité égale à celle de la terre de l'autre caisse. On nota avec soin les quantités d'eau tombées du 21 mai au 21 septembre et l'on dosa l'ammoniaque qu'elles renfermaient. Durant ces quatre mois, il tomba $295^{lit},29$ d'eau, contenant 183 milligrammes d'ammoniaque.

De même que dans l'expérience faite simultanément à Nancy, l'azote, sous les trois formes, fut dosé dans la terre primitive le 20 mai, et dans chacune des caisses après l'enlèvement des récoltes (21 septembre). L'expérience avait duré quatre mois.

Dans les 258 kilogrammes de terre renfermés dans chacune des caisses, M. Leclerc trouva les quantités suivantes d'azote organique, nitrique et ammoniacal, en tenant compte, pour le sol primitif, de l'azote des 49 graines de maïs :

	SOL avant culture.	SOL	
		hors cage après la récolte.	sous cage après la récolte.
	Gr.	Gr.	Gr.
Azote organique du sol	315,545	304,228	315,548
Azote organique des graines. . .	0,547	»	»
Azote ammoniacal	1,083	0,711	0,698
Azote nitrique.	14,344	0,070	0,084
Azote total. . .	331,519	305,009	316,330

Le dosage du carbone, fait aux mêmes époques dans le sol des deux caisses, a fourni les nombres suivants :

	Hors cage.	Sous cage.
	Kgr.	Kgr.
Carbone total.	2,6788	2,6046
Carbone (avant culture)	2,5303	2,5303
Gain du sol par la culture	0,1485	0,0741
Gain en carbone (en centièmes)	5,54	2,93

Le sol isolé par la cage recevait seul les eaux pluviales, par suite de la disposition indiquée plus haut pour la caisse non isolée : il y a donc lieu de tenir compte de l'ammoniaque apportée par la pluie, dans l'évaluation de la quantité d'azote mise au service des maïs qu'il a portés. Si l'on ajoute les 183 milligrammes d'azote ammoniacal de l'eau pluviale aux chiffres donnés précédemment, on trouve que les aliments azotés offerts, par le sol des deux caisses, à la récolte de maïs se décomposent de la façon suivante :

Sol avant la culture :

	Hors cage.	Sous cage.
	Gr.	Gr.
Azote organique du sol	315,545	315,545
Azote organique des graines	0,547	0,547
Azote ammoniacal du sol.	1,083	1,083
Azote nitrique.	14,344	14,344
Azote ammoniacal des pluies	»	0,183
Azote total. . .	331,519	331,702

Après la récolte on trouve :

Azote organique	304gr,228	315gr,548
Azote ammoniacal	0 ,711	0 ,698
Azote nitrique	0 ,070	0 ,084
Azote restant	305 ,009	316 ,330

Les plantes avaient donc consommé . . . . . 26gr,510 et 15gr,372

d'azote, se décomposant de la manière suivante :

	Récolte hors cage.	Récolte sous cage.
	Gr.	Gr.
Azote organique	11,864	0,544
Azote ammoniacal	0,372	0,568
Azote nitrique	14,274	14,260
Azote total	26,510	15,372

Les deux récoltes de maïs, dont j'ai fait connaître précédemment la composition élémentaire et la composition immédiate, renfermaient :

	Hors cage.	Sous cage.
Substance sèche [1]	12k,109	8k,913
Azote total [1]	41gr,118	29gr,557

Ces récoltes ont donc emprunté à l'ammoniaque atmosphérique, la première (hors cage) 14gr,608 d'azote, la deuxième (sous cage) 14gr,185 du même corps.

Si l'absorption de l'azote ammoniacal de l'air était restée proportionnelle au taux d'azote des récoltes sèches des deux caisses, la quantité d'azote empruntée à l'atmosphère par la végétation de la caisse isolée serait donnée par la proportion suivante :

$$14^{gr},608 : 12^{k},109 :: x : 8^{k},913,$$

d'où

$$x = 10^{gr},752.$$

Mais nous venons de voir que l'emprunt fait par cette récolte à l'ammoniaque atmosphérique s'élève à 14gr,185. D'où vient donc la différence (14gr,185 — 10gr,752), égale à 3gr,433 ? Suivant toutes probabilités, cette quantité d'azote a été apportée au sol par l'am-

1. Tiges, feuilles, fleurs et racines.

moniaque de l'air qui était en contact direct avec lui, tandis que le sol de la caisse voisine était hermétiquement séparé de l'atmosphère par la lame de caoutchouc.

Le calcul suivant, basé sur une expérience antérieure que M. A. Leclerc m'a communiquée, semble justifier cette hypothèse. 100 grammes d'une terre identique à celle des caisses de végétation, étalés sur une surface de 1 décimètre carré et exposés à l'air dans le voisinage des caisses, pendant quatorze jours, ont fixé 0gr,004 d'ammoniaque [1].

Cette fixation correspond, pour la durée des expériences de cette année (120 jours), et pour une surface de 1 mètre carré (surface des caisses), à 2gr,823 d'azote ammoniacal; si l'on ajoute ce chiffre d'azote à 10gr,752, on obtient 13gr,565, nombre très-voisin de celui que l'expérience directe a fourni pour l'emprunt fait à l'ammoniaque de l'air par la récolte isolée. Il est possible que, si M. Leclerc avait dosé l'ammoniaque de l'air fixée par le sol, pendant l'expérience de culture de cette année, les nombres trouvés eussent présenté une concordance plus grande que celle qui résulte de mon calcul.

Sur les 41gr,118 d'azote de la récolte hors cage, l'absorption de l'ammoniaque de l'air s'étant effectuée par les feuilles et les tiges seulement, et non par le sol et par les racines, le maïs a emprunté à l'air 14gr,608 d'azote ammoniacal, soit 35,5 p. 100 de l'azote de ses tissus.

Rapporté à l'hectare d'une culture de maïs, dans les mêmes conditions, cet emprunt s'élèverait à 146 kilogr. d'azote ammoniacal. Je suis donc en droit, d'après les résultats si analogues obtenus en Lorraine et près de Tours, dans la même année, de considérer ces faits comme une confirmation évidente du rôle si capital attribué à l'ammoniaque de l'air dans la nutrition des végétaux [2], par M. Schlœsing, dont j'expose plus loin les beaux travaux.

1. La proximité de l'usine à gaz qui alimente le laboratoire explique cette richesse de l'air en ammoniaque.

2. Voir, chapitre VII, l'exposé et la discussion des recherches de MM. Boussingault, Schlœsing, etc., sur le rôle de l'ammoniaque, des nitrates dans la végétation et sur les sources de l'azote des végétaux.

Dans le sol et par l'intermédiaire des végétaux, très-bons conducteurs, l'électricité atmosphérique semble, d'après les expériences rapportées plus haut, favoriser à un haut degré la nitrification des matières azotées qui s'y trouvent, mais non la combinaison directe de l'azote et de l'oxygène gazeux, comme cela se passe dans l'air. Reste, enfin, l'application possible aux tissus vivants de la découverte qu'a faite M. Berthelot de la fixation de l'azote gazeux par la cellulose, l'amidon, etc., sous l'influence de l'effluve et de l'électricité atmosphérique ; mais, avant d'oser conclure à la réalisation de cette fixation chez la plante vivante, je crois nécessaire, pour les raisons que j'ai données plus haut, de faire de nouvelles expériences dans la voie que j'ai indiquée.

109. — Résumé et conclusions. — Malgré les lacunes que peuvent présenter mes expériences sur le rôle de l'électricité dans les phénomènes de la végétation, je me crois cependant autorisé à tirer, dès à présent, des essais que je viens de rapporter, quelques conclusions applicables à l'agriculture et à la sylviculture ; les faits exposés plus haut et les déductions qui en découlent peuvent se résumer dans les propositions suivantes :

1° La méthode la plus simple et la meilleure à la fois pour isoler une plante de l'action de l'électricité atmosphérique consiste à la placer soit sous une cage métallique à larges mailles, soit dans le périmètre d'un arbre. On peut ainsi soustraire complétement le végétal et le sol en expérience à l'influence de l'électricité à faible tension que l'air manifeste constamment, tout en laissant arriver jusqu'à eux l'air, l'humidité, la pluie et la lumière.

2° Les végétaux, et en particulier les arbres, soutirent à leur profit l'électricité atmosphérique et isolent aussi complétement qu'une cage métallique la plante qu'ils dominent.

3° L'isolation produite par un arbre élevé peut s'étendre notablement au delà du périmètre foliacé de l'arbre.

4° Une plante soustraite à l'influence de l'électricité atmosphérique subit, dans son évolution et dans son développement, un retard et une diminution très-notables. Dans mes expériences, les quantités de substance vivante produite par les végétaux isolés ont été inférieures de 30 à 50 p. 100 à la production à l'air libre. La transformation du protoplasma chlorophyllien en glucose, en amidon, etc., paraît être tout particulièrement influencée par l'électricité atmosphérique.

5° La floraison et la fructification subissent des modifications non moins grandes ; sous cage isolante et sous les arbres, le nombre des fleurs, des fruits et le poids des graines ont été inférieurs de 40 à 50 p. 100. L'arrêt dans l'assimilation semble porter tout d'abord sur l'élaboration des principes hydrocarbonés.

6° Le taux centésimal de substance sèche et le taux des cendres sont plus élevés en l'absence de l'électricité, les végétaux qui croissent hors cage s'étant constamment montrés plus riches en eau et plus pauvres en matières minérales que la plante de même espèce, sous cage isolante.

Il serait intéressant de mesurer par des expériences directes les quantités d'électricité à diverses altitudes, les feuilles des arbres et les récoltes des pâturages élevés donnant à l'analyse des taux plus élevés d'azote et plus bas de cendres que les mêmes espèces végétales croissant dans les vallées.

7° L'électricité atmosphérique, d'après tout ce qui précède, est un facteur prépondérant de la production végétale. Toutes conditions égales d'ailleurs, qualités physiques et chimiques du sol, température, exposition, climat, la végétation prendra un plus grand développement dans les lieux où l'action électrique de l'air peut se faire sentir. L'atmosphère chargée d'électricité, les pluies en temps d'orage, concourent activement au développement des plantes ; elles favorisent la floraison et la fructification des récoltes. La végétation tropicale doit compter au nombre de ses facteurs importants l'état électrique de l'atmosphère de ces régions.

8° Inversement, la suppression de l'état électrique de l'air, par suite de la présence d'un grand arbre, place la végétation dominée par cet arbre dans des conditions défavorables : ce phénomène joue incontestablement un rôle considérable dans ce qu'on nomme l'influence du couvert sur les taillis sous futaie et sur le sol des futaies. Dans la futaie, la tension électrique étant constamment nulle au-dessous des arbres qui la constituent, les végétaux qui y croissent se trouvent dans des conditions identiques à celles des plantes sous cage. Aux causes connues ou inconnues de l'action du couvert, diminution dans l'éclairage, lumière verte réfléchie, etc., il convient d'ajouter l'absence totale d'électricité sous le massif.

9° L'action nuisible pour les récoltes avoisinantes des arbres à haute tige plantés le long des routes, celle non moins manifeste, des arbres isolés dans les vignes, peuvent s'expliquer par la même cause. Tout en admettant que les arbres doivent gêner les récoltes par le développement de leurs racines, par leurs exigences en principes minéraux; que les arbres des forêts dont les cimes se touchent, non-seulement interceptent la lumière directe du soleil, mais ne laissent plus arriver aux végétaux sous-jacents que de la lumière verte réfléchie; tout en reconnaissant enfin que le voisinage des arbres exerce, pour des causes nombreuses et diverses, une influence certaine sur la végétation dominée par eux, je crois que la cause nouvelle, mise en lumière par mes expériences, doit être prépondérante et entrer pour une très-large part dans l'explication de l'influence du couvert.

Aujourd'hui que les progrès de la physique permettent d'enregistrer d'une façon continue l'état électrique si variable de l'atmosphère, j'espère qu'on pourra, par la comparaison des tracés graphiques (voir chapitre V la description des appareils enregistreurs) fournis par l'électromètre de A. Redier, avec l'état de la végétation dans le même lieu, arriver à préciser les rapports qui unissent les deux phénomènes.

J'estime enfin, avec M. Berthelot, que les études sur le rôle de l'électricité dans les phénomènes naturels réservent un grand nombre de découvertes du plus haut intérêt à ceux qui les poursuivront.

110. — Expérience de M. Celi. — Quelque temps après la publication de mon travail, M. Celi a communiqué à l'Académie des sciences le résultat d'expériences qui rappellent celles de l'abbé Bertholon et confirment les faits que j'ai fait connaître. La note de M. Celi a pour titre : *Appareil pour expérimenter l'action de l'électricité sur les plantes vivantes*[1]. L'auteur s'exprime en ces termes :

L'appareil consiste en une grande cloche dans laquelle on fait arriver l'électricité obtenue de la façon suivante : On place un vase métallique sur

1. *Annales de chimie et de physique*, 5e série, t. XV, octobre 1878.

un support de deux mètres de haut environ, où il est isolé pour que l'électricité ne se perde pas. On remplit ce vase d'eau. Quand on laisse l'eau s'écouler par un tube bien étroit, le vase se charge continuellement d'électricité positive en temps ordinaire, c'est-à-dire l'électricité atmosphérique étant positive; il se charge au contraire d'électricité négative dans les cas peu fréquents où l'électricité atmosphérique est négative.

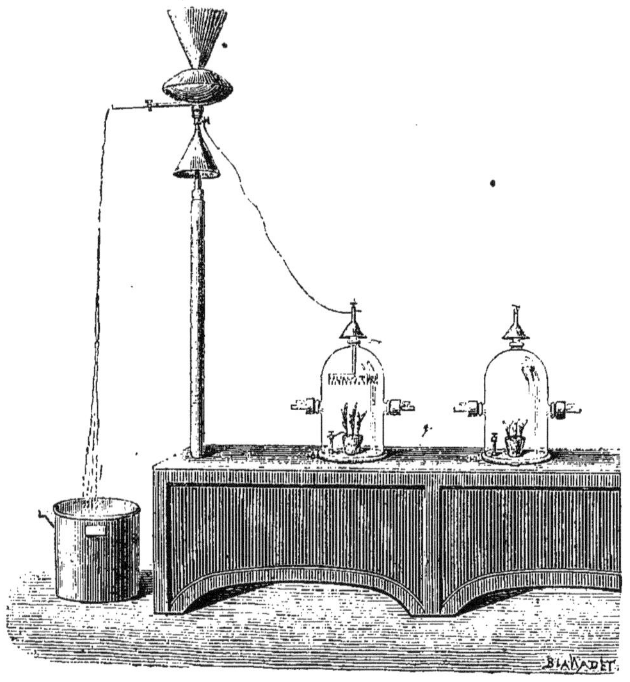

Fig. 14. — Appareil de Celi.

Ces phènomènes, que M. Palmieri appelle *veine liquide ascendante,* furent découverts et étudiés par lui en 1850 et décrits dans un mémoire présenté à l'Académie des sciences de Naples. Dans ces derniers temps, M. Thomson a cru pouvoir se servir de ces faits pour mesurer la tension électrique de l'air. Un fil métallique est fixé à ce vase que nous appellerons *collecteur;* il pénètre dans l'intérieur d'une cloche de verre où il se relie à une couronne de pointes métalliques très-aiguës, destinées à distribuer l'électricité; on place sous cette cloche les plantes mises dans des vases en communication avec le sol. Pour fermer hermétiquement, on fait reposer la cloche sur une plaque de verre rodée; elle porte des tubulures par lesquelles on peut faire entrer et sortir l'air au moyen d'une trompe.

D'autres plantes identiques sont placées sous une cloche semblable à la première et de même capacité, mais dans laquelle ne pénètre pas l'électricité atmosphérique. Le 30 juillet 1878, on sema trois grains de maïs en prenant des grains de poids égaux pour chaque cloche et de la même terre. De plus, chaque vase reçut la même quantité d'eau.

Le 1er août, les grains commencèrent à germer ; pendant deux jours, l'accroissement fut à peu près le même dans les deux cloches. Le troisième jour, les plantes de la cloche dont l'air était électrisé commencent à se développer plus rapidement que celles de l'autre cloche. Le 10 août, on mesure les plantes, qui ont les dimensions suivantes, prises de la base de la tige à l'extrémité des feuilles supérieures :

Plantes dans l'air électrisé	0m,17
Plantes dans l'air non électrisé	0m,08

L'expérience de M. Celi a beaucoup d'analogie avec celle de Bertholon, p. 293. Le procédé que j'emploie me semble plus simple et plus convenable à la fois, puisqu'il laisse croître les végétaux dans l'air libre, en modifiant seulement l'état électrique de ce dernier. De plus, la méthode que j'ai décrite peut être appliquée en plein champ, en forêt, etc., c'est-à-dire dans des conditions qui rendent assez difficile l'emploi d'appareils qu'il faut surveiller et faire fonctionner et qui ne sauraient être installés loin d'une habitation.

BIBLIOGRAPHIE.

1749. — **Abbé Nollet**, *Recherches sur les causes particulières des phénomènes électriques, et sur les effets nuisibles ou avantageux qu'on peut en attendre*. Paris, chez les frères Guérin.

1748. — **Jallabert**, *Expériences sur l'électricité, avec quelques conjectures sur les causes de ses effets*. Genève.

1783. — **Abbé Bertholon**, *De l'Électricité des végétaux, ouvrage dans lequel on traite de l'électricité de l'atmosphère sur les plantes, de ses effets sur l'économie des végétaux, de leurs vertus médico et nutritivo-électriques, et principalement des moyens de pratique de l'appliquer utilement à l'agriculture, avec l'invention d'un électro-végétomètre*. Paris, chez Didot jeune.

1866. — **W. Thomson**, *Reprint of papers on electricity*. Londres.

1876. — **Mascart**, *Traité d'électricité statique*. 2 vol. in-8°. Masson, Paris.

1878. — **L. Grandeau**, *Comptes rendus de l'Académie des sciences* et *Annales de chimie et de physique*, 5e série, t. XVI (1879).

CHAPITRE V

ENREGISTREMENT DES PHÉNOMÈNES MÉTÉOROLOGIQUES.

SOMMAIRE : De l'enregistrement des phénomènes naturels. — Principe des appareils de M. A. Redier. — Baromètre, thermomètre sec et humide, pluviomètre, anémomètre, électromètre enregistreurs. — Bascule physiologique. — Applications des enregistreurs à la physiologie et à la chimie agricoles.

111. — Importance des appareils enregistreurs. — Les phénomènes météorologiques exercent, comme nous l'avons vu, un rôle des plus considérables sur la végétation. En dehors de l'action directe des agents atmosphériques sur la nutrition des plantes, dont l'étude offre un intérêt si puissant au physiologiste, la connaissance et surtout la prévision des changements brusques qui surviennent dans l'atmosphère a pour le praticien une importance capitale. Si le cultivateur est informé 24 ou 36 heures à l'avance des modifications de température ou de pression qui peuvent survenir, il prendra ses précautions pour rentrer ses récoltes coupées, afin de les soustraire à la pluie ou au froid ; il devancera ou retardera de quelques jours, suivant les cas, l'époque qu'il avait fixée pour la moisson, la fenaison, l'arrachage des pommes de terre et des betteraves, la vendange, etc.... Le service des avertissements, établi depuis quelques années à l'étranger, créé en France par Le Verrier, et placé aujourd'hui sous l'habile direction de M. E. Mascart, est donc appelé à rendre les plus grands services à l'agriculture, en fournissant du même coup, à la science, des données précieuses pour l'étude des questions si obscures encore que soulèvent la physique du globe et la physiologie végétale. L'État, les départements, les communes, les associations agricoles, les particuliers, tout le monde, en un mot, doit concourir, dans sa sphère d'action, au développement des stations météorologiques.

Jusqu'ici, les observations météorologiques ont été faites, presque partout, à l'aide d'instruments dont la lecture a lieu deux, trois ou quatre fois par jour, et les moyennes obtenues ont servi à établir la climatologie d'une région. Cette méthode est loin de conduire à des indications rigoureuses sur les variations de température, d'état hygrométrique et de pression des lieux où l'on fait les observations. La mobilité des phénomènes atmosphériques, les changements incessants qui les caractérisent ne sont pas traduits numériquement par des observations faites à des heures déterminées : celles-ci ne peuvent, en effet, nous donner d'indications, même approchées, sur les phénomènes, en dehors du moment précis où on les observe. Très-utiles pour indiquer la marche générale de la pression barométrique, de la température et de l'humidité de l'air, elles nous laissent dans une ignorance complète sur la continuité des phénomènes météorologiques et sur les écarts qu'ils présentent à un moment donné.

L'invention des appareils dits enregistreurs, devenus entre les mains de M. A. Redier des instruments d'une précision qui n'avait jamais été atteinte jusqu'ici, a doté la météorologie, l'industrie et la science de moyens d'étude des plus précieux, en ce qu'ils les mettent en possession de témoins constants et fidèles des moindres changements survenus dans les phénomènes qu'ils enregistrent automatiquement. L'avenir de la météorologie, en particulier, me paraît lié à l'application de cette nouvelle méthode d'observation à tous les phénomènes dont elle s'occupe : udométrie, température, pression, vents, électricité atmosphérique, etc. Je crois donc utile de faire connaître, d'une manière suffisante pour en donner une idée nette, les appareils imaginés et construits par M. A. Redier, auquel ses remarquables travaux ont valu un grand prix à l'Exposition universelle de 1878. J'emprunterai à une notice publiée par cet inventeur, aussi ingénieux dans la conception qu'habile dans l'exécution, les traits principaux des descriptions qui vont suivre ; j'aurai aussi très-largement recours au remarquable rapport présenté à la Société d'encouragement pour l'industrie nationale, par M. le colonel Goulier.

112. — Principe des enregistreurs A. Redier. — Enregistrer un phénomène physique, chimique ou physiologique, c'est tracer, à l'aide d'un appareil automatique, sur des bandes de papier, des courbes dont les abscisses sont proportionnelles aux temps écoulés, et dont les ordonnées sont, à chaque instant, proportionnelles à la grandeur du phénomène.

Dans tous les appareils de M. Redier, le moteur principal, essentiel, est l'arbre d'un train différentiel entraîné par les barillets de deux forts ressorts d'horlogerie qui se déroulent en sens inverse quand l'appareil directeur leur en laisse la liberté.

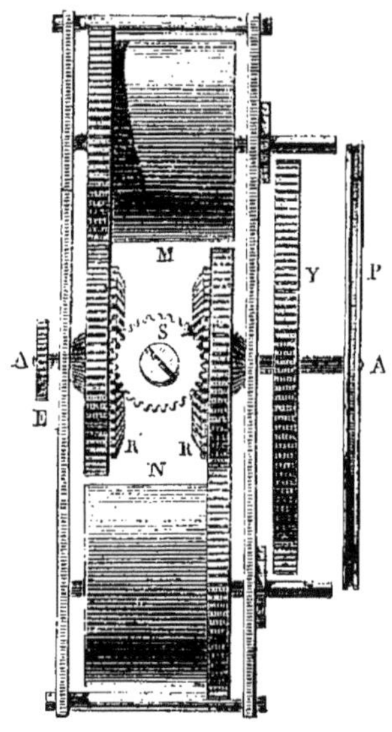

Fig. 15. — Train différentiel de A. Redier.

La figure 15 représente cette pièce. Le mouvement d'horlogerie est muni de deux moteurs M et N ; le moteur M est terminé par un échappement de chronomètre, et le rouage N par un petit volant très-délicat qui tourne avec une grande rapidité (V. *fig.* 17, E, V). Ces deux mouvements sont reliés entre eux par un train différentiel RR'S. La satellite S entraîne (par la roue Y) l'axe A, qui porte d'un côté la poulie P, sur laquelle s'enroule la corde qui mène le crayon, et de l'autre côté un pignon E, qui engrène avec la roue D (*fig.* 17) du thermomètre ou du baromètre. Ces deux rouages sont calculés de façon que, la vitesse du moteur M étant 1, celle du moteur N soit 2.

Dans ce train différentiel, comme on le voit, l'arbre principal porte, fixé perpendiculairement à sa direction, un second arbre autour duquel tourne une roue satellite conique S, comme une roue de voiture autour de la fusée de son essieu. Cette roue satellite est comprise entre deux disques qui peuvent tourner librement autour de l'arbre principal. Chacun de ces disques porte d'ailleurs une double denture : d'abord une denture conique, entaillée sur sa base, et qui engrène avec la roue satellite ; puis une seconde denture, taillée sur sa tranche, et par laquelle il engrène avec une couronne dentée entourant la base de l'un des barillets et faisant corps avec lui.

Il résulte de ces dispositions que, lorsqu'un des barillets reste fixe, si l'autre a la liberté de tourner, il communique sa rotation au disque avec lequel il engrène, et celui-ci entraîne, dans son mouvement, la roue satellite sur laquelle il roule et qui roule elle-même sur la denture conique du second disque fixe. Si le second barillet tourne seul, c'est ce second disque qui fait rouler la roue satellite, mais cette fois en sens inverse de celle de l'autre. Or, l'arbre de la roue satellite le suit dans son roulement, et, comme il est fixé perpendiculairement sur l'arbre du train différentiel, il agit sur cet arbre, comme le bras d'un manége, pour le faire tourner, soit à droite, soit à gauche, selon que la liberté de tourner est donnée à l'un ou à l'autre des deux barillets.

On peut remarquer que le mouvement de rotation de l'arbre du train serait encore obtenu si les deux barillets tournaient à la fois, mais avec des vitesses différentes ; le tour de la rotation et même la vitesse de l'arbre des trains seraient alors déterminés par l'excès de la vitesse de l'un des barillets sur celle de l'autre.

C'est l'arbre différentiel qui, dans les enregistreurs, commande le mouvement du crayon. Maintenant que nous connaissons le principe de l'appareil, examinons ses applications à l'enregistrement des divers phénomènes météorologiques.

113. — Thermomètre enregistreur. — Le thermomètre de M. A. Redier est un tube en acier de 70 centimètres de longueur, A (*fig.* 16), de 22 millimètres de diamètre et de 3 millimètres d'épaisseur. Dans ce cylindre est placé un second tube en zinc de même longueur et un peu moins épais (c'est une disposition analogue à celle du pendule à gril). La différence de dilatation des deux métaux sert à faire marcher l'aiguille dont nous indiquerons tout à l'heure l'emploi.

Voici la description de l'ensemble de l'appareil :

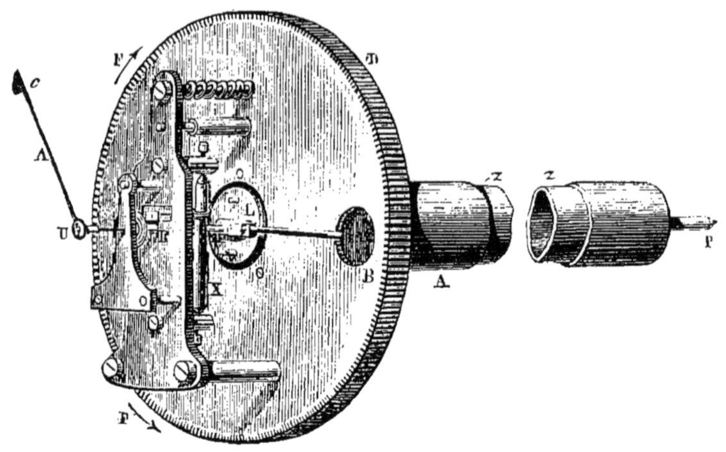

Fig. 16. — Thermomètre enregistreur.

La figure 16 représente le thermomètre proprement dit : un tube extérieur en acier A porte une roue dentée D, sur laquelle se trouve monté le premier mécanisme multiplicateur du thermomètre ; à l'intérieur de ce tube A est un tube de zinc *zz*, s'ajustant bien dans l'intérieur du tube d'acier, de manière à ne laisser aucun vide entre les deux. Ces deux tubes sont attachés l'un à l'autre par l'extrémité P, qui porte d'ailleurs un pivot qui doit les maintenir horizontalement sur un support en fer.

Nous avons donné plus haut les dimensions des deux tubes. Le tube de zinc *z* porte à sa partie supérieure un plateau L, sur lequel est fixé un petit chariot *y* ; ce chariot est muni d'un petit doigt terminé par une pointe émoussée que l'on peut déplacer au moyen du bouton molleté B.

Ce doigt agit sur une petite palette X mobile autour de deux points fixes, et transmet ainsi, au moyen d'un mécanisme très-simple, l'allongement produit par la dilatation à l'aiguille A, qui fait partie de l'ensemble du mouvement monté sur le tube d'acier. L'aiguille A est terminée par un petit crochet C. Cette partie de l'enregistreur, représentée par la figure 16, est montée sur une platine en regard d'un double mouvement d'horlogerie et disposée de telle sorte qu'elle puisse traverser à droite et à gauche le tube extérieur d'acier A servant de pivot. J'ai donné plus haut la description du train différentiel, je n'y reviens pas.

Voyons maintenant ce qui se passe en supposant la température constante. Le crochet C de l'aiguille A (*fig.* 16), arrête le petit volant V; l'échappement E du rouage M, qui marche toujours, va faire tourner la grande roue D, qui porte le thermomètre, de gauche à droite; l'aiguille A va suivre le mouvement et dégagera le volant V; ce volant, une fois libre, comme la vitesse est 2, celle de l'échappement étant 1, tendra à faire tourner la roue D de droite à gauche jusqu'au moment où l'aiguille A viendra se raccrocher de nouveau ; les choses recommenceront alors comme précédemment, et comme la poulie P fait le même mouvement que la roue, le crayon tracera sur le papier, si, bien entendu, la température reste constante, une ligne droite paraissant continue, mais qui sera formée d'une série de zigzags très-fins.

Ce mouvement d'oscillation constant a une grande importance au point de vue de la sensibilité de l'instrument ; il supprime, en effet, le frottement au départ et met l'instrument toujours en état de saisir, sans perte de temps, le moindre changement de position de l'aiguille A.

Si la température varie, si elle augmente, par exemple, le volant V restera accroché pendant un temps plus ou moins long, temps qui sera proportionnel au changement de température ; et comme l'échappement E, tout en ramenant la roue D de gauche à droite, pour décrocher le volant, fait aussi tourner la poulie P, cette poulie tournera d'un angle proportionnel à celui que le changement de température aura fait faire à l'aiguille A.

L'effet inverse se produirait si la température s'abaissait. Le crayon K se meut sur un cylindre CC, sur lequel le papier II est enroulé, le chronomètre R règle la marche de ce cylindre à une vitesse de 4 millimètres à l'heure.

L'instrument thermométrique proprement dit peut se placer à

une distance suffisante du mur pour éviter les causes d'erreur qui proviendraient du voisinage des objets environnants. Le mécanisme étant à l'intérieur de la salle d'observation, il suffit, en effet, de donner au tube extérieur d'acier A une longueur suffisante, le tube de zinc gardant sa longueur de 70 centimètres. On rapporte à l'extrémité libre de ce dernier un tube d'acier ; toute cette nouvelle

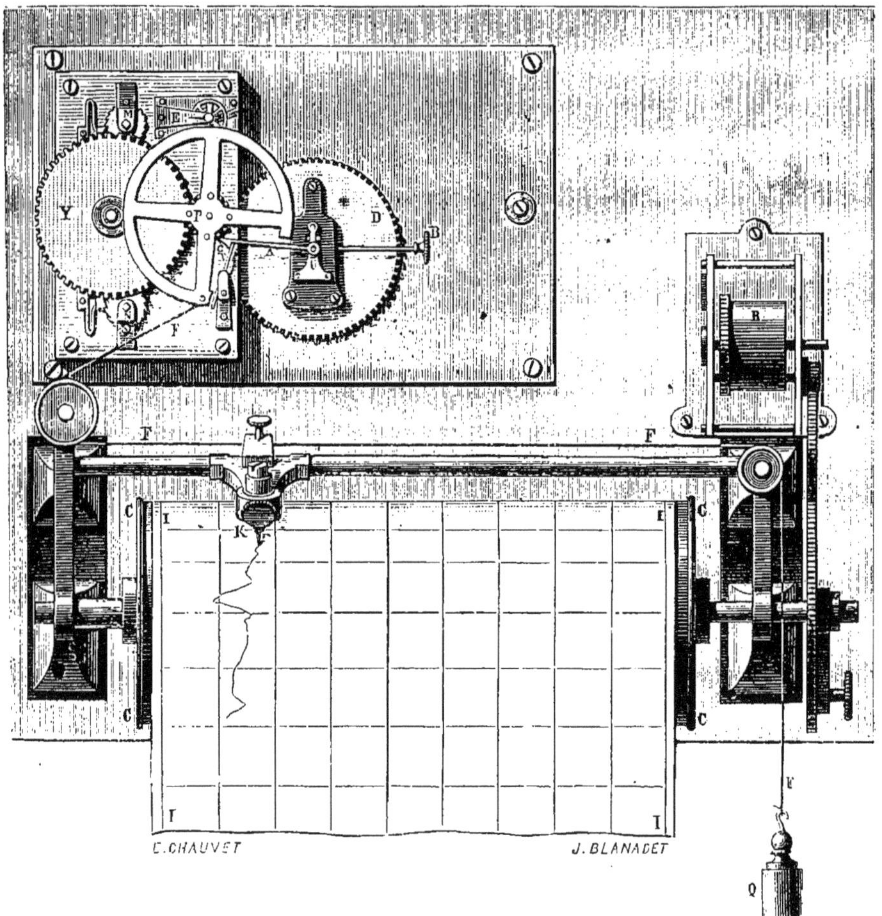

Fig. 17. — Vue d'ensemble du thermomètre enregistreur de A. Redier.

partie, étant de même nature que le tube extérieur, n'agit pas sur l'appareil thermométrique.

Le tube extérieur est nickelé ou platiné de manière à éviter l'oxydation qui pourrait se produire par son séjour à l'air extérieur. On peut aussi faire de cet instrument un thermomètre mouillé ; il suffit pour cela d'entourer le tube d'acier de mousseline comme un psychromètre ordinaire. Cette dernière disposition sera surtout commode lorsque M. Redier aura réalisé un perfectionnement consistant à trouver un système qui permette d'obtenir des courbes représentant la moyenne journalière d'une observation.

Tel est dans son ensemble le thermomètre enregistreur. Si nous l'examinons dans les détails, nous trouvons en ce qui concerne la sensibilité de l'appareil les résultats suivants : en nombres ronds, la différence de dilatation entre l'acier et le zinc, pour un mètre de longueur et pour un écart de 100 degrés, est de 2 millimètres. Les deux tubes n'ayant que 70 centimètres de longueur, la différence de dilatation se réduit à $1^{mm},4$, soit, pour un degré de température, 14 millièmes de millimètre. Ces 14 millièmes de millimètre sont représentés par 5 millimètres sur le tracé automatique, par suite des appareils multiplicateurs. On peut donc apprécier aisément, sur la courbe, un cinquième de degré.

La figure 17 représente dans son ensemble le thermomètre enregistreur vu de face :

M, N, double rouage d'horlogerie ;
E, échappement réglant le rouage M;
V, volant réglant le rouage N;
Y, grande roue montée sur l'axe du train différentiel ;
P, poulie montée sur un axe conduit par la roue Y;
D, roue dentée portant le mécanisme multiplicateur du thermomètre et montée sur le tube extérieur d'acier;
A, aiguille à crochet;
U, axe de l'aiguille A ;
C, crochet de l'aiguille A ;
B, bouton molleté servant à régler la course du thermomètre ;
F, corde enroulée sur la poulie P et qui entraîne le crayon K ;
R, Rouage d'horlogerie conduisant le cylindre CC à raison de 4 millimètres à l'heure ;
H, papier quadrillé enroulé sur le cylindre CC ;
K, porte-crayon et crayon traçant la courbe sur le papier ;
Q, poids tendeur du crayon.

Le maniement de cet instrument ne présente aucune difficulté. Les rouages MN et R doivent être remontés tous les quatre ou cinq jours.

La figure 18 représente une courbe obtenue, dans une journée du mois d'août 1877, par le thermomètre enregistreur.

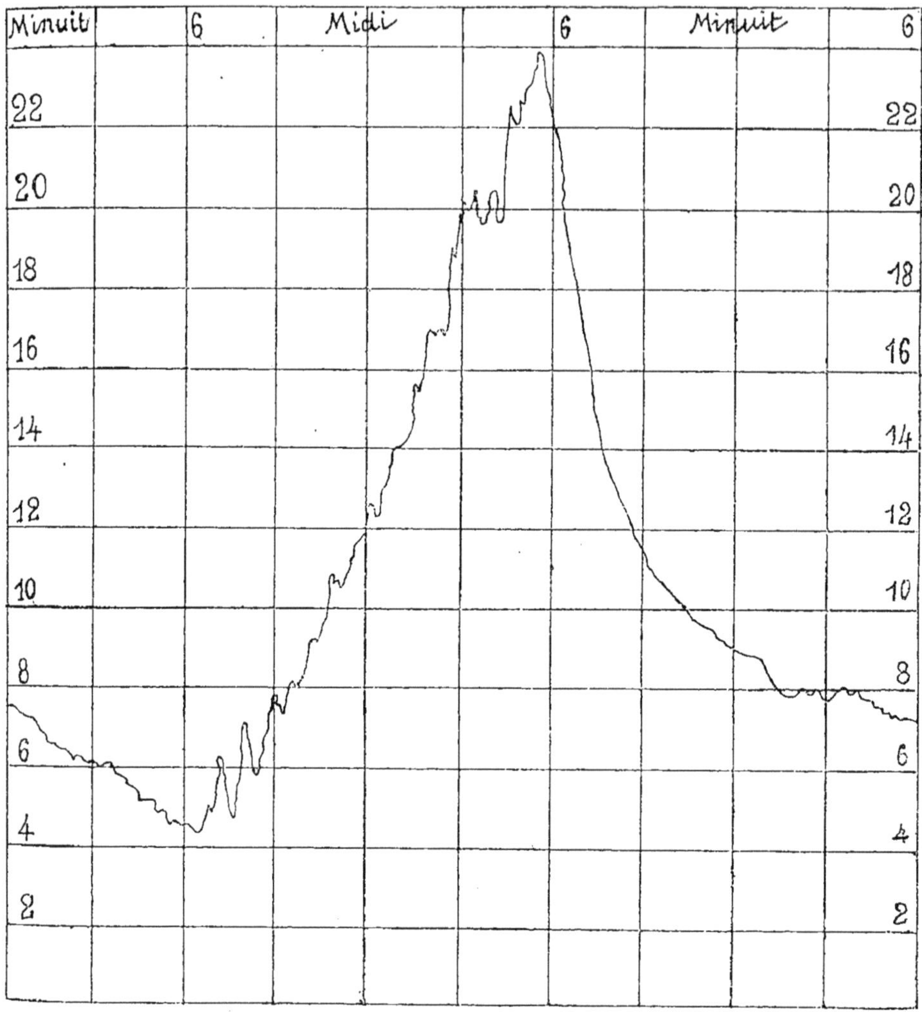

Fig. 18. — Courbe obtenue avec le thermomètre enregistreur (journée d'août 1877).

114. — Baromètre enregistreur. — M. A. Redier a appliqué le même moteur à l'enregistrement des variations de la pression atmosphérique. C'est encore l'arbre d'un train différentiel qui met le crayon en mouvement. Des deux ressorts M, N qui l'actionnent (*fig.* 19), l'un mène un rouage terminé par un échappement E, et un balancier de montre ; ce ressort doit se dérouler avec continuité ; l'autre conduit un volant V, réglé de manière que la vitesse de déroulement de son ressort soit au moins double de celle de l'autre, de sorte que, quand le volant V marche, il détermine dans l'arbre du train une rotation de sens contraire à celle que produit le premier ressort agissant seul. Voici comment ces mouvements de l'arbre sont rendus proportionnels à la variation de hauteur du mercure.

La planchette sur laquelle le baromètre est fixé porte une crémaillère verticale que l'arbre du train peut mettre en mouvement par l'intermédiaire de rouages convenables. D'autre part, un flotteur F (*fig.* 19), placé sur le mercure, soulève une longue aiguille qui tourne autour d'un axe fixe et dont l'extrémité porte un crochet qui, en s'abaissant, peut arrêter le volant V. Quand ce volant est libre, l'arbre du train tourne, en vertu de la différence de vitesse des deux barillets M, N, et, dans un sens tel, qu'il fait descendre la crémaillère et, avec elle, tout le baromètre. Par suite de cet abaissement, le crochet de l'aiguille arrête le volant; et l'arbre, tournant alors en sens inverse de tout à l'heure, fait monter la planchette CX, C'X du baromètre et, par conséquent, le crochet. Bientôt celui-ci, n'agissant plus, laisse le volant se remettre de nouveau en marche, et, par conséquent, faire descendre la planche, et ainsi de suite.

Il résulte de ces mouvements alternatifs que l'aiguille supportée par le flotteur ne peut pas s'écarter notablement de la position pour laquelle son crochet est tangent au cylindre décrit par le volant. Par suite, quand la surface du mercure tend à se déplacer sous le flotteur, c'est le baromètre tout entier qui est déplacé par l'arbre du train, de telle sorte que le niveau du mercure reste constant dans l'espace ; la rotation de l'arbre qui produit le déplacement nécessaire pour assurer cette constance est *précisément proportionnelle à la variation de hauteur de la surface du mercure par rapport au tube* ou bien encore à la variation de la pression atmosphérique.

Voyons maintenant comment cette rotation s'inscrit sur l'enregistreur. La rotation de l'arbre commande celle d'une poulie, Y, sur laquelle est enroulé un cordon qui, par des renvois convenables, déplace, le long d'une règle, un chariot K portant le crayon. Ces déplacements, qui sont alors proportionnels aux rotations de l'arbre du train, se produisent dans le sens des génératrices d'un cylindre I, sur lequel le papier est fixé. Ce cylindre est mû par un mouvement d'horlogerie RR′ indépendant de celui qui fait marcher le train, de telle sorte que le papier, comme dans le thermomètre, se déroule avec une vitesse de 4 millimètres à l'heure.

Il résulte alors de ces mouvements combinés du papier et du crayon, dans deux sens perpendiculaires entre eux, que celui-ci trace sur celui-là une courbe dont les abscisses parallèles à la base du cylindre sont proportionnelles aux temps, et dont les ordonnées sont proportionnelles aux déplacements angulaires de l'arbre du train, et, partant, aux variations de la pression atmosphérique.

On n'a pas à craindre les effets des temps perdus dans le rouage, parce que celui-ci est toujours maintenu en tension, d'un côté par le poids même du baromètre, et de l'autre par un poids qui tend le cordon du crayon.

M. le colonel Goulier discute l'exactitude des résultats que fournit le baromètre enregistreur et arrive à des conclusions absolument favorables, ainsi qu'on va le voir. Après avoir admis la possibilité d'une exactitude suffisante dans la représentation des mouvements relatifs du flotteur, on pourrait, dit-il, craindre deux autres causes d'erreurs inhérentes au baromètre à siphon : 1° celle résultant de la forme des ménisques, qui varie considérablement lorsque le baromètre monte ou descend; 2° celle résultant des effets de la température. Mais M. Redier combat la première en faisant produire, par un marteau, des chocs périodiques sur la planche du baromètre; et la seconde est insignifiante sur la surface inférieure du mercure si, pour la température zéro, le volume total du mercure contenu dans le siphon est égal à celui d'une colonne cylindrique ayant une hauteur égale à dix neuvièmes de la pression barométrique moyenne et une section égale à celle de la chambre barométrique. Voici la démonstration qu'en donne le savant rapporteur :

Soient a et b les dilatations en volume, pour 1°, du mercure et du verre ; r le rayon de la chambre barométrique; V_0 le volume à 0° du mercure contenu dans l'instrument; H_0 et H les hauteurs, à 0° et à $t°$, des colonnes de mercure qui équilibrent les pressions moyennes de l'atmosphère P.

La différence de hauteur de ces colonnes sera $H - H_0 = H_0 \alpha t$. Pour obtenir que, malgré la variation de la température, le niveau inférieur du mercure reste constant dans le tube, supposé fixé à la hauteur de ce niveau, il faudra que le petit volume dont on vient de parler soit égal à la dilatation apparente, dans le verre, de toute la masse du mercure, c'est-à-dire à $V_0 (a - b) t$, plus au volume correspondant à la dilatation linéaire de la colonne de verre H_0, c'est-à-dire à $\pi r^2 H_0 \frac{b}{3} t$.

De l'égalité que nous venons de supposer, on tire

$$V_0 = \pi r^2 H_0 \times \frac{1}{3} \frac{3a - b}{a - b},$$

d'où l'on tire $V_0 = 1{,}111\ \pi r^2 H_0$. Et il suffira que le volume du mercure à 0° satisfasse à cette équation pour que la position du flotteur ne soit pas modifiée par les variations de la température, tant que la pression barométrique aura la valeur moyenne P. Cela n'aura plus lieu rigoureusement pour une autre pression P'; mais l'erreur ne dépendra que des effets de la dilatation d'une colonne de mercure ayant pour hauteur $P - P'$. Et, tout compte fait, en supposant les mêmes diamètres aux deux branches du siphon, l'erreur qui en résultera, sur la valeur de la pression enregistrée par l'instrument, sera seulement $0^{mm},1$ pour une différence de pression de $0^{m},028$ et pour une température de 20°. Une erreur aussi faible sera considérée comme insignifiante par les observateurs, qui savent que deux baromètres, placés au même niveau, sur la face Est et sur la face Ouest d'une maison, rencontrée par un vent d'ouest, donnent des indications qui, ramenées à la même température, peuvent différer de 2 à 3 dixièmes de millimètre; et que, dans les mêmes conditions, on trouve des discordances analogues entre deux baromètres placés, l'un à l'extérieur, l'autre à l'intérieur d'une chambre dans laquelle un appel d'air est fait, soit par une cheminée, soit par l'action du soleil sur la lanterne d'un escalier qui communique avec cette chambre.

La figure 19 représente dans son ensemble le baromètre à mercure enregistreur. Voici l'indication des principales pièces :

M, N, double rouage d'horlogerie;
E, échappement à cylindre réglant le rouage M;
V, volant réglant le rouage N ;
Y, roue montée sur l'axe du train différentiel;
P, poulie montée sur un arbre conduit par la roue Y;

CC, chariot qui porte le baromètre et qui est muni d'une crémaillère

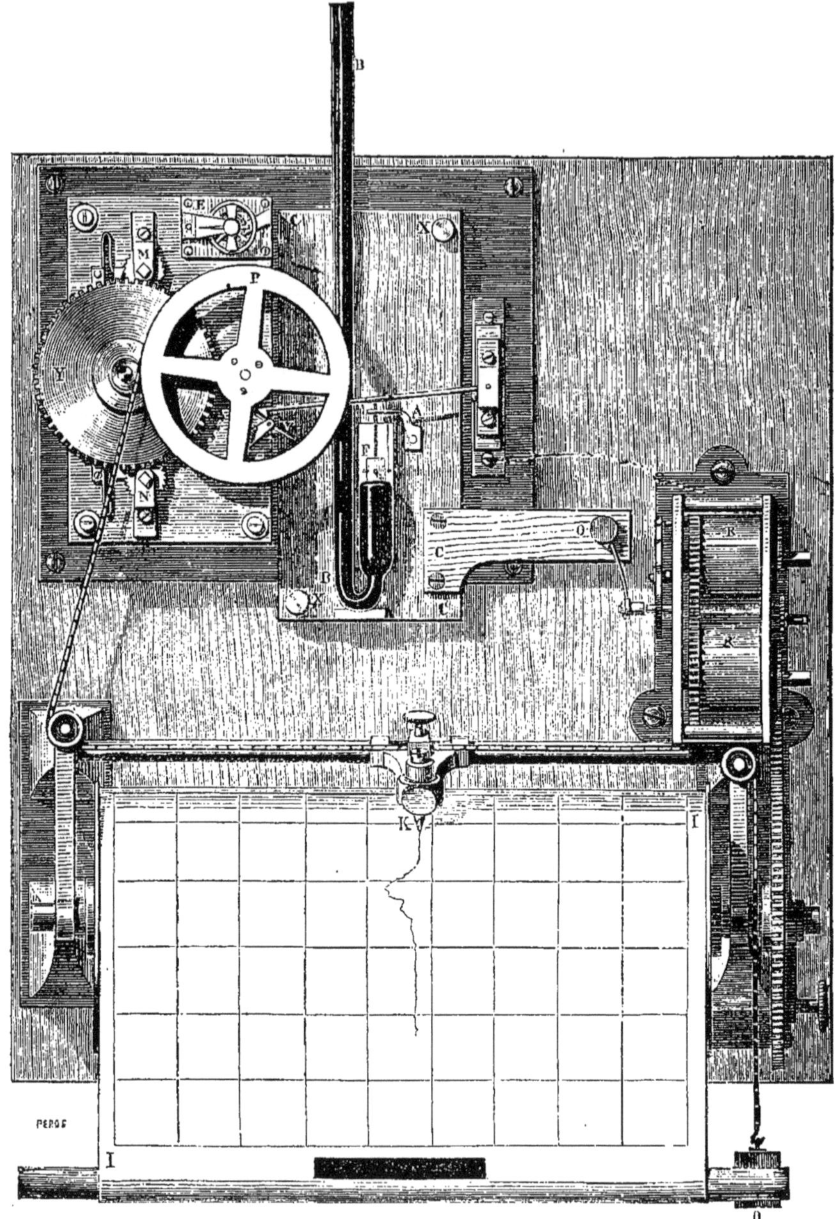

Fig. 19. — Baromètre enregistreur de A. Redier.

engrenant avec un pignon invisible dans la figure et qui est monté sur l'axe de la poulie P;

BB, baromètre à mercure à siphon;

F, flotteur,

A, aiguille terminée par un crochet et qui vient reposer sur une petite tige d'acier très-fine faisant partie du flotteur;

XX, boutons molletés servant à fixer la planchette CC sur le chariot;

RR', mouvement d'horlogerie conduisant le cylindre qui porte le papier, à raison de 4 millimètres par heure;

II, papier enroulé sur le cylindre;

K, porte-crayon et crayon se mouvant sur le papier;

Q, poids tenseur du crayon;

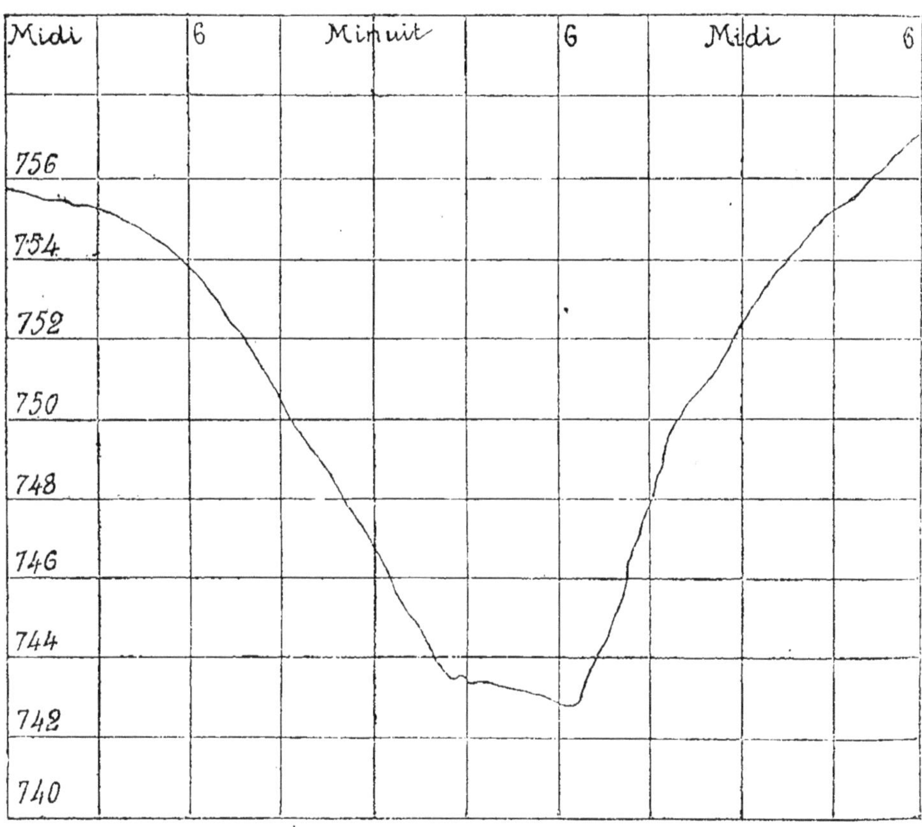

Fig. 20. — Courbe obtenue par le baromètre enregistreur (minimum barométrique de janvier 1877).

La figure 20 représente une courbe obtenue par cet appareil. A l'inspection de cette courbe, on est frappé de la supériorité de ce mode d'observation sur celui qui consiste à lire le baromètre plusieurs fois par jour. La figure 21 représente une courbe fournie par l'appareil pendant un orage; chaque coup de tonnerre s'y trouve inscrit par suite d'une augmentation brusque dans la pression. Ce

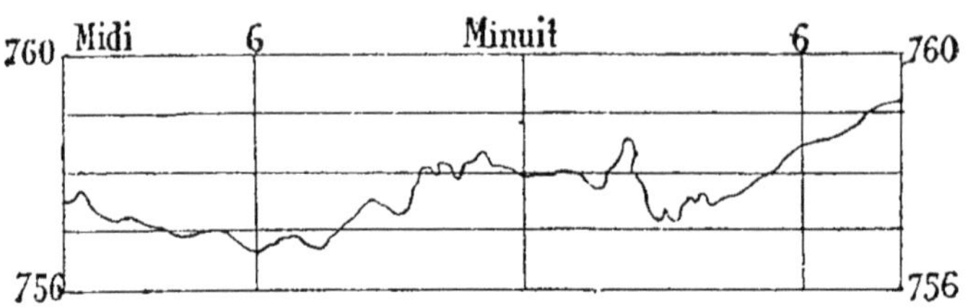

Fig. 21. — Courbe d'orage.

phénomène intéressant, signalé pour la première fois par M. l'abbé Goulon, curé de Sainte-Ruffine, près Metz, est très-difficile à constater sans l'appareil enregistreur, qui en a fréquemment confirmé l'existence depuis l'emploi du baromètre Redier.

115. — Électromètre enregistreur. — Les détails dans lesquels je suis entré au sujet du principe des appareils de M. Redier me dispensent d'une longue description des autres enregistreurs dont il me reste à parler. J'en ferai donc connaître sommairement la disposition, rendue d'ailleurs très-compréhensible par les figures. D'après ce que j'ai dit du rôle de l'électricité atmosphérique dans la végétation, il y a aujourd'hui un intérêt très-grand à connaître l'état électrique de l'air aux diverses époques de l'année, à diverses altitudes et dans les conditions différentes où croissent les végétaux. L'usage des appareils enregistreurs peut seul permettre cette étude, et il est à souhaiter que les stations centrales météorologiques soient bientôt toutes pourvues de cet appareil.

L'électromètre enregistreur construit par M. A. Redier, sur les données de M. Mascart, est destiné à inscrire d'une manière continue l'état électrique de l'atmosphère d'après les déplacements de l'aiguille de l'électromètre Thomson.

La mobilité de cette aiguille et l'extrême faiblesse de la force directrice rendaient fort difficile l'emploi des seuls moyens mécaniques pour résoudre la question. Cependant M. A. Redier a été assez habile pour appliquer à l'inscription continue des phénomènes électriques les dispositions générales des instruments que je viens de décrire. Voici par quel artifice il a résolu le problème.

Il a employé un mécanisme additionnel qui serre l'aiguille de l'électromètre, toutes les deux minutes, entre deux mâchoires circulaires, et lui donne par là la rigidité nécessaire pour commander le rouage différentiel : on obtient ainsi une courbe qui n'a plus, il est vrai, la continuité des courbes précédentes, mais qui représente

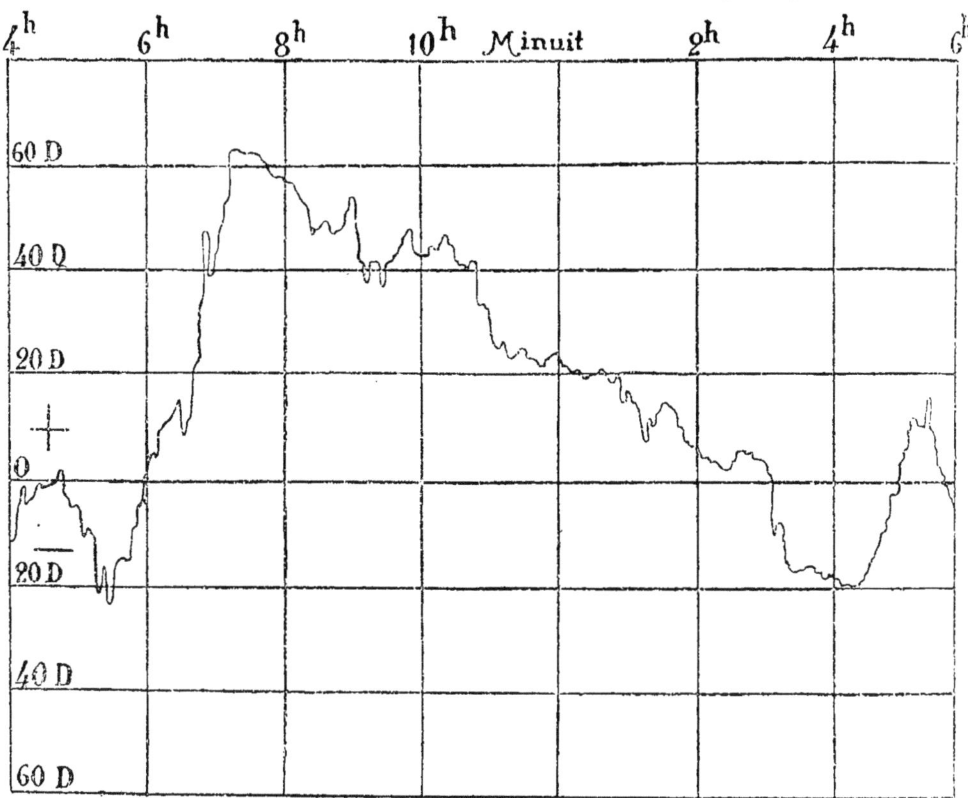

Fig. 22. — Courbe de l'électromètre enregistreur.

(*fig.* 22), d'une façon très-nette, l'état électrique de l'air à chaque instant. Les indications placées à gauche de la courbe, 60 D, 40 D, expriment, en éléments de Daniell, l'intensité du phénomène électrique. Les chiffres placés au-dessus du 0 correspondent à l'état positif de l'électricité atmosphérique, les notations inférieures à l'état négatif. Cette courbe donne une idée de la rapidité des variations dans l'intensité et dans le sens du phénomène pendant une journée.

La figure 23 donne une vue d'ensemble de l'électromètre enregistreur installé au laboratoire du Collége de France.

RBPN, électromètre dont la base dentée et pivotant sur son centre permet à l'ensemble de tourner à droite ou à gauche;

M, mouvement d'horlogerie à deux rouages terminés cette fois chacun par un volant;

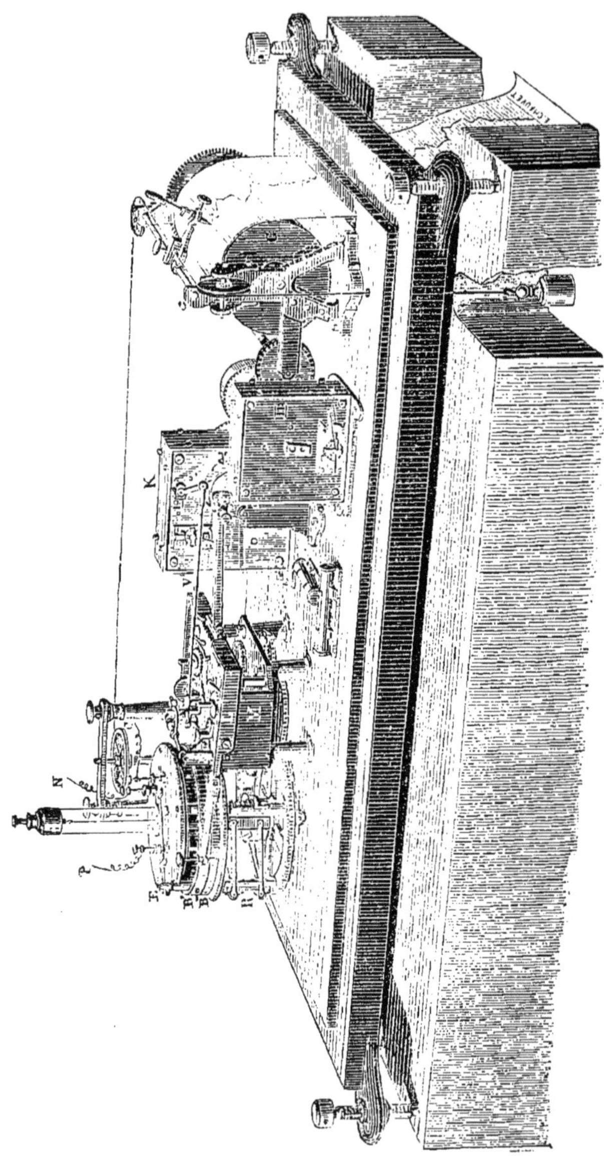

Fig. 23. -- Vue d'ensemble de l'électromètre enregistreur.

K, rouage destiné à ouvrir et fermer les mâchoires qui serrent l'aiguille;

H, mouvement qui conduit le cylindre enregistreur G à raison de 8 millimètres par heure;

La figure 24 représente l'élévation de l'électromètre de Thomson avec le rouage double à deux volants. La figure 25 représente le plan de l'électromètre enregistreur.

QAT, aiguille de l'électromètre;
PN, fils positif et négatif de la pile;
BB′, deux cercles entre lesquels se trouve serrée l'aiguille QT;

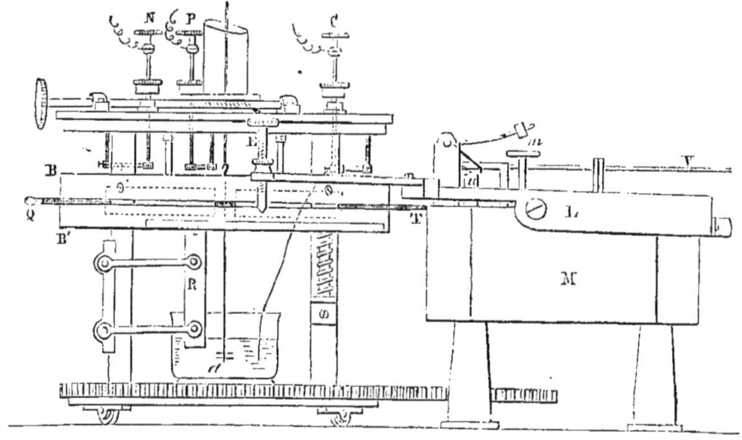

Fig. 24. — Électromètre enregistreur (élévation).

R, mouvement à la Roberval pour ouvrir et fermer parallèlement les deux cercles-mâchoires B et B′;

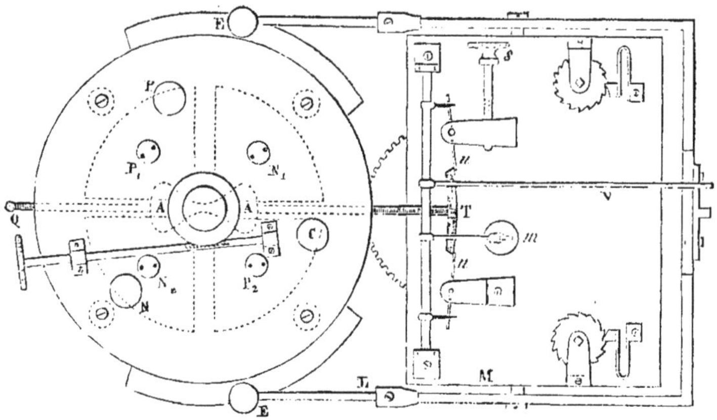

Fig. 25. — Plan de l'électromètre enregistreur.

a, vase contenant le liquide qui fait communiquer l'aiguille avec l'appareil à écoulement;

L, double levier qui sert à ouvrir ou fermer les cercles-mâchoires ;
M, double mouvement d'horlogerie à train différentiel, terminé par deux volants u;
T, extrémité de l'aiguille en forme de T qui viendra arrêter les deux volants u;
V, tige destinée à conduire un levier qui éloigne les volants de l'aiguille lorsque celle-ci doit être libre;
E, extrémité des leviers L qui viennent, à un moment donné, appuyer sur la mâchoire inférieure pour libérer l'aiguille;

Voyons comment fonctionne cet ensemble. L'aiguille QAT est d'abord libre et les volants u éloignés d'elle sont prêts à être libérés eux-mêmes. Après une minute environ de liberté, l'aiguille a pris sa position et a dévié, par exemple, vers la droite. A ce moment, le rouage K (*fig.* 23), agissant sur les leviers LL, permet à la mâchoire inférieure B' de s'élever et de serrer l'aiguille sur la mâchoire supérieure B, qui est fixe.

L'aiguille ainsi serrée, les deux volants u, mis en liberté par la tige V, sont prêts à tourner, l'un à droite, l'autre à gauche. Mais si l'aiguille a dévié vers la droite, le volant de droite sera gêné par elle et le volant de gauche sera seul libre.

Il tournera, et l'appareil fonctionnant, tout l'électromètre tournera sur lui-même jusqu'au moment où le T de l'aiguille, rencontrant le volant libre, s'arrête à son tour. L'aiguille, quoique déviée par rapport aux quadrants qui l'enveloppent, n'en sera ainsi pas moins ramenée dans l'axe de la figure, comme dans le plan (*fig.* 25). L'électromètre a donc tourné d'une certaine quantité vers la gauche, comme il aurait tourné vers la droite, si l'aiguille avait dévié vers la gauche.

C'est ce déplacement circulaire qui se trouve enregistré sur le cylindre C au moyen du fil K qui entraîne le crayon. Le fragment de courbe de la figure 22 représente quatorze heures de marche de l'instrument.

La ligne 0 correspondant à la communication de l'aiguille avec le sol, on voit que vers sept heures l'état électrique de l'air à l'orifice de l'écoulement de l'appareil de Thomson est positif et atteint la valeur de 60 éléments Daniell, alors que l'électricité négative n'a pas dépassé sensiblement 20 éléments vers cinq heures.

Il va sans dire que l'ensemble de l'appareil doit être couvert et solidement installé pour assurer la précision des fonctions de l'aiguille.

116. — Anémomètre enregistreur. — Cet instrument a été construit par M. A. Redier, d'après le modèle de M. Hervé-Mangon ; il se compose de trois parties parfaitement distinctes :

1° L'anémomètre représenté par la figure 26 ;

2° L'anémoscope représenté par la figure 27 ;

3° L'enregistreur représenté par la figure 28.

1° *Anémomètre.* — L'anémomètre proprement dit se compose

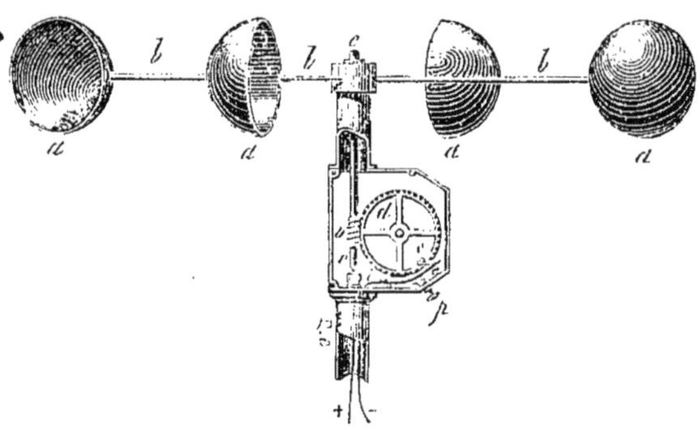

Fig. 26. — Anémomètre.

d'un axe vertical *u*, dont l'extrémité supérieure porte quatre tiges horizontales *bbb*, rectangulaires entre elles et terminées chacune par une demi-sphère creuse *aaaa* en métal, très-légère, et soudée de telle manière que la partie concave de l'une quelconque d'entre elles regarde la partie convexe de la suivante.

Les tiges du moulinet sont réunies sur un moyeu porté par l'axe *cc*. Cet axe, par sa partie inférieure, repose dans une crapaudine. Une vis sans fin *v*, prise sur l'axe *cc*, commande une roue dentée *d* de 200 dents, laquelle porte, fixées aux extrémités d'un même diamètre, deux chevilles métalliques *c*, qui viennent successivement toucher au ressort *e*.

Ce ressort, monté sur un support isolant, porte un fil *i* qui sert à relier cette partie de l'appareil avec l'enregistreur. Sous l'influence du vent, le moulinet prend un mouvement de rotation autour de son axe, et M. Robinson, on le sait, a démontré que le nombre de tours de ce moulinet est toujours proportionnel à la vitesse du vent. Le nombre 3 représente assez exactement le rapport qui existe entre le chemin parcouru par le vent et celui parcouru par les ailes.

2° *Anémoscope.* — Sur un axe horizontal sont fixées deux grandes roues HH, dont les rayons sont formés de palettes inclinées. Cet

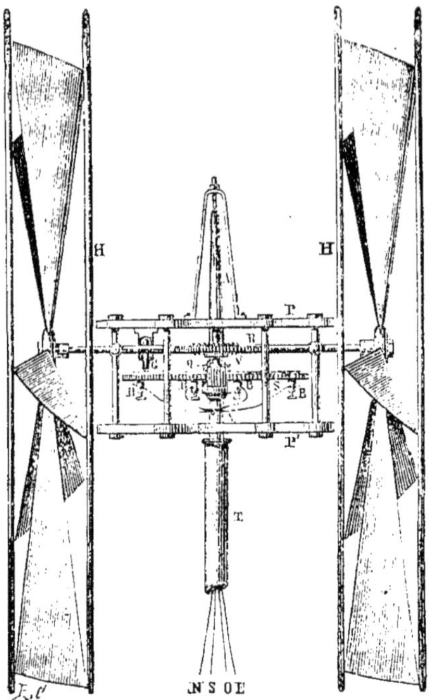

Fig. 27. — Anémoscope.

arbre horizontal porte une vis tangente V engrenant avec une roue R. Sur l'axe de cette roue se trouve un pignon Q qui engrène avec une roue S montée sur l'axe fixe A ; tout le système est solidement établi entre deux platines d'acier PP'.

La grande roue S, qui est montée sur l'axe fixe A, porte quatre secteurs métalliques parfaitement isolés et communiquant chacun à des bornes BB placées au-dessous de cette roue.

Deux ressorts, portant chacun un galet G et placés suivant deux diamètres perpendiculaires frottent sur les quatre secteurs métalliques. De ces secteurs, qui correspondent aux quatre points cardinaux, partent quatre fils N, S, O, E. Les contacts métalliques des galets à ressorts sur les secteurs suffisent pour établir les communications électriques.

L'ensemble du mouvement est enfermé dans une boîte pour le préserver de la pluie et des poussières de l'atmosphère.

On voit donc que tout le système se déplace autour de la roue fixe S, qui est montée sur l'axe A. Grâce à cette disposition, lorsque les roues se mettent à tourner sous l'influence du vent, l'axe de ces roues qui porte la vis sans fin V tourne et transmet le mouvement des ailes à l'ensemble du rouage, qui prend alors un mouvement de translation autour de l'axe jusqu'à ce que le plan des ailes soit parallèle à la direction du vent.

3° *Enregistreur.* — L'enregistrement s'effectue sur une bande de

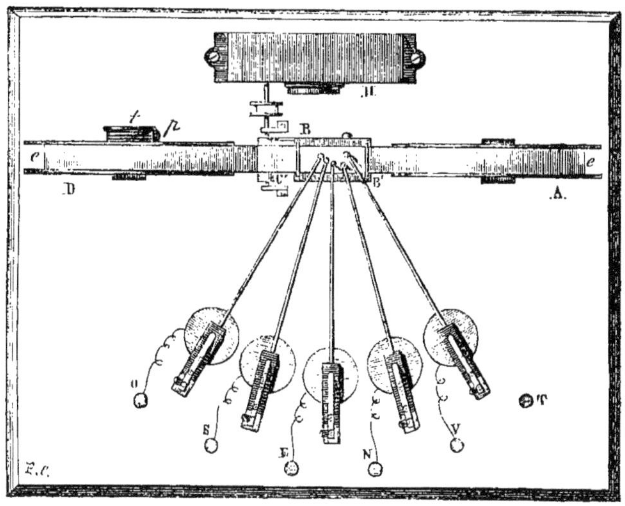

Fig. 28. — Euregistreur.

papier *ee* qui se déroule d'une bobine A (*fig.* 28) et qui, après avoir passé sur l'enclume BB', enveloppe en partie le cylindre guilloché C' pour aller s'enrouler sur le moyeu d'une poulie D. L'axe de cette poulie porte un petit tambour sur lequel s'enroule un fil de soie soutenant un poids *p*, lequel a pour but de faire tourner la poulie D et d'enrouler dessus la bande de papier *ee*.

Le cylindre C' est commandé par un mouvement d'horlogerie renfermé dans la boîte H et qui permet à la bande de papier de se mouvoir d'une manière uniforme.

L'inscription des phénomènes sur cette bande a lieu au moyen de cinq pointes d'acier mises en mouvement par le passage du courant dans les électro-aimants V et N, E, S, O. Ces électro-aimants sont disposés en trembleurs électriques. La barre V correspond à la vitesse. Cela posé, on comprend que le trembleur V frappera toutes les fois que le courant sera formé par le contact de la goupille de la roue *d* et du ressort *e* (*fig.* 26), c'est-à-dire toutes les fois que le martinet des vitesses aura fait cent tours.

Quant à la direction, comme les ressorts frotteurs sont toujours en contact avec un ou au plus deux des quatre secteurs répondant aux quatre aires du vent, il en résulte que le courant passera seulement par un ou par deux des électro-aimants N, S, E, O. Les traces laissées sur les bandes de papier indiqueront donc les directions successives du vent. Si les deux ressorts sont simultanément en contact avec deux secteurs, les deux électro-aimants correspondant à ces deux secteurs fonctionneront aussi simultanément, et l'on sera averti par là que la direction du vent est comprise entre les deux points cardinaux auxquels répondent les deux secteurs.

Les piles se fatigueraient assez vite si le courant passait d'une manière continue. Pour obvier à cet inconvénient, les quatre fils N, S, E, O viennent aboutir à l'horloge, qui ne permet au courant de passer que de dix minutes en dix minutes. M. Redier a construit également, sur les indications de M. Hervé-Mangon, un pluviomètre enregistreur.

117. — Bascule physiologique. — Application des appareils enregistreurs à la chimie agricole. — Dans l'étude d'un phénomène naturel, l'expérimentateur peut, suivant le point de vue auquel il se place, poursuivre deux buts distincts nécessitant, pour être atteints, l'emploi de deux méthodes différentes. Un exemple fera comprendre tout de suite ma pensée. Supposons qu'il s'agisse de déterminer l'évaporation de l'eau par le sol nu : on peut chercher à évaluer la perte en eau que subit un sol donné, dans l'espace d'un ou de plusieurs mois ; pour cela, une pesée faite au début de l'essai, suivie d'une autre à la fin de la période choisie par l'expérimentateur suffira. La différence entre les deux poids trouvés, en supposant que la terre n'ait perdu que de l'eau et n'ait rien absorbé durant l'essai, indiquera la perte totale en eau subie par la terre, sous l'influence de l'évaporation. Ce résultat final ne nous indiquera rien sur la marche du phénomène en lui-même, sur l'influence exercée par la température, par l'état hygrométrique de l'air, etc., sur l'évaporation. En un mot, toute donnée sur la *continuité* du phénomène nous fera défaut.

Supposons, au contraire, que l'expérience soit disposée de telle sorte qu'à chaque instant nous puissions suivre la marche de l'évaporation; à la fin de l'expérience, non-seulement nous connaîtrons, comme dans le premier cas, la perte totale en eau subie par le sol, mais nous pourrons rapprocher des indications du thermomètre et de l'hygromètre les pertes de poids observées d'une manière continue; nous saurons à chaque moment de l'expérience comment se comporte le sol.

L'invention des appareils enregistreurs permet aujourd'hui la réalisation d'observations faites par cette seconde méthode.

La construction des enregistreurs a atteint, on vient de le voir, dans les mains de M. A. Redier, un tel degré de perfection qu'une voie nouvelle s'ouvre devant les physiciens, les physiologistes et les agronomes, voie qui sera très-féconde, j'en ai la certitude, pour le développement des sciences naturelles.

M. A. Redier doué, au plus haut degré, du génie inventif de la mécanique, a construit, avec une rare habileté, la série d'instruments enregistreurs que je viens de décrire. Quand on a, une seule fois, examiné attentivement les tracés graphiques ainsi obtenus sans le concours de l'observateur, tracés qui sont la reproduction exacte des moindres changements survenus dans l'état de l'atmosphère, on est convaincu que l'avenir de la météorologie est tout entier dans l'emploi et dans la multiplication de ces appareils. En effet, les observations faites à intervalles, même rapprochés, ne nous renseignent que d'une façon tout à fait insuffisante sur les mouvements de l'atmosphère, et dorénavant les observatoires météorologiques doivent être pourvus d'appareils enregistreurs.

Il y a quelques années, me trouvant dans les ateliers de M. Redier, j'ai été frappé de l'importance qu'il y aurait à faire bénéficier l'agriculture des progrès réalisés par lui dans la construction de ces observateurs automatiques. Je fis appel à son dévouement bien connu des savants et lui exprimai le désir d'avoir une bascule enregistrante. Je lui exposai le plan des expériences que j'avais en vue sur l'évaporation des plantes et du sol. Quelques mois plus tard, j'adressais à M. Redier un programme détaillé des expériences que je désirais entreprendre, ne doutant pas qu'avec l'ingéniosité qui caractérise toutes les inventions de cet habile artiste, la solution du problème de mécanique que je lui posais ne tarderait pas à être trouvée par lui. Mon attente n'a pas été trompée : dans le courant de l'hiver de 1876, M. Redier m'annonça que la question était résolue. La bascule physiologique était trouvée. Sa construction repose sur les principes développés plus haut. Sans entrer dans des détails techniques de construction qui m'exposeraient à des redites, je vais chercher, en m'aidant de la figure 29 et du rapport de M. le colonel Goulier, à donner à mes lecteurs une idée suffisante de la disposition et du fonctionnement de cet appareil.

Le problème à résoudre était le suivant. Étant donnée une bascule, d'une force de 300 à 400 kilogr., trouver une disposition mécanique qui permette d'enregistrer d'une façon continue, pendant un temps illimité, les gains ou les pertes de poids subis par un corps placé sur l'un ou sur l'autre des plateaux ; c'est-à-dire, inscrire, sur une feuille de papier, se déroulant avec une vitesse constante et connue à l'avance, les variations de poids d'un corps placé sur l'un des plateaux, ces variations pouvant consister alternativement et indépendamment de la main de l'observateur, en gains ou en pertes de poids.

L'appareil présenté le 11 mai 1877 par M. Redier, dans la séance de la Société d'encouragement, appareil auquel j'ai proposé de donner le nom de *bascule physiologique,* réalise d'une façon parfaite les conditions que je viens d'indiquer.

La bascule est une bascule ordinaire, très-bien exécutée et sortant des ateliers de M. Paupier. Le petit plateau de l'instrument porte un vase renfermant un liquide peu ou pas volatil (je me sers avec avantage d'un mélange de glycérine neutre, étendue d'un tiers de son volume d'eau). D'autre part, l'arbre du train différentiel qui commande le mouvement du crayon, commande aussi la rotation d'une poulie à laquelle est attaché un cordon portant un tube cylindrique fermé. (Cette partie de l'appareil est de l'invention de M. Hervé-Mangon.) Ce cylindre plonge dans le liquide et y perd une partie de son poids égale à celui du volume du liquide déplacé; cette perte s'ajoute au poids du petit plateau. De sorte que si l'on assujettit l'arbre du train différentiel à faire tourner la poulie de manière que, malgré les variations du poids de l'objet placé sur le grand plateau, l'équilibre soit constamment rétabli dans la bascule, la longueur dont la partie immergée du flotteur aura dû varier pour assurer ce résultat, sera proportionnelle à la variation du poids subie par le grand plateau; mais cette quantité sera proportionnelle aussi à la rotation de l'arbre du train qui, elle-même, est proportionnelle au déplacement du crayon dans le sens des ordonnées de la courbe qu'il trace. Donc, ces ordonnées seront réellement proportionnelles aux variations du poids du grand plateau.

On conçoit que si l'on détermine, par une expérience préalable, la longueur, en millimètres, dont émerge ou s'enfonce le flotteur, pour rétablir l'équilibre rompu par l'addition d'un poids donné, de 10 gr., par exemple, sur l'un des plateaux, il suffira de lire, sur le papier quadrillé, la longueur de la courbe pour connaître la tare du flotteur. Cela fait, rien de plus simple que de traduire, en poids marqués, les courbes qui s'inscrivent sur le papier pendant le cours d'un essai.

L'équilibre constant que nous venons de supposer est assuré de la manière suivante : celle des extrémités du fléau de la bascule qui est placée du côté du petit plateau porte une aiguille légère, terminée par un crochet qui, en s'élevant, dès que le poids placé sur le grand plateau est trop fort, arrête le volant commandé par l'un des ressorts, alors le second ressort, qui se déroule avec continuité, fait marcher l'arbre du train dans un sens tel que l'immersion du plongeur augmente. Il en résulte, pour le petit plateau, une augmentation de poids qui fait alors pencher le fléau en sens inverse. Par suite, le volant est déroulé et le ressort qui le commande imprime à l'arbre du train une rotation qui fait sortir le plongeur et ainsi de suite. De telle sorte que l'aiguille à crochet ne peut pas s'écarter de la position voulue sans qu'aussitôt le mécanisme ne l'y ramène, en rétablissant l'équilibre.

La sensibilité de l'appareil est telle que le grand plateau, chargé de 300 kilogr., enregistre des fractions de gramme; une bougie

Fig. 29. — Bascule physiologique.

allumée écrit elle-même sa perte par combustion sans brusques ressauts.

Il est bon de noter un détail fort important. Les mouvements brusques et accidentels de la bascule, ceux que produiraient, par exemple, les sauts et les bonds d'un animal soumis à l'expérience, ne s'enregistrent pas sur la courbe. En effet, quoique les oscillations qu'éprouve l'aiguille directrice modifient les durées des deux mouvements alternatifs du crayon, qui se produisent en sens inverse lorsque le volant est libre ou arrêté, cependant les déplacements de ce crayon, qui se meut nécessairement avec une grande lenteur, ne peuvent acquérir des valeurs importantes avant que l'équilibre ne soit rétabli.

Je suis en possession, depuis le mois de juin 1877, de cet appareil qui me permet d'étudier un certain nombre de questions très-intéressantes. Ceux qui ont l'habitude des recherches physiologiques savent de quelles difficultés de tout genre sont entourés les problèmes qui touchent, par un point quelconque, aux phénomènes biologiques; l'expérimentateur qui aborde l'examen de ces problèmes ne saurait trop multiplier les essais, s'entourer de trop de précautions, se livrer à des vérifications trop nombreuses, avant de considérer comme certains les résultats obtenus. Une très-grande réserve est commandée par la nature même du sujet. C'est pour ces motifs que je n'ai pas encore publié les résultats de mes premières recherches.

Afin de montrer le parti que la physiologie et la chimie appliquées à l'agriculture peuvent tirer de l'emploi des appareils enregistrants, je vais exposer le programme succinct des essais entrepris à la Station agronomique de l'Est, réservant pour une publication ultérieure l'exposé des résultats obtenus.

J'ai rappelé précédemment combien est important le rôle de l'eau dans la végétation; j'indiquerai plus loin les lacunes considérables qu'offre encore, sur cette question capitale pour l'agriculture, l'état actuel de nos connaissances. Les chiffres discordants, déduits d'observations souvent incomplètes, de calculs hypothétiques, laissent dans l'esprit de ceux qui aiment à aller au fond des choses des doutes fondés sur la valeur numérique à adopter pour évaluer la perte annuelle en eau d'un hectare de sol nu ou soumis à diverses cultures, à diverses opérations mécaniques, labours, hersages, roulages, etc. On ne connaît pas d'une façon précise les lois de la transpiration des plantes, on n'a pas mesuré exactement encore l'influence qu'exercent, sur le phénomène, la chaleur, la lumière, le degré d'humidité de l'air et du sol, l'agitation de l'air, la nature de la plante, etc.

Tels sont les problèmes dont j'ai entrepris l'étude et que j'espère résoudre à l'aide des expériences en voie d'exécution.

1° *Évaporation du sol :*

Tous les sols évaporent des quantités variables, mais considérables d'eau : c'est là un fait constant pour tout le monde. Quelle part, dans ce phénomène, doit être attribuée :

1° A la composition physique, mécanique et chimique du sol;

2° A la teneur du sol en eau ;

3° A la température et à l'état hygrométrique de l'air ;

4° Au renouvellement de l'air ambiant ;

5° A la végétation qui couvre le sol ?

Pour étudier la réponse à faire à ces diverses questions, je me suis arrêté aux dispositions générales suivantes :

Trois bascules enregistrantes sont disposées dans une pièce spéciale du laboratoire, largement éclairée par de vastes baies et dont la température et l'état hygrométrique peuvent être, à volonté, maintenus constants ou modifiés dans un sens donné, à l'aide de dispositions convenables.

Deux thermomètres enregistreurs de M. Redier, l'un sec, l'autre mouillé, font connaître à chaque instant la température et l'état hygrométrique de l'air du laboratoire.

Ces trois bascules sont placées sur des rails se prolongeant au dehors du laboratoire à une distance suffisante pour que l'appareil tout entier puisse être, à la volonté de l'opérateur, placé à l'air libre.

Chacune des bascules porte, sur le grand plateau, une caisse rectangulaire en tôle, d'une surface de 1/4 de mètre et d'une profondeur de $0^{m},40$. Ces caisses, percées de trous à la partie inférieure, sont remplies de terre.

Cette disposition permet d'étudier successivement :

1° Le pouvoir évaporateur d'un même sol, inégalement mouillé ;

2° L'évaporation du même sol inégalement remué ou tassé ;

3° L'évaporation de sols de différente composition ou structure ;

4° La faculté absorbante du sol pour la vapeur d'eau dans les conditions indiquées ci-dessus.

Ce n'est qu'en observant *simultanément*, dans les mêmes conditions de température et d'humidité de l'air, l'évaporation de sols de composition ou d'état physique différents qu'on peut arriver à formuler d'une façon précise les lois qui président à l'évaporation.

Voilà pour le sol nu.

Pour établir la part qui revient à la plante et celle du sol dans l'évaporation de la terre en culture, j'ai également recours à trois expériences simultanées avec des caisses identiques à celles dont je viens de parler. Le volume de terre contenu dans chacune de ces caisses étant de 100 litres, je puis y cultiver des végétaux d'assez grande taille, tabac, betterave, pomme de terre, céréales et même des arbres.

J'appellerai, pour abréger, A, B et C les trois caisses en question : toutes trois sont remplies du même sol, mélangé à l'avance de façon à le rendre absolument identique dans les trois caisses. La caisse A renferme le sol nu et sans plante ; la caisse B et la caisse C contiennent chacune une plante aussi identique que possible et dont on peut d'ailleurs mesurer la surface foliacée à divers moments de l'expérience, par des procédés très-simples que je ferai connaître en publiant les résultats obtenus. Les caisses B et C ne diffèrent l'une de l'autre que par un seul point ; tandis que dans la caisse B le sol est libre, dans la caisse C il est couvert par une plaque le mettant complétement à l'abri du contact avec l'atmosphère, percée d'un trou en son milieu et laissant passer la tige de la plante qui se trouve mastiquée dans une douille sans être gênée dans son développement. L'enregistreur de la caisse A fait connaître l'évaporation du sol nu ; l'enregistreur de la caisse B celle du sol, plus celle de la plante ; l'enregistreur de la caisse C fait connaître l'évaporation de la plante seule. En rapprochant les tracés de ces trois enregistreurs, on arrive aisément à faire la part de la plante et celle du sol dans l'évaporation totale de la surface cultivée.

La disposition représentée dans la figure 29, gravée d'après une photographie de l'une des bascules en fonction, permet de faire avec un seul instrument des observations moins complètes que celle dont je viens de décrire le dispositif, mais fort intéressantes déjà.

Deux caisses rectangulaires de même hauteur et de surface décuple l'une de l'autre sont placées sur les deux plateaux de la bascule : ces caisses sont remplies du même sol ; en réglant convenablement, par tâtonnement, les surfaces respectives des deux caisses, on arrive à obtenir comme tracé, sur la feuille quadrillée, une ligne droite indiquant que l'évaporation des deux caisses se fait parfaitement équilibre : il suffit, pour cela, que la perte en eau de la grande caisse soit décuple de celle que subit la petite, puisque, cette condition étant remplie, d'après le principe même de la bascule, le système demeure en équilibre. On conçoit que si l'on vient à remplacer la caisse du grand plateau par un autre vase de même surface, de volume égal et contenant, outre la même quantité du *même* sol, une plante de poids ou de surface connus, la perte accusée par l'enregistreur sera celle qui résulte de l'évaporation de la plante seule, l'évaporation due au sol s'annulant, comme je l'ai dit plus haut.

A côté de ces recherches sur l'évaporation, j'ai entrepris d'autres séries d'expériences, portant sur le fanage des végétaux, sur les animaux, etc.

Dans la première série, je me suis proposé de déterminer expérimentalement la marche de l'évaporation de l'eau dans les végétaux séparés de leur racine ; j'étudie ainsi pour les plantes agricoles les plus importantes, dans des conditions déterminées de température et d'hygrométrie, le temps qui s'écoule jusqu'au moment où les feuilles ont perdu leur rigidité et la perte d'eau correspondant à cette flétrissure. Les végétaux, comme on pouvait s'y attendre, présentent des différences énormes dans les quantités d'eau qu'ils doivent perdre avant de se faner. Les résultats que je publierai plus tard ne seront pas, je l'espère, sans intérêt pour les cultivateurs.

Sur l'homme et les animaux, j'étudie les déperditions par les voies respiratoire et cutanée dans les conditions physiologiques les plus variées, digestion, inanition, repos, travail, sommeil ; je ferai connaître également plus tard le résultat de ces recherches.

Mon but, en publiant ce programme d'expériences, a été de me réserver le droit de continuer mes recherches et de montrer l'importance du service rendu à l'agriculture par M. A. Redier, qui nous a dotés d'appareils précieux pour l'étude de questions presque inabordables en l'absence d'instruments enregistreurs.

118. — Résumé et conclusions. — On voit, par ce que nous venons de dire, combien la météorologie doit attendre de progrès par la généralisation de l'emploi des instruments enregistreurs. En terminant, je m'associerai entièrement à M. le colonel Goulier en ce qui concerne deux perfectionnements qu'il est à souhaiter de voir M. A. Redier apporter bientôt à ses appareils. Le premier consisterait à faire indiquer des moyennes, soit horaires, soit trihoraires, soit journalières par les enregistreurs. La solution de cette question, qui dépend de la quadrature directe ou indirecte des courbes tracées, semble, dit M. Goulier, pouvoir être obtenue par un mécanisme lié au crayon qui trace ces courbes. Le second perfectionnement aurait pour objet de faire tracer ces courbes, non pas seulement par un crayon sur du papier ordinaire, mais bien plutôt par une pointe sur un papier susceptible d'en donner des copies, soit par décalquage, soit par un report sur une pierre lithographique. Cela ne devrait pas dispenser de faire tracer, avec le crayon, une courbe qui, si le report était manqué, pourrait servir d'original et être reproduite par les procédés plus coûteux de la photo-lithographie. En réduisant les échelles des courbes au simple nécessaire, on pourrait représenter tous les phénomènes météorologiques d'une nuit sur une bande de papier ayant la hauteur du format in-8° et une longueur modérée. Il est inutile d'insister, dit en terminant le rapporteur, sur les avantages que procurerait à la science la publication économique et correcte de ces courbes automatiques, au lieu et place des grands tableaux de chiffres qu'on publie actuellement; car, outre les inconvénients de ne pas parler aux yeux et de ne donner d'ailleurs que quelques points des courbes, ces tableaux de chiffres ont encore le défaut de fourmiller très-souvent de fautes. Cela a lieu, au moins, pour certains météorologistes qui ne disposent pas d'un personnel convenable pour vérifier les calculs et les épreuves de l'imprimerie. Il y a si peu de gens qui aient le courage de vérifier leurs calculs quand les résultats de ceux-ci ne peuvent pas être contrôlés !

Nul doute qu'avec son esprit ingénieux, M. A. Redier n'arrive prochainement à combler ces desiderata, et à faire de ses enregistreurs des instruments absolument irréprochables et des mieux adaptés aux besoins de la science, qui lui doit déjà une grande reconnaissance pour l'ingénieuse application qu'il a faite de la mécanique à l'observation des phénomènes naturels.

BIBLIOGRAPHIE.

1877. — **L. Grandeau**, *Note sur la bascule physiologique et ses applications.* (Compte-rendu de la séance du 20 avril 1877 de l'Académie des sciences.) Paris.

1877. — **L. Grandeau**, *La bascule physiologique. — Application des appareils enregistreurs à la chimie agricole. — Journal d'agriculture pratique*, t. II, décembre 1877. Paris.

1878. — **A. Redier**, *Thermomètre enregistreur.—Revue chronométrique*, n° 257. Paris.

1878. — **Goulier**, *Rapport fait à la Société d'encouragement pour l'industrie nationale, sur les baromètres monumentaux et les enregistreurs* de M. A. Redier. In-8° avec planches, Paris.

1878. — *Notice sur les instruments de météorologie* de M. A. Redier. In-8°. Paris.

CHAPITRE VI

LA LUMIÈRE ET LA VÉGÉTATION.
ORIGINE DU CARBONE ET DE L'HYDROGÈNE DES VÉGÉTAUX.

SOMMAIRE : Origine du carbone des êtres vivants. — Quantité de carbone fixée par un hectare de forêts, de prairies, etc. — Importance des emprunts faits à l'air. — Production de la chlorophylle des végétaux. — Composition de la lumière solaire. — Répartition de la lumière à la surface de la terre. — Rôle de la lumière et de la chaleur dans l'assimilation du carbone et de l'hydrogène par les plantes.

119. — Remarques préliminaires. — Le coup d'œil d'ensemble que nous avons précédemment jeté sur le rôle des agents atmosphériques dans la végétation, nous a préparés à une étude plus approfondie des problèmes que soulève l'assimilation végétale, problèmes dont l'importance sociale égale l'intérêt scientifique, puisque de la connaissance des lois de la nutrition de la plante découle nécessairement l'art d'augmenter les ressources alimentaires de l'humanité.

Tous les êtres vivants sont formés de carbone, d'oxygène, d'hydrogène, d'azote et d'un certain nombre de composés fixes qui constituent les cendres résultant de leur combustion. Les végétaux empruntent au sol et à l'atmosphère tous les matériaux nécessaires à leur organisation. Les animaux, inaptes à assimiler directement les éléments minéraux indispensables à leur existence (c'est peut-être le caractère le plus saillant qui distingue le règne animal du règne végétal), sont entièrement solidaires des plantes chargées d'élaborer les principes immédiats qui servent de nourriture aux herbivores et, par leur intermédiaire, aux carnassiers.

L'origine du carbone, de l'azote et de l'hydrogène des corps organisés est donc une, qu'il s'agisse des plantes ou des animaux, tandis que les sources auxquelles vont les puiser directement les deux grands groupes d'êtres vivants sont essentiellement différentes, les végétaux étant les intermédiaires nécessaires du monde minéral et du règne animal.

D'où viennent le carbone, l'hydrogène et l'azote des plantes? Est-ce uniquement dans l'atmosphère ou dans le sol seul qu'elles les puisent? Est-ce dans ces deux milieux à la fois? Sous l'influence de quelle force? Telles sont les questions que nous allons examiner. J'exposerai ensuite les relations de la plante avec les éléments incombustibles du sol. Je supposerai connus de mes lecteurs les travaux classiques sur la décomposition de l'acide carbonique par les parties vertes des végétaux, et je ne m'y arrêterai qu'autant que l'intelligence de mon sujet l'exigera.

Me plaçant sur le terrain des applications de la chimie à l'agriculture, j'aborderai, à son point de vue le plus général, l'étude des sources du carbone, de l'hydrogène et de l'azote des végétaux.

120. — Carbone, élément caractéristique de la substance organique. — Les chimistes ont donné le nom de matière organique aux composés naturels ou artificiels dans la constitution desquels entre pour une part prépondérante le corps simple qu'on nomme carbone : c'est ainsi que certains auteurs ont pu définir cette branche de la science, la chimie du carbone. La constitution élémentaire de toutes les plantes, phanérogames ou cryptogames[1] (à l'exception peut-être des champignons, dont la composition est mal connue encore), peut être représentée d'une manière générale par les proportions suivantes de charbon, d'oxygène, d'hydrogène, d'azote et de cendres (matières minérales incombustibles).

	Pour 100.
Carbone	45,0
Oxygène	42,0
Hydrogène	6,5
Azote	1,5
Cendres	5,0
Total	100,0

1. Supposées sèches, c'est-à-dire débarrassées de l'eau qui, à l'état naturel, existe en proportion très-variable et forme de 12 à 90 p. 100 du poids des végétaux.

Dans les divers organes, la teneur du carbone ne s'écarte pas de plus de 3 p. 100 en deçà et au delà des chiffres ci-dessus ; l'hydrogène, rarement de plus de 2 p. 100 ; l'azote peut varier de quelques millièmes à 4,5 p. 100, taux d'azote des graines alimentaires, par exemple. Quant au taux des cendres, nous verrons qu'il subit des variations beaucoup plus grandes que nous aurons à examiner qualitativement et quantitativement.

La couverture des forêts (feuilles mortes, brindilles, fruits, etc.) présente sensiblement la composition moyenne que je viens d'indiquer, sauf que l'azote n'y figure que pour 1,18 à 1,25 p. 100, au lieu de 1,5. Le bois de nos essences forestières est plus riche en carbone et plus pauvre en azote que leurs feuilles et leurs aiguilles, il est formé de :

	Pour 100.
Carbone	48,00 à 50
Oxygène	43,00 à 44
Hydrogène	6,05 à 6,86
Azote	0,05 à 0,08

Il renferme rarement plus de 1 p. 100 d'azote ; les bois résineux contiennent 1 à 2 p. 100 de carbone de plus que leurs feuilles.

On peut sans trop s'écarter de la vérité, et en vue de calculs généraux sur la production végétale, admettre que la matière organique des arbres, bois et feuilles, séchée à 100 degrés, contient moitié de son poids (50 p. 100) de carbone. Ce chiffre étant, dans tous les cas, un maximum, les interprétations auxquelles il servira de base pour les emprunts faits à l'atmosphère par la végétation resteront plutôt au-dessus qu'au-dessous de la réalité, et n'en seront que plus probantes pour la thèse que nous chercherons à établir.

121. — Quantité de carbone fixée annuellement par les récoltes. — La première question qui se présente est relative à la détermination de la quantité, en kilogrammes, de carbone fixée annuellement par une récolte. Je choisirai, pour premiers termes de cette discussion, les forêts et les prairies.

La production végétale peut être étudiée dans deux ordres de conditions distinctes : 1° chez les végétaux spontanés (forêts, pâturages et prairies) ; 2° chez les plantes cultivées en vue de l'obtention de rendements élevés (céréales, racines, etc.). Dans le premier cas, on envisage la question sous le point de vue purement physiologique auquel il convient de nous placer d'abord : la main de l'homme n'intervenant pas par les labours, par les fumures, etc., les phénomènes de nutrition dépendent exclusivement des conditions naturelles au sein desquelles ils se manifestent. C'est le point de vue théorique, si l'on veut, dégagé des complications qu'apportent les opérations culturales de tout genre. Si complexes qu'ils soient, les problèmes qu'offre à nos investigations l'étude de la végétation spontanée, sont plus simples et peuvent être abordés plus aisément que les questions soulevées par l'agriculture proprement dite.

Cet art, en effet, par la nature des moyens qu'il met en œuvre, multiplie le nombre des facteurs dont il faut tenir compte pour résoudre les problèmes de la nutrition : travail mécanique de la terre, jachère, introduction dans le sol de matières fertilisantes de nature et d'action diverses, succession d'espèces végétales différentes sur la même terre, voilà autant de conditions nouvelles qu'il faut analyser pour arriver à établir les rapports de la plante avec ses milieux nutritifs (atmosphère et sol).

On conçoit donc que la statique chimique de la nutrition, c'est-à-dire les liens qui existent entre les aliments fournis à la plante par l'air et par la terre, et les quantité et qualité de la matière vivante produite, soient moins difficiles à établir, dans le cas de la végétation spontanée, permanente sur un sol donné, que dans celui des cultures diverses se succédant en un même point, à de courts intervalles.

Il convient d'ailleurs de remarquer que la statique de la nutrition étant identique, dans ses points fondamentaux, chez toutes les plantes, il est préférable d'en commencer l'étude dans les conditions relativement simples que nous offre la végétation des forêts et des prairies. Connaissant autant que le permet l'état actuel de la physiologie, les métamorphoses de la matière inerte en substance vivante, par l'intermédiaire du végétal soustrait à l'action de l'homme, l'étude des mêmes transformations dans les conditions artificielles qu'il a imaginées pour accroître le rendement du sol, nous sera rendue plus facile.

a) *Forêts*. — D'après les données fournies par les observations des stations forestières bavaroises[1], la production annuelle des forêts de hêtres, d'épicéas et de pins, en matière organique sèche, s'élève en poids et en volume aux quantités suivantes :

Rendements moyens annuels à l'hectare.

AGE DES BOIS.	Produit principal.	Souches et racines.	Éclaircies, nettoiements.	Somme des volumes.	POIDS DES PRODUITS. Bois anhydres.	POIDS DES PRODUITS. Feuilles anhydres.	POIDS DES PRODUITS. Somme de la substance sèche produite.	SUBSTANCES ORGANIQUES (déduction des cendres). Bois	SUBSTANCES ORGANIQUES (déduction des cendres). Feuilles	SUBSTANCES ORGANIQUES (déduction des cendres). Somme.
I. MASSIFS DE HÊTRES.										
	En mètres cubes.				En kilogrammes.					
De 30 à 60 ans.	4,80	0,24	0,48	5,52	3284	3365	6649	3251	3176	6427
De 60 à 90 ans.	3,67	0,37	0,55	4,59	2731	3368	6099	2704	3179	5883
De 90 à 120 ans.	3,89	0,58	1,37	5,84	3474	3270	6744	3439	3087	6526
Moyennes.	»	»	»	5,32	3163	3331	5497	3131	3147	6278
II. MASSIFS D'ÉPICÉAS.										
De 30 à 60 ans.	6,71	0,33	1,01	8,05	3075	3369	6444	3044	3217	6261
De 60 à 90 ans.	7,28	0,73	1,82	9,83	3749	2869	6618	3712	3740	6452
De 90 à 120 ans.	6,07	0,91	2,13	9,11	3480	2783	6263	3445	2658	6103
Moyennes.	»	»	»	8,99	3435	3007	6442	3400	2872	6272
III. MASSIFS DE PINS.										
De 25 à 50 ans.	4,12	0,21	0,41	4,74	2417	2921	5338	2393	2878	5271
De 50 à 75 ans.	5,75	0,58	1,44	7,77	3963	3002	6965	3923	2958	6881
De 75 à 100 ans	4,34	0,65	1,52	6,51	3320	3636	6956	3287	3578	6865
Moyennes.	»	»	»	6,34	3233	3186	6420	3201	3138	6339

Pour établir la quantité de carbone fixée annuellement par un hectare de chacune de ces essences, j'adopterai les nombres moyens suivants, que j'emprunte à Ebermayer :

	Carbone pour 100.
Bois de hêtre anhydre.	= 50
Bois d'épicéa —	= 52
Bois de pin —	= 52
Couverture de hêtre.	= 48
Couverture d'épicéa.	= 45
Couverture de pin	= 45

1. Voir *Statique chimique des forêts,* p. 160 et suiv.

En appliquant ces taux de carbone aux chiffres du précédent tableau, on trouve que le poids de ce corps fixé, par année et par hectare, est de :

	MASSIFS		
	de hêtres.	d'épicéas.	de pins.
	Kilogr.	Kilogr.	Kilogr.
Sous forme de bois.	1586	1790	1664
Sous forme de couverture . . .	1416	1292	1410
Carbone total	2982	3080	3074

Soit en moyenne 3040 kilogr. de carbone par hectare et par an, et, en nombres ronds, 3000 kilogr. de charbon absorbé annuellement par un hectare de forêt.

Si, comme le pensaient les partisans de l'humus, ces 3000 kilogr. de carbone étaient empruntés en très-grande partie, sinon en totalité, aux sols de nos forêts, ceux-ci devraient aller en s'appauvrissant tous les ans en ce principe et même devenir stériles, par défaut de carbone, dans un espace de temps plus ou moins long, les 25000 à 30000 kilogr. de charbon qu'on trouve à l'hectare dans les sols de bonne qualité ne pouvant suffire, on le voit, qu'à dix récoltes annuelles environ. Or, bien loin de s'épuiser en matière organique et, partant, en carbone, les sols boisés et les sols agricoles s'enrichissent chaque année en ce principe. Ce qui serait absolument inexplicable dans l'hypothèse des partisans de la théorie de l'humus, se comprend aisément si l'on admet, avec tous les physiologistes contemporains, que le carbone des végétaux est emprunté en totalité à l'air et non au sol. Tous les ans la chute des feuilles, des brindilles et des fruits accroît le poids de la couverture ; et, si cette dernière n'est point enlevée, le sol va en s'enrichissant en humus. L'accroissement du taux de carbone et d'azote du sol par cette voie est très-considérable ; j'en donnerai comme preuve l'analyse du sol et du sous-sol de deux forêts dont l'une avait été protégée complétement contre l'enlèvement de la couverture, et dont l'autre ne l'avait point été. Nous devons cette intéressante comparaison à M. le professeur Stöckhardt de Tharand[1].

1. *Landwirthschaftliche Versuchs-Stationen*, t. VII, p. 235. 1865.

Azote et humus contenus, à l'hectare, dans une couche de $0^m,17$ de profondeur.

	Matières organiques.	Azote.
	Kilogr.	Kilogr.
Sol protégé.		
Couche superficielle	16970	242
Sous-sol	45500	2110
Couche profonde	77200	6002
TOTAUX	139670	8354
Sol non protégé.		
Couche superficielle	1718	26
Sous-sol	16420	1073
Couche profonde	42300	3660
TOTAUX	60438	4759
Excédant en faveur du sol protégé.		
Dans la couche superficielle	15252	216
Dans le sous-sol	29080	1037
Dans la couche profonde	34900	2342
	79232	3595

Le fait constaté par M. Stöckhardt se produit dans toutes nos forêts, et l'on voit que, loin d'appauvrir la terre en humus, la végétation permanente est une source constante d'enrichissement du sol en matière organique.

b) *Prairies.* — Si nous examinons maintenant la prairie au même point de vue, nous arriverons à une conclusion générale identique.

MM. Lawes et Gilbert, dans leurs admirables recherches expérimentales, nous ont donné des chiffres précieux sur le rendement annuel moyen d'un hectare de prairie naturelle dans diverses conditions[1].

Dix-huit années consécutives d'expériences sur des prairies fumées et sur des prés sans engrais ont fourni les résultats moyens suivants :

	Prairie non fumée.	Prairie fumée avec engrais minéral.
	Kilogr.	Kilogr.
Foin récolté	2746	8191
Regain (supposé sec)	750	2000
	3496	10191

1 BONNA, *Rothamsted. Trente années d'expériences agricoles.* 1 vol. in-8°. Paris, 1877. Librairie agricole de la *Maison rustique.*

Les quantités de carbone correspondantes peuvent être évaluées, en admettant 45 p. 100 de charbon dans le fourrage sec, à 1575 et à 4585 kilogr.

Dans les dix-huit années de récolte, il a donc été exporté des prairies de Rothamsted : dans le premier cas, 28000 kilogr., dans le second 92000 kilogr. de carbone.

Ces quantités considérables de carbone enlevées, chaque année par les récoltes, ne sauraient être attribuées aux matières organiques du sol, dont la provision en carbone eût bientôt été épuisée, car l'analyse des terres de Rothamsted, faite il y a quelques années, a décelé, en moyenne, une richesse de 25000 kilogr. seulement de carbone à l'hectare, chiffre inférieur à l'exportation minima pour une période de 18 ans et près de quatre fois plus faible que celle correspondant aux prairies qui ont reçu des engrais. Ce n'est pas davantage à ces derniers qu'il faut attribuer le carbone des récoltes, la parcelle qui a donné, en moyenne, pendant dix-huit ans, 10000 kilogr. de fourrage n'ayant jamais reçu de fumier, mais seulement des substances minérales.

Ces exemples montrent donc que les produits exportés des forêts et des prairies permanentes contiennent des quantités de carbone qui, par hectare et par an, s'élèvent de 2500 à 5000 kilogr. ; de plus, le sol des prés et des bois, non-seulement ne s'appauvrit pas en carbone, mais s'enrichit au contraire, d'une façon notable, en ce principe.

c) *Récoltes annuelles.* — L'expérience que j'ai rapportée (p. 337), à propos de mes recherches sur l'électricité, nous donne la mesure directe, pour une culture importante, le maïs caragua, des quantités de carbone fixées, dans l'espace de quelques mois, par la récolte et par le sol.

Arrêtons-nous un instant aux nombres de l'essai de Mettray.

Un mètre carré de terre, planté en maïs géant, a produit 2k,424 de substance sèche (cendres déduites). Ces 2k,424 renfermaient 1357 grammes de carbone. La récolte d'un hectare contiendrait donc, dans ces conditions, 13570 kilogr. de carbone. Le sol qui a porté ces maïs renfermait, après l'enlèvement de la récolte, 26788 kilogr. de carbone ; avant il n'en contenait que 25303 kilogr., différence 1485 kilogr. en faveur du sol cultivé. Dans la période du 21 mai au 21 septembre, soit durant quatre mois, un hectare de terre a donc fourni, sous forme de récolte, 13570 kilogr. de carbone; il en a fixé, en outre, 1485 kilogr.; c'est donc un total de 15055 kilogr. de carbone que la terre et les plantes ont dû puiser dans un milieu autre que le sol: ce milieu est l'air atmosphérique.

Ainsi donc, tous les végétaux, arbres de nos forêts, herbes de nos prairies, récoltes de nos champs, puisent dans le réservoir aérien tout le carbone nécessaire à leur développement et, durant la végétation, loin de diminuer la quantité de carbone du sol qui les porte, ils sont pour lui une source indirecte de matière carbonée, fabriquée par la plante vivante et emmagasinée dans la terre, au plus grand profit de ses propriétés physico-chimiques, comme nous le verrons plus loin.

Les quelques faits que je viens de citer et que je crois inutile d'appuyer d'autres exemples, suffisent pour mettre hors de doute l'erreur de l'ancienne théorie de l'humus, d'après laquelle le cultivateur voyait dans les matières organiques du sol la véritable source de carbone des plantes, et dans les substances hydrocarbonées du fumier la cause réelle et unique du maintien de la fertilité des terres. D'après cela, s'il est un élément dont l'agriculteur n'ait jamais à se préoccuper, au point de vue de la nutrition proprement dite de la plante, c'est à coup sûr le carbone qui, pour aucune culture, ne lui fera défaut, l'atmosphère mettant à la disposition des végétaux des quantités d'acide carbonique pour ainsi dire illimitées, comme nous allons le voir.

122. — Emprunts faits à l'acide carbonique de l'air par les plantes. — Sans attacher aux calculs du genre de celui dont je vais donner un exemple, une valeur rigoureuse, je crois cependant utile de montrer, à l'aide de quelques chiffres, que, si élevé que puisse paraître le poids de carbone nécessaire à la récolte la plus exigeante, la soustraction à l'air de la quantité correspondante d'acide carbonique n'altère pas, d'une manière appréciable, la composition chimique de l'atmosphère.

Prenant pour base l'essai de culture de maïs à Mettray, je trouve, en nombre rond, que le poids de la récolte aurait atteint, par hectare, 116000 kilogr.; cette récolte de maïs prélève, dans l'air,

13570 kilogr. de carbone et en laisse, en outre, dans le sol, 1485 kilogr., soit, au total, un poids de 15055 kilogr. de carbone emprunté à l'atmosphère, par un hectare de surface, dans une période de quatre mois.

Ces 15000 kilogr. (nombre rond) de carbone correspondent à 55000 kilogr. d'acide carbonique, représentant un volume de 27814 mètres cubes de ce gaz. Je supposerai, ce qui est bien au-dessous de la vérité, que la récolte ne décompose que l'acide carbonique d'une couche de 100 mètres au-dessus du sol. Cela représentera, pour un hectare, une couche d'air, que j'appellerai *active,* d'un volume égal à un million de mètres cubes (10000 × 100). Or, la couche atmosphérique qui repose sur la terre est loin d'être immobile, elle est au contraire sans cesse en mouvement, même par les temps calmes; admettons comme vitesse moyenne du renouvellement de l'air parallèlement à la surface du sol $2^m,50$ à la seconde (chiffre évidemment trop faible)[1] : par heure, le volume de l'air qui passera sur la terre sera de 90,000,000 de mètres cubes ; par 24 heures, il deviendra égal à 2,160,000,000 de mètres cubes, et, pour quatre mois, il atteindra 259,200,000,000 de mètres cubes.

---

1. Pratiquement, on peut admettre que les vitesses des vents correspondent à peu près aux indications suivantes :

	Vitesse en mètres à la seconde.
0. Calme complet	0
1. Brise légère à peine appréciable	4
2. Les feuilles des arbres sont agitées	8
3. Les branches fines et les feuilles sont agitées	12
4. Vent modéré, les grosses branches sont agitées	16
5. Vent assez fort	20
6. Vent fort qui secoue les tiges des arbres	24
7. Vent très-fort (rupture des branches)	27
8. Vent d'orage, casse les branches et les arbustes	30
9. Ouragan, déracine et casse les gros arbres	35
10. Ouragan violent, détruit les maisons	38

On voit donc qu'en admettant comme vitesse moyenne du renouvellement de l'air durant la période de végétation, le chiffre de $2^m,50$ à la seconde, je reste fort au-dessous de la vérité, ce qui donne plus de force encore aux conclusions auxquelles j'arrive dans ce calcul.

Supposons maintenant que la teneur moyenne en acide carbonique de ce volume d'air égale $\frac{3}{10000}$ seulement; les 259,200,000,000 de mètres cubes d'air renfermeraient 77,760,000 mètres cubes d'acide carbonique; la récolte et le sol en ont fixé 27814 mètres cubes, il en reste donc encore 77,732,186 mètres cubes; 10000 mètres cubes d'air, avant la culture du maïs, contenaient 3 mètres cubes d'acide carbonique, après la récolte ils en renfermaient encore 2^{mc},99892. La quantité d'acide carbonique fixé par rapport à celle qui a traversé le champ = $\frac{27814}{77,760,000}$, soit $\frac{3}{10000}$ du volume primitif, chiffre tout à fait inappréciable par les procédés de mesure dont nous disposons.

Les variations produites dans la teneur en acide carbonique de l'atmosphère, par la végétation, sont d'ailleurs infiniment plus faibles que celle à laquelle j'arrive dans ce calcul, le renouvellement de l'air d'une part, et la couche atmosphérique dans laquelle les plantes puisent leur carbone, de l'autre, étant infiniment moins restreints que je ne l'ai supposé.

123. — Assimilation du carbone par les végétaux. — L'un des biographes de G. Stephenson [1], l'inventeur de la locomotive, raconte que l'illustre ingénieur, sortant un dimanche du temple, en compagnie du célèbre géologue Buckland, arriva avec son ami sur la terrasse

---

1. **Stephenson (Georges)**, fils d'un chauffeur des houillères de Newcastle, né le 9 juin 1781, dans une chaumière des environs de Wylam en Northumberland. Il s'éleva progressivement, par son intelligence et par son travail, de la plus humble position au rang le plus éminent parmi les ingénieurs des temps modernes. Il inventa la locomotive, dont le premier spécimen circula le 25 juillet 1814, pour le transport du charbon de terre, sur le tramway de Westmoor, près de Killingworth. De 1823 à 1825, il construisit la *première* locomotive destinée au *premier* chemin de fer (Stockton à Darlington). C'est lui encore qui fournit à la ligne de Liverpool à Manchester la locomotive *The Rocket*, qui reçut un prix de 500 livres et servit de modèle à toutes celles qui ont été livrées depuis. Cette machine parcourait alors 15 milles anglais à l'heure (25 kilomètres), vitesse inconnue jusqu'à cette époque. Stephenson fonda en 1822 une fabrique de locomotives à Newcastle et devint propriétaire de plusieurs mines de charbon. On lui doit encore (1825) une lampe de sûreté pour les mines, d'une construction toute différente de celle de H. Davy. Stephenson mourut le 12 août 1848, à Tapton-House, près Chesterfield; il a vécu assez pour assister à la création des principaux réseaux de chemins de fer, et voir circuler dans le monde entier l'admirable machine dont l'invention immortalisera son nom.

de Drayton, au moment où une locomotive entraînait rapidement un convoi de chemin de fer, en laissant derrière elle une longue traînée de vapeur. « Eh bien, Buckland, dit Stephenson en se tournant vers son compagnon, répondez à une question qui n'est peut-être pas très-simple. — Pourriez-vous me dire quelle est la force qui entraîne ce train? — Apparemment, repartit le géologue, la force motrice d'une de vos grandes machines. — Oui, mais qui conduit la machine? — Oh! sans nul doute, un de vos mécaniciens de Newcastle. — Non, reprit Stephenson, cette force c'est la lumière solaire. — Comment cela se peut-il faire, exclama le géologue? — Je vous dis que ce n'est pas autre chose, reprit l'ingénieur: c'est la lumière qui, depuis des milliers d'années, a été conservée dans le sein de la terre; la lumière que les plantes absorbent, la lumière nécessaire à la condensation du carbone de leurs tissus pendant la vie et qui, enfouie pendant tant de siècles dans les dépôts de charbon, reparaît à la surface de la terre et, redevenue libre comme dans cette locomotive, permet à l'humanité de réaliser les plus vastes conceptions[1]. »

Le grand ingénieur disait vrai; il avait pressenti, on le voit, la solidarité, si bien établie aujourd'hui, de la lumière, de la chaleur et du mouvement. Le soleil est l'origine du travail chimique de la plante, l'intermédiaire de toutes les manifestations de la force à la surface de notre planète.

L'acte par lequel les végétaux décomposent l'acide carbonique et la vapeur d'eau contenue dans l'air pour élaborer leurs tissus, pour préparer des aliments à l'homme et aux animaux, pour condenser les éléments combustibles, carbone et hydrogène, sous un faible volume, est l'opération la plus mystérieuse et la plus grandiose à la fois à laquelle nous assistons journellement sans nous douter, la plupart du temps, et de son importance et de son universalité.

Sans revenir sur l'exposé des nombreux travaux relatifs à la décomposition de l'acide carbonique par les parties vertes des végétaux, dont l'étude appartient plus spécialement au cours de botanique, je crois indispensable de résumer l'état de nos connaissances sur ce point capital de la physiologie végétale.

---

1. Knop, *Kreislauf des Stoffes.*, t. I.

Exposées à la lumière, les parties vertes des végétaux décomposent l'acide carbonique de l'air et rejettent dans l'atmosphère l'oxygène correspondant. A l'obscurité, la plante tout entière respire comme les animaux, c'est-à-dire émet dans l'air de l'acide carbonique provenant de l'oxydation de ses tissus ; la cellule végétale et la cellule animale sont, sous ce rapport, identiques, et il ne faut pas confondre le phénomène de l'assimilation (fixation du carbone et de l'hydrogène par les parties vertes des végétaux) avec la respiration et la transpiration proprement dites (émission dans l'air d'acide carbonique et de vapeur d'eau). M. Garreau a depuis longtemps[1] appelé l'attention des physiologistes sur la différence profonde que présentent ces deux fonctions ; les recherches de M. J. Sachs et d'autres expérimentateurs sont venues confirmer, en les complétant, les vues émises à ce sujet par le savant français.

Par quel mécanisme les parties vertes des plantes opèrent-elles la réduction de l'acide carbonique ? On l'ignore encore complétement. Mais, si l'on ne connaît pas les moyens que la nature met en œuvre pour effectuer, à la température ordinaire, une réduction que les chimistes n'ont pu réaliser sans le secours d'une température élevée, on a pu déterminer assez exactement les conditions générales du phénomène.

Le laboratoire où s'opère cet acte fondamental de la vie des plantes, où s'élabore, aux dépens de l'acide carbonique, de l'ammoniaque et de la vapeur d'eau atmosphériques, la matière première de tous les tissus végétaux, le protoplasma, comme on l'appelle, est l'appareil chlorophyllien des feuilles. C'est dans la feuille et, pour une très-faible part en général, dans les autres parties vertes (pourvues de chlorophylle) que, sous l'influence de la lumière, s'effectue, par des procédés dont le mécanisme nous échappe, la condensation du carbone qui va former la moitié environ du poids de la substance sèche de la plante.

124. — Production de la chlorophylle. — Les cellules où se trouvent les grains de chlorophylle appartiennent au mésophylle ou parenchyme vert de la feuille. La chlorophylle est, d'ordinaire, en-

---

1. *Annales des sciences naturelles*, 1851

gendrée par le protoplasma dont la transformation est rendue sensible par l'apparition d'une matière colorante verte que les grains de chlorophylle cèdent à l'alcool, à l'éther et à la benzine.

C'est à cette matière verte qu'est dévolue la propriété exclusive de fabriquer de la matière organique à l'aide d'éléments *inorganiques*, carbone, eau, ammoniaque, etc... Toutes les plantes ou parties de plantes dépourvues de chlorophylle sont incapables de produire de la substance organique aux dépens de la matière minérale, et chaque cellule manquant de chlorophylle doit tirer du dehors la substance organique nécessaire à son existence. On a admis, pendant un temps, que certains lichens, les floridées rouges, et d'autres matières organiques non *vertes* partageaient les propriétés réductrices de la chlorophylle, mais les travaux de MM. Rosanoff, Kraus, Millardet, Smith, Cloëz, etc., ont détruit cette erreur en démontrant que les matières colorantes qui élaborent de la substance organique renferment toutes, *sans exception*, de la chlorophylle dont la couleur est fréquemment masquée par les autres principes colorants.

La double règle que j'ai posée est donc absolue : la chlorophylle seule jouit de la faculté de transformer les éléments minéraux en matière vivante ; les plantes achlorophylliennes (champignons, parasites phanérogames, etc.) vivent de substances élaborées par d'autres végétaux sur lesquels elles naissent ou s'implantent, mais elles ne tirent pas moins indirectement toute leur alimentation des substances minérales.

125. — Genèse et caractères généraux de la chlorophylle. — Les grains chlorophylliens ne semblent pas naître immédiatement du protoplasma, mais plutôt dériver de grains incolores, arrondis, formés au sein de cette substance, et constitués par l'étioline, matière qui a été particulièrement étudiée, dans ces derniers temps, par M. J. Wiesner, professeur à l'Institut agronomique de Vienne[1], au travail duquel je renverrai mes lecteurs. L'étioline est la substance jaune qu'on rencontre dans les germes étiolés ; elle jouit de la propriété de se colorer très-rapidement en vert sous l'influence de la lumière d'une faible intensité (lumière du gaz, par exemple) : même

1. *Entstehung des Chlorophylls in Pflanzen.* Vienne, in-8°, 1877.

dans l'obscurité complète, l'étioline peut se transformer partiellement en chlorophylle.

La production de la chlorophylle proprement dite ne s'observe qu'exceptionnellement dans l'obscurité complète (graines des conifères, certaines samarres, érable, fruits du tilleul, etc.). Mohl a constaté que la matière verte des cotylédons formés dans l'obscurité complète, présente les caractères de la chlorophylle proprement dite; elle est fluorescente et donne des raies d'absorption. Chez les angiospermes, la chlorophylle ne peut prendre naissance qu'avec le concours de la lumière. Wiesner a vérifié et confirmé le fait de la production de la chlorophylle dans les graines de conifères dans l'obscurité *absolue;* on avait invoqué la .transparence relative des enveloppes externes de la graine pour expliquer le verdissement des cotylédons, mais il ne saurait rester aucun doute sur la formation de chlorophylle dans l'obscurité absolue chez les graines que je viens de citer et chez certains animaux inférieurs, comme les batybius, qui vivent dans la mer à de très-grandes profondeurs.

Les physiologistes ont distingué deux sortes de grains chlorophylliens: les uns se forment presque toujours au sein du protoplasma et passent par la phase de l'étioline avant de devenir des grains de chlorophylle parfaits; la seconde espèce se produit à l'aide des grains de fécule qui se recouvrent d'une enveloppe verte. C'est par ce procédé que se manifeste le verdissement des pommes de terre ; la coloration verte que prennent les tubercules est d'autant plus intense et s'étend d'autant plus profondément que l'éclairage est plus vif.

Pendant la germination des haricots, les grains de fécule des cotylédons se recouvrent, au début, d'une couche de protoplasma, jaune d'abord, qui ne tarde pas à verdir. Cela montre que la chlorophylle ne naît pas toujours immédiatement avec l'organisation (forme du grain) qu'elle présente dans la généralité des cas. Mais, dans les végétaux de la grande culture, l'appareil chlorophyllien est toujours constitué par des masses granuleuses de substance verte.

Pour nous, la chlorophylle sera donc la matière verte des végétaux, qu'elle soit ou non enfermée dans des cellules. La composition chimique de cette matière si importante n'est pas encore connue exactement, les deux voies que les chimistes emploient pour déterminer la constitution d'un corps n'ayant pas jusqu'ici abouti pour l'étude de la chlorophylle. On n'a pu encore isoler cette substance à l'état de pureté pour la soumettre à l'analyse, et l'on n'a pas réussi davantage à la reproduire par synthèse, c'est-à-dire par la combinaison des éléments qui entrent dans sa composition. Nous savons qu'elle est formée de carbone, d'hydrogène, d'oxygène; il y a tout lieu de croire qu'elle est azotée, mais les divergences des résultats obtenus par l'analyse sont telles que nous ne pouvons pas être fixés à ce sujet. On a en effet trouvé de 0.37 p. 100 à 13 p. 100 d'azote dans la chlorophylle plus ou moins imparfaitement isolée. Les tentatives de Illasiwetz (action du perchlorure de fer sur une solution alcoolique de quercetine), de Bäyer (action de l'acide chlorhydrique sur un mélange de furfurol et d'acide pyrogallique), ont donné des résultats incertains sur la constitution de ce corps. Les derniers travaux de M. Wiesner ont rendu presque certaine la présence essentielle du fer dans la chlorophylle, signalée il y a bien longtemps déjà par A. Gris. Mais, en somme, nous ignorons encore la véritable constitution de ce corps dont le rôle capital dans l'assimilation commence à être assez bien connu.

La formation de l'étioline semble précéder celle de la chlorophylle, tel est le seul point de sa genèse qui paraisse bien acquis aujourd'hui.

126. — Composition de la lumière solaire. — Newton[1] a découvert la dispersion de la lumière solaire (la décomposition de la lumière blanche) en recevant sur un prisme un faisceau de lumière pénétrant dans la chambre où il opérait, par une ouverture circulaire très-petite; en plaçant sur le trajet de la lumière un écran opaque, il vit se former sur cet écran une image allongée, colorée d'une infinité

1. **Newton** (**Isaac**), fils d'un petit propriétaire anglais, naquit à Whoolstorpe, le 25 décembre 1642; il fut élevé au collège de la Trinité à Cambridge, et prit, en en sortant (1660), tous ses grades universitaires. Professeur de mathématiques au collège de Cambridge de 1669 à 1701, essayeur à la monnaie (*master and worker of the mint*) depuis 1699 jusqu'à sa mort, survenue le 20 mars 1726. Nommé Sir en 1705, membre et président de la Société royale de Londres, associé étranger de l'Institut de France. Son œuvre capitale *Philosophica naturalis principia mathematica*, dont il déposa le manuscrit à la Société royale en 1686, contient la découverte de la gravitation, celles de la dispersion de la lumière, de la propagation du son, etc.

de teintes de A en H (voir *fig.* 30). On a donné à cette image le nom de spectre solaire. Elle offre, depuis le rouge sombre en A, et par des dégradations et changements de teintes insensibles, toutes les nuances du rouge au jaune, bleu et violet, en H. Le spectre nous présente ainsi une succession de couleurs, en nombre infini, à chacune desquelles on n'a pu donner un nom spécial et qu'on désigne conventionnellement par les sept types suivants, par ordre de déviation décroissante : rouge, orangé, jaune, vert, bleu, indigo et violet.

La lumière blanche se compose donc, comme Newton l'a conclu de ses expériences, de la superposition des lumières simples diversement colorées et diversement réfrangibles du spectre. Mais le soleil n'émet pas uniquement de la lumière, il envoie aussi à la terre de la chaleur; enfin, les radiations de cet astre ne sont pas seulement lumineuses et calorifiques, certaines d'entre elles exercent des actions chimiques sur les corps qu'elles frappent. De sorte qu'au point de vue de l'action du soleil sur la végétation, nous avons à considérer le rôle des rayons lumineux, des rayons calorifiques et, en outre, celui des rayons chimiques.

Sir W. Herschell[1] a le premier observé la réfraction de la chaleur. En promenant dans le spectre solaire, le prisme étant au minimum de déviation, un thermomètre très-sensible, il reconnut que la température s'élève de plus en plus quand on le transporte du violet vers le rouge; qu'elle s'élève encore en deçà du rouge visible pour diminuer ensuite à une assez grande distance de cette limite. Cette expérience prouvait : 1° qu'il y a des chaleurs de diverses réfrangibilités, puisqu'elles se séparent en un spectre dilaté comme le spectre lumineux; 2° qu'il en existe une infinité dont l'indice est le même que celui des diverses lumières simples, puisqu'elles sont confondues avec elles dans leur réfraction : on les nomme chaleurs lumineuses; 3° enfin qu'il y a un nombre infini d'autres radiations invisibles ou obscures, lesquelles ont un indice de réfraction moindre

---

1. Sir John Frederick William Herschell (baronnet), né à Slough, près de Windsor, le 7 mars 1792. Riche particulier, n'a occupé aucune fonction avant 1850, époque à laquelle il est devenu directeur des monnaies à Londres. S'est adonné à l'astronomie, qu'il a enrichie d'une série considérable de découvertes. Membre et astronome de la Société royale de Londres, associé étranger de l'Institut de France, mort en 1872.

que le rouge extrême et décroissant à mesure que leur déviation diminue [1].

Puisqu'il existe, en deçà du rouge, des rayons qui n'affectent pas l'œil, il est naturel de rechercher s'il y en a d'autres qui dépasseraient le violet. On fait usage, pour les découvrir, de la propriété que possède la lumière de développer certaines actions chimiques.

Scheele découvrit, en 1781, que le chlorure d'argent noircissait dans le spectre et particulièrement dans le violet extrême. Reprenant cette observation, Wollaston reconnut que cette propriété se continue bien au delà du spectre, jusqu'à une distance du violet au moins égale à celle qui sépare le violet du rouge. Depuis lors, on admit l'existence de radiations ultra-violettes plus réfrangibles que les radiations lumineuses qui le sont le plus, et on les nomma radiations chimiques. M. E. Becquerel réussit, en 1842, mieux que ses devanciers, à les isoler. Il prépara un spectre réel très-pur avec un prisme et une lentille de flint. Ce spectre fut recueilli sur un écran placé au foyer conjugué de la fente et au minimum de déviation pour les rayons violets extrêmes. Il fut enfin reçu sur une plaque daguerrienne ou sur une feuille de papier sensible, et, après quelque temps d'exposition, en développa l'image par les procédés en usage dans la photographie. Cette image s'étendait très-loin au delà du spectre visible. Il y a donc des rayons ultra-violets obscurs, relativement froids et doués d'une action chimique intense.

Chaque raie de spectre possède, par suite, trois propriétés inséparables par la réfraction, puisqu'elles ont le même indice et suivent les mêmes lois, mais le rapport des intensités de ces effets chimiques, calorifiques et lumineux, n'est pas le même dans toute l'étendue du spectre. Voici ce qu'on sait de ces intensités. Pour les mesurer dans le spectre calorifique, il suffit de promener une pile thermo-électrique dans toute son étendue et de déterminer en chaque point la déviation communiquée au galvanomètre.

Quant aux intensités lumineuses, il est très-difficile de les comparer exactement, les couleurs de A à H étant différentes ; ni l'expérience, ni la théorie ne peuvent établir de rapport entre elles. Ce-

---

1 Jamin, *Cours de physique de l'École polytechnique*, t. III.

pendant il est évident que le rouge extrême est peu éclairant ; que le bleu, l'indigo et le violet sont très-sombres, tandis que le jaune et l'orangé ont un grand éclat. On peut donc à la rigueur apprécier

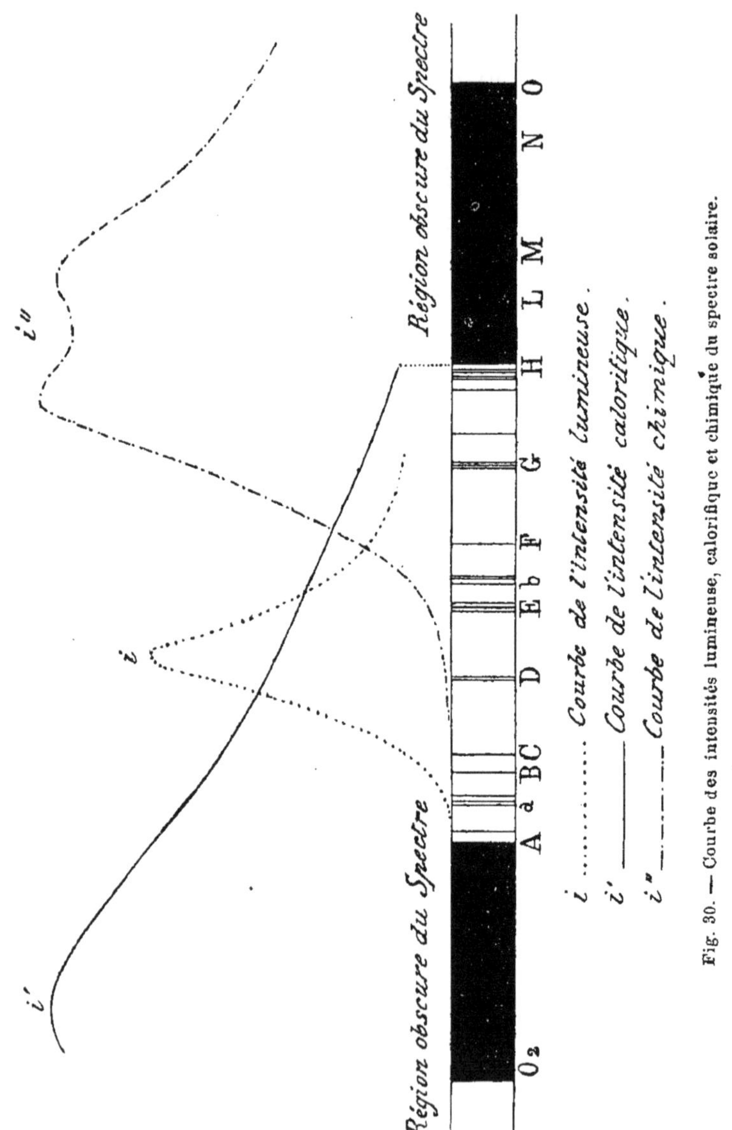

Fig. 30. — Courbe des intensités lumineuse, calorifique et chimique du spectre solaire.

les *pouvoirs d'illumination* de ces diverses parties du spectre. M. Ed. Becquerel a cherché à mesurer l'intensité des actions chimiques qui se développent de A en P, bien au delà de H ; elles sont très-différentes, suivant les substances impressionnables dont on fait usage. Ne considérons, pour l'instant, que les plaques d'argent recouvertes d'iode par le procédé de Daguerre. L'expérience prouve que l'impression augmente depuis le rouge jusqu'à la raie D, qu'elle diminue ensuite pour prendre un minimum vers F dans le vert bleu, qu'elle croît de nouveau jusqu'à un maximum entre G et H, pour diminuer ensuite lentement et disparaître enfin en T. Par une méthode (actinométrie) pour la description de laquelle je renverrai aux traités spéciaux (Jamin, t. III), M. E. Becquerel a constaté que la courbe des actions chimiques est assez voisine de la courbe des intensités lumineuses dressée par Frauenhofer. Divers savants, parmi lesquels je citerai MM. A. Mayer, Pfeffer, Timirjaseff, J. C. Müller, Roscoë, Helmholtz, Bunsen, etc., ont repris l'étude de ces intéressantes questions. La figure 30 donne une idée assez exacte des courbes d'intensité des rayons lumineux, calorifiques et chimiques ; d'après les travaux de ces savants, elle montre les trois espèces de propriétés qui se superposent ou se séparent dans le spectre complet.

127. — Répartition générale de la lumière à la surface de la terre. — Avant d'aller plus loin, jetons un coup d'œil sur la manière dont la lumière solaire se répartit à la surface de notre planète. Les jours et les nuits ont, comme on le sait, des durées très-inégales à mesure qu'on s'avance de l'équateur vers le pôle.

Voici, pour les diverses latitudes, la durée des jours les plus longs et celle des nuits les plus courtes :

	Jours.	Nuits.
	—	—
Pôle nord	180 jours.	0
Sous le 80° latitude nord	134 —	0
— 70 —	6 —	0
— 60 —	18^h,30′	5^h,30′
— 50 —	16 ,9′	7 ,51′
— 40 —	14 ,51′	9 ,9′
— 30 —	13 ,56′	10 ,4′
— 20 —	12 ,35′	11 ,25′
A 0 —	12 heures.	12 heures.

Mais la durée du séjour du soleil au-dessus de l'horizon n'est pas la seule condition à considérer au point de vue de la quantité de lumière que reçoit le sol. La hauteur du soleil variant avec les diverses latitudes, l'intensité de la lumière qui arrive jusqu'à la terre varie également d'une manière très-notable. Le pouvoir lumineux du soleil étant 1,000, la surface du sol, sous l'équateur, recevra 378 unités de lumière, sous le 45° latitude nord, 228, et dans la région polaire, 110 seulement[1].

L'altitude exerce également une influence notable sur l'intensité lumineuse des rayons solaires, ceux-ci subissant une absorption moindre par les couches d'air raréfiées, tandis que le maximum d'absorption se présente dans les lieux les plus bas, auxquels ne parvient plus qu'une fraction de la radiation solaire.

Ce fait explique comment, sur les hautes montagnes, le sol, les roches et les plantes s'échauffant beaucoup plus, par un temps clair, que dans les plaines, certaines espèces végétales poussent et fleurissent sous la neige, à une température qui semblerait ne pas devoir être supérieure à 0°.

Dans un séjour que j'ai fait au grand Saint-Bernard, en 1859, j'ai fréquemment observé, par de belles journées de juillet, sur les schistes micacés qui avoisinent l'hospice, des températures de 45° à 50°, à la surface de la roche, la température de l'air atteignant à peine 6° à 7° à midi.

L'inclinaison du terrain exerce également une très-notable action sur ce phénomène, suivant la direction de la pente vers les diverses régions du ciel. En effet, la durée de l'insolation se trouve considérablement modifiée par l'exposition, comme l'indique le tableau suivant, que j'emprunte à Haberlandt :

Exposition.	Durée de l'insolation à l'équinoxe.	
Pentes Sud-Est	toute la matinée. . . . moitié de l'après-midi .	9 heures.
— Sud	tout le jour	12 heures.
— Sud-Ouest	moitié de la matinée. . toute l'après-midi . . .	9 heures.
— Nord-Est	les trois premières heures du matin.	
— Nord	à aucune heure.	
— Nord-Ouest	les trois dernières heures du soir.	

1. Fr. Haberlandt, *Der landwirthschaftliche Pflanzenbau.* 5e livraison.

Durée de l'insolation au solstice d'été.		Le soleil se trouve en face de la pente.
La moitié de la matinée . . . . Un tiers de l'après-midi	. . . . .	A 9 heures du matin.
Deux tiers de la matinée . . . . Deux tiers de l'après-midi . . .	12 heures.	A midi.
Un tiers de la matinée . . . . . Toute l'après-midi	12 heures.	A 3 heures de l'après-midi.
Les six premières heures du jour.		Seulement au solstice d'été, au moment du lever.
Les trois premières heures du jour et les trois dernières	6 heures.	Jamais.
Les six dernières heures du jour		Seulement au solstice d'été, au moment du coucher.

Les rayons directs ne sont pas les seuls, on le sait, qui favorisent l'accroissement des végétaux et concourent à la production de la substance organique, la lumière diffuse joue aussi un rôle actif dans les phénomènes d'assimilation. Le soleil, en éclairant les différents corps en suspension dans l'atmosphère, leur communique un pouvoir éclairant, de teintes déterminées. La coloration et l'intensité de cette lumière atmosphérique ou diffuse ne sont pas sans exercer une grande influence sur le monde végétal, beaucoup de points de la surface terrestre, par suite de l'interposition des montagnes, des collines, des arbres, des forêts, des constructions, etc., ne recevant jamais ou très-rarement de la lumière directe et se trouvant éclairés seulement par de la lumière diffuse.

La lumière bleue que nous renvoie la voûte céleste doit être aussi considérée comme de la lumière blanche; en effet, elle n'est point bleue comme celle qui a traversé un verre bleu, elle ne colore pas les objets qu'elle éclaire, elle présente la composition de la lumière blanche, possède les mêmes éléments spectraux et agit comme elle, chimiquement et optiquement.

La surface terrestre reçoit encore de la lumière blanche du ciel couvert de nuages; si ces derniers sont disséminés dans le ciel, ils réfléchissent la lumière à la manière d'une glace; ces reflets sont plus intenses, plus gênants pour l'œil et plus actifs, chimiquement parlant, que la lumière blanche du ciel lorsqu'il est bleu.

Lorsque le ciel est plus ou moins couvert, la lumière solaire est plus ou moins affaiblie par suite de son absorption. Le matin et le soir les plantes sont éclairées par des rayons jaunes ou rouges, de différentes nuances. Dans nos régions, cette lumière n'agit que pendant un temps très-court, au lever et au coucher du soleil; près du pôle, au contraire, elle se manifeste durant des mois, entre les équinoxes et la partie la plus chaude de l'été.

On admet généralement que, lorsque les couches inférieures de l'atmosphère sont chargées d'humidité, comme cela arrive après des pluies d'été, la transparence de l'air se trouve singulièrement augmentée : les montagnes éloignées, les tours des cathédrales lointaines deviennent visibles de points où on ne les aperçoit pas d'ordinaire; elles semblent beaucoup plus visibles et paraissent rapprochées de l'observateur.

La vapeur d'eau invisible disséminée dans l'atmosphère était considérée autrefois comme agissant pour augmenter la transparence de l'air et produire le phénomène dont je viens de parler. Des expériences récentes ont, au contraire, montré que l'atmosphère absorbe plus de lumière lorsqu'elle contient beaucoup de vapeur d'eau et devient, conséquemment, moins transparente que lorsque l'air est sec. La question n'est donc point élucidée : peut-être trouvera-t-on dans les états intermédiaires que peut prendre la vapeur d'eau complétement gazeuse ou condensée en vésicules, l'explication des deux opinions contradictoires que je viens de rappeler.

Comme je l'ai déjà dit, les méthodes de mesure de l'intensité de la lumière laissent beaucoup encore à désirer. L'action chimique des rayons solaires n'a guère été mesurée jusqu'ici qu'à l'aide des teintes plus ou moins foncées que prennent, par leur exposition au soleil, des papiers imprégnés de sels d'argent (nitrate ou chlorure).

Schall a déterminé autrefois à Berlin, par ce procédé, les rapports d'intensité de l'action chimique maxima de la lumière directe du soleil à midi. Il a trouvé les écarts suivants pour les divers mois de l'année, le maximum d'intensité chimique étant 12 pour le mois de janvier :

Janvier.	12	Mai.	30	Septembre . .	36
Février.	24	Juin	42	Octobre . . .	33
Mars.	33	Juillet.	44	Novembre. . .	15
Avril.	28	Août	4	Décembre. . .	11

Appliquant la même méthode d'évaluation à l'intensité de la lumière réfléchie par le ciel bleu, suivant les mois et les saisons, Schall a trouvé les rapports suivants pour l'intensité de la lumière bleue céleste mesurée à trois heures après midi.

Janvier.	6	Mai.	16	Septembre . .	19
Février.	9	Juin	16	Octobre . . .	13
Mars.	12	Juillet.	22	Novembre. . .	5
Avril.	10	Août	20	Décembre. . .	4

Les travaux plus récents de MM. Bunsen et Roscoë ont enrichi la photométrie atmosphérique de faits nouveaux sans résoudre complétement toutefois la difficile question de l'intensité chimique et lumineuse des rayons solaires.

MM. Bunsen et Roscoë ont établi qu'à des sommes égales d'intensité lumineuse et de durée d'insolation correspondent des colorations égales de papiers chlorurés de même sensibilité. Ces savants ont déterminé, à l'aide d'appareils dans lesquels des bandes de papier sensibilisé étaient exposées pendant un temps donné, à diverses époques du jour et de l'année, à la lumière réfléchie par la voûte céleste (non à la lumière solaire directe), un certain nombre de données intéressantes desquelles résultent, entre autres, les conclusions suivantes :

1° Si l'on prend pour unité l'action chimique de la lumière diffuse dans le jour le plus court de l'année, cette même action est égale à 25 dans le jour le plus long;

2° De là résulte que l'accroissement de l'action chimique est plus faible depuis l'hiver jusqu'au priñtemps, que du printemps à l'été;

3° L'intensité de l'action chimique de la lumière solaire est beaucoup plus atténuée par la présence des nuages ou des brouillards que nous n'en pouvons juger par nos sens.

Quant à l'intensité de la lumière de la lune, elle est si faible qu'il ne semble pas qu'elle puisse entrer en ligne de compte dans les phénomènes de la végétation; cependant nous ne possédons à ce sujet aucune expérience exacte.

La répartition des plantes à la surface de la terre est liée à la fois à la quantité de la chaleur et à celle de la lumière qu'elles reçoivent; cette dernière influence est beaucoup plus considérable qu'on ne l'admettait autrefois.

Les végétaux cultivés, de même que les espèces spontanées, ne prospèrent que dans les limites géographiques où, à côté des conditions d'alimentation, d'humidité et de chaleur, ils sont exposés en quantité, intensité et durée, à l'action suffisante de la lumière; cette dernière condition venant à manquer, les autres persistant, la végétation disparaît ou cesse d'être normale et durable. C'est ainsi que les plantes des Alpes, après leur long sommeil d'hiver, peuvent se développer parce qu'elles sont exposées à l'action prolongée de la lumière. La rose des Alpes exige, au moment où apparaissent ses boutons, que le jour dure au moins 14 heures; qu'on lui donne de la chaleur en lui refusant cette durée d'insolation, elle cesse de se développer. D'après Kerner, le pin, pour prospérer à coup sûr, réclame, au moment où il fournit ses pousses, sous l'influence d'une somme de température de 373° (au printemps), une durée minima de 14 heures de jour. Le pin pignier doit, avec une somme de température de 522°5 pour commencer à pousser, être exposé 16 heures par jour à la lumière[1].

Le nombre des plantes qui recherchent la lumière est plus considérable que celui des végétaux qui croissent à l'ombre et qui sont d'ailleurs très-nombreux. A ce dernier groupe appartiennent notamment les cryptogames : champignons, lichens, mousses et fougères. Mais l'on rencontre également beaucoup de phanérogames qui croissent dans les parties sombres des forêts, dans les fentes des rochers où jamais n'arrive un rayon de soleil. Telles sont : *Anemone nemorosa*, *Anemone ranunculoïdes*, *Oxalis acetosella*, *Orobus vernus*, *Vicia dumetorum*, *Geum urbanum*, *Lithospermum purpuro-cœruleum*, *Lathræa squamaria*, *Asperula odorata*, *Mercurialis perennis*, etc...

Le plus grand nombre des végétaux ne réclament ni les lieux les plus éclairés, ni les endroits les plus obscurs, et croissent sous un éclairage moyen plus ou moins atténué.

L'influence de la lumière est des plus manifestes sur le développement des fleurs et des fruits. D'après Sendtner, dans les serres qui reçoivent la lumière latéralement, $\frac{1}{10}$ de toutes les plantes seulement

1. HABERLANDT, *loc. citato.*

fleurit; tandis que, dans les serres éclairées à la fois par le haut et par le côté, $\frac{1}{3}$ de tous les végétaux arrive à floraison. Dans les lieux exposés au soleil, le nombre des plantes qui fleurissent est trois fois plus considérable, pour les mêmes espèces, que dans les terrains ombreux. Ce fait est des plus évidents dans les prairies à ciel découvert comparées aux prairies sous bois ou situées près de bâtiments qui les couvrent fortement de leur ombre. La lumière influe non-seulement sur le nombre, mais sur le développement des fleurs. En général, la couleur de ces dernières n'est pas modifiée, le pigment coloré ne se produisant pas dans la fleur, mais bien dans les feuilles qui l'engendrent. La qualité des fruits est également en rapport avec l'éclairage que reçoit la plante; nous verrons tout à l'heure qu'il doit en être ainsi, d'après le rôle de la chlorophylle, d'autant plus abondante et plus active que la lumière agit mieux.

Quelques mots encore sur les transformations que la lumière amène dans la coloration des feuilles, persistantes de certaines espèces pendant l'hiver.

Ces changements de teintes reposent sur trois phénomènes physiologiques différents : 1° La coloration jaune qui se manifeste chez le *Thuya,* le *Pin,* l'*If,* est le résultat d'une destruction de la chlorophylle existante et l'absence de formation nouvelle de matière verte. C'est la lumière qui cause cette décoloration remarquable, surtout dans les parties les plus éclairées des branches et des feuilles. 2° La coloration brune d'hiver, aussi fréquente que la coloration jaune, chez les *Thuyas,* les *Wellingtonias,* le *Sequoya,* l'*If,* est due à la formation d'une matière colorante dérivée de la chlorophylle; la cause immédiate de cette décoloration de la matière verte est le froid, auquel vient s'ajouter l'action de la lumière, ce qui explique pourquoi ce changement de teintes se limite aux parties éclairées de la plante. 3° Enfin, la coloration rouge résulte de la production d'anthocyane et semble tantôt dépendre, tantôt non, de l'action de la lumière. Cette dernière modification s'observe fréquemment chez les *Sedum,* les *Sempervivum,* les *Saxifrages,* l'*Yeuse,* etc...

128. — Conditions de la production de la chlorophylle. — Après avoir rappelé sommairement la composition de la lumière solaire et sa répartition à la surface du globe, il me reste à indiquer ce que l'on sait sur le rôle de chacun des spectres lumineux, calorifique et chimique, dans l'assimilation végétale, c'est-à-dire dans la formation du protoplasma chlorophyllien.

La première question à examiner est celle-ci : Les radiations lumineuses, obscures et calorifiques prennent-elles part, et dans quelles proportions, à la formation de la chlorophylle ?

M. Guillemin a cru pouvoir conclure de ses expériences[1] à ce sujet que la chaleur obscure concourt à la production de la chlorophylle. La méthode qu'il a employée est très-imparfaite : ce physicien s'est servi d'écrans pour éliminer la lumière de la salle dans laquelle il opérait ; il a employé un prisme de sel qui laisse passer les rayons calorifiques, mais n'arrête pas les rayons lumineux, et enfin il a jugé de la formation de la chlorophylle par le verdissement constaté à l'œil nu ; or, on sait que la chlorophylle peut être formée bien avant de devenir apparente pour l'œil. Ces essais, d'ailleurs trop peu nombreux (M. Guillemin n'a fait que deux expériences), ne sont pas du tout concluants.

L'auteur en a tiré la conséquence que le développement maximum de la matière verte a lieu entre le jaune et l'orangé ; qu'il s'en forme encore dans le rouge en faible quantité, et que la production de la chlorophylle, bien que très-faible, est encore manifeste dans la région du spectre ultra-rouge. Acceptée sans conteste par beaucoup d'auteurs, cette dernière opinion a été détruite par un travail récent de M. J. Wiesner. Cet habile expérimentateur s'est servi, pour absorber les rayons lumineux, d'un flacon à double paroi contenant une solution d'iode dans le sulfure de carbone (procédé de Tyndall). Les graines, germées dans l'obscurité complète, étaient placées dans l'intérieur du flacon, qu'on exposait ensuite, pendant six heures consécutives, à la lumière solaire directe. Le thermomètre très-sensible, dont la boule plongeait dans l'intérieur du flacon, accusait immédiatement une augmentation de 15 degrés dans la température de l'air du flacon. En aucun cas, M. Wiesner n'a pu constater la moindre formation de chlorophylle. Après avoir expérimenté l'action de la lumière solaire, l'auteur s'est adressé à la lumière artificielle du

1. *Annales des sciences naturelles*, 1859, t. VII.

gaz, afin d'avoir à sa disposition une source lumineuse dont l'intensité demeurât constante pendant longtemps sans interruption, ce qui n'arrive pas avec la lumière solaire. D'après les observations de Tyndall, le pouvoir éclairant des sources lumineuses terrestres est très-faible par rapport à leur pouvoir calorifique ; pour le gaz de l'éclairage, en particulier, le rapport des rayons lumineux aux rayons calorifiques est de 4 à 96, soit 24 fois plus petit.

M. Wiesner opéra dans une cave dont la température demeûrait constante (15 à 17 degrés); ses expériences durèrent jusqu'à 120 heures consécutives. Il choisit pour ses essais le phaséolus, le maïs, le cresson, l'orge, germés dans l'obscurité absolue, et ne constata pas un seul cas de verdissement des germes sous l'influence des rayons calorifiques du gaz.

M. Wiesner s'est assuré de la présence ou de l'absence de chlorophylle en faisant des extraits alcooliques et en examinant si ceux-ci étaient ou non fluorescents. Dans une seconde série d'essais, il a eu l'occasion de constater des faits très-curieux relatifs à l'action des rayons dits *continuateurs,* faits qui expliquent les divergences des résultats obtenus par MM. Guillemin, Böhm et autres expérimentateurs.

Un grand nombre de substances, toutes peut-être, exposées à la lumière, absorbent une partie des radiations solaires; cette absorption est accompagnée d'une perte de force vive qui ne saurait se produire sans déterminer un phénomène consécutif équivalent. Ce phénomène est, tantôt, l'émission ultérieure de radiations calorifiques ou lumineuses, tantôt la production d'une action chimique. C'est sur ce fait fondamental que reposent les procédés photographiques. Un corps insolé emmagasine, comme l'a démontré Niepce de Saint-Victor, une certaine quantité de radiations lumineuses qui, à un moment donné, peuvent produire des effets amoindris, mais identiques avec ceux qu'engendre la lumière directe. L'expérience suivante, due à M. Wiesner, montre qu'une action de ce genre peut donner naissance à de la chlorophylle.

M. E. Becquerel a fait voir, il y a longtemps déjà, qu'une plaque daguerrienne, après avoir été insolée faiblement, reproduit, lorsqu'on la place dans le spectre solaire, non-seulement les rayons bleus, violets et ultra-violets, mais encore les rayons rouges et jaunes de ce spectre qui, si la plaque d'argent n'a pas été préalablement exposée à la lumière, n'exercent pas sur elle d'action photographique. Ce physicien a désigné sous le nom de *rayons continuateurs* ces radiations lumineuses agissant après coup. M. Wiesner, ayant préparé dans l'obscurité absolue des germes étiolés entièrement dépourvus de chlorophylle, les a partagés en deux lots : le premier a été placé directement dans le flacon à sulfure de carbone décrit plus haut ; le deuxième a été exposé à une très-faible lumière diffuse durant deux heures, puis placé dans le flacon.

Les germes étiolés des deux lots étaient absolument exempts de chlorophylle au moment où ils ont été déposés dans le flacon à sulfure exposé à la lumière du gaz ; cependant les plantes qui avaient été légèrement éclairées ont produit ensuite, dans l'obscurité complète, de la chlorophylle en quantité appréciable. M. Wiesner attribue, à juste titre je crois, à l'action des rayons continuateurs la formation de la matière verte dans ce dernier cas. Ne serait-ce pas par une action de ce genre que l'on pourrait arriver à expliquer la formation de la chlorophylle dans certains cotylédons ? et l'influence des rayons continuateurs ne serait-elle pas pour quelque chose dans la précocité des graines des hautes latitudes ? Je ne saurais me prononcer à ce sujet, mais il me semble qu'il y a là un sujet de recherches intéressantes.

De ce qui précède, il résulte que les rayons calorifiques du spectre ne favorisent pas la formation de la chlorophylle : les rayons continuateurs (chimiques), au contraire, du jaune et du rouge et même du bleu peuvent donner naissance à de faibles quantités de matières vertes. Les rayons violets (chimiques) sont efficaces ; en résumé, la portion du spectre comprise entre B et H (*fig.* 30) peut engendrer en proportion variable de la chlorophylle.

Les radiations lumineuses sont actives au premier chef ; c'est sous leur influence que se forme presque exclusivement la matière verte des plantes. Voici, d'après M. Pfeffer, la part relative de chacune des couleurs du spectre dans cet acte fondamental de la vie végétale. C'est dans le jaune clair du spectre que l'assimilation du carbone est la plus active ; elle décroît à droite et à gauche jusqu'à devenir nulle dans les rayons calorifiques extrêmes (rouge obscur) et dans les rayons ultra-violets (chimiques) où cesse la décomposition de l'acide carbonique. Si l'on donne pour coefficient d'intensité d'action à la partie la plus brillante du spectre une valeur de 100, cette valeur, pour les différentes régions du spectre, devient la suivante :

Jaune.	= 100
Orangé	= 63
Vert	= 37,2
Bleu	= 22,1
Indigo	= 13,5
Violet.	= 7,1
Rouge	= 25,4

La décomposition de l'acide carbonique et, conséquemment, la formation de la chlorophylle, atteignent leur maximum dans la lumière blanche, c'est-à-dire dans la lumière solaire non décomposée.

Quelle est l'intensité minima que doit avoir cette lumière blanche pour que la chlorophylle puisse se produire ? Cette question présente pour les forestiers un réel intérêt, puisque, chacun le sait, le sol de nos forêts ne reçoit pas, à beaucoup près, autant de lumière solaire que les sols agricoles.

M. Wiesner, après avoir, comme je l'ai dit, vérifié le fait, très-mal expliqué jusqu'ici, du verdissement des cotylédons des conifères dans l'obscurité absolue, s'est proposé d'étudier la production de la chlorophylle dans des conditions très-diverses d'éclairage des plantes. Il a d'abord constaté que, dans toutes les parties des végétaux, le protoplasma incolore exige, pour prendre une teinte verte, un même minimum d'intensité lumineuse, qu'il s'agisse des feuilles ou des tiges vertes. Il a choisi, pour ces essais, des plantes pourvues d'un épithélium mince et tout à fait transparent, afin de pouvoir constater l'apparition des premières traces de chlorophylle. Les germes des monocotylédones et des dicotylédones remplissent très-bien ces conditions. La lumière dont M. Wiesner se servait était le gaz de l'éclairage, dont le pouvoir éclairant était mesuré et égal à 6,5 bougies. Le dispositif expérimental était le suivant : Au fond d'un vase opaque (en argile), sur une feuille de papier à filtrer, humectée d'eau, il plaçait les plantes germées dans l'obscurité absolue. Il fermait le vase avec une lame de verre recouverte d'une feuille de papier et plaçait le tout dans un lieu absolument soustrait à l'action de la lumière solaire et qu'éclairait seul un bec de gaz de puissance photométrique déterminée. En superposant successivement sur le couvercle du vase de 1 à 64 feuilles de papier bien homogène comme épaisseur et comme opacité, il obtenait toutes les atténuations d'éclairage désirables jusqu'à l'obscurité complète. Enfin un écran, empêchant tout accès de la lumière diffuse, recouvrait le tout. Pour déterminer le degré d'atténuation de l'intensité lumineuse, obtenue à l'aide de ces obturateurs en papier, M. Wiesner regardait le bec de gaz, situé à $1^{m},50$ de l'observateur, à travers l'oculaire d'un microscope recouvert successivement d'un nombre croissant de feuilles du même papier. Il notait le nombre de feuilles à superposer pour arriver à l'obscurité complète : 45 lames donnaient ce résultat qu'on peut atteindre également en interposant entre l'œil et la source lumineuse une tranche de pomme de terre d'une épaisseur de $0^{m},052$.

M. Wiesner a opéré, par cette méthode, sur les quatorze espèces végétales suivantes :

COTYLÉDONS.		Feuilles primordiales.
Iberis amara.	Balsamina.	Pisum sativum.
Pyrethrum aureum.	Lepidum sativum.	Hordeum sativum.
Silene pendula.	Cucurbis pepo.	Mirabilis jalappa.
Convolvulus tricolor.	Cannabis sativa.	Cheiranthus cheiri.
Reseda odorata.		

Toutes les expériences ont été faites à une température de 15 à 17 degrés. Je citerai deux exemples des résultats obtenus pris, l'un parmi les essais sur les cotylédons, l'autre relatif aux feuilles primordiales :

	COTYLÉDONS DE L'IBERIS AMARA.		FEUILLES PRIMORDIALES DE L'ORGE.	
Nombre de feuilles de papier.	Le verdissement commence après :	Coloration verte intense après :	Verdissement après :	Coloration intense après :
—	—	—	—	—
0	$4^{h}5^{m}$	$8^{h}\,^{3}/_{4}$	$2^{h}5^{m}$	4^{h}
8	10	72	5	12
12	48	172	7	27
16	72	Plus de coloration intense.	10	52
24	129	—	»	Plus rien.
25	144	—	27	—
28	172	—	48	—
29	244	—	127	—
30	Nul.	—	144	—

Ainsi, bien avant que l'obscurité soit complète, car l'interposition, entre l'œil et la lumière, de 28 couches du papier employé laissait encore apercevoir une lueur appréciable, la production de la chlorophylle cesse d'être assez intense pour que la plante prenne une teinte verte marquée[1].

Quelques autres expériences du même auteur sur le verdissement de la pomme de terre méritent d'être notées. M. Wiesner a constaté qu'une tranche de pomme de terre exposée à la lumière directe du soleil pendant un temps assez long peut verdir jusqu'à une profondeur de 1 centimètre ; de plus, après une insolation de 3 à 4 heures, une lame du même tubercule manifeste un verdissement très-faible (traces de chlorophylle), mais, abandonnée ensuite à la lumière peu intense du gaz, peut se colorer très-notablement en vert. Ce sont des phénomènes d'induction photogénique extrêmement curieux et qui doivent jouer un rôle dans le développement des végétaux.

On sait que les plantes ont besoin, pour verdir, de quantités de lumière bien différentes ; certains cryptogames acquièrent une magnifique couleur verte dans une obscurité presque complète ; les céréales au contraire, de même que les plantes à siliques, exigent beaucoup de lumière pour développer leur chlorophylle ; enfin, certains végétaux deviennent franchement verts dans un lieu si peu éclairé que l'œil de l'homme n'y saurait déchiffrer des caractères d'imprimerie assez gros.

Trop d'intensité lumineuse, au contraire, décolore les parties vertes des végétaux ; la nature de l'enveloppe externe des organes joue là un rôle considérable : suivant que le tissu extérieur est plus ou moins transparent et mince, glabre ou pileux, la production de la chlorophylle est plus ou moins intense. Il y a lieu de croire que l'action de la lumière est moins une question d'intensité que de durée de l'insolation et de transparence des tissus extérieurs. L'intensité minima suffit, pourvu que la structure de l'organe permette la pénétration de la lumière dans l'intimité des tissus.

Voyons maintenant quelle influence la température extérieure

1. Dans ce travail comme dans le précédent, M. Wiesner s'est servi de la fluorescence et des caractères spectroscopiques pour constater la présence ou l'absence de chlorophylle.

exerce sur la formation de la chlorophylle. D'une façon générale, on peut admettre que les limites de température dans lesquelles s'effectue le développement de la chlorophylle sont sensiblement celles entre lesquelles se produit la germination.

Pour un éclairage constant, le verdissement apparent à l'œil a varié, dans les expériences de M. Wiesner, entre 1 heure et 9 heures et demie, pour une température comprise entre 14° et 19° ; la production réelle de la chlorophylle commence beaucoup plus tôt, mais il faut, pour la constater, avoir recours aux observations spectroscopiques. Le collaborateur de M. Wiesner, M. Mikosh, a constaté par ce procédé qu'entre 17° et 19°, la chlorophylle apparaît au bout d'un temps qui variait de 5 à 45 minutes, suivant les espèces observées. M. Sachs a observé que les germes de maïs commencent à verdir à 6° ; ceux du *Brassica napus*, de 3° à 5°. La limite supérieure de température à laquelle les plantes ne verdissent plus varie de 33° à 36° ; c'est aussi la température à laquelle la chlorophylle formée commence à se décolorer sous l'influence de la lumière solaire. A éclairage égal, la température accroît la rapidité de la formation de la chlorophylle. Le fait est facile à constater pendant les journées chaudes du printemps [1].

Les conclusions de ces recherches peuvent se formuler de la manière suivante : 1° La rapidité de la production de la chlorophylle s'accroît, toutes choses égales d'ailleurs, avec la température ; 2° on peut considérer sous ce rapport trois points fixes de température : Un zéro inférieur, c'est-à-dire une température minima (variable avec les espèces) à laquelle la chlorophylle ne se produit pas ; un maximum de température coïncidant avec la production maxima de la chlorophylle ; enfin un zéro supérieur, c'est-à-dire une température à laquelle la chlorophylle cesse de se constituer. Entre les deux zéros extrêmes, la production de la matière verte suit une marche à peu près proportionnelle à la température. On peut considérer la température de 35° comme la limite supérieure favorable, toutes choses égales d'ailleurs, à la production de la chlorophylle.

---

1. Je renverrai mes lecteurs au mémoire de M. Wiesner pour les détails qu'ils pourraient désirer sur ce point intéressant de la physiologie végétale.

En résumé, la lumière et une certaine température sont indispensables au fonctionnement du mécanisme mystérieux qui préside à la décomposition de l'acide carbonique par les parties vertes des végétaux. Sous l'influence de ces deux agents, lumière et chaleur, les plantes fabriquent de toutes pièces, à l'aide de l'acide carbonique, de l'eau et de l'ammoniaque de l'air, une série de principes immédiats que nous aurons à étudier plus tard et que je me bornerai, pour l'instant, à énumérer en les répartissant dans les groupes suivants :

1° Substances hydrocarbonées : fécule, cellulose, inuline, dextrine, gomme, sucre de canne, de raisin, de fruit, sorbine, mannite, etc. ;

2° Corps gras et huiles dérivés des précédents et plus pauvres qu'eux en oxygène ;

3° Matières colorantes et principes amers (non azotés) ;

4° Acides tanniques, principes tannants ;

5° Glucosides ;

6° Substances protéiques ;

7° Alcaloïdes ;

8° Acides végétaux.

Parmi les principes immédiats connus, dont le nombre est aujourd'hui très-considérable, il en est quelques-uns de fort importants, soit au point de vue de l'étude du développement des plantes, soit parce qu'ils constituent les aliments des animaux et de l'homme, soit enfin par leurs propriétés toxiques et médicamenteuses.

129. — Assimilation de l'hydrogène par les végétaux. — De même que tout le carbone des végétaux vient de l'acide carbonique de l'air, tout leur hydrogène est emprunté à l'eau. Les essais de culture dans l'eau ont surabondamment prouvé qu'une plante à la disposition de laquelle on ne met d'autre carbone que celui de l'air (CO^2), d'autre hydrogène que celui de l'eau, ou d'une combinaison minérale hydratée, fabrique, à l'aide de ces éléments inorganiques, une quantité de matière vivante parfois aussi considérable et, dans tous les cas, de même composition que celle des végétaux cultivés dans le sol. Il ne saurait donc y avoir aucun doute sur ce point, le carbone et l'hydrogène des plantes sont, comme tous leurs éléments, d'origine minérale. Comment le tissu végétal décomposet-il l'eau? C'est là une question à laquelle nous ne saurions, en aucune façon, répondre dans l'état de nos connaissances. Nous en sommes réduits à des hypothèses, la plupart sans grande valeur, car elles ne sont pas susceptibles de vérification expérimentale.

L'acide carbonique est formé par le groupement de trois atomes[1] dont l'un est du carbone, les deux autres de l'oxygène.

$$CO.\,O = \text{acide carbonique.}$$

Comme le fait observer Liebig[2], aucune partie d'une plante ne renferme jamais, pour un atome de carbone, plus de deux atomes d'un autre corps simple. Tous les principes immédiats non azotés des végétaux, acide oxalique, acide tartrique, sucre, amidon, cellulose, etc., prennent naissance aux dépens de l'acide carbonique, sous l'action de la lumière solaire, par suite de l'élimination d'une partie de l'oxygène de ce gaz, qui est remplacée par une certaine quantité d'hydrogène. Réduit à son expression la plus simple, le sucre de fruit peut être considéré comme un atome d'acide carbonique, dans lequel un atome d'hydrogène a remplacé un atome d'oxygène :

$$CO.\,H = \text{sucre de fruit}\ ^{3}.$$

Le sucre de fruit renferme du carbone et l'oxygène et l'hydrogène dans le rapport exact où ils forment de l'eau ; la cellulose, le sucre de canne, la gomme, la fécule, présentent une constitution analogue. Nous pouvons aisément transformer, par une action chimique, la fécule et la cellulose en sucre de glucose, mais nous n'avons pu ramener inversement le sucre à l'état de fécule ou de cellulose, ces réductions ne paraissant pouvoir s'effectuer en dehors de l'organisme vivant.

Nous avons tout lieu de penser que la cellulose, la gomme, la fécule des végétaux procèdent du sucre, qu'ils sont les membres

---

1. Je me sers de ce terme sans lui attribuer une valeur absolue et faute d'un autre qui soit plus précis.

2. *Die Chemie in ihrer Anwendung auf Agricultur und Physiologie.* 9e édition, 1875, t. I, p. 27 et suiv.

3. $C = 6$, $O = 8$, $H = 1$. La substitution de l'hydrogène à l'oxygène s'opère facilement, comme le montre la synthèse de l'acide formique. (KOLBE et SCHMITT, *Ann. der Chemie,* t. 119. 1861.)

d'une même série ayant pour point de départ l'acide carbonique; ces composés dériveraient donc de l'atome d'acide carbonique plus ou moins modifié.

Les rapports de ces principes immédiats les uns avec les autres peuvent s'exprimer avec la plus grande simplicité :

Sucre de fruit.	$C^{12} H^{12} O^{12}$
Cellulose.	$C^{12} H^{12} O^{12}$
Sucre de canne	$C^{12} H^{11} O^{11}$
Gomme	$C^{12} H^{11} O^{11}$
Fécule.	$C^{12} H^{10} O^{10}$

Un simple coup d'œil jeté sur ces formules montre que le sucre de fruit et la cellulose, le sucre de canne et la gomme sont respectivement constitués des mêmes éléments, dans les mêmes rapports, mais diversement groupés, d'où résultent les différences qu'ils présentent dans leurs propriétés. Du sucre de fruit (glucose) naissent, dans la plante vivante, le sucre de canne, la gomme et la fécule, par l'élimination de un ou de deux équivalents d'eau. Dans la cellulose, la fécule ou le sucre, les caractères chimiques de l'acide carbonique ont totalement disparu, mais nous trouvons dans toutes les plantes, dans tous leurs sucs, sans exception, une longue série de combinaisons présentant, à un degré plus ou moins affaibli, les caractères de l'acide carbonique, tels sont les acides oxalique, citrique, malique, tartrique, etc. La plupart de ces composés sont cristallisables; ils offrent, avec l'acide carbonique, comme point de départ, ou comme terme de toutes les combinaisons organiques, des rapports plus étroits que le sucre. Tandis que ce dernier corps est formé de carbone et des éléments de l'eau, ces acides sont constitués par du carbone et par les éléments de l'eau auxquels s'ajoute une certaine quantité d'oxygène. L'acide oxalique contient deux équivalents (atomes) de carbone et trois équivalents d'oxygène. C'est le moins complexe et le plus répandu des acides organiques; on peut supposer qu'il se forme par la combinaison de deux équivalents d'acide carbonique avec élimination d'un équivalent d'oxygène :

Acide carbonique.	$C^2 O^2 O^2 = 2 CO^2$
Acide oxalique.	$C^2 O^2 O = C^2 O^3 + O$,

M. Drechsler ayant montré que l'on peut aisément produire l'acide oxalique en désoxydant l'acide carbonique.

Supposé anhydre, l'acide oxalique ne renferme pas d'hydrogène, tandis que tous les autres acides organiques sont hydrogénés. On pourrait, d'après cela, considérer tous les acides des végétaux comme dérivant de l'acide oxalique, aux éléments duquel s'ajouterait simplement de l'hydrogène, ou dans lequel ce corps se substituerait à de l'oxygène. Dans la première hypothèse, la combinaison de l'hydrogène avec l'acide oxalique donnerait, par exemple, d'après les recherches de F. Schulze et de Kolbe, de l'acide glycolique $= C^4H^4O^6$. Si l'on compare la composition de l'acide malique à celle de l'acide oxalique, on voit que le premier renferme les éléments de deux équivalents du second, avec substitution de deux atomes d'hydrogène à deux atomes d'oxygène.

2 équiv. acide oxalique.	$= C^4\ H^4\ O^8$
Acide malique.	$= C^4 \left.\begin{matrix} H^2 \\ O^2 \end{matrix}\right\} O^2$
Acide tartrique	$= C^4 \left.\begin{matrix} H^2 \\ O^2 \end{matrix}\right\} O^3$

Par élimination d'eau ou de ses éléments, l'acide malique se transforme en acides maléique et fumarique, l'acide citrique en acide aconitique, acide d'une nature particulière qu'on peut obtenir directement à l'aide des acides malique et citrique.

3 équiv.[1] acide malique	$= C^{12}\ H^4\ O^{12}$
3 équiv. acide citrique.	$= C^{12}\ H^5\ O^{11}$
3 équiv. acide aconitique	$= C^{12}\ H^3\ O^9$
3 équiv. acide maléique	$= C^{12}\ H^3\ O^9$
3 équiv. acide fumarique.	$= C^{12}\ H^3\ O^9$

On peut se représenter la transformation de l'acide tartrique en acide malique dans la plante par la perte d'un équivalent d'oxygène, et si nous supposons que trois équivalents d'acide malique échangent six équivalents d'hydrogène contre six équivalents d'oxygène, nous retrouverons dans le nouveau corps la composition du sucre de fruit.

1. L'équivalent d'acide est la quantité de ce composé qui neutralise un équivalent d'oxyde métallique (MO).

Comme on peut le voir, ces acides organiques forment, avec le sucre et la fécule, une seule et même série; ils sont les termes de passage de l'acide carbonique au sucre, comme ce dernier, ou bien encore la gomme, est un intermédiaire de l'acide carbonique et de la fécule. On peut admettre, en partant de l'acide oxalique, que, dans toutes les circonstances, les principes immédiats qui se forment sous l'influence de la vie prennent naissance par la décomposition simultanée de l'acide carbonique et de l'eau, perdant l'un et l'autre de l'oxygène qui remplace l'hydrogène provenant de la décomposition de l'eau. Plus l'élimination d'oxygène venant de l'acide carbonique est grande, plus considérable est la substitution d'hydrogène fourni par l'eau, plus le composé nouveau s'écarte de l'acide carbonique par sa constitution chimique. Les principes immédiats riches en oxygène se rapprochent davantage de l'acide carbonique que les matières très-hydrogénées; les huiles volatiles très-oxygénées, comme l'essence de térébenthine et de citron, occupent, dans la série des combinaisons organiques, une place plus élevée que les acides gras et que les huiles grasses.

La masse principale de tous les végétaux est formée de combinaisons (cellulose, fécule, sucre, etc.) constituées par le carbone et les éléments de l'eau. 22 parties en poids d'acide carbonique sont formées de 6 parties de carbone unies à 16 parties d'oxygène, 9 parties d'eau renferment 8 parties d'oxygène et une partie d'hydrogène. Il est évident qu'une combinaison se constituant par l'union de carbone et des éléments de l'eau, il devra y avoir élimination de moitié de l'oxygène de 22 parties d'acide carbonique et de la totalité de celui de l'eau, soit en tout de 16 parties d'oxygène.

$$
\begin{array}{lr}
 & (CO^2)\ CO.\ O \text{ perdra } O \\
 & H.\ O \text{ perdra } O \\
\hline
\text{il restera} & C\genfrac{}{}{0pt}{}{H}{O} \text{ et il y aura élimination de } 2\,O.
\end{array}
$$

D'après cela, une surface de sol qui condenserait dans la récolte qu'il porte 5 quintaux de carbone pris à l'acide carbonique de l'air, sous forme de cellulose, de fécule, de sucre, etc., restituera à l'air 1333 kilogr. d'oxygène pur, soit environ 900 mètres cubes de ce gaz.

On peut admettre qu'une partie de terrain, pré, forêt ou culture agricole sur laquelle on récolte 5 quintaux de carbone à l'état de bois, d'herbes, de feuilles, etc., restitue à l'air la totalité de l'oxygène que lui a enlevé la combustion directe ou indirecte (respiration des animaux) de la même quantité de carbone.

La fonction d'assimilation présentée dans sa forme la plus simple, peut donc être considérée comme une opération dans laquelle les plantes s'emparent de l'hydrogène de l'eau, du carbone et de l'acide carbonique, en restituant à l'air la totalité de l'oxygène dans le cas de formation des hydrocarbures, et une partie seulement de ce dernier, s'il s'agit des principes immédiats oxygénés. Plus les combinaisons qui fournissent aux plantes leurs éléments combustibles sont riches en oxygène, plus les végétaux consomment de force solaire pour fabriquer les principes immédiats et emmagasiner cette force à notre profit. Or, ce sont les deux composés naturels les plus oxygénés qu'on connaisse, l'acide carbonique et l'eau, qui constituent les aliments les plus importants, quantitativement parlant, de tous les végétaux.

J'ai cherché à résumer, dans ce qui précède, les idées des physiologistes contemporains, et notamment celles de l'illustre fondateur de la théorie minérale, sur les procédés que la nature emploie pour produire sous nos yeux et sans que nous en puissions pénétrer le mécanisme, les nombreuses substances vivantes dont l'ensemble constitue un végétal. Je pourrais m'étendre beaucoup encore sur les vues hypothétiques émises à ce sujet; si je juge inutile de le faire, ce n'est point que je méconnaisse l'intérêt des importants travaux auxquels a donné lieu l'étude du grand problème que soulève la production de la substance végétale, source de tous les organismes animaux : mais, d'une part, je ne puis oublier que ces leçons ne sont point un cours de physiologie pure; de l'autre, je suis trop convaincu de la différence profonde qui existe entre les procédés de la chimie et ceux que l'être vivant met en œuvre, pour me laisser entraîner à des déductions dont la rigueur est loin de m'être démontrée. Je pense, avec Claude Bernard, que le chimisme du laboratoire que l'on invoque d'ordinaire dans ces appréciations, n'est pas comparable au chimisme des êtres vivants. Sans nul doute, les lois de la chimie ne sauraient être violées dans les êtres vivants, mais là cependant elles ont des agents, des appareils particuliers dont il est nécessaire de tenir compte et qui diffèrent profondément de ceux que le chimiste emploie dans son laboratoire[1].

Nous ne pourrions admettre l'existence d'une force vitale exclusive distincte des forces physiques et chimiques, mais nous reconnaissons qu'il existe dans les êtres vivants des phénomènes vitaux et des composés chimiques qui leur sont propres. Comment, dès lors, comprendre leur production ? Claude Bernard va nous le dire[2] :

Le chimisme du laboratoire et le chimisme du corps vivant sont soumis aux mêmes lois : il n'y a pas deux chimies, Lavoisier l'a dit. Seulement le chimisme du laboratoire est exécuté à l'aide d'agents, d'appareils que le chimiste a créés ; le chimisme de l'être vivant est exécuté à l'aide d'agents et d'appareils que l'organisme a créés.... Le chimiste, par exemple, transforme l'amidon en sucre à l'aide d'un acide qu'il a fabriqué ; il saponifie les corps gras à l'aide de la potasse caustique, de l'acide sulfurique concentré, de la vapeur d'eau surchauffée, tous agents qu'il a créés lui-même. L'animal, aussi bien que la graine qui germe, transforme l'amidon en sucre sans acide, à l'aide d'un ferment, la diastase, qui est un produit de l'organisme. Chaque laboratoire a donc ses agents spéciaux, mais les phénomènes chimiques sont au fond les mêmes ; la transformation de l'amidon en sucre, le dédoublement de la graisse en acide gras et en glycérine se produisent, dans les deux cas, par un mécanisme chimique identique.

Pour les phénomènes de création organique, il doit en être de même. Le chimisme du laboratoire peut opérer les synthèses comme les corps vivants, et déjà il en a réalisé un grand nombre. Les chimistes ont fait des essences, des huiles, des graisses, des acides que les organismes vivants fabriquent eux-mêmes. Mais, là encore, on peut affirmer que les agents de synthèse diffèrent. Bien qu'on ne connaisse pas encore les agents de synthèse des corps vivants, ils existent certainement..... En un mot, le chimiste dans son laboratoire et l'organisme vivant dans ses appareils travaillent de même, mais chacun avec ses outils. Le chimiste pourra faire les produits de l'être vivant, mais il ne fera jamais ses outils, parce qu'ils sont le résultat même de la morphologie organique, qui est hors du chimisme proprement dit, et, sous ce rapport, il n'est pas plus possible au chimiste de fabriquer le ferment le plus simple que de fabriquer l'être tout entier.

---

1. Cl. Bernard, *Rapport sur la physiologie générale*. 1867, p. 222.

2. *Leçons sur les phénomènes de la vie communs aux plantes et aux animaux*, p. 225.

En résumé, nous voyons combien sont encore obscures toutes les questions de synthèse, de créations vitales, malgré les efforts dont leur étude a été l'objet. Nous ne pensons pas qu'on arrivera jamais à la solution de ces problèmes complexes en voulant les saisir dans leur origine même. Nous croyons, au contraire, que c'est en suivant les faits d'observation les plus près de nous que nous pourrons remonter successivement et réussir à atteindre le déterminisme de ces phénomènes fondamentaux.

Plus on réfléchit, plus on expérimente, plus on demeure convaincu que l'étude des rapports des phénomènes, la fixation des conditions dans lesquelles ils se produisent, leur *déterminisme*, en un mot, sont le but unique et bien lointain encore, pour beaucoup d'entre eux, auquel l'homme puisse prétendre. Ma conviction à ce sujet me servira d'excuse auprès des savants dont j'omets ici d'exposer les interprétations sur le mécanisme des créations organiques et sur l'assimilation du carbone en particulier.

130. — Résumé et conclusions. — De l'ensemble des faits observés jusqu'ici et des expériences auxquelles la fonction chlorophyllienne a donné lieu résultent un certain nombre de connaissances positives que je crois utile de résumer en terminant :

1° Les plantes à feuillage vert, qui forment les deux tiers environ des espèces végétales connues, doivent leur coloration à une substance particulière formée de carbone, d'oxygène, d'hydrogène, d'azote et de fer, en proportions mal déterminées jusqu'ici. Cette matière, nommée chlorophylle, semble être précédée dans le végétal par un protoplasma incolore très-abondant dans les germes étiolés.

A la chlorophylle semble exclusivement dévolue la propriété de transformer l'acide carbonique et l'eau en matière vivante. Les végétaux et parties de végétaux dépourvus de chlorophylle sont inaptes à effectuer cette décomposition et ne peuvent se nourrir que par intussusception, à l'aide de matériaux élaborés par les plantes à chlorophylle. De même que les animaux, les champignons et les phanérogames parasites achlorophylliens se nourrissent de substances préalablement fabriquées par les parties vertes d'autres végétaux.

2° La faculté de produire de la chlorophylle, longtemps considérée comme l'apanage exclusif du règne végétal, appartient à un certain nombre d'animaux inférieurs (*Batybius*, *Stentor polymorphus*, etc....)

3° L'agent primordial de la production chlorophyllienne chez les plantes est la lumière solaire. Les rayons obscurs du spectre ne semblent pas intervenir directement d'une manière active dans la formation de la substance verte. La lumière blanche favorise mieux que toute lumière simple cet acte fondamental de la vie des plantes. La fabrication de matière organique à l'aide de l'acide carbonique et de l'eau est un travail chimique engendré par la lumière solaire. Les rayons continuateurs semblent jouir, dans une certaine limite, de la faculté de produire de la chlorophylle. L'induction photochimique joue également dans ce phénomène un rôle appréciable.

4° Dans certaines conditions peu ou très-mal connues, et, en tout cas, inexpliquées jusqu'ici, il se produit de la chlorophylle en l'absence complète de lumière (graines des conifères). En général, un minimum d'éclairage, variable suivant les espèces végétales que l'on considère, est nécessaire au verdissement du protoplasma végétal.

5° Une certaine température, comprise entre 0° et 35°, est nécessaire à l'accomplissement régulier de la fonction chlorophyllienne.

6° L'acide carbonique et l'eau sont le point de départ de toutes les substances hydrocarbonées, amidon, sucre, acides végétaux, etc. La chlorophylle semble être le premier terme des évolutions de la matière minérale qui s'organise en substance vivante sous l'action de la lumière, de la chaleur et de l'électricité.

BIBLIOGRAPHIE.

1875. — **J. Liebig**, *Die Chemie in ihrer Anwendung auf Agricultur und Physiologie.* 9e édition, par Zöller. In-8°. Brunswick.

1876. — **A. Mayer**, *Lehrbuch der Agricultur-Chemie.* 2 vol. in-8°. Heidelberg.

1876. — **N. G. C. Müller**, *Ueber die Einwirkung des Lichtes und der strahlenden Wärme auf das grüne Blatt unserer Waldbäume. — Botanische Untersuchungen.* Heidelberg.

1877. — **J. Wiesner**, *Die Entstehung des Chlorophylls in der Pflanze.* Vienne, in-8°.

1878. — **Claude Bernard**, *Leçons sur les phénomènes de la vie communs aux animaux et aux végétaux.* In-8°. Paris.

1879. — **Haberlandt**, *Der allgemeine landwirthschaftliche Pflanzenbau.*

CHAPITRE VII

ORIGINE ET SOURCES DE L'AZOTE DES VÉGÉTAUX.

SOMMAIRE : L'azote gazeux de l'air n'est pas absorbé par les plantes. Il n'est pas fixé par le sol. — Expériences de MM. Boussingault, Pugh, Lawes et Gilbert, G. Ville, Schlœsing. — La nitrification du sol. — Les nitrières naturelles. — Théorie de la nitrification. — L'ammoniaque atmosphérique et la végétation. — Circulation de l'azote à la surface du globe.

131. — Importance de la question de l'azote. — A quelque point de vue qu'on l'envisage, l'étude du rôle de l'azote dans la nature présente un intérêt de premier ordre. Cet élément, associé au carbone et à l'eau (hydrogène et oxygène), constitue les matières protéiques diverses, depuis le protoplasma qui va former le corps vivant de la cellule du végétal, jusqu'aux combinaisons les plus complexes de l'organisme animal : fibre musculaire, tube nerveux, substance cérébrale. Le nom même de matière protéique[1] indique l'importance que les physiologistes lui attribuent à bon droit ; nous verrons plus tard, en étudiant la nutrition chez l'animal, que les substances azotées : fibrine, albumine, caséine, etc., sont le point de départ de toute organisation, de même que leurs produits de décomposition mesurent le degré d'intensité des actes vitaux et l'usure des organes de l'animal.

Les matières azotées, plus ou moins complexes, des plantes alimentaires et des fourrages sont l'unique source des liquides et des tissus (sang, muscles, chair, etc....) de l'homme et des animaux. Tandis que les végétaux, par un mécanisme dont le fonctionnement nous échappe

1. De πρωτεύω, j'occupe le premier rang.

encore complétement, puisent à des sources exclusivement inorganiques (ammoniaque et acide nitrique) l'azote qui se transforme, dans leurs tissus, en albumine, gélatine, caséine végétales, la nature refuse à l'animal, d'une façon absolue, la faculté de fixer ces principes minéraux.

Les animaux sont, par suite, dans la dépendance absolue des végétaux ; ils sont leurs tributaires dans l'acception la plus étroite du mot ; comme nous l'avons vu, ils n'ont pu prendre naissance à la surface du globe et se développer que postérieurement à la végétation : si, par impossible, la vie végétale cessait tout à coup sur la terre, les animaux disparaîtraient, avec elle, dans l'espace de quelques jours. Les plantes forment le trait d'union qui unit le monde minéral au monde animal : c'est le chaînon indispensable qui ferme le cercle mystérieux de la vie.

La relation forcée, indiscutable désormais, qui existe entre le développement de la matière azotée dans les plantes et l'entretien de la vie animale sur notre planète, explique l'intérêt de premier ordre, pour l'agriculture et pour l'humanité, qui s'attache à toutes les questions d'origine, de sources et d'assimilation de l'azote.

L'opinion des savants qui s'occupent particulièrement des applications de la chimie à l'agriculture n'étant point unanime sur cet important sujet, et les idées que je vais développer n'ayant point encore été admises par tout le monde, il me paraît indispensable, pour ne laisser aucune place à l'équivoque, de préciser soigneusement les termes de la question.

Il est démontré, comme je viens de le dire, que l'homme et les animaux ne fixent directement dans leur corps ni l'azote gazeux de l'air, ni l'ammoniaque, ni l'acide nitrique : leur sang, origine immédiate de tous les tissus et liquides de l'organisme, emprunte *tout son azote* aux principes nitrogénés élaborés par les plantes. Ce premier point, définitivement acquis, conduit l'agriculteur à concentrer tous ses efforts sur la production de la plus grande somme possible de principes végétaux azotés, qu'il transformera ensuite en viande, lait, laine, etc., par l'élevage du bétail.

La population de la France consomme, par jour, une quantité de substance azotée qu'on peut évaluer à trois millions et demi de kilogrammes, ce qui, par année, représente en nombre rond 1,300,000 tonnes d'albumine, fibrine, etc., végétales et animales. L'importance économique de la question de l'azote est suffisamment indiquée par ce chiffre.

Son intérêt pour le cultivateur est tout aussi facile à mettre en évidence. L'air est un immense réservoir d'azote au sein duquel naît, se développe et meurt la matière vivante. Formée, pour les $\frac{4}{5}$ de son volume, de gaz azote pur, l'atmosphère semble, au premier coup d'œil, offrir aux plantes l'élément fondamental des substances protéiques avec une telle profusion que le cultivateur ne doive pas avoir à se préoccuper de restituer à la terre les quantités d'azote qu'il exporte par les récoltes. On pourrait croire que, pour l'azote plus encore que pour le carbone et pour l'eau, la nature présente aux plantes que nous cultivons des quantités si grandes de matière première qu'aucun épuisement ne soit à craindre. Il semble qu'en rapportant dans nos champs l'acide phosphorique, la potasse, la chaux, la magnésie et l'acide sulfurique, que les plantes ne peuvent emprunter qu'au sol et que nous en exportons chaque année, nous pourrons entretenir indéfiniment sa fertilité. Cela serait vrai si les végétaux étaient doués de la faculté d'utiliser directement l'azote de l'air comme ils utilisent le carbone de l'acide carbonique et l'hydrogène de l'eau pour constituer leur substance hydrocarbonée.

La question de l'azote, envisagée à ce point de vue, se résume donc dans la connaissance des phénomènes qui ont pour résultat ultime de fixer, dans les plantes, l'azote emprunté au monde minéral.

Débattu depuis près d'un demi-siècle par les physiologistes, par les chimistes et par les praticiens, le problème ainsi posé a reçu dans ces dernières années seulement une solution que je considère comme définitive, bien que, sur certains points de détails d'ailleurs importants, règne encore une incertitude qui ne saurait infirmer la conclusion générale, autorisée par la discussion des nombreux faits que nous allons examiner. On voit tout de suite l'importance capitale de la solution que la science donnera à cette question. Suivant qu'il sera démontré que l'azote gazeux de l'air est ou non un aliment pour les plantes, suivant qu'on admettra ensuite que le sol et l'atmosphère offrent aux végétaux, sous une forme quelconque, l'azote assimilable en quantité suffisante pour leur développement, ou que le contraire a lieu, on conclura à la nécessité des engrais azotés ou à leur inutilité. Or, sous le rapport économique, la conclusion aura un intérêt majeur, l'azote assimilable (acide nitrique et ammoniaque) figurant, par son prix élevé, en tête des matières fertilisantes.

Sous le triple point de vue scientifique, agricole et social, le rôle de l'azote nécessite donc une étude approfondie. L'azote gazeux de l'air est-il assimilé par les plantes? Faut-il restituer au sol l'azote enlevé par les récoltes? dans quelles proportions? sous quelle forme? Que devient dans le sol l'azote des substances organiques végétales et animales? Quelle est enfin la véritable origine de l'azote des êtres vivants et comment expliquer le maintien indéfini de la fertilité de sols non fumés, comme ceux des prairies et des forêts? Tels sont les problèmes dont la solution, à peine entrevue il y a cinquante ans, est devenue possible, grâce aux progrès de la physiologie et de la chimie.

Un coup d'œil rapide sur les principaux résultats acquis par les travaux récents, en ce qui concerne le rôle de l'azote dans la nutrition des plantes, servira d'introduction à l'examen détaillé des recherches qui ont fixé nos idées sur cette partie de la chimie biologique et mettra en évidence l'intérêt qui s'attache à l'étude que nous allons entreprendre.

Les végétaux de nos cultures puisent l'azote aux sources directes ou intermédiaires suivantes :

1° Ammoniaque de l'air, des pluies et du sol ;

2° Nitrates formés dans le sol ou apportés par les pluies ;

3° Détritus azotés végétaux ou animaux (fumier) ;

4° Sels ammoniacaux et nitrates (engrais industriels).

L'azote gazeux de l'air n'est pas assimilé par les plantes : les expériences de MM. Boussingault, Lawes, Gilbert et Pugh, comme nous allons le voir, ne laissent aucun doute sur ce point.

Si l'on réfléchit que le fumier est entièrement formé de végétaux ou de résidus de plantes dont une partie a servi à l'alimentation des animaux ; si l'on se convainc que dans la nitrification du sol, les nitrates, produits exclusivement aux dépens de la matière azotée organisée, sans le concours de l'azote gazeux de l'air, contiennent moins d'azote que ces matières n'en renfermaient (il y a perte d'azote dans la nitrification), on est amené, par une déduction rigoureuse, à constater que tous les actes chimiques corrélatifs de la vie des animaux et des plantes ont, pour résultat final, l'appauvrissement de l'air en ammoniaque et en acide nitrique, seules sources d'azote de tous les êtres vivants. D'où il faut conclure qu'il existe en dehors des plantes et des animaux une cause réparatrice des pertes en ammoniaque et en nitrates que subit l'atmosphère, puisque l'équilibre se maintient sensiblement. Avant l'apparition d'animaux sur notre globe, les plantes détruisant, sous l'influence de la lumière et de la chaleur solaire, les composés nitrogénés de l'air atmosphérique, ont préparé une réserve d'azote assimilable qui aurait bientôt disparu du sol, avec les cultures, si la cause réparatrice dont je parle plus haut n'eût pas existé. Aujourd'hui les forêts et les prairies spontanées, qui ne reçoivent de la main de l'homme aucune fumure, aucun débris d'origine animale, empruntent, à l'atmosphère seule, l'ammoniaque et l'acide nitrique nécessaires à la production de leurs substances azotées. Les bois et les prés naturels, toute réserve faite sur la nature des espèces végétales, nous offrent une image fidèle de la végétation spontanée avant l'apparition des animaux. Les fumures, indispensables à l'obtention des hauts rendements dans la plupart des sols, ne sont donc en réalité qu'un apport sur un point déterminé de quantités relativement considérables d'ammoniaque et d'acide nitrique, soustraits par la végétation à un volume considérable d'air.

Les découvertes récentes nous permettent-elles de nous faire une idée approchée de l'importance numérique de ces emprunts ? Je me propose d'établir la réponse affirmative à laquelle nous conduisent les progrès de la chimie agricole, après avoir exposé l'état de nos connaissances actuelles sur la nitrification de la terre arable et sur le rôle de l'ammoniaque atmosphérique dans la végétation. J'indiquerai avec soin les sources bibliographiques auxquelles peuvent recourir ceux de mes lecteurs qui désireraient plus de détails au sujet d'expériences dont je dois me borner, dans ce cours, à rappeler le dispositif général et les résultats.

Voici l'ordre que je suivrai :

1° *Exposé critique des expériences sur le rôle de l'azote gazeux dans la végétation ;*

2° *L'azote de l'air n'est pas fixé par le sol ;*

3° *Présence des nitrates dans le sol et dans les eaux. — Nitrification de la terre arable. — Origine de l'azote des sols ;*

4° *Absorption de l'ammoniaque de l'air par les parties aériennes des plantes ;*

5° *Rôle de l'ammoniaque atmosphérique dans la végétation ;*

6° *L'azote des récoltes. — Nitrates. — Nitrites. — Sels ammoniacaux. — Matières organiques ;*

7° *Circulation de l'azote à la surface du globe. — Théorie de M. Schlœsing. — Résumé de nos connaissances actuelles.*

Je commencerai cette étude par l'exposé des expériences relatives à la non-assimilation de l'azote gazeux par les plantes et par le sol.

I. — L'AZOTE GAZEUX ET LA VÉGÉTATION.

132. — Expériences de Priestley et de Th. de Saussure. — Les opinions les plus diverses et les plus contradictoires ont été tour à tour émises sur l'origine de l'azote des êtres vivants. Depuis que, vers la fin du siècle dernier, la nature azotée des tissus végétaux et animaux a été reconnue par la chimie, les vues les plus opposées se sont fait jour sur les sources de l'azote de ces substances. Production spontanée de l'azote sous l'influence de la force vitale, assimilation directe de l'azote gazeux de l'air par les plantes et par les animaux, fabrication des matières protéiques des plantes à l'aide des détritus azotés du sol, nitrification, entendue dans le sens de combinaison directe de l'oxygène et de l'azote de l'air dans la terre, enfin assimilation de l'ammoniaque et des nitrates par les racines et par les feuilles, telles ont été les hypothèses qui, conjointement ou successivement, ont été admises, rejetées ou modifiées par les physiologistes.

De la première doctrine, formation de toutes pièces de l'azote des plantes et des animaux sous l'influence de la vie, je ne dirai rien, personne aujourd'hui ne songeant plus à invoquer ces productions spontanées que les progrès de la science ont à jamais reléguées dans le domaine de la superstition. Rien ne naît de rien. La première question qui se présente à notre étude est donc celle de la faculté que pourraient avoir les plantes de fixer directement l'azote atmosphérique. Les savants sont unanimes aujourd'hui à refuser aux végétaux la propriété d'assimiler, à un degré quelconque, l'azote gazeux; mais en raison de l'importance de cette conclusion, je crois devoir mettre sous les yeux de mes lecteurs les pièces de ce débat, qui a occupé les physiologistes depuis plus de quarante ans.

Priestley[1] a cru avoir constaté l'absorption de gaz azote par plusieurs végétaux. Ayant placé un pied d'*Epilobium hirsutum* dans un récipient de dix pouces de haut et d'un pouce de large, il dit que la plante, au bout d'un mois, avait absorbé les sept huitièmes de l'air. Ingenhoutz[2] étendit cette prétendue faculté d'absorption à tous les végétaux placés dans le gaz azote. Th. de Saussure[3] répéta ces expériences avec beaucoup de soin, soit dans l'air atmosphérique, soit dans l'azote pur, et ne constata aucune absorption d'azote. Senebier et Woodhouse confirmèrent cette assertion. Je reproduis textuellement la conclusion du savant genevois avec la note qui l'accompagne, et dans laquelle se trouve la démonstration de la présence de l'ammoniaque dans l'air. Th. de Saussure s'exprime ainsi :

Si l'azote est un être simple, s'il n'est pas un élément de l'eau, on doit être forcé de reconnaître que les plantes ne se l'assimilent que dans les extraits végétaux et animaux et dans les vapeurs ammoniacales ou d'autres composés solubles dans l'eau qu'elles peuvent absorber dans le sol et dans l'atmosphère. On doit admettre que lorsqu'elles végètent dans une atmosphère non renouvelée, à l'aide d'une petite quantité d'eau pure, les parties qui se développent n'acquièrent de l'azote qu'aux dépens de celui que les autres parties du végétal contenaient antérieurement à l'expérience.

Et en note :

On ne peut douter de la présence des vapeurs ammoniacales dans l'atmosphère lorsqu'on voit que le sulfate d'alumine pur finit par se changer, à l'air libre, en sulfate ammoniacal d'alumine. La supériorité des engrais animaux sur les engrais végétaux ne semble devoir tenir en grande partie qu'à une plus grande proportion d'azote dans les premiers.

---

1. *Exper. and observ. on diff. kinds of airs*, t. III, p. 332.
2. *Expériences sur les végétaux*, t. II, p. 146.
3. *Recherches chimiques sur la végétation*, p. 207 et suiv.

Nous verrons plus tard comment la présence de l'ammoniaque dans l'air atmosphérique a été confirmée et quel rôle important est dévolu à ce composé, dans les phénomènes de la nutrition des plantes.

133. — Premières expériences de M. Boussingault. — Trente ans après la publication des *Recherches chimiques sur la végétation*, M. Boussingault, frappé de ce fait que dans une exploitation rurale qui exporte de l'azote sans en importer, la fertilité du sol se maintient, pensa qu'une grande partie de l'azote des végétaux devait venir de l'air. Pour vérifier cette hypothèse, il entreprit des essais de culture dans des sols artificiels dépourvus d'azote. Il choisit, pour support des plantes, de l'argile cuite ou du sable. Le sol, calciné pour détruire tous les composés azotés qu'il pouvait renfermer, était humecté avec de l'eau distillée. Les semences étaient pesées ; on en analysait avant l'essai quelques-unes, de tous points comparables à celles qu'on plaçait dans les pots. Les récoltes étaient, de même, pesées et analysées élémentairement (dosage du carbone, de l'hydrogène, de l'oxygène et de l'azote). Cinq expériences ont été faites, trois sur le trèfle, les pois et le froment, deux sur les plantes déjà développées dans un sol fécond (trèfle et avoine).

Voici les résultats de cette première série d'expériences:

Nom des espèces.	Azote des grains.	Azote de la récolte.	Gains ou perte en azote.
	Gr.	Gr.	
Trèfle	0,110	0,120	+ 0,010
Trèfle	0,114	0,156	+ 0,042
Froment	0,043	0,040	— 0,003
Froment	0,057	0,060	+ 0,003
Pois	0,047	0,100	+ 0,053

Je ferai remarquer que le sol était complétement stérile, car il ne contenait pas de matières minérales assimilables, condition très-défavorable, comme nous le savons aujourd'hui, pour des essais physiologiques. M. Boussingault tire de ces expériences les conclusions suivantes :

1° Le trèfle et les pois cultivés dans un sol absolument privé d'engrais, ont acquis, indépendamment du carbone, de l'hydrogène et de l'oxygène, une quantité d'azote appréciable à l'analyse; 2° le froment et l'avoine, cultivés dans les mêmes conditions, ont également emprunté à l'air et à l'eau, du carbone, de l'hydrogène et de l'oxygène; mais, après la végétation des céréales, l'analyse n'a pu constater un gain en azote.

Deux hypothèses se présentaient pour expliquer le léger excès d'azote trouvé dans les récoltes de légumineuses : 1° absorption de l'ammoniaque de l'air (c'est l'opinion de Liebig dès cette époque); 2° fixation de l'azote gazeux. Sans se prononcer catégoriquement, M. Boussingault penchait pour cette dernière explication. Il rappelait l'observation déjà ancienne d'Austin (1789) sur la formation de l'ammoniaque dans la rouille et les expériences, aujourd'hui reconnues fautives, de Muller sur la fixation de l'azote pur par l'acide humique. En 1851, il a des doutes sur cette interprétation et décide, pour les lever, de reprendre expérimentalement la question. A la même époque, de 1849 à 1852, M. G. Ville entreprit, de son côté, l'étude de l'assimilation de l'azote gazeux par les végétaux et conclut à l'affirmative. Je parlerai tout à l'heure de ses expériences, entièrement infirmées, d'ailleurs, par les travaux de M. Boussingault, et, en Angleterre, par les recherches magistrales de MM. Lawes, Gilbert et Pugh sur le même sujet.

134. — Expériences de M. Boussingault (1851 à 1853). — Dans cette seconde série d'études, M. Boussingault rejette comme fautive la méthode la plus simple, adoptée d'abord par M. G. Ville, et qui consiste à faire croître une plante dans de l'air dépouillé d'ammoniaque et sans cesse renouvelé, pour fournir au végétal l'acide carbonique indispensable. On peut élever contre cette méthode deux objections graves: la première consiste dans l'incertitude où se trouve l'opérateur d'enlever, à l'aide de tubes absorbants, la totalité de l'ammoniaque et les poussières organiques, si le renouvellement de l'air est assez rapide; la seconde est fondée sur ce que l'élimination porte seulement sur l'ammoniaque et non sur d'autres substances pouvant échapper à l'analyse et de nature peut-être à concourir à la production de matières azotées dans la plante.

M. Boussingault, dans les essais de 1851, s'arrête au dispositif représenté par la figure 31 :

A est une cloche en verre de 35 litres de capacité, reposant dans une cuvette C, sur trois dés *b,b,b*; la cuvette renferme de l'eau acidulée par l'acide sulfurique, formant une couche de 2 à 3 centimètres; S est un support en verre; E un cristallisoir dans lequel on place le pot P percé de trous à sa partie inférieure et pouvant s'alimenter d'eau par

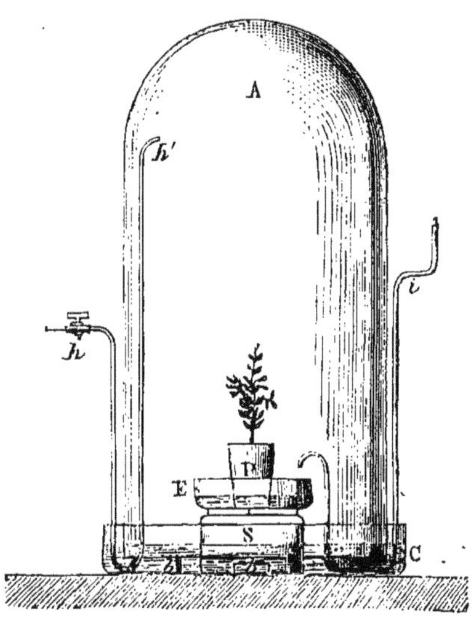

Fig. 31. — Appareil de M. Boussingault pour l'étude de la fixation de l'azote par les plantes.

imbibition; *i,i'* est un tube servant à introduire l'eau en E; *h, h'* un tube abducteur destiné à l'introduction d'acide carbonique.

Le sol artificiel a été calciné dans le pot P pour éviter tout transvasement; on l'arrose avec de l'eau exempte d'ammoniaque, dans laquelle on a délayé des cendres de fumier ou de graines des plantes de même espèce que celle qui sert à l'expérience (1 à 10 grammes de cendres par essai). L'air qui se trouve en A est imparfaitement confiné, les changements de volume dus à la température et les phénomènes de diffusion s'exerçant au travers de l'eau acidulée en C pouvant le modifier. Dans tous les cas, il sera exempt d'ammoniaque, puisque de l'air nouveau ne peut venir s'y mêler qu'après avoir diffusé à travers l'acide sulfurique.

Quand la germination des graines placées dans le pot P est complète et que les premières pousses vertes apparaissent, on introduit sous la cloche A quelques centièmes d'acide carbonique par le tube *h, h'*. Ce gaz est extrait du marbre pur, lavé dans une solution de bicarbonate de soude, puis conduit à travers un long tube à ponce sulfurique. Il faut s'assurer de temps en temps que l'air de la cloche contient assez d'acide carbonique, celui-ci étant d'une part absorbé par la plante et pouvant de l'autre s'échapper par diffusion. Pour cela, M. Boussingault adapte une éprouvette graduée au tube *h*, et profitant de la dilatation de l'air intérieur due à l'action du soleil, ouvre le robinet R et recueille ainsi le gaz destiné à l'analyse. La végétation marche très-régulièrement dans de l'air renfermant de 1 à 8 p. 100 d'acide carbonique.

L'appareil, installé dans un jardin, est fixé solidement à quelque distance d'un mur.

Le principe de la méthode est, on le voit, demeuré le même qu'en 1837. M. Boussingault détermine l'azote dans la graine et dans la récolte ; il y a donc trois dosages d'azote à faire : 1° dans le sol ; 2° dans la graine ; 3° dans la plante[1]. Dans tous les essais faits en 1851-1852 par cette méthode sur les haricots et sur l'avoine, il y a eu perte d'azote, et par conséquent aucune fixation d'azote atmosphérique n'a été constatée.

Dans une autre série d'expériences[2], M. Boussingault a opéré, une fois pour toutes, le mélange d'acide carbonique à l'air dans lequel les plantes devaient végéter ; l'appareil était hermétiquement clos, aucun renouvellement d'air ne pouvait avoir lieu, l'atmosphère contenant 7 à 8 p. 100 d'acide carbonique. Les expériences de cette série ont porté sur le lupin, le haricot et le cresson. Les résultats ont confirmé ceux de la précédente série. La conclusion de M. Boussingault est la suivante :

> Il ressort de l'ensemble de ces expériences que le gaz azote de l'air n'a pas été assimilé pendant la végétation des haricots, de l'avoine, du lupin et du cresson.

Suivant toute probabilité, les très-légers excès d'azote de la récolte sur celui des graines, constatés dans les expériences de 1837, tenaient à ce que les plantes avaient végété dans l'air libre, c'est-à-dire contenant des vapeurs ammoniacales.

---

1. Cette partie technique du mémoire de M. Boussingault présente pour les analystes un très-grand intérêt, à raison des observations importantes qui accompagnent la description du procédé opératoire. (*Chimie, Physiologie, Agronomie*, t. Ier, 1860).

2. *Loc. cit.*, p. 60 et suiv.

Dans une troisième série d'expériences exécutées immédiatement après celles dont je viens de parler, M. Boussingault a opéré dans trois conditions bien distinctes :

1° Végétation, dans l'air confiné, de plantes placées dans un sol fécond ;

2° Végétation dans une atmosphère renouvelée et exempte de tout principe azoté (procédé G. Ville perfectionné);

3° Végétation à l'air libre avec détermination des quantités d'azote fixées.

Ce mémoire est un modèle de recherches physiologiques et chimiques que les analystes consulteront toujours avec le plus grand fruit. L'expérience dans l'air confiné avait, entre autres objets, celui de répondre à une critique de M. G. Ville, qui niait qu'une plante pût croître convenablement dans une atmosphère non renouvelée. Le résultat obtenu démontre que cette objection est sans valeur. L'essai dans une atmosphère renouvelée fut conduit de la manière suivante et presque entièrement calqué sur celui de M. G. Ville, dont je parlerai tout à l'heure, et par lequel le professeur du Muséum prétendait avoir démontré l'assimilation directe de l'azote gazeux par les plantes.

Le sol employé par M. Boussingault était formé de pierre ponce calcinée, additionnée de cendres végétales. Il était arrosé avec de l'eau bien exempte d'ammoniaque. La figure 32 représente le dispositif général de l'expérience.

La cage A avait une capacité de 124 litres; elle était formée par un assemblage de glaces fixées sur des châssis en fer vernis et scellés à demeure sur un socle en marbre.

La face B de la cage est divisée, à 2 décimètres de la partie inférieure, par une bande de fer verni dans laquelle sont pratiquées trois ouvertures *c*,*d*,*e* garnies de douilles ou gorges pouvant recevoir des bouchons enduits de suif. Par *c* on fait arriver du gaz acide carbonique; par *d*, de l'air atmosphérique; c'est par l'ouverture *e* qu'on arrose les plantes, qu'on enlève les feuilles quand elles viennent à tomber. La petite glace est maintenue avec du mastic, de manière à pouvoir l'enlever et la replacer avec promptitude; c'est, en quelque sorte, la porte de la cage que l'on ouvre lorsqu'on veut introduire ou retirer les plantes.

La face G est aussi divisée en deux par une bande de fer verni, au milieu de laquelle est un ajutage, *o*, lié à un tube de caoutchouc établissant la communication de l'appareil avec un aspirateur d'une contenance de 500 litres établi près d'une source.

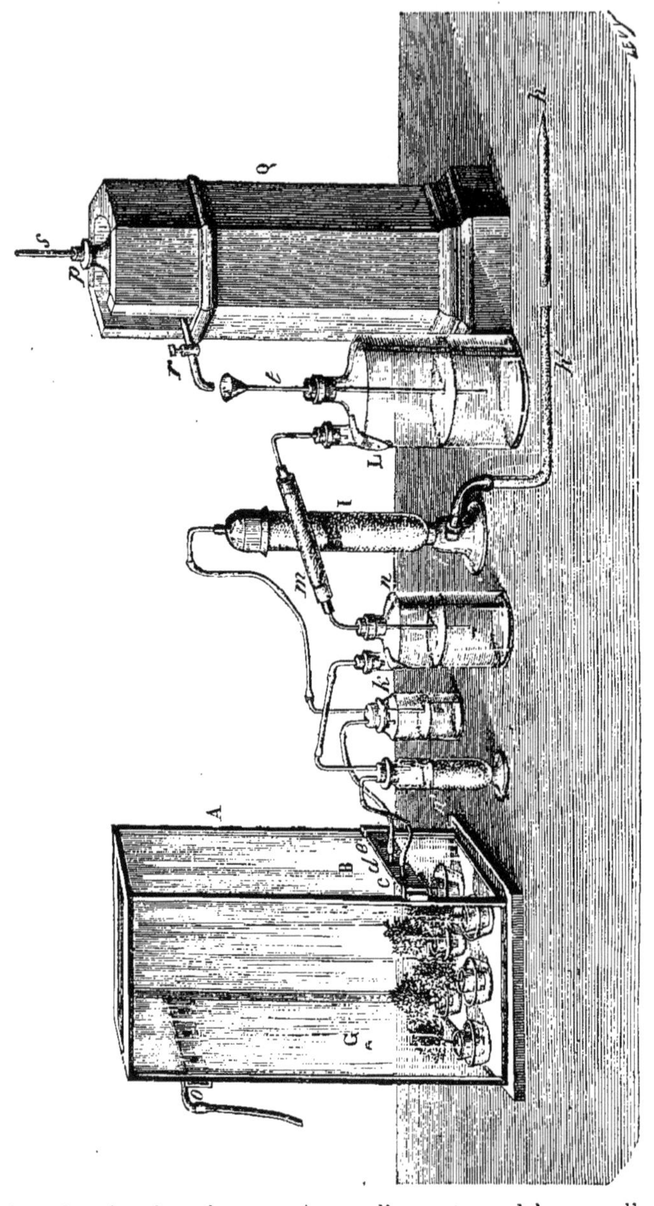

Fig. 32. — Appareil de M. Boussingault pour les essais de végétation dans l'air renouvelé.

L'air qui arrive dans la cage A par l'ouverture *d* lorsque l'aspirateur fonctionne, est pris en *h*; il traverse d'abord le tube *hh'*, rempli de gros fragments de ponce imbibés d'acide sulfurique, ensuite l'éprouvette I contenant aussi de la ponce sulfurique placée au-dessus du réservoir où se rassemble l'acide qui peut s'écouler. De l'éprouvette I, l'air se rend dans le flacon barboteur *k*, où il y a de l'eau distillée; là, il reprend la vapeur qu'il a abandonnée pendant son trajet à travers la ponce sulfurique, dont le développement en longueur est de $1^m,50$. Le barboteur *k* a un autre genre d'utilité, c'est de permettre de constater si l'air aspiré a traversé le système purificateur. On s'assure d'ailleurs, de temps à autre, que l'appareil est bien clos dans son ensemble; il suffit pour cela d'appliquer le doigt en *h*, car si la clôture est bonne, tout mouvement cessera dans le flacon *k* et l'eau ne sortira plus de l'aspirateur. L'appareil est établi sur un mur en maçonnerie, élevé de 80 centimètres.

Le gaz acide carbonique qui entre en *c* est produit par le flacon L. Le tube *m* contient des fragments de craie préalablement chauffée; cette craie est mise là pour arrêter la buée acide entraînée par le gaz. Dans le flacon *n*, il y a une dissolution de bicarbonate de soude où le gaz est lavé, et, pour plus de sûreté, ce gaz, avant d'arriver dans la cage, traverse encore de la ponce *n'* mouillée avec la même dissolution alcaline. Le bicarbonate a été préparé avec du carbonate de soude chauffé au rouge, parce que le bicarbonate du commerce est rarement exempt de carbonate d'ammoniaque, dont il importait surtout de prévenir l'intervention; dans 1 kilogr. de ce sel, M. Boussingault a trouvé jusqu'à 2 centigrammes de cet alcali.

Le gaz carbonique était obtenu soit par l'action de l'acide chlorhydrique dilué sur des fragments de calcaire, soit par l'action de l'acide sulfurique faible sur du bicarbonate de soude, le carbonate étant placé dans le flacon L.

L'arrivée de l'acide carbonique (2 à 3 p. 100 en volume) était réglée par un vase de Mariotte *p*, *s*.

M. Boussingault avait évité autant que possible l'emploi de mastic de vitrier dans le montage de l'appareil, ce mastic contenant des matières azotées qui, au contact de l'eau, se transforment en ammoniaque et peuvent fournir, à l'insu de l'opérateur, des quantités d'azote assimilable supérieures aux excès de ce corps constatés dans les expériences où il y en a le plus.

Les plantes étaient dans des pots de quatre décilitres, reposant dans des cristallisoirs contenant de l'eau. Les pots et le sol, employés en aussi petite quantité que possible, avaient été chauffés et refroidis au-dessus de l'acide sulfurique, afin d'éviter les chances d'erreur résultant de l'absorption d'ammoniaque.

M. Boussingault avait constaté à cette époque déjà que les diverses matières qu'on emploie comme sols artificiels : sable, brique pilée, os calcinés, etc., exposés à l'air, absorbent, dans l'espace de quelques jours, des quantités très-appréciables d'ammoniaque atmosphérique. Pour fertiliser le sol, on y ajoutait des cendres de végétaux de même espèce que ceux qu'on y cultivait. Il faut rejeter avec grand soin les cendres charbonneuses qui, d'après les analyses de M. Boussingault, renferment toujours des proportions notables de composés cyanés. 10 grammes de cendres peuvent introduire sous cette forme de $0^{gr},02$ à $0^{gr},08$ d'azote, quantités qui sont loin d'être négligeables dans ce genre de recherches.

L'eau distillée destinée à l'arrosage des plantes était absolument exempte d'ammoniaque.

Voici le résultat de cinq expériences pendant lesquelles 55,500 litres d'air ont traversé l'appareil :

					Gr.
1re expérience.	Lupin.	($2\,^1/_2$ mois).	Perte en azote	. . . .	0,0009
2e —	Haricot nain.	—	Gain —	. . . . .	0,0003
3e —	—	(3 mois).	Gain —	. . . . .	0,0006
4e —	—	($3\,^1/_2$ mois).	Perte —	. . . . .	0,0010
5e —	—	($2\,^1/_4$ mois).	Perte —	. . . . .	0,0010

Conclusion : L'azote gazeux n'est pas assimilé par les plantes. Dans une sixième expérience, M. Boussingault s'est proposé de chercher si la présence dans le sol d'un engrais azoté faciliterait l'absorption d'azote gazeux par la plante. Il a enfoui dans le pot une graine de lupin dont la faculté germinative avait été détruite. L'analyse de la graine et celle de la plante ont donné les résultats suivants :

	Gr.
Azote de la récolte	0,0302
Azote de la graine plantée	0,0180
Gain	0,0122

Cet excès d'azote venait de la graine donnée comme engrais, et non de l'air, comme le montrent les dosages suivants d'azote :

		Gr.
Azote de la plante récoltée		0,0302
Azote du sol		0,0032
Total		0,0334
Azote de la graine plantée	0,0180	0,0355
Azote de la graine engrais	0,0175	
Perte en azote, durant la végétation.		$0^{gr},0021$

Conclusion : La présence de matières azotées dans le sol ne favorise pas l'assimilation de l'azote gazeux par la récolte.

Dans une dernière série d'expériences, M. Boussingault a placé les plantes dans toutes les conditions que je viens de décrire, sauf une : les plantes végétaient dans l'air libre à l'abri de la pluie ; elles étaient placées sous une cage à renouvellement libre d'air atmosphérique. L'appareil était installé à 10 mètres au-dessus du sol, afin d'éviter l'action de l'ammoniaque de l'air se dégageant du sol [1].

Les résultats de cette nouvelle série d'expériences ont été les suivants :

Les différences entre les quantités d'azote de la récolte et de la graine ont oscillé entre des pertes de 0gr,0023 et des gains de 0gr,0010 à 0gr,0040. La très-faible absorption d'azote tenait indubitablement à la présence constante d'ammoniaque dans l'atmosphère, les essais de culture ayant duré deux mois et demi à trois mois. La conclusion générale ne s'en trouve nullement modifiée : les expériences de M. Boussingault ont démontré que l'azote gazeux de l'air n'est pas absorbé par les plantes. La cause infiniment probable des différences constatées en 1837 et en 1851 sous ce rapport, dans les belles expériences de M. Boussingault, tient à l'introduction d'ammoniaque dans les premiers essais (1837) par l'eau distillée employée pour arroser les plantes. On ne savait pas alors préparer, comme nous l'a appris l'éminent chimiste, de l'eau entièrement exempte d'ammoniaque.

En résumé, M. Boussingault a démontré que les végétaux ne possèdent pas la propriété de transformer en matière protéique l'azote libre que l'air leur offre en quantité illimitée, et il revient implicitement à l'opinion, émise dès 1840 par Liebig, que l'ammoniaque atmosphérique est la véritable source d'azote des végétaux. Nous examinons plus loin dans tous ses détails la question de l'assimilation de l'ammoniaque par la végétation.

135. — Expériences de M. G. Ville. — Le professeur du Muséum commença ses recherches sur l'origine de l'azote dans les

---

1. Nous savons aujourd'hui que cette précaution était tout à fait inutile, le sol ne dégageant en aucun cas, comme nous le verrons plus loin, des vapeurs ammoniacales.

plantes en 1849 ; mais ce n'est qu'en 1852 qu'il communiqua leurs résultats à l'Académie. Il admet que, dans le cas de la végétation dans une atmosphère limitée, la quantité d'azote contenue dans la récolte n'excède pas celle que renferme la graine ; mais il prétend qu'une plante ne peut pas se développer normalement si l'atmosphère dans laquelle elle vit n'est pas renouvelée pendant la période de végétation, qui dure plusieurs mois. Si les plantes n'ont pas assimilé l'azote de l'atmosphère dans les expériences de M. Boussingault, la raison en est, suivant M. Ville, qu'elles se sont précisément trouvées, durant l'expérience, dans une atmosphère limitée, dans laquelle une végétation normale ne saurait se produire. En effet, M. Boussingault avait fait croître ses plantes sous des cloches complétement fermées, dans lesquelles on ne renouvelait pas l'air pendant toute la durée de l'essai, tandis que M. Ville cultivait ses plantes sous des serres vitrées traversées constamment, à l'aide d'un aspirateur, par un courant d'air. En même temps, M. Ville introduisait journellement, pour aider à la nutrition des plantes, une nouvelle quantité d'acide carbonique et donnait de temps en temps de l'eau fraîche à ses végétaux, en enlevant l'eau qui avait séjourné dans l'appareil. M. Ville prétend que les plantes cultivées par lui, dans des conditions plus normales que celles des expériences de M. Boussingault, ont assimilé de l'azote libre emprunté à l'air. On ne peut nier que, par le renouvellement continu de l'atmosphère, on favorise l'évaporation de l'eau par les feuilles et, par conséquent, l'absorption par les racines d'une nouvelle quantité d'eau, conséquemment aussi l'apport d'éléments nutritifs. Il est évident aussi que le renouvellement incessant de l'atmosphère ambiante et de l'eau place la plante dans des conditions plus normales de végétation. Il n'est pas moins clair, d'un autre côté, que le renouvellement de l'eau, de l'acide carbonique et de l'air implique l'emploi d'un appareil bien plus compliqué, l'exécution de manipulations plus diverses, et qu'on court ainsi le risque de ne pas mettre complétement la plante en végétation à l'abri de l'ammoniaque contenue dans l'air atmosphérique extérieur.

Nous venons de voir que M. Boussingault a répondu par des expériences concluantes aux fins de non-recevoir que lui opposait le professeur du Muséum. C'est à la suite de la nouvelle publication de son éminent contradicteur que M. Ville s'offrit à répéter ses expériences sous les yeux d'une commission de l'Académie des sciences. Cette commission fut composée de MM. Dumas, Regnault, Payen, Decaisne, Péligot et Chevreul. L'expérience, qui dura plus de deux mois, du 4 août au 12 octobre 1854, fut exécutée au Jardin des Plantes de la manière suivante : Sous une vitrine d'une contenance de 150 litres furent placés trois pots remplis de sable calciné. Au sable, on avait mélangé une quantité déterminée de cendres de semences de cresson bien calcinées. Le sol de la vitrine, enduit d'une épaisse lame de cire, était recouvert d'une couche d'eau distillée, de sorte que les pots se trouvaient dans l'eau. La vitrine communiquait, d'un côté, à un aspirateur ; de l'autre, à l'air extérieur et à un réservoir contenant de l'acide carbonique. L'air amené par l'aspirateur dans l'intérieur de la vitrine devait traverser, avant d'y arriver, une quantité de flacons laveurs remplis soit d'acide sulfurique concentré, soit de carbonate de soude et destinés à retenir l'ammoniaque et la matière organique. On introduisait assez d'acide carbonique dans l'appareil pour que l'air en contînt 2 p. 100. On renouvelait l'air, à l'aide de l'aspirateur, huit fois par jour.

Le 4 août, on plaça dans chacun des pots une quantité pesée de graines de cresson, dont la richesse en azote était connue. Les semences germèrent, les plantes se développèrent. On ouvrit l'appareil une fois pour disposer les pots mieux qu'ils ne l'étaient. L'eau distillée introduite dans l'appareil au début de l'expérience fut souvent remplacée par de nouvelle eau. Celle-ci fut mesurée ; on en préleva des échantillons pour en faire l'analyse ; on conserva, de même, l'eau soutirée de la cage vitrée pour l'analyser. Le 12 octobre 1854, l'essai fut interrompu, la récolte pesée et sa teneur en azote déterminée. En novembre 1855, l'Académie publia son rapport.

On comprend qu'une commission se trouve dans une position difficile, si elle doit se porter garante d'une expérience qui a duré deux mois, jour et nuit sans interruption, surtout lorsque l'expérience a lieu à l'aide d'un appareil à ciel ouvert, exposé à des conditions météorologiques très-défavorables, à des changements fréquents de température, aux bourrasques et aux orages. La commission appelle elle-même l'attention sur ces conditions en disant expressément :

« Dans de telles circonstances, on ne peut s'étonner que le rapport laisse à désirer sur plus d'un point ; quoi qu'il en soit, rien, absolument rien de ce qui s'est passé ne doit être tu. » Entre autres incidents survenus et que l'on peut regretter dans l'intérêt de la valeur démonstrative de l'expérience dont il s'agit, le rapport de la commission mentionne le suivant : On vient de voir que le sol de la vitrine était enduit d'une épaisse couche de cire sur laquelle reposait l'eau distillée introduite dans l'appareil pour servir aux plantes. Malheureusement l'eau, par son contact avec la cire, prenait une odeur rance et une saveur amère très-prononcée qui dura jusqu'à la fin de l'expérience, bien que l'eau fût fréquemment renouvelée. La cire, sous laquelle se trouvait encore une autre couche de la même matière, dissoute dans l'huile de lin contenant de l'oxyde de plomb, ne paraît donc pas avoir été pure[1].

Une autre circonstance qui porte atteinte à la force démonstrative de l'essai se trouve dans l'exposé suivant : La teneur en azote des graines mises dans le pot n° 1 était de 0gr,0099 ; celle des plantes venues dans le pot, de 0gr,0097 seulement. Les plantes du pot n° 1 avaient donc assimilé uniquement l'azote contenu dans les graines et n'en avaient nullement emprunté à l'atmosphère.

La teneur en azote des graines plantées dans les pots nos 2 et 3 n'était que de 0gr,0077, l'azote de la récolte s'élevait en tout à 0gr,0640 ; les récoltes contenaient donc 0gr,0563 d'azote de plus que les semences d'où elles provenaient. Il faut ajouter que, pendant la durée de l'essai, on avait employé 60 litres d'eau pour l'arrosage des plantes ; cette eau n'était pas exempte d'ammoniaque, comme le montra l'analyse de l'échantillon prélevé pendant l'essai : on trouva par litre, dans cette eau, 0gr,0038 d'azote sous forme d'ammoniaque, de telle sorte que les 60 litres employés contenaient 0gr,228 d'azote ; l'eau soutirée de l'appareil en renfermait en tout 0gr,078. Les plantes avaient donc pu disposer de 0gr,228 — 0gr,078, soit 0gr,150 d'azote provenant de l'eau. Cette quantité d'azote à l'état d'ammoniaque eût été plus que suffisante pour fournir l'excédant de l'azote de la récolte

1. Les essais directs que M. Boussingault a faits ont montré que le mastic de vitrier cède des quantités notables d'ammoniaque à l'eau au contact de laquelle il se trouve.

sur celui des graines, excédant qui n'était, on se le rappelle, que de 0gr,056. On aurait donc dû conclure de là que les plantes des pots n° 2 et n° 3 avaient puisé la totalité de leur azote en partie dans leurs semences, en partie dans l'ammoniaque apportée par l'eau distillée. Arrivée à ce point du contrôle de l'expérience, la commission est informée que, pendant que l'on évaporait l'eau recueillie durant l'expérience, pour y déterminer l'azote, d'autres personnes travaillant dans le laboratoire concentraient des liquides ammoniacaux à proximité des vases à évaporation ; on crut pouvoir supposer qu'il s'était introduit, dans l'eau à analyser, de l'ammoniaque provenant de ces liquides ammoniacaux, ce qui avait fait trouver une teneur trop forte de l'eau en azote. On évapora de nouveaux échantillons d'eau, et l'on y trouva une quantité d'azote bien inférieure à celle que renfermaient les premiers et qui, rapportée à 60 litres, n'aurait pas suffi à combler l'excédant de l'azote des récoltes sur celui des graines. Si donc les derniers chiffres obtenus représentaient le taux réel de l'azote de l'eau employée, il serait permis de conclure que les plantes des pots 2 et 3, mais non celle du pot n° 1, avaient assimilé l'azote libre de l'atmosphère.

Pendant que l'essai était en cours d'exécution, entre la vitrine et l'aspirateur, on intercala un pot n° 4 contenant également des graines de cresson. L'air ne pouvait parvenir à cette cloche qu'après avoir passé dans la vitrine. La récolte de ce pot contenait 0gr,025 d'azote en plus que les semences employées et l'eau ajoutée. Mais en admettant que les 60 litres d'eau introduits contenaient, comme cela résulte de la première analyse, 0gr,228 d'azote et que la différence, 0gr,094 (= 0gr,228 — 0,056 — 0,078), qui n'a pas été assimilée par les plantes des pots 2 et 3, ni retrouvée dans l'eau soutirée, soit arrivée même partiellement sous la cloche intercalée après coup, il devient également problématique que la plante du pot n° 4 ait absorbé de l'azote libre de l'air.

Un cinquième pot, planté de cresson, qui fut intercalé sous une cloche, immédiatement après l'aspirateur, fut détruit par un accident le 18 septembre, et il n'en a plus été question.

On ne peut donc pas nier, comme du reste l'avoue franchement la commission, que l'exécution de l'expérience n'ait laissé beaucoup à désirer. Il est vrai que la commission, relativement aux dosages d'azote dans les eaux dont il a été question plus haut, paraît considérer les dernières analyses comme plus exactes que les premières, ce qui ne l'empêche de s'exprimer d'une manière très-réservée à la fin de son rapport : « L'essai que M. Ville a exécuté au Muséum d'histoire naturelle est conforme aux conclusions qu'il a tirées de ses travaux antérieurs », dit-elle ; mais elle fait entendre, aussitôt, que l'essai, pour être pleinement démonstratif, aurait dû être exécuté d'une autre façon, ce qu'elle formule en ajoutant : « Pour décider d'une question si difficile à traiter, il eût été nécessaire, à côté de l'expérience où les plantes végètent sous une cloche à atmosphère renouvelée, dans du sable calciné et de l'eau distillée, de disposer un autre essai comparatif, sans végétaux, où tout eût été identique, sauf la présence des plantes, et d'analyser après l'expérience le sol et l'eau de chacun des appareils. »

D'ailleurs l'Académie accordait à M. G. Ville une somme de 4,000 francs, soit 2,000 fr. pour l'indemniser des expériences faites par lui au Muséum, et 2,000 fr. pour les continuer. Comment pourrait-on, dans l'état des choses, prétendre que l'Académie ou la commission nommée par elle, regarde comme résolue et vidée par les essais de M. Ville la question relative à l'origine de l'azote dans les plantes ?

De quelle manière, dans l'essai du Muséum, a été dégagé l'acide carbonique introduit dans l'appareil ? Cela n'a pas été indiqué dans le rapport de la commission. M. Ville, d'après le dire d'un témoin oculaire, préparait l'acide carbonique en traitant du calcaire par l'acide nitrique. On comprend difficilement ce qui a pu le décider à employer cet acide plutôt que l'acide chlorhydrique, d'un prix bien moins élevé ; mais il est indubitable que l'acide carbonique dégagé au moyen de l'acide nitrique, bien qu'on le soumît à un lavage, pouvait, par un dégagement très-rapide dans la vitrine, comme cela avait lieu quelquefois, introduire dans celle-ci des vapeurs d'acide nitrique. Ce composé, après avoir été absorbé par l'eau et par les cendres mêlées au sable, devait contribuer à augmenter la richesse des plantes en azote. On ne voit pas dans le rapport de la commission si les eaux soutirées de l'appareil ont été examinées au point de vue de leur teneur en azote nitrique. Si cela avait eu lieu et si l'expérience comparative recommandée par la commission avait été exécutée en même temps, le résultat de l'essai eût été probablement moins douteux encore.

Dans ses expériences de 1850, M. G. Ville avait trouvé jusqu'à 40 fois plus d'azote dans la récolte que dans la graine. Les essais de 1855 et 1856 fournirent des gains en azote moindres bien qu'encore notables. La conclusion de l'auteur était ainsi formulée : « L'azote de l'air est absorbé par les plantes et sert à leur nutrition. »

Bien que cette opinion ne rencontrât alors, comme aujourd'hui, aucun crédit parmi les physiologistes, MM. Lawes et Gilbert crurent utile, en raison de l'importance capitale de la question, de soumettre à une vérification définitive les expériences de M. Boussingault et les assertions opposées de M. G. Ville.

136. — Expériences de MM. Lawes, Gilbert et Pugh. — Une série de recherches expérimentales qui n'ont pas duré moins de trois années fut entreprise au laboratoire de Rothamsted, avec la collaboration de M. le Dr Evan Pugh. Admirablement préparés par vingt années d'essais pratiques sur les exigences des récoltes en azote, les éminents agronomes du Herts ont envisagé, sous toutes ses faces, le problème dont ils reprenaient l'étude, et leur conclusion finale a été celle de M. Boussingault: l'azote de l'air n'est pas fixé par les végétaux. Je ne m'étendrai pas longuement sur le travail magistral de MM. Lawes, Gilbert et Pugh, dont j'indiquerai seulement les grandes divisions et les conclusions[1]. Les auteurs commencent par une introduction historique, dans laquelle ils analysent les travaux de leurs devanciers avec une entière impartialité. Dans le deuxième chapitre, les auteurs passent en revue les exigences, en azote, des divers végétaux de la grande culture, d'après les essais commencés en 1844 et continués sans interruption depuis cette époque.

1. *On the Sources on the nitrogen on vegetation.* — Philos. Trans., 1861, t. II, p. 431 à 577. M. A. Ronna a donné une excellente analyse de ce beau mémoire dans son livre sur Rothamsted. Ce travail, comme celui de M. Boussingault sur le même sujet, est un modèle d'expérimentation et de critique scientifique. Les analystes le consulteront avec fruit, et les chimistes qui s'occupent spécialement d'agriculture doivent le lire et l'étudier dans l'œuvre originale.

J'emprunterai à l'ouvrage de M. A. Ronna les tableaux récapitulatifs des résultats obtenus de 1844 à 1875[1] :

I. — *Teneur moyenne en azote des récoltes de céréales et de racines.*

Récoltes.	Condition des expériences.		Durée des expériences. Années.	Dates.	Moyenne d'azote à l'hectare et par an. Kilogr.
Blé	Sans engrais[*]		8	1844-1851	28,25
			12	1852-1863	25,33
			12	1864-1875	17,82
			24	1852-1875	21,63
			32	1844-1875	23,20
	Avec engrais minéral		12	1852-1863	30,26
			12	1864-1875	19,28
			24	1852-1875	24,77
Orge	Sans engrais		12	1852-1863	24,66
			12	1864-1875	16,36
			24	1852-1875	20,51
	Avec engrais minéral		12	1852-1863	29,14
			12	1864-1875	21,07
			24	1852-1875	25,11
Racines	Avec engrais minéral.	Navets	8	1845-1852	47,08
		Orge	3	1853-1855	27,24
		Navets	15[2]	1856-1870	20,74
		Betteraves	5	1871-1875	14,68
		Total	31	1845-1875	30,04

Dans une période de trente-deux années consécutives, le blé sans engrais a emprunté, année moyenne, au sol et à l'atmosphère 23^{k},20 d'azote; l'application de l'engrais minéral a augmenté faiblement le rendement en azote du blé et de l'orge. Pour les racines, le rendement en azote a été de 30^{k},04, par hectare et par année moyenne, pour une période de trente et une années, dont trois en orge, deux en friche, vingt et une en navets et cinq en betteraves. Dans les dernières années de cette période, le rendement s'est réduit d'un tiers; il était devenu inférieur à celui des céréales.

1. M. A. Ronna a rendu le plus grand service par la publication de sa remarquable étude sur Rothamsted : service d'autant plus considérable qu'il n'a pas reculé devant un labeur dont peuvent seuls avoir idée ceux qui, comme lui, ont effectué les calculs relatifs à la transformation, en mesures métriques, des nombres donnés en mesures anglaises.

2. Treize récoltes effectives; deux ayant manqué.

II. — *Teneur moyenne en azote des légumineuses seules ou en assolement.*

Récoltes.	Conditions des expériences.		Durée des expériences. Années.	Dates.	Moyenne d'azote à l'hectare et par an. Kilogr.
Fèves	Sans engrais		12	1847-1858	53,91
			12	1859-1870	16,36
			24	1847-1870	35,08
	Avec engrais minéral		12	1847-1858	68,93
			12	1859-1870	33,06
			24	1847-1870	51,00
Trèfle	Sans engrais		22 [1]	1849-1870	34,18
	Avec engrais minéral		22 [2]	1849-1870	44,61
Orge-trèfle	Sans engrais		1	1873	41,81
			1	1873	169,59
Orge	Sans engrais	Après orge	1	1874	43,83
		Après trèfle	1	1874	77,79
Assolement 7 rotations.	1 navets. 2 orge. 3 trèfle ou fèves. 4 blé.	Sans engrais	28	1848-1875	41,25
		Superphosphate	28	1847-1875	50,66

Pour les fèves sans engrais, le rendement moyen en azote, pendant vingt-quatre ans, a été de 35k,08 par année, c'est-à-dire une fois et demie plus élevé que celui du blé et de l'orge. Dans les douze premières années sans engrais, il a été de 53k,91, tandis qu'il tombe à 16k,36 dans la seconde période duodénale.

MM. Lawes et Gilbert ont fait, pendant vingt années consécutives, des expériences sur les prairies permanentes. Les résultats obtenus sont résumés dans le tableau suivant :

Conditions des expériences.	Produit moyen à l'hectare et par an. Graminées.	Légumineuses.	Plantes diverses.	Moyenne d'azote à l'hectare et par an.
Sans engrais	1832k,7	245k,5	592k,9	36k,99
Superphosphate	1873 ,0	167 ,0	754 ,4	37 ,66
Engrais minéral [3]	2737 ,2	331 ,8	716 ,3	51 ,90
Engrais minéral [4]	2890 ,8	903 ,4	642 ,3	62 ,32

1. Neuf années de fèves, une année de blé, deux années en friche.
2. Six années de fèves, une année de blé, trois d'orge et douze années de jachère.
3. Engrais comprenant de la potasse pendant six ans.
4. Engrais comprenant de la potasse pendant vingt ans.

Si nous ajoutons aux chiffres obtenus à Rothamsted le poids de l'azote fixé annuellement par un hectare de forêt, qui est d'environ 60 kilogr., nous aurons toutes les données relatives à la quantité d'azote empruntée, par les cultures importantes, au sol et à l'atmosphère. On voit que pour les forêts et les prairies permanentes, dont le sol ne reçoit pas de fumure azotée, mais se trouve suffisamment pourvu des autres principes minéraux, la quantité d'azote fixée annuellement par un hectare, oscille entre 50 et 60 kilogr.; pour les céréales sans engrais, elle varie de 20 à 30 kilogr.; pour les racines sans engrais azoté, elle est en moyenne de 30 kilogr.; et enfin pour les légumineuses, elle atteint 60, 70 et même 170 kilogr. Nous reviendrons plus loin sur ces emprunts que nous chercherons à expliquer.

Dans le chapitre III, MM. Lawes, Gilbert et Pugh examinent les diverses sources qui peuvent fournir l'azote aux végétaux; je ne m'y arrête pas pour l'instant, devant les étudier avec détails dans les paragraphes suivants. Le chapitre IV est consacré à la discussion et à l'exposé des travaux antérieurs sur la question; MM. Boussingault, Ville, Mène, Harting, Petzholdt, etc.

La seconde partie du mémoire contient l'exposé des recherches originales exécutées à Rothamsted; elle renferme tous les détails relatifs à la préparation des sols, à l'organisation des essais, à la description des appareils, à la marche des expériences. Je me bornerai à indiquer le mode de renouvellement de l'air adopté par les auteurs. Au lieu d'aspirer l'air extérieur pour le faire pénétrer dans l'appareil, on l'y refoule du dehors sous une certaine pression. Cette modification à la méthode suivie par M. Boussingault et par M. G. Ville a l'avantage de s'opposer à tout échange accidentel entre l'atmosphère de la cloche et l'air extérieur, ce dernier ne pouvant pas pénétrer par diffusion sous la cloche où végètent les plantes.

L'appareil consistait en une grande cloche de verre reposant sur une plaque, dans une rainure assez profonde et remplie de mercure; cette fermeture hermétique s'opposait complétement au mélange de l'air, purifié par son passage à travers l'acide sulfurique qu'on envoyait sous la cloche, et de l'atmosphère extérieure. Au sortir de la cloche, l'air expulsé traversait également un laveur à acide sulfurique.

Le tableau suivant, que j'emprunte à M. Ronna, donne les résultats numériques de ces belles recherches, dont les unes ont été faites sans fournir aux plantes d'autre azote combiné que celui de leurs semences, et les autres avec addition, en quantité déterminée, de sulfate d'ammoniaque au sol.

Plantes soumises à l'expérience.	AZOTE dans la graine et dans l'engrais.	AZOTE dans les plantes, le pot et le sol.	AZOTE gain ou perte.	Azote du produit pour 1 d'azote fourni.
1. Sans autre azote combiné que celui de la semence.				
	Gr.	Gr.	Gr.	
Blé.	0,0080	0,0072	— 0,0008	0,90
Orge	0,0056	0,0082	+ 0,0016	1,11
—	0,0056	0,0082	+ 0,0026	1,46
Blé.	0,0078	0,0081	+ 0,0003	1,04
Orge	0,0057	0,0058	+ 0,0001	1,02
Avoine	0,0063	0,0056	— 0,0007	0,89
Blé.	0,0078	0,0078	0,0000	1,00
Avoine	0,0064	0,0063	— 0,0001	0,98
Fèves.	0,0796	0,0791	— 0,0005	0,99
—	0,0750	0,0757	+ 0,0007	1,01
Pois	0,0188	0,0167	— 0,0021	0,89
Maïs	0,0200	0,0182	— 0,0018	0,91
2. Avec azote combiné, autre que celui de la semence.				
	Gr.	Gr.	Gr.	
Blé.	0,0329	0,0383	+ 0,0054	1,16
—	0,0329	0,0331	+ 0,0002	1,01
Orge	0,0326	0,0328	+ 0,0002	1,01
—	0,0268	0,0337	+ 0,0069	1,25
Blé.	0,0548	0,0536	— 0,0012	0,98
Orge	0,0496	0,0464	— 0,0032	0,94
Avoine	0,0312	0,0216	— 0,0096	0,69
Blé.	0,0268	0,0274	+ 0,0006	1,02
Orge	0,0257	0,0242	— 0,0015	0,94
Avoine	0,0260	0,0198	— 0,0062	0,76
Pois	0,0227	0,0211	— 0,0016	0,93
Trèfle.	0,0712	0,0665	— 0,0047	0,93
Fèves[1]	0,0711	0,0655	— 0,0056	0,92
Maïs	0,0308	0,0292	— 0,0016	0,95

Dans ce tableau, comme le fait observer M. Ronna, on remarque que les nombres représentant le gain et la perte en azote sont plus élevés pour les seconds essais, où l'azote a été fourni en plus grande

1. Ces expériences ont été faites en 1858, avec l'appareil G. Ville.

quantité, que pour les premiers, exécutés sans aucun engrais; mais il ne s'agit, dans tous les cas, que de milligrammes. En outre, le gain, quel qu'il soit, apparaît pour les graminées, tandis que pour les légumineuses et le maïs, il n'y a que de la perte. Il est vrai que les légumineuses, qui, même en plein champ, sont si sensibles aux variations climatériques de chaleur et d'humidité, n'avaient point prospéré sous cloche, et par conséquent les résultats négatifs qu'elles ont fourni pourraient n'être pas aussi probants que pour les céréales.

Les conclusions de ces laborieuses recherches et de l'examen des sources d'azote de la végétation sont résumées par les auteurs dans les termes suivants :

Le rendement en azote des plantes de la grande culture, récoltées sur une surface et dans un temps déterminés, surtout dans le cas des légumineuses, ne peut s'expliquer d'une manière satisfaisante, en tenant compte seulement des quantités d'azote combiné, fournies périodiquement, en proportion connue.

Les résultats des nombreuses expériences faites pour savoir si les plantes assimilent de l'azote libre, c'est-à-dire non combiné, sont très-contradictoires.

Dans leurs expériences personnelles, les auteurs ont reconnu que les conditions de végétation réalisées dans leur appareil, concordaient avec le développement régulier des céréales et qu'il n'en était pas tout à fait de même des légumineuses.

Dans les conditions expérimentales réalisées, il n'est pas probable que les plantes aient reçu une portion d'azote combiné dont il n'ait pas été tenu compte, qu'il ait été formé sous l'action de l'ozone ou de l'hydrogène naissant[1].

Il n'est pas probable qu'une perte d'azote combiné ait pu se produire par suite du dégagement d'azote libre dans la décomposition de la matière organique, sauf dans le cas où elle avait été prévue.

Enfin, il n'est pas probable qu'il y ait eu perte par le dégagement d'azote libre provenant des substances azotées qui constituent les plantes en végétation.

En exécutant de nombreux essais sur les graminées et en faisant varier

---

1. La possibilité de la production de combinaisons azotées à l'aide de l'azote, de l'ozone et de l'hydrogène naissant, a été l'objet d'une étude particulière à Rothamsted. Les résultats ont été constamment négatifs. L. G.

dans de larges limites les conditions de végétation, on n'a jamais reconnu qu'il y eût assimilation d'azote libre.

Dans les expériences sur les légumineuses, la végétation fut moins satisfaisante, et les limites de variation furent moindres; mais les résultats enregistrés n'indiquent aucune assimilation d'azote libre. Il serait désirable que de nouvelles expériences fussent reprises sur ces mêmes plantes dans des circonstances plus favorables.

Les données obtenues sur d'autres plantes sont toutes dans le même sens, au point de vue de la non-assimilation de l'azote libre.

Pour confirmer la démonstration, il est à désirer que les sources, connues ou probables, d'azote combiné, qui s'offrent aux plantes, soient étudiées plus complétement au point de vue qualitatif et quantitatif.

S'il est bien établi que la végétation n'opère pas la combinaison de l'azote libre, on ne voit pas très-clairement à quelles actions il faut attribuer une grande partie de l'azote combiné qu'elle contient.

La conclusion formelle de MM. Lawes, Gilbert et Pugh est donc celle de M. Boussingault : « Les végétaux n'absorbent pas l'azote libre. » La question est désormais vidée pour tous les savants. M. G. Ville est aujourd'hui, comme en 1857, le seul partisan de l'assimilation directe de l'azote par les plantes, mais comme il n'a produit aucune expérience correcte à l'appui de son hypothèse, on peut dire, qu'à l'heure qu'il est, il n'existe pas une seule observation à l'abri de critiques fondées, dans laquelle il ait été possible de constater la fixation de l'azote gazeux par la végétation.

Avant d'aller plus loin, et de soumettre à la discussion les diverses sources de l'azote des végétaux, je m'arrêterai pendant un instant à une autre assertion, fondée, elle aussi, sur des expériences erronées, et qui doit disparaître également des traités de chimie agricole.

137. — De la non-fixation de l'azote gazeux par le sol. — En 1873, M. Dehérain a publié dans les *Annales des sciences naturelles* (partie botanique) des expériences desquelles résulterait que l'azote atmosphérique aurait la propriété de se combiner avec certaines substances ternaires : cellulose, glucose, etc., et, par induction, avec les matières organiques du sol en voie de décomposition. S'il en était ainsi, la réaction invoquée par M. Dehérain aurait une influence capitale dans les phénomènes de la végétation, puisque les plantes rencontreraient dans sa production incessante, dans le sein de la terre, une source de composés azotés que la nitrification mettrait ensuite à leur disposition. Malheureusement l'assertion de M. Dehérain n'est point exacte; les expériences sur lesquelles elle repose ont perdu toute valeur par la discussion et la vérification auxquelles les a soumises avec l'habileté et le talent que connaissent tous les chimistes, l'éminent directeur de l'École d'application des manufactures de l'État, M. Th. Schlœsing.

M. Dehérain n'a point opéré sur la terre végétale, ce qu'il aurait dû faire, puisqu'il croyait pouvoir expliquer par ses essais sur diverses matières organiques l'enrichissement du sol en principes azotés, par la fixation directe de l'azote de l'air.

L'extrait suivant du mémoire de M. Schlœsing [1], que je crois, à raison de l'importance du sujet, devoir reproduire intégralement, fera connaître à la fois les expériences de M. Dehérain, les causes d'erreur qu'il n'a pas su éviter et les résultats négatifs obtenus par M. Schlœsing, en opérant d'une manière correcte et sur des matières pures.

.... Travaillant dans cet ordre d'idées, j'étais évidemment appelé à discuter une théorie très-différente, professée par M. Dehérain, d'après laquelle la terre végétale, dans ses rapports avec l'air, les eaux, les plantes, les engrais, perd plus d'azote combiné qu'elle n'en reçoit, et comble son déficit par la fixation directe de l'azote gazeux sur une matière organique. La vraie démonstration de sa théorie serait de constater un bénéfice d'azote acquis par une terre nue, dans une atmosphère exempte de composés nitreux et d'ammoniaque. Cette preuve n'a pas été faite : bien au contraire, M. Boussingault a montré que la terre végétale, conservée dix ans dans une atmosphère oxygénée, n'acquiert pas d'azote combiné ; elle n'en a pas acquis davantage quand je l'ai abandonnée dans l'azote pur [2]. Au lieu de constater directement, dans la terre même, le fait qu'il voulait établir, M. Dehérain a institué de nombreuses expériences pour prouver que l'azote gazeux peut être fixé à l'état de combinaison par diverses matières organiques. Voulant me faire une conviction, j'ai dû reproduire la plupart de ces expériences, mais en évitant, autant qu'il m'a été possible, les causes d'erreur qu'on peut leur reprocher.

Expériences dans les tubes scellés. — Un tube étranglé à sa partie supérieure reçoit successivement des dissolutions bouillies de soude et de

1. *Compte rendu de l'Académie des sciences.* Janvier 1875.

2. On trouvera plus loin l'exposé des recherches de MM. Boussingault et Schlœsing sur ce sujet.

glucose; l'étranglement est ensuite étiré en pointe fine. Le tube, toujours ouvert, est plongé dans un bain d'eau dont on prend la température; on l'y ferme d'un trait de chalumeau; après un chauffage prolongé, on en extrait le gaz avec la pompe à mercure; le mercure introduit mesure le volume occupé au début par l'air; le gaz extrait est mesuré, puis analysé avec l'eudiomètre de Regnault.

	I.	II.	III.	IV.	V.
	gr.	gr.	gr.	gr.	gr.
Glucose	4,3	4,3	4,3	5	5
Soude	4,3	4,3	4,3	15	15
Eau	14	14	14	20	20

(Chauffage à 100°, pendant 98 heures, pour I, II, III; pendant 192 heures pour IV et V.)

	I.	II.	III.	IV.	V.
	cc	cc	cc	cc	cc
Gaz extraits (à 0° et 760^{mm})	31,43	34,56	28,59	39,5	41,55
contenant . . . C^2H^4 ? / H	0,25 %	0,45 %	0,52 %	0,15 % 25,22 —	0,19 % 24,80 —
contenant . . . Azote . . .	99,75 —	99,55 —	99,40 —	74,63 —	75,01 —
Azote retrouvé.	31,36	34,40	28,44	29,48	31,09
Azote employé	31,09	34,19	28,37	29,40	31,20
Différence. . .	+ 0,27	+ 0,21	+ 0,07	+ 0,08	— 0,11

Il n'y a pas eu d'azote fixé; cependant, dans les tubes IV et V, il s'est produit de l'hydrogène qui a dû passer par l'*état naissant*.

Des expériences analogues, faites dans des ballons à long col, où l'on mettait jusqu'à 20 grammes de glucose avec de l'ammoniaque ou de la soude, n'ont pas donné de meilleurs résultats.

Barbotage de l'azote dans les dissolutions de glucose et d'alcali. — M. Dehérain a fait passer de l'azote dans une dissolution de soude et de glucose. Le mélange, analysé ensuite par la chaux sodée, a donné de l'ammoniaque; le glucose seul et la soude seule n'en fournissaient pas: d'où la conclusion que l'ammoniaque obtenue représente de l'azote fixé par le glucose. Mais M. Dehérain n'a pas cherché dans sa soude les nitrates, qui s'y trouvent presque toujours. Or on sait que la soude nitrée seule ne donne pas trace d'ammoniaque avec la chaux sodée; mais, si elle est mêlée d'avance avec du glucose, son acide nitrique est presque totalement converti en ammoniaque. Il est donc permis de supposer que l'azote *fixé* est simplement celui des nitrates, et cette hypothèse explique l'utilité de l'énorme excès de soude employé par M. Dehérain, l'azote trouvé par l'analyse étant évidemment proportionnel au poids de cette soude.

En reproduisant ces expériences, je me suis attaché à la seule détermination de l'azote gazeux avant et après le barbotage. Pour mieux constater une variation de volume, je devais employer peu d'azote, et cependant il fallait produire un barbotage prolongé. En conséquence, après avoir fait le vide dans un ballon contenant la soude et le glucose et après avoir remplacé l'air par un volume mesuré d'azote pur, je me servais de la pompe comme propulseur du gaz et faisais circuler indéfiniment à travers le liquide le même azote, à l'aide de dispositions que chacun peut concevoir sans description. Dans trois expériences, où le poids du glucose a varié entre dix et quinze grammes, et celui de la soude entre vingt-cinq et cinquante-cinq grammes, où la durée du chauffage a été de six, douze, trente-deux heures, les résultats ont été négatifs comme les précédents :

	I.		II.		III.	
	cc		cc		cc	
Azote introduit. . . .	146,19	— 0,55	137,53	— 0,30	171,74	+.0,90
Azote extrait	145,64		137,23		172,64	

Matières organiques, dans l'azote, à la température ordinaire. — J'ai opéré sur du terreau neuf, seul ou mélangé à divers alcalis. La matière étant placée dans un ballon, je façonnais le col en forme de tube à dégagement; je faisais le vide et j'introduisais un volume connu d'azote : le ballon était ensuite abandonné, le col plongé dans le mercure, sous une éprouvette à recueillir le gaz. Finalement, les gaz non dégagés dans l'éprouvette étaient extraits par la pompe.

Les expériences ont duré dix mois, de juin 1873 à mai 1874.

		I.	II.	III.	IV.	V.
		gr.	gr.	gr.	gr.	gr.
Terreau séché à l'air.		160	150	150	150	150
Eau.		50	40	40	40	40
			Craie 50	Chaux 50	Carb. soude 44	Potasse 30
		cc	cc	cc	cc	cc
Gaz recueillis	Combustibles	6,5	2,2	0	3,5	1,2
	CO^2. . . .	481,1	413,9	0	0,40	0
	Azote . . .	239,1	267,7	165,4	203,9	228,6
Azote introduit . . .		220,4	256,2	164,3	200,3	227,6
Différences. . .		+ 18,7	+ 11,5	+ 1,1	+ 3,3	+ 1,1

Ainsi, dans ces expériences, il y a bien eu des variations entre les volumes d'azote introduit et recueilli ; mais elles attestent toutes un dégagement et non une absorption.

En résumé, ni les tubes scellés, ni le barbotage de l'azote, ni les variations de proportion entre les matières réagissantes, ni l'exposition du terreau dans une atmosphère privée d'oxygène ne m'ont présenté le fait annoncé de la fixation de l'azote.

Nous verrons tout à l'heure que les expériences de M. Boussingault et celles de M. Schlœsing sur la nitrification du sol ont montré qu'en *aucun* cas l'azote de l'air confiné ou constamment renouvelé, au contact de la terre arable, ne se fixe en *aucune* proportion sur les éléments ternaires du sol. Les auteurs qui, ayant constaté une augmentation du taux d'azote dans la terre arable exposée au contact de l'atmosphère, ont cru pouvoir attribuer cet enrichissement à une fixation d'azote gazeux, se sont trompés; ils n'ont pas pris les précautions nécessaires pour éliminer les traces d'ammoniaque de l'air ou pour tenir compte de leur absorption par la terre. Nous avons déjà vu (p. 335) combien cette source d'azote assimilable peut être importante pour la végétation. Nous y reviendrons encore plus loin.

M. Berthelot, par des expériences très-intéressantes [1], a fait voir que certaines substances organiques non azotées : benzine, essence de térébenthine, cellulose, peuvent, sous l'influence de l'effluve électrique, fixer l'azote gazeux de l'air. Avant d'être autorisé à affirmer que cette influence si marquée dans les phénomènes de la végétation, comme je l'ai précédemment établi par mes expériences, s'exerce dans le sol, il faut attendre que des expériences directes viennent le démontrer. Jusqu'à présent il n'existe pas un seul fait basé sur des expériences bien faites qui nous autorise à penser que l'azote gazeux de l'air se combine directement, soit au sol, soit aux végétaux. Tout ce que nous savons nous confirme, au contraire, dans la conviction qu'il faut chercher ailleurs que dans l'azote libre de l'atmosphère, la source véritable, *primordiale*, de l'azote des êtres vivants. Depuis près d'un demi-siècle, la question de l'origine de l'azote des végétaux préoccupe les physiologistes et les chimistes, elle me semble aujourd'hui résolue et je vais chercher à la démontrer par une discussion critique des beaux travaux auxquels elle a donné lieu dans ces dernières années.

138. — L'azote des eaux météoriques. — Quelle que soit la forme sous laquelle on la recueille, pluie, rosée, brouillard, neige, l'eau météorique n'est jamais de l'eau pure; elle renferme constamment, en quantités variables et toujours très-faibles, de l'ammoniaque, de l'acide nitrique, du sel marin, des traces de sels de chaux et des matières organiques. Quelle peut être la part des composés

1. *Compte rendu de l'Académie*, t. LXXXII. 1875.

azotés des eaux météoriques dans l'apport au sol d'azote assimilable par les plantes? C'est la question que j'examinerai d'abord. Liebig a signalé le premier, je crois, en 1826, la présence des sels ammoniacaux dans l'eau de pluie. M. H. Sainte-Claire Deville a découvert, vers 1849, l'acide nitrique dans toutes les eaux terrestres. Depuis ces découvertes, les travaux de MM. Boussingault, Barral, Marchand, Bineau, ont confirmé la constance du fait. M. Boussingault a montré qu'il en est de même pour la neige, la rosée et le brouillard. Enfin, dans divers points et notamment à Bechelbronn, à Rothamsted et dans plusieurs Stations agronomiques de l'Allemagne, on a déterminé quantitativement l'importance numérique de cet apport d'azote assimilable (ammoniaque et acide nitrique).

Sans reproduire ici tous les résultats obtenus par les divers expérimentateurs, j'indiquerai les taux extrêmes d'ammoniaque et d'acide nitrique constatés par les belles recherches de M. Boussingault, et les quantités moyennes d'azote assimilable tombées par année sur un hectare de terre en plusieurs points de l'Europe.

Les eaux de pluie ont fourni à M. Boussingault, comme limites extrêmes, 0^{milligr},11 à 3^{milligr},49 d'ammoniaque par litre; la moyenne a été, pour l'année 1853, de 0^{milligr},42 par litre et 0^{milligr},18 d'acide nitrique. En poids, celui de l'eau tombée étant 1, les eaux pluviales examinées à Bechelbronn renfermaient, en moyenne, 0,0000008 d'ammoniaque.

Le brouillard a fourni au même observateur des quantités d'alcali qui ont varié de 2^{milligr},56 au taux élevé de 49^{milligr},1 par litre d'eau condensée et 0^{milligr},1 d'acide nitrique.

La rosée récoltée par la méthode que j'ai décrite (p. 201) renferme de 1 à 6 milligrammes par litre, se rapprochant ainsi plus du brouillard que de la pluie; enfin dans la neige, M. Boussingault a trouvé de 1^{milligr},78 à 13^{milligr},4 par litre d'eau en provenant. C'est en partie à l'état de nitrate, et en plus grande proportion sous forme de carbonate, que l'ammoniaque existe dans les eaux météoriques.

Dans les stations allemandes, Kuschen, Insterbourg, Regenwalde, Proskau, Eldena, Waldau, les quantités d'ammoniaque et d'acide nitrique trouvées dans l'eau de pluie ont oscillé entre 0^{milligr},29 et 13 milligrammes par litre. Cet apport au sol est nécessairement variable avec les lieux et avec les quantités de pluie que ceux-ci reçoivent annuellement.

La variabilité même des quantités d'ammoniaque et d'acide nitrique trouvées dans l'eau météorique rend la détermination des quantités de ces principes qui arrivent au sol à peu près impossible, si l'on n'a pas des observations régulièrement faites pendant plusieurs années pour un même lieu. Mais il est facile de constater, dans tous les cas, que la source d'azote assimilable résultant des eaux météoriques est faible et ne saurait, en aucune façon, compenser les pertes annuelles du sol amenées par l'exportation des récoltes, même les moins exigeantes (forêts ou prairies).

MM. Lawes, Gilbert et Way ont évalué, d'après deux années complètes d'expériences, à 8 kilogr. la quantité totale d'azote combiné (AzH^3O et AzO^5) reçue par un hectare de terre à Rothamsted. Pour les stations de Proskau, Kuschen, Regenwalde et Insterbourg, on est arrivé aux taux annuels suivants, par hectare et par an : Proskau, 23 kilogr. d'azote; Regenwalde, 17 kilogr.; Insterbourg, $6^k,200$, et Kuschen, $2^k,1$. Ces quantités, sans être absolument négligeables, sont loin de correspondre aux 50 à 60 kilogr. d'azote nécessaires au développement de la récolte d'un hectare de forêt ou de prairie, et à plus forte raison aux poids d'azote enlevés chaque année par une récolte intensive.

En résumé, l'air ne cède son azote gazeux ni aux plantes ni au sol; la pluie et les autres météores aqueux n'apportent pas à la végétation et à la terre plus du quart ou du tiers de l'azote assimilable des récoltes, c'est donc à une autre source que les plantes vont demander la matière première nécessaire à la fabrication de leur substance azotée.

Mais si la plante, pas plus que les principes hydrocarbonés du sol, ne sont aptes à fixer l'azote gazeux de l'air; si, d'autre part, l'ammoniaque et l'acide nitrique des pluies ne suffisent pas à combler les déficits en azote causés par les récoltes, n'y aurait-il pas des circonstances naturelles, comme on l'a cru longtemps et comme l'enseignent encore fort à tort quelques professeurs de chimie agricole, dans lesquelles l'azote de l'air se transformerait en acide nitrique susceptible de nourrir les végétaux et de produire à son tour de l'ammoniaque ? En d'autres termes, la *nitrification*, entendue comme elle l'a été autrefois, c'est-à-dire la combinaison directe de l'azote gazeux avec l'oxygène, sous l'influence des alcalis et de l'humidité du sol, ne serait-elle pas la source de l'azote assimilable des végétaux? C'est ce que nous allons examiner avec tout le soin que mérite cette importante question. Nous verrons que les faits interrogés par les habiles expérimentateurs dont nous allons analyser les travaux, ont répondu négativement et que la nitrification, cause de fertilité des sols, ne saurait en aucune façon être invoquée comme la source des aliments azotés des plantes : elle est une des conditions les plus favorables d'alimentation azotée des végétaux, mais elle exige une préparation antérieure de substances protéiques par le végétal vivant, et n'est, en définitive, qu'une source intermédiaire, mais non point créatrice d'azote, assimilable par les plantes.

II. — LES PHÉNOMÈNES DE NITRIFICATION.

139. — De la nitrification naturelle. — Nous examinerons plus loin l'origine et le mode de production de l'ammoniaque et de l'acide nitrique dont nous venons de constater la présence constante dans les eaux météoriques. Les quantités relativement faibles des composés azotés, dont l'analyse décèle l'existence dans les météores aqueux, ne sauraient suffire à couvrir l'exportation en azote résultant de nos récoltes; à bien plus forte raison ne peuvent-elles être considérées comme la source unique et directe de l'azote assimilable que renferme le sol abandonné à la végétation spontanée ou mis en culture par l'homme. La terre végétale contient toujours, en effet, des quantités relativement notables d'azote nitrique et d'azote ammoniacal ; qu'il s'agisse du terreau le plus fertile ou du sol forestier le plus pauvre, l'analyse y fait découvrir ces deux corps, constamment associés à des matières azotées neutres, qui ne deviennent utiles pour la végétation qu'après leur transformation en ammoniaque et en nitrates.

Le taux d'azote engagé dans les combinaisons organiques est toujours beaucoup plus élevé, dans la terre, que celui de l'azote minéral ; quelques exemples donneront une idée de ces rapports :

Un kilogramme de terre renferme par exemple :

	Sol de Liebfrauenberg.	Sol de Nancy.	Sol de Mettray.
	—	—	—
Azote organique	2gr,101	1,gr432	1gr,223
Azote ammoniacal. . . .	0 ,019	0 ,004	0 ,004
Azote nitrique	0 ,029	0 ,040	0 ,055

Ces quelques milligrammes d'azote assimilable, contenus dans un kilogramme de terre, représentent à l'hectare et pour la profondeur moyenne à laquelle pénètrent les racines des végétaux, des quantités d'éléments nutritifs qui atteignent parfois des chiffres très-élevés, comme le montre le tableau suivant emprunté à M. Boussingault.

Dans son mémoire sur les *Nitrates dans les sols et dans les eaux* [1], ce savant donne de nombreuses analyses de sol exécutées pendant les années 1856 et 1857 en vue d'établir la teneur en acide nitrique de la couche arable de terres très-diverses. Le dosage des nitrates a toujours été exécuté sur un échantillon prélevé sur 1 kilogr. de terre séchée au soleil, lotie de manière à représenter aussi bien que possible une surface de terrains de plusieurs mètres carrés sur une profondeur de 0m,33. Les conditions relatives de sécheresse ou d'humidité, les données météorologiques sont indiquées avec soin. Les quantités d'acide nitrique sont évaluées en supposant l'acide combiné à la potasse; c'est-à-dire indiquées en poids de nitrate de potasse.

Le cube de terre représente pour une couche de 0m,33 de profondeur sur la surface d'un hectare un volume de 3,300 mètres cubes :

QUANTITÉS DE NITRATES EXPRIMÉES EN NITRATE DE POTASSE, A L'HECTARE.

	Kilogr.
Sols forestiers.	
Forêts de pins (grès vosgien)	2,310
Forêt du charme et hêtre, alluvion du Rhin	2,772
Forêt de sapins des Vosges.	7,128
Forêt de Fontainebleau, semis de sapins.	7,623
Forêt de Fontainebleau, caverne de grès.	12,243
Forêt de Hatten	38,610
Sols de prairies.	
Prairie du bord de la Sauer	4,323
Prairie des Vosges (gravier).	74,481
Prairie du Haut-Rhin (calcaire)	36,300

1. *Agronomie*, t. II, p. 45. 1861

Terres labourées.

Vigne du Liebfrauenberg	4,224
Houblonnière de la Sauer	11,088
Champ de blé	6,600
Champ de betteraves	4,389
Champ de trèfle	6,006
Vigne de Lampertsloch	14,784
Champ de topinambours	20,460
Champ de maïs	2,640
Champ de navets	9,636
Champ de topinambours	3,036
Terre arable près de Reims	34,320
Terre arable de la Chaise	4,884
Terre arable des environs de Tours, falunée	46,200
Terre arable des environs de Tours, falunée	356,400
Terre noire de Russie	26,400

Les quantités de nitrate constatées dans les sols forestiers et agricoles varient donc dans des limites considérables ($2^k,3$ à 356 kilogr. à l'hectare) pour une couche de $0^m,33$ de profondeur. Le fait important que révèlent ces analyses est la présence constante de nitrates dans les sols fertiles : la formation de ces nitrates est un phénomène naturel des plus intéressants pour l'agriculteur, par sa permanence d'une part, et de l'autre par le rôle que ces composés jouent dans la nutrition de la plante. En 1861, M. Boussingault émettant une opinion conforme à celle de Liebig, dès 1840, s'exprimait en ces termes : « Il est naturel d'attribuer les principes azotés des végétaux soit à l'ammoniaque, soit à l'acide nitrique, toute réserve étant faite sur la question de savoir si l'azote de l'acide ne passe pas à l'état d'ammoniaque sous l'influence de l'organisme végétal. L'azote de l'albumine, de la caséine, de la fibrine des plantes, a très-probablement fait partie d'un sel ammoniacal ou d'un nitrate. »

Nous verrons tout à l'heure que les travaux de M. Boussingault, postérieurs à 1861, et ceux de M. Schlœsing, ont transformé la probabilité dont il parle en certitude. Au point où nous en sommes, deux faits sont donc acquis : 1° La terre renferme constamment des nitrates et des sels ammoniacaux; 2° l'apport des eaux pluviales ne suffit pas pour expliquer la présence de ces quantités de sels azotés.

D'où vient donc l'acide nitrique qu'on rencontre dans toutes les terres cultivées ou non ? Avant d'exposer les recherches expérimentales qui ont résolu cette question capitale, nous prendrons pour guide les travaux de M. Boussingault et nous examinerons les conditions naturelles dans lesquelles s'observe la formation, à la surface du sol, de quantités plus ou moins considérables de salpêtre. L'étude de la nitrification naturelle nous permettra d'aborder ensuite, avec pleine connaissance des conditions du problème, l'exposé des recherches qui ont définitivement fixé les agriculteurs sur la nitrification du sol.

Les anciens connaissaient déjà le nitre (*nitrum*), mais ils confondaient sous cette dénomination toutes les efflorescences salées et même tous les sels solubles dans l'eau. Les alchimistes considéraient l'atmosphère comme la source directe du nitre. C'est au dix-septième siècle seulement que Glauber[1] a émis sur l'origine de ce composé une opinion plus conforme à la réalité. Pour ce chimiste, le salpêtre a trois origines : 1° Il existe tout formé dans les végétaux et passe dans les animaux qui l'assimilent dans la digestion ; 2° il se produit en quantité considérable par la décomposition des matières végétales et animales ; 3° indépendamment de ce salpêtre factice, le règne minéral nous en présente de grandes quantités.

En 1748, Piertsh indiqua, dans un mémoire couronné par l'Académie des sciences de Berlin, les conditions suivantes comme les plus propres à favoriser la production du nitre : 1° La présence d'une terre calcaire qui fixe l'acide du nitre et lui fournit une base ; 2° la grande porosité de la terre qui laisse un libre passage à l'air ; 3° la putréfaction des matières animales et végétales, et l'émanation de l'alcali qui s'en dégage ; 4° une certaine proportion de chaleur et d'humidité. Piertsh avait déjà constaté l'aptitude du terreau à nitrifier.

En 1777, à la suite des travaux de Lavoisier et de Clouet, les régisseurs généraux des poudres et salpêtres publient une instruction sur

1. **Glauber, Johann Rudolph**, né à Karlstadt en 1604, mort en 1668 à Amsterdam. Chimiste et négociant, a successivement vécu en Autriche, à Francfort et en Hollande, faisant le commerce de drogues et de remèdes secrets. Il a laissé un grand nombre d'écrits sur la chimie, la minéralogie et la médecine. Ses œuvres complètes ont été éditées à Amsterdam en 1661. 7 vol. in-8°.

l'établissement des nitrières que l'on consulte aujourd'hui encore avec fruit [1].

En 1782, Thouvenel remporta le prix du concours de l'Académie des sciences institué en 1776 pour résoudre le problème de la nitrification. Thouvenel annonce que le nitre ne peut se former que sous l'influence de l'air, de l'humidité et d'une matière organique en putréfaction. Ayant exposé de la craie bien lavée à l'action de l'air, il trouva qu'elle ne renferme pas de nitre, tandis que si la même craie est placée dans un panier au-dessus duquel est du sang en putréfaction, il constate la production d'une quantité notable de salpêtre [2].

Gavendish, en 1784, démontre que sous l'influence d'une série d'étincelles électriques, l'azote et l'oxygène peuvent se combiner pour former de l'acide nitrique hydraté si l'expérience est effectuée en présence de l'eau, ou bien un azotate alcalin si les gaz se trouvent au contact d'une dissolution saline.

En 1823, Longchamps expliquait encore la nitrification par la combinaison directe de l'azote gazeux de l'air avec l'oxygène; Gay-Lussac soutenait avec raison que la présence de la matière organique azotée est indispensable à la production du nitre.

L'examen attentif des réactions qui se produisent dans le sol qui nitrifie est venu consacrer définitivement cette manière de voir.

140. — Les nitrières du Pérou et de l'Inde. — La nitrification qui s'accomplit incessamment dans tous les sols sur une échelle relativement restreinte, se produit en grand au Pérou, au Chili et dans l'Inde. Grâce aux publications de M. Boussingault, nous avons aujourd'hui une idée très-exacte des conditions générales de ce grand phénomène naturel. Suivant les lieux, l'acide nitrique s'accumule sous forme de nitrate de soude (nitre cubique, salpêtre du Chili) ou sous celle de nitrate de potasse (salpêtre proprement dit). Occupons-nous d'abord du nitrate de soude qui est de beaucoup le plus important pour l'agriculture, à raison de son abondance.

Dans la province de Tarapaca, qui s'étend entre le 19e et le 21

1. Boussingault, *Agronomie*, t. II, p. 23.
2. Pelouze et Fremy, *Traité de chimie générale*, t. II.

de latitude nord et les 68° et 70° de longitude ouest, se trouve la nitrière d'Iquique. Ce gisement inépuisable de salpêtre paraît avoir été exploité depuis des siècles par les indigènes, mais c'est en 1827 seulement que les premiers chargements de nitre sont arrivés aux États-Unis et en Angleterre. En 1821, Mariano de Rivero, chimiste péruvien, alors à l'École des mines de Paris, reçut le premier échantillon de nitre, l'analysa et fit connaître sa composition. Haüy détermina la forme cristalline du sel. A Iquique, le salpêtre se trouve mélangé à la terre, qui en contient de 20 à 25 p. 100 de son poids; on l'extrait par lixiviation à l'eau bouillante et évaporation au soleil de la dissolution. Il s'exporte annuellement du port d'Iquique plus d'un million de quintaux de nitrate de soude.

M. Boussingault a pu étudier sur place, à Tacunga, dans l'État de l'Équateur, la formation du nitrate de potasse; les conclusions de ses recherches, en ce qui concerne le mécanisme de la production du nitrate, s'appliquant par analogie aux nitrières du Pérou, je commencerai par faire connaître les nitrières de Tacunga.

Dans un grand nombre de régions des pays chauds, le sol se couvre, à certaines époques, d'efflorescences blanches qui ne sont autre chose que du salpêtre. Les plaines voisines du Gange, celles d'Espagne (environs de Saragosse, de Valencia), présentent ce curieux phénomène que les habitants obtiennent à volonté et alternativement une récolte de salpêtre ou une récolte de céréales. La production du salpêtre coïncide constamment avec la fertilité agricole du sol qui le fournit. La condition géologique indispensable à cette formation est la présence simultanée dans le sol de détritus de roches feldspathiques et de substances organiques azotées. Le nitrate de potasse étant efflorescent, sa naissance à la surface du sol devient immédiatement visible à l'œil; les nitrates de chaux et de magnésie étant déliquescents, ne peuvent être décelés que par l'analyse chimique.

Toutes les nitrières naturelles connues sont donc abondamment pourvues de l'élément feldspathique (alluvions du Gange, cavernes de Ceylan, etc.). Le sol de la nitrière de Tacunga est formé de débris de trachyte, de tuf ponceux provenant des volcans de l'Équateur. Tacunga est une ville fondée en 1534 sur les ruines d'une ancienne cité indienne. Elle est située par 1° de latitude australe, à une altitude de 2,860 mètres; sa température moyenne est de 15°5. La ville repose au milieu d'une plaine, entre deux rivières, au pied du Cotopaxi dont la cime neigeuse se termine par un volcan toujours fumant.

La terre de Tacunga est formée par un mélange de parcelles de trachyte, de ponce et de matière organique (humus) très-abondante; lorsqu'elle est mouillée, elle paraît tout à fait noire. La végétation des environs de la ville est très-inégale : luxuriante en certains points, nulle sur d'autres par suite d'un excès de nitre accumulé à sa surface. Après quelques jours de sécheresse, le sol se recouvre d'une croûte blanche de salpêtre qu'on enlève au râteau; les murs de la ville sont eux-mêmes de véritables nitrières qu'on exploite en les râclant de temps à autre. La terre est lessivée, on concentre la solution et on en retire un sel contenant 60 p. 100 environ de salpêtre.

M. Boussingault a analysé deux échantillons de terre de Tacunga, prélevés, l'un sur un grand nombre de points du territoire, à une profondeur de 0 mètre à 0m,1, après la récolte du salpêtre, l'autre sur les murs de la ville (Tapias). Cette terre, formée de grains de quartz, de fragments de ponce, de mica, de détritus végétaux et d'argile, a peu de plasticité; elle ressemble à une terre végétale légère. Voici la composition centésimale que l'analyse a assignée à ces deux échantillons :

	I. Terre du Calvario (au pied du Cotopaxi).	II. Terre du Tapias (murs nitrifiants).
Azote organique	0gr,243	0gr,213
Acide nitrique	0 ,975	0 ,618
Ammoniaque	0 ,010	0 ,004
Acide phosphorique	0 ,460	0 ,500
Chlore	0 ,395	0 ,475
Acide sulfurique	0 ,023	0 ,073
Acide carbonique	traces.	traces.
Potasse et soude	1gr,030	1gr,443
Chaux	1 ,256	1 ,904
Magnésie	0 ,875	0 ,675
Oxyde de fer	2 ,450	0 ,450
Sable, argile	83 ,195	84 ,448
Eau	3 ,150	9 ,197
Matières organiques (azote déduit)	5 ,938	
	100gr,000	100gr,000

Un litre de sol du Calvario pèse 1200 grammes; il renferme :

Ammoniaque 0gr,120 correspondent à azote .	0gr,112	6gr,061 azote,
Acide nitrique 11gr,70 correspondent à azote.	3 ,033	
Azote organique	2 ,916	

qui correspondent à 21gr,89 de nitrate de potasse.

Un décimètre cube de la terre des Tapias contient :

Ammoniaque 0gr,048 correspondent à azote .	0gr,045	4gr,738 azote,
Acide nitrique 7gr,42 correspondent à azote .	1 ,924	
Azote organique	2 ,769	

qui correspondent à 13gr,89 de nitrate de potasse.

L'azote organique est la réserve qui fournit progressivement l'acide nitrique ; s'il fait sec, le nitrate apparaît rapidement à la surface ; s'il pleut, le sol reste noir. On voit combien la terre est riche encore en principes nutritifs azotés après la récolte du salpêtre.

Jusqu'à quelle profondeur ces éléments se retrouveraient-ils? C'est ce qui n'a pas été déterminé jusqu'ici. Mais on peut aisément calculer la richesse totale d'une couche superficielle de $0^m,1$ de profondeur. On trouve les quantités prodigieuses que voici : après l'enlèvement du salpêtre, les terres du Calvario et du Tapias renferment à l'hectare, sur une profondeur d'un décimètre :

	Calvario.	Tapias.
	—	—
Nitrates (calculés en AzO^5 KO)	21,890kil.	13,890kil.
Acide nitrique	11,700	7,420
Ammoniaque	120	48
Azote total.	6,061	4,738

Fait très-digne de remarque, l'ammoniaque accompagne constamment l'acide nitrique dans ces terres exceptionnelles comme dans les sols arables ordinaires.

En comparant la composition des terres de Tacunga à celle du terreau, on constate des analogies et des dissemblances intéressantes :

Dans 1 kilogramme.	NITRIÈRES		TERREAUX	
	Calvario.	Tapias.	des maraîchers.	d'un potager.
—	—	—	—	—
Azote organique	2gr,43	2gr,13	10gr,50	2gr,59
Nitrate (en AzO^5KO). . .	17 ,88	11 ,57	1 ,07	0 ,95
Ammoniaque.	0 ,10	0 ,04	0 ,12	0 ,02
Acide phosphorique . . .	4 ,60	5 ,00	12 ,80	3 ,12

La terre des nitrières, dit M. Boussingault, est bien plus riche en principes fertilisants que la terre toujours si fortement fumée d'un potager, et si, ce qu'explique son origine comme sa préparation, le terreau des jardiniers renferme plus de substances organiques azotées, il ne contient pas, à beaucoup près, autant de nitrates.

L'apparition spontanée du salpêtre dans une nitrière naturelle est donc due à un ensemble de circonstances parmi lesquelles figure en première ligne la fertilité du sol; si, dans certaines vallées, sur certains plateaux élevés des Andes équatoriales, la nitrification n'est pas toujours assez intense pour donner lieu à une exploitation, la fécondité du sol se ressent néanmoins des causes qui la déterminent.

Nulle part on ne voit de plus beaux champs de luzerne que dans les environs de Tacunga..... Il y a, on le voit, dans cette localité une connexité réelle entre la fertilité et la nitrification. Cela est évident pour la nitrière de Tacunga comme pour les champs salpêtrés de l'Espagne, d'où l'on retire du nitre et du froment, comme pour les rives du Gange, qui produisent le salpêtre de houssage, à côté des plus belles plantations de tabac, de maïs et d'indigo. De même que dans la terre labourée de nos régions septentrionales, l'acide nitrique est formé graduellement pendant la combustion lente, invisible, de la matière organique, dans les nitrières naturelles, la formation du salpêtre est le plus ordinairement intermittente; la sécheresse la favorise quand elle ne pénètre pas trop avant dans le sol; une forte humidité lui est nuisible; une pluie abondante, persistante, déplace ou entraîne le salpêtre déjà formé. C'est ce qui arrive à Tacunga, où la saison pluvieuse se prolonge depuis décembre jusqu'en mai.

Sans ces alternatives de pluie et de sécheresse, la nitrification serait continue. Le salpêtre, si on ne le récoltait pas, s'accumulerait à la surface du terrain, et si, au lieu des pluies persistantes de l'*inviarno* (saison pluvieuse), des pluies intermittentes du *verano* (saison sèche), il n'y avait d'autre humidité que celle provenant de la vapeur aqueuse contenue dans l'air, s'il n'y avait que des brouillards, de la rosée, les effets qui se manifesteraient sont faciles à prévoir. Les sels déliquescents seraient seuls absorbés; il ne resterait à la superficie et à quelque profondeur du sol que des sels ayant assez peu d'affinité pour l'eau, tels que les nitrates de potasse et de soude, le chlorure de sodium. A la suite des siècles, le salpêtre s'accumulerait en cristaux répandus dans le sable, dans l'argile ou agglomérés de manière à constituer des bancs plus ou moins puissants; en un mot, le salpêtre, par cela seul qu'il aurait été préservé de l'action destructive ou dissolvante de l'eau, finirait par former un gisement important.

Suivant toute vraisemblance, c'est par suite de circonstances de ce genre que se sont formés les vastes amas de salpêtre du Pérou et du Chili. La soude venant de la mer qui longe le territoire d'Iquique, a remplacé la potasse. Dans la province de Tarapaca et dans le désert de Yatacama qui y confine, la pluie est inconnue. Il ne pleut *jamais* dans cette région. La seule humidité atmosphérique, la *guarna*, est un brouillard qui s'élève chaque jour, pendant plusieurs mois, quand le vent du sud cesse de souffler. La *guarna* n'imbibe jamais complétement la terre, elle l'humecte assez pour la rendre fertile en certains points, mais elle ne peut à aucune époque entraîner, par dissolution, le nitrate formé; ainsi s'expliquent la conservation et l'accumulation du nitre du Pérou, qui a la même origine que le salpêtre de Tacunga.

Le fait capital qui résulte de ce qui précède et que je tiens à mettre en lumière est le suivant : L'azote de l'air a passé par l'intermédiaire des organismes animaux et végétaux avant de former des nitrates, la présence de matériaux azotés d'origine organique étant la condition *sine qua non* de la nitrification. Or, nous avons vu que les végétaux ne fixent pas l'azote gazeux : il faut donc chercher dans une autre source l'origine des matières protéiques qui deviennent à leur tour, par suite de transformations que nous étudierons, la substance première des nitrates du sol.

Les faits observés en Algérie par le commandant Chabrier concordent absolument avec les études de M. Boussingault. Les nitrières algériennes présentent les mêmes conditions générales que celles que nous venons de décrire: détritus organiques, matériaux feldspathiques, humidité.

Le phénomène de la nitrification naturelle n'offre donc rien d'inexplicable et tout concourt à démontrer que le sol, là comme dans nos régions, n'emprunte pas son nitre à l'azote gazeux, mais le fabrique exclusivement à l'aide de substances organiques qui ont soustrait à l'air, durant leur existence, l'ammoniaque nécessaire au développement de leurs principes azotés.

141. — Recherches de Kuhlmann sur la nitrification. — Après ce coup d'œil rapide sur les nitrières naturelles, nous allons aborder l'analyse des recherches expérimentales relatives à la théorie de la nitrification. Par ordre de date, se présentent les travaux classiques de M. Fr. Kuhlmann, qui remontent à 1838. Durant dix années, le savant chimiste de Lille s'est livré simultanément à des expériences de laboratoire et à des essais de culture sur la production des nitrates et sur leur rôle dans la végétation.

Après avoir rappelé l'obscurité dont se trouve encore entourée (1838) la théorie de la nitrification, M. Kuhlmann, que cette étude occupe depuis 1825, signale la production de nitrate d'ammoniaque dans les matières organiques se décomposant à l'air en l'absence de tout contact avec la chaux; il montre qu'il existe de l'ammoniaque dans les eaux de lessivage des salpêtreries et réfute l'opinion encore accréditée à ce moment par bon nombre d'auteurs, d'après laquelle l'acide nitrique résulterait de la combinaison directe de l'azote et de l'oxygène de l'air. Pour lui, l'ammoniaque paraît un intermédiaire presque nécessaire de la nitrification de l'azote.

Il appuie cette hypothèse sur la synthèse élégante de l'acide nitrique à l'aide de l'ammoniaque et de l'air passant sur de l'éponge de platine portée à une température de 300° environ. Un mélange d'azote et d'oxygène dans les mêmes conditions ne donne pas d'acide azotique. L'oxygène naissant et l'azote humide ne se combinent pas davantage. En un mot, la formation artificielle d'acide nitrique ne peut s'effectuer que par l'oxydation de l'ammoniaque. Il obtient cette base en mettant en présence l'hydrogène et l'azote naissant. Voici les conclusions de l'ensemble de ces expériences sur lesquelles je n'insiste pas davantage, car elles sont connues de tous ceux qui s'occupent de chimie :

1° Tous les composés d'azote vaporisables, mêlés d'air ou d'un gaz oxygénant, se transforment en acide nitrique ou hyponitrique;

2° Tous les composés d'azote vaporisables en contact avec les carbures hydriques ou avec l'acide du carbone, lorsque le composé azoté contient de l'hydrogène, donnent de l'acide cyanhydrique ou du cyanhydrate d'ammoniaque;

3° La plupart des métalloïdes, ainsi que le cyanogène, se combinent avec l'hydrogène en présence de l'éponge de platine chauffée à une température plus ou moins élevée;

4° L'oxygène et l'azote chauffés sur l'éponge de platine ne donnent naissance ni à l'acide nitrique ni à l'acide hyponitrique.

En examinant les efflorescences des murailles, M. Kuhlmann constate que la plupart du temps elles ne renferment pas de nitrates, mais qu'elles sont presque exclusivement formées de carbonate et de sulfate de soude unis à des chlorures alcalins. Ces efflorescences sont dues à la décomposition des silicates alcalins préexistant dans les matériaux de construction. Dans presque tous les cas, la nitrification n'a rien à faire avec la production de ces efflorescences.

De 1843 à 1846, M. Kuhlmann entreprend des expériences sur l'influence des engrais; je n'en veux retenir pour l'instant que les indications relatives à la question qui nous occupe. De l'ensemble de ses recherches, l'auteur conclut que la nitrification superficielle du sol « est une condition qui tend à fixer les principes azotés au profit de la végétation, et que là où les conditions de la nitrification sont le plus favorables, les conditions de la fertilité de la terre sont augmentées ». Pour lui, c'est dans l'oxydation de l'ammoniaque provenant de la décomposition des substances organiques azotées contenues dans le sol et de l'ammoniaque ramenée vers le sol par les pluies que réside l'explication la plus simple et la plus concluante de la formation naturelle de l'acide nitrique. Nous avons vu précédemment qu'il ne doit point en être ainsi, et les travaux récents que je vais exposer ont profondément modifié les idées qu'on pouvait se faire en 1846 de la nitrification et de ses conditions fondamentales.

142. — Recherches de M. Boussingault sur la nitrification (1871).—Y a-t-il lieu, en présence des résultats d'observations fournies par l'examen des nitrières naturelles, d'attribuer une part quelconque à l'azote gazeux de l'air dans le phénomène de la nitrification? En d'autres termes, l'acide nitrique provient-il uniquement de l'azote des matières organiques que renferment les terres fertiles ou, en partie, de l'azote atmosphérique, se combinant sous l'influence des alcalis, de la porosité du sol et d'autres causes invoquées pour expliquer les phénomènes intimes de la nitrification?

Telle est la question que M. Boussingault a abordée expérimentalement dans le travail dont je vais faire connaître les principaux résultats.

Quelques mots d'abord sur le dispositif des expériences.

La terre végétale, pesée sèche (0^k,100 pour chaque expérience), mélangée avec trois fois son poids de sable quartzeux lavé et calciné, humectée avec de l'eau distillée exempte d'ammoniaque, était déposée dans le fond d'un ballon de verre ayant à peu près la capacité de 100 litres. L'eau avait été ajoutée en quantité bien inférieure à celle qu'il eût fallu employer pour porter le mélange au maximum d'imbibition, précaution indispensable, parce que, non-seulement un sol trop humide n'est pas nitrifiable, mais aussi parce que, suivant les essais de M. Boussingault, les nitrates préexistants disparaissent quand l'eau d'humectation dépasse une certaine limite. Le sable avait été employé pour rendre la terre plus perméable.

Dans un des appareils, de la cellulose fut incorporée au mélange pour savoir si, par une combustion lente d'une plus forte proportion de carbone que celle appartenant à la terre, on favoriserait l'oxydation de l'azote de l'air.

Les ballons renfermant les mélanges à nitrifier, clos avec des bouchons en caoutchouc, ont été déposés dans un cellier.

L'azote, avant et après la nitrification, a été dosé par la combustion, au moyen de l'oxyde de cuivre.

Le carbone des substances organiques et de l'humus a été pesé à l'état d'acide carbonique, obtenu en chauffant la terre au rouge dans un courant d'oxygène.

L'acide nitrique a été dosé par la méthode si sensible imaginée, pour ces recherches, par M. Boussingault (solution normale d'indigo).

Le contact de la terre avec l'atmosphère limitée, dans laquelle elle était placée, dura onze ans. Les appareils fermés en 1859, furent ouverts en 1871.

Voici la composition de la terre sèche, mise en expérience, soit seule, soit mélangée au sable, à la cellulose, etc.

100 *grammes de terre sèche contenaient :*

	Gr.
Chaux	1,000
Magnésie	0,050
Potasse	0,010
Ammoniaque	0,020
Azote total	0,4722
Acide nitrique	0,0029
Carbone	3,6630

Les recherches de M. Boussingault ont porté sur trois mélanges différents :

1re expérience. — Terre végétale, 0k,100; sable, 0k,300.

2e expérience. — Terre végétale, 0k,100; sable, 0k,300; cellulose, 5 grammes.

3e expérience. — Terre végétale seule, 0k,100 ; eau, 0k,16.

Les analyses faites en 1860, au début de l'expérience, puis en 1871, après onze ans de nitrification naturelle, ont donné les résultats suivants :

EXPÉRIENCES.	AZOTE total.	ACIDE nitrique.	AZOTE de l'acide nitrique.	CARBONE.	ACIDE nitrique exprimé en nitrate de potasse.
	gr.	gr.	gr.	gr.	gr.
Première expérience 1860. .	0,4722	0,0029	0,00075	3,663	0,005
— 1871. .	0,4520	0,6178	0,16000	3,067	1,155
Différence.	—0,0202	+0,6149	+0,15925	—0,596	+1,150
	gr.	gr.	gr.	gr.	gr.
Deuxième expérience 1860. .	0,4722	0,0029	0,00075	5,885	0,005
— 1871. .	0,4640	0,5620	0,14570	3,358	1,051
Différence.	—0,0082	+0,5591	+0,14495	—2,527	+1,046
	gr.	gr.	gr.	gr.	gr.
Troisième expérience 1860. .	0,4722	0,0029	0,00075	3,663	0,005
— 1871. .	0,4534	0,3267	0,08461	3,174	0,611
Différence.	—0,0188	+0,3238	+0,08386	—0,489	+0,606

Dans la première expérience, la perte en azote a été de $\frac{4}{100}$ de l'azote initial, et la perte en carbone de $\frac{16}{100}$; il y a eu production de 0gr,615 d'acide nitrique.

Dans la seconde expérience, en présence de la cellulose, la perte en azote initial a été d'un peu moins de $\frac{2}{100}$, la perte du carbone $\frac{43}{100}$ du charbon primitif ; la production d'acide nitrique ne s'est élevée qu'à 0gr,559. Ainsi, loin de favoriser la nitrification, la présence de matières hydrocarbonées (cellulose) l'aurait diminuée. L'analyse de l'air confiné des ballons a montré que la nitrification avait été fort loin de consommer l'oxygène existant au moment de la fermeture des vases : ce n'est donc pas à une insuffisance d'oxygène qu'on peut attribuer le défaut relatif de combustion de l'azote des matières organiques.

Ces résultats infirment complétement l'hypothèse de M. Dehérain sur le rôle des matières hydrocarbonées du sol dans la nitrification.

La troisième expérience différait des deux premières, non-seulement en ce qu'il n'y avait pas eu d'addition à la terre, de sable ou de cellulose, mais aussi parce que l'atmosphère dans laquelle se trouvait la terre était très-limitée. Les 100 grammes de terre, au lieu d'être placés dans des ballons de 100 litres de capacité, avaient été enfermés, en 1860, dans un flacon de 7 litres.

La perte en azote a été des $\frac{4}{100}$ de l'azote initial, celle en carbone des $\frac{13}{100}$; la formation d'acide nitrique ne s'est élevée qu'à $0^{gr},324$. Dans cette troisième expérience, le même poids de terre végétale a produit bien moins de salpêtre que dans les deux autres essais, près de moitié seulement environ. Nous reviendrons sur ces importants résultats lorsque nous aurons exposé les recherches de M. Schlœsing.

La conclusion du mémoire de M. Boussingault est la suivante : « Il résulte de ces recherches que, dans la nitrification de la terre végétale, accomplie dans une atmosphère confinée et que l'on ne renouvelle pas, dans de l'air stagnant, l'azote gazeux ne paraît pas contribuer à la formation de l'acide nitrique ; l'azote dosé en 1871, dans la terre salpêtrée, ne pesait pas plus, ne pesait même pas tout à fait autant qu'en 1860. Dans la condition où on l'a observée, la nitrification aurait eu lieu aux dépens des substances organiques de l'humus, que l'on rencontre dans tous les sols fertiles. »

143. — Expériences de M. Th. Schlœsing sur la nitrification. — Les recherches de M. Boussingault, dont je viens de présenter le résumé succinct, ont donc démontré que, dans une atmosphère confinée, la terre ne nitrifie pas aux dépens de l'azote gazeux de l'air. M. Schlœsing a communiqué à l'Académie des sciences, dans le cours de l'année 1873[1], le résultat de quatre années de recherches qui confirment et étendent les faits observés par M. Boussingault. Nous allons examiner les points principaux et les résultats de ce travail

1. Séances du 21 juillet et du 4 août : *Étude de la nitrification des sols.*

précis et élégant, comme tous ceux du directeur de l'École d'application des manufactures de l'État.

M. Schlœsing a institué un grand nombre d'expériences dans lesquelles il s'est efforcé de reproduire les conditions naturelles de la nitrification, et notamment le renouvellement de l'air, conditions qui peuvent être classées en plusieurs catégories.

1° *Conditions propres au sol :* composition minérale et propriétés physiques qui en résultent : nature et proportion des principes salins solubles ou insolubles ; nature et quantité des matières organiques ; degré d'ameublissement ; culture ;

2° *Conditions résultant des rapports du sol avec l'atmosphère :* humidité ; proportion d'oxygène et d'acide carbonique dans l'atmosphère confinée dans le sol ; échange de gaz entre le sol et l'air ;

3° *Conditions purement physiques :* chaleur, lumière, électricité.

Fidèle aux vrais principes de l'expérimentation scientifique, M. Schlœsing commence par rappeler que, pour étudier l'influence de chaque condition, il faut suivre la méthode, laborieuse mais sûre, qui consiste à instituer les expériences par séries, en faisant varier dans chaque série la condition étudiée, toutes les autres demeurant égales. Quand on veut appliquer cette méthode à la nitrification, on rencontre tout d'abord un premier obstacle : l'atmosphère confinée dans un sol est constamment modifiée par la matière organique ; si donc on veut être assuré que l'atmosphère est la même dans toutes les expériences d'une même série, il faut absolument la renouveler souvent pour pouvoir la considérer comme constante. Pour remplir cette condition *sine quâ non,* M. Schlœsing se sert des ingénieuses dispositions imaginées par lui dans ses recherches sur la dissolution du carbonate de chaux par l'acide carbonique, pour renouveler automatiquement l'atmosphère des vases où il opère.

Voici la description de l'appareil destiné à composer d'une manière continue des mélanges constants des différents gaz (*fig.* 33 et 34).

Pour obtenir des mélanges constants de différents gaz, il faut d'abord se procurer des sources continues de chacun d'eux, et ensuite puiser à ces sources pour composer les mélanges voulus. Dans les recherches sur la nitrification, trois gaz seulement sont à considérer : l'azote, l'oxygène, l'acide carbonique. L'oxygène, dans la nature, est toujours mêlé à l'azote et ne dépasse jamais la proportion que présente l'air normal : ce dernier en est une source suffisante. Restent l'acide carbonique et l'azote.

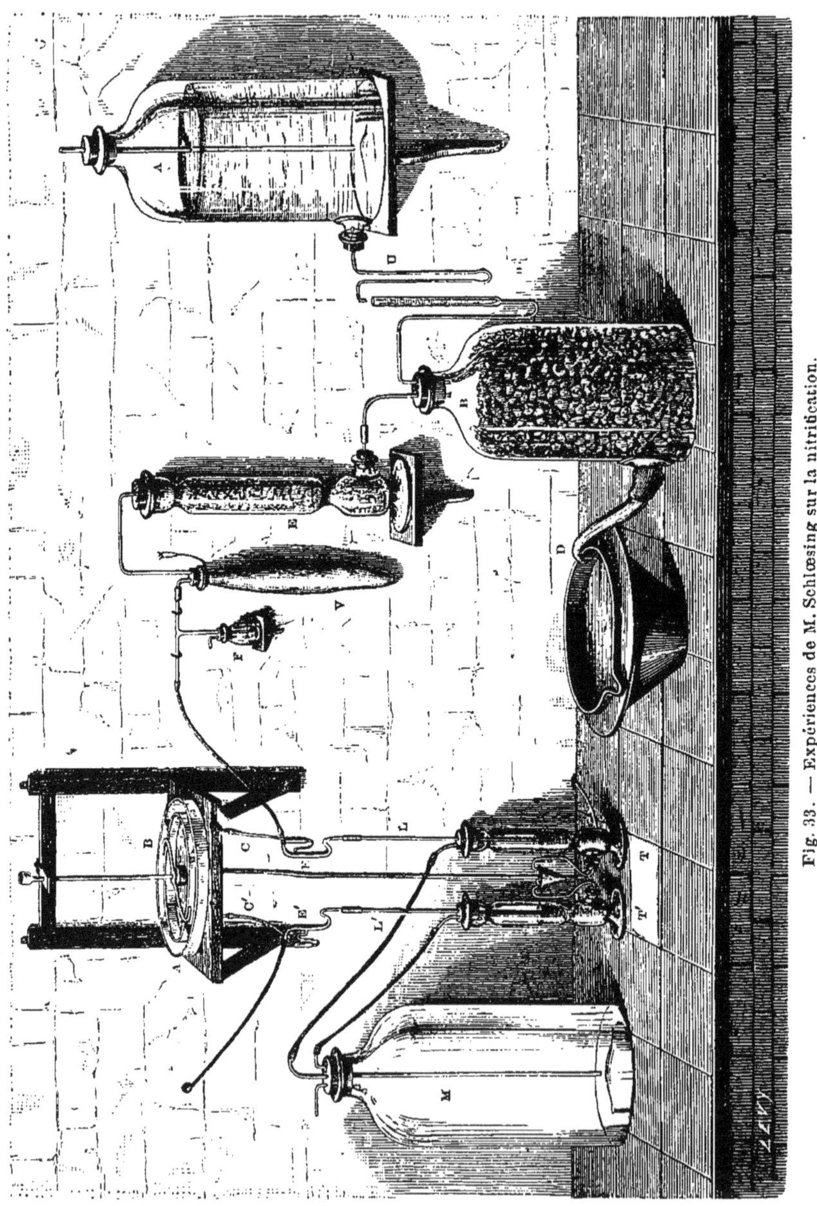

Fig. 33. — Expériences de M. Schlœsing sur la nitrification.

Acide carbonique. — La partie droite de la figure 33 représente un appareil fournissant un courant régulier et continu de ce gaz. A est un grand flacon de Mariotte, de 30 litres, contenant de l'acide chlorhydrique ordinaire mêlé à un tiers de son volume d'eau ; U est un tube capillaire débitant l'acide goutte à goutte dans un tube de sûreté adapté à un grand flacon B plein de marbre et muni d'une tubulure inférieure à laquelle est adapté un large tube recourbé D appuyé par son extrémité sur le bord d'une terrine. L'acide découlant à travers le marbre dégage de l'acide carbonique et se change en une dissolution de chlorure de calcium qui s'écoule spontanément dans la terrine. Le gaz acide traverse une grande éprouvette à pied E remplie de bicarbonate de soude humide ; il s'y dépouille de toute trace de gaz acide chlorhydrique ; il se rend de là dans une vessie en caoutchouc V servant de régulateur, puis aux appareils qui préparent les mélanges. On doit régler le tube plongeur du vase de Mariotte A de manière à produire un léger excès de gaz carbonique auquel on offre une issue par un petit barboteur F.

Azote. — Pour obtenir un courant continu de gaz azote, M. Schlœsing aspire simplement de l'air à travers une colonne verticale de tournure de cuivre humectée d'acide chlorhydrique : un courant lent de cet acide fourni par un vase de Mariotte descend à travers le cuivre pendant que l'air circule en sens inverse : on sait que dans ces conditions le cuivre absorbe rapidement l'oxygène et se dissout dans l'acide à l'état de protochlorure. L'azote ainsi obtenu traverse ensuite un flacon rempli de chaux éteinte, divisée par de la ponce, où il se dépouille des gaz acide chlorhydrique et acide carbonique.

Quand on veut de l'azote absolument dépouillé de toute trace d'oxygène, il convient de placer à la suite du flacon à chaux un tube de porcelaine rempli de cuivre réduit et maintenu au rouge par une rampe à gaz dans une enveloppe de briques convenablement disposées. Il est facile d'imaginer des dispositions permettant de chauffer ce tube sans interruption, M. Schlœsing a pu obtenir ainsi pendant plusieurs mois un courant d'azote exempt d'oxygène.

Les sources des trois gaz étant indiquées, il reste à faire connaître le moyen d'y puiser avec continuité et d'en former des mélanges constants, c'est ce qu'on réalise au moyen d'un appareil dont la partie gauche de la figure 33 et la figure 34 donnent un aperçu suffisant.

Considérons un tube vertical E (*fig.* 34), d'un diamètre d'un centimètre au moins, recourbé à angle droit à sa partie inférieure, puis

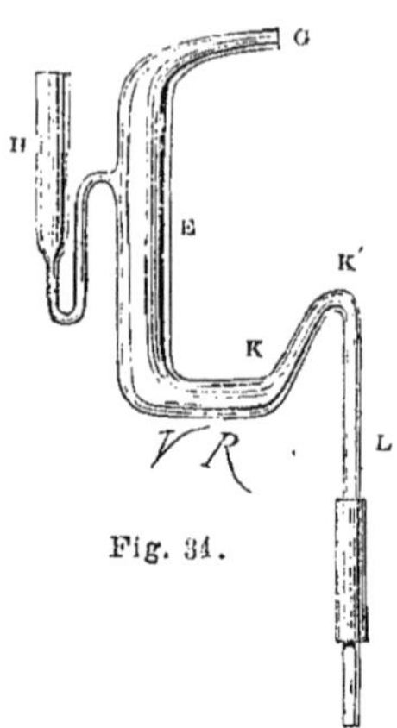

Fig. 34.

étiré et coudé en K et K', comme l'indique la figure. Ce tube est étiré à son extrémité G et porte un petit tube de sûreté H. L'extrémité G étant reliée à une source de gaz, air, azote ou acide carbonique, de l'eau tombe en mince filet dans le tube H, descend en E, s'étale dans la partie horizontale de ce tube, puis s'élève à la fois dans la partie E et dans la partie effilée jusqu'à ce qu'elle atteigne le coude K'. A ce moment, le tube K K' L s'amorce comme un siphon ; tout le liquide recueilli dans le tube s'écoule rapidement et le gaz aspiré derrière lui remplit l'appareil ; mais le liquide continuant à affluer en H, vient occuper de nouveau la partie inférieure du tube, l'obstrue et s'élève pour s'écouler bientôt : on obtient de la sorte des écoulements intermittents de liquide, et chaque fois que le liquide se débite, il chasse devant lui un volume de gaz contenu dans le tube K K' L. Il est évident que l'on peut disposer de ce volume de diverses manières, soit en faisant varier la longueur et le diamètre du tube L soit en faisant varier le diamètre du tube E qu'on pourrait remplacer par un vase à large section, soit enfin en faisant varier l'écoulement d'eau en H. En tout cas, on voit que l'eau remplit ici dans cet appareil l'office d'un piston qui refoulerait devant lui à intervalle régulier le volume déterminé d'un gaz et en aspirerait en même temps une nouvelle quantité. En associant deux ou trois de ces appareils, mis en relation, chacun, avec la source d'un gaz donné, on comprend sans peine qu'on puisse, par le fait même associer deux ou trois gaz différents dans des proportions données. M. Schlœsing construit tous ses appareils sur le même modèle. Pour faire varier leur débit en gaz, il se borne à faire varier les quantités d'eau qu'ils reçoivent.

Revenons maintenant à la figure 33 où l'on voit associés deux de ces petits appareils E et E'. Un dispositif d'une extrême simplicité permet de distribuer de l'eau à E et E' dans un rapport absolument constant. Il consiste en un petit tourniquet hydraulique B, en verre, alimenté par un filet d'eau et tournant au-dessus d'un plateau circulaire à rebord A. Celui-ci est divisé par des cloisons en secteurs recevant chacun une part d'eau proportionnelle à leur angle au centre.

Cette eau s'écoule par des tubulures et va alimenter les appareils E et E'. Ainsi l'eau débitée par le tourniquet est rigoureusement divisée en parts ayant entre elles un rapport qu'on peut faire varier à volonté, mais qui demeure mathématiquement constant.

Cela suffit pour assurer un rapport également constant entre les quantités de gaz débitées par les deux appareils E et E'.

Les gaz sont conduits par les tubes L et L' dans des éprouvettes à pied, d'où ils sont chassés par le liquide même dans un grand flacon M où ils se mélangent.

On peut associer trois, quatre, etc., de ces appareils pour avoir un mélange de trois, quatre, etc., gaz : le même tourniquet peut en alimenter un assez grand nombre ; il suffit de réduire en conséquence l'angle au centre du secteur.

Dans ses expériences sur la nitrification, M. Schlœsing faisait dépendre d'un seul tourniquet jusqu'à dix de ces petits appareils qu'il a appelés trompes à chute intermittente.

Ces dispositions, aussi ingénieuses que simples, permettent de prolonger indéfiniment des essais dans des conditions précises et indépendantes d'une surveillance continue.

Arrivons aux résultats obtenus. Dans la première partie de son travail, M. Schlœsing s'est proposé d'étudier l'influence qu'exerce sur la nitrification la proportion d'oxygène contenue dans l'atmosphère confinée.

Première série d'expériences. — Cinq lots de terre calcaire, de 2 kilogr. chacun, ont été placés dans de grandes allonges de verre, à la température ambiante. Toutes choses étaient égales, sauf la composition des atmosphères, formées de mélanges d'air et d'azote renfermant, en volume :

Oxygène I	1,5	pour 100
— II	6,0	—
— III	11,0	—
— IV	16,0	—
— V	21,0	—

Humidité de la terre, 15,9 p. 100.

Composition minérale en centièmes.

Argile	14,6
Calcaire fin	19.5
Sable siliceux	48,0
Sable calcaire	17,4

Taux pour cent d'azote dans la terre humide, 0,263. C'est une terre fertile, riche en principes humiques.

Avant d'être admises dans les terres, les atmosphères passaient sur des réactifs alcalin et acide pour être dépouillées de toute trace d'acide carbonique et d'ammoniaque. L'élimination de l'acide carbonique devait permettre de mesurer, par des dosages de cet acide à la sortie des terres, la combustion de la matière organique : l'élimination de l'ammoniaque supprime l'objection consistant à attribuer à l'oxydation de cet alcali une partie du nitre produit.

Les expériences ont duré du 5 juillet au 7 novembre 1872.

Les dosages d'acide carbonique dans les atmosphères expulsées des terres ont donné, dans les mois de juillet et d'août, pendant que la température variait entre 21 et 29 degrés, les moyennes suivantes :

	I.	II.	III.	IV.	V.
Température moyenne	24°3	24°0	23°1	24°2	25°2
	Milligr.	Milligr.	Milligr.	Milligr.	Milligr.
Moyenne de l'acide carbonique formé en 24 heures dans 1 kilogr. de terre.	10,4	16,6	16,1	15,1	18,0

La combustion de la matière organique semble, fait très-remarquable, presque indépendante, dans les quatre derniers lots, de la proportion d'oxygène contenue dans les atmosphères : dans le lot I, où la proportion d'oxygène tombe à 1,5 pour 100, la combustion atteint encore les 60 centièmes de ce qu'elle est dans les autres lots. Il résulte de là que la combustion lente des matières organiques des sols présente, dans ses rapports avec l'atmosphère confinée, une différence complète avec la combustion vive que nous sommes habitués à envisager, et dont l'activité est proportionnée au renouvellement de l'atmosphère comburante et de sa richesse en oxygène.

Ces faits, si bien mis en évidence par M. Schlœsing, sont de nature à modifier profondément les idées reçues généralement sur la nature chimique de l'atmosphère confinée des sols et sur les phénomènes de combustion qui se passent à une certaine profondeur au-dessous de la surface de nos champs.

Les dosages d'acide carbonique, faits en septembre et en octobre, entre des températures comprises entre 14 et 18 degrés, donnent lieu à la même remarque ; ils montrent, de plus, que la température a une influence considérable sur la combustion lente, ainsi qu'on devait s'y attendre. En effet, la production de l'acide carbonique, à la température moyenne de 16 degrés, n'a été que la moitié de la production à 24 degrés. Voici maintenant les résultats des dosages d'acide nitrique rapportés à 1 kilogr. de terre humide :

	I.	II.	III.	IV.	V.
	Milligr.	Milligr.	Milligr.	Milligr.	Milligr.
Au 7 novembre 1872	151,8	201,8	238,6	352,7	268,7
Au 5 juillet 1872	106,1	106,1	106,1	106,1	106,1
Acide nitrique formé. . .	45,7	95,7	132,5	246,6	162,6

La quantité d'acide nitrique formé croît dans les sols I à IV et décroît dans le sol n° V. Il est probable qu'au moment de la prise d'échantillon, dit M. Schlœsing, il y a eu transposition d'étiquette entre les échantillons IV et V. Il est à supposer, en effet, que les choses se sont passées ainsi. Quoi qu'il en soit, la production du nitre paraît dépendre ici de la proportion d'oxygène dans l'atmosphère confinée, mais on remarquera qu'elle est encore fort notable dans l'air ne contenant plus que 1,5 pour 100 d'oxygène.

M. Schlœsing conclut de cette première série d'expériences que la combustion de la matière organique et la nitrification ont continué dans les sols en expériences et s'y sont montrées très-sensibles, alors même que la proportion d'oxygène confiné est devenue très-faible. C'est un résultat très-intéressant pour l'agriculture, comme nous le verrons plus tard lorsque nous étudierons le sol.

Deuxième série d'expériences. — Elle ne diffère de la première qu'en deux points : d'abord l'humidité de la terre a été portée au maximum d'imbibition (24 pour 100) ; ensuite on n'a admis dans le lot n° I que de l'azote pur. La terre avait d'ailleurs été prélevée dans le même endroit du champ ; les lots II, III, IV et V ont reçu des atmosphères contenant 6, 11, 16 et 21 pour 100 d'oxygène, comme dans la première série.

Les expériences ont duré du 18 novembre 1872 au 3 juillet 1873. Les dosages d'acide carbonique faits en novembre et décembre ont donné :

	I.	II.	III.	IV.	V.
Température moyenne.	14°3	14°5	15°0	16°1	14°2
Acide carbonique formé en 24 heures	Milligr.	Milligr.	Milligr.	Milligr.	Milligr.
par kilogramme de terre.	9,03	15,9	16,0	16,6	16,0

La combustion lente se montre ici, comme précédemment, indépendante de la proportion d'oxygène dans les quatre derniers lots.

Dans le premier, l'acide carbonique produit ne peut être attribué qu'à une combustion qui se fait aux dépens de l'oxygène propre de la matière organique ou de celui de corps minéraux réductibles (oxyde de fer, etc.). L'excès d'humidité favorise la combustion lente, car M. Schlœsing obtient dans la seconde série, à une température de 14 degrés seulement, autant d'acide carbonique que dans la première, où la température s'élevait à 24 degrés.

Dosage de l'acide nitrique.

	I.	II.	III.	IV.	V.
	Milligr.	Milligr.	Milligr.	Milligr.	Milligr.
Au 3 juillet 1873.	00	263	286	267	289
Au 18 novembre 1872	64	64	64	64	64
Acide nitrique disparu. . . .	64	»	»	»	»
— formé . . .	»	199	222	203	225

Dans le premier lot, l'acide nitrique préexistant a été détruit en entier, sans doute sous l'action réductrice de la matière organique. Dans les autres, la nitrification a été à peu près égale, comme si l'abondance d'eau dans la terre avait fait disparaître l'influence de la proportion d'oxygène constatée dans la première série des expériences. A part cette différence entre les résultats des deux séries, l'une et l'autre mènent à la même conclusion, savoir : que la combustion de la matière organique et la nitrification, même dans une terre imbibée d'eau à saturation, sont encore actives alors que l'atmosphère confinée est fort appauvrie en oxygène.

Nous reviendrons sur les conséquences de cette intéressante étude. Passons à l'examen du deuxième mémoire de M. Schlœsing.

144. — Réduction des nitrates dans le sol. — Si, diminuant de plus en plus la proportion d'oxygène que renferme une atmosphère confinée, on arrive à la priver complétement de ce gaz, le sol, d'oxydant qu'il était, devient un milieu *réducteur*, et, dans ces conditions, les nitrates qu'il renfermait sont détruits. Comment se produit cette décomposition? Quels composés en résultent? C'est ce que M. Schlœsing se propose de rechercher dans son mémoire.

M. Kuhlmann a prouvé, par ses expériences classiques publiées de 1838 à 1846, que l'acide nitrique peut être converti directement en ammoniaque; d'autre part, on sait, dit M. Schlœsing, que les nitrates réduits dans les liquides d'origine organique, le jus de betterave, le jus de tabac, l'urine, donnent un mélange, en proportions variables, de protoxyde, de bioxyde d'azote et d'azote libre. Les produits de la décomposition des nitrates ne sont donc pas constants et dépendent surtout de la nature du milieu; tantôt l'azote, entièrement dépouillé d'oxygène, prend de l'hydrogène et forme de l'ammoniaque; tantôt, perdant tout son oxygène, il demeure libre; tantôt, enfin, il conserve un reste d'oxygène et produit du protoxyde ou du bioxyde d'azote.

Cette question si importante du mode de décomposition des nitrates dans un sol privé d'oxygène n'a été, jusqu'au beau travail de M. Schlœsing, l'objet d'aucune recherche, et cependant, suivant la conclusion à laquelle on arrivera par l'expérience, les phénomènes intimes de transformation du milieu dans lequel croissent les racines des plantes devront être interprétés différemment. Si, selon l'opinion de quelques chimistes, les nitrates, descendant dans le sous-sol et y rencontrant un milieu réducteur (exempt d'oxygène atmosphérique), s'y transforment en ammoniaque, il faudra attacher du prix à des conditions du sous-sol auxquelles on devra la conservation de l'azote sous forme assimilable; si non, ces conditions n'auraient plus que les inconvénients qu'on leur connaît, et il faudra se résigner, dans tous les cas, à perdre de l'azote, soit que ces nitrates soient entraînés sans décomposition par les eaux pluviales, soit qu'ils donnent, par leur réduction, des produits que les végétaux n'utilisent pas.

Pour élucider cette importante question de statique agricole, M. Schlœsing a placé une terre en vase clos dans des conditions favorables à la réduction des nitrates, et il a analysé les produits de la décomposition de ces sels.

Première expérience. — 12 kilogr. de terre calcaire, dont j'ai précédemment donné la composition, p. 473, reçoivent $7^{gr},500$ de nitrate de potasse pur en dissolution étendue; la terre est placée dans un flacon de 10 litres auquel on adapte un tube à dégagement se rendant sous le mercure et destiné à recueillir les gaz.

Humidité de la terre, 17,64 pour 100.

Azote nitrique dans les 12 kilogr. de terre	préexistant.	0,4408
	introduit par $7^{k},5$ de nitrate. .	4,0095
	Total.	4,8535

L'expérience est commencée le 20 novembre 1872.

Du 21 au 25 novembre, le mercure s'élève progressivement dans le tube jusqu'à une hauteur de $0^{m},80$, par suite d'une double absorption, celle de l'oxygène par la matière organique, celle de l'acide carbonique formé et se combinant aux carbonates neutres. A partir du cinquième jour, la tension intérieure commence à croître; le 9 décembre, elle égale celle de l'atmosphère; le 19, violent dégagement de gaz; une cloche de 100 centimètres cubes, disposée sur la cuve, est remplie d'un seul coup et renversée. Le 25 janvier, la terre n'ayant pas dégagé de gaz depuis plusieurs jours, M. Schlœsing met fin à l'expérience. La température a varié de 14 à 22 degrés.

Analyse des gaz confinés dans la terre. — Les interstices de la terre contiennent environ 5 litres de gaz. M. Schlœsing en fait l'extraction et l'analyse à l'aide d'une méthode analogue à celle qu'employa Ebelmen, et pour la description de laquelle je renverrai mes lecteurs au mémoire original. (*Comptes rendus de l'Académie*, t. LXXVII, p. 354.)

L'atmosphère confinée s'est montrée, après l'expérience, entièrement dépourvue de gaz carburés, de protoxyde et de bioxyde d'azote ; elle se composait exclusivement d'acide carbonique et d'azote libre. Quant à la terre elle-même, M. Schlœsing y a recherché la présence de l'ammoniaque, au début et à la fin de l'expérience. Voici le résultat des deux analyses :

		Milligr.
Acide nitrique (à la fin)		0,0
Ammoniaque dans $0^k,100$ de terre	avant	0,51
	après	1,35
	Gain pour 100 grammes	0,84

Gain pour 12 kilogr. de terre, 101 milligrammes.

Au lieu de ce chiffre, relativement minime, de $0^{gr},101$ d'ammoniaque formée, si tout l'acide nitrique avait été converti en ammoniaque, on eût trouvé dans les 12 kilogr. de terre 1,528 milligrammes d'ammoniaque. Ainsi, pendant la réduction des nitrates, il ne s'est pas formé la quinzième partie de l'ammoniaque qu'aurait donnée la conversion intégrale en alcali de l'azote du nitre; mais, par contre, il s'est produit de l'azote libre, à en juger par la composition de l'atmosphère confinée et par les dégagements fréquents de gaz qui ont eu lieu dans le cours de l'expérience.

Le dégagement brusque rapporté plus haut et l'accident qu'il a amené n'ayant pas permis à M. Schlœsing de mesurer et d'analyser les gaz expulsés du sol dans cette première expérience, il en entreprit une deuxième en prenant les précautions que suggérait le dégagement inattendu de gaz mentionné plus haut.

La même terre fut remise en expérience; dépouillée de nitrates, comme on vient de le voir, elle fut additionnée d'une quantité de $7^{gr},5$ de nitre pur et renfermée à nouveau dans le même flacon. Elle pesait $11^k,4$; son humidité était de 18,2 pour 100. Aussitôt le remplissage du flacon avec le sol ainsi préparé, M. Schlœsing y fait le vide avec la trompe à mercure; après 24 heures de travail de la trompe, la pression est descendue entre 6 et 7 millimètres, la température du lieu étant $5^o,5$. La tension de la vapeur d'eau, en millimètres, à cette température, est de $6^{mm},7$. L'épuisement du gaz est donc presque absolu, le vide presque parfait.

Le lendemain, la température est encore de $5^o,5$; la pression n'a pas varié, le flacon tient bien le vide. On y introduit de l'air mesuré par un gazomètre qui donne une approximation d'un centimètre cube au moins :

Air introduit	5l,0215		Pression = 762mm,5
Volume d'air corrigé . . .	4 ,8904	azote	3l,8732 à 0 degré et 760mm.
		oxygène	1 ,0172 —

Le flacon est mis en place, son tube débouchant sous une cuvette à mercure. On observe de nouveau l'ascension du mercure pendant les premiers jours, puis sa descente, et des dégagements de gaz qu'on recueille, cette fois, sans perte. L'expérience finit le 16 juin. Les gaz dégagés et ceux qui remplissent le flacon, épuisés par la trompe à mercure, sont soumis à l'analyse. Pendant l'épuisement, M. Schlœsing observe que l'acide carbonique, dont la proportion au début est de 14,8 pour 100, augmente constamment relativement à l'azote, et finit par être presque pur, ce qu'il faut attribuer à la décomposition des bicarbonates, de plus en plus marquée, à mesure que la tension de l'acide carbonique décroît dans le flacon. Le vide a été poussé aussi loin qu'au début de l'expérience.

Analyse de la terre.

		Milligr.
Acide nitrique		0,0
Acide ammoniaque dans 0k,100 de terre	au début. . . .	1,35
	à la fin	3,04
	Gain. . . .	1,69
Gain d'ammoniaque pour 11k,4 de terre		= 192,7
Ammoniaque correspondant à 7gr,5 de nitre.		= 1262

Ainsi, comme dans la première expérience, le nitre a disparu ; il n'a pas été remplacé par une quantité équivalente d'ammoniaque.

Analyse des gaz.

		Azote.	Acide carbonique.
Volumes ramenés à 0° et à 760mm	dégagé pendant l'expérience	809cc4	89cc1
	recueilli par la trompe.	4088 5	3484 2
		4897 9	3573 3
Or, si l'on ajoute à l'azote de l'air introduit au début. . . .		3873cc2	
La totalité de l'azote contenu dans 7gr,5 de nitrate		820 0	
On trouve pour l'azote total.		4701 2	

chiffre encore inférieur de 196cc,7 au volume d'azote recueilli dans l'expérience. Il résulte de là que non-seulement la terre séjournant dans une atmosphère privée d'oxygène a perdu autant d'azote qu'il y en avait dans le nitrate ; mais encore elle en a perdu en plus $196^{cc},7$ provenant, sans doute aucun, des substances organiques azotées.

Tel est le résumé des deux mémoires publiés, en 1873, par M. Schlœsing, sur la nitrification des terres arables.

Des dernières recherches de M. Boussingault, on pouvait conclure déjà que l'azote gazeux de l'air n'intervient pas dans la nitrification ; de celles de M. Schlœsing résulte, outre la confirmation de cette conclusion, la constatation de la perte en azote que le nitrate formé et les matières azotées des terres arables subissent dans une atmosphère désoxygénée.

145. — Nouvelles recherches de M. Boussingault sur la nitrification. — En 1878, dans le tome VI de ses *Mémoires d'agronomie*, M. Boussingault a publié, sous le titre de : *Influence de la terre végétale sur la nitrification des matières organiques azotées employées comme engrais*, de nouvelles recherches dont je vais exposer le but et les principaux résultats.

Le savant agronome, après avoir rappelé que l'azote de l'atmosphère ne concourt pas directement à la formation des composés nitrés, dit qu'il s'est proposé d'étudier comparativement l'influence que la terre végétale et deux de ses principaux éléments, le sable et le calcaire, exercent sur la nitrification des matières organiques azotées.

Voici comment il a procédé :

Le mélange de chaque substance avec le sable, avec la craie, avec la terre végétale, ou de la terre seule prise comme terme de comparaison, étaient introduits dans un flacon d'une capacité de 10 litres, après avoir été humectés avec un volume d'eau distillée bien inférieur à celui qui eût été nécessaire pour arriver au maximum d'imbibition. Cette précaution est indispensable, parce que, dans une terre très-humide, non-seulement il n'y a plus de nitrification, mais destruction des nitrates préexistants, comme nous l'avons vu précédemment. On rassemblait la matière en un talus sur la paroi du vase, puis on fermait ce dernier avec un bouchon traversé par un tube d'une longueur de 45 centimètres, de 5 millimètres de diamètre, recourbé à sa partie supérieure. On assurait ainsi une communication constante avec l'atmosphère extérieure, tout en atténuant l'évaporation.

Les flacons ont été placés sur une tablette, dans une chambre éclairée à l'ouest, en juin 1860. On n'y a plus touché, si ce n'est en juin 1863, pour y verser de l'eau afin de remplacer en partie celle qui s'était dissipée. En juillet 1865, c'est-à-dire cinq ans après la mise en expérience, les mélanges ont été pesés et examinés.

Les substances organiques avaient été réparties :

1° Dans du sable blanc de Fontainebleau, préalablement lavé et calciné ;

2° Dans de la craie de Meudon, lavée et desséchée à l'étuve ;

3° Dans de la terre végétale argilo-siliceuse renfermant moins de 0,02 de calcaire.

Les substances organiques employées appartenaient au règne végétal et au règne animal :

	Azote.
	Gr.
Paille de froment contenant	0,004
Tourteau de colza	0,049
Os en poudre, préparés pour engrais	0,050
Os torréfiés au brun	0,080
Râpures de corne	0,144
Chiffons de laine	0,140
Chair de cheval desséchée des abattoirs d'Aubervilliers	0,132
Sang de cheval desséché	0,122

La composition, les propriétés physiques des bases minérales du sol exercent, sans aucun doute, de l'influence sur les progrès et sur l'intensité de la nitrification ; ainsi l'on croit généralement qu'elle s'accomplit mieux dans une terre calcaire que dans une terre argileuse plus ou moins plastique ou dans une terre sablonneuse. On en suit les progrès, mais sans pouvoir délimiter nettement la part d'activité attribuable à chacun des éléments en présence ; on se borne à reconnaître une action collective. C'est la conséquence de la constitution complexe des terrains en culture, ou des matériaux que rassemblent les salpêtriers pour former une nitrière. Dans les deux cas, l'argile, le sable, le calcaire se trouvent en contact avec des débris de végétaux, des déjections d'animaux, du fumier, de l'humus encore si mal connu, mais qui est incontestablement un puissant agent de fertilité.

C'est pour apprécier isolément l'influence du sable et du calcaire, deux éléments importants des sols cultivés, en la comparant à celle exercée par une terre végétale bien constituée, que les expériences ont été entreprises dans les conditions que je viens d'indiquer.

En 1865, on a dosé, dans chacun des mélanges, les nitrates et l'ammoniaque, et comme, en définitive, les dosages devaient porter sur de faibles proportions d'acide nitrique et d'alcali, il fallait, pour éviter de multiplier les erreurs d'analyses, opérer, non pas sur de petites fractions des matières employées, mais, autant que possible, sur la totalité ou tout au moins sur la moitié. C'est pour cela que M. Boussingault s'est trouvé dans l'obligation de restreindre le poids des substances mises à nitrifier dans chacune de ses expériences, afin de pouvoir faire les dosages sur toute la matière.

Il a opéré sur 100 grammes de sable, de calcaire ou de terre additionnée de 1 à 2 grammes de substances azotées.

Le tableau suivant résume les résultats obtenus, en exprimant par 100 le poids des substances organiques incorporées au sable, à la craie, à la terre végétale. Le poids de la terre mise seule en observation est également représenté par 100 parties. Dans la première colonne du tableau on trouve la quantité d'azote contenue dans les substances mises en expérience, dans la dernière colonne la fraction de l'azote constitutionnel transformé en acide nitrique et en ammoniaque :

1re SÉRIE. — *Sable.*

Substances azotées.	Azote dans 100.	AzO^5 dosé.	AzH^3 dosé.	Azote de AzO^5 et de AzH^3	Fraction de l'azote transformé.
—	—	—	—	—	—
	Gr.	Gr.	Gr.	Gr.	Gr.
Paille de froment.	0,40	0,00	0,00	0,00	0,00
Tourteau de colza	4,90	traces.	0,53	0,40	0,09
Os en poudre	5,00	4,90	0,21	1,45	0,29
Os torréfiés	8,00	traces.	0,11	0,09	0,01
Râpures de corne	14,40	traces.	1,52	1,25	0,09
Chiffons de laine.	14,00	traces.	0,70	0,58	0,04
Chair desséchée	13,20	traces.	0,60	0,49	0,04
Sang desséché.	12,20	traces.	0,60	0,49	0,04

2e SÉRIE. *Craie.*

Substances azotées.	Azote dans 100.	AzO^5 dosé.	AzH^3 dosé.	Azote de AzO^5 et de AzH^3.	Fraction de l'azote transformé.
	Gr.	Gr.	Gr.	Gr.	Gr.
Paille de froment	0,40	traces.	0,25	0,21	0,53
Tourteau de colza	4,90	traces.	1,95	1,60	0,33
Os en poudre	5,00	4,68	traces.	1,21	0,24
Os torréfiés.	8,00	0,00	1,05	0,85	0,11
Râpures de corne	14,40	traces.	2,20	1,80	0,12
Chiffons de laine.	14,00	traces.	2,70	2,22	0,16
Chair desséchée	13,20	traces.	3,00	2,50	0,19
Sang desséché.	12,20	traces.	3,20	2,64	0,22

3e SÉRIE. *Terre végétale.*

Substances azotées.	Azote dans 100.	AzO^5 dosé.	AzH^3 dosé.	Azote de AzO^5 et de AzH^3.	Fraction de l'azote transformé.
Paille de froment.	0,40	2,00	0,06	0,57	0,00
Tourteau de colza	4,90	10,30	0,19	2,83	0,58
Os en poudre	5,00	5,92	0,09	1,61	0,32
Os torréfiés.	8,00	8,92	0,11	2,42	0,30
Râpures de corne.	14,40	48,42	0,02	12,96	0,90
Chiffons de laine.	14,00	22,86	0,18	3,03	0,43
Chair desséchée	13,20	35,40	0,42	9,40	0,72
Sang desséché.	12,20	39,07	0,08	10,20	0,74
Terre végétale seule	0,21	0,11	traces.	0,03	0,14

Dans le sable, seuls les os en poudre non torréfiés ont donné lieu à une production notable d'acide nitrique. Les autres matières n'en ont fourni que des traces. Toutes ont émis de faibles quantités d'ammoniaque. Dans la craie, les os ont produit, à très-peu près, la même proportion d'acide nitrique que dans le sable, l'indice de l'ammoniaque a été plus fort, mais, à part les os, il n'est apparu que des traces d'acide nitrique. Les os paraissent avoir une tendance à se nitrifier.

Le peu d'intensité de la nitrification constatée dans la craie, ajoute M. Boussingault, est en contradiction avec l'opinion généralement professée sur les effets favorables du calcaire dans la formation du salpêtre.

C'est dans la terre végétale, déjà nitrifiable spontanément, que les matières organiques azotées ont développé le plus d'acide nitrique et le moins d'ammoniaque. En effet, 100 de ces matières ont donné, en moyenne : acide nitrique 21,61, renfermant les 0,58 de leur azote constitutionnel.

La note qui suit l'exposé de ces résultats présente le plus grand intérêt, comme on le comprendra quand nous aurons fait connaître le travail de MM. Schlœsing et Müntz. Elle est ainsi conçue :

Il est remarquable que, dans un très-grand nombre d'expériences faites pour essayer de nitrifier des substances azotées, je n'ai jamais pu déceler la moindre production d'acide nitrique en l'absence de terre végétale.

Pour excipient, on avait pris :

Sable quartzeux de Fontainebleau,
Marne du Loiret,
Falun de Touraine,
Noir d'os,
Coke.

Ces matières étaient d'abord lavées et desséchées, car toutes, sans exception, dans l'état où on se les procure, contiennent des nitrates, ce qui paraîtra assez surprenant pour le noir d'os. Mais ces substances sont emmagasinées dans des lieux humides, et, en ce qui concerne le coke, on sait qu'en sortant des cornues ou des fours à gaz on l'étend sur le terrain et que, pour en hâter le refroidissement, on l'arrose avec l'eau dans laquelle il y a certainement des nitrates.

Les mélanges consistaient en 1 kilogramme d'excipient dans lequel on répartissait les matières azotées. On les humectait en restant au-dessus du maximum d'imbibition, et on les mettait dans un plat en porcelaine recouvert d'un entonnoir.

Les substances azotées employées ont été :

Tourteau de lin,
Gélatine extraite des os par de l'eau distillée,
Lait,
Urine,
Sel ammoniac,
Guano.

Un mois après la mise en expérience, on a commencé à rechercher l'acide nitrique dans chacun de ces mélanges, sans en rencontrer, si ce n'est là où il y avait du guano, qui en renferme toujours de faibles proportions, ainsi que je l'ai reconnu depuis longtemps, et qu'il n'est pas possible d'enlever par lavage sans changer la constitution du guano.

Quant à la nécessité de laver les matières servant d'excipient, elle est fondée sur ce fait qu'il est impossible qu'un produit de l'industrie, qui a été imbibé d'eau à sa surface et ensuite desséché, ne renferme des nitrates, puisque toutes les eaux, même la pluie, en contiennent. L'eau, en s'évaporant, laisse dans la substance qu'elle mouillait les sels qu'elle tenait en dissolution et parmi eux les nitrates. Ainsi l'on a dosé en acide nitrique dans un kilogramme de :

	Gr.	
Papier à filtrer, l'équivalent de	0,01	de nitrate de potasse.
Gélatine du commerce, l'équivalent de . .	0,19	—
Noir d'os neuf, l'équivalent de	0,05	—

On voit, d'après cette dernière remarque, de combien de précautions il est nécessaire, pour éviter les causes d'erreurs, de s'entourer dans les recherches délicates sur la fixation de l'azote par les substances non azotées.

M. Boussingault termine ainsi cet intéressant mémoire : La nitrification spontanée de la terre végétale doit avoir une limite, par la raison que les principes azotés qui s'y rencontrent ne sont pas tous nitrifiables. Nous voyons, par exemple, qu'en cinq années 100 grammes de la terre mise en expérience n'ont fourni que 0gr,11 d'acide nitrique = 0gr,0285 azote, les 14 centièmes de l'azote constitutionnel ; mais en incorporant à ces 100 grammes de terre 1 gramme de sang desséché, on a eu 0gr,50 d'acide nitrique, dont 0gr,30 (= 0gr,10 azote) peuvent être attribués au sang. C'est donc bien à l'influence de la terre qu'est due l'oxydation de cet azote, puisque, mis dans le sable ou dans la craie, le sang, ainsi que les autres substances azotées, n'a fourni que des traces de nitrate.

Le fait très-intéressant de la nécessité d'employer la terre végétale pour obtenir la nitrification des matières azotées, absolument inexpliqué au moment où M. Boussingault l'a observé, se comprend très-bien depuis les travaux de MM. Schlœsing et Müntz sur le rôle des ferments organisés dans la nitrification. Après avoir pris connaissance de ces belles recherches, nous en ferons l'application aux faits consignés dans le précédent mémoire de M. Boussingault que j'ai reproduit presque *in extenso*, à raison de son importance.

146. — Rôle des ferments organisés dans la nitrification. (Travaux de MM. Müntz et Schlœsing.) — On sait qu'il existe deux classes de ferments bien distincts : les uns sont des êtres figurés doués de vie ; les autres, constitués par une substance azotée, sont dépourvus d'organisation ; la levûre de bière, les bactéries appartiennent au premier groupe, la diastase est un type du second. Les ferments non organisés, que M. Dumas a si justetement nommés des ferments non reproductibles, ne possèdent aucun caractère des êtres vivants ; ils ne sont pas aptes à se multiplier ; les ferments figurés, au contraire, possèdent les caractères des êtres vivants et leur intervention se manifeste par leur prolifération, les fermentations proprement dites (alcoolique, acétique, etc.) étant, comme l'ont établi les admirables découvertes de M. L. Pasteur, un acte physiologique corrélatif de la vie.

Il est quelquefois difficile, en présence de certaines transformations, de décider s'il y a ou non intervention d'êtres organisés, et l'observation microscopique ne permet pas toujours de trancher cette question. On comprend, en effet, qu'il puisse exister des organismes vivants qui, soit par leur petitesse, soit par leur ressemblance avec des corpuscules inorganisés, échappent à l'œil du micrographe.

M. Müntz a imaginé [1] un procédé d'une extrême simplicité pour distinguer, à coup sûr, les deux ordres de phénomènes confondus sous le nom de *fermentation* (oxydation, transformation ou fermentation proprement dite). Le chloroforme permet de discerner avec certitude auquel de ces phénomènes on a affaire. Il empêche absolument toute fermentation concomitante de la vie ; il est absolument sans influence sur les fermentations d'ordre chimique. M. A. Müntz a établi ce fait par des exemples nombreux : fermentation lactique, alcoolique, urique, putride, etc.

L'application de cette ingénieuse méthode à l'étude de la nitrification a permis à MM. Schlœsing et Müntz [2] d'établir que ce grand phénomène naturel n'est point un simple fait d'oxydation de l'azote, suivant l'opinion admise par les chimistes, mais bien un acte physiologique lié à la présence d'organismes inférieurs, une fermentation proprement dite, comme l'avait pressenti M. Pasteur, dès 1862. Voici les expériences qui démontrent l'exactitude de cette interprétation.

Première expérience. — A l'occasion de recherches sur les eaux d'égout, dont je parlerai plus tard, M. Schlœsing voulant savoir si la

---

1. *Comptes rendus de l'Académie*, t. LXXX, p. 1250. 1875.
2. *Comptes rendus de l'Académie*, t. LXXXIV et LXXXV. 1877.

présence de la matière organique du sol (substance humique) était indispensable pour épurer les eaux d'égout, c'est-à-dire pour brûler complétement les matières dissoutes, avait imaginé le dispositif suivant : Un large tube de verre, de 1 mètre de long, fut rempli avec 5 kilogr. de sable quartzeux, calciné au rouge et mêlé avec 100 grammes de calcaire en poudre. On arrosa le sable, chaque jour, avec une dose constante d'eau d'égout calculée de manière que le liquide mît huit jours à descendre dans le tube. Pendant les vingt premiers jours, aucune apparence de nitrification ne se produisit et la proportion d'ammoniaque dans l'eau filtrée de la sorte demeura invariable, puis le nitre apparut et sa quantité croissant très-vite, on constata bientôt que l'eau d'égout, à sa sortie de l'appareil, ne contenait plus trace d'ammoniaque.

Si, dans cette expérience, les matières organiques et l'ammoniaque eussent été brûlées par l'oxygène agissant directement et sans intermédiaire, on ne comprendrait pas que la combustion eût attendu vingt jours avant de commencer. Dans l'hypothèse de ferments organisés qui ne pouvaient agir, évidemment, qu'après l'ensemencement fortuit et le développement de leurs germes, le retard s'expliquerait au contraire très-facilement.

L'expérience, commencée en juillet, durait depuis quatre mois, lorsque MM. Schlœsing et Müntz eurent l'idée de répandre dans le tube des vapeurs de chloroforme. D'après les faits découverts par M. Müntz, si la nitrification observée était produite par des organismes, le chloroforme devait l'arrêter en paralysant ces agents; si, au contraire, la nitrification était une simple réaction chimique, le chloroforme, n'y prenant aucune part, ne devait point la modifier. Ils placèrent donc sur le sable un petit vase plein de chloroforme dont la vapeur a été diffusée dans le tube par un courant d'air forcé. Nous avons dit que la dose journalière d'eau d'égout mettait huit jours à parcourir le sable; on ne pouvait donc pas s'attendre à voir disparaître le nitre du jour au lendemain; mais, après dix jours, le sable se trouvant lavé par déplacement, le liquide écoulé n'a plus contenu trace de nitrate; par contre, l'ammoniaque de l'eau d'égout s'y trouvait en totalité. Évaporé, le liquide laissait un résidu coloré et odorant, tel que le donnait l'eau d'égout filtrée, mais non épurée.

Après avoir entretenu la vapeur de chloroforme dans le tube pendant 15 jours (du 27 novembre au 12 décembre), on a retiré le petit vase qui la fournissait. Pendant les 15 jours suivants, les liquides sortant du tube ont continué à présenter l'odeur caractéristique du chloroforme ; cette odeur a disparu vers la fin de décembre ; toutefois, pendant tout le cours de janvier, le tube demeurant à la température moyenne de 15°, aucune trace de nitre ne s'est produite. Les organismes nitrificateurs étaient tous morts, tués par les vapeurs de chloroforme, et l'eau d'égout n'apportait pas les germes de leurs remplaçants, probablement parce qu'elle était dans un état assez avancé de putréfaction.

Le 1er février, MM. Schlœsing et Müntz tentèrent un ensemencement de ces germes. Partant de ce fait qu'une terre végétale en voie de nitrification doit en contenir, ils délayèrent dans l'eau 10 grammes d'une terre qu'ils savaient très-apte à nitrifier et versèrent l'eau trouble à la surface du sable. Le nitre s'est montré le jour précis où l'attendaient les ingénieux expérimentateurs, le 9 février. Depuis ce moment, sa proportion a été en croissant et le régime antérieur à l'emploi du chloroforme s'est entièrement rétabli.

De cette belle expérience résulte indubitablement que la nitrification n'est pas une oxydation de l'azote, dans le sens purement chimique du mot ; que sa manifestation est étroitement liée à la présence, dans le milieu nitrifiable, d'un organisme vivant se comportant à la façon des ferments proprement dits. Ainsi s'explique très-bien l'insuccès des essais de nitrification tentés par M. Boussingault dans le sable ou dans le calcaire pur, en l'absence de terre végétale, et le fait constaté de l'absence de nitrification chaque fois que manquait la terre végétale. Comment les os ont-ils nitrifié dans l'expérience de M. Boussingault ? Il y a tout lieu de penser que ces os bruts, non chauffés préalablement (les os torréfiés n'ont pas donné trace de nitrates), contenaient des germes de ce ferment microscopique ; suivant toute probabilité, l'expérience faite avec des os en poudre, lavés ou traités par le chloroforme, ne nitrifieraient pas ; l'essai vaut la peine d'être tenté.

Nouvelles expériences. — Pour vérifier l'hypothèse à laquelle les avaient conduits leurs premières études, MM. Schlœsing et Müntz ont institué de nouvelles expériences qui toutes ont confirmé leur manière d'envisager la nitrification naturelle des substances azotées comme corrélative de l'existence d'organismes inférieurs.

Ces savants ont d'abord étudié l'action du chloroforme sur des terres végétales connues d'eux pour leur aptitude à nitrifier. Deux lots de chacune de ces terres ont été placés comparativement dans des allonges fermées dont les atmosphères étaient renouvelées tous les huit jours; l'une de ces allonges contenait un petit godet rempli de chloroforme. La nitrification a été complétement suspendue dans la terre chloroformée, pendant qu'elle se poursuivait dans l'autre. Ainsi l'action du chloroforme n'est point spéciale à l'eau d'égout, elle s'étend aussi à la terre végétale, au milieu réputé pour être le nitrificateur par excellence.

Si l'agent de la nitrification est un être vivant, une température de 100°, mortelle pour la plupart des organismes inférieurs, doit le tuer. Pour voir s'il en est ainsi, MM. Schlœsing et Müntz ont introduit dans des allonges des lots de terres diverses; ils ont ensuite chauffé une partie de ces vases en les plongeant pendant une heure dans un bain d'eau bouillante, puis toutes les allonges ont été placées dans les mêmes conditions : les atmosphères intérieures étaient renouvelées, en même temps, avec de l'air calciné dans des tubes de métal portés au rouge. Après plusieurs semaines, on a constaté que toutes les terres chauffées avaient perdu la faculté de nitrifier, toutes les autres l'ayant conservée.

Durant ces expériences, MM. Schlœsing et Müntz ont fait une observation très-intéressante. Dans les terres chloroformées, aussi bien que dans les terres chauffées, l'absorption de l'oxygène par la matière organique s'est continuée. On pourrait à la rigueur admettre dans les terres chauffées la présence d'organismes, agents de combustion qui auraient résisté dans un milieu alcalin à la température de 100°, mais cela n'est plus admissible dans le cas où la terre est imbibée de vapeurs de chloroforme. Il est donc rationnel d'admettre que la combustion se continue sous l'action de forces purement chimiques. Mais, dans ces conditions spéciales, l'azote de la matière organique brûlée n'est plus transformé en acide nitrique ; on le retrouve dans la terre, au moins en partie, à l'état d'ammoniaque. Ce fait a été établi par les auteurs à l'aide de nombreuses analyses comparatives qui l'ont toutes confirmé. La combustion chimique ne va donc pas jusqu'à oxyder l'azote organique; nouvelle démonstration à ajouter à celles que les travaux antérieurs de M. Boussingault et de M. Schlœsing ont données de l'erreur radicale de la théorie de la nitrification des matières hydrocarbonées du sol.

Comme on devait s'y attendre, le milieu, rendu incapable de nitrifier par l'action d'une température de 100°, peut reprendre sa capacité première à la suite d'un simple ensemencement; l'expérience suivante le démontre : MM. Schlœsing et Müntz ont divisé en deux lots du gravier siliceux enduit artificiellement d'humate de chaux; ces deux lots ont été placés dans des vases fermés, puis exposés à une température de 100°. Les deux vases sont ensuite demeurés dans des conditions identiques, à ceci près que l'un a reçu quelques centimètres cubes d'eau pure dans laquelle on avait délayé un gramme de terre végétale. Les atmosphères intérieures étaient renouvelées par de l'air calciné (dépouillé de germes). Le lot ensemencé a donné une abondante récolte de nitre; l'autre n'en a pas fourni une trace.

On sait la part importante, quelquefois prépondérante, que certains chimistes ont attribuée à la porosité du milieu dans les phénomènes de nitrification. Les expériences de MM. Schlœsing et Müntz, que je vais rapporter, et celle de M. R. Warrington, qui les a confirmées, montrent que la porosité est étrangère à la transformation des matières organiques azotées en nitrates. Cette condition physique ne pouvait plus paraître nécessaire, du moment qu'il était constaté que la nitrification est due à des organismes inférieurs et non à une action chimique; les deux expériences suivantes mettent en évidence la production du nitre en l'absence de toute porosité du milieu nitrifiable. De grands tubes verticaux, remplis avec des billes en calcaire compacte, ou avec du gravier siliceux roulé et poli par les eaux, ont reçu une dose journalière d'eau d'égout ou d'une dissolution composée avec du sucre, aliment carboné, du sulfate d'ammoniaque, aliment azoté, des phosphates et sulfates de potasse et de chaux. Ces liquides ont parfaitement nitrifié, ils ne contenaient plus $\frac{1}{4}$ de milligramme d'ammoniaque par litre. Cependant ni les billes ni le gravier poli ne sont des corps poreux. Mais voici des expériences plus décisives encore si possible : si l'on met de l'eau d'égout dans un flacon, avec $0^{gr},50$ environ de carbonate de chaux, et qu'on y fasse passer continuellement de l'air filtré sur du coton glycériné, on constate qu'après quelques semaines la totalité de l'ammoniaque a disparu pour faire place à des nitrates.

De même, la terre végétale tenue en suspension dans l'eau par un courant d'air continu y nitrifie parfaitement. Le terreau en poudre continue également à y produire des nitrates. L'eau de mer a la même propriété que l'eau douce, dans ces deux milieux la nitrification se produit à la lumière diffuse comme à l'obscurité. Il est donc bien certain que la porosité ne joue aucun rôle quand des matières solubles nitrifient ainsi dans l'eau.

MM. Schlœsing et Müntz ont constaté que la nitrification dans l'eau aérée est suspendue, comme dans la terre, par une ébullition préalable ; et si l'air qui traverse les appareils est bien purgé de germes, elle demeure arrêtée jusqu'à ce qu'on ensemence le liquide avec une parcelle de terre ou de terreau.

En résumé, toutes les fois qu'un milieu nitrifiable est demeuré en présence du chloroforme, ou bien a été chauffé à 100°, puis gardé à l'abri des poussières de l'air, la nitrification a été suspendue ; mais il est possible de la ranimer en introduisant dans le milieu chauffé une quantité minime d'une substance, telle que le terreau, en voie de nitrification.

MM. Schlœsing et Müntz ont isolé le ferment nitrique ; ils appliquent à sa multiplication la méthode de culture et de purification employée avec tant de succès par M. Pasteur pour la production de ferments figurés ; ils n'ont pas encore fait connaître l'issue de ces expériences qui ne peuvent manquer d'aboutir, en leurs mains habiles, à des résultats des plus importants.

147. — Expériences de M. R. Warrington sur la nitrification. — Au mois de janvier 1878, M. R. Warrington [1] a présenté à la Société chimique de Londres le résultat d'expériences entreprises au laboratoire de Rothamsted, dans le courant de l'année 1877, c'est-à-

1. *Annales de chimie et de physiologie*, t. XIV. 1878.

dire antérieurement à la publication du deuxième mémoire de MM. Schlœsing et Müntz que je viens d'analyser et qui a été communiqué à l'Académie des sciences de Paris, dans la séance du 26 novembre 1877. M. Warrington a confirmé l'action paralysante du chloroforme sur les ferments nitriques; il a montré que le sulfure de carbone agit de même, ce qui n'a rien de surprenant. Enfin, sans connaître les expériences des savants français sur la nitrification des sels ammoniacaux par la terre végétale, il a constaté les mêmes faits, à savoir que la terre en voie de nitrification transforme ces sels ammoniacaux en azotates. Il explique ainsi la quantité notable de nitrates que MM. Frankland, Lawes et Gilbert ont constatée dans les eaux de drainage des champs de Rothamsted, abondamment fumés à l'aide de chlorhydrate et de sulfate d'ammoniaque.

En somme, les faits avancés par MM. Schlœsing et Müntz reçoivent une pleine confirmation par les recherches du savant anglais. Sur un seul point il y aurait léger désaccord. M. Warrington a constaté que les flacons renfermant le mélange nitrifiable, exposés à la lumière, n'ont pas fourni de nitre, tandis que les liquides identiques, maintenus dans l'obscurité, ont abondamment nitrifié. MM. Schlœsing et Müntz ont, au contraire, reconnu que la nitrification s'effectue presque aussi bien à la lumière qu'à l'obscurité. Cette divergence tient sans doute à quelque disposition spéciale méconnue ou négligée par l'un ou l'autre des expérimentateurs et ne porte aucune atteinte aux conclusions importantes des recherches entreprises à Paris et contrôlées à Rothamsted.

Les expériences précédentes ont une importance capitale au point de vue de la théorie de la fertilisation des sols et de l'utilisation des engrais; elles mettent en lumière un certain nombre de faits qui peuvent s'énoncer dans quelques propositions.

148. — Résumé des faits relatifs à la nitrification. — 1° La nitrification n'est point un phénomène chimique, mais bien un acte physiologique; elle est corrélative de la vie comme les fermentations proprement dites. La porosité du milieu n'est, par suite, aucunement nécessaire à son accomplissement. Les propriétés physiques et chimiques du sol jouent là un rôle relativement secondaire, la condition primordiale résidant dans la présence d'organismes inférieurs aptes à se développer aux dépens de l'azote des substances organiques. De cette première conclusion découlent naturellement les propositions suivantes :

2° La terre arable ne nitrifie pas aux dépens de l'azote gazeux de l'atmosphère. Il n'y a donc rien à attendre de ce côté pour l'agriculture ; en aucun cas, il ne faudra compter sur un emprunt direct d'azote gazeux à l'air, au profit des récoltes;

3° L'hypothèse d'une nitrification résultant de la combinaison de l'azote gazeux et de l'oxygène par l'intermédiaire de matières riches en hydrogène et en carbone[1], n'est plus soutenable un seul instant en présence des résultats obtenus par M. Boussingault et par M. Schlœsing ;

4° La source d'azote des nitrates formés dans le sol réside donc uniquement dans les matières organiques azotées combinées aux éléments minéraux de la terre ;

5° Les nitrates, en se décomposant dans le sol, sous l'influence d'une atmosphère réductrice, ne donnent qu'une faible partie de leur azote sous forme d'ammoniaque, qui est retenue par la terre en vertu du pouvoir absorbant de cette dernière. Le reste de l'azote de l'acide nitrique repasse à l'état gazeux : *il est donc perdu pour les récoltes*[2].

6° En définitive, la nitrification, qui est une cause d'enrichissement en azote assimilable (ammoniaque et acide nitrique) du sol dans lequel elle se produit, ne saurait, en aucune façon, être considérée comme une source première d'aliments azotés des végétaux, puisque, d'une part, la nitrification ne résulte pas de la combinaison directe de l'azote et de l'oxygène gazeux de l'atmosphère du sol, et que, de l'autre, elle est accompagnée d'une perte d'azote organique se dégageant à l'état gazeux.

---

1. P. Dehérain, voir *Dictionnaire de chimie pure et appliquée* de M. Wurtz, article *Nitrification*.

2. Un physiologiste anglais, Wilson, a émis, dès 1853 (*Transactions of the royal society* d'Édimbourg, t. XX), l'opinion que l'azote gazeux provenant de la réduction des nitrates dans le sol, était assimilé par les racines de la plante ; mais rien n'est venu démontrer la réalité de cette hypothèse, contre laquelle, au contraire, s'élève tout ce que nous ont appris les recherches récentes sur la nutrition des végétaux.

La conclusion pratique de ce qui précède est que l'agriculteur ne peut compter sur la nitrification pour enrichir sa terre, qu'autant que cette dernière renferme préalablement des matières organiques azotées (fumier, débris végétaux et animaux, etc., ou des sels ammoniacaux). La nitrification sera d'autant plus énergique, toutes choses égales d'ailleurs, que le sol sera plus riche en humus azoté ; les labours profonds l'augmenteront par l'aération qui en est la conséquence.

Après avoir résumé l'état actuel de nos connaissances sur les sources d'azote des végétaux, nous allons aborder l'examen des faits relatifs à l'absorption de l'ammoniaque par les organes aériens des plantes.

149. — Récapitulation des faits acquis. — Au point où nous en sommes arrivés de l'étude des sources de l'azote de la végétation, plusieurs faits importants sont déjà acquis; avant d'aller plus loin, il est utile de préciser, en les condensant, les résultats auxquels conduit l'interprétation critique des travaux dont nous avons donné l'analyse.

Les faits démontrés par les recherches de MM. Boussingault, Lawes, Gilbert, Pugh et Schlœsing, peuvent se résumer ainsi :

1° L'azote gazeux de l'air n'est pas absorbé par les parties aériennes des plantes ;

2° L'azote gazeux de l'air ne se combine directement, dans le sol, ni à l'oxygène des matières organiques, ni à l'oxygène de l'air pour former de l'acide nitrique ;

3° La nitrification dans le sol prend naissance sous l'influence d'un ferment spécial et se fait uniquement aux dépens des matières organiques azotées ; une partie de l'azote de celles-ci passe à l'état de nitrate ; une quantité plus faible se transforme en ammoniaque ; le reste de l'azote, mis en liberté, se dissipe dans l'atmosphère sans servir à la nutrition des plantes ;

4° Les nitrates apportés du dehors, ou résultant de la nitrification du sol, peuvent être ramenés, sous l'influence d'une atmosphère désoxygénée (réductrice) ou par l'action de matières minérales oxydables (oxyde de fer, etc....), à l'état d'azote gazeux inutilisable par les végétaux ;

5° Les sources médiates ou immédiates d'azote assimilable que les végétaux spontanés, cas des prairies et forêts, par exemple, rencontrent dans le sol et dans l'air, sont au nombre de deux seulement :

a) Acide nitrique et ammoniaque formés ou déversés dans l'atmosphère sous l'influence de causes que nous allons étudier, et arrivant au sol et à la plante par l'intermédiaire des météores aqueux, rosées, pluies, etc... ;

b) Ammoniaque provenant de la décomposition, au contact de l'oxygène atmosphérique, des substances organiques azotées, animales ou végétales de l'humus ; acide nitrique résultant de la nitrification proprement dite par l'action d'organismes inférieurs sur les mêmes substances.

Deux questions se posent maintenant au sujet de la nutrition azotée des plantes. Premièrement : les parties aériennes des végétaux (tiges et feuilles) sont-elles douées de la faculté d'absorber l'ammoniaque atmosphérique ? Deuxièmement : au cas de l'affirmative, l'atmosphère présente-t-elle une source d'ammoniaque suffisante pour expliquer, par l'absorption directe des parties vertes, la production des matières albuminoïdes (albumine, fibrine et caséine végétales) ?

Nous aborderons successivement ces deux ordres de problèmes dont la solution intéresse au plus haut point la physiologie générale et l'agriculture.

III. — L'AMMONIAQUE AÉRIENNE ET LA VÉGÉTATION.

150. — Rôle de l'ammoniaque aérienne dans la végétation. — L'ammoniaque, dont Th. de Saussure a le premier, au commencement du siècle, constaté et démontré la présence dans l'air par une expérience devenue classique (v. p. 425), a été signalée, dès 1840, par Liebig, comme l'une des deux sources d'azote assimilable par les végétaux [1].

Chose bizarre, le grand physiologiste genevois, auquel cette interprétation du rôle de l'ammoniaque dans la nutrition eût dû paraître d'autant plus intéressante que la science lui devait la découverte que je viens de rappeler, ne pouvant renoncer à sa doctrine

1. L'acide nitrique est la deuxième forme d'azote assimilable.

de l'humus, s'inscrivit en faux, dès l'origine, contre l'assertion de Liebig. En 1842, dans la *Bibliothèque universelle de Genève* (t. XXXVI, p. 430), Th. de Saussure s'élève contre le rôle attribué à l'ammoniaque et aux sels ammoniacaux par le savant allemand; sans refuser à l'ammoniaque, élément du fumier, de la marne, de l'argile, etc., une action utile, il dit explicitement qu'elle sert principalement, non pas en se combinant elle-même aux végétaux, mais surtout *comme dissolvant de l'humus et des matières organiques du sol et de l'air*. Pour Th. de Saussure, on se le rappelle, les substances organiques, véritables aliments des végétaux, pénètrent par les racines; elles sont la source presque unique de l'azote des plantes. Les recherches expérimentales entreprises de 1842 jusqu'à ce jour (cultures dans des sols artificiels, cultures dans l'eau, etc....), ont démontré, comme nous l'avons vu, le rôle nutritif du sulfate d'ammoniaque et des nitrates ajoutés au sol. La possibilité de l'absorption directe de l'ammoniaque gazeuse par les racines a été signalée dès 1808 par sir H. Davy, et confirmée en 1859 par un travail du savant directeur de l'école de Tharand, M. A. Stöckhardt. Il convient de rappeler ces deux observations intéressantes avant de rapporter les expériences directes auxquelles l'étude de l'assimilation de l'ammoniaque par les parties vertes des plantes a donné lieu dans ces dernières années.

151. — Expériences de sir H. Davy. — La plus ancienne expérience relative à l'influence que l'ammoniaque dégagée des fumiers exerce sur la végétation est due, je crois, à sir H. Davy. L'éminent chimiste anglais la décrit en ces termes : « Pendant la violente fermentation qui est nécessaire pour putréfier les fumiers d'étable au point qu'ils n'offrent plus qu'une masse savonneuse et liante, les engrais éprouvent de telles pertes par les liquides et les gaz qui s'en dégagent, qu'ils se réduisent de la moitié des ou deux tiers de leur poids. La plus grande partie des fluides aériformes se compose d'*acide carbonique* et d'*ammoniaque,* qui concourent l'un et l'autre, si l'humidité les retient dans le sol, à la nutrition des plantes. Au mois d'octobre 1808, je remplis de ce fumier une cornue capable de contenir trois pintes d'eau, et je le disposai sur la cuve à mercure, afin de recueillir tous les produits qui se dégageraient. Le réservoir ne tarda pas à être tapissé de gouttelettes qui coulèrent bientôt le long des parois du vase, et les fluides élastiques se développèrent presque aussitôt. En trois jours, il s'en forma trente-cinq pouces cubes, qui contenaient vingt et un pouces d'acide carbonique.

« Le reste était de l'hydrocarbonate d'ammoniaque mélangé avec un peu d'azote dont la proportion était probablement la même dans le récipient que dans l'air commun. La matière fluide recueillie en même temps s'élevait à près d'une demi-once. Elle était saline, d'une odeur désagréable, et contenait un peu d'acétate et de carbonate d'ammoniaque.

« Ces résultats me suggérant l'idée d'une autre expérience, j'appliquai le bec d'une cornue, remplie des mêmes substances, sous les racines d'un gazon qui faisait partie de la bordure d'un jardin. En moins d'une semaine, l'effet était devenu sensible ; l'herbe contrastait fortement avec celle qui ne recevait aucune des émanations de la cornue : elle végétait avec une force extraordinaire[1]. »

En 1850, M. G. Ville, dans une communication à l'Académie des sciences, signalait l'action manifeste, à l'œil, qu'exercent sur la végétation les vapeurs ammoniacales répandues en petite quantité dans l'air d'une serre, mais il n'accompagne d'aucune donnée analytique sur l'absorption de l'ammoniaque l'annonce de cette observation.

152. — Expériences de M. Stöckhardt. — En 1859, M. Stöckhardt reprit, en l'appuyant d'analyses, l'expérience de Davy. Le résultat de ces recherches est présenté dans un travail intitulé : *De l'Influence exercée sur la croissance des plantes et sur la désagrégation des éléments du sol par l'introduction dans la terre d'air, d'acide carbonique et d'ammoniaque*[2]. Bien que, comme on va le voir, la disposition adoptée par l'auteur ne permît pas d'établir le départ entre l'absorption des racines et celle des parties vertes, je crois utile de faire connaître les résultats du travail de M. Stöckhardt, qui a servi de point de départ aux expériences de J. Sachs, exécutées quelques mois plus tard dans le même labo-

---

1. *Éléments de chimie agricole*, traduction française de Bulos. 2 vol. in-8°, 1819. t. II, p. 42 et suiv.

2. *Landwirthschaftliche Versuchs-Stationen*, t. I. 1859.

ratoire et qui fournissaient sur l'assimilation de l'ammoniaque par les racines des indications nouvelles.

Les plantes mises en expérience étaient les pois et l'avoine. Elles étaient semées dans des vases cylindriques en verre vert de deux pieds et demi de hauteur ($0^m,70$) sur $0^m,12$ de largeur. A part le vase n° 1, le fond des cylindres était percé d'un trou servant à l'introduction du gaz par l'intermédiaire d'une sorte de pomme d'arrosoir placée dans l'intérieur du vase et reliée par un tube extérieur à un gazomètre. Une couche de gros sable recouvrait cette pomme, puis venait la terre (6 kilogr. de sol lehmeux, assez riche en humus).

Chaque vase reçut le 15 juillet cinq grains d'avoine et trois pois.

Jusqu'à la fin de l'essai, terminé le 3 octobre, chacun des vases fut soumis au traitement suivant :

N° I. Pas d'introduction de gaz.
N° II. Reçoit chaque jour 1,600^{cc} d'air atmosphérique.
N° III. Reçoit chaque jour 400^{cc} acide carbonique et 1,200^{cc} d'air.
N° IV. Reçoit chaque jour 400^{cc} oxygène, 400^{cc} acide carbonique et 800^{cc} air.
N° V. Reçoit chaque jour ammoniaque, 400^{cc} acide carbonique et 1,200^{cc} air.

L'addition d'ammoniaque dans le dernier sol avait lieu par le barbotage de l'air introduit à travers une solution de carbonate d'ammoniaque, de temps en temps renouvelée. La moyenne des dosages de l'ammoniaque ainsi dissoute dans 1,200 centimètres cubes d'air a donné $0^{gr},026$. Je renverrai au mémoire original pour tous les détails d'expérimentation, et j'arrive aux résultats obtenus. Un accident, une chute de grêle qui a brisé l'avant-toit protecteur placé au-dessus des vases, a détruit quelques-unes des tiges ; les chiffres placés entre parenthèses dans le tableau ci-dessous indiquent le nombre de pieds restant après l'accident.

Poids des récoltes entièrement desséchées :

	II.	II.	III.	IV.	V.
	Gr.	Gr.	Gr.	Gr.	Gr.
Avoine (tiges).	(5) 3,90	(3) 7,65	(3) 8,49	(2) 5,11	(2) 7,62
Pois (tiges)	(3) 1,72	(3) 2,46	(3) 3,26	(3) 3,49	(2) 3,75
Racines des deux.	0,27	0,38	0,60	0,37	0,89
Total	(8) 5,89	(6) 10,49	(6) 12,35	(5) 8,97	(4) 12,26
Poids d'une tige d'avoine . .	0,78	2,55	2,83	2,56	3,81
Poids d'une tige de pois . .	0,57	0,82	1,09	1,16	1,87
Racines p. 100 de tiges . .	4,8	3,7	5,1	4,30	7,80

Ces nombres peuvent se passer de commentaires. Ils montrent :

1° L'influence favorable de l'air atmosphérique pénétrant dans le sol ;

2° L'action sur la végétation, plus marquée encore, d'un mélange d'acide carbonique et d'air ;

3° Enfin, le maximum d'action atteint par le même mélange additionné d'ammoniaque.

C'est donc une confirmation très-nette de l'expérience de Davy : l'ammoniaque gazeuse introduite dans le sol favorise la végétation.

M. A. Stöckhardt, voulant pousser les choses plus loin, a dosé le taux de cendres des récoltes et analysé le sol au point de vue de sa teneur en substances minérales et organiques solubles dans l'eau. Voici les résultats de ces dosages :

	I.	II.	III.	IV.	V.
Taux pour cent des cendres de la récolte. . .	0,52	0,95	1,12	1,01	1,18
Principes minéraux des 6 kilogr. de terre solubles dans l'eau	2,04	3,71	4,99	3,91	4,80
Matières organiques des 6 kilogr. de terre solubles dans l'eau	2,76	4,32 .	2,43	3,14	1,85

153. — Recherches de M. Sachs. — Le travail de M. A. Stöckhardt a provoqué d'autres recherches dans le laboratoire de Tharand, et c'est surtout pour cela que j'ai cru devoir en présenter une courte analyse. M. J. Sachs, l'éminent botaniste bien connu du monde savant, alors élève de Stöckhardt, a entrepris, en 1859, les premières expériences qu'on ait faites, à ma connaissance du moins, sur l'absorption directe de l'ammoniaque par les feuilles et autres parties aériennes des plantes. Il s'est proposé de rechercher si le carbonate d'ammoniaque de l'air est assimilé par les feuilles, en plaçant les tiges de végétaux dans une atmosphère ne se trouvant pas en contact immédiat avec le sol qui portait les plantes. Les essais de M. A Stöckhardt ne fournissent, en effet, aucun renseignement à ce sujet, puisque, tout en prouvant que le carbonate d'ammoniaque mélangé à l'air exerce une heureuse influence sur la végétation, ils ne permettent pas de séparer l'influence des racines de celle des tiges et feuilles sur l'accroissement de substance des végétaux. L'appareil dont se servait M. J. Sachs [1] consistait essentiellement dans

1. *Chemische Ackersmann*, 1860, p. 163.

une cloche contenant les tiges et les isolant à la fois du sol et de l'air extérieur. Deux tubes pénétrant dans cette cloche permettaient d'y introduire le mélange gazeux sur lequel on voulait opérer.

M. Sachs expérimenta sur des haricots. Il fit deux essais comparatifs. Dans tous deux, les haricots, portant leurs premières feuilles et séparés des cotylédons, furent plantés dans du sable de rivière, puis enfermés dans la cloche. L'atmosphère de l'une des plantes (n° 1) était renouvelée chaque jour et formée d'air additionné de 4 à 5 p. 100 d'acide carbonique lavé : du 19 juin au 11 août, ce haricot a produit vingt feuilles. L'autre plant (n° 2) reçut tous les jours les mêmes quantités d'air et d'acide carbonique que le n° 1, mais additionnées d'un peu de carbonate d'ammoniaque. Le haricot portait quarante feuilles à la fin de l'expérience. Les plantes, extraites avec soin du sol, le 11 août, furent séchées, pesées, incinérées. M. Sachs a dosé le taux des cendres et celui de l'azote. Voici les résultats obtenus :

	Poids de la plante sèche.	Poids des cendres.	Teneur en azote.
N° 1	4gr,140	0gr,616	0gr,106
N° 2	6 ,740	1 ,078	0 ,208
Différence en faveur du n° 2	62 p. 100.	75 p. 100.	96 p. 100.

100 parties de substances sèches contiennent :

N° 1 . . . . 14,8 cendres et 2,56 azote.
N° 2 . . . . 16,0 cendres et 3,10 azote.

M. Sachs résume les résultats de cette expérience en deux conclusions que voici : 1° l'ammoniaque offerte aux feuilles est assimilée ; les feuilles, les tiges et les racines augmentent en poids sous l'influence de cette absorption ; 2° l'assimilation de l'ammoniaque n'a pas seulement pour résultat d'accroître notablement le taux de la substance organique et celui de l'azote ; elle augmente aussi celui des cendres. Elle a, par conséquent, pour effet d'accroître non-seulement l'activité des feuilles, mais encore celle des racines.

154. — Expériences de M. A. Selmi. — M. A. Selmi, professeur à l'institut technique de Mantoue, a communiqué en 1864, à la Société d'agriculture de Reggio, un mémoire intéressant sur l'assimilation de l'azote par les végétaux[1]. Les essais de culture entrepris dans le laboratoire de Reggio ont porté sur deux points principaux : 1° l'action de solutions très-étendues de carbonate d'ammoniaque mises par le sol à la disposition des racines des plantes ; 2° l'assimilation de l'ammoniaque par les feuilles. Pour étudier l'influence du carbonate d'ammoniaque sur les racines, M. Selmi disposait ses expériences de la manière suivante :

De jeunes plants de trèfle vigoureux ont été arrachés avec précaution du champ où ils se trouvaient ; les racines, débarrassées de la terre adhérente, ont été lavées avec soin, et les plantes mises dans un petit pot, par l'ouverture inférieure duquel passaient les racines. Ce pot fut placé dans un autre de plus grand diamètre, contenant un sol artificiel formé d'un mélange de sable siliceux, lavé à l'eau, puis à l'acide et calciné, de carbonate et de phosphate de chaux obtenus du chlorure et du biphosphate par précipitation, et additionnés d'un peu de silicate de potasse et d'oxyde de fer. L'intervalle existant entre les deux pots de diamètre différent fut mastiqué par en haut. Un trou percé dans la paroi externe du plus grand des vases donnait passage à un tube muni d'un entonnoir destiné à permettre l'arrosage du sol dans lequel plongeaient les racines.

M. Selmi établit deux appareils ainsi constitués et présentant toutes les conditions générales identiques ; le trèfle de l'un des pots fut arrosé avec de l'eau de pluie, l'autre avec une solution de carbonate d'ammoniaque rendue très-légèrement acide par un excès d'acide carbonique. L'auteur n'indique pas le degré de concentration de cette solution. Le trèfle arrosé avec l'eau pure continua à vivre et sembla même plus vigoureux que les plants restés dans le champ. Le trèfle arrosé avec le carbonate d'ammoniaque ne tarda pas, au contraire, à dépérir, à jaunir.

Le sol artificiel ne contenait pas d'alumine ; pour répondre à l'objection qu'on aurait pu tirer de l'absence de ce principe, qui a la propriété d'absorber l'ammoniaque, objection consistant à supposer que la plante aurait pu périr par excès d'ammoniaque au contact

1. *Dell' assimilazione dell' azoto nella vegetazione, memoria letta alla Societa agraria di Reggio nell' Emilia.* 1865.

des racines, aucune substance ne se trouvant là pour l'absorber au passage, M. Selmi fit une troisième expérience en additionnant le sol artificiel de 20 grammes d'alumine pure. L'arrosage avec du carbonate d'ammoniaque fit périr la plante comme la première fois. Il est regrettable qu'on n'ait pas, dans l'indication des quantités de carbonate fourni aux plantes dans ces essais, une base d'appréciation plus certaine. Quoi qu'il en soit, M. Selmi tira de ces expériences, qui venaient confirmer les recherches antérieures, la conclusion que le carbonate d'ammoniaque offert aux végétaux par leurs racines est nuisible, et qu'en tout cas, les racines ne sont pas la voie par laquelle l'ammoniaque doit arriver aux plantes pour leur fournir l'azote. C'est alors qu'il songea à étudier l'action de l'ammoniaque répandue dans l'atmosphère sur les organes aériens des plantes. Il expérimenta sur les pois et sur l'orge. Les graines, semées dans un pot muni d'un rebord permettant de surmonter le vase d'une cloche, furent recouvertes à leur sortie de terre d'un petit entonnoir renversé, par la partie effilée duquel passa la tige lorsqu'elle commença à se développer. Le sol ne contenait pas d'azote ; il était formé de brique pilée, d'alumine, de carbonate de chaux, de silicate de potasse soluble, de carbonate de potasse, d'oxyde de fer ; le tout recouvert d'une couche d'argile destinée à arrêter l'ammoniaque et à ne pas lui permettre d'arriver aux racines des plantes. Quand les premières feuilles eurent franchi le tube de l'entonnoir, on commença à introduire tous les jours de l'acide carbonique dans la cloche (20 centimètres cubes par jour). Une capsule contenant du carbonate d'ammoniaque, placée sous la cloche, fournissait l'ammoniaque à l'atmosphère. Les deux plantes se développèrent bien, leurs organes foliacés prirent un bon accroissement, mais elles n'arrivèrent pas à donner des graines. M. Selmi consacre la dernière partie de sa communication à discuter les conditions de formation ou de mise en liberté de l'ammoniaque et des composés nitrés destinés à fournir aux végétaux leur alimentation azotée, et il résume son travail dans les conclusions suivantes :

1° L'ammoniaque ne pénètre jamais dans les végétaux par les racines, mais bien par les parties foliacées, auxquelles elle arrive sous forme de carbonate d'ammoniaque, seul composé, parmi les combinaisons hydrogénées de l'azote, qui soit un aliment pour toutes les plantes ;

2° L'azote qui ne se transforme pas en ammoniaque dans le sol ne demeure pas inutile à la végétation ; mais, qu'on me passe l'expression, dit M. Selmi, il subit une sorte de digestion qui le rend assimilable ;

3° Les matières organiques qui subissent les métamorphoses que nous désignerons sous le nom de putréfaction passent par des transformations se traduisant par la production d'ammoniaque nécessaire au développement des organes foliacés des plantes, puis d'acide nitrique, aliment très-utile que le sol offre au végétal lorsque les organes aériens commencent à perdre leur faculté absorbante pour l'alcali. Nous reviendrons sur ces conclusions.

155. — Expériences de M. Schlœsing sur l'absorption de l'ammoniaque par les feuilles. — Le 15 juin 1874, M. Schlœsing a communiqué à l'Académie des sciences le résultat de nouvelles expériences sur l'absorption de l'ammoniaque de l'air par les végétaux, faites en 1873 au laboratoire de l'École d'application. Quelques mois plus tard, M. A. Mayer publiait un travail très-étendu sur le même sujet, travail entrepris avant que son auteur ait eu connaissance de celui de M. Schlœsing. Je vais successivement examiner ces deux mémoires, qui renferment des résultats très-importants, obtenus par des méthodes différentes et d'autant plus intéressants à comparer les uns aux autres.

Suivant l'ordre chronologique de publication, je commence par l'examen des recherches de M. Schlœsing.

L'expérience a consisté à cultiver deux plantes de même espèce (le tabac) dans des conditions pareilles, avec cette seule différence que l'une développait son feuillage dans une atmosphère pourvue de vapeurs ammoniacales ; l'autre, dans une atmosphère privée de ces vapeurs.

Pour pouvoir régler et mesurer l'ammoniaque fournie aux organes aériens, ceux-ci étaient enfermés dans une atmosphère limitée, renouvelable et parfaitement séparée du sol, pour écarter toute chance d'absorption de l'ammoniaque par les racines.

L'appareil consistait en une caisse de bois contenant 75 kilogr. de terre ; un bassin circulaire posé sur la caisse laissait passer la tige de tabac par une tubulure centrale ; une cloche en verre de 250 litres était renversée sur le bassin. Tous les joints étant parfaitement lutés, le feuillage du tabac était réellement isolé dans une atmosphère que l'expérimentateur pouvait composer à son gré.

On renouvelait continuellement les atmosphères à l'aide du système des trompes dont j'ai parlé précédemment. On introduisait 1,200 litres d'air par vingt-quatre heures. Cet air contenait environ un centième d'acide carbonique.

Quant à l'ammoniaque qui devait être ajoutée à l'une des atmosphères, il eût été difficile de l'introduire d'une manière continue à l'état gazeux. M. Schlœsing a préféré l'obtenir en couvrant le fond de l'un des bassins d'une dissolution très-faible de sesquicarbonate d'ammoniaque renouvelée tous les jours. En déterminant, pour chaque opération, les volumes et les titres des liquides extraits et introduits, on a tous les éléments nécessaires au calcul de l'ammoniaque diffusée dans l'atmosphère de la cloche.

La tension de l'ammoniaque devait être assez sensible pour apporter aux feuilles une dose appréciable d'aliment azoté. $0^{gr},9$ de sesquicarbonate d'ammoniaque, par litre d'eau, remplissent bien cette condition.

Pour donner plus d'influence à l'aliment gazeux dont il s'agissait de constater les effets, M. Schlœsing a condamné les deux plantes à végéter dans une terre de sous-sol pauvre, prise à $0^{m},80$ de profondeur, dans le champ d'expériences de Boulogne.

L'expérience a commencé le 31 juillet 1873 ; elle a été prolongée jusqu'au 14 septembre. — Les feuilles, bourgeons, tige, racines de chaque plant ont été récoltés à part, séchés, pesés ; l'azote a été dosé séparément (par combustion) dans les diverses parties, puis dans chaque plante entière, en composant le mélange à analyser de fractions proportionnelles aux poids des diverses parties.

L'ammoniaque volatilisée dans l'appareil I du 31 juillet au 4 septembre égale $1^{gr},327$ (corr. à $1^{gr},093$ azote) : le volume d'air qui a passé dans la cloche étant de 54 mètres cubes, chaque mètre cube contenait en moyenne $0^{gr},025$ d'ammoniaque, soit en nombres ronds $\frac{2}{100000}$ d'ammoniaque pour 1 d'air en poids.

La récolte n° 1 (alimentée par l'ammoniaque) pesait 146^{gr},9 ; la récolte n° 2, seulement 139 grammes. La première contenait 2,22 p. 100 d'azote ; la deuxième, 1,77 p. 100. Le n° 1 a atteint le taux d'azote normal qu'une plante de son espèce acquiert dans les conditions naturelles de végétation. Le n° 2 est resté sensiblement au-dessous de ce taux. L'aliment azoté lui a donc fait défaut, tandis que le premier en a reçu suffisamment. Les sols étant identiques, il est raisonnable d'admettre qu'ici, comme dans l'expérience de M. Sachs, le gaz ammoniacal offert au premier a été le complément de son alimentation.

D'après les analyses ci-dessus, les 146^{gr},9 du n° 1 contenaient 3^{gr},320 d'azote ; les 139 grammes du n° 2, 2^{gr},460 azote ; la différence, 0^{gr},800, en faveur du plant n° 1 doit être imputée à l'ammoniaque gazeuse : sur 1^{gr},093 d'azote offert à l'état d'ammoniaque pendant l'expérience, le tabac a assimilé 0^{gr},8, soit environ les trois quarts.

Qu'est devenue l'ammoniaque absorbée par les feuilles ? A-t-elle été fixée en nature ? transformée en acide nitrique ? en matière albuminoïde ou en nicotine ? C'est ce que M. Schlœsing a établi d'une façon très-nette par l'analyse complète (en ce qui concerne le composés azotés) des deux plants de tabac.

L'ammoniaque assimilée a formé des composés organiques (albumine, fibrine végétale, etc.), car on ne la retrouve dans le plant ni à l'état d'ammoniaque, ni sous celui d'acide nitrique : le premier plant (alimenté à l'ammoniaque) contient 68^{mg},4 d'azote à l'état d'ammoniaque et d'acide nitrique ; le deuxième, 65^{mg},5, chiffres absolument comparables et bien éloignés des 800 milligrammes qui représentent le poids de l'azote absorbé par le n° 1 sous forme d'ammoniaque. Il était intéressant de rechercher si l'absorption de l'ammoniaque par les feuilles avait eu quelque influence sur la production de la nicotine. Cette recherche a donné un résultat négatif, le premier plant contenant 1,87 p. 100 de nicotine, le deuxième 1,78, chiffres très-voisins l'un de l'autre.

L'ammoniaque absorbée par les feuilles sert donc à la production des matières albuminoïdes et ne semble pas accroître la formation de l'alcaloïde du tabac. M. Schlœsing a montré ensuite que les composés azotés provenant de l'ammoniaque assimilée ne sont pas restés en totalité dans les feuilles du plant n° 1 ; ils se sont répandus dans le végétal entier, comme le prouvent les dosages d'azote dans les diverses parties des deux plants :

	N° 1. Azote.	N° 2. Azote.
Feuilles écôtées.	3,18 p. 100.	2,62 p. 100.
Tiges et côtes réunies	2,08 —	1,62 —
Racines.	1,33 —	1,09 —

Toutes les parties du n° 1 sont plus riches en azote que les parties correspondantes du n° 2. L'enrichissement des feuilles a profité à la tige et à la racine.

Ces résultats confirment les faits observés par M. Sachs dans les essais sur les haricots rapportés plus haut. En terminant, M. Schlœsing s'exprime ainsi : « J'ai à peine besoin de faire observer que je me suis uniquement proposé, dans cette expérience, de vérifier l'assimilation de l'ammoniaque aérienne. Quant à la mesure du phénomène, le rapport, assurément très-variable selon les lieux, les sols et les espèces, entre l'azote aérien assimilé sous forme d'ammoniaque et l'azote puisé à d'autres sources, ne saurait être déduit, pour le cas général de la végétation à l'air libre, des résultats numériques fournis par nos expériences. » Le fait capital qui résulte des expériences de M. Schlœsing est la démonstration de la transformation en matière protéique de l'azote contenu dans l'ammoniaque absorbée par les feuilles du tabac.

156. — Expériences de M. A. Mayer. — Pendant que M. Th. Schlœsing poursuivait, à l'École d'application des manufactures, ses essais sur l'assimilation de l'ammoniaque gazeuse par les plantes, M. A. Mayer entreprenait dans le laboratoire de l'Université d'Heidelberg une série d'expériences sur le même sujet. Une publication préliminaire de l'auteur, en septembre 1873, à la réunion des naturalistes allemands à Wiesbaden, a fait connaître les premiers résultats obtenus; le travail complet[1] contient, outre l'indication des résultats, la description des méthodes, des appareils et les données analytiques.

M. A. Mayer a divisé son mémoire en trois chapitres principaux.

1. *Landw. Versuchs-Stat.*, t. XVII, 1874.

Le premier a pour titre : *Assimilation de l'ammoniaque par les organes verts des plantes;* dans le deuxième, l'auteur étudie l'*action de l'ammoniaque sur la cellule vegétale;* le troisième et dernier est consacré à l'examen de l'*assimilation de l'ammoniaque par les plantes agricoles.* Je suivrai, dans l'analyse des recherches de M. A. Mayer, l'ordre même qu'il a adopté.

I. *Assimilation de l'ammoniaque par les parties vertes des plantes.* —Chaque fois que l'on veut étudier, sur des végétaux fixés par leurs racines dans le sol, l'influence d'un milieu gazeux sur la partie aérienne des plantes, on rencontre de très-grandes difficultés pour isoler complétement la tige de la terre, et l'on peut craindre que les gaz du sol n'agissent sur les parties aériennes de la plante. Pour écarter cette cause d'erreur et s'assurer que la tige et les feuilles puisaient leur alimentation gazeuse uniquement dans l'atmosphère qui les enveloppait, M. Mayer a renoncé à l'emploi de sols proprement dits; il a fait ses essais par la méthode des cultures dans l'eau contenant tous les principes nutritifs autres que l'azote. Cette méthode expérimentale offre, en outre, l'avantage de permettre à l'observateur de suivre la marche du développement des racines en même temps que celui de la tige.

Les plantes germées étaient fixées dans un flacon contenant la dissolution nutritive ; un bouchon, convenablement percé et mastiqué, laissait passer la tige disposée, suivant le genre d'expérience auquel elle était soumise, soit librement à l'air, soit dans une cloche analogue à celle qu'a employée M. Schlœsing, et dont l'air pouvait être varié dans sa composition et renouvelé à volonté, à l'aide d'une aspiration.

M. A. Mayer a expérimenté dans cinq conditions bien distinctes :

1° A l'air libre ;

2° Dans de l'air contenant des vapeurs ammoniacales ;

3° Dans de l'air dépourvu entièrement d'ammoniaque ;

4° En humectant les feuilles des plantes avec de l'eau pure ;

5° En humectant les feuilles avec une solution très-étendue de carbonate d'ammoniaque.

Toutes les plantes mises en expérience, végétant dans des solutions aqueuses de principes nutritifs exemptes d'azote, l'accroissement du taux d'azote dans les végétaux, après l'expérience, doit être *exclusivement* attribué à l'absorption d'ammoniaque par la tige et par les feuilles.

La solution nutritive renfermait, par litre, les principes suivants :

Essais de 1873.

1 gramme phosphate acide de potasse.
1 — sulfate de magnésie cristallisé.
0gr,1 phosphate de chaux tribasique et un peu de phosphate de fer.

Essais de 1874.

0gr,5 phosphate de potasse.
0 ,5 sulfate de magnésie.
0 ,5 chlorure de potassium.
0 ,5 phosphate de chaux; un peu de chlorure de fer qui passait à l'état de phosphate.

Les plantes choisies pour les expériences étaient le chou-rave. Lorsque les jeunes plantes eurent développé leurs premières racines dans la solution aqueuse, on en plaça quatre sous cloche ; la cinquième fut laissée à l'air libre, mais abritée de la pluie. Les expériences, commencées le 1er mai, durèrent jusqu'au 26 juillet.

Deux des cloches recevaient de l'air ordinaire débarrassé de toute trace d'ammoniaque par son passage à travers de l'acide sulfurique ; les deux autres étaient alimentées avec de l'air préalablement mis en contact avec une solution contenant 1 pour 100 de carbonate d'ammoniaque. L'auteur ne jugea pas utile d'ajouter de l'acide carbonique à l'air, la végétation dans un milieu insuffisamment pourvu de combinaisons azotées étant si peu active, que l'acide carbonique normal de l'air devait, pensait-il, suffire. Tous les vases furent placés à l'air libre, à l'ouest, et abrités convenablement contre la pluie et le soleil. Pendant quelque temps tous les plants, bien qu'inférieurs en vigueur à ceux qui croissaient librement dans le sol, végétèrent assez bien. Au bout de peu de jours, cependant, les choux élevés sans addition d'ammoniaque dans les cloches commencèrent à devenir visiblement souffreteux; le 6 et le 17 juin ils périrent; les plants qui recevaient de l'air ammoniacal prospéraient sensiblement mieux, c'est le 1er et le 26 juillet seulement qu'on les récolta pour les analyser : ils commençaient à dépérir. M. Mayer analysa également trois plants qui étaient analogues par la taille et le développement aux choux mis en expérience. Voici les résultats de ces diverses analyses :

Plantes primitives.	Date de la récolte.	Substance sèche.	Azote absolu.	Azote pour 100 de substance sèche.
	Sans ammoniaque :			
N° 1.	»	0gr,372	0gr,012	3,2
N° 2.	»	0 ,364	0 ,010	2,7
N° 3.	»	0 ,357	0 ,013	3,6
N° 4 à l'air libre	10 juin.	0 ,713	0 ,013	1,8
N° 5 sous cloche	17 juin.	0 ,715	0 ,014	1,9
N° 6 sous cloche	6 juin.	0 ,779	0 ,013	1,7
	Avec ammoniaque :			
N° 7 sous cloche	1er juillet.	1 ,090	0 ,024	2,2
N° 8 sous cloche	26 juillet.	1 ,592	0 ,038	2,4

La conclusion évidente de cette première série d'expériences est que les parties vertes ont absorbé l'ammoniaque de l'air, et qu'à l'absorption d'ammoniaque correspond un accroissement dans le poids de la matière organique.

Il résulte également de ces chiffres que, dans les cloches ne renfermant pas d'air ammoniacal, l'absorption de l'azote a été nulle, fait qui confirme les résultats acquis par les travaux de MM. Boussingault, Lawes et Gilbert, etc.

D'autres essais ont été faits par la même méthode sur des pois. De courte durée, ces expériences, auxquelles nous ne nous arrêterons pas, ont donné les résultats suivants :

	Substance sèche.	Teneur en azote.	Durée de l'essai.
Plante primitive	0gr,235	0gr,011	15 jours.
Sans ammoniaque.	0 ,241	0 ,015	
Avec ammoniaque.	0 ,560	0 ,022	24 jours.

Après avoir étudié l'absorption de l'ammoniaque par les feuilles des végétaux élevés dans une atmosphère contenant du carbonate d'ammoniaque, M. Mayer a institué une série d'expériences dans lesquelles les feuilles étaient badigeonnées fréquemment dans le jour, à l'aide d'une barbe de plume, d'une solution aqueuse de carbonate d'ammoniaque. Préalablement à ces expériences, l'auteur avait étudié l'action des solutions ammoniacales sur les parties vertes des plantes, et constaté quelques faits intéressants qu'il se propose d'examiner de plus près, mais que je vais noter en passant.

L'ammoniaque et les sels ammoniacaux mis en contact direct avec le tissu aérien des végétaux n'exercent pas sur toutes les plantes une action d'égale intensité. Les organes jeunes et centraux supportent beaucoup mieux l'action des sels ammoniacaux que les organes périphériques ou âgés (feuilles extrêmes, vieilles feuilles, par exemple).

Suivant leur espèce, les plantes supportent des doses très-variables d'ammoniaque sans être tuées [solution de 1 p. 100 (blé) à 10 p. 100 de carbonate d'ammoniaque (funkia)].

Quelle que soit la concentration de la solution qui a amené la modification de la partie du végétal, le suc intérieur reste toujours *acide* ou tout au plus devient-il neutre, jamais alcalin. La mort de la partie verte survient donc avant que la sève soit alcaline.

Le suc des jeunes tissus semble toujours moins acide que le suc des organes âgés. On voit qu'il y a là encore bien des observations à faire, bien des points à élucider. Est-ce la différence de la teneur en eau, le plus ou moins d'épaisseur de la cuticule du parenchyme végétal qui peut rendre compte des divergences observées dans la résistance des plantes à l'action des solutions ammoniacales? Autant de points obscurs qui appellent des recherches nouvelles.

Revenons aux expériences de M. Mayer.

Commencées en 1873, elles ont été prolongées jusqu'en 1874. Elles ont porté sur les espèces végétales suivantes : blé, pois, concombres, fèves de marais, courge, choux, capucines.

En voici les principaux résultats :

Blé : essais de 1873. — Les plantes sont élevées dans des solutions salines exemptes d'azote; on renouvelle l'air de la dissolution par aspiration, on badigeonne vingt fois par jour les feuilles avec une solution contenant 2 et demi pour 100 de carbonate d'ammoniaque. Des plantes-*témoins*, en nombre égal, sont mises en expérience en même temps et servent de terme de comparaison.

Les caractères généraux extérieurs que présentent les végétaux soumis au badigeonnage ammoniacal sont les suivants : couleur verte plus foncée, développement plus considérable des feuilles, floraison tardive. Voici le résumé d'analyses de l'un des essais avec du blé dont les grains pesaient 0gr,05:

	Substance sèche.	Azote absolu.	Azote pour 100 de substance sèche.
	—	—	—
Semences	0gr,043	0gr,001	2,6
Plantes sans ammoniaque récoltées le 11 juillet	0 ,104	0 ,002	1,9
Plantes récoltées le 31 juillet sans ammoniaque	0 ,160	0 ,002	1,1
Badigeonnées depuis le 20 juin avec carbonate d'ammoniaque	0 ,324	0 ,013	4,0

Ainsi, la plante soumise au badigeonnage ammoniacal, que distinguent d'ailleurs son port et sa couleur, contient deux fois plus de substance sèche et sept fois plus d'azote que la plante-témoin.

Comme M. Schlœsing, M. Mayer, de son côté, signale ce fait important que la plante a transformé l'ammoniaque en matière protéique, car on ne retrouve pas l'ammoniaque dans les tissus du blé. La conclusion de cette série est la suivante : le blé a la faculté d'absorber, par les parties aériennes, l'ammoniaque de l'air et de l'utiliser comme aliment azoté; mais ce mode de nutrition azoté ne suffirait pas au développement complet du végétal.

Blé : essais de 1874. — Une nouvelle série d'expériences sur le blé a été faite en 1874; les semences pesaient 0gr,03 à 0gr,034 seulement; mis en expérience le 21 avril, les plants atteignaient 0m,15 à 0m,18 de hauteur le 6 mai. L'une des plantes fut, à partir de ce jour, badigeonnée à l'ammoniaque; l'autre, badigeonnée à l'eau distillée; la troisième végéta sans traitement dans toutes les autres conditions générales des deux premières. Le 2 juin, on constata les différences suivantes dans la croissance des trois plantes :

	Largeur maxima des feuilles.	Longueur maxima des feuilles.
	—	—
Plante ammoniacale	0c/m,45	0m,17
Plante sans ammoniaque	0 ,35	0 ,15
Plante badigeonnée à l'eau	0 ,40	0 ,144

Différences notables, sans être bien considérables. La coloration verte du plant ammoniacal était très-sensiblement plus intense que celle des deux autres.

Le 20 juin, les plantes, surtout celle à l'ammoniaque, furent atteintes par les insectes. On les récolta le 29 juin et le 18 juillet.

Elles semblaient toutes d'ailleurs à ce moment ne plus devoir prendre d'accroissement. Leur analyse, effectuée comme les précédentes, a donné les résultats suivants :

	Substance sèche.	Azote	Azote pour 100
Semences	0gr,026	0gr,0007	2,6
Plantes sans azote	0 ,150	0 ,002	1,2
Plantes badigeonnées (moyenne)	0 ,168	0 ,006	3,7

Mêmes résultats et mêmes conclusions que pour les expériences de 1873.

Choux (*Brassica oleracea*) 1874. — Les expériences, commencées le 13 mai, ont cessé le 23 juillet. Elles ont été conduites comme les précédentes. En voici les résultats :

	Substance sèche.	Azote absolu.	Azote pour 100.
Plantes primitives	0gr,232	0gr,006	2,6
Plantes sans azote	0 ,719	0 ,014	1,9
Plantes badigeonnées à l'ammoniaque	0 ,624	0 ,023	3,9

Pour établir si l'ammoniaque absorbée se retrouvait en nature dans la plante ou était transformée en substance protéique, M. Mayer a dosé l'azote total et l'ammoniaque dans les végétaux récoltés ; il a trouvé :

	Azote à l'état d'ammoniaque.	Azote total.
Chou sans azote	0gr,002	0gr,014
Chou ammoniacal	0 ,004	0 ,025

Comme dans les expériences sur le tabac et sur le blé, il faut donc admettre que la plus grande partie de l'ammoniaque absorbée par les tiges et les feuilles est transformée en substance azotée dans les tissus du végétal.

De cette deuxième série d'expériences, M. A. Mayer conclut que l'échange entre l'atmosphère et les dissolutions contenues dans les cellules du parenchyme des feuilles est beaucoup plus considérable qu'on ne l'admet généralement. C'est également l'opinion de M. Schlœsing. Nous y reviendrons plus tard.

Tous les essais précédents ont été faits, comme je l'ai dit plus haut, sur des plantes séparées du milieu dans lequel plongeaient leurs racines, par un bouchon de caoutchouc percé d'un trou, dans lequel on avait mastiqué la tige aussi soigneusement que possible. Elles prouvent que les parties vertes mises, dans ces conditions, en contact avec une atmosphère gazeuse ammoniacale, ou enduites d'une couche mince d'une solution alcaline, absorbent l'ammoniaque, s'en nourrissent et la transforment en matière protéique. Quelle garantie a-t-on que l'ammoniaque de l'atmosphère artificielle ou celle de la dissolution ne s'est pas diffusée à travers le bouchon pour venir ainsi agir sur les racines et troubler le résultat obtenu? Cette objection, l'auteur se l'est dès l'abord posée, et à la suite des tâtonnements inséparables de toutes les recherches délicates de physiologie expérimentale, il a conçu le plan de nouvelles expériences, dont les résultats ne laissent plus aucune place à la critique.

Ces essais ont été faits sur le maïs et sur les pois.

Dans un grand flacon de Woolf à trois tubulures, on plaça la solution nutritive exempte d'azote, les deux tubulures externes, munies de bouchons lutés, livraient passage aux deux plantes en expérience; la tubulure centrale, pourvue de deux tubes recourbés, servait au renouvellement de l'air dans l'intérieur du liquide. Au sortir du flacon de Woolf, chacune des deux tiges traversait un autre bouchon adapté au fond de deux cages vitrées, complétement isolées l'une de l'autre et closes, destinées à fournir aux deux végétaux des milieux aériens distincts et privés de toute communication avec le vase où plongeaient leurs racines. De cette façon, leurs deux plantes, qui avaient un milieu nutritif commun comme source d'acide phosphorique, de chaux, de magnésie, se trouvaient complétement isolées quant à leurs parties aériennes. Dans l'une des cages était placé un vase contenant du carbonate d'ammoniaque en dissolution; dans l'autre, un vase renfermant un volume égal d'eau distillée exempte d'ammoniaque.

Ici, les parties vertes seules pouvaient être en contact avec le milieu ammoniacal, à moins, ce qu'on devait constater aisément, que l'ammoniaque absorbée par les feuilles de l'une des plantes n'arrivât par les racines de celle-ci dans la solution commune aux deux végétaux.

Le 2 juin, trois jeunes plants, aussi comparables que possible, furent arrachés du sol dans lequel ils avaient été élevés; deux furent disposés dans l'appareil que je viens de décrire; le dernier, séché avec soin, servit aux déterminations analytiques, à titre de terme de comparaison; deux jours après, commença le dégagement d'ammoniaque dans l'une des cages. Six jours après, le 10 juin, l'aspect de la plante ammoniacale est déjà notablement différent de celui du plant qui ne reçoit pas d'ammoniaque. L'expérience dure cinq semaines. Les plantes analysées ont donné les résultats suivants :

	Substance sèche.	Azote absolu.	Azote pour 100.
	—	—	—
Plante primitive	0gr,285	0gr,005	1,7
Plante sans ammoniaque	0 ,496	0 ,008	1,6
Plante avec ammoniaque	0 ,641	0 ,028	4,4

C'est donc bien par les feuilles et par les tiges, comme tout le faisait pressentir dans les premiers essais, que se fait l'absorption de l'ammoniaque.

L'ensemble de ces résultats, qui coïncident d'une façon complète avec les faits observés par M. Schlœsing, confirme définitivement l'assimilation directe de l'ammoniaque de l'air par les organes aériens des végétaux.

M. Mayer résume dans les conclusions, dont je vais donner la traduction textuelle, la partie expérimentale de son travail :

1. Les organes verts des végétaux supérieurs ont la faculté d'assimiler le carbonate d'ammoniaque gazeux ou dissous dans l'eau.

2. Cette absorption d'ammoniaque n'est pas un phénomène purement mécanique; elle a, dans des conditions favorables, pour résultat une transformation physiologique; c'est une des formes de l'assimilation de l'azote par les végétaux.

3. La nutrition par cette absorption d'azote peut, dans le cas où toute autre alimentation azotée fait défaut à la plante, amener une augmentation dans la masse de la substance organique du végétal.

4. Les végétaux verts sont, par tous leurs organes, très-différemment impressionnables au carbonate d'ammoniaque. Une quantité trop forte de ce composé peut amener la mort des organes qui sont mis en contact avec lui. Les plantes très-sensibles se prêtent difficilement et quelquefois pas du tout à la constatation de cette assimilation.

II. *Influence de l'ammoniaque sur la cellule végétale.* — Dans ses expériences de badigeonnage des feuilles et des tiges avec des solutions, à titre variable, de carbonate d'ammoniaque, A. Mayer a constaté, comme je l'ai dit précédemment, que les diverses espèces végétales sont très-inégalement sensibles à l'action de l'ammoniaque. Afin de se rendre compte du mode et de la nature de l'altération que subissent les tissus dans ce cas, il a institué une série d'expériences dont les résultats, sans être définitifs, ne laissent pas que de présenter de l'intérêt au point de vue de la physiologie générale.

Le suc des végétaux, la séve, est presque toujours acide, quelquefois neutre ou très-légèrement alcalin; jamais il ne présente une alcalinité marquée. Si l'on vient à rendre la séve fortement alcaline, on tue la cellule, ce qu'ont démontré de nombreuses expériences. Comment se fait-il que les plantes à suc très-acide soient précisément celles par lesquelles, d'après les essais d'A. Mayer, l'action de l'ammoniaque et de son carbonate soit le moins bien supportée? C'est là un fait difficile à expliquer. Pourquoi les feuilles âgées sont-elles beaucoup moins résistantes à l'ammoniaque que les jeunes pousses, chez les graminées, par exemple, bien que plus acides que ces dernières? Cela n'est pas davantage facile à comprendre.

Hofmeister, dans son remarquable livre sur la cellule végétale, a rangé le carbonate d'ammoniaque à côté du sucre et du nitre, qu'il considère comme des agents inoffensifs de contraction de la cellule. M. A. Mayer est d'un tout autre avis. Les faits que je vais exposer tendent à lui donner raison. Il a choisi principalement pour ses expériences le *Vallisneria* et le *Nitella,* deux espèces qui, par la forme et la dimension de leurs cellules, se prêtent parfaitement aux observations microscopiques. Il a employé des solutions contenant 2 p. 100 de carbonate d'ammoniaque, correspondant à 0,6 p. 100 d'ammoniaque réelle. La coupe de la plante étant placée sur le porte-objet du microscope, il mettait une goutte de solution dans le voisinage et la faisait arriver sur les cellules; de cette manière, la solution se trouvait diluée de moitié environ par le liquide propre de la plante. Chez le *Vallisneria*, le mouvement des cellules s'arrête peu de temps après le contact de la solution alcaline, et ne se rétablit pas spontanément; si l'on enlève le liquide et que, par lavage, on en débarrasse complétement la portion de tissu en expérience, c'est seulement sur quelques rares cellules qu'on parvient à rappeler le mouvement. C'est l'alcalinité du liquide qui tue la cellule, car un sel neutre d'ammoniaque, de concentration bien plus forte que le liquide employé, de l'oxalate par exemple, n'enraye pas le mouvement du protoplasma.

M. A. Mayer a observé les mêmes phénomènes avec le *Nitella*, dont les cellules énormes, filiformes et disposées en rangées serrées, se prètent on ne peut mieux à une étude de ce genre; comme les cellules du *Vallisneria*, celles des characées sont immobilisées par l'ammoniaque; elles se contractent, et la soustraction ultérieure du liquide alcalin ne rétablit pas le mouvement du protoplasma. Il est intéressant de remarquer que des infusoires s'étaient développés dans les liquides où baignaient les cellules de *Nitella* et demeuraient vivants alors que tout mouvement avait cessé, sous l'influence de l'ammoniaque, dans les cellules végétales.

Ces expériences mettent en évidence la sensibilité des cellules élémentaires à l'action des liquides ammoniacaux. Dans une autre série, M. Mayer a choisi le *Tradescantia*. Les poils staminaires de cette plante sont constitués par une série de cellules en chapelets dont la disposition offre toute facilité pour étudier les conditions de mouvement du liquide protoplasmique. Ces poils sont très-peu sensibles à l'action de l'ammoniaque; mais le liquide bleu qui baigne les cellules offre une base précieuse d'observations. En effet, ce suc se colore d'une manière remarquable en vert sous l'influence des alcalis, de telle sorte que la saturation progressive du liquide des cellules par l'action de l'ammoniaque peut être suivie sous le champ du microscope. Sous l'influence de l'alcali qui traverse, par voie d'osmose, le tissu propre de la cellule, le liquide se teinte en vert, et le phénomène va s'accusant progressivement en se manifestant d'abord dans les cellules allongées les plus vieilles pour gagner ensuite les jeunes cellules arrondies, ce qui semble indiquer, d'après Mayer, soit que les jeunes cellules renferment un suc plus acide que les autres, soit qu'elles ont la faculté plus marquée de régénérer les acides organiques. Quant à la cessation du mouvement protoplasmique résultant de l'alcalinisation du suc de la cellule, on observe dans la marche du phénomène une grande régularité. Le mouvement existe dans la cellule devenue verte qui confine aux cellules que n'a pas encore atteintes la liqueur ammoniacale et qui sont restées bleues, ce qui semble prouver qu'une très-faible réaction alcaline du protoplasma, naguère acide, est sans action nuisible, puisque le mouvement persiste. Je reviendrai plus tard sur ce fait, qui me paraît important au point de vue de la théorie de l'assimilation de l'ammoniaque atmosphérique par les plantes de la grande culture.

Dans les cellules dont le suc a été rendu le moins alcalin, on peut, en enlevant le liquide ammoniacal et lavant, ramener le mouvement du protoplasma; dans les cellules qui ont été les premières influencées par l'ammoniaque et sont le plus éloignées, par conséquent, des cellules demeurées bleues, l'altération est définitive; ces cellules meurent. Parallèlement à la renaissance du mouvement protoplasmique, on voit reparaître la matière colorante bleue, ce qui montre que le degré de résistance de la cellule à l'action de l'alcali ne dépend pas seulement du caractère acide du liquide cellulaire, mais aussi de sa propriété spécifique de reproduire rapidement des acides végétaux. Cette faculté varie beaucoup suivant les espèces végétales et même suivant les organes de la même plante; les parties jeunes des végétaux semblent la posséder à un plus haut degré que les organes déjà anciens, tandis qu'au contraire ceux-ci résistent mieux que les premiers à l'action de la chaleur et de la gelée. Il semble qu'il y ait une relation entre ces phénomènes et la respiration, qui, on le sait, est plus active dans les jeunes pousses et sous l'influence de laquelle peuvent se produire rapidement des acides végétaux.

Chez certaines plantes, la cuticule, épaisse et imperméable, protége les cellules contre l'action délétère des solutions ammoniacales; c'est ce qui arrive, par exemple, pour les feuilles à parenchyme coriace des végétaux toujours verts, comme le *Kalmia latifolia,* qui supporte, sans souffrir en aucune façon, un badigeonnage réitéré sur les deux faces de la feuille avec des solutions à 10 p. 100 de carbonate d'ammoniaque.

Des faits que je viens de résumer, M. A. Mayer tire quelques conclusions générales qu'il convient d'indiquer sans commentaires, et que je me réserve de discuter plus loin. Suivant les espèces végétales, d'après l'épaisseur plus ou moins grande de la cuticule, l'énergie vitale de la plante, l'ammoniaque agit sur la cellule avec des intensités diverses. Ainsi peut s'expliquer, dans certains cas, l'innocuité complète de cet alcali; dans d'autres, sa combinaison avec les liquides acides et sa transformation en matière protéique. De ce qu'il n'a pas réussi, tant s'en faut, dans les expériences que j'ai précédemment décrites, à amener les végétaux soumis à l'action de l'ammoniaque à un développement complet, M. Mayer conclut que le siége normal de la production des matières protéiques est autre que les feuilles, et que le transport des sels ammoniacaux ou des matières protéiques de la feuille vers les parties inférieures de la plante rencontre des difficultés. L'auteur rappelle, en outre, qu'on n'obtient jamais, en offrant aux racines de la plupart des plantes des sels ammoniacaux comme alimentation azotée, d'aussi bons résultats qu'en leur présentant l'azote sous la forme de nitrates.

La grande difficulté que présentent tous les essais de ce genre réside dans l'alternative où se trouve placé l'expérimentateur d'offrir aux plantes une quantité d'ammoniaque insuffisante, auquel cas la nutrition est imparfaite, ou une quantité trop grande, ce qui amène infailliblement la mort du végétal. Mais le sujet est si important qu'il mérite d'être repris avec persévérance; une étude approfondie conduirait sans doute à des résultats très-intéressants, le fait de l'absorption des vapeurs ammoniacales par les parties vertes des plantes étant aujourd'hui hors de doute.

M. A. Mayer a aussi abordé un autre point de vue du sujet : il s'est proposé de rechercher si de petites quantités d'ammoniaque, trop faibles pour tuer la plante ou même lui nuire visiblement, ont la propriété d'atténuer l'intensité des phénomènes biologiques les plus importants, de modifier le phénomène respiratoire, par exemple. La méthode et les appareils dont s'est servi l'auteur dans cette partie de ce travail sont ceux qu'il a appliqués, en collaboration avec M. de Wolkoff, à l'étude de la respiration proprement dite chez les plantes. La description de l'une et des autres, indispensable à l'intelligence des essais faits dans l'air ammoniacal, m'entraînerait trop loin de mon sujet, je me bornerai à indiquer le résultat en ce qui concerne le cas de l'assimilation de l'ammoniaque.

M. A. Mayer a placé dans son appareil respiratoire des plantes ou des parties vertes de plantes, et il a observé la marche du phénomène respiratoire dans l'air exempt d'ammoniaque et dans l'air ammoniacal. Les expériences faites sur le trèfle, la capucine, ont toutes donné le même résultat; l'ammoniaque existant dans une atmosphère confinée en quantité telle qu'elle brunit le papier de curcuma, n'exerce aucune influence sur la respiration des plantes très-impressionnables à l'action de l'alcali.

L'ammoniaque peut, dans certaines limites, être neutralisée par les acides des sucs végétaux et devenir un précieux élément de nutrition pour les plantes. L'ammoniaque n'est donc point, absolument parlant, un poison pour les végétaux; suivant les cas et les doses, elle joue tantôt le rôle d'un important principe nutritif, tantôt celui d'un toxique mortel pour les tissus. On trouverait d'ailleurs dans la pratique agricole bien des exemples qui confirment cette diversité dans le mode d'action des liquides ammoniacaux ou des vapeurs sur la végétation : action différente du purin sur les prés, les légumineuses, pois, haricots, etc.

Tout en laissant place encore à bien des études nouvelles sur le rôle physiologique de l'ammoniaque, la deuxième série des expériences de M. A. Mayer contient, on le voit, des observations intéressantes.

III. *Assimilation de l'ammoniaque atmosphérique par les plantes.* — J'arrive à la troisième partie du mémoire, consacrée à la discussion de la question fondamentale pour la culture; après avoir étudié l'absorption de l'ammoniaque gazeuse par les parties vertes des végétaux, l'influence locale de l'alcali sur la cellule, l'auteur aborde l'application de ces phénomènes à la théorie de la nutrition des végétaux agricoles. Ici, comme précédemment, je me renfermerai exclusivement dans l'exposé des expériences et des idées propres à M. Mayer, plus tard seulement je les reprendrai pour les soumettre à une discussion critique.

Tout l'intérêt de la question posée dans ce mémoire, dit M. Mayer, réside dans les conclusions pratiques qu'on en peut tirer. Il s'agit de décider si la faculté qu'ont les parties aériennes des plantes d'assimiler l'ammoniaque de l'air et celle des liquides avec lesquels on les arrose a une importance réelle dans les conditions normales de la végétation. A cette question principale s'en rattache une secondaire : certaines familles ou certains genres de plantes possèdent-ils à un plus haut degré que d'autres cette faculté ? Les légumineuses, les papilionacées jouent-elles un rôle particulier à ce point de vue ?

Les essais comparatifs de culture du blé, du chou-rave, des pois et des fèves de marais en l'absence d'azote dans le milieu nutritif semblent résoudre négativement cette question. M. Mayer a obtenu en effet les résultats suivants :

Blé.	Azote des graines.	Azote récolté.	Durée de la végétation.
	Milligr.	Milligr.	
1	0,9	1,3	40 jours.
2	0,9	1,4	40 —
3	1,1	2,0	30 —
4	1,1	1,8	51 —
5	0,7	1,8	70 —
6	0,7	0,8	70 —

Le blé végétant à l'air libre, mais protégé contre la pluie, dans un sol exempt d'azote, ne semble absorber que des quantités insignifiantes d'azote, en rapport avec les limites d'erreur de ces expériences.

Chou-rave.	Azote de la plante originelle.	Azote de la récolte.	Durée de la végétation.
	Milligr.	Milligr.	
1. . . .	6	14	71 jours.
2. . . .	5	8	36 —

Le gain en azote semble être un peu plus considérable ici, mais il n'atteint encore, après une longue période de végétation, qu'un taux peu élevé.

	Azote des graines.	Azote de la récolte.	Durée de la végétation.
	Milligr.	Milligr.	
Fèves de marais	21	25	83 jours.
Pois	11,7	13	60 —

Les papilionacées ne donnent donc pas, d'après M. Mayer, de meilleurs résultats que les autres espèces.

Si, dit-il, les végétaux de nos cultures ne savent pas mieux utiliser les traces d'ammoniaque atmosphérique que les plantes de mes expériences, ces traces n'ont pas plus de signification que les poussières minérales de l'atmosphère. Un peu plus loin, je rencontre la réflexion suivante : « Peut-être les organes foliacés doivent-ils être bien développés avant de pouvoir utiliser l'alimentation azotée que leur offre parcimonieusement l'atmosphère. Peut-être la fumure azotée n'a-t-elle pas d'autre objet que d'amener les plantes à un état de développement qui leur permette d'assimiler ensuite directement l'ammoniaque et de se passer, à partir de ce moment, de l'alimentation azotée provenant du sol. » Pour vérifier cette hypothèse, M. Mayer a institué une nouvelle série d'expériences sur le blé, les pois et les courges. Le principe de ces essais est le suivant : élever une plante dans un milieu nutritif contenant de l'azote sous forme de nitrate, l'amener jusqu'au point où, ayant consommé tout l'azote nitrique, elle aura acquis un développement foliacé suffisant pour continuer à vivre et à s'accroître, s'il y a lieu, aux dépens de l'ammoniaque de l'air, comme source d'azote, sans addition nouvelle de nitrate dans le milieu nutritif où plongent ses racines.

Le 7 mai, six jeunes plants de blé (âgés de seize jours à compter depuis le commencement de la germination) furent placés trois par trois dans deux vases en verre contenant des solutions nutritives exemptes d'azote. Dans l'un des vases on ajouta assez de nitrate de potasse pur pour que chacun des trois plants eût à sa disposition 0gr,03 d'azote. Malgré une assez longue période de froid, dès le 19 du mois, les trois plantes salpêtrées dépassaient notablement en croissance les autres (à l'abstinence d'azote). Chacune des trois premières tiges commençait à développer sa troisième feuille.

Le 2 juin on remarquait les différences suivantes : les plants à l'abstinence d'azote commençaient à former leur quatrième feuille; la première se flétrissait. Les plants nitratés possédaient chacun un beaucoup plus grand nombre de feuilles et présentaient deux tiges secondaires. Mesurées à cette époque, les feuilles ont donné les nombres suivants :

	Longueur maxima.	Largeur maxima.
	—	—
A l'abstinence d'azote	14c/m,4	0c/m,4
Plante au nitrate	26 ,0	0 ,6

Ces différences surpassent déjà de beaucoup celles qu'on observe entre les plantes à l'abstinence d'azote et celles qui reçoivent de l'ammoniaque. Elles s'accuseront encore davantage dans la suite.

Le 12 juin, on ne peut plus constater la présence de nitrate dans les solutions nutritives. Les plantes sont vivaces, richement développées; elles ont tallé. Les blés à l'abstinence d'azote sont demeurés stationnaires; ils poussent extraordinairement lentement de nouvelles feuilles, tandis que les anciennes se flétrissent et tombent.

Elles ne conservent jamais plus de deux feuilles fraîches. On recueille naturellement les feuilles tombées pour les joindre plus tard, lors de l'analyse, au reste de la plante.

Au milieu de juin, la rouille se montre sur les feuilles des plantes nitratées; on coupe les feuilles atteintes, on les met à part. Survient alors un arrêt dans le développement des plantes; il se forme bien encore des feuilles nouvelles, mais aucun épi ne se montre. Inutile de dire que toutes les précautions nécessaires ont été prises pour l'entretien des vases durant ces essais. Le 29 juillet, on fit la récolte et l'analyse des tiges.

	Substance sèche.	Azote absolu.	Azote p. 100 de substance sèche.
3 tiges de blé à l'abstinence d'azote. .	0gr,357	0gr,0025	0,7
3 tiges de blé (nitrate)	2 ,263	0 ,027	1,3
3 semences de blé	0 ,082	0 ,002	2,6

L'azote contenu dans la solution nutritive avait, on le voit, mis les plants de blé en situation de produire une quantité excédante très-notable de substance sèche par rapport aux pieds qui n'avaient reçu d'autre azote que celui de leurs propres graines. En ce qui concerne le bilan de l'azote, on voit qu'on ne retrouve pas tout à fait autant d'azote dans la récolte entière qu'en contenaient les graines et la solution nutritive (0gr,03 p. 100) sous forme de nitrate. Mayer en tire la conclusion que, même amenés dans un bon état de croissance par une nourriture azotée, les blés n'ont pas puisé dans l'atmosphère une quantité appréciable d'azote.

Dans l'été de 1874, il reprit ses expériences sur les pois. Des semences pesant 0gr,3 à 0gr,35 furent, après ramollissement, placées le 15 mai dans une solution nutritive renfermant 0gr,1 d'azote sous forme de nitrate. Des plants témoins furent parallèlement élevés dans des solutions exemptes d'azote.

Le 2 juin, l'influence de l'alimentation nitratée est des plus marquées. La végétation des deux pois commence à devenir luxuriante : ils sont, pendant un certain temps, comparables aux plantes croissant en pleine terre. Le 12 du même mois, on peut encore constater la présence du nitrate dans la solution nutritive. Le 23 juin, on ne constate plus trace de nitrate dans le liquide ; à partir de ce moment, on renouvelle régulièrement la solution. Le 21 juillet, on récolte les plantes qui commencent à jaunir : chacun des deux pois (nitratés) porte quatre gousses, contenant ensemble sept semences bien formées en voie de développement. Le pois à l'abstinence d'azote était mort et avait dû être récolté le 9 juillet ; il ne portait qu'une gousse renfermant une seule graine mal venante.

L'analyse des récoltes a donné les résultats suivants :

	Substance sèche.	Azote absolu.	Azote p. 100 de substance sèche.
1 pois à l'abstinence d'azote	0gr,728	0gr,013	1,8
1 pois ayant reçu 0gr,2 d'azote (moyenne) .	4 ,146	0 ,076	1,8
1 semence	0,26 à 0,31	0,012 à 0,016	4,1

Sous l'influence de l'alimentation azotée, la production de substance organique était très-sensiblement plus grande, comme on le voit. Dans le pois à l'abstinence, le taux de substance sèche avait triplé (par rapport à la graine) ; dans le pois nitraté, il était quinze fois plus considérable. La méthode de la chaux sodée, appliquée au dosage de l'azote dans les graines et dans les récoltes, n'a pas fait retrouver dans ces dernières la totalité de l'azote. Cela s'explique par la présence, constatée par A. Mayer, du nitrate dans le tissu même des plantes ; or, on sait que la méthode de Will et Varrentrapp ne donne pas l'azote contenu à l'état d'acide nitrique dans la substance analysée. Un dosage, effectué sur une autre plante par la méthode de M. Dumas, a donné, pour le taux moyen de l'azote total, 0gr,1024, ce qui correspond très-exactement à la quantité d'azote donnée à l'état de nitrate à la plante, plus l'azote de la graine (0gr,1012 à 0gr,1015).

La conclusion de l'auteur est la même que la précédente :

les légumineuses n'ont pas puisé dans l'atmosphère plus d'azote que le blé.

L'expérience faite sur la courge a conduit à un résultat identique.

De l'ensemble de ces expériences, M. A. Mayer déduit des conclusions générales dont voici les deux principales : L'absorption d'ammoniaque par les feuilles est possible, théoriquement; mais, vu la parcimonie avec laquelle les sources atmosphériques l'offrent aux plantes, ce phénomène n'a pas une importance pratique considérable. Les papilionacées ne semblent pas, jusqu'ici, offrir des différences bien grandes sous ce rapport avec les autres familles végétales.

La théorie, dans l'état imparfait où elle se trouve encore, ne peut pas expliquer, suivant M. Mayer, le rôle des légumineuses et en particulier du trèfle dans les rotations. Des causes autres que l'assimilation d'azote, telles que la protection plus manifeste du sol contre l'action des rayons solaires, etc., permettant une répartition plus égale d'humidité, peuvent être invoquées.

Tel est, dans son ensemble et dans ses points principaux, l'intéressant travail de M. Mayer. J'examinerai plus loin s'il n'est pas possible de tirer des expériences bien conduites qu'il renferme des conclusions autres que celles auxquelles arrive l'auteur, et si, comme je le crois, les faits observés par lui, et notamment le mode d'assimilation de l'ammoniaque par la cellule, ne conduisent pas rationnellement à des interprétations différentes.

157. — Vues d'ensemble de M. Schlœsing sur la circulation de l'azote dans la nature. — Au point où nous en sommes arrivés, nos connaissances sur la nutrition azotée des végétaux peuvent se résumer en quelques propositions :

1° Les végétaux n'assimilent pas l'azote gazeux, ils fixent, au contraire, l'ammoniaque et la transforment en matière protéique ;

2° Les nitrates prennent exclusivement naissance aux dépens des composés organiques azotés formés dans les plantes sous l'influence de la vie;

3° La nitrification ne concourt donc pas à la réparation des pertes en azote résultant de la décomposition des matières protéiques ; elle est elle-même à la fois une cause et un résultat de la destruction de ces dernières sous diverses influences ;

4° La source originelle, réparatrice des principes azotés, ne réside ni dans l'azote gazeux, ni dans les combinaisons minérales (AzH^3 et AzO^5) apportées au sol par les pluies; c'est ailleurs qu'il la faut chercher. Cette source paraît unique : c'est l'ammoniaque de l'air, qui prend naissance sous l'influence des phénomènes électriques dont l'atmosphère est le siége.

Avant d'exposer les expériences qui ont donné à l'affirmation de Liebig la rigueur d'une doctrine scientifique irréprochable, je crois utile de faire connaître les idées générales qui ont servi de guide à M. Schlœsing dans ses belles recherches sur ce grave sujet.

Dans une communication préalable adressée à l'Académie des sciences en janvier 1875, M. Schlœsing s'exprime ainsi : Après la leçon mémorable de M. Dumas, concertée avec M. Boussingault, sur la statique chimique des êtres organisés, après les écrits classiques de Liebig, l'ammoniaque diffusée à la surface du globe prit une place importante dans les travaux de la chimie agricole. Elle fut mesurée dans l'air, dans les sols, dans les eaux ; cependant, malgré de nombreuses recherches, nous sommes encore dans l'incertitude sur son origine, sa circulation, ses variations dans l'atmosphère, sa distribution entre les mers, les continents et l'air, son apport comme aliment aux diverses cultures, et notre ignorance sur ces questions nous empêche d'en résoudre d'autres auxquelles elles sont mêlées. Entre l'atmosphère, d'une part, et la mer et les continents, de l'autre, se font des échanges continuels d'ammoniaque dont dépendent évidemment les apports de l'air aux terres et aux cultures ; il importait donc d'étudier les lois de ces échanges.

On sait que les êtres organisés n'assimilent pas l'azote gazeux ; leurs principes azotés sont des produits de transformation procédant de l'ammoniaque et de l'acide nitrique, et reproduisent ces corps pendant leur décomposition. Dans le cours des transformations, une certaine quantité d'azote sort de l'état de combinaison et devient libre, en sorte que la somme des composés azotés existant dans le monde éprouverait une diminution continue aboutissant à l'anéantissement, s'il n'y avait pas une ou plusieurs causes naturelles réparatrices, faisant entrer l'azote gazeux en combinaison. Ces causes ont été placées tour à tour dans l'atmosphère, dans les végétaux, dans les sols.

Dans l'atmosphère : Depuis longtemps, M. Boussingault a insisté sur l'importance de la production d'acide nitrique par l'électricité.

Dans les plantes : L'assimilation directe de l'azote gazeux n'est plus admise.

Dans les sols : Plusieurs modes de réparation ont été proposés. Lavoisier, Th. de Saussure et d'autres savants après eux, ont montré que la combustion vive des matières carbonées ou hydrogénées provoque l'union d'une petite quantité d'azote atmosphérique avec l'oxygène ou l'hydrogène. Si la combustion lente de la matière organisée avait un effet semblable, la réparation se ferait, dans une certaine mesure, en même temps que le déficit ; mais ce résultat n'est nullement démontré. Un autre mode de réparation est proposé par M. Dehérain : l'azote gazeux entrerait en combinaison avec les matières carbonées du sol. Je ne puis, dit M. Schlœsing, admettre cette assertion depuis qu'il m'a été impossible de constater la moindre absorption d'azote, dans des expériences très-soignées sur du terreau ou de la terre végétale laissés longtemps au contact de ce gaz avec ou sans alcalis. (Voir p. 449). Enfin il n'est pas démontré que la nitrification par les corps poreux, en l'absence des composés azotés, ne se produise en aucun cas. Mais, quoi qu'il en soit, il paraît bien que la résultante des actions qui créent ou détruisent des composés azotés dans le sol est une perte réelle : en effet, dans ses expériences sur la terre végétale, en présence d'un excès d'air, M. Boussingault a constaté une perte d'azote combiné, et mes propres expériences, faites en l'absence d'oxygène, ont présenté un semblable résultat.

L'électricité atmosphérique semble donc être, jusqu'à présent, la seule cause réparatrice dont les effets soient bien réellement constatés.

Cependant, quand on calcule la quantité d'azote combiné apporté au sol par les météores aqueux, on trouve que cette quantité est inférieure à celle qui est exportée par les récoltes et les eaux souterraines, et l'on est tenté de nier que l'électricité atmosphérique soit une cause suffisante de réparation. Avant d'admettre cette conclusion, en apparence fondée, il faut rechercher si l'apport par les météores aqueux représente bien tout ce que la production nitreuse dans l'atmosphère peut nous donner.

M. Schlœsing observe d'abord que la surface des continents est un milieu essentiellement oxydant. La nitrification s'y développe abondamment, comme le témoignent les eaux de drainage, de sources, de rivières, relativement riches en nitrates et pauvres en ammoniaque. Une partie des nitrates formés rentre dans le cycle de la vie, l'autre est emportée à la mer.

Les nitrates ainsi charriés ne s'accumulent pas dans la mer ; ils y servent sans doute à la végétation, car l'analyse n'en retrouve que des traces. Au mois de septembre dernier, M. Schlœsing a déterminé plusieurs fois l'acide nitrique et l'ammoniaque dans l'eau de mer puisée, à marée haute, près de Saint-Valery-en-Caux. Il a trouvé $0^{mg},2$ à $0^{mg},3$ d'acide nitrique par litre et de $0^{mg},4$ à $0^{mg},5$ d'ammoniaque. M. Marchand et M. Boussingault avaient dosé antérieurement $0^{mg},57$ et $0^{mg},2$ de cet alcali. Ainsi l'azote des nitrates, qui l'emporte sur celui de l'ammoniaque dans les eaux terrestres, lui est, au contraire, bien inférieur dans les eaux marines. Ces résultats conduisent à penser que la décomposition des êtres organisés, source active de nitre sur les continents, devient une source d'ammoniaque dans un milieu aussi peu oxygéné que la mer.

On doit donc se représenter toute une circulation d'acide nitrique et d'ammoniaque à la surface du globe. L'acide nitrique produit dans l'atmosphère arrive tôt ou tard à la mer ; là, après avoir passé dans les êtres organisés, il est converti en ammoniaque ; dès lors, le composé azoté a pris l'état le plus propre à sa diffusion : il passe dans l'atmosphère, et, voyageant avec elle, va, comme l'acide carbonique, à la rencontre des êtres privés de locomotion, à la nutrition desquels il doit contribuer. Dans sa route, il est fixé là où il trouve les feuillages des végétaux, ou bien des terres arables préparées à l'absorption par des labours et par la présence du terreau. Ainsi, production nitreuse dans l'air, apports nitreux de l'air aux continents et à la mer, retour des nitrates des continents dans la mer, transformation de ces sels en ammoniaque dans le milieu marin, passage de l'alcali dans l'atmosphère et transport aux continents : telle doit être la circulation des composés minéraux de l'azote.

La production nitreuse dans l'atmosphère peut donc faire défaut dans certaines contrées et se localiser dans d'autres, comme la zone équatoriale; l'ammoniaque qui en provient n'en est pas moins distribuée partout. Par conséquent, lorsque l'on discute sur les apports de l'atmosphère aux cultures, il ne faut pas seulement compter l'acide nitrique et l'ammoniaque des eaux pluviales, comme on l'a fait; il faut mesurer encore les apports par absorption directe de l'ammoniaque aérienne, au contact des plantes et des sols. Jusqu'à ce que ces apports soient déterminés, on ne pourra ni affirmer ni refuser de croire que la production nitreuse dans l'air soit suffisante pour réparer les déficits des combinaisons azotées.

En admettant que le volume de la mer soit égal à une couche de 1,000 mètres d'épaisseur étendue sur le globe entier et en lui supposant un titre uniforme de $0^{mg},4$ d'ammoniaque par litre, on trouve qu'à chaque hectare de la surface correspondrait une provision de 4,000 kilogr. d'ammoniaque. La mer est donc, selon l'observation de M. Boussingault, un immense réservoir d'azote combiné; j'ajoute, dit M. Schlœsing, qu'elle est aussi le régulateur de la distribution annuelle sur les continents par les courants aériens.

Telles sont les idées générales de M. Schlœsing sur la circulation de l'aliment azoté des végétaux (ammoniaque et nitrates) à la surface du globe, et sur le rôle pondérateur des mers dans l'échange incessant qui s'opère entre la matière inerte et les êtres vivants. Nous allons voir combien ces vues originales jettent de jour sur la question, capitale pour l'agriculture, des sources réelles de l'azote des végétaux. L'exposé pur et simple des travaux récents, précédant la discussion critique des faits observés et des hypothèses émises, m'a paru la marche la plus rationnelle à suivre pour arriver à élucider le problème qui nous occupe et qui est à coup sûr l'un des plus élevés et des plus délicats que puisse se proposer de résoudre la philosophie naturelle. L'origine et le mode d'assimilation de l'azote des êtres vivants est, en effet, l'un des points primordiaux de la biologie générale; à la connaissance que nous en pouvons avoir, aux idées qu'il nous est donné de nous faire des phénomènes généraux qui accompagnent la production de la matière azotée vivante, sont liés tous les progrès de la science de la nutrition, tant chez les plantes que chez les animaux.

Examinons successivement les expériences relatives à la détermination de l'ammoniaque dans l'air atmosphérique, à ses variations et à ses rapports avec les plantes et avec le sol.

158. — De l'ammoniaque atmosphérique. — Les plantes sont douées de la faculté d'absorber l'ammoniaque mélangée sous forme de carbonate à l'atmosphère dans laquelle elles végètent. Ce fait, surabondamment prouvé par les expériences de MM. J. Sachs et Schlœsing et par celles de M. Mayer, vient donner à la détermination exacte des quantités d'ammoniaque contenues dans l'air atmosphérique une importance très-grande.

L'ammoniaque, dont la présence constante dans l'air peut être mise en évidence par divers procédés et notamment par celui que Th. de Saussure a indiqué, se rencontre dans l'atmosphère en proportions bien plus variables que l'acide carbonique; elle s'y trouve, de plus, en quantité toujours beaucoup plus faible que ce gaz, deux conditions qui en rendent la détermination délicate et nous expliquent les divergences si grandes que l'on constate dans les résultats analytiques publiés par les chimistes qui se sont occupés de la question.

La méthode qu'on a toujours employée pour doser l'ammoniaque atmosphérique consiste à faire passer un volume mesuré d'air à travers des tubes contenant des solutions acides destinées à absorber l'alcali et qui, titrées avant et après le passage d'un volume d'air déterminé, font connaître la quantité d'ammoniaque cédée par l'air à la liqueur titrée. Toutes les déterminations faites jusqu'ici par ce procédé peuvent se grouper en deux catégories : les unes effectuées sur de très-faibles volumes d'air, les autres sur des quantités considérables du même gaz. Les dosages opérés sur des volumes d'air très-limités sont sujets à des causes d'erreur accidentelles, nombreuses et indépendantes de la volonté et de l'habileté de l'expérimentateur.

Les déterminations sur des volumes considérables, celles de M. I. Pierre, de M. G. Ville, etc., ne peuvent se faire qu'à la condition de prolonger les expériences pendant plusieurs jours, plusieurs semaines et même durant quelques mois. Cette méthode, de beaucoup préférable à la première, fournit des moyennes plus exactes, mais elle est peu applicable à l'étude des variations dans la teneur de l'air en ammoniaque, à raison du temps qu'exige chaque expérience.

Dans le cas des dosages sur de petits volumes d'air, la quantité d'ammoniaque fixée est tellement faible qu'on ne peut plus compter sur l'exactitude de la détermination; dans le second cas, il faut renoncer à étudier les variations de l'alcali aérien dans des périodes de temps rapprochées; le résultat de l'analyse n'est qu'une moyenne applicable à un certain nombre de jours consécutifs.

Nul doute que les divergences si considérables constatées par les différents expérimentateurs dans les teneurs de l'air en ammoniaque, divergences que met en relief le tableau suivant, ne tiennent à la défectuosité des méthodes employées jusqu'ici pour ces analyses.

Horsford, de Boston (Amérique), a dosé l'ammoniaque de l'air, dans diverses saisons. Voici les nombres donnés par ce chimiste :

Un million de parties d'air (en poids) renfermaient les quantités suivantes d'ammoniaque :

3 juillet	42,99 parties.
6 —	46,12
9 —	47,63
1er au 20 septembre	29,74
11 octobre	28,23
14 —	25,79
30 —	13,93
6 novembre	8,09
10 au 13 novembre	8,09
14 au 16 novembre	4,70
17 novembre au 5 décembre	6,98
20 au 21 décembre	6,98
29 décembre	1,22

De la longue série de dosages exécutés par lui en 1850 et 1851, M. G. Ville a déduit les nombres moyens, maxima et minima suivants :

1850.	Moyenne	23,73 [1]
—	Maximum	31,71
—	Minimum	17,76
1851.	Moyenne	21,10
—	Maximum	27,26
—	Minimum	16,52

1. Rapportés à un million de parties d'air en poids.

Tous les autres observateurs ont obtenu des chiffres très-inférieurs, ainsi que le montrent les chiffres suivants extraits de leurs mémoires :

MM. Kemp (sur les côtes d'Irlande) a trouvé		3,88[1]
Gräger à Mulhouse		0,33
Frésenius à Wiesbaden (août et septembre 1848)	jour	0,10
	nuit	0,17
Bineau à Lyon (à l'observatoire)	minimum	0,15
	maximum	0,26
Bineau à Lyon (quai de Ratz)	minimum	0,13
	maximum	0,54
Bineau à Tarare		0,06
Bineau à Caluire	minimum	0,02
	maximum	0,09
De Porte (en hiver)		3,50

Les seuls faits qui ressortent nettement de tous ces dosages, c'est l'extrême variabilité des taux de l'ammoniaque dans l'air atmosphérique et l'insuffisance des méthodes employées jusqu'ici pour leur détermination.

159. — Méthode de dosage de l'ammoniaque aérienne. — M. Th. Schlœsing a imaginé une méthode d'analyse qui ne présente plus aucun des inconvénients que je viens de signaler; le nouveau procédé permet d'opérer en quelques heures sur un volume considérable d'air ; il est d'une application facile et sûre, et servira à élucider l'une des plus importantes questions de physique générale du globe, la dissémination de l'ammoniaque dans l'atmosphère et les variations qui surviennent dans la teneur en alcali de l'océan aérien, avec les saisons, les phénomènes météorologiques divers, etc., etc...

M. Schlœsing opère par absorption, comme tous les chimistes qui l'ont précédé; seulement les dispositions très-ingénieuses qu'il a adoptées rendent possible l'étude des variations diurnes et même horaires de la teneur en ammoniaque de l'air atmosphérique. Je vais faire connaître exactement la méthode décrite par M. Schlœsing dans la séance de l'Académie des sciences du 25 janvier 1875 et mise en pratique, depuis cette époque, par son auteur au laboratoire de l'École d'application des manufactures de l'État.

1. Rapportés à un million de parties d'air en poids.

L'appareil de M. Schlœsing donne le moyen de doser en quelques heures l'ammoniaque contenue dans 30000 litres d'air. Les figures 35, 36, 37, 38 et 39 en représentent les différentes parties.

Avant d'arriver au barboteur, l'air ne doit traverser aucun appareil si ce n'est des tuyaux en verre chargés de le puiser au dehors : il est donc indispensable de déterminer son passage par aspiration à l'issue du barboteur et après son contact avec le liquide acidule. On peut imaginer divers mécanismes chargés d'aspirer et de mesurer en même temps de grandes quantités d'air. L'entraînement de l'air par un jet de vapeur a paru à M. Schlœsing le mode le plus simple, le plus commode sous le rapport de la constance et de la continuité, à la condition de chauffer un générateur de vapeur par un combustible tel que le gaz, dont la source est indéfinie, et de régler automatiquement la pression de la vapeur dans la chaudière et l'alimentation de cette dernière ; l'expérimentateur est ainsi exonéré d'une surveillance trop attentive. Pour bien faire comprendre les dispositions que M. Schlœsing a adoptées, je les décrirai dans l'ordre suivant :

1° La chaudière ;

2° L'entraînement de l'air par la vapeur ;

3° La régulation de la pression ;

4° L'alimentation de la chaudière ;

5° Le barboteur ;

6° L'appareil mesureur de l'air entraîné.

L'ensemble du dispositif est représenté par la figure 35.

C, chaudière portée sur une enveloppe de maçonnerie F ;
A, ajutage pour l'entraînement de l'air par la vapeur ;
B, barboteur ;
R, régulateur de la pression ;
V, voie d'alimentation ;
MM', appareil servant à mesurer l'air.

1. Chaudière. — La chaudière est en cuivre ; elle est formée par un cylindre vertical terminé par deux fonds bombés dont le supérieur porte une petite hausse. Cette hausse, à collet rabattu, reçoit un couvercle fixé par des brides et par des boulons. La figure 35 montre cette partie supérieure C munie d'un niveau d'eau. La partie

inférieure ou surface de chauffe est enfermée dans une enveloppe de briques F et chauffée par une grille à gaz munie d'une cinquantaine

Fig. 35. — Appareil de Schlœsing pour le dosage de l'ammoniaque atmosphérique.

d'orifices. Le couvercle porte au centre le tube AA' (*fig.* 36), par lequel la vapeur doit s'échapper, et sur les côtés deux tubes recourbés B et C; B est en relation avec le vase V qui sert à l'alimentation de la chaudière; C met celle-ci en relation avec le régulateur R (*fig.* 35), qui sera décrit plus loin (*fig.* 37). La chaudière a une capacité de 10 litres.

2. Entraînement de l'air par la vapeur. — Sur le tube A du

couvercle de la chaudière est rapporté un tube en cuivre A′, conique, ayant à son extrémité rétrécie un diamètre intérieur de 2 millimètres. Il est soudé vers son milieu à un tube en cuivre DD′ de 2 centimètres de diamètre, coudé à angle droit, dont l'extrémité D′ est reliée, par du caoutchouc, à la conduite qui doit amener l'air sortant du barboteur; cette conduite est formée par un tube de verre d'un diamètre de 3 centimètres au moins. L'extrémité D est reliée par un bout de tube de caoutchouc F à un ajutage en verre, simple tube étiré, ayant à sa partie inférieure un diamètre intérieur de 2 centimètres; la partie supérieure est formée par un bout cylindrique de 8 millimètres environ de diamètre intérieur. La vapeur, lancée dans l'ajutage par le tube A′, détermine une aspiration

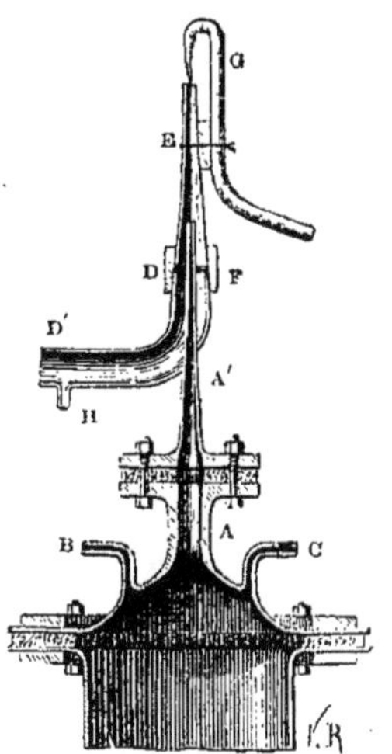

Fig. 36. — Aspirateur à vapeur.

telle qu'en une heure il peut passer 7 mètres cubes d'air dans le barboteur avec une dépense de 2 kilogr. de vapeur. H est un petit tube qu'on peut relier avec un manomètre à eau pour estimer l'aspiration. Le tube G fixé sur l'ajutage E est destiné à puiser des échantillons du mélange de vapeur et d'air par une pointe fine occupant le centre de l'échappement; il en sera question plus loin.

3. Régulation de la pression de la vapeur. — Il est essentiel, pour la constance du régime de l'appareil, que la pression de la vapeur dans la chaudière soit à très-peu près invariable. On satisfait à cette condition en faisant dépendre de la pression de la vapeur le

chauffage de la chaudière, c'est-à-dire le débit du gaz par la grille, de telle sorte que, la pression de la vapeur venant à s'élever tant soit peu au-dessus de la pression voulue, le débit du gaz soit diminué, et qu'il soit au contraire augmenté si la pression tend à baisser. La figure 37 représente le régulateur adopté par M. Schlœsing, répondant aux conditions ci-dessus indiquées. Il se compose de deux flacons F, G, reliés par un tube MM dont l'extrémité supérieure s'arrête dans le goulot du flacon G et dont l'extrémité inférieure descend jusqu'au fond du flacon F. Ce dernier est mis en relation, par un tube N, avec le tube C (*fig.* 35 et 36) du couvercle de la chaudière. La pression de la vapeur de la chaudière s'exerce en F sur du mercure et en élève le niveau dans le flacon G jusqu'à une hauteur qui mesure cette pression. Aussi doit-on donner au tube MM une longueur telle que le niveau du mercure s'arrête au tiers environ de la hauteur du flacon G.

La pression normale, dans les expériences de M. Schlœsing, était de 28 millimètres de mercure.

Le flacon G est fermé à sa partie supérieure par un bouchon de caoutchouc portant un tube en cuivre mince, d'un centimètre de diamètre, muni de deux tubulures P et Q. La tubulure P est reliée à la canalisation du gaz d'éclairage ; la tubulure Q communique à la grille placée sous la chaudière : le gaz doit donc traverser le tube en cuivre pour aller de l'une à l'autre et c'est pendant ce trajet que s'opère sa régulation. A cet effet, un bouchon S, traversé par un bout de tube en verre, est fixé dans le tube en cuivre entre les deux tubulures. Ce bout de tube est traversé par une baguette de verre conique et portée par un bouchon H flottant sur le mercure. Le tube T se prolonge en pointe dans le tube M de manière à être maintenu dans une position verticale. On comprend sans peine que l'augmentation de pression de la vapeur détermine l'ascension du flotteur et par conséquent l'étranglement du passage du gaz et la diminution du débit et qu'au contraire une diminution de pression produit un effet inverse. Cet appareil règle la pression avec une très-grande précision ; dans les expériences de M. Schlœsing, les variations étaient à peine de $0^{m},001$ de mercure, alors même que la pression du gaz venait à tripler, comme il arrive pendant quelque temps à la tombée de la nuit. Lorsque le gaz doit brûler pendant la nuit dans un laboratoire, en l'absence de toute surveillance et surtout lorsqu'il traverse librement des appareils en verre qui peuvent se briser spontanément, il est essentiel d'adopter des dispositions qui interrompent

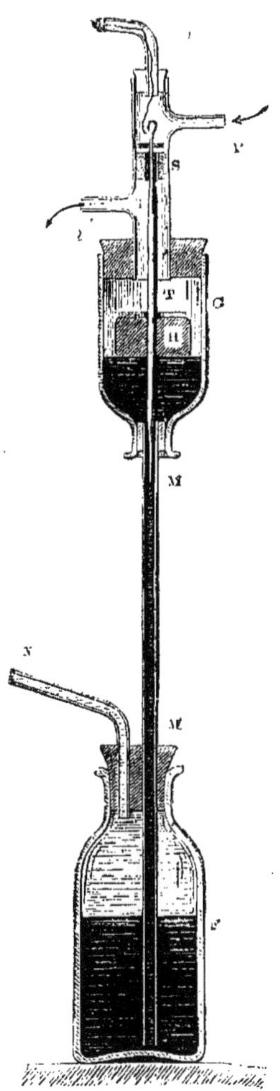

Fig. 37. — Régulateur de pression.

instantanément le débit du gaz dans le voisinage de la canalisation. A cet effet, l'extrémité du tube T porte, au-dessus du bouchon S, un disque de caoutchouc, pour que, en cas de rupture de quelque partie de l'appareil, la pression dans la chaudière devant infailliblement descendre, le flotteur tombe et dès lors le disque de caoutchouc vienne boucher le passage du gaz.

4. ALIMENTATION DE LA CHAUDIÈRE. — L'alimentation a lieu automatiquement par le débit d'un grand flacon de Mariotte, V (*fig.* 35), placé à une hauteur telle que le liquide amené dans la chaudière par un long tube en S, y occupe une hauteur, au-dessus de son orifice dans la chaudière, de 3m,80, équivalente à la pression mercurielle de 0m,28. Ce tube en S consiste simplement en un tube de plomb d'un centimètre au moins de diamètre, soudé à la partie inférieure d'une boîte D, en cuivre, remplissant l'office de la boule d'un tube de sûreté et mise en relation avec la chaudière par la partie supérieure. Le liquide du flacon de Mariotte est débité par un tube en verre, K, recourbé deux fois, d'un diamètre intérieur de 2 millimètres.

Ces sortes de tubes retardent si bien l'écoulement par le frottement que l'on peut régler sans peine le débit par la hauteur du tube intérieur au-dessus de l'orifice d'écoulement. Le débit, dans les expériences de M. Schlœsing, était de 2 litres environ par heure. Il est impossible de régler l'alimentation de manière qu'elle soit exactement égale à la dépense ; mais d'un jour à l'autre les différences sont très-faibles et l'observateur peut être guidé à coup sûr pour retoucher le tube de Mariotte. Pour éviter l'obstruction accidentelle du tube K, il convient de filtrer l'eau d'alimentation à travers une toile métallique avant de l'introduire dans le flacon de Mariotte. Le dispositif qui vient d'être décrit permet de mesurer très-exactement l'eau d'alimentation consommée en un ou deux jours, et par conséquent de déterminer le poids de vapeur dépensée dans une heure. On obtient ainsi l'une des données servant à mesurer le volume de l'air qui a traversé le barboteur.

5. BARBOTEUR. — Une cloche à douille A, en verre, d'une capacité de trois litres, fermée par un disque de platine exactement emboîté sur ses bords et percé de trois cents trous de un demi-millimètre, repose sur trois calles en verre à vitre, dans un vase B, à fond plat, un peu plus large ; ce vase porte une large tubulure reliée à un gros tube C chargé de puiser l'air au dehors. L'espace compris entre la cloche et le vase est fermé, au-dessus de la tubulure, par un tube annulaire en caoutchouc, auquel est soudé un petit tube muni

d'un robinet et communiquant avec un réservoir d'eau : sous une charge de 3 à 4 mètres, le caoutchouc se gonfle instantanément et

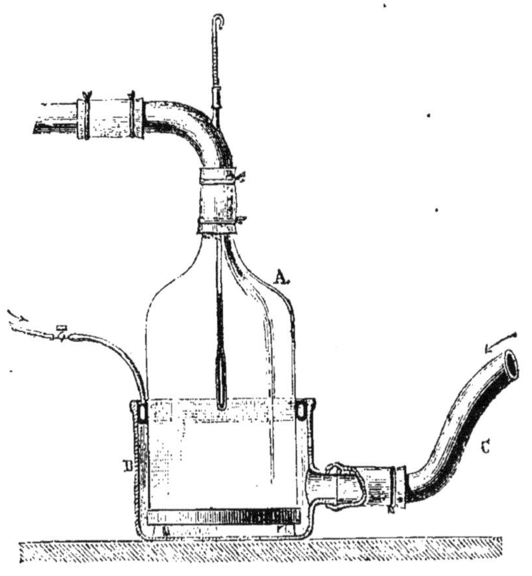

Fig. 38. — Barboteur de l'appareil Schlœsing.

forme un joint parfait. Tel est l'appareil destiné à absorber l'ammoniaque atmosphérique.

Voyons maintenant comment il fonctionne. On verse, dans la cloche A, 300 centimètres cubes d'eau pure aiguisée d'acide sulfurique, puis on la fait communiquer par la douille avec l'appareil d'aspiration AA' (*fig.* 35 et 37). L'air, arrivant par le tube C, se répand alors entre la cloche et le vase, passe entre les deux fonds en chassant l'eau devant lui et pénètre dans la cloche par les trois cents trous du disque de platine. Le barbotage ainsi produit est tellement énergique que le liquide n'a plus le temps de se réunir en couche au fond de la cloche ; il est employé tout entier à former les parois de bulles entassées en forme de mousse sur une hauteur de $0^m,20$ à $0^m,25$.

Lorsque le temps consacré au barbotage est écoulé, on extrait le liquide, et on le distille sur la magnésie pour y doser l'ammoniaque.

6. Appareil mesureur de l'air entraîné. — Pour effectuer cette mesure, M. Schlœsing s'est servi de la méthode chimique de jaugeage des fluides qu'il a décrite, en ces termes, dans les comptes rendus de l'Académie des sciences. (Séance du 20 juillet 1868.)

Soit F la quantité d'un fluide s'écoulant dans un canal pendant l'unité de temps; je suppose l'écoulement constant : j'introduis dans le canal un fluide auxiliaire qui se mélange intimement avec le premier, et auquel je suppose aussi un écoulement constant dont je sais la mesure; soit f la quantité de ce fluide auxiliaire écoulée dans l'unité de temps. En un point du parcours où le mélange est parfait, je puise un échantillon et je l'analyse. Je trouve une quantité ψ du fluide F, et une autre φ de f. Il est évident que j'ai la proportion $\frac{F}{f} = \frac{\psi}{\varphi}$, ou $F = \frac{\psi}{\varphi} f$. La détermination de f, c'est-à-dire de la quantité de fluide auxiliaire écoulée dans l'unité de temps, pourra se faire par les moyens connus, dont la précision est aujourd'hui en quelque sorte illimitée ; l'exactitude du jaugeage du fluide ne dépendra donc que de celle de l'analyse chimique. Pour rendre celle-ci aussi grande que possible, il restera à choisir le fluide auxiliaire parmi les corps que la chimie sait doser exactement, lors même qu'ils sont délayés dans un très-grand volume d'un autre fluide.

Au lieu de prendre pour l'analyse un échantillon unique du mélange des fluides, il conviendra d'échantillonner continûment pendant toute la durée de l'expérience, et d'analyser la somme des échantillons successifs. On s'affranchira ainsi de la condition de constance de l'écoulement de f, et il suffira de connaître la quantité qui s'est débitée du commencement à la fin de l'expérience.

Dans la plupart des cas, F a un débit constant, comme je l'ai supposé, du moins pendant les quelques minutes que demande une expérience. Je citerai pour l'eau : les déversoirs, vannes, moteurs hydrauliques, canaux, rivières même; pour la vapeur: les chauffages; pour l'air, les ventilateurs, la ventilation en général, les cheminées, etc.

Mais il est d'autres cas où F est variable. Alors, pour que l'échantillonnage soit fidèle, il faut : ou faire varier f en même temps que F, de manière que le rapport entre les deux fluides soit constant ; ou faire un échantillonnage continu, et observer un rapport constant entre le poids de mélange des fluides écoulé dans chaque élément de temps, et le poids de l'échantillon correspondant : la somme des échantillons successifs recueillis dans ces conditions représentera fidèlement les sommes de F et f écoulées pendant l'expérience.

Il faut remarquer que lorsque F est variable, il est en même temps presque toujours périodique; exemple: pompes, vapeur alimentant les machines motrices... Il sera souvent possible en pareil cas de transformer l'écoulement variable en écoulement constant par quelqu'un des moyens connus.

La nature du fluide auxiliaire et le dispositif pour le répandre et le mêler dans le fluide F, et pour assurer la fidélité de l'échantillonnage, doivent changer selon la nature du fluide à jauger et les conditions dans lesquelles il s'écoule.

S'agira-t-il de jauger de l'eau, les chlorures de calcium et de sodium paraissent devoir être d'un bon emploi comme fluides auxiliaires, à cause de l'extrême précision du dosage du chlore. Exemple : jaugeage de l'eau passant dans un moteur hydraulique ; le fluide auxiliaire est une dissolution de sel marin contenant 150 grammes de chlore pour 1 kilogr. de liquide ; on en a dépensé 2,000 kilogr. en 600 secondes, durée de l'expérience. Dans 10 kilogr. de l'échantillon recueilli, on trouve 2 grammes de chlore. On a donc

$$\frac{\psi}{\varphi} = \frac{10\,000 - 2}{2} = 4999.$$

En désignant par f le chlore écoulé en une seconde, on a

$$f = 300^{k} \times \frac{1''}{600''} = 0^{k},5.$$

En conséquence,

F (eau passée dans la roue en une seconde) $= 0^{k},5 \times 4999 = 2499^{k},5$.

S'il y a lieu de craindre que la roue n'ait pas mêlé suffisamment les deux fluides, on multipliera les prises d'échantillon en aval, pour suppléer, par une bonne moyenne, au défaut de mélange.

Les eaux courantes contenant du chlore, il faudra évidemment doser ce corps dans l'eau naturelle, prise immédiatement avant l'expérience, et dans les échantillons, et prendre, pour φ, la différence.

Faudra-t-il jauger la vapeur qui s'écoule dans un tuyau, j'aurai recours à l'ammoniaque, corps volatil et susceptible d'un dosage rapide et exact par les liqueurs titrées. L'échantillonnage sera fait par un petit alambic chargé de condenser les quantités de vapeur et d'ammoniaque qui représenteront les fluides F et f.

Enfin, s'il s'agit de jauger un courant gazeux, on pourra, selon les cas, employer l'acide carbonique, une vapeur acide, comme celle de l'acide chlorhydrique, une vapeur alcaline, comme celle de l'ammoniaque, du gaz de l'éclairage et tous les corps susceptibles d'un dosage précis, lors même qu'ils sont étendus dans de très-grands volumes d'autres gaz[1].

Voici comment M. Schlœsing a adapté cette méthode générale au cas particulier qui nous occupe :

Un flacon jaugé, d'une trentaine de litres M′ (*fig.* 35), est muni

---

1. Je recommande particulièrement aux agents forestiers cette méthode, que j'ai eu l'occasion d'appliquer plusieurs fois avec succès à la mesure du débit de ruisseaux et de vannes. Elle leur rendra service pour l'étude des cours d'eau destinés à l'alimentation des scieries. L. G.

des agrès nécessaires pour aspirer et mesurer l'air. Cet air est puisé par le petit tube G (*fig.* 36) à l'issue de l'ajutage E ; il est mêlé à une certaine quantité de vapeur ; mais celle-ci rencontre sur son trajet un condenseur M ; l'eau résultant de la condensation s'écoule dans un petit tube gradué. On analyse de la sorte le mélange d'air et de vapeur lancé par l'ajutage, la vapeur étant jaugée à l'état d'eau et l'air en volume. Cette détermination exige d'ailleurs, pour être exacte, des précautions dont la description ne pourrait trouver place ici, mais que tout expérimentateur exercé saura observer. Étant donné le rapport entre un poids de vapeur condensée et le volume d'air entraîné qui lui correspond, le volume d'air débité par l'ajutage dans une heure se déduit immédiatement de la quantité d'eau vaporisée dans le même temps, quantité qu'on a appris précédemment à déterminer.

M. Schlœsing a mesuré directement le débit de l'ajutage au moyen de grands gazomètres à air ; il a trouvé des résultats concordant avec ceux de la méthode que je viens d'esquisser.

7. Vérification de la méthode. — Pour vérifier l'exactitude de la méthode, il fallait introduire dans un courant d'air absolument dépouillé d'ammoniaque une quantité connue de cet alcali, très-petite et comparable à celle qu'on trouve dans l'atmosphère, faire passer ce courant dans le barboteur et rechercher ensuite si le dosage effectué à l'aide de cet appareil fournissait le résultat théorique. La figure 39 représente l'appareil employé à cet effet par M. Schlœsing. A est l'extrémité supérieure d'une colonne formée de larges tuyaux de grès jointoyés avec de l'argile délayée dans de l'acide sulfurique étendu ; cette colonne a 5 mètres de hauteur et contient 6 hectolitres de braise de boulanger concassée et imbibée d'acide sulfurique étendu de 10 parties d'eau. L'air qu'il s'agit de fournir au barboteur traverse la colonne de bas en haut et s'y dépouille de toute trace d'ammoniaque.

En effet, après avoir fonctionné pendant 24 heures à raison de 7 mètres cubes à l'heure avec de l'air puisé dans la colonne, le barboteur n'avait pas absorbé une trace dosable d'ammoniaque. Les autres appareils représentés (*fig.* 39) servent à introduire dans le courant d'air pur, en P, une quantité connue d'ammoniaque. M est un vase de Mariotte rempli d'eau distillée contenant une très-petite quantité d'ammoniaque. Ce liquide est débité avec une extrême lenteur par le tube capillaire F (une goutte en 6 secondes). Le tube capillaire est en relation avec un serpentin S en verre, d'un diamètre d'un centimètre au moins. Ce serpentin est maintenu à une tempéra-

Fig. 39. — Dosage de l'ammoniaque atmosphérique. Appareil de vérification.

ture rigoureusement constante de 25°, au moyen d'un bain d'eau chauffé par une très-petite flamme de gaz, laquelle est commandée par un thermo-régulateur Schlœsing. Le liquide descend dans ce serpentin et se rend dans une carafe C en traversant l'une des branches du tube U. Toutes les précautions sont prises pour que le liquide, pendant ce trajet, ne soit point en communication avec l'air extérieur et n'y puisse diffuser aucune trace d'ammoniaque. D'autre part, deux petites trompes T et T′ déterminent deux courants d'air continus : l'air foulé par la trompe T′ se rend au fond du bain d'eau et fait simplement fonction d'agitateur afin que la température y soit partout égale; l'autre courant T traverse d'abord une éprouvette E remplie de ponce imbibée d'acide sulfurique étendu, où il se dépouille de toute trace d'ammoniaque ; il est conduit de là dans le tube U, remonte dans le serpentin et se rend en P après avoir traversé un tube V incliné et un petit ballon I. Ainsi pendant que le liquide ammoniacal s'écoule lentement dans le serpentin, un courant d'air pur circulant en sens inverse entre en contact avec lui et lui emprunte de l'ammoniaque. De très-petites quantités de vapeur condensée en V, redescendent dans le serpentin, quelques gouttelettes de liquide sont retenues en I. Veut-on, à l'aide de cet appareil, introduire une quantité très-petite et déterminée d'ammoniaque dans un courant d'air rapide, on procède de la manière suivante. On fait fonctionner le vase de Mariotte M, et marcher les trompes pendant une demi-heure environ, mais en ayant bien soin de laisser perdre dans l'atmosphère l'air qui sort du ballon I. Après cet intervalle de temps, l'appareil a pris un régime permanent. Ce résultat obtenu, on fait fonctionner le barboteur; on relie aussitôt le ballon I au courant d'air pur en P et l'on place sous le tube U la carafe vide C. On note exactement l'heure au même instant. L'expérience dure environ 6 heures. Pour la terminer, on supprime la communication entre I et le courant d'air de la colonne A ; au même instant, on enlève la carafe C que l'on bouche parfaitement. L'analyse du liquide du barboteur fait connaître la quantité d'ammoniaque qu'il a retenue pendant la durée de l'expérience. Cette quantité doit être égale à celle qui a été débitée en P ; or, cette dernière représente évidemment la perte que la liqueur ammoniacale a subie dans le serpentin, perte dont la détermination résulte de deux nouveaux dosages d'ammoniaque, le dosage dans le liquide initial et celui du liquide de la carafe C. Ce liquide a dû préalablement être mesuré. Si le flacon I a retenu une petite quantité de liquide, celui-ci doit être joint au liquide de la carafe C. — Il est intéressant, dans ce genre de vérification, de déterminer le titre en ammoniaque du courant d'air qui a traversé le barboteur : ce titre se calcule sans peine quand on connaît le débit de l'ajutage par heure et la quantité totale d'ammoniaque versée dans le courant d'aïr pendant la durée de l'expérience. L'extrême précision que l'on peut atteindre dans le dosage de l'ammoniaque permet de se rapprocher, dans ce genre d'expérience, du taux normal de l'ammoniaque dans l'atmosphère.

Voici, à titre d'exemple, les résultats de cinq expériences de vérification :

	Durée de l'expérience.	Quantité d'air.	Ammoniaque introduite.	Ammoniaque dans 1mc.	Ammoniaque dosée.	Correction[1].	Ammoniaque corrigée.
	—	—	—	—	—	—	—
		Litres.	Milligr.	Milligr.	Milligr.	Milligr.	Milligr.
1. . .	6h57m	33000	33,90	1,03	31,67	0,16	31,51
2. . .	7	id.	13,93	0,42	12,97	id.	12,81
3. . .	7	id.	5,20	0,17	5,20	id.	5,04
4. . .	7	id.	2,51	0,076	2,46	id.	2,30
5. . .	7	34000	1,12	0,033	1,07	id.	0,91

Ainsi, dans les limites des expériences de M. Schlœsing, c'est-à-dire quand l'air contient de 0mg,03 à 1 milligramme d'ammoniaque par mètre cube, il peut fixer dans son barboteur une proportion de l'alcali comprise entre les $\frac{4}{5}$ et les $\frac{9}{10}$ de la quantité totale.

Il faut que les molécules de gaz ammoniac, libre ou carbonaté, se détendent bien rapidement, malgré la résistance du milieu où elles sont disséminées, pour que l'absorption atteigne une telle proportion. La vitesse de la molécule de l'ammoniaque est si grande qu'en vingt-quatre heures une surface d'eau acidulée absorbe tout l'alcali existant dans une colonne d'air de même base que cette surface et d'une hauteur d'un kilomètre.

Cette extrême mobilité de l'ammoniaque au sein de l'air, soit dit, en passant, permet de concevoir comment les végétaux et les sols peuvent en puiser des quantités notables, malgré son état d'extrême dilution.

---

1. Cette correction est relative à la quantité d'alcali dosée dans 300 centimètres cubes d'eau du barboteur et dans l'air des expériences à blanc ; elle représente, exprimées en ammoniaque, la soude et la chaux cédées par le condenseur et les diverses parties de l'appareil.

160. — Teneur ammoniacale de l'air dans les diverses conditions météorologiques. — Je dois à l'amitié de M. Schlœsing la communication des nombreux dosages d'ammoniaque aérienne exécutés au laboratoire de l'École d'application des manufactures de l'État pendant treize mois, de juin 1875 à juillet 1876, par la méthode que je viens de décrire. Grâce à ces précieux renseignements, demeurés jusqu'à ce jour inédits, je suis en mesure de donner une idée exacte des variations du taux d'ammoniaque avec le jour, la nuit, la température, la pluie, la direction des vents et le changement des saisons. Je vais d'abord grouper ces résultats, j'en tirerai ensuite quelques conséquences fort importantes sur la répartition de l'ammoniaque dans les circonstances diverses que je viens d'énumérer.

Je commencerai par résumer en quelques chiffres les dosages d'ammoniaque atmosphérique exécutés, sans interruption, de juin 1875 à juillet 1876, faisant connaître les taux moyens d'alcali, rapportés à 100 mètres cubes d'air, pour l'année entière (jour et nuit), pour chacun des mois, suivant les grandes directions des vents et pour les jours pluvieux et sans pluie, pour les temps couverts et sereins. Je donnerai ensuite le détail des résultats obtenus pour les sept mois de végétation active, afin de fournir des éléments plus complets à ceux que la question intéresserait particulièrement.

A. — *MOYENNES GÉNÉRALES DE TREIZE MOIS D'EXPÉRIENCES.*

M. Schlœsing a trouvé, en moyenne, pour l'année entière, par 100 mètres cubes d'air, 2^{mg},30 d'ammoniaque :

	Milligr.
Moyenne du jour, pour l'année.	1,094
Moyenne de la nuit, pour l'année	3,010

Moyennes de chaque mois, pour 100 mètres cubes d'air, en milligrammes d'ammoniaque.

	Janvier.	Février.	Mars.	Avril.	Mai.	Juin.
Jour	2,34	2,03	1,64	1,97	1,56	1,85
Nuit	2,58	1,95	1,72	2,68	2,10	2,91

	Juillet.	Août.	Septembre.	Octobre.	Novembre.	Décembre.
Jour	1,52	2,33	2,52	2,06	1,24	2,08
Nuit	2,86	3,75	4,13	2,44	1,38	2,08

Moyennes par 100 mètres cubes d'air, suivant la direction des vents.

	Sud-Ouest.	Nord-Ouest.	Nord-Est.	Sud-Est.
	Milligr.	Milligr.	Milligr.	Milligr.
Jour	2,10	1,44	1,67	2,92
Nuit	2,66	1,99	2,58	4,08

			Milligr.
Moyenne, par 100 mètres cubes d'air, des jours pluvieux			1,73
Moyenne, par 100 mètres cubes d'air, des jours sans pluie			1,93
Moyennes par 100 mètres cubes d'air,	Pour les temps couverts.	Jour	1,56
		Nuit	1,98
	Pour les temps sereins.	Jour	1,73
		Nuit	3,21

B. — DOSAGES EFFECTUÉS DE MARS A SEPTEMBRE (SEPT MOIS).

(Les nombres suivants peuvent être utilisés pour les calculs relatifs à l'assimilation de l'ammoniaque par la végétation.)

1° VARIATIONS AVEC LA DIRECTION DES VENTS.

Un mètre cube d'air contient en ammoniaque :

a. — **Dosages faits dans le jour.**

Mois.	Sud-Ouest.	Nord-Ouest.	Nord-Est.	Sud-Est.
	Milligr.	Milligr.	Milligr.	Milligr.
Mars	0,0256	0,0113	0,0129	»
Avril	0,0171	0,0160	0,0116	0,0198
Mai	0,0238	0,0138	0,0157	0,0334
Juin	0,0189	0,0159	0,0280	0,0325
Juillet	0,0192	0,0104	0,0161	0,0190
Août	0,0255	0,0133	0,0221	0,0390
Septembre	0,0290	0,0137	0,0256	0,0326
Moyennes générales.	0,0216	0,0142	0,0177	0,0304

b. — **Dosages faits pendant la nuit.**

Mois.	Sud-Ouest.	Nord-Ouest.	Nord-Est.	Sud-Est.
Mars	0,0347	»	»	»
Avril	0,0395	»	»	0,038
Mai	»	»	0,0200	»
Juin	0,0231	0,0211	0,0445	»
Juillet	0,0324	0,0224	0,0285	0,0345
Août	0,0483	0,0230	0,0307	0,0617
Septembre	0,0380	0,0315	0,0570	0,0037
Moyennes générales.	0,0328	0,0245	0,0392	0,0443

2° VARIATIONS AVEC L'ÉTAT HYGROMÉTRIQUE ET LA TEMPÉRATURE.

Moyennes pendant le jour, par mois et par vent, des titres correspondant à des points de rosée au-dessus et au-dessous de 12° (jours de pluie exceptés).

a. — **Point de rosée au-dessous de 12°.**

	Sud-Ouest.		Nord-Ouest.		Nord-Est.		Sud-Est.	
	Point de rosée.	Milligr.	Point de rosée.	Milligr.	Point de rosée.	Milligr.	Point de rosée.	Milligr.
Juin	8°8	0,0157	9°0	0,0121	»	»	»	»
Juillet	8°3	0,0148	9°3	0,0099	9°4	0,0138	11°0	0,0190
Août	»	»	11°3	0,0110	10°3	0,0144	»	»
Septembre	»	»	9°8	0,0167	10°6	0,0223	9°4	0,0285
Moyennes générales.	8°6	0,0152	9°5	0,0137	10°1	0,0160	9°9	0,0253

b. — **Point de rosée au-dessus de 12°.**

	Sud-Ouest.		Nord-Ouest.		Nord-Est.		Sud-Est.	
Juin	13°0	0,0230	12°8	0,0197	»	»	»	»
Juillet	13°1	0,0197	13°1	0,0107	13°7	0,0198	»	»
Août	14°4	0,0258	13°6	0,0137	13°6	0,0240	15°0	0,0387
Septembre	»	»	14°3	0,0210	14°4	0,0270	13°0	0,0377
Moyenne gén. par mois	13°7	0,0240	13°4	0,0152	14°3	0,0245	14°0	0,0382

Moyennes générales.			
	Au-dessous de 12°	13°8	0,0250
	Au-dessus de 12°	9°5	0,0154

Moyennes des nuits selon que le ciel est serein ou couvert (indépendamment des vents).

	Ciel serein.		Ciel couvert.	
	Milligr.		Milligr.	
Juin	0,0261	14 nuits.	0,021	8 nuits.
Juillet	0,0356	14 —	0,020	5 —
Août	0,0526	11 —	0,023	6 —
Septembre	0,0526	12 —	0,030	7 —
Moyennes des 4 mois.	0,0407		0,0230	

Moyenne (pour tous les vents) des jours de pluie, pour les quatre mois, juin à septembre.

	Milligr.	Milligr.
Jour	0,017 pour 11 pluies.	0,022 pour 16 pluies.

Moyennes suivant la direction des vents.

JOUR.				NUIT.			
S.-O.	N.-O.	N.-E.	S.-E.	S.-O.	N.-O.	N.-E.	S.-E.
—	—	—	—	—	—	—	—
Milligr.	Milligr.			Milligr.	Milligr.	Milligr.	
0,019	0,0146	0	0	0,025	0,019	0,0162	0

La comparaison des nombreux dosages résumés dans ces tableaux conduit à des conclusions très-intéressantes :

1° Sous le rapport de la richesse de l'air en ammoniaque, les vents se classent par ordre de décroissance de la manière suivante : S.-E. — S.-O. — N.-E. — N.-O. La région du sud est donc la plus riche en ammoniaque atmosphérique, les masses d'air voyageant du sud-est au nord-est léchant la surface des mers. Sans les disques tournants, le vent S.-O. serait probablement placé avant le S.-E.; en effet, l'air est plus riche en ammoniaque par le S.-O. normal, représentant le courant équatorial, que par les rafales soufflant du même côté et correspondant aux tempêtes tournantes. L'air des hautes régions sèches et, par conséquent, pauvres en ammoniaque se trouve, par l'effet des disques, mêlé avec celui du courant S.-O. et le taux moyen d'alcali se trouve, par suite, abaissé.

2° L'influence diurne est très-marquée: l'air est constamment plus riche en ammoniaque de nuit que de jour; la moyenne nocturne égale sensiblement $\frac{4}{3}$ de la moyenne diurne. Ce fait s'explique tout naturellement par la précipitation aqueuse (serein) qui se produit pendant les nuits claires. L'ammoniaque descend de proche dans l'atmosphère avec les produits de la condensation résultant de l'abaissement de température. Le maximum diurne a lieu au lever du soleil, le minimum vers trois heures de l'après-midi.

3° Cet apport d'ammoniaque est mis hors de doute par la comparaison des taux nocturnes moyens pour les temps clairs et les temps couverts. L'excès en faveur du temps serein dépasse 50 p. 100.

4° D'une manière générale, la pluie appauvrit l'air en ammoniaque; quelquefois elle l'enrichit légèrement, mais la résultante des actions dues à la pluie est un faible appauvrissement de l'air en alcali. Pour établir ces rapports en ce qui concerne la nuit, il faut comparer les nuits de pluie avec les nuits où le ciel est couvert.

5° Pendant l'été, le taux ammoniacal de nuit est plus élevé par le vent N.-E. que par le vent S.-O. Cette différence doit tenir au calme et au serein qui règnent par le vent N.-E., beaucoup plus souvent que par le vent S.-O.

6° Si les condensations qui surviennent dans une masse d'air humide abaissent d'une façon continue le taux de l'air en ammoniaque, on doit constater que celui-ci est fonction jusqu'à un certain degré du point de rosée (vents du nord pendant l'hiver). Il est vrai que bien des perturbations peuvent survenir qui modifient le cours normal des condensations, tels sont les apports d'ammoniaque de la partie supérieure de la masse d'air à la région inférieure, les apports d'humidité par le sol mouillé, par des pluies antérieures, par suite des courants verticaux produits par la température. Eh bien, malgré ces causes de perturbation, la comparaison des moyennes des taux d'ammoniaque, au-dessous et au-dessus d'un point de rosée moyen choisi comme terme de comparaison, met en évidence la relation qui existe entre la température du point de rosée et la teneur de l'air en ammoniaque.

7° Enfin, il résulte encore de cette belle série de recherches, que la richesse de l'air en ammoniaque est conforme aux résultats des expériences dans lesquelles nous allons étudier, avec M. Schlœsing, les échanges entre l'air et l'eau de mer.

161. — Plan général des recherches de M. Schlœsing. — Une fois en possession d'une méthode sûre pour le dosage de l'ammoniaque aérienne, et connaissant la teneur moyenne de l'air en alcali, M. Schlœsing pouvait aborder l'étude des lois qui régissent les échanges d'ammoniaque entre les mers, l'atmosphère et les continents et arriver à démontrer expérimentalement l'origine de l'azote des êtres vivants. Le savant chimiste a consigné, dans une série de notes communiquées de juillet 1865 à mai 1876 à l'Académie des sciences, l'ensemble de ses vues sur ces importants problèmes de physique du globe et les principaux résultats de ses recherches expérimentales. C'est en m'aidant de ces publications, auxquelles je ferai de très-larges emprunts, et des notes que j'ai recueillies dans le laboratoire de M. Schlœsing, où j'ai suivi de très-près ces belles études, que j'espère pouvoir présenter un aperçu à peu près complet des idées et des travaux qui ont jeté sur cette question un jour entièrement nouveau. Il est à souhaiter que M. Schlœsing se décide à publier dans tous leurs détails les documents si nombreux qu'il doit à quatre années de recherches sur l'un des points fondamentaux de la biologie.

Je commencerai par exposer le plan général qui a été suivi par l'auteur et j'en aborderai ensuite les grandes divisions; nous chercherons, comme conclusion, à établir la théorie de la circulation de l'azote à la surface du globe.

La diffusion de l'ammoniaque sur notre planète peut, comme tou les phénomènes naturels, motiver des recherches de deux ordres : les unes ont pour objet la constatation des faits, les autres sont instituées pour en découvrir les lois. Toutes les recherches précédemment analysées concernant les proportions de l'ammoniaque dans les eaux, dans les terres et dans l'air, sont de la première sorte; avant les expériences de M. Schlœsing, il n'existait aucun travail relatif aux lois de la répartition de ce composé dans la nature. Cependant il est bien certain que les échanges continuels d'alcali entre les mers et l'atmosphère, entre l'atmosphère et la pluie, la rosée, la neige, la terre arable, les végétaux, loin d'être abandonnés au hasard, sont, au contraire, réglés par des lois qu'il importe de connaître pour résoudre des questions agricoles fort importantes, comme celle des apports de l'air au sol cultivé et à la végétation.

L'eau des mers, l'atmosphère, les sols, contiennent de l'ammoniaque. A la surface d'un monde sans soleil et sans vie, il s'établirait un équilibre définitif entre les quantités d'ammoniaque contenues dans les trois milieux; mais, à la surface d'un monde où les trois milieux sont sans cesse en activité physique ou chimique, l'équilibre qui tend à s'établir est sans cesse rompu; il en est de l'ammoniaque comme de la vapeur d'eau, et l'une et l'autre circulent dans le même sens.

Je dois d'abord signaler la fausseté de quelques opinions que l'on rencontre dans presque tous les ouvrages de chimie agricole et qui doivent disparaître de la science.

C'est une idée presque universellement admise que l'ammoniaque aérienne vient en grande partie de la terre; qu'elle est un produit de décomposition des êtres organisés dans le sol et qu'elle se diffuse dans l'atmosphère. On dit aussi, dans la plupart des ouvrages de chimie agricole, que le carbonate d'ammoniaque de l'air est entraîné presque entièrement par la pluie : raisonner ainsi c'est admettre implicitement que l'eau pure contenant quelques milligrammes d'ammoniaque par litre les conserve, comme elle garderait du sulfate ou du chlorhydrate d'ammoniaque sans rien céder à l'air; c'est dire encore que le carbonate d'ammoniaque dissous dans l'eau, en très-petite quantité, ne possède plus de tension.

Partant de ces deux hypothèses, qu'aucun fait bien étudié ne confirme, on explique aisément comment, après une sécheresse plus ou moins prolongée, la première pluie est riche en ammoniaque; on dit que, pendant la sécheresse, l'air s'est enrichi aux dépens de la terre et que la première pluie dissout le carbonate émis par le sol. Il y a trente ans bientôt que Way, Huxtable et Thomson ont fait connaître le pouvoir absorbant du sol pour l'ammoniaque et montré que la terre ne cède pas l'ammoniaque qu'elle a fixée, et cependant l'on rencontre les erreurs que je viens de signaler dans les ouvrages les plus récents et, en apparence, les plus autorisés.

Ces erreurs sont réfutées par l'étude attentive des relations ammoniacales qui s'établissent entre les mers, l'atmosphère et les sols.

M. Schlœsing a introduit dans l'étude de ces questions les notions sur les tensions, dont MM. H. Sainte-Claire Deville, Debray, Troost et Hautefeuille ont fait un si heureux usage dans leurs travaux sur la dissociation. Quand l'ammoniaque libre ou carbonatée est diffusée dans l'air, dans l'eau et dans la terre, si faible que soit sa quantité, elle conserve toujours une tension. Deux milieux qui en contiennent sont-ils en contact, celui où l'ammoniaque a une tension plus grande en cède à l'autre, jusqu'à ce que, la tension étant devenue la même de part et d'autre, l'équilibre soit établi.

Cet équilibre, toujours poursuivi, n'est jamais réalisé à la surface du globe: la mobilité de l'atmosphère, les variations de température, la disparition de l'alcali changé en acide nitrique sur les continents, sa formation au sein des mers, sont autant d'obstacles à l'établissement d'une tension partout égale, et autant de causes d'un mouvement incessant.

Toutes les questions sur les échanges d'ammoniaque entre des milieux différents, eaux diverses, atmosphère, terres arables et autres, peuvent se formuler dans des termes identiques :

Étant données deux masses de milieux différents et une quantité d'ammoniaque très-petite, déterminer le partage de l'alcali entre les deux milieux, partage variable avec leur nature, leur quantité, la température, le mode de combinaison de l'ammoniaque avec l'acide carbonique.

Entre les mers et l'atmosphère, l'atmosphère et la pluie, les sols, les plantes, il se fait donc constamment des échanges dus à des différences de tension de l'ammoniaque dans ces divers milieux. Pour connaître le sens dans lequel s'opèrent les échanges, il faut étudier les tensions de ce composé dans les mers, dans l'air, dans les sols, etc.; il est bien clair que le mouvement de l'ammoniaque aura toujours lieu du milieu où la tension est la plus forte vers celui où elle atteint son minimum.

L'ammoniaque est à son maximum de tension quand elle est libre; elle en descend très-rapidement à mesure qu'elle se charge d'acide carbonique. La présence et la proportion de cet acide ont donc une très-grande influence dans les phénomènes qu'étudie M. Schlœsing. Dans la nature, l'acide carbonique et l'ammoniaque sont diffusés partout et se trouvent toujours ensemble; la diffusion de la base d'un milieu dans un autre est donc toujours influencée par l'acide. Au point de vue théorique, il serait désirable de savoir définir leur mode de combinaison dans chaque cas; mais cela n'est pas possible pour deux raisons: d'abord le dosage de très-petites quantités d'acide carbonique comme celles dont il s'agit ne peut pas être fait assez exactement; en second lieu, le serait-il, qu'on serait troublé dans l'interprétation des résultats analytiques par l'excès d'acide libre et par les carbonates alcalins et terreux qui accompagnent presque toujours le carbonate ammoniacal. Mais ces incertitudes ne sauraient diminuer la confiance dans les résultats fournis par la méthode de M. Schlœsing; en effet, quels que soient les rapports entre l'ammoniaque et l'acide carbonique, ils sont tels dans les expériences que dans la nature. M. Schlœsing n'y change rien, la seule différence qu'il y ait entre les faits constatés par lui dans le laboratoire et les faits naturels, est que l'air qu'il emploie a été dépouillé d'alcali pour en recevoir une quantité de même ordre, mais connue. Nous avons vu en effet (§ 143, p. 467) comment il prépare en quantité indéfinie des mélanges constants d'air pur et d'ammoniaque, dans lesquels les proportions de cette base peuvent descendre, tout en restant bien déterminées, jusqu'à celles qu'on trouve dans l'atmosphère.

M. Schlœsing s'est proposé l'étude des trois problèmes suivants. Étant donnés :

1° Une masse d'eau et une masse d'air; 2° une masse d'air et une masse de terre; 3° une masse d'eau et une masse de terre; comment une quantité très-faible d'ammoniaque plus ou moins carbonatée se distribuera-t-elle entre les deux masses quand l'équilibre sera atteint?

Dans le premier problème rentrent les deux questions du passage de l'ammoniaque des mers à l'atmosphère et de l'atmosphère à la pluie, aux brouillards, à la rosée. Le second intéresse les gains ou les pertes du sol arable au contact de l'air. La solution du troisième fera connaître les relations de l'eau de pluie, des eaux de drainage, etc., avec les sols. Il est bien évident d'ailleurs que, dans l'étude des trois problèmes, il faut tenir compte de conditions essentiellement variables, quantités d'ammoniaque relativement aux quantités d'eau, d'air, de terre, degré de carbonatation de l'ammoniaque, température, état des milieux, etc., etc...

Jetons un coup d'œil rapide sur la méthode générale imaginée par M. Schlœsing pour résoudre les trois problèmes avant d'entrer dans le détail des résultats obtenus.

La tension de l'ammoniaque bicarbonatée en dissolution dans l'eau est déjà très-faible quand la solution renferme plusieurs centièmes d'alcali; elle devient absolument insaisissable par les méthodes des physiciens, lorsqu'un litre d'eau ne renferme que quelques milligrammes d'alcali et, à plus forte raison, lorsqu'il n'en contient que quelques fractions de milligramme. L'analyse chimique supplée heureusement, entre les mains habiles de M. Schlœsing, à l'insuffisance des méthodes physiques : la possibilité de préparer d'une manière continue et indéfinie un mélange d'air pur et d'une quantité d'ammoniaque extrêmement petite, quoique parfaitement déterminée, va fournir le moyen que ne donne pas la physique.

Solution du premier problème. — Si l'on fait barboter ce mélange d'air et d'alcali dans de l'eau pure, celle-ci gagnera d'abord de l'ammoniaque, puis l'absorption ira en diminuant jusqu'à devenir insignifiante: il y aura alors équilibre entre la tension de l'ammoniaque dans l'air et la tension de l'ammoniaque dissoute. On notera la température du liquide, qui devra être constante pendant toute la durée du barbotage, et l'on déterminera, par une distillation du liquide sur la magnésie, combien un volume donné de ce liquide renferme d'ammoniaque. Or, l'ammoniaque introduite dans l'air y est toute en tension; on connaît donc par là sa tension dans cet air, puisqu'on sait quelle est sa quantité relativement au volume de l'air.

Puisqu'il y avait équilibre entre la tension de l'ammoniaque dissoute et celle de l'air, on connaît, par suite, la tension qu'avait l'ammoniaque dans le liquide, pour une température donnée.

En effectuant un nombre suffisant d'expériences semblables, dans lesquelles on fera varier le taux de l'ammoniaque dans l'air et la température, on aura les éléments d'une table ou mieux des courbes qui fourniront, pour une température donnée, les relations entre les quantités d'ammoniaque contenues dans l'eau et celles de l'air, dont les tensions sont égales et se font équilibre.

Voilà pour le premier problème : relations entre l'air et l'eau.

Solution du deuxième problème. — La même méthode va servir à M. Schlœsing à résoudre le second problème. Après avoir préparé des mélanges, à titres connus, d'air et d'ammoniaque, au lieu de les mettre en rapport avec de l'eau pure, il établit le contact de la masse gazeuse avec la terre (200 à 300 grammes); celle-ci absorbera de l'alcali jusqu'à équilibre de tension. A ce moment, on dosera l'ammoniaque dans la terre et on connaîtra, comme ci-dessus, les quantités d'alcali qui, dans la terre et dans l'air, se font équilibre pour une température donnée. Dans cet ordre de recherches interviendra une nouvelle variable, l'humidité de la terre, sans compter les différences de nature et de composition des sols comparés les uns aux autres.

Au lieu de se borner à mettre en contact la terre avec un mélange connu d'ammoniaque et d'air, on peut encore faire passer de l'air dans une grande masse de terre dont la teneur en ammoniaque a été préalablement déterminée, et doser l'ammoniaque contenue dans l'air amené ainsi en équilibre de tension ammoniacale avec la terre.

Solution du troisième problème. — Il suffit de répéter les expériences de Way, Brüstlein, etc., sur l'absorption. Mettre en contact de l'eau pure avec une terre ammoniacale ou de l'eau ammoniacale avec une terre, agiter et doser l'alcali dans l'un et l'autre milieu.

Nous reviendrons sur cette question en nous occupant du pouvoir absorbant des sols.

162. — Les échanges d'ammoniaque entre les eaux naturelles

et l'atmosphère. — Le point capital et entièrement neuf de la théorie de M. Schlœsing est le rôle qu'il attribue à la revivification, dans le sein de la mer, de l'ammoniaque empruntée à l'air par les végétaux, transformée en nitrate, charriée à cet état dans l'Océan par les rivières et par les fleuves et restituée par volatilisation à l'atmosphère. Aussi est-ce par l'étude comparée des tensions de l'ammoniaque dans l'eau pure et dans l'eau de mer qu'il a commencé ses études sur les échanges entre les eaux et l'air. M. Dehérain, dans des essais réfutables par des faits chimiques d'ordre élémentaire, avait tenté de prouver que l'ammoniaque, dans l'eau de mer, est à l'état fixe et dépourvue de toute volatilité[1] : M. Schlœsing a réduit à néant, par des expériences décisives, cette hypothèse, aussi mal fondée que facile à détruire.

On sait que les quantités d'un gaz, dissoutes par un liquide, sont proportionnelles à la tension du gaz lorsque la température demeure constante. Cette loi d'absorption simplifie l'étude des solubilités du gaz, en réduisant les recherches à la détermination d'un coefficient en fonction de la température; mais elle n'a point été vérifiée pour des tensions très-faibles et rien n'autorisait, *à priori*, M. Schlœsing à l'admettre dans les phénomènes qu'il étudiait, où la tension de l'ammoniaque descend à quelques centièmes de millionième d'atmosphère. Il devait donc porter sur ce point ses premières investigations. Les résultats suivants démontrent que la loi d'absorption ne s'applique point rigoureusement aux très-faibles tensions de l'ammoniaque carbonatée, à l'état où elle se trouve dans la nature.

Ammoniaque carbonatée en équilibre de tension dans 1 litre d'air.	Ammoniaque carbonatée en équilibre de tension dans 1 litre d'eau.	Température.	Rapport : ammoniaque dans 1 litre d'air / ammoniaque dans 1 litre d'eau.
—	—	—	—
Milligr.	Milligr.		Milligr.
0,001	29,1	18°	0,000034
0,0005	18,7	»	0,000027
0,00025	6,1	»	0,000024
0,000075	3,7	»	0,000020
0,000025	1,4	»	0,000018
0,0001	76,3	2°	0,000013
0,00045	45,4	»	0,000010
0,00020	27,3	»	0,000007

1. *Revue des Cours scientifiques* du 20 février 1875.

D'après la loi d'absorption, les quantités d'ammoniaque dans le même volume d'air et d'eau devraient offrir un rapport constant pour une même température ; ce rapport est, au contraire, variable ; il décroît avec le titre ammoniacal de l'air.

Quelle est l'influence de la température sur le phénomène ? M. Schlœsing a reconnu, comme nous l'avons vu précédemment, que la quantité d'ammoniaque contenue dans l'air, varie de ½ centième à 10 centièmes de milligramme par mètre cube ; il a donc opéré d'abord avec de l'air contenant 0mg,06 par mètre cube. Voici les résultats de cette première expérience, faite simultanément avec l'eau pure et avec l'eau de mer :

Ammoniaque dans 1 mètre cube d'air.	Température.	Ammoniaque dans 1 litre d'eau.	
—	—	—	
Milligr.		Milligr.	
0,06	5°3	11,76	Eau de mer.
»	13°2	4,21	
»	20°2	2,45	
»	26°7	1,35	
»	5°8	11,58	Eau pure.
»	7°6	7,41	
»	12°7	5,03	
»	20°0	2,56	

De l'examen de ces chiffres il résulte que :

1° Pour une même tension d'ammoniaque dans l'air, la quantité d'alcali dissoute dans une eau naturelle, jusqu'à équilibre de tension, décroît rapidement à mesure que la température augmente ;

2° Par conséquent, si deux nappes d'eau, l'une tiède, l'autre froide, contiennent une même proportion d'ammoniaque, l'air qui repose sur la première nappe est beaucoup plus riche en alcali que celui qui repose sur la seconde ; il est donc présumable que l'atmosphère entre les tropiques est plus riche que dans les zones tempérées ou froides ;

3° Les résultats fournis par l'eau de mer et l'eau distillée sont presque identiques ; cependant pour un même titre ammoniacal, la tension est un peu plus forte dans l'eau de mer ;

4° Il est démontré expérimentalement qu'une très-petite quantité de carbonate dans l'eau de mer y possède une tension comme dans l'eau pure et peut, par conséquent, se diffuser dans l'air; ainsi disparaît l'assertion de M. Dehérain.

Prenant ensuite des mélanges d'air et d'ammoniaque beaucoup plus pauvres que le précédent et tout à fait comparables à ceux qu'offre l'atmosphère, M. Schlœsing a fait exclusivement sur l'eau de mer les trois séries d'essais dont voici les résultats :

SÉRIE I. 0mg,06 amque dans 1mc d'air.		SÉRIE II. 0mg,03.		SÉRIE III. 0mg,015	
Température.	Ammoniaque dans 1 litre d'eau.	Température.	Ammoniaque dans 1 litre d'eau.	Température.	Ammoniaque dans 1 litre d'eau.
—	— Milligr.	—	— Milligr.	—	— Milligr.
— 0°8	14,6	— 0°1	7,37	0°2	3,76
+ 5°4	10,86	+ 1°1	7,17	6°6	2,69
13°2	4,21	6°0	5,46	9°0	1,63
20°2	2,45	11°8	2,45	14°8	0,96
26°7	1,35	15°4	1,69	19°6	0,56
		23°4	0,81		

Les résultats de ces trois séries peuvent être représentés par trois courbes que M. Schlœsing a construites, en prenant les températures pour abscisses et les quantités d'ammoniaque dans un litre d'eau pour ordonnées.

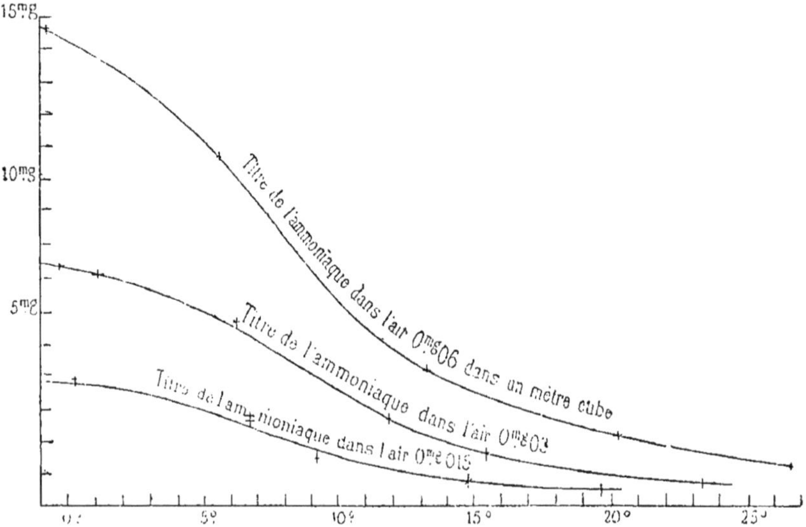

On peut constater, sur ces courbes, que les trois ordonnées qui correspondent à une même température sont sensiblement proportionnelles aux trois titres 0mg,06, 0mg,03, 0mg,015, comme si la loi d'absorption des gaz par les liquides trouvait ici son application ordinaire. Cependant, nous l'avons vu, cette même loi était en défaut dans les expériences antérieures de l'auteur, lorsque le titre s'élevait à $0^{mg},25$, $0^{mg},50$, 1 milligramme d'ammoniaque par mètre cube. Quelle que soit l'explication qu'on veuille chercher à ce fait, on constate, et c'est là le point essentiel, que, dans des expériences où le titre de l'air était comparable à celui de notre atmosphère, les échanges d'ammoniaque ont été réglés sensiblement par la loi d'absorption; nous admettrons donc à l'avenir, avec M. Schlœsing, que la quantité d'ammoniaque dissoute par l'eau est proportionnelle, à la surface du globe, à la quantité d'alcali contenue dans l'air, lorsque l'équilibre de tension est établi.

Il y a, par conséquent, entre ces deux quantités, pour une même température, un rapport constant que les expériences de M. Schlœsing permettent de calculer pour 16 températures différentes. Voici le type de l'un de ces rapports :

$$r = \frac{\text{Ammoniaque dans 1 mètre cube d'air}}{\text{Ammoniaque dans un litre d'eau}}.$$

Prenant pour ordonnées les 16 rapports et pour abscisses les températures, M. Schlœsing a construit une courbe qui lui a permis de dresser la table suivante des rapports pour chaque degré de température compris entre zéro et 26 degrés :

0°	0,004	9°	0,0083	18°	0,0222
1°	0,0041	10°	0,0095	19°	0,0242
2°	0,0042	11°	0,0108	20°	0,0263
3°	0,0044	12°	0,0122	21°	0,0284
4°	0,0046	13°	0,0136	22°	0,0310
5°	0,0050	14°	0,0151	23°	0,0339
6°	0,0055	15°	0,0166	24°	0,0368
7°	0,0063	16°	0,0184	25°	0,0398
8°	0,0072	17°	0,0202	26°	0,0438

A l'aide de cette table, on peut, comme l'a fait M. Schlœsing, résoudre les problèmes les plus intéressants sur les échanges d'ammoniaque entre l'air, la pluie, les brouillards, les mers.

Proposons-nous d'étudier, par exemple, les échanges d'ammoniaque entre un nuage et l'air, lorsque la température vient à s'abaisser.

Une masse d'air, à une température T, saturée d'humidité (nuage), contient A milligrammes d'ammoniaque par mètre cube; elle descend à une température t, d'où résulte une condensation de vapeur, soit v le volume d'eau condensée dans un mètre cube. On demande combien d'ammoniaque est absorbée par v, combien il en reste dans l'air ?

Cette question n'est autre, on le voit, que celle du partage de l'ammoniaque entre un nuage et la pluie qui s'en échappe.

Soit x la quantité d'ammoniaque contenue dans l'eau v; 1 litre de cette eau contiendrait $\frac{x}{v}$; d'autre part, la quantité d'ammoniaque restant dans l'air après la condensation est A—x. On a donc

$$\frac{A-x}{\frac{x}{v}}=r$$

r étant le rapport qui correspond, dans la table, à la température t; d'où

$$x=\frac{v}{v+r} \text{ et } A-x=\frac{r}{v+r}.$$

Soient, par exemple :

	I.	II.	III.	IV.	V.
T =	25°	20°	15°	10°	5°
t =	24°	18°9	13°7	8°3	2°7

Dans les cinq cas, le refroidissement produit un gramme d'eau par mètre cube. En employant la table et effectuant les calculs, on trouve :

	I.	II.	III.	IV.	V.
Ammoniaque condensée dans l'eau. . .	0,027 A	0,04 A	0,064 A	0,11 A	0,19 A
Ammoniaque restant dans l'air. . . .	0,973 A	0,96 A	0,936 A	0,89 A	0,81 A

On voit que l'ammoniaque, condensée par une même quantité d'eau, croît rapidement à mesure que la température s'abaisse. Nous reviendrons sur ce point quand nous comparerons les pluies d'hiver à celles d'été. On voit encore combien on se trompe quand on s'imagine que l'ammoniaque d'un nuage se condense presque entièrement dans une pluie.

On admet généralement que la pluie entraîne non-seulement l'ammoniaque des nuages, mais encore celle de l'air qu'elle traverse. Cela peut et doit être pour le nitrate d'ammoniaque, sel dénué de tension, comme l'a montré M. Boussingault, et flottant dans l'air à l'état de poussière ; mais quant au carbonate, il est certain que la pluie peut en prendre, en céder, ou passer sans modifier sa proportion dans l'air, selon les richesses et les températures respectives des nuées où elle prend naissance et des couches d'air qu'elle rencontre en tombant. En réalité, les dosages continus de l'ammoniaque aérienne, poursuivis pendant une année par M. Schlœsing, montrent que les chutes de pluie font varier le titre de l'air en ammoniaque, tantôt en plus, tantôt en moins, mais ces variations disparaissent dans les moyennes.

L'éventualité de ces échanges mérite d'appeler toute l'attention des stations météorologiques qui s'occupent du dosage de l'ammoniaque dans les eaux issues de l'atmosphère. En effet, pour obtenir la quantité d'eau nécessaire aux opérations, on munit les pluviomètres de larges récepteurs : plus ceux-ci sont grands, plus l'eau qui les mouille demeure exposée au contact de l'air et risque de lui céder ou de lui emprunter de l'ammoniaque. Les dosages d'ammoniaque exécutés comme ont coutume de le faire les météorologistes ne présentent aucune garantie d'exactitude ; autant vaudrait, comme le fait observer M. Schlœsing, doser cet alcali dans de l'eau pure qu'on aurait projetée sous forme de pluie sur l'udomètre.

Le titre de la pluie reçue près du sol n'apprend rien sur celui des régions de l'atmosphère où elle s'est formée ; mais, si elle était recueillie au sein même des nuages, on serait certain de l'équilibre de tension entre elle et l'air ambiant, et son titre pourrait servir dès lors à déterminer celui des nuages. Supposons, par exemple, que la température étant de 15°, la pluie contienne 2 milligrammes d'ammoniaque par litre ; on posera :

$$\frac{\text{Ammoniaque dans } 1^{\text{mc}} \text{ d'air}}{2 \text{ milligr.}} = r_{15^\circ} = 0{,}017 \text{ d'après la table ;}$$

d'où ammoniaque dans 1^{mc} d'air $= 0^{\text{mg}},034$.

Des expériences de ce genre, poursuivies dans les stations de montagne, donneraient de précieux renseignements sur le titre en ammoniaque des régions nuageuses de l'atmosphère.

De même, nous pourrions souvent mesurer la tension ammoniacale des couches inférieures de l'air, en profitant des condensations d'eau qui nous sont offertes sous la forme de rosée ou de brouillard. Le mode de formation graduelle de la rosée et la finesse des gouttelettes du brouillard sont des garanties de l'équilibre ammoniacal entre l'air et ces liquides, et l'on peut appliquer en toute sécurité la formule précédente. Ainsi dans le mémoire que j'ai précédemment analysé (p. 451), M. Boussingault donne la quantité moyenne de 5 milligrammes par litre pour la teneur en ammoniaque des rosées recueillies en septembre au Liebfrauenberg; la température devait être d'environ 10°; nous posons donc :

$$\frac{\text{Ammoniaque dans } 1^{\text{mc}} \text{ d'air}}{5 \text{ milligr.}} = r_{10^\circ} = 0{,}0095\,;$$

d'où ammoniaque = $0^{\text{mg}},048$.

Nous voyons, par tout ce qui précède, comment M. Schlœsing détermine le partage de l'ammoniaque entre l'air d'une masse saturée d'humidité qui vient à se refroidir et l'eau résultant de la condensation de la vapeur. Nous allons maintenant supposer que la masse d'air éprouve une série de refroidissements successifs et qu'il s'y fait une série correspondante de condensations : par conséquent aussi, une série de partages d'ammoniaque. On demande quels sont les titres successifs des eaux de condensation, combien d'alcali est absorbé par la totalité de ces eaux, combien il en reste dans l'air?

Résoudre ces questions, c'est étudier l'élimination continue de l'ammoniaque par les pluies dans les masses d'air qui, voguant de l'équateur aux pôles, abandonnent leur vapeur condensée sur leur route.

Dans sa course vers les régions froides, l'air des régions chaudes se mélange avec des couches d'air situées au-dessus ou au-dessous de son niveau : il s'élève ou s'abaisse; par conséquent, la tension de l'ammoniaque y varie avec sa dilatation ou sa contraction; il rase les océans et les continents et entre en rapports avec eux. Son titre est donc modifié autrement que par des condensations d'eau successives, les conditions étant très-complexes, mais la solution du problème posé comme le fait M. Schlœsing, indiquera à coup sûr, au moins le sens général des phénomènes naturels.

Soient donc T la température initiale, T_1, T_2, T_3..... des températures décroissantes. On peut toujours admettre, pour éviter la complication des calculs, que ces températures sont telles que les quantités v de vapeur condensées entre T et T_1, T_1 et T_2, T_2 et T_3..... sont égales entre elles.

Soient r_1, r_2, r_3..... les rapports de la table de M. Schlœsing (p. 558) correspondant à T_1, T_2, T_3, soit enfin A la quantité d'ammoniaque contenue, au début, dans un mètre cube d'air. Si l'on néglige la contraction que subit un mètre cube d'air par le fait du refroidissement et de l'élimination de la vapeur d'eau, on a :

	Après le 1er.	Après le 2e.	Après le 3e refroidissement.
Ammoniaque condensée en v.	$A\frac{v}{v+r_1}$	$A\frac{r_1}{v+r_1}\frac{v}{v+r_2}$	$A\frac{r_1}{v+r_1}\frac{r_2}{v+r_2}\frac{v}{v+r_3}$
Ammoniaque restant dans 1mc d'air.	$A\frac{r_1}{v+r_1}$	$A\frac{r_1}{v+r_1}\frac{r_2}{v+r_2}$	$A\frac{r_1}{v+r_1}\frac{r_2}{v+r_2}\frac{r_3}{v+r_3}$

et ainsi de suite.

Voici un exemple numérique de ce calcul :

$$T = 20^\circ,\ v = 1^{gr}$$

la température de la masse descend jusque vers zéro,

Temp. successives.	AMMONIAQUE dans 1gr d'eau.	dans 1mc d'air.	Temp. successives.	AMMONIAQUE dans 1gr d'eau.	dans 1mc d'air.
—	—	—	—	—	—
18°9	0,040 A	0,960 A	11°3	0,059 A	0,664 A
17°85	0,042	0,918	9°8	0,064	0,600
16°72	0,044	0,847	8°2	0,071	0,529
15°6	0,047	0,827	6°2	0,079	0,450
14°3	0,050	0,777	3°8	0,081	0,369
12°8	0,054	0,723	1°2	0,072	0,297

Ammoniaque totale condensée dans tous les grammes d'eau . . 0,703 A, soit env. $\frac{2}{3}$

Ammoniaque restant finalement dans 1 mètre cube d'air. . . 0,297 A, — $\frac{1}{3}$

Tel serait le partage entre l'air et la pluie, dans une couche nuageuse qui, cheminant d'une région tiède vers une région froide, à une hauteur constante, sans mélange avec les couches d'air voisines, se refroidirait de 20° à 1°,2 au-dessus de zéro.

Les causes perturbatrices que nous avons signalées plus haut, modifient, sans aucun doute, les partages qu'on pourrait calculer comme le précédent, dans diverses hypothèses de température; mais, d'après les observations quotidiennes de M. Schlœsing dont j'ai rapporté plus haut les moyennes (p. 545), leur influence ne va pas jusqu'à renverser le sens des phénomènes. M. Schlœsing a trouvé, en effet, que le taux moyen de l'ammoniaque atmosphérique, par les vents de la région ouest-nord-est qui nous apportent de l'air refroidi et desséché dans des latitudes supérieures à la nôtre, est bien moindre, surtout en hiver, que le taux observé par les vents ouest-sud-est, généralement plus chauds et plus humides, et cependant la station où M. Schlœsing s'est placé est située au sud-ouest de Paris et ne reçoit les vents du nord et du nord-est qu'après leur passage sur la ville et ses faubourgs les plus industriels, les plus populeux.

On remarquera, dans le tableau précédent, que la quantité d'alcali condensée dans chaque gramme d'eau croît à mesure que la température diminue, malgré l'appauvrissement graduel de l'air; cela nous fait comprendre comment les pluies d'hiver, bien que débitées par des nuages déjà refroidis, sont cependant aussi riches et même plus riches que les pluies d'été, ainsi que l'ont démontré les recherches instituées à Lyon par Bineau, à Paris et en Alsace par M. Boussingault, à Rothamsted par MM. Lawes et Gilbert, dans les stations agronomiques de l'Allemagne par divers observateurs.

163. — Condensation de l'eau ammoniacale à basse température. — Je viens d'exposer l'ensemble des recherches de M. Schlœsing sur les échanges d'ammoniaque entre l'atmosphère et la pluie, la rosée, le brouillard. Je vais maintenant examiner avec lui le cas où la température descendant au-dessous de zéro, la vapeur d'eau se condense à l'état d'aiguilles glacées, de neige, de gelée blanche. Sous ces formes diverses, l'eau perd la faculté d'emprunter du carbonate d'ammoniaque à l'air, comme le démontre l'expérience suivante :

Un grand tube en U est plongé dans un mélange de glace et de sel, occupant une capacité de 15 à 20 litres; enfoui dans la paille hachée, ce mélange demeure à — 20°,5 pendant plusieurs jours. On fait passer dans le tube de l'air humide contenant une dose connue d'ammoniaque, jusqu'à ce que le givre déposé intercepte la circulation; puis on dose l'ammoniaque dans le givre. Voici le détail d'une expérience :

Titre ammoniacal de l'air.	$1^{mg},2$ ammoniaque dans un mètre cube.
Durée de l'expérience . .	48 heures.
Air passé dans le tube . .	7 mètres contenant $8^{mg},4$ ammoniaque.
Eau de fusion du givre. .	35 grammes.
Ammoniaque.	0.

Si ces 35 grammes avaient été de l'eau liquide à zéro, ils auraient dissous $3^{milligr},1$ ammoniaque.

M. Schlœsing a constaté le même résultat quand la température est moins basse, quand par exemple elle est maintenue à — 3° par un mélange de glace et de nitre. Il convient alors d'augmenter la surface du vase où le givre doit se déposer, en remplaçant le tube en U par un ballon tubulé de 2 litres. Il faut encore prendre une autre précaution : à son entrée dans le ballon, l'air dépose sur le tube abducteur de l'eau liquide et, par conséquent, ammoniacale qui se réunit en gouttes, tombe au fond du ballon, s'y congèle brusquement et garde une fraction de son ammoniaque; il faut recueillir ces gouttes à part et les rejeter.

Ainsi, la vapeur d'eau, en prenant l'état solide au sein de l'atmosphère, n'entraîne pas d'ammoniaque, en tant que celle-ci est libre ou carbonatée. On peut se demander, avec M. Schlœsing, comment il se fait qu'on ait souvent trouvé dans la neige des proportions d'alcali aussi notables que dans la pluie. Ces faits, en apparence contradictoires, s'expliquent aisément : 1° à la condition de bien distinguer la neige *sèche*, dont la température est inférieure à zéro et qui ne dissout pas l'ammoniaque aérienne, de la neige humide qui en dissout en proportion de l'eau dont elle est imbibée; 2° si l'on remarque qu'en raison de la lenteur de sa chute et de son énorme développement superficiel, la neige semble plus propre que la pluie à entraîner les poussières flottantes de nitrate d'ammoniaque. On sait que ce composé, au contact de la glace, en fait fondre ce qui lui est nécessaire pour former une dissolution dont le titre est fonction de la température ; les parcelles de sel rencontrées par la neige sont donc aussitôt fondues et fixées. Il est désirable qu'à l'avenir on détermine dans la neige les quantités respectives d'ammoniaque et d'acides formant avec elle des sels fixes à la température ordinaire.

Il résulte de ces intéressantes expériences que, à la température de — 20°,5, de l'air qui renferme 1mg,2 par mètre cube, n'en laisse point encore précipiter à l'état de carbonate solide et la retient toute à l'état gazeux.

M. Schlœsing a tenu à vérifier ce fait par des essais directs : il a donc fait passer de l'air pur sur des cristaux de bicarbonate d'ammoniaque, au sein d'un mélange réfrigérant ; l'air barbotait ensuite dans un acide étendu. Le dosage de l'ammoniaque dans cet acide lui a démontré que la tension du bicarbonate à — 20°,5 est bien supérieure à celle qu'on peut observer dans l'air normal. Il est donc très-probable qu'à des températures plus basses, comme celles des hautes régions de l'atmosphère, le reste d'ammoniaque aérienne, qui n'a pas été condensé par les pluies, résiste à la solidification par le froid et conserve l'état de gaz.

En définitive, la vapeur d'eau et l'ammoniaque de l'air, après avoir eu, selon toute probabilité, une origine commune, la mer, se précipitent ensemble, mais dans des rapports bien différents, à mesure que l'air se refroidit jusqu'à zéro. Au-dessous de zéro, l'association est rompue ; l'eau seule continue à se précipiter, mais l'ammoniaque demeure dans l'atmosphère ; l'air n'est donc jamais complétement dépouillé d'ammoniaque.

Cette résistance de l'ammoniaque à la condensation par les météores glacés a fourni à M. Schlœsing une explication rationnelle d'un fait parfaitement constaté, mais fort extraordinaire : à savoir la richesse de certains brouillards, comme celui que M. Boussingault a observé au Liebfrauenberg et qui a déposé de l'eau contenant 40 milligr. d'alcali par litre. Supposons qu'une couche d'air A, de température supérieure à zéro, s'étende au-dessus d'une couche B de température inférieure à zéro ; aux confins des deux couches, il se fait un mélange et en même temps une condensation de vapeur en fines gouttelettes qui contiennent une certaine quantité d'ammoniaque ; celles-ci, en tombant, pénètrent plus avant en B et s'y convertissent en cristaux glacés ; dès lors, elles laissent dégager leur ammoniaque qui s'ajoute à celle que B contenait déjà. Nous concevons ainsi qu'une couche d'air puisse être enrichie aux dépens d'une autre couche superposée.

Maintenant, subdivisons B en une série de couches b_1, b_2, b_3.... toutes au-dessous de zéro, envahies successivement par la couche A qui sera, si l'on veut, un courant supérieur descendant à terre. Les phénomènes que nous ont présentés les deux couches A et B vont se reproduire tour à tour dans les couches b_1, b_2, b_3..... Les apports d'alcali d'une couche à la suivante iront en croissant, parce que les condensations successives se formeront dans des milieux de plus en plus riches; et l'effet élémentaire d'une seule condensation sera multiplié par le nombre des couches. Il est à peine besoin de faire observer que l'hypothèse de couches successives est introduite ici pour la commodité du raisonnement et qu'il faut restituer aux phénomènes leur continuité naturelle. Si, dans le voisinage du sol, la température se relève au-dessus de zéro, les produits des condensations, liquides au moment de leur formation, puis glacés dans leur trajet, redeviendront liquides en bas, et pourront constituer un brouillard. Il est clair, d'ailleurs, que l'intensité de l'effet produit dépend de causes multiples; température, titres ammoniacaux, régularité de progression de la couche A, calme de l'atmosphère..... Les conditions des phénomènes sont très-variables; mais elles peuvent être exceptionnellement favorables et alors le brouillard possède une richesse exceptionnelle.

Le transport de haut en bas et l'accumulation de l'ammoniaque dans les basses régions de l'atmosphère sont des faits beaucoup plus généraux que ne le ferait supposer le cas spécial que je viens d'examiner. En effet, l'enrichissement d'une couche B, aux dépens d'une autre superposée A, a lieu également lorsque la vapeur d'eau condensée en A se dissout en B au lieu de s'y congeler. Donc, pour concevoir l'enrichissement graduel des couches b_1, b_2, b_3..... il n'y a qu'à supposer qu'elles se refroidissent successivement, à partir de la plus élevée, comme cela doit arriver pendant les nuits claires : en se formant dans les diverses couches, pour se dissoudre plus bas, le serein deviendra l'agent du transport de l'ammoniaque. Les observations quotidiennes (rapportées page 547) ont montré à M. Schlœsing que par les temps clairs et calmes, le titre de l'ammoniaque pendant la nuit est environ le double de celui du jour; mais si le ciel est voilé, c'est-à-dire si le refroidissement est gêné, ou bien si le vent mélange incessamment les produits du refroidissement, il n'y a plus de différence sensible entre les titres du jour et ceux de la nuit.

164. — Sur les échanges d'ammoniaque entre l'atmosphère et la terre végétale. — Les recherches de M. Schlœsing ont substitué des notions simples et certaines aux idées vagues que l'on se faisait sur les échanges d'ammoniaque entre l'air et les eaux naturelles. Ses expériences sur les échanges entre l'atmosphère et la terre végétale ne sont pas moins nettes et présentent un grand intérêt pour l'agriculteur.

Il importe, en effet, beaucoup à ce dernier d'être fixé sur les pertes en azote utilisable par la végétation qu'il peut avoir à redouter, par suite des échanges qui se font entre le sol et l'atmosphère.

Comme je l'ai dit précédemment, les idées les plus erronées ont cours sur les relations ammoniacales de la terre et de l'air : on pense généralement que le sol absorbe de l'ammoniaque avec les pluies, les rosées, mais qu'il en exhale pendant la sécheresse, cette exhalation étant, dans l'opinion de plusieurs auteurs, l'origine principale de l'ammoniaque aérienne.

En réalité, ce ne sont là que de pures hypothèses, et au moment où M. Schlœsing a publié les résultats de belles expériences qui me restent à exposer, on ignorait complétement si la terre, par son contact permanent avec l'atmosphère, est constituée en perte ou en bénéfice sous le rapport de la substance azotée. Selon ses propres vues, chaque auteur est tenté de faire positive ou négative, cette inconnue que M. Schlœsing a dû débrouiller et faire disparaître.

Pour peu que l'on ait étudié les nombreux travaux auxquels a donné lieu le pouvoir absorbant du sol depuis les expériences de Th. Way, Huxtable et Thompson (1850) jusqu'à ces derniers temps, on s'étonne de ces divergences de vue chez les agronomes ; en effet, si l'on n'avait pas, jusqu'à M. Schlœsing, démontré par des expériences directes que le sol ne cède pas à l'atmosphère l'ammoniaque qu'il a fixée, les résultats de tous les travaux relatifs à la faculté absorbante de la terre arable conduisaient à cette conclusion. Les personnes au courant de cette partie de la chimie agricole savent, en effet, qu'une terre qui a fixé l'ammoniaque libre ou carbonatée d'une dissolution aqueuse, de la pluie, par exemple, la retient avec une telle force qu'elle n'en cède pas de quantités appréciables à l'eau distillée avec laquelle on le met en contact. Ce fait devait donc porter à penser, *à priori,* que l'ammoniaque incorporée à la terre après une chute de pluie s'y trouvait combinée assez énergiquement pour ne pas s'échapper du sol sous l'influence de la sécheresse. Quoi qu'il en soit, M. Schlœsing a rendu un grand service en démontrant directement que cet échange n'a pas lieu.

La méthode qui lui a permis de définir les relations de tension ammoniacale entre l'air et l'eau, il l'a appliquée à l'étude des échanges entre les terres et l'atmosphère. Voici comment il procède: il met un poids connu de terre en rapport avec de l'air dont le titre ammoniacal est déterminé, jusqu'à ce que l'équilibre de tension soit établi ; puis il dose l'ammoniaque dans la terre et il obtient le rapport entre les deux titres respectifs. La méthode est simple, mais son application exige un travail considérable ; la terre végétale, en effet, présente des conditions expérimentales très-complexes.

Pour l'eau, il a suffi à M. Schlœsing de considérer trois cas, l'eau marine, l'eau pure, l'eau glacée ; mais quand il s'agit de la terre végétale, il faut avoir égard à sa constitution chimique, à son état physique, à son humidité, à sa couverture végétale et introduire, par conséquent, dans les recherches un grand nombre de conditions variables, ayant chacune une influence propre sur les phénomènes.

M. Schlœsing poursuit à l'heure qu'il est l'étude de ce problème complexe, mais il a déjà fixé, par des expériences décisives, le sens général des échanges et montré qu'ils vont de l'air à la terre et non de la terre à l'air. Je citerai les expériences qui le démontrent :

1° M. Schlœsing a fait passer de l'air pur à travers 3 hectolitres de terre fertile, d'humidité moyenne, placés dans une cuve en bois ; il dosait en même temps l'ammoniaque entraînée. Dans trois expériences, le titre de l'air, après son passage sur la terre, a été bien inférieur au titre minimum observé dans l'atmosphère, donc, si ces terres avaient été étalées au contact de l'air, elles lui auraient certainement emprunté de l'ammoniaque ;

2° Il a exposé des terres au libre contact de l'air pendant plusieurs semaines ; l'analyse, faite avant et après l'exposition, devait accuser une perte ou un gain. Dans cette sorte d'expériences, il faut établir une distinction entre la terre sèche et la terre humide ; la première perd absolument la propriété de nitrifier : quand elle absorbe de l'ammoniaque, elle ne le transforme pas ; dans la seconde, la double nitrification de l'ammoniaque et de l'azote de la matière organique poursuit son cours et il faut en tenir compte.

165. — Expériences sur les terres sèches. — Des lots de 50 grammes de terre fine sont étalés dans le creux d'assiettes mesurant chacune exactement un décimètre carré de surface. On tasse la terre, on l'humecte pour l'agréger et lui permettre de résister au vent : après quelques heures, les lots sont secs ; on les porte au dehors, à l'abri de la pluie. De semaine en semaine on dose l'ammoniaque dans un lot. Voici les résultats obtenus avec deux sols de composition chimique différente, terre calcaire de Boulogne et sol non calcaire de Neauphle-le-Château.

TERRE DE BOULOGNE (limon de la Seine).	Ammoniaque dans 50 grammes. Milligr.	TERRE DE NEAUPHLE-LE-CHÂTEAU (non calcaire).	Ammoniaque dans 50 grammes. Milligr.
30 juillet 1875. . . .	0,747	1er août 1875. . . .	0,219
6 août 1875	0,996	9 —	0,964
13 —	1,044	16 —	1,871
20 —	1,626	23 —	2,221
27 —	1,730	30 —	2,391
3 septembre 1875. .	1,684	6 septembre 1875. .	3,011
10 — . .	2,094	13 — . .	3,591
17 — . .	2,504	20 — . .	4,141

Pendant la durée de ces essais, les terres sèches n'ont donc pas cessé d'emprunter de l'ammoniaque à l'atmosphère ; à la fin, elles en contenaient à raison de 50 à 83 milligrammes par kilogramme, quantité relativement considérable.

L'exhalation d'ammoniaque pendant la sécheresse est donc une erreur, c'est, comme je l'ai dit plus haut déjà, le contraire qui est vrai. Le bénéfice a été plus grand pour la terre non calcaire ; ainsi, à l'état sec, les terres présentent des différences quant à leur faculté d'absorber l'ammoniaque.

166. — Expériences sur les terres humides. — M. Schlœsing fait d'abord remarquer que l'absorption de l'ammoniaque aérienne par une terre sèche préservée de la pluie est nécessairement limitée par l'équilibre de tension; il n'en est plus ainsi pour les terres humides, lorsqu'elles remplissent d'ailleurs les conditions voulues de la nitrification. L'ammoniaque y est incessamment transformée en nitrates; l'équilibre de tension ne peut donc s'établir et la terre demeure en état d'absorber constamment l'alcali de l'air. L'absorption est, par suite, subordonnée à la rapidité de la nitrification. Le nitre peut d'ailleurs s'accumuler dans une terre sans gêner la continuation du phénomène.

Les deux expériences suivantes de M. Schlœsing donnent une idée des emprunts considérables que peut faire à l'air, par année, une terre qui nitrifie bien.

Il plaça deux lots d'une même terre dans des conditions identiques, avec cette seule différence que l'un était exposé au libre contact de l'air, l'autre en étant préservé. L'humidité du premier est entretenue par de fréquents arrosages à l'eau pure (absolument exempte d'ammoniaque). Après l'expérience, M. Schlœsing dose l'ammoniaque et l'acide nitrique dans les deux lots; il convertit, par le calcul, l'acide en alcali et prend la différence entre les deux totaux d'ammoniaque. Il admet que cette différence doit être attribuée au contact de l'atmosphère, ce qui paraît incontestable.

Terre de Boulogne.

	PREMIER ESSAI 19 juin au 4 juillet 1875 (14 jours).			
	50 grammes (à l'air).		50 grammes (couverts).	
	Milligr.	Milligr.	Milligr.	Milligr.
Ammoniaque.	»	0,775	»	0,730
Acide nitrique	13,26 =	4,175	5,18 =	1,630
		4,960		2,360
Différence.		+ 2,590		

	DEUXIÈME ESSAI 30 juillet au 27 août 1875 (28 jours).			
	50 grammes (à l'air).		50 grammes (couverts).	
	Milligr.	Milligr.	Milligr.	Milligr.
Ammoniaque.	»	0,437	»	0,363
Acide nitrique	17,4 =	5,481	4,63 =	1,458
		5,918		1,821
Différence.		+ 4,097		

La surface occupée était de 1 décimètre carré. Une surface de 1 hectare aurait absorbé :

En 14 jours (1er essai),	$2^{mg},590$.	En 28 jours (2e essai),	$4^{mg},097$.
En un an —	63 kilogr.	En un an —	53 kilogr.

Il résulte de ces expériences fort intéressantes que la terre végétale emprunte de l'ammoniaque à l'air et ne lui en cède point. Nous étudierons plus tard, à propos du pouvoir absorbant du sol, les conditions physico-chimiques de la fixation de l'ammoniaque par la terre arable.

Par l'ensemble de ces recherches si neuves sur l'un des phénomènes naturels les plus importants et les moins connus jusqu'à lui, M. Schlœsing a fait connaître la circulation de l'ammoniaque entre les trois règnes : les composés de l'azote éprouvent, comme nous l'avons établi, des pertes qui exigent une réparation puisque la fertilité naturelle des sols se maintient (forêts et prairies) indépendamment de toute fumure. Le seul mode de réparation réellement constaté est la combinaison directe de l'azote avec l'oxygène, au sein de l'atmosphère, sous des influences électriques ; ainsi l'électricité a une part considérable avec la chaleur et la lumière dans l'entretien de la vie à la surface du globe. Les continents étant essentiellement nitrificateurs, l'azote combiné y est transformé en nitre et charrié à la mer où il est changé en ammoniaque. Il a pris alors l'état le plus favorable à la dissémination ; passant de la mer dans l'air, il est porté dans toutes les parties du globe par les courants atmosphériques. Les plantes, la terre végétale le puisent dans ces courants et ainsi s'explique, en ce qui concerne l'azote, l'entretien de la végétation naturelle et le bénéfice des composés azotés constaté dans la nature, quand la fumure n'est pas surabondante.

167. — Sources de l'ammoniaque et de l'acide nitrique atmosphériques. — Je viens d'exposer avec détail l'état de nos connaissances sur l'origine de l'azote des végétaux. On voit qu'en définitive les sources premières de l'azote indispensable à la vie des plantes se réduisent à deux : l'*ammoniaque* et l'*acide nitrique*. Cette opinion, énoncée, dès 1840, par Liebig et soutenue par lui dans tous ses écrits, est devenue une vérité incontestable depuis les belles recherches de

M. Boussingault et de M. Schlœsing, que j'ai cru devoir reproduire presque textuellement en raison de l'importance de la question.

D'où viennent l'ammoniaque et l'acide nitrique de l'air? C'est ce que nous allons maintenant examiner.

Il est incontestable que les végétaux, au moment de leur apparition à la surface de la terre, ont dû rencontrer, dans le milieu aérien et dans le sol, les matériaux nécessaires à leur développement; de même qu'ils ont trouvé dans l'air tout l'acide carbonique dont ils avaient besoin, de même aussi l'atmosphère et le sol ont dû leur offrir l'ammoniaque et les nitrates destinés à l'élaboration de leur substance protéique. Tout ce que nous avons dit de l'origine du carbone des récoltes s'applique à l'azote; les végétaux ont trouvé, au moment de leur apparition sur la terre, l'acide carbonique, l'ammoniaque et l'acide nitrique à l'aide desquels ils ont fabriqué leurs tissus : l'humus formé de substances hydro-carbonées et azotées est un *produit* et non une *matière première* de la végétation.

On sait, depuis les expériences classiques de Faraday[1], que l'ammoniaque de la rouille provient exclusivement de l'ammoniaque de l'air et non de la combinaison directe de l'azote gazeux avec l'oxyde de fer. Faraday a montré, en effet, que le fer qui s'oxyde dans l'air humide dépouillé, par son passage dans l'acide sulfurique, des traces d'alcali qu'il contient normalement, est absolument exempt d'ammoniaque. Jusqu'ici, on ne connaît, en dehors de l'ammoniaque et de l'acide nitrique, qu'un seul composé formé par la combinaison directe de l'azote gazeux avec un autre corps simple, c'est l'azoture de bore découvert par M. Wœhler. Les expériences de Schœnbein sur la production directe, dans l'air, d'acide nitreux et d'ammoniaque sous l'influence de l'évaporation des liquides, de l'oxydation lente du phosphore, etc., ne me paraissent pas assez concluantes pour qu'on puisse en tenir compte avec certitude dans l'examen des sources positives des produits nitrés utilisés par la végétation.

Jusqu'ici, la production d'ammoniaque et d'acide nitrique par l'étincelle électrique (éclair) et par les effluves obscures, sur laquelle, après Cavendish, M. Boussingault a particulièrement appelé l'atten-

---

1. *Quarterly journal of science*, t. XIX.

tion des naturalistes, me semble la cause la plus importante, sinon unique, que nous puissions invoquer pour expliquer l'entretien des sources de l'azote indispensable à la végétation.

L'étude des rapports qui unissent l'électricité atmosphérique à la production de composés nitrés dans l'air offre encore un vaste champ aux investigations des physiciens, qu'elle conduira, sans aucun doute, à des découvertes importantes. Je rappellerai, à titre de renseignement, une observation déjà ancienne. Dans la nuit du 13 août 1862, j'ai fait, pour la première fois, une expérience que j'ai répétée depuis, à diverses reprises, avec le même succès et qui rend visible la formation de l'ammoniaque pendant l'orage[1]. J'ai analysé le spectre d'éclairs qui éclataient, à des intervalles très-rapprochés, dans de gros nuages placés en face de mon laboratoire. J'avais disposé l'expérience de telle sorte que l'éclair venait illuminer la moitié de la fente libre du collimateur, tandis que, latéralement, un tube à azote de Geissler envoyait sa lumière dans la partie de la fente recouverte par le prisme à réflexion totale. Une trace de vapeur d'eau restée dans le tube à azote, au moment où il avait été préparé, suffisait pour donner très-nettement les raies caractéristiques de l'hydrogène se superposant aux raies de l'azote. J'ai pu, pendant une heure, de cinq en cinq minutes environ, observer le spectre des éclairs, dont l'aspect général rappelle, au premier coup d'œil, celui du spectre de l'étincelle électrique. En y regardant de près, on reconnaît dans le spectre de presque tous les éclairs, la coïncidence d'un certain nombre de raies de ce spectre avec celles de l'azote et de l'hydrogène. L'hydrogène est donc libre dans l'atmosphère à ce moment et tout donne lieu de penser qu'il se combine à l'azote sous l'influence de la décharge électrique. De nouvelles observations conduiraient à la démonstration directe de la formation de l'ammoniaque et de l'acide nitrique sous l'action de l'électricité atmosphérique. A l'heure qu'il est, nous ne connaissons, en somme, que cette source naturelle de produits nitrogénés ; nous avons vu précédemment quelle quantité d'ammoniaque existe dans l'air, il nous reste à montrer que les végétaux spontanés et cultivés y puisent la totalité de leur azote,

1. *Instruction pratique sur l'analyse spectrale*, p. 58. In-8°. Gauthier-Villars, 1863.

l'ammoniaque rejetée du sein des mers après la destruction des substances protéiques dans le sol n'ayant pas d'autre origine que les actions électriques qui prennent naissance dans l'océan aérien.

168. — L'azote des récoltes et l'ammoniaque de l'air. — Par année et par hectare, les récoltes sans engrais contiennent un poids variable de substances protéiques correspondant de 20 à 170 kilogr. d'azote. (V. § 136.) Une partie de cet azote, difficile à évaluer numériquement, provient immédiatement du sol, où les nitrates ont pris naissance par la décomposition des matériaux azotés accumulés par les récoltes antérieures ; l'autre partie est puisée directement dans l'ammoniaque aérienne par les parties vertes des végétaux. Si nous arrivons à démontrer, en prenant pour guide les travaux de M. Schlœsing et les déductions auxquelles ils conduisent, qu'on peut à la rigueur expliquer la formation des matières protéiques des récoltes en supposant que tout leur azote vient de l'ammoniaque aérienne, nous serons, *à fortiori*, autorisés à admettre que les végétaux trouvent dans l'air, à l'état d'ammoniaque, le complément de l'azote fourni à leurs racines par les nitrates du sol.

Pour fixer les idées, je choisirai deux exemples parmi les végétaux de la grande culture, la luzerne et le maïs géant, et, comme terme de comparaison, une forêt de hêtres. Sans vouloir donner aux calculs de ce genre un but autre que celui de mettre en relief la vraisemblance de suppositions fondées sur les faits constatés dans tout ce qui précède, je les crois utiles ; ils font voir, en effet, qu'on peut expliquer beaucoup mieux que par les hypothèses invoquées jusqu'à ce jour l'origine de l'azote des récoltes. Si les résultats auxquels ils conduisent n'ont pas encore la certitude que donnent des expériences directes, ils paraissent néanmoins très-voisins de la vérité.

On peut, en effet, faire aujourd'hui bien des hypothèses sur la vitesse de circulation de l'air à travers les feuilles des plantes, sur les surfaces en contact avec l'air, sur l'avidité des feuilles pour l'ammoniaque, sur la rapidité de diffusion de l'ammoniaque dans l'air etc..., en attendant que des expériences directes nous renseignent d'une façon positive sur ces divers sujets.

Mais laissons, pour l'instant, de côté toute supposition relative à la vitesse de la molécule d'ammoniaque et à la diffusion de ce composé dans l'atmosphère, et considérons la plante comme fonctionnant à la manière d'une couche d'eau en contact avec l'air, ce qui n'est certes pas une hypothèse bien hasardée. Nous avons vu que les rosées contiennent, en moyenne, d'après les analyses de M. Boussingault, 5 milligrammes d'ammoniaque par litre. Or, qu'est-ce que la rosée? De la vapeur d'eau qui se précipite sur les feuilles et qui, à mesure qu'elle se forme, se met, comme le montrent les expériences de M. Schlœsing, en équilibre de tension ammoniacale avec l'air. Si l'on recouvre une feuille d'une couche d'eau, celle-ci prendra de même cet état d'équilibre. Pourquoi la feuille elle-même qui, en somme, est de l'eau, ne tendrait-elle pas à se mettre, elle aussi, en équilibre de tension ammoniacale avec l'atmosphère? La rosée, qui est neutre, cesse d'absorber de l'ammoniaque quand l'équilibre dont il s'agit est atteint. Mais la feuille constamment acide ne se comporte pas de même. La rosée n'absorbe l'ammoniaque qu'en vertu d'une différence de tension, absolument comme une masse d'eau, à moitié saturée d'un gaz, n'en absorbe ce qui lui est nécessaire pour se mettre en équilibre qu'en vertu de la différence de tension entre le gaz extérieur et le gaz dissous. La feuille n'a pas de tension ammoniacale; elle agit comme de l'eau acidulée qui neutraliserait l'ammoniaque au fur et à mesure de son absorption.

Ces considérations sont en parfait accord avec les études de M. A. Mayer, § 145, etc., sur l'action de l'ammoniaque sur les feuilles. Nous pouvons donc considérer la feuille comme un milieu aqueux dont l'acide se régénère sans cesse et qui tendra incesssamment à se mettre en équilibre de tension ammoniacale avec l'air.

Ceci admis, voyons comment fonctionne la rosée : c'est le matin seulement qu'elle travaille, si l'on veut me permettre cette expression. Admettons une durée de six heures (c'est à coup sûr une durée maxima) pour le temps pendant lequel elle existe et absorbe l'ammoniaque de l'air. La feuille, elle, travaille jour et nuit; pour fixer l'ammoniaque, elle n'a pas besoin de l'influence de la lumière comme pour décomposer l'acide carbonique; comparée à la rosée, elle effectuera donc une absorption quatre fois plus grande que cette dernière. En assimilant le travail de la rosée à celui de l'eau d'une récolte, nous devrons donc multiplier par 4 les résultats obtenus pour la rosée. Si un litre de rosée fixe 5 milligr. d'ammoniaque, le même volume de suc végétal en absorbera 20 milligr. par jour. Cela étant admis, appliquons cette méthode de raisonnement à quelques récoltes. Commençons par la luzerne en admettant, comme point de départ, une récolte moyenne de 30,000 kilogr. de produit vert à l'hectare. La luzerne fraîche contient 80 p. 100 de son poids d'eau ; cette récolte représentera donc 24,000 kilogr. d'eau ; nous supposerons une période de végétation d'une durée de huit mois, soit 240 jours, et comme notre calcul ne peut envisager successivement les différentes phases de la végétation (on coupe la luzerne trois, quatre et cinq fois), nous réduirons à 12,000 kilogr. la quantité d'eau que nous supposerons active durant cette période de huit mois.

Si l'*eau-feuille* se comporte comme l'*eau-rosée,* elle fixera, en 6 heures, 12,000 fois 5 milligr. d'ammoniaque, et, par jour, quatre fois plus, soit 240 grammes ; en 240 jours, la récolte empruntera à l'air 57^{k},6 d'ammoniaque correspondant à 47^{k},5 d'azote. Ce chiffre est, à coup sûr, un minimum, puisque les feuilles ont deux faces qui doivent absorber sensiblement les mêmes quantités d'ammoniaque, sans compter les poils, peu nombreux chez la luzerne, mais très-abondants chez grand nombre d'espèces végétales, organes remplis d'un suc acide et qui doivent jouer un rôle important dans le phénomène qui nous occupe.

Un hectare de forêt produit annuellement 12,000 kilogr. environ de substance vivante supposée fraîche et contenant au moins 50 p. 100 d'eau.

Ces 6,000 kilogr. d'eau fonctionnant à la manière de la rosée pendant 6 mois seulement, fixeraient 21^{k},600 d'ammoniaque correspondant à 17^{k}79, d'azote.

Considérons enfin le cas du maïs géant, en supposant une récolte de 116,000 kilogr. à l'hectare, contenant 89,000 kilogr. d'eau ; admettons, pour rester au-dessous de la vérité, que le tiers seulement de cette eau, soit 30,000 kilogr., ait fonctionné à la manière de la rosée pendant 4 mois : 30,000 kilogr. d'eau absorberont, par 24 heures, 20 milligr. $\times$ 30,000 $=$ 600 gr. ammoniaque ; soit, en 4 mois, 72 kilogr. d'ammoniaque correspondant à 59 kilogr. d'azote.

On voit par là qu'il est possible d'admettre, sans exagération, qu'une proportion notable, le quart, le tiers ou plus peut-être, de l'azote de la récolte est empruntée directement à l'ammoniaque de l'air. Ainsi doit se concevoir le développement des plantes à l'origine, alors que le sol, exclusivement formé de principes minéraux, ne pouvait, en l'absence d'humus, donner naissance à des nitrates. Ainsi s'expliquerait la croissance rapide du pin maritime sur les bords de la mer, dans les dunes si pauvres en substances azotées, etc.

Cette manière d'envisager la nutrition azotée des plantes est en accord avec toutes les expériences faites jusqu'ici ; elle n'est en opposition avec aucun fait connu et me semble rendre compte des divergences d'opinion qu'on rencontre dans les auteurs sur le rôle des diverses substances azotées dans la production végétale. C'est pour n'avoir pas pu faire ce départ absolu entre l'ammoniaque aérienne, si mal connue d'ailleurs avant les recherches de M. Schlœsing, et l'azote gazeux, que les habiles expérimentateurs qui se sont occupés de la question ont éprouvé tant de difficultés à lui donner une solution rigoureuse.

C'est sous forme d'ammoniaque que les végétaux prennent leur nourriture azotée, et c'est encore à l'état d'ammoniaque qu'ils restituent à l'air la plus grande partie de l'azote fixé par leurs tissus durant la vie. S'ils sont enfouis dans le sol, leur substance protéique se transforme en partie en nitrates, le reste de leur azote s'échappant à l'état gazeux ; de ces nitrates, il se fait deux parts : l'une sert à nourrir le végétal qui demande le complément de son alimentation azotée à l'ammoniaque aérienne, l'autre s'en va à la mer où, par suite de réduction, elle repasse à l'état d'ammoniaque incessamment remise en circulation par la vaporisation de l'eau de l'Océan.

Les recherches magistrales de M. Schlœsing ont donc fait faire à la question si débattue des sources de l'azote des végétaux un pas décisif, en démontrant la circulation de l'ammoniaque à la surface du globe et en donnant aux physiologistes des bases certaines pour l'étude ultérieure du mode de nutrition azotée des végétaux.

L'importance considérable de ces résultats sera ma justification auprès des lecteurs qui seraient tentés de me blâmer d'avoir consacré un si long chapitre à cette étude. J'ai tenu, le sujet n'étant développé jusqu'ici, à ma connaissance, dans aucun traité d'agronomie français ou étranger, à mettre sous les yeux du public agricole les documents originaux afin de lui fournir le moyen de se faire une opinion raisonnée sur cette question capitale pour l'agriculture.

168. — Résumé et conclusions. — De l'ensemble de cette longue discussion, résultent quelques propositions fondamentales qui résument l'état de nos connaissances sur la question :

1° L'azote gazeux de l'air n'est pas absorbé par les végétaux et ne joue aucun rôle direct dans la nutrition des plantes ;

2° Le sol ne fixe *en aucune circonstance* l'azote gazeux de l'atmosphère ;

3° L'apport en azote fait au sol par les eaux météoriques, pluie, rosée, neige, n'excède pas 10 à 12 kilogr. par année et par hectare (sous forme d'ammoniaque et d'acide nitrique), chiffre insuffisant pour expliquer la persistance de la végétation spontanée ;

4° L'apport au sol en ammoniaque par la rosée, le brouillard et surtout par la fixation directe de l'ammoniaque aérienne par la terre arable, sèche ou humide, est beaucoup plus considérable qu'on ne l'admet généralement ;

5° La nitrification est un phénomène corrélatif de la vie qui prend naissance exclusivement en présence des matières organiques azotées. La nitrification n'est donc point une source réelle d'azote pour les végétaux, puisqu'elle exige, pour se produire, la présence de ces derniers en décomposition dans le sol ou celle de détritus animaux, qui tous, sans exception, ont emprunté leur azote à la végétation ;

6° L'unique source primordiale d'azote assimilable capable d'entretenir la vie des plantes et, par suite, celle des animaux à la surface du globe, est l'ammoniaque ou l'acide nitrique produits par les actions électriques qui se manifestent incessamment au sein de l'atmosphère ;

7° Les plantes absorbent l'acide nitrique du sol et l'ammoniaque aérienne. Cette dernière entre pour une large part dans la formation de la matière protéique de nos récoltes : un quart, un tiers, peut-être plus, suivant les cas ;

8° En aucun cas, l'ammoniaque aérienne fixée dans le sol ou celle qui provient de la décomposition des substances protéiques dans le sein de la terre, ne s'échappe par volatilisation. La terre absorbe incessamment l'ammoniaque aérienne et ne la restitue pas directement à l'atmosphère ;

9° La restitution de l'azote ammoniacal non utilisé par les récoltes se fait par l'intermédiaire des mers. Les nitrates charriés à l'Océan par les eaux souterraines sont réduits dans la mer et partiellement transformés en ammoniaque qui se vaporise avec l'eau et va, portée par les vents, entretenir la nutrition azotée des plantes des continents ;

10° Les échanges d'ammoniaque entre la terre, les eaux terrestres et celles des mers et l'atmosphère, obéissent aux lois physico-chimiques des échanges qui se passent entre les divers milieux et les gaz en contact avec eux. La circulation de l'ammoniaque à la surface du globe s'explique dès lors d'une manière tout à fait satisfaisante par les lois connues.

BIBLIOGRAPHIE.

1847. — **Fr. Kuhlmann**, *Expériences chimiques et agronomiques*, in-8°. V. Masson, Paris.

1851. — **Boussingault**, *Économie rurale*, t. Ier, p. 69, et *Annales de physique et de chimie*, t. LXIX, p. 353 et suiv.

1860. — **Boussingault**, *Recherches sur la végétation, Agronomie, Chimie agricole et Physiologie*, t. Ier, p. 1 et suiv. Paris, G. Villars.

1860-1877. — *Landwirthschaftliche Versuchs-Stationen*, passim.

1861. — **Lawes, Gilbert et Pugh**, *On the sources of nitrogen of vegetation. Philos. transactions*, 1861, t. II, gr. in-4°, Londres.

1861-1868. — **Boussingault**, *les Nitrières du Pérou et de l'Inde. Les Nitrières de Tacunga. — Agronomie, chimie agricole et Physiologie*, t. II et IV.

1868. — **G. Ville**, *Recherches expérimentales sur la végétation*, t. Ier, gr. in-8°. Librairie agricole de la Maison rustique.

1873-1876. — **Th. Schlœsing**, *Comptes rendus de l'Académie*. Treize mémoires.

1875. — **J. de Liebig**, *Die Chemie in ihrer Anwendung auf Agricultur und Physiologie*. 9e édition, par Zœller, in-8°. Brunswick. A. Mayer.

1875. — Müntz, *Comptes rendus de l'Académie*, t. LXXX, p. 1250.

1877. — **Schlœsing et Müntz**, *Comptes rendus de l'Académie*, t. LXXXIV et LXXXV.

1877. — **A. Ronna**, *Rothamsted, trente Années d'expériences agricoles*, in-8°. Librairie agricole de la Maison rustique.

CHAPITRE VIII

LES ORGANISMES MICROSCOPIQUES DE L'ATMOSPHÈRE.

Sommaire : Les corpuscules organisés et les poussières de l'atmosphère. — La question des générations dites spontanées. — Travaux de M. L. Pasteur[1].

169. — Les corpuscules organisés de l'atmosphère. — Dans les chapitres précédents nous avons étudié les propriétés fondamentales et les transformations des gaz dont le mélange constitue la masse de l'air atmosphérique : oxygène, azote, ammoniaque, acide carbonique, vapeur d'eau. Nous avons cherché à établir le rôle dévolu à chacun d'eux, avec le concours de la lumière, de la chaleur et de l'électricité, dans l'entretien de la vie végétale à la surface du globe.

Pour compléter l'étude générale de l'atmosphère, il me reste à parler d'êtres dont l'infinie petitesse, qui en a longtemps fait ignorer l'existence, est égalée seulement par l'immensité de leur nombre et par l'importance de leur rôle dans les phénomènes biologiques.

Quelques expériences très-simples vont nous démontrer que l'air n'est pas uniquement constitué par les substances gazeuses étudiées

1. **Louis Pasteur**, né le 27 décembre 1822, à Dôle (Jura), a débuté en 1840 dans l'enseignement par les modestes fonctions de maître d'études, surnuméraire. Entré à l'École normale en 1843. Préparateur des conférences à l'école de 1846 à 1848. Professeur au lycée de Dijon à la fin de 1848. Professeur de chimie à la Faculté des sciences de Strasbourg en 1849. Doyen et professeur de chimie à la Faculté de Lille de 1854 à 1857. Appelé à cette époque à la direction des études de l'École normale. Professeur à la Sorbonne. Membre de l'Institut. Une loi votée en 1874 par l'Assemblée nationale sur le rapport de M. P. Bert, lui a accordé une rente viagère de 12,000 fr., à titre de récompense nationale.

jusqu'ici ; elles nous révéleront la présence constante dans l'atmosphère de corps solides, invisibles dans les conditions ordinaires d'éclairage, mais qu'il nous est facile de rendre apparents et d'isoler pour les étudier au microscope.

Si nous fermons les volets de cette salle, où pénètre la lumière directe du soleil, et si nous ménageons une ouverture de quelques centimètres dans l'un d'eux, le faisceau lumineux qui traverse cette ouverture nous montre sur tout son trajet des poussières ténues, qui tournoient sur elles-mêmes et semblent exclusivement cantonnées dans l'espace éclairé. L'air du reste de la pièce nous paraît en effet absolument transparent et dépourvu de ces poussières.

Fixons maintenant dans le trou du volet un tube de verre obturé par un tampon de coton-poudre d'une épaisseur d'un centimètre, et à l'aide d'un aspirateur, faisons passer un courant d'air puisé dans l'atmosphère extérieure au travers de ce tube. Au bout d'un temps suffisamment long, la bourre de coton est plus ou moins salie par les poussières qu'elle a arrêtées. On l'enlève, on la place dans un tube à essai contenant un mélange d'alcool et d'éther qui dissout le coton-poudre. On laisse reposer pendant un jour, toutes les poussières se rassemblent au fond du tube, où il est facile de les laver par décantation sans aucune perte, si l'on a soin de séparer chaque lavage par un repos de douze à vingt heures. Lorsque le lavage des poussières est achevé, on rassemble ces derniers dans un verre de montre où le restant du liquide qui les baigne s'évapore promptement ; alors on les délaye dans un peu d'eau et on les examine au microscope[1].

L'action de divers réactifs, eau iodée, potasse, acide sulfurique, matières colorantes, sur ces poussières permet de constater, outre les débris de composés minéraux, sable, calcaire, etc., la présence constante d'un nombre variable de grains d'amidon, de spores de cryptogames et de corpuscules dont la forme et la structure annoncent qu'ils sont organisés.

Leurs dimensions s'élèvent depuis les plus petits diamètres jusqu'à $\frac{1}{100}$ et $\frac{1,5}{100}$ de millimètre et davantage. Les uns sont parfaitement sphériques, les autres ovoïdes. Leurs contours sont plus ou moins

1. L. PASTEUR, *Mémoire sur les corpuscules organisés*, p. 28.

nettement accusés. Beaucoup sont tout à fait translucides, mais il y en a aussi d'opaques avec granulations à l'intérieur.

Depuis les admirables travaux de M. Pasteur, l'étude de l'air atmosphérique, envisagé dans ses relations avec le développement et l'entretien de la vie des plantes et des animaux, serait aussi incomplète si l'histoire naturelle des infiniment petits n'y trouvait pas place, que si l'on en écartait l'examen du rôle de l'acide carbonique et de l'ammoniaque : en effet, les découvertes des vingt dernières années tendent, d'une part, à établir comme nécessaire à l'accomplissement d'un grand nombre de phénomènes biologiques dont l'atmosphère est le siége, la présence de ces petits êtres, et de l'autre, à mettre en évidence leur action prédominante dans les transformations que les matières azotées et hydro-carbonées subissent dans le sol et dans l'air (nitrification, putréfaction, fermentation, etc.).

Nous aurons, dans la suite de ces leçons, de fréquentes occasions de démontrer l'intervention directe des organismes inférieurs dans les phénomènes qu'on rattachait autrefois, à tort, à des actions purement chimiques. Il importe donc de résumer ici les faits qui mettent hors de doute l'existence des corpuscules organisés de l'atmosphère et leur rôle général dans la nature.

Il est enfin un dernier point de vue qui donne à cette étude préliminaire une importance très-grande : les recherches de M. L. Pasteur ont résolu une des plus grandes questions qui aient occupé les naturalistes depuis Aristote jusqu'à nous : je veux parler de la question des générations spontanées. Je dis que le problème est résolu, en ce sens que M. Pasteur a démontré : 1° qu'aucune des expériences si nombreuses indiquées à l'appui de cette doctrine ne résiste à un examen sérieux ; 2° que dans tout milieu où prend naissance un être vivant préexistent des êtres semblables à lui.

Les travaux de l'éminent chimiste n'infirment pas, il est vrai, d'une manière absolue, la possibilité de générations spontanées, mais ils rendent au moins infiniment probable sa négation, puisque, partout où ses devanciers et ses contradicteurs avaient cru constater la formation de toutes pièces, à l'aide d'éléments inorganisés, d'une plante ou d'un animal, M. Pasteur a montré les germes de ces êtres ou leurs générateurs directs.

Laissant de côté les phénomènes que nous étudierons plus tard sous les noms de fermentation et de putréfaction, et la description des maladies des vins, des vers à soie, des animaux supérieurs (sang de rate, charbon, septicémie), je me bornerai pour l'instant à l'analyse du mémoire capital sur les corpuscules de l'atmosphère, par lequel M. Pasteur a posé, en 1862, les fondements des découvertes, qui, au triple point de vue scientifique, agricole et économique, assurent à son nom l'admiration et la reconnaissance de la postérité.

170. — Historique de la doctrine de la génération spontanée. — Au premier rang des phénomènes naturels dont nous ignorerons toujours l'essence, malgré l'instinct irrésistible qui nous porte à la rechercher, se placent la vie et ses modes de transmission, la reproduction des êtres vivants. Quel est le lien mystérieux qui unit les uns aux autres les individus qui se succèdent d'une façon non interrompue dans le temps ? Comment expliquer la transmission des infirmités matérielles ou morales d'un être à un autre ? à quoi tiennent les analogies et les dissemblances que nous constatons chez les individus nés des mêmes parents ? autant de problèmes que l'homme est impuissant à résoudre d'une manière positive, et dont l'explication complète lui échappera toujours.

Mais, s'il ne nous est pas donné de pénétrer le merveilleux phénomène de la reproduction et de nous rendre, par l'examen des faits, un compte exact des causes qui concourent à la perpétuation de l'espèce; si l'esprit de l'homme, quelque sagace qu'il soit, ne peut surprendre le secret de la nature et découvrir les procédés admirables qu'elle met en œuvre pour conserver, à travers les âges, les espèces végétales et animales, il nous est facile, au moins pour les êtres supérieurs, de constater leur mode de reproduction. Il est loin d'en être de même lorsqu'on descend l'échelle zoologique ou botanique, et l'insuccès des nombreuses recherches auxquelles a donné lieu, depuis bientôt quatre siècles, la question de la génération chez les animaux et chez les végétaux inférieurs, le prouve surabondamment.

Des êtres organisés, les uns ne peuvent naître que d'un couple semblable à eux; les autres, prenant naissance sur un seul individu de leur espèce, vivent accolés à lui, puis s'en séparent au bout d'un certain temps pour engendrer de la même manière un individu semblable à eux, et ainsi de suite (*Scissiparité, Gemmiparité*). Enfin, des milliards d'animalcules dont l'existence éphémère n'embrasse, pour certains d'entre eux, qu'une durée de quelques heures, semblent n'avoir aucune relation avec les êtres qui les ont précédés, pas plus qu'avec ceux qui leur succèdent. Impuissants à saisir les liens qui les unissent les uns aux autres et ne sachant comment expliquer leur apparition, les naturalistes anciens ont admis qu'ils se formaient *spontanément*, c'est-à-dire de toutes pièces et en dehors de l'intervention d'êtres semblables à eux.

Les philosophes de l'antiquité ont expliqué de cette manière l'origine de tous les animaux dont la filiation n'était pas évidente à leurs yeux : la naissance des anguilles, des rats dans les flaques d'eau ou dans le limon des fleuves, celle des vers, des larves dans les matières animales en décomposition, des puces dans les ordures, des poux dans la chair, etc. Partout où ils ne pouvaient saisir nettement le mode de reproduction, ils admettaient la génération spontanée, c'est-à-dire l'organisation de la matière en putréfaction, de la terre, des dépôts des étangs ou des fleuves. La fable du bœuf Apis n'a pas d'autre origine que cette croyance. Les abeilles, pour Virgile et pour Pline, étaient sorties des entrailles du bœuf, où elles étaient nées des éléments mêmes qui constituaient le cadavre. L'antiquité et le moyen âge ont cru à la génération spontanée. Un érudit célèbre du XVIIe siècle, le père Kircher, assurait que la chair d'un serpent, desséchée et réduite en poudre, puis semée dans la terre et arrosée par la pluie, donne naissance à des vers qui, bientôt, se transforment en serpents.

Cette manière, aussi simple que naïve, d'expliquer la génération des êtres, reçut le premier coup vers le milieu du XVIIe siècle, d'un médecin florentin, Francesco Redi[1] qui, pour réfuter les assertions du père Kircher, entreprit un grand nombre d'expériences sur la reproduction des insectes. Il constate, à l'aide d'expériences décisives,

---

1. **Francesco Redi**, médecin des grands-ducs de Toscane, Ferdinand II et Cosme III, membre de l'Académie del Cimento, né à Arezzo, le 18 février 1626, mort à Pise le 1er mars 1697.

que les prétendus vers qu'on rencontre dans les chairs en putréfaction et dans le fromage sont, en réalité, des larves naissant, non de ces substances, mais bien d'œufs que des mouches y ont déposés ; il montre qu'en enfermant la substance putrescible dans un vase à l'abri de l'air, ou même en l'entourant d'une gaze à mailles serrées s'opposant au contact des mouches, la génération des vers cesse complètement.

Un des disciples de Redi, Vallisnieri, résolut une question restée douteuse pour le médecin florentin, l'origine des larves qu'on rencontre dans certaines parties vivantes de végétaux (galles, etc.) et dans l'intérieur du corps de divers animaux. Vallisnieri découvrit de nombreux animaux parasites et fit voir qu'ils naissent d'œufs déposés par divers insectes dans les tissus vivants destinés à servir de nourriture aux larves qui éclosent. Enfin, un autre naturaliste du même temps, Swammerdam, s'éleva avec non moins d'ardeur et de succès contre la doctrine de la génération spontanée. Il fit voir que les abeilles ne sont pas le produit de la putréfaction des cadavres, mais bien du développement des œufs pondus par la *reine* de la ruche. De même pour lui, les poux sortent d'un œuf.

171. — Découverte des infusoires. — Les choses en étaient là et la question de la descendance des êtres semblait résolue pour tous les cas où, depuis l'antiquité, elle avait été niée, lorsque l'invention du microscope et la découverte des infusoires par Leeuwenhœck vinrent tout remettre en question[1]. En examinant au microscope de l'eau pluviale qui était restée exposée à l'air, le savant hollandais y découvrit une multitude d'êtres animés d'une extrême petitesse qui n'y existaient pas au moment où il avait recueilli ce liquide. De plus, il constata que les animalcules microscopiques analogues à ceux que recélait l'eau de pluie corrompue se développent par myriades dans l'eau où l'on fait infuser des matières organiques, comme du foin, du poivre, etc. De là le nom d'*infusoires* donné depuis à ces animalcules. Cette importante observation rouvrit le débat relatif à l'origine des êtres inférieurs ; des naturalistes émi-

1. **Anton van Leeuwenhœck**, né à Delft le 24 octobre 1632, mort dans la même ville le 26 août 1723. D'abord employé de commerce, à Amsterdam, puis rentier dans sa ville natale. *Opera omnia,* 4 vol. in-4°. Leyde 1724. Nombreux mémoires sur l'emploi du microscope dans les *Transactions philosophiques de Londres.*

nents, comme le micrographe anglais Backer et le célèbre abbé Spallanzani, attribuèrent la naissance de ces infusoires à des œufs ou à des germes d'autres animalcules de même espèce, entraînés par les vents et tombant dans les liquides que Leeuwenhœck avait observés. D'autres savants, dans l'impuissance où ils étaient de constater la présence d'œufs ou de germes dans l'atmosphère, expliquèrent l'apparition des infusoires comme les anciens interprétaient la production des abeilles du bœuf Apis et celle des rats du Nil, c'est-à-dire en supposant que la matière inorganique ou morte, soumise à l'action de la chaleur et de l'humidité, possède la faculté de s'organiser et de constituer des êtres animés, lesquels prendraient naissance sans avoir reçu la vie d'un autre corps vivant. En d'autres termes, ils attribuaient l'apparition de ces animalcules à une génération spontanée[1].

Il n'y a pas lieu d'être surpris que l'invention du précieux instrument qui devait ouvrir, deux cents ans plus tard, des horizons si nouveaux à l'anatomie et à la physiologie, ait, à ses débuts, compliqué la question de la génération des êtres, au lieu d'aider à l'éclairer. Le microscope, du temps de Leeuwenhœck, était si imparfait que chaque observateur, suivant les tendances de son esprit, ses aspirations philosophiques, ses vues préconçues, découvrait, à son aide, ce qu'il désirait voir. Ainsi, les uns constatant la présence d'animalcules dans un liquide qui, à un moment donné, ne leur en avait montré aucun, prenaient parti pour la génération spontanée; les autres laissant la bride à leur imagination, croyaient assister à la reproduction sexuée des infusoires et se déclaraient les adversaires résolus de la doctrine antique. A cette cause de divergences dans les opinions manifestées par les observateurs, vint se joindre, vers le milieu du siècle dernier, l'intervention si redoutable aux progrès de la science, des systèmes philosophiques et religieux. La question si ardue que le patient génie de M. Pasteur a élucidée dans ces dernières années seulement, avec toutes les ressources de la science moderne, passionna d'autant plus les savants du dix-huitième siècle que l'on y mêla les théories philosophiques sur l'origine des êtres.

1. Voir Milne-Edwards, *Leçons sur la physiologie,* t. VIII. 2e partie.

Deux hypothèses célèbres furent invoquées tour à tour par les partisans et par les adversaires des générations spontanées ; elles avaient pour auteurs Buffon[1] et Charles Bonnet[2].

172. — Théories des molécules organiques et de l'emboîtement des germes. — Le philosophe génevois auquel nous devons les premières découvertes sur les fonctions des feuilles, imagina la singulière hypothèse connue sous le nom de théorie de l'emboîtement des germes, théorie que, malgré son étrangeté, Cuvier regardait comme la meilleure manière d'envisager le mystère de la multiplication des êtres. Ch. Bonnet, entièrement opposé à la conception de l'organisation spontanée de la matière, admettait non-seulement qu'aucun être ne pouvait prendre vie de toutes pièces sans avoir été engendré par un animal préexistant, mais que, bien plus, il ne pouvait être une création de celui-ci. Pour le naturaliste génevois, le jeune animal se développait dans le corps de la mère, sans être, en réalité, formé par elle ; *il y préexistait à l'état de germe.* Appliquant ensuite ce mode de raisonnement à la série des êtres dont cette mère était elle-même descendue et à la progéniture future de ces produits, Bonnet arriva à penser que le premier individu de chaque race devait contenir, inclus les uns dans les autres, dès la création du règne animal, les germes qui n'auraient fait que se développer à mesure qu'ils se seraient dépouillés successivement des enveloppes constituées par des germes situés moins profondément.

Buffon s'était placé à un tout autre point de vue : adoptant en partie les idées de Maupertuis sur l'attraction élective des molécules, il regardait la vitalité comme une propriété indestructible, non pas de la matière en général, mais de la matière organisée, c'est-à-dire de la substance constituée des êtres vivants : il pensait que chaque molécule de cette matière vit par elle-même et que la manière dont

---

1. **Comte Georges-Louis Leclerc de Buffon**, né le 7 septembre 1707 à Montbard (Bourgogne), mort le 16 avril 1788 à Paris, intendant du Jardin du roi (Jardin-des-Plantes). Membre de l'Académie des sciences et de l'Académie française.

2. **Charles Bonnet**, né à Genève en 1720, naturaliste et philosophe. Ses recherches sur les fonctions des feuilles, la découverte du mode de génération des pucerons, point de départ de la théorie de l'emboîtement des germes, le firent élire correspondant de l'Institut de France, à l'âge de 20 ans. — Mort à Genève, le 20 mai 1793.

son activité physiologique se manifeste, dépend de son mode d'association avec d'autres molécules organiques. Le corps d'un animal ou d'une plante ne serait donc qu'une réunion d'une multitude d'êtres vivants, ayant chacun leur individualité et susceptibles de se réunir de mille manières différentes pour constituer autant d'autres animaux ou d'autres plantes : ce que nous appelons la mort d'un de ces êtres complexes ne serait alors que la dissolution d'une de ces associations, et les molécules organiques, ainsi mises en liberté, continueraient à vivre isolément ou entreraient dans de nouvelles combinaisons pour former, d'une part, les monades, par exemple, d'autre part, quelque corps vivant plus complexe, tel qu'un insecte ou un quadrupède.

« Telle est, en peu de mots, dit M. Milne-Edwards[1], auquel j'emprunte cet exposé des idées de Bonnet et de Buffon, l'essence de la théorie dite des molécules organiques de Buffon, théorie d'après laquelle les animalcules qui naissent dans les infusoires ne seraient que des molécules des matières animales ou végétales mises en liberté par la destruction de l'association physiologique dont elles faisaient préalablement partie et redevenues actives isolément, après avoir cessé de manifester leur puissance vitale par un genre d'activité dépendant de leur mode de réunion en un organisme complexe. Ce serait cette matière organique et, par conséquent, vivante qui, retenue dans l'intérieur de certains animaux ou de certaines plantes, formerait des vers intestinaux ou d'autres parasites. »

Toutes ces spéculations sur l'origine des êtres, pour ou contre lesquelles prirent parti les philosophes de cette époque, n'étaient pas de nature à faire avancer la question.

En 1745, parut, à Londres, l'ouvrage de l'abbé Needham qui eut un grand retentissement, grâce surtout à l'appui que lui prêta le système de Buffon. Défenseur ardent de la doctrine des générations spontanées, Needham eut le grand mérite de se placer sur le terrain expérimental et d'étayer son opinion par des faits d'un ordre nouveau ; le premier, en effet, cet habile observateur eut l'idée de faire des expériences dans des vases clos, préalablement exposés à l'action

1. *Loc. citato*, p. 247 et suiv.

de la chaleur. Il conclut à la production spontanée d'êtres vivants à l'abri de l'air, dans des liquides préalablement chauffés pour détruire les germes. Needham trouva dans Spallanzani un contradicteur convaincu. Le savant abbé italien répéta et varia les expériences de Needham et en tira une conclusion diamétralement opposée à la doctrine des générations spontanées. Les expériences des deux abbés n'ont plus guère aujourd'hui qu'un intérêt historique ; les méthodes qu'ils employaient étaient très-imparfaites ; la composition de l'air n'était pas connue et les moyens dont la science d'alors disposait ne pouvaient guère permettre de résoudre la question.

Nous ne nous arrêterons donc pas davantage sur ces travaux; mais il serait injuste d'omettre les noms de Needham et de Spallanzani qui ont posé les termes du débat et l'ont placé sur son véritable terrain, celui de l'expérimentation.

173. — Expériences de Schwann, Schrœder et Dush. — La question ne fit pas un pas jusqu'en 1837, époque à laquelle le Dr Schwann[1] lui imprima un progrès très-notable par l'expérience que je vais décrire. Après avoir répété les essais de Spallanzani et ceux d'Appert sur la conservation des matières organiques en vase clos, après chauffage dans l'eau bouillante, le professeur de Louvain voulant modifier l'expérience de telle manière que le renouvellement de l'air dans le vase devînt possible, avec cette condition toutefois que le nouvel air fût préalablement chauffé comme l'est à l'origine celui du ballon à infusion organique, imagina la disposition suivante :

Il place une infusion de chair musculaire dans un ballon de verre, puis il adapte au col du ballon un bouchon percé de deux trous traversés par des tubes de verre coudés et recourbés, de manière que leurs courbures soient plongées dans des bains d'alliage fusible, entretenus à une température voisine de celle de l'ébullition du mercure. A l'aide d'un aspirateur adapté à l'un des tubes, il renouvelle

1. **Theodor Schwann**, né le 7 septembre 1810 à Neuss, près Dusseldorf. Professeur à l'Université de Louvain, puis à celle de Liége. Le mémoire où se trouvent les expériences relatives à la génération spontanée est publié dans les *Annales de Poggendorff*, t. XLI, sous le titre : *Versuche über Weinghdrung und Fäulniss.*

l'air qui arrivait froid dans le ballon après avoir été chauffé en passant dans la portion des tubes entourés d'alliage fusible.

On commençait l'expérience en portant à l'ébullition le liquide du ballon. Le résultat fut le même que dans les expériences de Spallanzani ; il n'y eut pas d'altération du liquide organique.

Voici donc un fait nouveau, constituant un grand progrès : l'air chauffé, puis refroidi, laisse intact du jus de viande qui a été porté à l'ébullition. M. Schwann fit d'autres expériences sur l'influence de l'air calciné ou non sur le développement de la fermentation alcoolique et obtint des résultats contradictoires ; cependant il conclut de l'ensemble de ses recherches sur ce sujet dans les termes que voici : « Pour la fermentation alcoolique, comme pour la putréfaction, ce n'est pas l'oxygène, du moins l'oxygène seul de l'air atmosphérique, qui les occasionne, mais un principe renfermé dans l'air ordinaire et que la chaleur peut détruire. »

M. Schwann constatait ainsi qu'il y a dans l'air *quelque chose d'inconnu* que la chaleur peut détruire et qui est indispensable à la fermentation d'une liqueur sucrée ou à la putréfaction d'un liquide organique ; mais l'idée que ce quelque chose correspond à la présence de germes dans l'atmosphère n'est indiquée nulle part dans le travail qui nous occupe. Divers observateurs, MM. Ure et Helmholtz[1], Schultze, etc., répétèrent les expériences du docteur Schwann et les confirmèrent. M. Schultze[2] substitua les réactifs (potasse et acide sulfurique concentré) à la chaleur pour purifier l'air. MM. Schrœder et Dush eurent recours au coton pour filtrer l'air, au lieu de le modifier par l'action d'une température élevée. Voici comment ils procédèrent : Le bouchon du ballon est traversé par deux tubes recourbés à angle droit : l'un de ces tubes communique avec un aspirateur à eau, l'autre à un tube de 1 pouce de diamètre et de 20 pouces de longueur rempli de coton. Lorsque les communications étaient bien établies, le robinet de l'aspirateur fermé et la matière organique placée dans le ballon, on chauffait celle-ci jusqu'à cuisson, en maintenant l'ébullition un temps suffisant pour que tous

1. *Journal für practische Chemie*, t. XIX et XXXI.
2. *Edimburgh New philosophical Journal*, 8e année. 1837.

les tubes de communication fussent échauffés fortement par la vapeur d'eau; alors on ouvrait le robinet de l'aspirateur que l'on entretenait jour et nuit.

MM. Schrœder et Dush ont opéré sur les substances suivantes :

1° Viande avec addition d'eau.

2° Moût de bière.

3° Lait.

4° Viande sans addition d'eau.

Dans les deux premiers cas, l'air filtré à travers le coton a laissé les liqueurs intactes, même après plusieurs semaines. Mais le lait s'est caillé et pourri aussi promptement que dans l'air ordinaire et la viande sans eau est entrée promptement en putréfaction.

« Il semble donc résulter de ces expériences, disent les auteurs, qu'il y a des décompositions spontanées de substances organiques, qui n'ont besoin pour commencer que de la présence du gaz oxygène ; par exemple, la putréfaction de la viande sans eau, la putréfaction de la caséine du lait et la transformation du sucre de lait en acide lactique (fermentation lactique). Mais à côté de cela il y aurait d'autres phénomènes de putréfaction et de fermentation rangés, à tort, dans la même catégorie que les précédents, tels que la putréfaction du jus de viande et la fermentation alcoolique qui exigeraient pour commencer, outre l'oxygène, ces choses inconnues mêlées à l'air atmosphérique, qui sont détruites par la chaleur d'après les expériences de Schwann, et d'après les nôtres par la filtration de l'air à travers le coton.... Comme il reste ici encore tant de questions à décider par la voie de l'expérience, nous nous abstiendrons de déduire aucune conclusion théorique de nos expériences. »

Dans un nouveau mémoire, publié en 1859, M. Schrœder ne parvint pas à lever ses doutes sur la nature des principes de l'air qui exercent leur action dans ce phénomène. Après avoir fait connaître de nouveaux liquides organiques qui ne se putréfient pas lorsqu'on les met au contact de l'air filtré, tels que l'urine, la colle d'amidon et les divers matériaux du lait pris isolément, il s'exprime ainsi : « Je ne me hasarderai pas d'essayer l'explication théorique de ces faits : on pourrait admettre que l'air frais renferme une substance active qui provoque les phénomènes de fermentation alcoolique et de putréfaction, substance que la chaleur détruirait ou que le coton arrêterait. Faut-il regarder cette substance active comme formée de germes organisés microscopiques disséminés dans l'air? Ou bien est-ce une substance chimique encore inconnue? Je l'ignore. »

Ainsi, en 1859, la question était entière, nul ne pouvait affirmer qu'il y eût ou qu'il n'y eût pas de germes dans l'air atmosphérique et surtout que les phénomènes de fermentation et de putréfaction fussent ou non liés à la présence de ces germes.

174. — Point de départ des travaux de M. Pasteur. — C'est à ce moment que M. Pasteur résolut d'entreprendre les admirables recherches dont je vais parler. Voici dans quelles circonstances il prit cette détermination que ses maîtres et ses amis cherchèrent à lui faire abandonner, convaincus qu'ils étaient des difficultés presque insurmontables que présentait cette étude.

Un habile naturaliste de Rouen, M. Pouchet, absolument étranger d'ailleurs aux connaissances chimiques, vint annoncer à l'Académie des sciences dont il était correspondant, qu'il se croyait en mesure d'établir d'une façon définitive la doctrine de la génération spontanée ou, comme on l'appelait déjà, de l'hétérogénie. Bien que les assertions de M. Pouchet eussent rencontré dès cette époque plus d'incrédulité que de faveur parmi les savants, personne n'ayant pu démontrer les causes d'erreur des expériences du naturaliste de Rouen, l'Académie des sciences proposa, en janvier 1860, pour sujet de prix la question suivante : *Essayer, par des expériences bien faites, de jeter un jour nouveau sur la question des générations spontanées.*

Laissons M. Pasteur lui-même nous faire connaître comment il fut amené à s'occuper du programme posé par l'Académie et conduit par là à faire les plus grandes découvertes qui aient été accomplies depuis Lavoisier :

La question, dit-il, paraissait alors si obscure que M. Biot, dont la bienveillance n'a jamais fait défaut à mes études, me voyait avec peine engagé dans ces recherches, et réclamait, de ma déférence à ses conseils, l'acceptation d'une limite de temps, au delà de laquelle j'abandonnerais ce sujet, si je n'étais pas maître des difficultés qui m'arrêtaient. M. Dumas, dont la bienveillance a souvent conspiré en ce qui me touche avec M. Biot, me dit à la même époque : « Je ne conseillerais jamais à personne de rester trop longtemps dans ce sujet. »

Quel besoin avais-je de m'y attacher ?

Les chimistes ont découvert depuis vingt ans[1] un ensemble de phénomènes vraiment extraordinaires, désignés sous le nom générique de *fermentation*. Tous exigent le concours de deux matières ; l'une dite *fermentescible*, telle que le sucre, l'autre *azotée*, qui est toujours une substance albuminoïde. Or, voici la théorie qui était universellement admise : les matières albuminoïdes éprouvent, lorsqu'elles sont exposées au contact de l'air, une altération, une oxydation particulière, de nature inconnue, qui leur donne le caractère *ferment*, c'est-à-dire la propriété d'agir ensuite, par leur contact, sur les substances fermentescibles.

Il y avait bien un ferment, le plus ancien, le plus remarquable de tous, que l'on savait être organisé : la levûre de bière. Mais, comme dans toutes les fermentations de découverte plus moderne que la connaissance du fait de l'organisation de la levûre de bière (1836), on n'avait pu reconnaître l'existence d'êtres organisés, même en les y recherchant avec soin, les physiologistes avaient abandonné peu à peu, bien à regret, l'hypothèse de M. Cagniard Latour, d'une relation probable entre l'organisation de ce ferment, et l'on appliquait à la levûre de bière la théorie générale en disant : « Ce n'est pas parce qu'elle est organisée, que la levûre de bière est active, c'est parce qu'elle a été au contact de l'air. C'est la portion morte de la levûre, celle qui a vécu et qui est en voie d'altération, qui agit sur le sucre. »

Mes études me conduisaient à des conclusions entièrement différentes. Je trouvais toutes les fermentations proprement dites, visqueuse, lactique, butyrique, la fermentation de l'acide tartrique, de l'acide malique, de l'urée, etc., corrélatives de la présence et de la multiplication d'êtres organisés. Et, loin que l'organisation de la levûre de bière fût une chose gênante pour la théorie de la fermentation, c'était par là, au contraire, qu'elle rentrait dans la loi commune et qu'elle était le type de tous les ferments proprement dits. Selon moi, les matières albuminoïdes n'étaient jamais des ferments, mais l'aliment des ferments. Les vrais ferments étaient des êtres organisés.

Cela posé, les ferments prennent naissance, on le savait, par le fait du contact des matières albuminoïdes et du gaz oxygène. Dès lors, de deux choses l'une, me disais-je ; les ferments des fermentations proprement dites étant organisés, si l'oxygène seul, en tant qu'oxygène, leur donne naissance par son contact avec les matières azotées, ces ferments sont des générations spontanées : si ces ferments ne sont pas des êtres spon-

1. Ceci a été écrit en 1862.

tanés, ce n'est pas en tant qu'oxygène seul que ce gaz intervient dans leur fermentation, mais comme existant dans les matières azotées ou fermentescibles. Au point où je me trouvais de mes études sur la fermentation, je devais donc me former une opinion sur la question des générations spontanées. J'y rencontrerais peut-être une arme puissante en faveur de mes idées sur les fermentations proprement dites.

C'est ainsi que je fus conduit à m'occuper d'un sujet qui jusque-là n'avait exercé que la sagacité des naturalistes.

Voilà comment M. Pasteur s'engagea dans la voie qu'il parcourt avec tant d'éclat, depuis vingt ans, au milieu des difficultés les plus grandes, pendant longtemps en butte de la part de ses adversaires aux attaques les plus passionnées, parfois aux injures les plus violentes, qu'il n'a pas su toujours peut-être dédaigner comme elles le méritent. Les membres des diverses commissions nommées dans le sein de l'Académie pour répéter ou faire reproduire, sous leurs yeux, les expériences de l'illustre chimiste et celles de ses contradicteurs, n'ont pas éte eux-mêmes à l'abri des récriminations et des propos malsonnants. La presse scientifique et extra-scientifique s'est emparée du débat dans lequel elle a introduit les questions philosophiques et religieuses qui n'avaient que faire dans un sujet de cet ordre, comme avait pris soin de l'indiquer si nettement M. Pasteur lui-même. « Existe-t-il des circonstances dans lesquelles on ait vu se produire des générations spontanées, dans lesquelles on ait vu la matière ayant appartenu à des êtres vivants conserver, en quelque sorte, un reste de vie et s'organiser d'elle-même? Voilà la question à résoudre. *Il ne s'agit ici ni de religion, ni de philosophie, ni de systèmes quelconques.* Peu importent les affirmations ou *les vues à priori.* C'est une question de fait. Et, vous le remarquerez, je n'ai pas la prétention d'établir que jamais il n'existe de générations spontanées. Dans les sujets de cet ordre, on ne peut pas prouver la négative. Mais j'ai la prétention de démontrer avec rigueur que dans toutes les expériences où l'on a cru reconnaître l'existence des générations spontanées chez les êtres les plus inférieurs où le débat se trouve aujourd'hui relégué, l'observateur a été victime d'illusions ou de causes d'erreur qu'il n'a pas connues ou qu'il n'a pas su éviter[1]. »

1. *Leçon professée à la Société chimique de Paris,* le 19 mai 1861.

175. — Science, philosophie et politique. — Les adversaires de M. Pasteur et notamment les hétérogénistes purs dont l'échafaudage est aujourd'hui tellement effondré qu'il y aurait cruauté à trop insister sur la faiblesse de leurs travaux, m'ont toujours paru méconnaître les qualités réelles du savant, celles qui s'imposent au souvenir de la postérité.

Dans tout esprit élevé qui s'adonne à la culture des sciences, on peut toujours distinguer deux hommes : le savant proprement dit, c'est-à-dire celui qui cherche en s'appuyant sur l'expérience à découvrir les lois qui régissent la matière inanimée ou vivante, et le penseur qui tire des faits observés et des théories que ces faits lui suggèrent, des conclusions plus ou moins hypothétiques et qu'il ne doit, en tous cas, accepter que sous bénéfice d'inventaire.

Celui-ci peut se laisser entraîner au delà de la réalité, et, lâchant la bride à la folle du logis, imaginer sur la matière, l'ordre de l'univers, l'origine et la fin des êtres, telle hypothèse qui sera la plus conforme à la nature de son esprit, sauf à voir ses conceptions traitées par les uns de pures rêveries, tandis que d'autres les regarderont comme des traits de génie; celui-là, au contraire, le savant, n'est digne du titre qu'on lui donne qu'à la condition de ne pas sortir de la réalité, de faire des expériences, de se mettre en garde contre toutes les causes d'erreur qui peuvent les fausser, de constater scrupuleusement les résultats obtenus et de n'utiliser ces derniers que pour avancer dans la voie expérimentale, sans vouloir tirer des faits ce qu'ils ne sauraient donner : l'explication de la cause première à laquelle ils se rattachent.

Le savant peut être spiritualiste ou matérialiste, déiste ou athée, orthodoxe ou hérétique, pourvu qu'il ne renonce pas à la liberté de sa pensée et qu'il ne confonde pas deux choses essentiellement distinctes : la science et les vérités qu'elle nous démontre, avec la spéculation et les aspirations vers lesquelles elle nous conduit sans pouvoir les faire passer dans le domaine de la réalité.

Mais, dira-t-on, l'homme est ainsi fait : pour peu qu'il se sente de talent, il ne peut séparer la spéculation de l'observation, la conception idéale de la constatation du fait brut; je le reconnais et je m'en réjouis. Personne plus que moi n'admire ces génies immortels qui, partis de la connaissance de quelques faits, ont édifié de toutes pièces des constructions que n'a pas toujours respectées le temps, mais qui ont servi de point de départ et de guide à de nouveaux progrès. Pascal, Galilée, Newton, Descartes, Laplace, Cuvier, Lamarck, Geoffroy-Saint-Hilaire et tant d'autres ont été des philosophes en même temps que des savants ; leurs conceptions théoriques ne sont sans doute pas toutes admises, sans conteste, par la science contemporaine : plusieurs d'entre elles sont même abandonnées sans retour; le véritable héritage que nous ont légué ces grands hommes, ce sont les faits si bien étudiés par eux et la découverte des lois qui les relient. Quant aux hypothèses formulées par ces puissants esprits sur les origines des mondes et celle du nôtre en particulier, sur l'époque de l'apparition de la vie sur notre planète, etc..., les unes ne sont plus admises par personne; les autres, vivement combattues, ne sont acceptées que par un petit nombre de savants; toutes, enfin, sont soumises au sort des hypothèses : un seul fait ignoré jusqu'ici et découvert demain peut les réduire à néant.

Le maître, illustre entre tous, dont la science déplore la mort récente, Claude Bernard, nous a donné, dans un admirable livre qu'on ne saurait trop recommander aux méditations des jeunes gens qui s'adonnent aux sciences, les vrais préceptes qui doivent nous guider dans la carrière scientifique. Nul, avec plus d'autorité que lui, n'a tracé la démarcation de la science et de la philosophie et la nécessité pour chacune de ne pas franchir son domaine. De cette *Introduction à l'étude de la médecine expérimentale,* dont je voudrais pouvoir citer des chapitres entiers, j'extrairai quelques fragments où se trouvent exprimées, dans un langage précis, les véritables règles de conduite du savant à l'endroit de la philosophie :

L'expérimentateur doit douter de son sentiment, c'est-à-dire de l'idée *a priori,* ou de la théorie qui lui servent de point de départ. C'est pourquoi il est de précepte absolu de soumettre toujours son idée au contrôle expérimental pour en constater la valeur. Mais quelle est au juste la base de ce *critérium expérimental ?* Cette question pourra paraître superflue après avoir dit et répété avec tout le monde que ce sont les faits qui jugent l'idée et nous donnent l'expérience. Les faits seuls sont réels, dit-on, il faut s'en rapporter à eux d'une manière entière et exclusive. *C'est un fait,* un fait brutal, répète-t-on souvent; il n'y a pas à raisonner. Sans doute, j'admets que les faits sont les seules réalités qui puissent donner la formule à l'idée expérimentale et lui servir en même temps de contrôle; mais c'est à la condition que la raison les accepte. Je pense que la *croyance* aveugle dans le fait qui prétend faire taire la raison est aussi dangereuse pour les sciences expérimentales que les *croyances* de sentiment et de foi qui, elles aussi, imposent silence à la raison. En un mot, dans la méthode expérimentale, comme partout, le *seul critérium réel est la raison.........*

Le raisonnement expérimental est précisément l'inverse du raisonnement scolastique. Le scolastique veut toujours un point de départ fixe et indubitable, et, ne pouvant le trouver ni dans les choses extérieures, ni dans la raison, il l'emprunte à une source *irrationnelle* quelconque : telle qu'une révélation, une tradition ou une autorité conventionnelle ou arbitraire. Une fois le point de départ posé, le scolastique ou le systématique en déduit logiquement toutes les conséquences, en invoquant même l'observation et l'expérience des faits comme arguments quand ils sont en sa faveur : la seule condition est que le point de départ restera immuable et ne variera pas selon les expériences et les observations, mais qu'au contraire, les faits seront interprétés pour s'y adapter. L'expérimentateur, au contraire, n'admet jamais de point de départ immuable; son principe est un postulat dont il déduit logiquement toutes les conséquences, mais sans jamais le considérer comme absolu et en dehors des atteintes de l'expérience. Les corps simples des chimistes ne sont des corps simples que jusqu'à preuve du contraire. Toutes les théories qui servent de point de départ au physicien, au chimiste et à plus forte raison au physiologiste, ne sont vraies que jusqu'à ce qu'on découvre qu'il y a des faits qu'elles ne renferment pas ou qui les contredisent... L'expérimentateur doute donc toujours, même de son point de départ; il a l'esprit nécessairement modeste et souple, et accepte la contradiction à la seule condition qu'elle lui soit prouvée. Le scolastique ou le systématique, ce qui est la même chose, ne doute jamais de son point de départ, auquel il veut tout ramener; il a l'esprit orgueilleux et intolérant et n'accepte pas la contradiction, puisqu'il n'admet pas que son point de départ puisse changer. Ce qui sépare encore le savant systématique du savant expérimentateur, c'est que le premier impose son idée, tandis que le second ne la donne jamais que pour ce qu'elle vaut. C'est précisément le scolastique qui croit avoir la certitude absolue qui n'arrive à rien. Cela se conçoit, puisque, par son principe absolu, il se place en dehors de la nature dans laquelle tout est relatif. C'est, au contraire, l'expérimentateur qui doute toujours et qui ne croit posséder la certitude absolue sur rien, qui arrive à maîtriser les phénomènes qui l'entourent et à étendre sa puissance sur la nature..... La philosophie, que je considère comme une excellente gymnastique de l'esprit, a, malgré elle, des tendances systématiques et scolastiques qui deviendraient nuisibles pour le savant proprement dit. D'ailleurs, aucune méthode ne peut remplacer cette étude de la nature qui fait le vrai savant. Sans cette étude, tout ce que les philosophes ont pu dire et tout ce que j'ai pu répéter après eux dans cette introduction, resterait inapplicable et stérile......

La vérité, si on peut la trouver, est de tous les systèmes, et pour la trouver, l'expérimentateur a besoin de se mouvoir librement de tous les côtés sans se sentir arrêté par les barrières d'un système quelconque. La philosophie et la science ne doivent donc point être systématiques; elles doivent être unies sans vouloir se dominer l'une l'autre. Leur séparation ne pourrait être que nuisible au progrès des connaissances humaines. La philosophie, tendant sans cesse à s'élever, fait remonter la science vers la cause ou vers la source des choses. Elle lui montre qu'en dehors d'elle il y a des questions qui tourmentent l'humanité et qu'elle n'a pas encore résolues.

Cette union solide de la science et de la philosophie est utile aux deux, elle élève l'une et contient l'autre. Mais si le lien qui unit la philosophie et la science vient à se briser, la philosophie, privée de l'appui et du contrepoids de la science, monte à perte de vue et s'égare dans les nuages, tandis que la science, restée sans direction et sans aspiration élevée, tombe, s'arrête ou vague à l'aventure.

Mais si, au lieu de se contenter de cette union fraternelle, la philosophie voulait entrer dans le ménage de la science et la régenter dogmatiquement dans ses productions et dans ses méthodes de manifestations, alors l'accord ne pourrait plus exister. En effet, ce serait une illusion que de prétendre absorber les découvertes particulières d'une science au profit d'un système philosophique quelconque. Pour faire des observations, des expériences ou des découvertes scientifiques, les méthodes et les procédés philosophiques sont trop vagues et restent impuissants; il n'y a pour cela que des méthodes et des procédés scientifiques souvent très-spéciaux qui ne peuvent être connus que des expérimentateurs, des savants ou des philosophes qui pratiquent une science déterminée..... En un mot, si les savants sont utiles aux philosophes et les philosophes aux savants, le savant n'en reste pas moins libre et maître chez lui et je pense, quant à moi, que les savants font leurs découvertes, leurs théories et leur science sans les philosophes. Si l'on rencontrait des incrédules à cet égard, il serait facile peut-être de leur prouver, comme dit J. de Maistre, que ceux qui ont fait le plus de découvertes dans la science sont ceux qui ont le moins connu Bacon, tandis que ceux qui l'ont lu et médité, ainsi que Bacon lui-même, n'y ont guère réussi.

C'est qu'en effet ces procédés et ces méthodes scientifiques ne s'apprennent que dans les laboratoires, quand l'expérimentateur est aux prises avec les problèmes de la nature; c'est là qu'il faut diriger d'abord les jeunes gens; l'érudition et la critique scientifique sont le partage de l'âge mûr; elles ne peuvent porter des fruits que lorsqu'on a commencé à s'initier à la science dans son sanctuaire réel, c'est-à-dire dans le laboratoire. Pour l'expérimentateur, les procédés du raisonnement doivent varier à l'infini, suivant les diverses sciences et les cas plus ou moins difficiles et plus ou moins complexes auxquels il les appliquera. Les savants et même les savants spéciaux en chaque science, peuvent seuls intervenir dans de pareilles questions, parce que l'esprit du naturaliste n'est pas celui du physiologiste et que l'esprit du chimiste n'est pas non plus celui du physicien. Quand des philosophes, tels que Bacon ou d'autres plus modernes, ont voulu entrer dans une systématisation générale des préceptes, pour les recherches scientifiques, ils ont pu paraître séduisants aux personnes qui ne visent les sciences que de loin; mais de pareils ouvrages ne sont d'aucune utilité aux savants faits et pour ceux qui veulent se livrer à la culture des sciences; ils les égarent par une fausse simplicité des choses; de plus, ils les gênent en chargeant l'esprit d'une foule de préceptes vagues ou inapplicables, qu'il faut se hâter d'oublier si l'on veut entrer dans la science et devenir un véritable expérimentateur [1].

Les adversaires de M. L. Pasteur qui, dans la presse et dans l'enseignement, ont invoqué pour combattre ses expériences des arguments extra-scientifiques, politiques, philosophiques ou religieux, auraient gagné à s'inspirer des vérités si admirablement mises en lumière par Claude Bernard, et dont était pénétré l'esprit de l'éminent chimiste lorsque, répondant indirectement aux diatribes dont il était l'objet, il s'exprimait en ces termes au début de sa leçon de la Sorbonne : « Mais, messieurs, assez de poésie comme cela, assez de fantaisie et de solutions instinctives, il est temps que la science, la vraie méthode reprenne ses droits et les exerce. Il n'y a ici ni religion, ni philosophie, ni athéisme, ni matérialisme, ni spiritualisme qui tiennent. Je pourrais même ajouter, comme savant, peu m'importe, c'est une question de fait; je l'ai abordée sans idée préconçue, aussi prêt à déclarer, si l'expérience m'en avait imposé l'aveu, qu'il existe des générations spontanées, que je suis persuadé que ceux qui les affirment ont un bandeau sur les yeux. Je prends pour guide ces paroles de Buffon, si vrai et si bien inspiré cette fois : « J'avoue,

1. *Introduction à l'étude de la médecine expérimentale.....*, passim.

dit Buffon, que rien ne serait si beau que d'établir d'abord un seul principe pour ensuite expliquer l'univers et je conviens que si l'on était assez heureux pour deviner, toute la peine qu'on se donne à faire des expériences serait bien inutile. Mais les gens sensés voient assez combien cette idée est vaine et chimérique. C'est par des expériences fines, raisonnées et suivies que l'on force la nature à découvrir son secret. Toutes les autres méthodes n'ont jamais réussi. Il ne s'agit pas de savoir ce qui arriverait dans telle ou telle hypothèse; il s'agit de savoir ce qui existe et de bien connaître ce qui se présente à nos yeux. »

M. Pasteur était absolument dans le vrai, la question des générations spontanées est une question de fait, une question purement scientifique à laquelle on a eu le plus grand tort de mêler la politique, la religion et la métaphysique. Comme spécimen de l'ardeur que les partisans de l'hétérogénie apportaient dans ces discussions et des injures qu'ils n'épargnaient pas à leur adversaire et à ceux qui soutenaient l'exactitude de ses expériences, je citerai un fragment d'une lettre publiée dans les journaux du temps et adressée à M. Pouchet par l'un de ses adeptes :

« *Le cours que X.. fera demain sera pour vous un triomphe.. Il n'y a pas, fût-ce au bout de l'Asie, un esprit sain et droit qui ne doive s'intéresser à votre œuvre autant que vos compatriotes de Rouen et de Toulouse.... Il s'agit de la liberté de conscience pour tout le genre humain. Et sur quoi la liberté politique et sociale peuvent-elles s'établir, sinon sur la liberté de conscience ? Ce ne sont pas seulement les hétérogénistes qui ont les yeux sur vous, ce sont tous ceux qui veulent conserver le droit de penser librement, et vous aurez contre vous, d'un pôle à l'autre, tous les trompeurs d'hommes, tous les charlatans, tous les faussaires. Mais les faussaires passeront et la conscience ne passera pas !* » C'est se faire, on l'avouera, de la liberté de conscience, de la liberté politique et de la liberté sociale une idée peu élevée que de considérer, comme indissolublement liés à une pure question de fait, les droits les plus sacrés de l'humanité, les prérogatives chères à toutes les âmes élevées, à tous les cœurs que font vibrer les grandes choses qu'on nomme liberté, indépendance, responsabilité, dignité. Comment ! parce qu'il nous serait démontré, de façon à n'en pouvoir douter, que les moisissures, de même que tous les êtres vivants, depuis l'homme jusqu'à l'infusoire microscopique, naissent de parents semblables à eux, je me verrais forcé d'abdiquer toute liberté, de ne plus reconnaître que je ne relève que de ma conscience et d'admettre que l'humanité a perdu tout droit à se gouverner comme elle l'entend ; je serais condamné, avec tous les hommes, à m'incliner devant tous les despotismes : despotisme religieux, despotisme politique, despotisme social !

C'est chose bien fragile, pour certaines gens, que la liberté de conscience, le devoir et le droit, si tout cela repose uniquement sur le mode de génération d'une cellule ou d'un animalcule dont le microscope seul peut nous révéler la présence.

Bien fous alors ceux qui sacrifient à la liberté de conscience et à la défense de leurs convictions politiques, leur temps, leur repos, leur fortune et souvent leur vie ! Bien fous aussi ceux qui croient au progrès, si tout dépend de la manière dont se forme un vibrion ou une monade !

Ce ne sont pas les *faussaires* qui ont passé, comme nous appelaient dans leur aménité les hétérogénistes de 1862, mais bien les doctrines des hétérogénistes dont aucune expérience n'a résisté à une vérification rigoureuse, dont aucun argument n'est resté debout.

Revenons aux travaux de M. Pasteur, étudions son mémoire sur les corpuscules organisés dont il n'y a pas une ligne à retrancher, une expérience à rejeter comme défectueuse, et que ni les injures, ni, ce qui vaut mieux, les vérifications et la critique sérieuses n'ont pu atteindre dans le moindre de ses détails.

176. — Examen microscopique des poussières de l'air. — La première question que M. Pasteur s'était proposé de résoudre expérimentalement était celle-ci : y a-t-il des germes dans l'air ? y en a-t-il un assez grand nombre pour expliquer l'apparition des productions organisées des infusions qui ont été chauffées préalablement ? Peut-on se faire une idée approchée du rapport à établir entre un volume déterminé d'air ordinaire et le nombre des germes que ce volume d'air peut renfermer ?

Personne ne niait en 1860 que l'air ne contînt des œufs d'infusoires ou des spores de mucédinées; les partisans de l'hétérogénie eux-mêmes l'affirmaient, mais ils ajoutaient qu'il n'y en a qu'exceptionnellement, en nombre excessivement restreint, et ceux, disaient-ils, qui ont cru en voir davantage se sont trompés : ils ont pris d'ailleurs pour des œufs ou des spores, les grains de fécule qui souvent leur ressemblent beaucoup.

M. Pasteur se proposa d'examiner tout d'abord les poussières en suspension dans l'air ; j'ai décrit au commencement de ce chapitre la méthode qu'il a imaginée pour les recueillir (§ 169). Une longue série d'essais faits par cette méthode, suivie d'observations microscopiques, démontra qu'il existe toujours dans l'air, et souvent en grande quantité, des corpuscules organisés qui, par leur forme, leur volume et leur structure apparents, ne sauraient être distingués des organismes inférieurs. Y a-t-il réellement parmi ces corpuscules des germes féconds ? Tel était le fait capital à élucider.

177. — Expériences dans l'air calciné. — Avant d'aborder cette question, M. Pasteur jugea indispensable de vérifier si les faits relatifs à l'inactivité de l'air rougi, affirmés par le Dr Schwann et contestés par Pouchet et ses adeptes, sont ou non exacts. Voici comment il procède à cette vérification : dans un ballon de 250 à 300 centimètres cubes, il introduit 100 à 150 centimètres cubes d'eau sucrée albumineuse, formée dans les proportions suivantes :

Eau	100
Sucre.	10
Matières albuminoïdes provenant de la levûre de bière. .	0,2 à 0,7

Le col effilé du ballon communique avec un tube de platine chauffé au rouge. On fait bouillir le liquide pendant deux à trois minutes, puis on le laisse refroidir complétement. Il se remplit d'air ordinaire à la pression de l'atmosphère, mais dont toutes les parties ont été portées au rouge ; puis on ferme à la lampe le col du ballon.

Le ballon ainsi préparé est placé dans une étuve à une température constante, voisine de 30° ; il peut s'y conserver indéfiniment sans que le liquide qu'il renferme éprouve la moindre altération. Sa limpidité, son odeur, son acidité très-faible, à peine appréciable au papier de tournesol bleu, persistent sans changement de quelque importance. Sa couleur se fonce légèrement avec le temps, sans doute sous l'influence d'une oxydation directe de la matière albumineuse et du sucre. *Jamais une seule expérience disposée comme je viens de le dire n'a donné un résultat douteux.* L'eau de levûre sucrée portée à l'ébullition pendant deux ou trois minutes, puis mise en présence de l'air qui a été rougi, ne s'altère donc pas du tout, même après dix-huit mois de séjour, à une température de 25 à 30°, tandis que si on l'abandonne à l'air ordinaire, après un séjour d'un jour ou deux, elle est en voie d'altération manifeste et se trouve remplie de bactéries, de vibrions et couverte de mucors. L'expérience du Dr Schwann appliquée à l'eau de levûre sucrée est, par conséquent, d'une exactitude irréprochable.

M. Pasteur s'est demandé, en présence de résultats constamment négatifs obtenus par lui, quelle avait pu être la cause d'erreur du Dr Schwann dans les essais qui ont fourni des résultats contraires. Il a reconnu que c'est au mercure qu'était due l'introduction de germes dans les liqueurs : les manipulations effectuées sur la cuve à mercure avec tous les soins imaginables introduisent presque constamment, dans les liquides sur lesquels on opère, des germes provenant de l'intérieur ou de la surface du mercure ou des parois de la cuve. Nous reviendrons plus loin sur ce point important.

178. — Ensemencement des poussières dans les liquides organiques. — Les expériences que je viens de rapporter ont mis hors de doute les faits suivants : 1° il y a toujours en suspension dans l'air ordinaire des corpuscules organisés tout à fait semblables à des germes d'organismes inférieurs ; 2° l'eau de levûre de bière sucrée, liqueur éminemment altérable à l'air ordinaire, demeure intacte, limpide, sans donner jamais naissance à des infusoires ou à des moisissures, lorsqu'elle est abandonnée au contact de l'air qui a été préalablement chauffé.

M. Pasteur s'est proposé de rechercher ce qui arriverait au contact de ce même air en ensemençant, dans cette eau sucrée albumineuse, les poussières atmosphériques et rien qu'elles. Il a complétement banni de ces essais l'emploi de la cuve à mercure. Voici les dispositions qu'il a adoptées pour déposer les poussières de l'air dans des liqueurs putrescibles ou fermentescibles, en présence de l'air préalablement chauffé.

Il a repris un des ballons renfermant de l'eau de levûre sucrée et de l'air calciné, à l'étuve depuis deux mois à la température de 25 à 30° sans y avoir éprouvé d'altération, preuve manifeste de l'inactivité de l'air chauffé dont il a été rempli à la pression atmosphérique ordinaire.

La pointe du ballon étant toujours fermée, il l'adapte au moyen d'un tube de caoutchouc à un gros tube de verre dans l'intérieur duquel se trouve un bout de tube de diamètre plus petit, ouvert à ses deux extrémités et renfermant une portion d'une des bourres de coton chargées de poussières atmosphériques. Le tube de verre est en communication avec un tube de platine placé sur une grille à gaz et peut être chauffé au rouge ; tout l'appareil, moins le tube de platine, est en communication avec une machine pneumatique. Lorsque toutes ces dispositions sont remplies et que le tube de platine est porté au rouge, on fait le vide après avoir fermé un robinet qui met le tube de platine en communication avec le reste de l'appareil. Ce robinet est ensuite ouvert de façon à laisser rentrer peu à peu, dans l'appareil, de l'air calciné. Le vide et la rentrée de l'air calciné sont répétés alternativement dix à douze fois. Le petit tube à coton se trouve ainsi rempli d'air brûlé jusque dans les moindres interstices du coton, mais il a conservé ses poussières. Cela fait, M. Pasteur brise la pointe du ballon à travers le caoutchouc, puis fait couler le petit tube aux poussières dans le ballon. Enfin, il referme à la lampe le col du ballon qui est de nouveau reporté à l'étuve. *Constamment* des productions commencent à apparaître dans le ballon après vingt-quatre, trente-six ou quarante-huit heures au plus. C'est précisément le temps nécessaire pour que ces mêmes productions apparaissent dans l'eau de levûre sucrée lorsqu'elle est exposée au contact de l'air commun. Les organismes inférieurs qui se développent dans ces conditions sont des mucédinées, genre *ascophora,* genre *penicillum,* des torulacées, etc.; les infusoires sont représentés par de petites bactéries, les plus petits monades et les plus petits vibrions.

L'amiante, substituée au coton, dans le dispositif précédent, afin d'écarter l'objection que le coton, en tant que matière organique, aurait pu exercer de l'influence sur les résultats, n'a absolument rien changé à ceux-ci. Absence totale de production organisée en l'absence des poussières atmosphériques ; présence constante d'organismes inférieurs chaque fois que les poussières de l'air ont été introduites dans la liqueur par l'intermédiaire du coton ou de l'amiante, peu importe.

Les germes contenus dans les poussières flottantes de l'atmosphère sont donc féconds ; si l'air chauffé mis en présence d'une conserve d'Appert ne s'altère pas, ainsi que l'a, le premier, démontré le Dr Schwann, c'est que la chaleur a détruit les germes que cet air charriait.

M. Pasteur a étendu à un grand nombre de liquides altérables, urine, lait, sang, etc..., les expériences décisives faites sur l'eau sucrée albumineuse, partout il a obtenu les mêmes résultats. Les liquides le plus facilement putrescibles conservent indéfiniment leur fraîcheur première si on les place à l'abri des germes, ou si ceux-ci ont subi une température suffisante pour les détruire (100 degrés ne suffisent pas pour les infusoires). Je me réserve, à propos de l'étude du lait, de revenir sur les faits extrêmement importants découverts par M. Pasteur, voulant ici envisager seulement la question générale du rôle des poussières de l'atmosphère.

179. — Objections des hétérogénistes. — Réponses de M. Pasteur. — Les partisans à outrance de l'hétérogénie ne manquèrent pas d'opposer toutes sortes de fins de non-recevoir, plus faibles les unes que les autres, aux expériences décisives que je viens de rapporter.

Parmi ces objections, je choisirai les plus spécieuses pour les examiner dès à présent, réservant les autres pour la partie de ces leçons où nous étudierons les applications des découvertes de M. Pasteur aux fermentations et aux maladies infectieuses.

Si dans les ballons de M. Pasteur, disent ses contradicteurs, il ne se produit pas d'organismes inférieurs, si les liquides fermentescibles ne fermentent pas dans les conditions où il les place, cela tient, non pas comme il le prétend, à l'absence de germes atmosphériques, mais à l'une des causes suivantes :

1° Le ballon étant fermé, le liquide qui s'y trouve n'est plus en contact avec l'air atmosphérique, condition indispensable à la naissance d'êtres organisés;

2° L'air enfermé dans le ballon s'altère, l'acide carbonique y remplace bientôt l'oxygène : or, les êtres vivants ne sauraient s'organiser dans un mélange d'azote et d'acide carbonique exempt d'oxygène ;

3° L'ébullition du liquide tue, non pas les germes, mais le liquide producteur lui-même (?), dès lors la vie ne saurait plus s'y manifester ;

4° L'air que M. Pasteur laisse rentrer dans les ballons a été calciné ; il a, par conséquent, perdu les propriétés générales (quelles propriétés ?) de l'air ordinaire nécessaire à la manifestation de la vie.

Examinons successivement ces objections soulevées par les hétérogénistes au fur et à mesure des réponses victorieuses que M. Pasteur faisait à ses adversaires.

Elles ont d'ailleurs rendu service à l'éminent expérimentateur en lui fournissant l'occasion d'imaginer de nouvelles méthodes pour démontrer que toutes les productions organisées, mucors et infusoires naissant dans des liquides préalablement chauffés, ont pour origine les corpuscules qui flottent dans l'air atmosphérique.

On objectait que le ballon étant fermé, les conditions générales dans lesquelles les générations spontanées peuvent prendre naissance, renouvellement de l'air, oxygénation, etc., n'étaient plus remplies. Les liqueurs les plus altérables, eau de levûre sucrée, urine, jus de betterave, infusion de poivre, sont placées par M. Pasteur dans des ballons de verre étirés en col de cygne de manière à leur donner diverses courbures plus ou moins compliquées. Il porte ensuite le liquide à l'ébullition pendant quelques minutes, jusqu'à ce que la vapeur d'eau sorte abondamment par l'extrémité du col effilé, restée ouverte, sans autre précaution. Il laisse alors refroidir le ballon. *Le liquide de ce ballon restera indéfiniment sans altération.* On peut le manier sans crainte, le transporter d'un lieu dans un autre, lui laisser subir toutes les variations de température des saisons, son liquide n'éprouve pas la plus légère altération et conserve son odeur et sa saveur. C'est une conserve d'Appert excellente. Il n'y aura d'autre changement dans sa nature que celui que peut apporter, dans certains cas, une oxydation directe, purement chimique, de la matière.

Il semble que l'air ordinaire, rentrant avec force dans le premier moment, doive arriver tout brut dans le ballon. Cela est vrai, dit

M. Pasteur, mais il rencontre un liquide encore voisin de la température de l'ébullition. La rentrée de l'air se fait ensuite avec plus de lenteur, et lorsque le liquide est assez refroidi pour ne pouvoir plus enlever aux germes leur vitalité, la rentrée de l'air est assez ralentie pour qu'il abandonne, dans les courbures humides du col, toutes les poussières capables d'agir sur les infusions et d'y déterminer des productions organisées.

Cette explication a été, depuis, complétement confirmée par une élégante expérience de M. Tyndall, qui montre qu'en imbibant de glycérine les parois d'une cage dans laquelle on place des tubes contenant des liquides putrescibles, on arrête toutes les poussières de l'air et, partant, toute production d'organismes inférieurs[1].

Si l'on vient ensuite, après un séjour plus ou moins prolongé des ballons dans l'étuve, à détacher le col du ballon par un trait de lime, sans toucher aucunement au liquide, après vingt-quatre, trente-six ou quarante-huit heures, les moisissures et les infusoires commenceront à se montrer absolument comme à l'ordinaire, ou comme si l'on avait semé dans le ballon les poussières de l'air.

M. Pasteur a varié de mille manières cette expérience décisive et toujours avec le même succès.

L'air enfermé dans le ballon s'altère, son oxygène disparaît, au dire des hétérogénistes : mais il faudrait le démontrer, or, M. Pasteur, dès 1862, a établi le contraire par les analyses que voici :

Le 14 avril 1860, il a analysé l'air d'un ballon renfermant depuis le 13 février de l'urine fraîche en contact avec de l'air calciné. L'atmosphère du ballon a présenté la composition suivante :

Azote	76,8
Oxygène	19,3
Acide carbonique	3,0
	100,0

La limpidité et la fraîcheur de l'urine étaient parfaites.

Du lait conservé de la même manière pendant quarante jours à la

1. Je décrirai plus loin en détail, à propos des recherches de M. Pasteur sur les fermentations et sur la septicémie, les remarquables expériences de M. Tyndall sur les germes atmosphériques.

température de 25°, s'était très-légèrement oxydé, comme le montre la composition de l'atmosphère du ballon :

Azote	81,47
Acide carbonique	0,16
Oxygène	18,37

L'altération de l'air est donc presque insensible, et ce n'est certes pas la présence de quelques millièmes ou même de quelques centièmes d'acide carbonique qui pourrait empêcher le développement d'êtres vivants. A ces résultats analytiques, j'en ajouterai encore un des plus probants.

La commission de l'Académie des sciences, nommée pour juger le différend qui existait entre M. Pasteur et les hétérogénistes, constata officiellement en 1865 que l'air d'un ballon d'eau de levûre conservée depuis quatre ans par M. Pasteur possédait *exactement* la composition de l'air atmosphérique.

Pour montrer que l'ébullition du liquide altérable n'est pas indispensable à la conservation, M. Pasteur institua en 1863 des expériences par lesquelles il établit que du sang, de l'urine puisés directement dans les veines, les artères et la vessie d'un animal vivant, avec les précautions indispensables pour éviter l'accès des poussières de l'air, et recueillis dans un vase absolument exempt des mêmes poussières, se conservent indéfiniment aux températures les plus élevées de l'atmosphère, sans avoir subi l'action préalable de la chaleur [1].

M. Pasteur décrit en ces termes la méthode qu'il a imaginée pour ses expériences :

Je me suis servi d'un ballon de verre joint à un robinet de laiton par un tube de caoutchouc. Les deux branches du robinet ont environ $0^{m},12$; celle qui est libre est un peu effilée, comme l'extrémité d'une canule. Afin de purger ce ballon de tout germe intérieur, on fait communiquer l'extrémité libre du tube de laiton avec un tube de platine fortement chauffé, après avoir pris soin d'introduire dans le ballon une quantité d'eau qu'on réduit en vapeur; puis on laisse refroidir ce ballon dans lequel rentre de l'air qui a passé par le tube chaud.

On peut faire bouillir l'eau dans le ballon à une température supérieure à 100 degrés, en adaptant à l'extrémité libre du tube de platine un tube

[1] *Études sur la bière*, p. 45 et suiv.

de verre recourbé à angle droit, qui plonge plus ou moins dans une cuvette profonde remplie de mercure. Pendant que l'eau est en ébullition sous pression, on sépare le tube qui plonge dans le mercure; l'eau continue à bouillir dans le ballon à la pression ordinaire; on laisse alors refroidir le ballon qui se remplit peu à peu d'air porté à une température élevée, plus que suffisante pour brûler toutes les poussières organiques que cet air peut renfermer.

Quand le ballon est refroidi, on le détache après avoir fermé le robinet et l'on passe à la préparation d'autres ballons semblables. Il est utile de fermer le robinet du ballon lorsque la température de ce dernier est encore au-dessus de la température ambiante; par cette précaution, l'air du ballon refroidi se trouve à une pression moindre que la pression extérieure.

Dans l'intervalle qui s'écoule entre la préparation d'un ballon et le moment où l'on s'en sert, il est bon de tenir la branche libre du robinet inclinée vers le bas, afin de préserver l'intérieur de son canal contre le dépôt des poussières extérieures Quoi qu'il en soit, au moment où l'on doit mettre le ballon en expérience, il faut avoir soin de chauffer cette branche à l'aide de la flamme d'une lampe à alcool.

S'agit-il de l'étude du sang, on le prendra sur un animal vivant, un chien, par exemple; on met à nu une veine ou une artère de l'animal, on pratique une incision dans laquelle est introduite l'extrémité de la branche libre du robinet, préalablement chauffée et refroidie, qu'on fixe par une ligature dans la veine ou l'artère, puis on ouvre le robinet; le sang coule dans le ballon; on referme le robinet et l'on porte le ballon dans une étuve à une température déterminée.

Pour l'urine, on opère à peu près de la même manière. L'extrémité de la branche libre du robinet est introduite dans le canal de l'urètre; au moment de l'émission de l'urine, on ouvre le robinet et l'urine est lancée dans le ballon qu'on remplit à moitié ou au tiers environ.

Voici le résultat de ces expériences :

Le sang ne se putréfie pas, même aux plus hautes températures de l'atmosphère ; son odeur reste celle du sang frais ou prend celle de la lessive.

L'urine se comporte d'une manière analogue ; elle n'éprouve aucune altération profonde; sa coloration prend seulement une teinte brun-rougeâtre; elle dépose des cristaux en petite quantité, mais sans se troubler ni se putréfier d'aucune façon.

D'après tout ce qui précède, l'éminent chimiste est donc en droit de maintenir les trois conclusions suivantes qui réduisent à néant les assertions des hétérogénistes :

1° Il y a constamment dans l'air des corpuscules organisés qu'on ne peut distinguer des véritables germes des organismes végétaux inférieurs et des infusoires ;

2° Lorsqu'on sème les corpuscules et les poussières aériennes qui leur sont associées, dans des liqueurs qui ont été soumises à l'ébullition et qui resteraient intactes dans l'air préalablement chauffé si l'on n'y pratiquait pas cet ensemencement, on voit apparaître dans ces liqueurs exactement les mêmes êtres qu'elles développent à l'air libre.

3° En l'absence de tout germe de l'atmosphère, les matières les plus altérables dans l'air commun se conservent indéfiniment, sans avoir été préalablement chauffées. Aucun organisme vivant n'y prend naissance.

180. — De la dissémination des germes dans l'atmosphère. — Les partisans des générations spontanées, partant de l'idée généralement admise depuis les observations de Schwann, que la plus minime portion d'air ordinaire développe des organismes dans une infusion quelconque, insistaient sur la nécessité, au cas où les organismes ne seraient pas spontanés, qu'il y ait, dans cette portion si petite d'air commun, des germes d'une multitude de productions diverses. L'air, disait M. Pouchet, doit (si l'on admet les idées de M. Pasteur) être encombré de matières organiques : elles y formeraient un épais brouillard. Cette objection est spécieuse et pourrait paraître fondée à des esprits superficiels, mais n'est-elle pas, se demande M. Pasteur, le fruit d'exagérations et l'expression de faits plus ou moins erronés? Est-il vrai, comme on l'admet, qu'il y ait continuité de la cause des générations dites spontanées dans l'atmosphère terrestre? Est-il bien certain que la plus petite quantité d'air ordinaire suffise à développer, dans une infusion quelconque, des productions organisées ?

M. Pasteur répond péremptoirement à ces diverses questions par les expériences que je vais rapporter.

Dans une série de ballons de 250 centimètres cubes, il introduit la même liqueur putrescible, urine, eau de levûre, etc., de manière qu'elle occupe le tiers environ du volume total. Il effile les cols à la lampe, fait bouillir la liqueur et ferme l'extrémité effilée pendant l'ébullition. Le vide se trouve fait dans les ballons : il brise ensuite les pointes dans un lieu déterminé. L'air ordinaire s'y précipite avec violence, entraînant avec lui toutes les poussières qu'il tient en suspension et tous les principes connus ou inconnus qui lui sont associés. On referme alors immédiatement les ballons par un trait de flamme et on les transporte dans une étuve à 25° ou 30°, c'est-à-dire dans les meilleures conditions pour le développement des animalcules et des mucédinées.

Voici les résultats de ces expériences qui sont en désaccord avec les principes admis par les hétérogénistes et parfaitement conformes, au contraire, avec l'idée de la dissémination des germes.

Le plus souvent, en très-peu de jours, la liqueur s'altère et l'on voit naître dans les ballons, bien qu'ils soient placés dans des conditions identiques, les êtres les plus variés, beaucoup plus variés même, surtout en ce qui regarde les mucédinées et les torulacées, que si les liqueurs avaient été librement exposées à l'air. Mais, d'autre part, il arrive fréquemment, plusieurs fois dans chaque série d'essais, que la liqueur reste absolument intacte, quelle que soit la durée de son exposition à l'étuve, comme si elle avait reçu de l'air calciné.

Ce mode d'expérimentation, aussi simple qu'irréprochable, démontre que l'air ambiant n'offre pas à beaucoup près, avec continuité, la cause des générations dites spontanées, et qu'il est toujours possible de prélever, dans un lieu et à un instant donné, un volume considérable d'air ordinaire n'ayant subi aucune espèce d'altération physique ou chimique, et néanmoins tout à fait impropre à donner naissance à des infusoires ou à des mucédinées, dans une liqueur qui s'altère très-vite et constamment au libre contact de l'air. Le succès partiel des ensemencements montre d'ailleurs assez que par l'effet des mouvements de l'atmosphère il passera toujours à la surface d'une liqueur qui aura été placée bouillante dans un vase découvert, une quantité d'air suffisante pour qu'elle en reçoive des germes propres à s'y développer dans l'espace de deux ou trois jours.

M. Pasteur a varié de bien des manières l'expérience que je viens de rapporter : il a ouvert à Paris, sur la place du Panthéon et au sommet de l'édifice, dans les caves de l'Observatoire où l'air est absolument calme, sur les sommets du Jura et des Alpes, des ballons préparés comme nous venons de le dire, et il a pu ainsi constater non-seulement la dissémination des germes dans l'atmosphère, mais élever ou réduire, en quelque sorte à volonté, le nombre des ballons dont le liquide s'altère, ou celui des vases où il demeure intact.

Quelques chiffres préciseront l'influence des conditions atmosphériques sur l'importance numérique des germes et sur leur dissémination dans l'air :

14 août 1860.	Caves de l'Observatoire, 10 ballons ouverts. . .	1 seul altéré.
	Plateau du Jura, à 800 mètres, 20 ballons . . .	5 sont altérés.
	Montanvert, à 2000 mètres, 20 ballons	1 seul altéré.

Treize ballons ouverts sur le glacier du Montanvert, et rapportés à l'auberge voisine, ne furent refermés que le lendemain après avoir passé la nuit dans la chambre du Chalet. 10 se sont altérés.

Ainsi se trouve nettement établie la dissémination variable des germes de l'atmosphère, d'autant plus nombreux que l'on examine l'air plus près du sol et des lieux habités, d'autant plus rares qu'on l'étudie dans des endroits inhabités et où l'atmosphère est absolument calme depuis longtemps (caves de l'Observatoire), ou à de grandes altitudes (sommets du Jura et des Alpes).

Cette dissémination des germes est telle que, dans toutes les poussières qui se déposent autour de nous, leur présence peut être mise en évidence; l'usage de la cuve à mercure dans un laboratoire introduit presque à coup sûr des germes de moisissures ou d'infusoires dans les liquides avec lesquels on les met en contact.

Un seul globule de mercure, déposé dans un liquide altérable avec les précautions nécessaires pour écarter les germes venant de toute autre source, suffit, comme l'a démontré M. Pasteur, pour amener dans ce liquide une production abondante d'organismes inférieurs.

A ces réponses catégoriques aux objections des hétérogénistes, fondées sur les altérations que M. Pasteur fait subir à l'air mis en contact avec les liquides sur lesquels il opère et les autres changements qu'il amène dans les conditions des milieux, sont venues s'ajouter, dans ces dernières années, les expériences de M. Tyndall. L'éminent physicien anglais a démontré l'absence de toute production organisée dans des liquides éminemment altérables, abandonnés dans l'air à la température ordinaire et n'ayant subi aucun traitement, si ce n'est que, par leur contact avec les parois du récipient, enduites de glycérine, ils se sont entièrement dépouillés des poussières qu'ils contenaient. Nous décrirons plus loin ces belles expériences. Enfin, dans une thèse très-remarquable soutenue il y a quelques semaines devant la Faculté de Paris et qui me parvient trop tard pour que je puisse l'analyser dès à présent, un des élèves distingués de M. Pasteur, M. Chamberland, a fait voir que de l'urine fraîche recueillie dans un vase exempt de poussières atmosphériques se conserve indéfiniment à la température de 25°, au contact de l'air ordinaire, *non chauffé*, filtré sur du coton et par conséquent dépouillé des germes. Ainsi disparaissent les objections que les partisans des générations spontanées, poussés dans leurs derniers retranchements par la rigueur des expériences de M. Pasteur, ont successivement imaginées, plutôt que de reconnaître l'imperfection des méthodes employées par eux et le peu de solidité des raisonnements sur lesquels ils s'appuient pour défendre encore une thèse désormais absolument condamnée par les juges impartiaux les plus compétents.

Les savants habitués aux recherches délicates de chimie biologique connaissent seuls les immenses difficultés qui entourent les études auxquelles M. Pasteur a voué sa vie depuis vingt ans. Seuls ils peuvent apprécier la patience, le génie d'expérimentation, l'habileté rare qui ont présidé à ses admirables recherches.

J'ai restreint à dessein au point fondamental de la dissémination des germes dans l'atmosphère et de leur fécondité, l'exposé des travaux de M. Pasteur. Je me réserve de faire connaître, avec tous les détails qu'elles comportent, les applications que l'illustre chimiste a faites de ses découvertes à l'étude des maladies du vin, des fermentations, des maladies des vers à soie, des affections contagieuses, etc... Chacun de ces sujets sera traité à son rang dans la suite de ces leçons.

Mon but sera atteint, pour le moment, si j'ai pu convaincre mes lecteurs de l'importance capitale des découvertes de M. Pasteur, en ce qui concerne la composition de l'air atmosphérique.

Depuis les immortels travaux de Lavoisier, je ne connais pas dans les sciences physico-chimiques d'ensemble de recherches supérieur à l'œuvre magistrale de M. Pasteur, par sa portée, sa précision et par les applications qui en découlent.

Désormais il n'est plus possible d'étudier une question de chimie et de physiologie appliquées à l'agriculture, sans appeler à son aide la connaissance du monde des infiniment petits dont M. Pasteur nous a révélé le rôle indispensable à l'accomplissement des phénomènes physiologiques ou pathologiques dont l'atmosphère, le sol et les eaux sont le siége.

BIBLIOGRAPHIE.

1861. — **L. Pasteur**, *Leçon professée à la Société chimique de Paris, le 19 mai* 1861. Hachette et Cie.

1862. — **L. Pasteur**, *Mémoire sur les corpuscules organisés qui existent dans l'atmosphère. — Examen de la doctrine des générations spontanées. Annales de chimie et de physique.* 3e série, t. LXIV.

1865. — **Milne-Edwards**, *Leçons sur la physiologie et l'anatomie comparées de l'homme et des animaux*, t. VIII. 2e partie.

1878. — **Ch. Chamberland**, *Recherches sur l'origine et le développement des organismes microscopiques. Annales scientifiques de l'École normale*, t. VII. Supplément. Gauthier-Villars.

L'indication bibliographique des autres mémoires de M. Pasteur et des travaux remarquables de ses élèves, MM. Raulin, Duclaux, Gayon, Joubert, Chamberland, etc., trouvera place à la suite des leçons sur les fermentations et sur les maladies infectieuses.

TABLE DES MATIÈRES

DU

PREMIER VOLUME

LIVRE PREMIER. — LES DOCTRINES AGRICOLES.

CHAPITRE PREMIER.

Indestructibilité de la matière ; permanence de la force.

CHAPITRE II.

L'observation et l'expérience en agriculture.

CHAPITRE III.

Historique des doctrines agricoles. — Les précurseurs de Liebig.

CHAPITRE IV.

Exposé de la doctrine de Liebig. — Critique de la théorie de l'humus.

CHAPITRE V.

Exposé de la doctrine de Liebig. — La jachère et les assolements.

CHAPITRE VI.

Essais de culture dans les milieux artificiels.

LIVRE DEUXIÈME. — L'ATMOSPHÈRE ET LA PLANTE.

CHAPITRE PREMIER.

L'atmosphère. — Sa constitution générale.

CHAPITRE II.

Les eaux atmosphériques. — Hygrométrie. — Influence des forêts. — Stations forestières expérimentales.

CHAPITRE III.

La chaleur et la végétation.

CHAPITRE IV.

L'électricité atmosphérique et la végétation.

CHAPITRE V.

Enregistrement des phénomènes météorologiques.

CHAPITRE VI.

La lumière et la végétation. — Origine du carbone et de l'hydrogène des végétaux.

CHAPITRE VII.

Origine et sources de l'azote des végétaux.

I. — *L'azote gazeux et la végétation.*

II. — *Les phénomènes de nitrification.*

III. — *L'ammoniaque aérienne et la végétation.*

CHAPITRE VIII.

Les organismes microscopiques de l'atmosphère.

LISTE DES FIGURES

DU

PREMIER VOLUME

FIN DU PREMIER VOLUME.

Nancy. — Imprimerie Berger-Levrault et Cie.

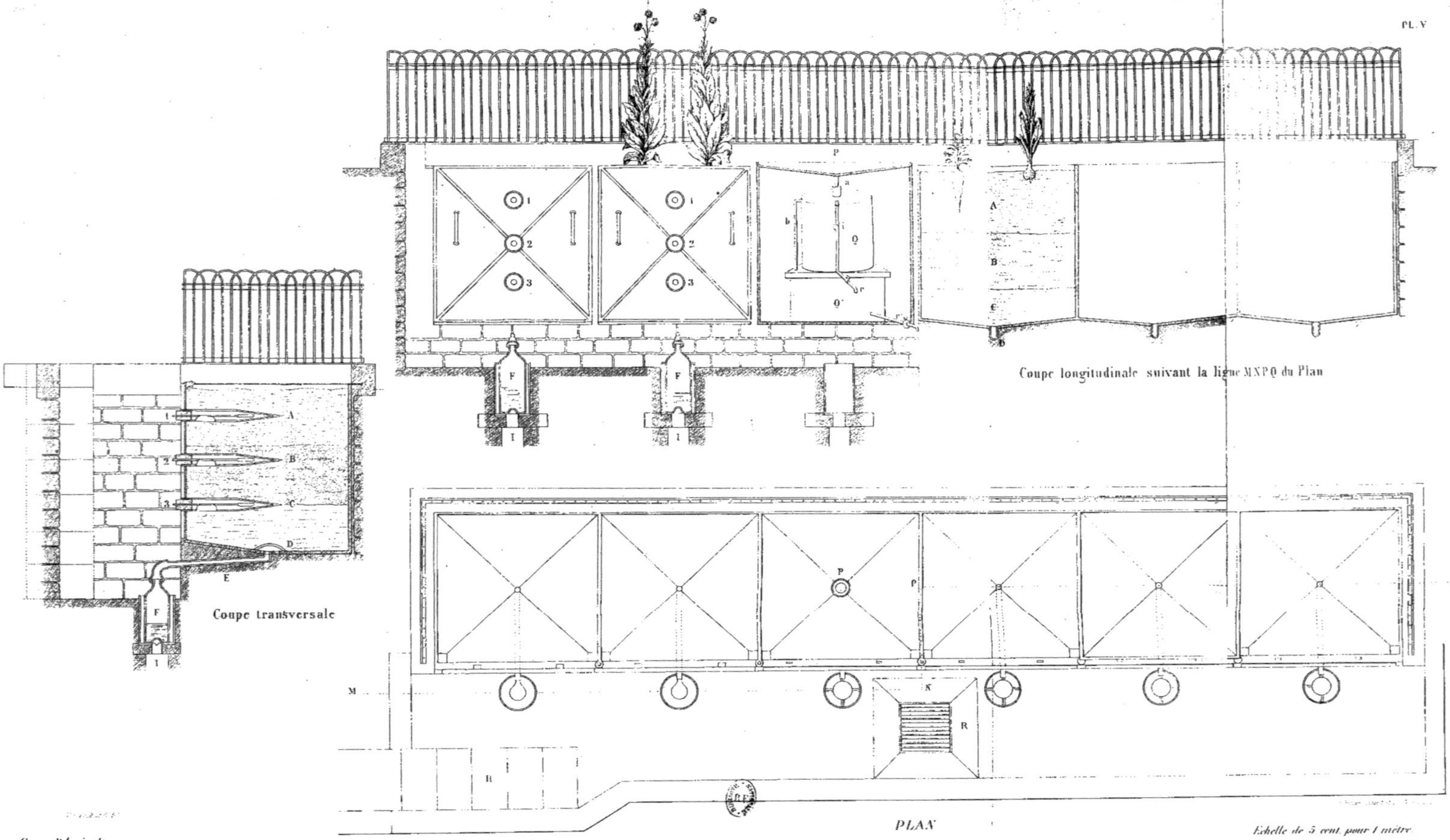

Coupe transversale

Coupe longitudinale suivant la ligne MNPQ du Plan

PLAN

Échelle de 5 cent. pour 1 mètre

Cases de Végétation de la Station Agronomique de l'Est.

www.ingramcontent.com/pod-product-compliance
Ingram Content Group UK Ltd.
Pitfield, Milton Keynes, MK11 3LW, UK
UKHW012140240726
13966UKWH00001B/76